永定河文庫

（光緒）

永定河續志

（清）朱其詔 蔣廷皋 纂　永定河文化博物館 整理

學苑出版社

编辑委员会

总　序

永定河是北京的母亲河，是华北最大的一条河流，是中华民族人类起源、诞生、成长、交融、发展的重要文化带，号称"天府雄流"、"神京巨川"。

据最新的考古成果表明，永定河流域自约200万年以前就开始有了人类生存、劳动的遗迹，是世界东方人类的诞生地区之一。在永定河漫长的成长、迁徙和流变的历程里，人类在认识、适应和改造环境过程中，利用自然资源、人文资源和社会资源，创造和积累了丰富多彩的永定河文化。

北京市门头沟区，地处永定河的中游，负载着承上启下、连接北京与塞外、服务首都的责任和义务。1988年，永定河文化博物馆的前身门头沟区博物馆率先提出了永定河文化的研究命题，并组织区内外文史研究者和爱好者，开始了第一批永定河文化的社会考察，编辑发行了《永定河文化》内部期刊。进入本世纪以来，门头沟区和北京市的永定河文化发掘、探索和资料编辑工作，全面发展起来。2005年，成立了北京永定河文化研究会，为北京地区专业和业余永定河文化的研究与推广，搭起了桥梁和平台。

近年来，我们将永定河文化作为本地区的主体文化，投入资金和专业人员，深入开展永定河文化资源的发掘、整理和研究工作，在区内外众多专家、学者和文史爱好者的多年努力下，相继收获了一些丰硕的果实，编辑出版了一些永定河文化相关的书籍和资料集成，受到了社会各界的欢迎。

2011年8月15日，经区委、区政府研究，并报经北京市文物局批准注册，门头沟区博物馆正式更名永定河文化博物馆，并挂牌，标志着门头沟区永定河文化资源的整理、研究和展示、推广、应用，进入了一个新阶段。

《（乾隆）永定河志》、《（嘉庆）永定河志》和《（光绪）永定河续志》，三部清代官修的永定河专项志书，详细地记录了截止到清末以前，特别是有清一代近200年永定河的治理档案、史实和研究成果，是研究永定河文化，发掘永定河资源，开发治理永定河和发展永定河沿岸社会经济重要的历史典籍。永定河文化博物馆聘请专家学者和相关工作人员，经过一年多的认真辛苦工作，圆满地完成了这三部书整理编辑和出版，使其成为门头沟区永定河文化史籍资料整理和研究的最新成果。对此，我表示热烈的祝贺。

历史古籍的标点整理工作，是一项非常认真、辛苦和严肃的工作，也是当代学者学习、使用和发掘中国古代文化资源的重要过程，对于我区开展永定河文化的研究和利用必将产生深远影响。本次标点整理工作聘请了北京市的水利专家、博物馆专业研究者和历史学者，按照严格和全面古籍整理的程式及要求，分别进行了标点、注释、校勘和简化字横排等工作，达到了雅俗共赏，在保证质量的基础上，最大可能的方便学者和地方广大文史爱好者阅读使用。我以为，这种工作态度和精神，是值得大力提倡和推广的。

当前，门头沟区正全面学习和落实中国共产党第十八次代表大会的工作报告和会议精神，努力实现"五位一体"党的建设总体布局和中国特色社会主义事业的总体布局，坚持中国特色社会主义理论，实践科学发展观，落实功能定位，紧抓新机遇，大力推进旧城改造，实施以旅游文化创意产业为主体的生态新区整体规划，实现跨越式发展。古籍整理工作，可以更加深入地开阔我们的视野，发掘和利用文化资源，推动文化创意产业向中华传统文化的纵深发展，我们期待着更多新成果的涌现。

永定河文化是一个丰富的文化宝藏。三部《永定河志》的编辑出版，仅仅是《永定河文库》的第一批资料文献。我们相信，永定河文化博物馆的同志们，一定会再接再励，进一步团结区内外研究、探索永定河文化的专业和业余专家、学者、爱好者，以及社会团体，促进永定河文化的研究和资料收集整理工作不断取得新进步，以文化的发掘、弘扬和利用的最新成果，投身到全区社会经济发展的大潮中，做出积极的贡献。

中共北京市门头沟区委常委、宣传部长

2012 年 12 月

总　目

（光绪）永定河续志

总

目

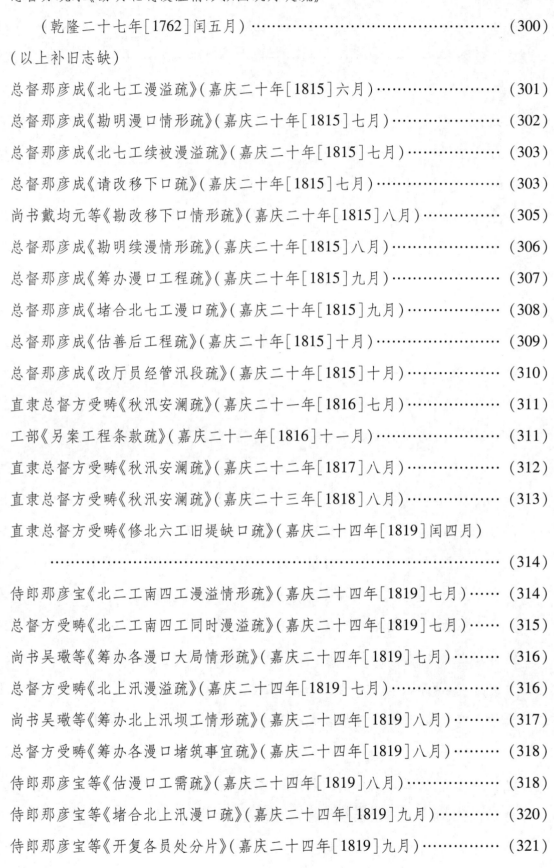

（光绪）永定河续志

総目

（光绪）永定河续志

总

目

（光绪）永定河续志

整理说明

　　永定河是华北最大的一条河流。其本为海河水系,自北运河入海河,经天津城区入海。1970年到1971年,国家在天津市区的北部开挖永定新河,自屈家店北拐,至北塘镇,北运河、潮白新河等汇入,再往东,与蓟运河汇流,直接注入渤海。永定河成为一条有独立出海口的内陆河流。1985年,永定河被国务院列入全国四大防汛重点江河之一。

　　永定河上源来自桑干河与洋河两大支流。南源桑干河上游恢(灰)河,始自山西省宁武县管涔山,历来多被称为正源。北源洋河始自内蒙古自治区兴和县。新中国成立后,官厅水库以下至天津出海口称永定河,以上仍称桑干河和洋河,全河统称永定河。其流经山西、内蒙、河北、北京、天津五省市57个区县,总长747公里,流域总面积47016平方公里。其上游属黄土高原东部、内蒙古高原南缘,流经大同盆地、怀来盆地,至官厅水库。中游出官厅水库,穿过军都山蜿蜒曲折的西山峡谷地带,至三家店出山前。从三家店以下,至地势低平坦荡的北京小平原,在河北省中东部地区汇合拒马河、白沟河、大清河、子牙河等多条河流入海,是为永定河下游。

　　永定河是人类和华夏民族起源和诞生的重要地区之一,东方人类的发祥地泥河湾,北京人的遗迹,东胡林人的墓葬;中华人文先祖神农、黄帝、蚩尤的城寨遗址,就在永定河及其支流的沿岸,中华远古三大部落在此经过征战而融合,奠定了华夏文明的肇始之基。

　　永定河是北京的母亲河,她创造了北京冲积扇平原,诞生了北京城。她哺育了北京地区的先民,给人类带来丰沛的水资源、不粪而肥的沃土。流域内茂密的森林,丰富的煤炭、石材、沙粒,既为北京地区(乃至整个华北地区)最初文明的发祥奠定了物质基础,更为北京、天津等城市的形成和发展提供了生存空间。

　　北方古老的游牧民族,诸如犬戎、匈奴、东胡、乌丸、鲜卑、高车、突厥、契丹、女真、蒙古等各部,由永定河上游桑干河、洋河源,经大同盆地、怀来盆地进入华北地区。自先秦至明清,中国历史上多次民族大融合,无一不是借助永定河河道走廊而完成。如果从更宏大的角度来审视,中华古老文明又是借助这条通道播向更遥远的地方,西北向晋陕,直达西亚;北向内外蒙古,通达欧洲;东北向东三省,乃至远东、北美。因此,永定河流域既是中华民族的发祥地之一,又是华夏文明传播之源头。

永定河形成于300万年以前的第四纪更新世后期。自古以来名称多变,曾经有浴水、治水、㶟水、湿水、清泉水、高梁河、桑干河、卢沟河、浑河、小黄河等名称。自康熙三十七年(1698)始,钦赐"永定"至今三百多年,成为关乎京津冀三地民生最为重要的河流。

12世纪初叶(辽末金初)以前,流域中上游植被丰厚,河水清澈,有"清泉河"之称。"历史文献中亦少有水灾的记载,还能载舟行船,有航运之利。"(吴文涛《历史上永定河筑堤的环境效应初探》引自《中国历史地理论丛》2007年第四期)其河道出西山后,在北起今北京城海淀区清河、西南到今河北省涿州市小清河—白沟河的扇形地带摆动,形成广阔的洪积冲积扇。"商以前,永定河出山后经八宝山,向西北过昆明湖入清河,走北运河出海。其后约在西周时,主流从八宝山北南摆至紫竹院,过积水潭,沿坝河方向入北运河顺流达海。春秋至西汉间,永定河自积水潭向南,经北海、中海斜出内城,经由今龙潭湖、萧太后河、凉水河入北运河。东汉至隋,永定河已移至北京城南,即由石景山南下到卢沟桥附近再向东,经马家堡和南苑之间,东南流经凉水河入北运河。唐以后,卢沟桥以下永定河分为两支:东南支仍走马家堡和南苑之间;南支开始是沿凤河流动,其后逐渐西摆,曾摆至小清河—白沟一线。自有南支以后,南支即成主流。"(段天顺等《略论永定河历史上的水患及其防治》。《北京史苑》第一辑,北京出版社,1983年。)

金元以后,由于人口的繁衍,城市规模的不断扩大,人们为了生存发展,向永定河流域无限量的索取木材、石材、煤炭、水力……等资源,人类赖以生存和发展的自然生态环境遭到了极为严重的破坏。"大都出,西山突",茂密森林砍伐殆尽,植被破坏,水土流失。永定河"清泉河"的美名不复存在,代之以"浑河"、"小黄河"、"无定河"令人生畏的恶名。她以"善淤善决"而著称。母亲河暴怒了,她以无比凶悍的力量冲毁城市,吞没村庄,荡平河湖沼泽,吞噬无数生命,一次次报复性的惩罚她所养育的儿女!人们热爱永定河,感激她的养育之恩,既对她充满着不可名状的恐惧,又对她怀着无限的企盼,希望她由"无定"而"永定"。于是,金、元、明、清近千年以来,人们筑堤防,造闸坝,建水库,疏浚挑挖,盼望她"顺轨安澜",兴水利营田,为亿万生民谋福祉,祈福于河神龙王庇护保佑。

千百年来，人们为治理永定河始终不渝地奋斗着，因而有总结治理永定河经验的文论、书籍和专著问世。特别是清代，有关永定河的研究成果在中国有关河湖水利、水害及其治理的古代文献中占有突出位置，无论从数量，还是内容涉及范围，均称之最。自清代康熙年始，先后有王履泰撰《畿辅安澜志》、佚名撰《永定河水利事宜》、汪日暲撰《京省水道考》、齐召南《水道提纲》、傅泽洪《行水金鉴》、黎世序等《续行水金鉴》、蒋时进著《畿辅水利志》、胡宣庆纂《皇朝舆地水道源流》、黄国俊撰《直省五河图说》、佚名撰《直隶五大河源流考》等20余种。其中《（乾隆）永定河志》、《（嘉庆）永定河志》和《（光绪）永定河续志》，为永定河单本文字最多、内容最丰富、涉及最全面的专业文献。

有清一代，永定河下游防汛抢险进入高潮期。"参稽史志，搜录诸书，用资考证"，永定河修志应运而生。这一套三部《永定河志》，详细记载了清廷近200年治理永定河的方略政策、规章制度、建制沿革、职官河兵、技术方法、经费筹集使用、工程绩效的考成与问责，水利水害与民生运道的关系。特别是，着重地记录了清廷从昌盛到晚清半殖民地半封建社会条件下，永定河治理的发起、论争、探索实践与困境，乃至因技术条件的限制，人们面对自然界不可抗拒力时，由无奈与无助而产生的河神祭祀文化等等。客观地说，清朝统治者对于永定河的治理是极为重视的，甚至是不遗余力。康熙、乾隆、嘉庆三帝，曾多次亲临河工"指示机宜"，康熙帝甚至亲自参与测量河工地形。然而，就总体而言，有清一朝治理永定河是失败大于成功的。"康乾盛世"的一百多年，永定河下游六次改道，平均约二十余年一次，其他较小的溃堤决口，更是不计其数。至晚清，治河状况可谓每况愈下。但是，清朝治理永定河成功的经验和失败的教训，对于我们今人来说，都是可资借鉴，弥足珍贵的历史文化遗产。

《永定河续志》十六卷，卷首不分卷。以《（嘉庆）永定河志》为蓝本，分列谕旨、绘图、工程、经费建制、职官、兵制、奏议和附录八门。本志较《（嘉庆）永定河志》少了集考，将经费建制合为一卷，单列兵制一卷。成书于清光绪八年（1882），当年刊印，为光绪刻本。现有沈云龙主编，台北文海出版社1970年《中国水利要籍丛编》影印本；故宫博物院编，海南出版社2000—2001年出版《故宫珍本丛刊》影印本；石光明等编，线装书局2004年出版《中华山水志丛刊》影印本等版本。此次标注是以石光明等编，线装书局2004版《中华山水志丛刊·河川湖泽至》影印本为底本，参照北京师范大学图书馆藏原刊本校勘。对本书引用的《水经注》、《汉书》、《晋书》、《魏书》、《北齐书》、辽、金、元、明诸史志资料进行重新校订。除《水经注》采用巴蜀出版社版王先谦集校本以外，其余诸史志均采用中华书局标点本，详加校雠和注释，力求减少错误和清楚。本次整理工作将《（乾隆）永定河志》《（嘉庆）永定河志》和《永定河续志》做为一套书，因此本书定名为《（光绪）永定河续志》。

《（光绪）永定河续志》作者朱其诏、蒋廷皋，均为永定河道官吏，虽任职时间不长，但均在治河第一线。朱其诏两次任职永定河道道台，都值汛险频出，水漫洪溢，原任被革职查办。其"遇伏汛暴涨，尝三昼夜不交睫，亲督弁兵抢护，始免溃决，民皆德之。"本志的编纂，已是晚清。大清皇朝国势衰颓，早已江河日下辉煌不再，库款支绌已是常态。在这种情势下，朱其诏从"志乘一书，实与治河相表里"，即从史学经世致用功能的高度来认识修志的重要性。于是他捐出廉银三百两，从道库闲款中每年动支二百两，预支数年，作为修志经费。并作出了缜密的组织安排。其最大的贡献在于重新测量了永定河全河，采用当时著名地理学家李兆洛（1769—1841）《大清一统舆地全图》"按分计里"的方法绘制了新河图。另外，本志补充了《（乾隆）永定河志》和《（嘉庆）永定河志》没有收到的一些谕旨和奏疏，而且对本志收录的奏议范围有所扩大，包括一些基层官吏的禀、详、札和诗赋，对于收录奏疏也严革题目，编入目录，便于查找和使用，较前两部志严谨、规整。

本次整理工作坚持如下几条原则：1.古籍整理必须严格遵循原著的体例、风格和分类，尽可能地忠实原著。2.古籍整理要服务当代读阅、使用方便。3.古籍整理要坚持认真、严谨、实事求是。

在整理过程中，我们对原书的一些格式做了适当的调整，以便于今人阅读：

一、本志原为竖排印左行，并按清代尊崇皇帝有关用字抬格，臣字小字避让，皇帝名讳改字或缺笔等格式，改为当代通行格式排印。一律改为横排右行，并恢复改字缺笔字的原字。

二、原刊本采用的繁体、古体、异体字，此次再版时斟酌：如果是人名、地名用字仍其旧，不予改动，如果因繁改简而引起误解的也按原字排印；简体字均按国家语言文字工作委员会正式颁行的排印。繁、简字如音义不通假的，按原繁体字排印。

三、本志行文出现的上谕、朱批等文字，区分以下情况：凡属奏议原文摘引的上谕、朱批，只加引号不加括号，视同原文；凡属原刊本批示性的文字，原件为朱批（红字）刻版时为小字，并抬格写有"朱批……"者的均以（"……"）表示为对奏议的批示，而非奏议原文。

四、行文中凡上谕、奏议,援引他人语句均加引号""或单引号'',单双引号只套用两次,以明示语出何人。其他原文不加引号。

五、底文本字的缺失、错讹、辨认不清的,我们参考李逢亨《(嘉庆)永定河志》、《光绪顺天府志》、《光绪畿辅通志》、《日下旧闻考》等酌加考订,以及本志前后行文互校。

六、本志原有双行小字,属注释性文字,如果是援引古籍(如《水经注》等)原作者有的加注"原注"字样,改排单行同号字,并保留"原注"字样,以( )标记。由于原作者所引用版本与现在改版时引用版本不同,注释文与正文混杂不清,经考订后按同号字排印,在校勘记中说明,以楷体字记于正文中;原书自注文一般前加"谨按"或"按"字,现均按同号字排印,并以( )标记。

七、刊本援引二十四史资料的文字,均据中华书局点校本加以校正。《水经注》引文采用王先谦集校,光绪二十三年(1897)新化三味书室刊印,巴蜀书社影印(1985年6月)版校订。

八、所用年号、干支纪年,均按《辞海》的《中国历史纪年表》加注,在正文中用[ ]标注;干支纪年只标注年号,不注日月。历史年号或干支纪年后,加注公元纪年用[ ]标注,当页重复使用,只标注一次。

九、此次改版时,所用地名有古今变化的,其沿革按有关《地理志》、《元和郡县志》等出处,参照谭其骧主编《中国历史地图集》、郭沫若主编的《中国古代史历史地图集》、北京市文物局编《北京文物历史地图集》(中国科学出版社版),以及中国地图出版社出版的山西、内蒙古、河北诸省、天津市、北京市地图加以校订,并采用《辞海》、《辞源》、《中国古今地名大辞典》(商务印书馆香港分馆1982年重印版)的资料补充说明,有关情况都加注释。凡地名疑有误而无法确证者以"?"号或"待考"标记。

十、书中注释一般放在当页下角,正文中以①②……标记。卷一"永定河全图"的注释放在该图以后。校勘记放在各卷末页,以"xx卷校勘记"标注,正文中以[1][2]……标记。

十一、原刊本刊印时已出现的错别字,因传抄过程中产生的错讹误认字,均在本志上下行文互校,确认后改为正字,并在卷末校勘记中说明理由,正文中以[1][2]……标记;如无确实证据在校勘记中仅说明而不改动。

十二、原刊本中谕旨和奏议中引用的他人奏折名称,有的用简化短语,有的加内容意思,不很严格。为了读者查阅方便,此类情况不加书名号,而是加双引号" ",说明是一个处理过的奏折名称。

十三、为方便读者阅读本志，此次出版时添加了增补附录，由《清代官府文书习惯用语简释》、《清代诏令谕旨简释》、《清代奏议简释》、《清代水利工程术语简释》、《永定河流经清代州县沿革简表》文章组成，供参考。

十四、为表示对原著的尊重，我们查阅相关资料，编成原编纂者朱其诏的传略，刊登于本志首封。

十五、为区别原著与整理新加上文字，全书原著文一律用宋体字和楷书字，新加文字一律用黑体字和仿宋字。原著注释、说明，一律用圆括弧()，整理注释和说明，一律用方括弧[ ]。

三部《永定河志》的整理工作，是永定河文化博物馆学术研究和资料积累工作的基础工程，作为《永定河文库》的起步之作，必将为今后的健康发展打开良好的开端。

因整理者学识水平有限，可能存在某些差误，敬请读者斧正。

永定河文化博物馆
2012 年 12 月

朱其诏传略

朱其诏,字翼甫,江苏宝山(今属上海市)人。其生卒年未详。《清史稿·朱其诏传》:"纳赀为知县,累至道员。历充江浙漕运事。"曾协助其兄朱其昂创办轮船招商局。拟以官商合办,以朱氏兄弟主持创办事宜,为中国最早创办的轮船航运企业,是李鸿章洋务运动重要企业之一。"轮船招商局既成,复请以额定漕运费给轮船代为海运,局基始固",是为清末以海运代替漕运的创始人。

朱其诏任职简历不详,但任永定河道道台时间可从《永定河续志·自序》中可以看到端倪,如其所云:"上年夏,其诏忝权斯篆",是指在光绪五年(1879)五月。《永定河续志·卷七·职官表四》载:"朱其诏,江苏宝山人,监生,五月任。"同年八月离任。光绪六年(1880)四月再任永定河道。正如《永定河续志》刊刻事物督刊人陈退心所云:"翼甫观察两次桑干均不过数月"。《清史稿·朱其诏传》称:"在权永定河道,时出巡河堤上下,务其利弊,遇伏汛暴涨,尝三昼夜不交睫,亲督弁兵抢护,始免溃决,民皆德之。"朱其诏两任永定河道都是在汛期险情迭出之时,前任革职临危受命。其后任游智开于光绪六年(1880)十月接任。朱其诏改任他职。曾先后扩充天津电报学堂以广育人才,捐资购置天津法租界地40亩,为建成海军易学堂之校址,然不久即病逝。

就是这位两任永定河道道员仅仅数月的朱其诏,却是《永定河续志》编纂、刊刻的发起人。他在《详定续修河志章程》中,叙述编纂的缘起,云:"窃照援古证今之本,旧章或失,曷免愆忘,前事者,后事之师,掌故所关尤宜考订。"

朱其诏也不知有陈琮编纂乾隆《永定河志》之事。在卷一序言中云:"永定河志始于平利李君……其诏忝权斯篆,检阅旧牍又积万余宗,惧其久而散佚,因为筹款设局,派员续辑,删繁就简,无赘无遗。至光绪六年八月又得十六卷。"明确其志是继承李逢亨之业。但是朱其诏又在《续修河志章程》中强调:"查《永定河志》成于嘉庆二十年,迄今六十余载,尚未续辑。河流既屡有变迁,疏筑机宜即互有异同。苟非详稽成法,纂述旧闻,何能参酌咸宜,措施曲当。是志乘一书,实与治河相表裹,修订一事,遂为今日之要图。明知库款失绌,碍难举行。然未可因噎废食。且年久失修,卷牍散失,恐已不少,若再迁延,必至文献无征,倍难措手。"于是决定续修前志。

《永定河续志》编纂，已是晚清。大清皇朝国势衰颓，早已江河日下辉煌不再，库款支绌已是常态。在这种情势下，朱其诏从"志乘一书，实与治河相表里"，即从史学经世致用功能的高度来认识修志的重要性。于是他捐出廉银三百两，并从道库闲款，每年动支二百两，预支数年，作为修志经费。并作出了缜密的组织安排。他所聘纂修蒋廷皋，生平不详。督刊陈退心生平不详。朱其诏续修永定河志的举动，得到时任直隶总督李鸿章的批准。

　　《永定河续志》基本延续嘉庆《永定河志》的体例，但有所改善。主要体现在：（一）重新测量永定河全河，采用当时著名地理学家李兆洛（1769—1841）《大清一统舆地全图》"按分计里"的方法绘制新河图；（二）重点更集中于永定河下游防汛方面。石景山以上中、上游从简未记。（三）将河兵单列为兵志，从经费门中移出；旧志已详尽记述的集考，不再重述。（四）扩大了收录资料的范围，包括一些基层官吏的禀、详、札、檄和诗赋。（五）奏议部分经过严格整理，补足奏议单位和题目，统一编入目录，便于后人查阅。整体上较前两部《永定河志》续志有所增益，补其缺漏，体例更为完善。

　　（资料来源：《清史稿·朱其诏》、光绪《永定河续志》：卷一《自序》，卷七《职官表四》）

（光绪）永定河续志

永定河续志　序^[1]

　　《永定河志》始于平利李君①，自康熙三十七年［1698］，迄嘉庆二十年［1815］，分为八门，计三十二卷，备稽考焉。上年夏，（其诏）忝权斯篆②，检阅旧牍，又积万余宗。惧其久而散佚，因为筹款设局，派员续辑。删繁就简，无赘无遗。至光绪六年［1880］八月止，又得十六卷。

　　谕旨仍恭录简端。其绘图、工程、经费、建置、职官、奏议、附录七门，沿旧例。惟旧志之图，源委虽详，道里未核，且与今时形势小异。兹复测量广袤，并略仿李申耆太史《一统舆图》③法，按分计里，纵横分绘，以便观览。石景山以上未及详者，以非防汛所及也。兵制，旧志载在经费门兵饷条下，今另列为一门。集考旧志详尽，故不赘书。既成亟付手民，并记其缘起如此。

光绪六年［1880］八月

宝山朱其诏谨志

［序校勘记］

　　〔1〕"序"字原志稿无，据原书稿页缝标记"永定河续志卷一序"，现将"序"字放本页原题目前，为完整序题。

---

　　① "平利李君"，指嘉庆《永定河志》作者李逢亨。原藉陕西平利［今安康市］人。李逢亨生平详见嘉庆《永定河志》卷首。

　　② "其诏忝权斯篆"句：朱其诏，江苏宝山人［今属上海市］。时任代理永定河道。权（斯）篆，代理、署理的别称。［篆指官印，旧时公私印章多为篆文，故称。］

　　③ 李申耆［1769—1841］，清地理学家、文学家。名北洛，字申耆，晚号养一老人。江苏阳湖［今武进］人，嘉庆进士，曾官凤台知县，后主讲江阴书院。通音韵、史地、历算之学，著述甚丰。地理学著述有《地理志韵编今释》、《历代地理沿革图》、《皇朝舆地韵编》及《皇朝一统舆图》。这里所说"按分计理"，即将比例尺运用于地图绘制。

详定续修河志章程

　　窃照援古，为证今之本，旧章或失，曷免愆忘。前事者后事之师，掌故所关尤宜考订。查《永定河志》成于嘉庆二十年［1815］，迄今六十余载，尚未续辑。河流形势既屡有变迁，疏筑机宜即互有同异。苟非详稽成法，纂述旧闻，何能参酌咸宜，措施曲当。是志乘一书，实与治河相表里，修订一事，遂为今日之要图。明知库款支绌，拟难举行，然未可因噎废食。且年久失修，卷牒散失恐已不少，若再迁延，必致文献无征，倍难措手。兹由职道①捐廉银三百两，并于库中闲款内，每年动支二百两，预支数年，以充修志之用（在岁、抢修部册节省项下酌提）。一面聘请熟谙测量法者，周历全河，详细绘图。一面札饬五厅会同，悉心妥议禀覆。兹据石景山同知吴丞等会议章程八条，职道详加参酌，尚属同妥。详请察核施行。

　　一、《永定河志》，嘉庆二十年［1815］前已有成书，此次续修，从嘉庆二十年起，前志仍其旧，以节经费。

　　一、嘉庆乙亥［1815］迄今，已历六十余载，各房案卷繁多，必得详加检阅。应先在道署设局，以昭慎重。俟各卷宗摘录齐全，或改设寺观，以便字匠人等随时出入。

　　一、自嘉庆二十年后，道署卷宗，应先饬房查点齐全，以便送局检阅。应入志书者，存局抄写。余即发还该房查收。所有存局卷宗，均归局书一手经理，以专责成。

　　一、《畿辅通志》及宛平、良乡、涿州、固安、永清、霸州、东安、武清等沿河八州县志书，由局分别借阅，以备采择。

　　一、值此库款支绌之时，竭蹷经营，成此美举，一切经费概从节省。所派局员不可人浮于事，止聘纂修一人，委司局一员，校录四员，书吏二名，听差一名。其修膳薪水、工食等项，临时酌定。

　　一、监修应派现任厅员。但五厅有防守河工之责，不能常川驻局，一切银钱支

---

　　① 职道，朱其诏自称，因当时代理永定河道职务故称。

发，应专责司局之候补厅员一手经理。按月将支发银钱细数，会同五厅呈报查核。俟局务告竣，将收除细数附刻卷尾，以昭核实。

一、局中概不另起伙食，以节杂费。惟驻局各员，濡毫握管，昼夜辛勤，其油烛、茶水、煤炭等件，难令自备。即约定数目，由局支发。如赴他处采访，亦另给川资，以示体恤。

一、本工现任候补各员，大汛时，均在防所，刻不能离。本年安澜后设局，如明年四五月间未能蒇事，暂行停止，俟秋汛安澜，再行续办。

奉督宪[①]批：

据详："《永定河志》年久未修，无以信今传后。该署道捐银三百两，另于库中闲款内，每年提银二百两，预支数年，以充修志之用。一面聘请熟谙测量之人，周历全河，详细绘图。并拟具章程八则，设局开办。具见兴废举坠，留心掌故。所详甚是，应即照拟办理。将来新任到后，即详告知，妥细接办，期于必成。"

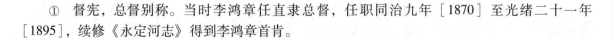

① 督宪，总督别称。当时李鸿章任直隶总督，任职同治九年［1870］至光绪二十一年［1895］，续修《永定河志》得到李鸿章首肯。

卷首 谕 旨

康熙七年至嘉庆十三年　嘉庆二十年至光绪六年

康熙七年至嘉庆十三年 ［1668—1808］（补旧志缺）[1]

康熙七年［1668］七月

命工部侍郎罗多等，筑卢沟桥决口及堤岸。禁止堤岸、庄佃私开沟河。

康熙二十一年［1682］

命工部尚书萨穆哈、顺天府尹熊一潇，察看石景山至卢沟桥堤岸，确估修治。

康熙三十七年［1698］三月

以浑河漫决，水患频仍，上亲临阅视。命巡抚于成龙，大筑堤堰，疏浚兼施。河成。赐名"永定河"。（于成龙引浑河，起良乡之张各庄、涿州之老君堂，至东安之郎城河。重改一道，使东，由固安县北十里铺至永清之北，直出霸州柳岔口、三角淀，达于西沽，筑长堤捍之。北岸堤自郎城河口起，上至张庙场，长二万七千一百六十二丈五尺，计程一百五十里。由张庙场而上，沿河五里，地势高峻，无堤。又，沿河二十里至立岱，积沙成堤，上接卢沟石堤。南岸堤自郎城河口起，上至拦河坝，长二万七千三百七十五丈五尺，计程一百五十二里。由拦河坝沿河，西至高店三十四里，积沙成堤，上接卢沟石堤。）①[2]

---

① 狼城河，即安澜城河。狼为郎字之误，原为郎城河，后改名安澜城河。在今永清县东南境、东安县［今廊坊市区］南境，有里安澜城、外安澜城，即其所经之地。

康熙三十八年［1699］十月

上巡视永定河堤，至卢沟桥南，原任河道总督王新命等奉上谕："此河性本无定，溜急易淤沙。即淤则河身垫高，必至浅隘，因此泛溢横决。沿河州县居民，常罹其灾。今欲治之，务使河身深而且狭，束水使流，籍其奔注迅下之势，则河底自然刷深，顺道安流，不致泛滥。今朕遍观两岸，将紧要应修处，逐一详审，尔等务期次第修筑，遵谕而行。"

上至北蔡村、夏庄村、南蔡村①等处，王新命等奉上谕："于此三处，从上流作挑水坝，不必过长，长则大溜为其所逼。对岸淤处，略加挑浚，水即泻入直流矣。著俟明春兴工。"

上至郭家务村南大堤，以豹尾枪立表于冰上，亲用仪器测验。王新命等奉上谕："测验此处，河内淤垫较堤外略高，是以冰冻直至堤边。以此观之，下流出口之处，其淤高必甚于此。如此壅滞，安能畅流。此等堤工卑矮可虞，若不预行修筑，明春水发难以堵御。必自今冬下埽，加帮增高，不可取近堤之土。若取土成沟，水流沟内有伤堤根。著取近河土用之。即运土稍远，亦无不可。"

又，奉上谕："今永定河自郭家务以下，壅淤已高出七八尺。若掘毕，方浚河身，不但多需工力，必致岁岁壅淤。南堤之南，地最洼下。若随其洼下浚治，于掘出之土，即行钉桩，筑堤坚固，则修理最易。抑且北堤三层，于河更属有益。尔等修理时，可将河口修窄，渐次放宽，于两边筑堤使高大，则水势迅急，沙自不能停住。若遇村庄近处，宜详视妥当，委曲远移。或砌之以石，与村民无碍，始行修理。俟新修河工告竣，朕亲临视，开放河水。"

康熙三十九年［1700］二月，大学士等奉上谕：

朕往阅永定河，见河工诸臣无知晓，因朕指示周详，河工诸员弁②方悟而大悦。总之，经任河务者，勤而且廉，即克底绩。此河告竣，则黄河亦可仿此修之。朕御

---

① 包衣，满语"包衣阿哈"的简称，又简称"阿哈"。汉译家奴、奴仆、奴才。历史上满族社会最低阶级。被满族贵族所占有，无人身自由，被迫从事家务劳动或生产劳动。来源于战俘、罪犯、负债破产，或包衣子女［或称家生子］。清军入关，建立全国范围统治后，包衣虽因战功而显贵，而对其主子仍保留家奴身份。

② 弁［biǎn］，旧称武官为弁，如将弁、武弁，后专指管杂务的低级武官。

小舟，入郎城等淀淤浅之处，遍视之，则河之当移柳岔也，益无疑矣。郎城河全被沙淤垫高，至来年可耕为田，而欲于此处出水，直强之耳。水口所关重大，若非亲临目击，可轻断乎？至治河大臣畏缩不前，反再三陈奏。以为不可行者，今复何辞？

又，奉上谕："郎城之遥堤甚有用，清水、浑水俱以此当之。新河开毕，著即修筑南、北两岸遥堤。完工后，交地方官各自分守，稍有损坏处，用民工补修。"著传谕："直隶巡抚李光地，朕将四月来临，不时遣人察视，尔等谨慎无忽"。

康熙三十九年［1700］四月，上巡视永定河堤，大学士等奉上谕：

朕前者到此，曾指示挑浚河湾，令其下桩。今日观河水已涸，乘此水涸之时，易于成功。其径直挑浚处，须令宽阔，即以所挑之土培筑堤岸，甚为有益。现无雨水，二十日可以告竣。目今冬作方兴，夫役难于骤雇。八旗并包衣属下，每佐领派护军、骁骑①各二百步军，共一千，令其挑浚。凡人员废官，有愿浚河效力者，亦令前往。

又，巡阅竹络坝。李光地等奉上谕："莽牛河②出水之口，亦宜于下埽防之。隆冬冻结之时，莽牛河口著照常开泄。清水流于冰下，则水为冰所俯向下冲刷，河底自然愈深"。

又，阅新修石堤。奉上谕："朕修此石堤，特欲其坚而更坚之意。如此，则河水断不复归旧河，此地黎民亦可安枕矣"。

又，阅竹络坝迆东河道大弯。奉上谕："此地正当顶冲，甚为危险。现今，此处续修石堤尚未兴工。著速取南方运来杉木，即下排桩及埽，坚固修筑"。

又，奉上谕："观新挑河道水流，即直出柳岔口，亦顺；河岸较前甚高，而河亦深。此皆莽牛河水冲刷之故。阅其地势，南岸最为要紧。故将应行坚修诸处，详行指示。尔等勿谓其已成，而遂忽之"。

---

① 佐领，清军八旗制度中最低基层单位。"牛录额真"的汉译。护军，护军营的简称，骁骑，骁骑营的简称。二者均为守京城、皇宫、王府的八旗近卫军。有马军、步军等军种。清朝河防工程人力不足时除征募民夫之外，也往往调派包衣、骁骑、护军士兵参加河防守卫、抢险。但与河兵有别，河兵为绿营兵。

② 莽牛河即牤牛河。

雍正四年［1726］四月，奉上谕：

去岁畿南被水，朕轸念民生，除截漕赈济外，又特命怡亲王等，亲往查勘地理情形，以除水患，以兴水利。今一切工程事务，虽有分发效力人员，但地非素经，人非素辖，恐呼应不灵。必得本处地方官，公同协办，始克有济。且事必专一，方可奏功。凡直隶地方，文武官于水利事务，务须与分发效力人员和衷协助，如有漠[3]视、推诿及阻挠者，俱著怡亲王题参。实力奉公者，亦保题。

雍正八年［1730］十二月

命吏部左侍郎刘於义，为直隶河道水利总督①。内阁学士徐湛恩，协办河道事务。

乾隆二年［1737］六月，奉上谕：

永定等河堤工有冲决之处，著协办吏部尚书事务顾琮，驰驿前往察勘。其应行抢修事宜，著同李卫、刘勷，速行筹画办理。

乾隆三年［1738］九月，奉上谕：

朕在途次，将永定河工事务询问朱藻、顾琮，见其言语支吾。且云："将来若无大水，而堤岸加高、加宽，便可无患"，等语。前大学士鄂尔泰，与李卫、顾琮等，细加勘酌定有成议，原为一劳永逸之计。今顾琮忽变其说，以为永定河即已治坏，止可加夫加料，竭力防守。且观伊等所办，未必悉照从前所定之规模。从来修治河工，原以防水涨之年，得以保固，始于地方有益。若谓无大水，而后可以无患，则殊失治河之本旨矣。且今年并无大水，而堤岸已经被冲，又何说也？伊等又云："河身不能疏浚"。夫概行疏浚，固有难行之处，而水之去路若不疏浚，何以使水有所归宿耶？又如金门闸等工，乃去年早已议定者，何以至今尚未就理耶？种种河务，伊二人总不能切指情形，得其要领。观其陈奏之时，惭恧徬徨，似有自觉理短之意。

---

① 清初设河道总督，统管河防水利。后分为三：江南河道总督，驻清江浦，专管南河，光绪二十八年［1902］裁撤；河南、山东河道总督，管东河，驻济宁，咸丰八年［1858］裁撤；直隶河道水利总督，雍正八年［1730］十二月设，驻天津，专管北河即永定河，乾隆十四年［1749］裁撤。南河、东河指黄河、淮河、运河相关河道。

如此，则办理既未合宜，而工程亦未必核实。可传旨询问之。或伊等在朕前不能敷陈详尽，可令其明白详悉具奏。

乾隆四年［1739］正月

命尚书公讷亲，查看永定河故道。

乾隆四年［1739］八月，奉上谕：

直隶地方水利未讲，以致水涨则受其害，而平时未获其益。前屡降旨，令悉心筹画，善为办理。据孙嘉淦陈奏，大概讲论河道情形。至如何消除积水，俾民间田亩收水利，而免水害之处，未曾详悉奏及。朕思此时，乃水势消落之际，又值年谷收获，正宜董率官吏，及时经营。不但工程可以早竣，而无业贫民亦可藉以糊口。若不趁此时速为料理，为未雨绸缪之计，转瞬春水长发，又恐难以施工。朕为闾阎疾苦，时廑于怀，为封疆大臣者，当体此意。可即传谕孙嘉淦知之。

乾隆五年［1740］九月

命江南河道总督高斌，会同直隶总督孙嘉淦，详勘永定河故道。

乾隆六年［1741］正月

总督孙嘉淦奏："永定河工公议：'暂堵堤口，俟引河挑挖宽深，再行开放'。臣实不敢扶同。"奉上谕："卿此奏固是，但大学士等，亦系慎重，欲筹万全之意。卿亦不必固执己见也。且旧河下口尚未会勘。会勘之后，卿等和衷详酌，自有定议。总之，此事卿所见甚当，所任甚力，而办理未尽善处，朕亦不能为君讳。然而，朕终以卿为是者。以卿不似顾琮，为游移巧诈之计耳"。

乾隆六年［1741］三月

总河顾琮奏："前请挑河筑堤各工程，既经阁臣等入告，准行复议从中阻。伏、秋汛涨，设有疏虞，咎将谁归？此事已与督臣意见相左，臣在任无益，请简员接办"。奉上谕："此所谓中心疑者，其辞支也。此案汝向来迁循反复，卑鄙无耻之状，亦不必尽提。即堵金门闸以后，汝所题者，工则新生，项则新拨。汝旧年胡乃不如是之尽心料理耶？此其故。一则欲多费钱粮，以形孙嘉淦之冒昧开河，以为不如是，则无此番多费；一则汝等河工大小官员，以为将来无河可修，无利可渔，趁此一举可以多吞。汝试思，光天化日之下，可容汝等如此作为乎？且未改河以前，胡乃无一语及此，而改河以后议论纷纷？即以汝庸材，亦岂能办此钜工！今汝之奸，朕皆烛破。乃故为此愤激之言，思欲中伤阁臣。夫阁臣有何亲于孙嘉淦，而疏于汝乎？且明知汝二人皆不可办此，欲过秋汛之后，使高斌来专办一切。彼虽请项浮于汝，朕亦不惜以为得实济耳。汝若能保汝之所请，皆归实用，或将来高斌到此，不致另有疏通。而汝所请之项，为虚费于无用之地，则亦可照汝所奏行之，汝其明白回奏。朕恐汝身家未必足二十万之数也"。

乾隆六年［1741］八月，奉上谕：

直隶河道必须总督一人兼理，事权归一，始于河务民生均有裨益。高斌系熟悉河务之人，今补授直隶总督。河工一切机宜，俱著伊相度办理。河道总督顾琮著回京候旨。其河员、河兵及效力人等，应留应去，高斌到任之后留心查察，次第奏闻。其效力人等，必需留工者，应酌定额数，以杜冒滥。著高斌一并详议具奏。

乾隆十二年［1747］五月，奉上谕：

直隶河务现交总督那苏图管理。伏、秋两汛甚属紧要，总督事务纷繁，一切修防工程难以兼顾。张师载向为南河道员，通晓河务。著前往协同办理。

乾隆十三年［1748］七月，奉上谕：

据那苏图奏称："永定河伏汛叠长，六月二十七日，石景山长水至三尺六寸，南岸金门闸石坝过水七寸。履勘河身，有沙嘴中梗，溜势坐湾趋闸，恐减泄过多。于金门迎溜，上唇做坝挑水"，等语。金门闸石坝，原以备减泄永定河泛溢之用。过伏、秋盛涨，不患其减泄过多，即有沙嘴中梗，少用人力挑导，借盛涨之水冲刷亦易，不必另建挑水坝，若在水小之时挑水，令入中洪则可。今于盛涨立坝，恐浮沙即依坝填淤。金门闸过水固可无虑其多，而下游疏泄，即虑其有梗塞，所见似未妥协。朕意所立挑水坝，不如去之为是，并俟高斌回日，将此情形问彼会奏。可传谕那苏图，令其酌量办理。

乾隆十三年［1748］七月，总督那苏图奏复金门右坝情形，奉上谕：

览奏并河图，知挑水坝之设，原以救弊一时。且溜已渐归中泓，立坝亦不为无补，倘河身大溜仍欲趋湾。朕就所阅之图，似应于朱笔直画处，开一引河，使大溜畅达下游，归河身正溜。可不虑其奔注金门闸，以致减水太多。但是否与形势相合，可传谕那苏图，令其酌量情形。如引河当开，所费约略几何？倘立坝之后，河溜已归中泓，而引河又费工甚钜，即可不必。著详悉相度，奏闻。

乾隆十四年［1749］十月，奉[4]上谕：

据方观承奏称："永定河南、北两岸堤身，比河滩仅高二、三尺者甚多。查，前任河臣高斌于乾隆十一年［1746］奏准，动项五万余两，将两堤北堰加高培厚。数年以来，河渐淤垫，堤复卑矮，赖有各坝分减水势，得保无虞。今将甚卑薄险要处所，酌量间段加高培厚，以资捍御"，等语。治河之道必使下有所宣泄，方不致阻滞，泛溢冲决为灾。是以疏沦决排，为治水之正道。若但就现在堤堰加培高厚，则河身必致淤垫。行见河身日高，堤堰亦随之日长，束水而出之平地之上。长此不已，将复安穷？此不过苟幸目前耳。今之淤垫者，即前督动项加培之处，是其危害已有明徵。今仍不外于加高培厚，岂所谓熟筹久远之计耶？方观承于事理尚属明晰，畿辅水道当所素谙。著从长另为酌办，毋得姑行旧辙，苟且了事。前此河工，总以加高培厚四字为动项，开销秘钥，而使河流日渐高仰，必致贻后来莫大之患。并将此谕高斌知之。其南河目下有似此加高培厚者？一并令高斌等详悉奏闻。方观承折亦发与高斌看。

乾隆十四年［1749］十一月，奉上谕：

据方观承奏称："乾隆二年［1737］，河身自六工以下已有高仰之形，经大学士鄂尔泰往勘，会同前督臣李卫，河臣顾琮议，改挖新河，即以北堤为南堤，另筑北堤长三十六里。因其下有积水侵占，未及完工。至乾隆五年［1740］，河臣顾琮续请接筑北堰。臣此次查河详加履勘，只须略为修补，开挖新河以容正溜。惟多村庄芦舍，非数月能办之事。是以，仍议暂由旧道，"等语。朕思，加高堤堰固属治水下策，而挖改河口亦未易轻言，蓄洪流巨涨，非人力所能开浚。使永定河可挖，则黄河亦可挖，使复循九河故道矣。即今改挖新河，而数年之后，不能保其不复淤塞。

则此一番工役，岂不徒为虚费。况芦舍至万有余户，坟墓至六千余穴，田亩至千有余项。小民安土重迁，难与图始，无故而令其流移转徙，彼未见远水避灾之利，而先已不胜扰累。此改河之议，不待智者而知其不可也。鄂尔泰久经物故，即使筹办未当，亦不必问及后嗣，其所勘或就当时情形定议，或本属无益空言，俱姑置弗论。但所称未及完工者，其已兴修之处曾有几成？顾琮接筑北堰，曾否完竣？折内尚未明晰。自朕观之，治河之道加高固不可行，培厚或庶其可。诚使培于堤后，而前岸之近河者展而益宽，水有所容，可免于溢决。此变通于前人，不与水争地之意。而可无纷更徙置之劳，当较胜于加高束水与开挖新河者。朕明春巡幸霸州，即可按行永定，亲加相度，其中一切未尽事宜，该督面请指示。

乾隆十六年［1751］八月，奉上谕：

据方观承奏："目前运河水长平槽，三岔河一带并有海潮倒漾，大清河东注之势不能迅畅，以致凤河下口亦有屯阻"，等语。今年雨水调匀，各处河流顺轨，三岔河一带何以海潮尚有倒漾？是必海口为淤沙壅滞，不能深通畅流之所致。此处于河道大有关系，亟宜留心经理。盖北河迤逦入海，挟沙而行，一路随行随积，与南河海口情形本自不同。况如去年秋冬之间，沿河地方尚有未经涸出地亩。夫水过白露，何致尚未归槽？可见下游入海之路不无淤垫，应行及时筹办。著传谕方承观，令其亲身前往，悉心相度，有应行酌量办理之处，即速详察，具奏。

乾隆十六年［1751］十一月

命户部侍郎汪由敦，会勘永定河下口。

乾隆十九年［1754］六月，奉上谕：

方观承奏《永定河下汛堤堰漫水》一折。据称："此处堰外名线儿河，悉系水草，一望弥漫，并无村庄地亩"，等语。此时河水盛涨漫口，既属堰尾，丈外俱空阔处所，无田庐民舍，可任其流溢。但恐或致淤高淀底，以致倒漾之患耳。苟无此患，似可听其合流，使下口益畅。该督即饬汛员，调集堡船，捞泥割草，以图堵闭，盖为恐致淤垫耳。著详悉查明，具奏。至所称漫口在凤河下口之上，因上游之水畅消下注，凤河宣泄不及，屯积堰根，以致漫溢。则何不于凤河受水之处，量为开宽口面，俾得畅泄？则上游之水亦可速消，当有裨益。

乾隆三十五年［1770］五月

命工部侍郎德成，会同总督杨廷璋，督堵北岸二工决口。

乾隆三十五年［1770］六月，奉上谕：

据德成、杨廷璋奏办理永定河北岸漫口情形，称："五月二十八日亥时，大雨如注，河水陡涨，将新下之埽掀撼泅浮。现在水深二丈五尺，钉桩难以稳固。惟有漫口以北，老堤尚属坚实。即于该处斜镶软坝，挑溜入河。仍于座湾顶冲，更开河引溜归旧"，等语。大雨后河水骤长，溜流猛迅，原非人力所能强争。若急流下埽以撄其势，转恐于事无益。但永定河之水，非黄河长源远赴者可比，盛涨即过，即可渐平。自应暂让其汹涌之性，俟一两日后，流缓溜微，即行加紧堵筑，兴工自当较易。而现在开挖引河，引溜归旧，最为紧要关键。若引河速成，于筑口合龙，尤易于集事。德成务同杨廷璋详度机宜，妥速筹办。再，向来沿河正堤之外，俱筑遥堤。此次漫溢之水，若在遥堤之内，则原系预留河流荡漾之地，尚属无妨[5]。或已漫开遥堤，仍复折归埝内，所经之处亦复有限。倘竟溢出遥堤一往泛滥，则民地、田庐必被淹损。杨廷璋即应确查被水之区，是否成灾，迅速照例分别抚恤经理，毋使小民稍致失所。仍将实在情形详晰奏闻，毋少讳饰。至杨廷璋昨岁面见时，曾奏及所办永定河工程，伊到彼即得神力相助，迅速奏功。彼时觉所言略涉自满。从来明神默相，原属理所应有，而河神尤为灵应。果能极尽诚敬，未尝不可感通。若画册流传、开云、返风之类，辄自诩为正直，神自扶持。不过文人任意夸张，殊不足倍。杨廷璋设或稍存此念，未必不因此致损招尤。即应深自忏悔，积诚孚感，以期速佑安澜。仍著杨廷璋等，将日来施工有无成效之处，即速具奏。

乾隆三十六年［1771］七月

命侍郎德成，会同总督杨廷璋，督堵南、北两岸漫口。又，命两江总督高晋、工部尚书裘曰修，会同筹办。

乾隆三十九年［1774］　　月，奉上谕：

永定河旧例，每年岁需银三万四千两，定额永远删除。嗣后，每年秋汛后，将下年岁修需费若干，勘估奏明请领。次年验收核销。其抢修，先发一万两存贮道库，

（光绪）永定河续志

倘有不敷，奏明垫发。工竣核销。

乾隆四十九年［1784］三月

命步军分段挑挖卢沟桥下沙淤。

嘉庆二年［1797］七月，奉上谕：

热河于二十日丑刻又复阴雨，午刻尚未晴霁，云气仍自西南而来。因思永定河漫口，前据梁肯堂奏，新筑堤工因十五日之雨又塌去二十余丈。究系该督等意存欲速镶筑，未能坚实所致。本日未识，是否亦有阴雨，深为廑念。传谕梁肯堂，惟当虔祷河神垂佑，不可稍涉怨尤。并督率工员，慎重进占，步步稳实，毋得草率从事。

嘉庆三年［1798］三月，奉上谕：

据胡季堂奏："永定河堤工残缺，应行补筑，分别缓急办理。"所奏甚是。近日，河员往往拟将河堤增高，以御汛涨。殊不知，河底淤垫，不思设法疏浚，徒将河堤顶日益加高，则河底岂不益高，于事仍属无济。著传谕胡季堂，只须将应修、应筑事宜分别酌办，不可辄事增商，以致徒费无益。

嘉庆六年［1801］六月，奉上谕：

昨因大雨连绵，河水涨发，朕心深为廑念。特派那彦宝等，前往卢沟桥一带查看被水情形。据复奏，卢沟桥东、西堤岸，被水冲塌漫口四处，水势散溢，下游居民田亩被淹浸者必多。自宜赶紧修筑，以资保护。所有东岸工程，著派侍郎那彦宝、武备院卿巴宁阿，前赴拱极城①驻札督办。西岸工程，著派侍郎高杞、祖之望，前赴长辛店驻札督办。各带司员率同地方官，上紧设法疏消、堵筑缺口，俾要工即臻巩固。毋稍迟缓。

嘉庆六年［1801］六月，奉上谕：

那彦宝等奏："查勘永定河下游河身内，并无急湍长流，附近居民在河身内高阜处所，种植秫豆等物。其南岸堤外并有涸出地亩，赶种晚莜"，等语。可见下游高仰

① 指今丰台区宛平城。

已非一日，若不设法使河流仍归故道，则南苑一带，岂可竟成河流熟径耶！此时伏汛盛涨，口门一时不能堵筑。惟有开挖引河，吸溜归槽，最为要务。著那彦宝等四人，会同熊枚，相度地势，何处以挑挖引河，即稍占地亩，亦属无可如何。应详酌具奏。

嘉庆八年［1803］闰二月，奉上谕：

颜检奏《永定河购料情形今昔不同，请暂准酌加运脚》一折。永定河购办料物，向在附近村庄采买，均按例价支发。自嘉庆六年［1801］被水后，河工需用秫秸，向远处购买，以致运脚多费。自系实在情形。著加恩照颜检所请，除永定河下游六汛采买料物仍照侧价外，其上游八汛办理秸料，每束加脚价二厘五毫，以资采买。该督仍督率河道等，随时稽查。俟数年后，附近地方可以采买，即将加价停止，仍照定例开销。

嘉庆十三年［1808］六月，奉上谕：

甘省为黄河上游，每过汛期水涨，俱用皮混沌装载文报，顺流而下，知会南河、东河各工，一体加意防范，得以先期筹备。因思，永定河发源于晋省浑源州，该处水势情形，设遇汛期加长，亦应速行知会下游，预为防护。著该抚饬知浑源州，随时禀报，倘察看水势增长，即由六百里①一面具报直隶总督，一面呈报军机处，勿稍迟滞。并著成宁，将该省现在雨水情形及浑源州水势如何，速行查明具奏，以慰廑注"。

（以上节录用补"旧志"之缺）

嘉庆二十年至光绪六年 ［1815—1880］[6]

嘉庆二十年［1815］六月，奉上谕：

那彦成奏《永定河工漫水》一折。永定河北岸七工二十四号，因六月二十二目

---

① "六百里"一语是"六百里加急递报"的省略语。清制各省有紧急军情或其突发重大事件上传下达，视紧急程度，由官办驿站按四百里加急、六百里加急等，快速传递。四百里、六百里指马一日行程。随现代电报通讯应用，此制遂废。

以后雨大水长，漫口塌宽六十余丈。该督现已饬令该管河道，赶紧购买料物，并亲赴该工查勘。此次永定河漫工，距下口甚近，过口门后，仍循堤外减河，归入正河尾闾，现在盘做裹头。著那彦成确实勘明，俟料物购齐，即行相机堵筑，复归故道。其失于防护之专管通判郑以简、主簿邱凤梧、协防同知王履泰、通判单应魁、县丞汪兆鹏，俱著摘去顶戴，仍留工效力。如堵筑迅速，再行奏请开复。永定河道李于培，到任甫逾一月，于河务情形尚未阅厉，著加恩免其议处。那彦成自请议处，亦著宽免。俟漫工堵合，将用过工料银两，著落该督分赔十分之三。其被淹村庄，著迅速查明，奏请抚恤。钦此。

嘉庆二十年［1815］七月，奉上谕：

那彦成奏《永定河北七工第十号被水漫溢，赶紧盘做裹头，并自请严议》一折。永定河北七工漫口，距前次漫口不远。幸仍循减河故道下注，未经旁溢。那彦成现在差次赶办桥道，未能兼顾，所有自请严议之处，著加恩宽免。其漫口处所，业经盘做裹头。那彦成俟要亭送驾后，即驰赴工次，查勘情形，应如何归并堵筑之处，妥为办理可也。将此谕令知之。钦此。

嘉庆二十年［1815］八月，奉上谕：

那彦成奏《查勘永定河北七工第十号并非漫口、并参处疏防之厅汛各官》一折。此次北七工第十号浸溢处所，系因溜势陡长，于堤埝上过水，未成缺口。该道李于培，照漫口具禀，系因不谙河工形势，著加恩免其议处。即将第十号漫口罚令填筑坚固，不准开销。该管厅员三角淀通判郑以简，汛员东安县主簿邱凤梧，两次失防，实属疏玩，均著革职，留工效力。俟漫工堵合后，再行核办。其北七工二十四号漫口，即日兴工堵筑。著温承惠前赴工次，帮同李于培妥协办理，工竣后回京供职。钦此。

嘉庆二十年［1815］九月，奉上谕：

那彦成奏《永定河北七工漫口合龙》一折。此次堵筑永定河溢漫工，口门水势尚深至三丈有余。东、西两坝，经各工员昼夜镶压稳固，引河畅顺，一举合龙，二十余日通工告藏，办理尚为妥速。李于培著加恩开复道员，仍留直隶补用。北岸同知张泰运，著赏加知府衔。南路同知许嗣容、易州知州金洙，俱以应升之缺升用，以示奖励。钦此。

嘉庆二十年［1815］十月，奉上谕：

那彦成奏《查明永定河办工出力人员恳请施恩》一折。此次永定河堵筑漫口，办理迅速，各工员尚属奋勉，加恩著照所请。保定府同知汪炯、永定河南岸同知孙豫元、定州直隶州知州张孔源、候补同知张承勋，俱赏加知府衔。河间府知府彭应述，交部从优议叙。候补同知沈华旭，准其捐复知府原官。蔚州知州张道渥、丰润县知县杜怀瑛、内邱县知县李钤，以应升之缺升用。候补同知袁烺、候补通判冯德峋，俱改拨河工先仅补用。候补同知管文恺、候补县丞袁修敬、黄瀚、候补从九品陈裕，俱改拨河工。候补县丞陈选、候补从九品潘炯、候补未入流殷璋、贾旭，俱尽先补用。都司谢成，赏加游击衔。守备李存志、守备衔河营协备夏芳茂，俱赏加都司衔。千总宋培，赏加守备衔。河间府同知王履泰、候补通判单应魁、候补县丞汪兆鹏，俱开复顶戴。已革通判郑以简，降等以州同补用。已革主簿邱凤梧，降等以巡检补用。捐复知县王余师，准其留于直隶补用。王奎聚、蒋兆璠、沈守恒、张洽、储斗南、翁斯福、董鸿，俱准其捐复原官，仍留直隶补用。该部知道。折单并发。钦此。

嘉庆二十一年［1816］七月，奉上谕：

方受畴奏《秋汛安澜》一折。本年，永定河水势叠经涨发，南、北两岸堤工屡报出险。那彦成未能到工防汛，所有各工段均系该道叶观潮督率抢护，一律平稳。现在节交白露，奏报安澜。叶观潮著交部议叙。钦此。

嘉庆二十二年［1817］二月，奉上谕：

御史谢崧奏《河漕员弁议叙太多，请核实办理》，又《地方候补不由河工出身人员，请停止改补河工》两折。所奏俱是。河工设立文武员弁，保护安澜，是其专职。其沿河各员，于漕运过境催趱迅速，亦系分内之事。近来，河漕保举出力人员本属过多，并有捐升、降革两项人员，即非现在河工，亦一体保列，奏留本省及捐复原官，实为冒滥。至地方人员与河工，本各有职守，此时河工人员尽敷差委，又何庸于地方人员内纷纷拨用。不过为该员等补缺、升迁地步，亦属取巧。嗣后，该督抚暨河督、漕督等，于每岁防工、催漕人员，均不得率行保列。如遇有特旨饬令保奏，准将尤为出力人员核实保举，勿许滥及多人。若未经奉旨，率行保奏者，或将捐升、降革人员奏留本省，及捐复原官者，除不准行外，仍将该督抚、河督、漕督等，交部议处。以杜奔竞而肃官方。钦此。

嘉庆二十四年［1819］七月

命户部侍郎那彦宝，查看永定河水势。

嘉庆二十四年［1819］七月，奉上谕：

那彦宝奏《永定河北岸二工、南岸四工漫溢情形》一折。前因永定河水势盛涨，特派那彦宝前往察看。兹于二十日午刻，北二、南四两工同时漫溢，著派吴璥、那彦宝分投筹办。吴璥接奉谕旨，迅速先赴北二工。如那彦宝在彼筹堵，吴璥即速赴南四工勘办。若那彦宝已赴南岸，吴璥即驻北岸，办理北二工，南四工交那彦宝筹办。伊二人各带司员，专办一处工程，不必会商。各将水势情形、口门丈尺及水归下游淹浸何处，先行查明，各自具折陈奏。其所需工料银两，亦各自约计数目先行奏明，由部库拨给，以便筹备料物，定期兴工。将此由四百里谕令知之。钦此。

嘉庆二十四年［1819］七月，奉上谕：

方受畴奏参《永定河疏防各员弁自请议处》一折。本年，永定河秋汛水势异涨，北二工、南四工同时漫溢。与冲决堤岸者不同，所有石景山同知马金陛，署北岸二工良乡县县丞王庚，并南四工厅、汛各官，均著加恩免其革职。即责令该员等，勉力赶紧堵筑合龙。方受畴及河道李逢亨，加恩一并免其议处。著方受畴迅即派员，查明北二工、南四工各下游被淹地方，先行奏闻。该督俟送驾后，再行前往查勘，筹办抚恤事宜。奏明候朕施恩。钦此。

嘉庆二十四年［1819］七月，奉上谕：

永定河道李逢亨，经理河务是其专责。本年，永定河漫口虽由水势异涨，该道不多备料物，以致抢护不及，咎无可辞。李逢亨著即革职，交吴璥等，专办南四工漫口。如能堵筑迅速，工竣后奏明，再行酌量施恩。钦此。

嘉庆二十四年［1819］七月，奉上谕：

那彦宝奏："永定河北上头工水势漫溢，侧注口门约三百余丈，已制动大溜七分"，等语。前因永定河北二工、南四工同时漫溢，降旨令吴璥、那彦宝分往筹办。现在，北岸上头工漫口三百余丈。该工地处上游，即以制动大溜，河不两行。北二工漫口，自已汇归一处。其南四工漫口，晾必水浅挂淤。此时，吴璥不必前往南四工，所有北上头工漫口，即交吴璥、那彦宝二人会同办理。务同心共济，妥协筹商，以期迅速蒇工。所需工料银十万两，已降旨由户部拨往应用。如有不敷，再行奏请。张裕庆准其带往，并拣派京察一等司员三人，交伊等一并差遣委用。其丞、卒等员，已降旨令方受畴派往矣。李逢亨业已革职，其南四工漫口易于堵筑。著吴璥等，即饬知该革员，令其前往专办此处工程，以赎前愆。如果愧奋出力，工竣后再行酌量施恩。吴璥等，查明口门丈尺，水势深浅，即速购料，预备兴工。每届五六日，将办理情形具奏一次，以纾厪注。将此谕令知之。钦此。

嘉庆二十四年［1819］七月，奉上谕：

吴璥等奏"永定河北岸上头工漫口、大溜全归一处，下游各门俱已挂淤断流，酌筹办理"一折。北岸上头工漫口三百余丈，尚系约计之词。连日晴霁，水势渐消，究竟宽深、丈尺若干，夺溜若干，测量确数，再行具实具奏。其奏请酌派州县丞、卒各员，昨已降旨，令方受畴选派前往。本日复面谕该督，饬知委员等，迅速赴工，以备差委。至工需银两，已由户部拨银十万两，方受畴又饬署藩司祥泰，赍银十万两驰赴工次，应即分投购备料物。此时，吴璥等先将两面裹头，盘护稳固，勿令口门越塌越宽。一俟料物齐备全，即可定期兴工。每隔六七日，将办理情形具奏一次，以纾厪注。将此谕令知之。钦此。

嘉庆二十四年［1819］七月，奉上谕：

给事中周鸣銮奏"永定河同知擅离职守，致有漫工，请令防汛员弁照黄河之例，于霜降后具报安澜"一折。著吴璥、那彦宝，即传讯石景山同知马金陛，因何于七月十三日先行回署？并询问在工员弁人等，如果属实，即将马金陛革职，仍责令在工效力。至永定河，向于白露节奏报安澜，北河情形与黄河不同，若改至霜降，未免过迟。著改于秋分后奏报安澜。钦此。

嘉庆二十四年［1819］八月，奉上谕：

吴璥等奏"勘明永定河北上头工口门丈尺，酌筹取直堵筑坝工情形"一折。昨已有旨，令吴璥驰往东河，筹办堵筑漫口事宜。所有永定河漫口，专交那彦宝、方受畴二人会办。著即照此次筹议章程，妥协经理，约计万寿节时当可合龙。如届期未能藏工，十月内亦必可堵筑完竣。前由部库拨银十万两，直隶藩库又拨去银十万两，是否已可敷用？如尚有不足，那彦宝等酌量奏明，再于藩库添拨。如藩库无款可动，致于部库请拨，均无不可。其水势情形，及进占成数，自奉旨之日为始，每隔十日具奏一次。将此谕令知之。钦此。

嘉庆二十四年［1819］八月，奉上谕：

据方受畴奏《查勘永定河漫口情形商办堵筑事宜》一折。永定河南四、北二两处口门，俱已挂淤，上头工漫口四百余丈，已有淤滩二百余丈，日来天气晴和，水势仍递见消落，自当易于堵合。前拨去部库银十万两，又由藩库解到银十万两，刻下陆续到齐，约计已可敷工用。著那彦宝等，即督饬各委员，一面分投购备料物，一面相度地势，开挖引河，择吉兴工。务期工坚料实，不可草率。将此谕令知之。钦此。

嘉庆二十四年［1819］九月，奉上谕：

那彦宝等奏《永定河北上头工大坝合龙，全河复归故道》一折。此次堵筑永定河北岸坝工，那彦宝督率在工人员，昼夜趱办。自兴工以来，将及四旬，将全河挽归故道，工程巩固，办理亦复迅速。那彦宝始终其事，甚为出力，著交部从优议叙。方受畴往来河工，不能专力督办，且系本管河工，有疏防之责，功过仅足相抵。著毋庸议。张泰运前令暂署永定河道，在工襄事，尚能称职，著即实授永定河道。其余在工出力人员，着那彦宝再行据实保奏。钦此。

嘉庆二十四年［1819］九月，奉上谕：

那彦宝保奏《在工出力各员》一折。此次永定河北岸坝工合龙，办理妥速。前降旨，令那彦宝将在工出力人员据实保奏。兹据查明开单，呈览加恩。著照所请，户部员外郎中祥暎、陈书勋，工部郎中宝龄，俱赏四品顶戴。刑部员外郎张裕庆，以刑部郎中遇缺即用。户部候补主事余文铨，遇有本部题选缺出，即行补用。通永道任衔蕙，赏戴花翎。直隶州知州金洙、袁俊，俱赏加知府衔。署同知候补河工通判徐鉎，漕运通判祝庆谷，赏加同知衔。候补同知姚麟纹，候补县丞黄瀚、李懋勋，俱俟补缺后，以应升之缺升用。知州鲁式如、知县辛文沚，府经历叶秀岐、县丞程正乐、马錞，俱以应升之缺升用。候补知府钟禄、候补知州陈晋、候补知县高应元、李家言、郑琦，候补府经历吴汝芝、候补未入流顾光燮，俱遇有缺出，尽先补用。候补县丞叶渠、候补府经历杨夔生、朱述曾、候补巡检张耀箕，俱留工，以河工县丞补用。署南岸同知彭应杰，准其即行实授。推升广西知州沈旺生、坐选云南知州袁煇，候选县丞余寿康，俱留于直隶补用。降调知州司马章，留于直隶河工，以所降之级补用。候选知县李师曾，归部尽先选用。坐补知县何棻，免其坐补，留于直隶遇缺补用。坐补县丞张諟，免其坐补，以应升之缺升用。都司谢成、苏国泰、守备李存志、协备夏芳茂，俱赏戴蓝翎。都司邓殿魁，赏换花翎[①]。革职知州彭希曾、顾翼，俱降等以知县补用。降调知县罗开桂、程正堦、张裕乾，俱准其捐复，其应捐银两就近交纳藩库。已革同知马金陛，降等以通判用。已革县丞钱栻，降等以主簿用。至已革道员李逢亨，年已衰老，此次永定河漫工，本有疏防之咎，业经革职，著即饬令回籍。钦此。[②]

嘉庆二十四年［1819］十一月，奉上谕：

御史蒋云宽条奏《慎重河防》一折，所奏俱是。各省沿河设立厅、汛员弁，原应驻居堤所，常川保护。若仅于大汛时驻工防守，平日任其偷闲，远离汛地，则兵夫等无所统束，亦必相率走避。一切防范之具，尽成具文。著各该河督，严饬各员，无论是否汛期，均督率兵夫巡逻堤岸，如有擅离汛署者，指名严参，以重职守。其

---

① 清制，皇帝以孔雀翎赐臣下，作官帽的装饰品，称花翎，有单眼、双眼、三眼之分。花翎，五品以上官员佩戴。六品以下用鹖鸟羽毛，称蓝翎，无眼。都司、守备、协备都为五品。从五品以下官员戴蓝翎。特殊有功的可赏戴单眼花翎，只有高级官员戴双眼花翎，三眼只赏给亲王。

② 上谕内几个词语的简释：推升，指督抚推举、保荐提升的［官员］尚未获准，仅在吏部记名备案的官员。捐复，指因过失被革职、革职留任等官员，可通过“捐资”途径恢复官职，实即花钱买官复职。开复，指过失问责被革职留任、革职留工效力等处分的官员，撤销处分，恢复原职称开复。坐补、坐选、补选，指应升转，因暂无空缺职位，未能升转的官员，同一职位多名官员应补，只能轮候选用，称坐选，尚无空缺职位，等待补缺的称坐补。

河营兵丁例有定额，平日应责令学习桩埽，并填补沟窝、堆土、植柳等事，以习劳苦。若空缺不补，一遇险工不敷差委。现募民夫应役，岂不坐致贻悟。著该河督严行查察，均令挑补足额，以裕巡防。至沿河工段，平时虽分界址，遇抢险时，皆当不分畛域，并力防护。倘值溜势改趋，本汛官力难兼顾，其上下汛官即应督率兵夫帮运料物，彼此互相策应，方能不失机宜。若旁观推却，至误要工，查明一并参处示惩。该御史又称："各处兵夫筑堤，有即在堤脚下刨挖取土者。修堤取土应在十五丈从外，本有定例。若近堤刨挖，日久堤身单薄，何以抵御洪流。"并著该河督，严申禁令，责成厅营员弁，认真稽查，有犯必惩，以固堤防而重修守。钦此。

道光二年 ［1822］ 六月，奉上谕：

颜检奏"参疏防永定河南六工道、厅各员，请分别革职免议"一折。三角淀通判黄桂林，在任年久，平日漫不经心，迨新险陡生，又因患病迁延，并不亲至工所赶紧抢护，以至堤身坐蛰，实属怠玩不职。黄桂林著即革职。永定河道张泰运，未能先事预防，咎无可辞，亦难竟予免议，仍著交部议处。署霸州州判张曦午，到任未久，抢护险工尚知愧奋，著仍留本任，以观后效。所有三角淀通判员缺，准其以陈镇标补授，仍俟工竣后，照例送部引见。该部知道。钦此。

道光二年 ［1822］ 六月，奉上谕：

颜检奏："查看永定河南、北两岸，新生险要，各工抢护平稳。惟南六工头号堤身，坐蛰四十余丈，现在漫口不甚宽深，溜势已定，亦不虞其汕刷。请俟节交白露后，水势稍落，新料登场，再行集夫赶办"，等语。永定河南六工，因水势盛涨，刷塌堤身四十余丈。该督当饬该道厅，赶紧镶筑裹头，无致口门愈刷愈宽。目下秋汛方长，存工料物自应留备本工之用。著照所请，俟白露后再行相度形势，一面兴挑引河，一面趁新料登场，迅速购备，赶办蒇工。至另片奏称："由北岸至卢沟桥，查阅事竣，来京面陈河务及地方情形"，等语。此时河务、地方均关紧要，该督无庸来京。著即在工，严督道、厅、员弁等，加意巡防，勿稍疏虞。俟水势消落，即回省任事可也。将此谕令知之。钦此。

道光二年 ［1822］ 七月，奉上谕：

颜检奏"堵筑永定河漫口并镶筑两坝，挑挖引河估需银两请动拨备用"一折。

永定河南六工漫口，前经该督奏请，于节交白露后兴工堵筑。兹据估计，两坝应用正杂料物、夫工护埽，并加添运脚、挑挖引河，共约需银九万余两。著准其于司库地粮项下，先行动拨银九万两，委员解交该道，购备料物。派委诚实之员专司勾稽，如有盈余，即归善后工程之用。该督于到工后，务督率该道厅等，兴工妥办，克期告竣，核实报销。该部知道。钦此。

道光二年［1822］八月，奉上谕：

颜检奏："永定河水势骤涨，南六工东、西两坝共走失十三丈，未克如期合龙。恳恩宽限赶办"，等语。近日天气晴明，并未阴雨，即使偶值北风，汕刷势猛，永定河面不为宽广，何至水势陡涨，波浪汹涌，不但不能如期合闭口门，反走失十三丈之多。且该处引河，前据该督奏明："原估长四千四百九十余丈，派作二十九分，均已委员分段承挑。"兹复奏称："引河尾闾势尚高仰，拟于二十九分之下，再挑一千八九百丈。其挑成之河，如有停淤者，一并挑挖深通。"该督亲身往返河干，自应早为履勘，普律兴工。从未见合龙有日，复倡议挑挖引河之事。总由料物本未购备，齐全人夫，又不能督饬抢办，种种办理不善，咎无可辞。此次姑允所请，予限二十日，堵筑成功。该督务当实力督催，俾坝工如期告藏，毋许再有延误。三角淀通判陈镇标，系该督保奏升任之员，承办坝工致有闪失，著即革职。仍勒令在工效力，以观后效。永定河道张泰运，总理失宜，除走失坝工，著落该道赔还，不准报销外，著交部严加议处。[7]颜检督办无方，著交部议处。钦此。

道光二年［1822］九月，奉上谕：

颜检奏《永定河南六工大坝合龙》一折。前因永定河南六工刷塌堤身，未能如期堵合，该督恳恩宽限。经朕予限二十日，饬令迅速藏工。兹据该督奏："引河一律挑挖完竣，先行开放，清水势甚通畅。督率道厅员弁昼夜趱办，慎重进占。查看溜势，直射引河方位，于十三日起除土堤，开放河水，建瓴而下，大溜掣动，畅流下注，即时挂缆合龙，全河复归故道。"览奏欣慰。所有此次大工用银，十万三千八百九十八两零。除走失坝工，需银五千五百七十五两零，著落该道张泰运赔缴外，实用银九万八千三百二十三两零。前经在藩库拨银九万两动用，其不敷银八千三百二十三两零，著在道库存贮要工并河淤地租项下，动拨应用。该督仍查明工段丈尺、销赔确数，核实具奏。该部知道。钦此。

道光二年［1822］九月，奉上谕：

颜检奏《永定河南六工善后紧要工程估需银数》一折。此次南六工漫口，业经堵合完竣。惟新筑大坝，急宜加高培厚。以后续蛰，坝后跌塘甚深，即需估筑越堤，以资重障，尤应填补跌塘，俾臻完善。其余该汛各号，亦需帮培，以防凌汛。该督详细履勘，均系刻不可缓之工。著照所请，乘时赶办。所有估需银一万四千七百十两零，准其在藩库水利工程银两内动支。务于上冻以前完工，毋任草率偷减，工竣核实验销。再，本年伏、秋水势叠涨，南、北两岸冲刷残缺较多，此次漫工河淤堤矮，应行加培挑挖。著即勘估奏办。该部知道。钦此。

道光三年［1823］六月，奉上谕：

京师自六月初九日起，雨势连绵，迄今尚未晴霁。永定河为众流汇注，现当大雨时行，水势恐致盛涨，民田庐舍所关非细，必须时常加意保护。著蒋攸铦严饬永定河道，督率厅、汛各员，常川驻工，昼夜巡防，毋稍疏懈。如有应行抢护之处，务须先事防守，倘稍有漫溢，该督恐不能当此重咎。凛之慎之。将此谕令知之。钦此。

道光三年［1823］六月，奉上谕：

蒋攸铦奏《永定河水势异涨北三工、南二工漫溢情形》一折。朕因连日大雨，恐永定河水长发，有漫溢之虞，于十五日特降谕旨。令蒋攸铦严饬永定河道，督率厅、汛各员，加意防护。本日据蒋攸铦奏报："北三工十二、三号，溜势汹涌，水高堤顶，漫口约宽四十五丈。又，南二工二十号，复漫口，约宽五六十丈。现在各工均甚危险。"朕览奏，实深骇异。该河道张泰运驻工防守，不能化险为平，以致蛰埽溃堤，咎有应得。现当伏汛吃紧之时，各工巡防，正须相机妥办。张泰运著暂缓交议。该督即责成该道，将各漫口赶紧盘做裹头，勿致口门愈刷愈宽。并将危险各工，实力防护，勿得再有疏虞。其被淹各村庄，有无损伤人口？及冲塌房屋？著该督即饬各地方官，赶紧确查抚恤，毋使流离失所，是为至要。至另片奏："续查北二工五、六、七号，蛰埽四十四段；北下汛十五、六号，埽蛰入水者四段；又四号，埽蛰平水者十四段；又，北上汛四号中起，至五号中堤身溃完，南上汛及南下汛均有蛰埽"，等语。著蒋攸铦分别查明，各汛抢办情形，据实具奏。蒋攸铦接奉此旨后，即亲赴该处，督饬该道、厅等驻工，昼夜防护，妥为办理。将此谕令知之。钦此。

道光三年［1823］六月，奉上谕：

蒋攸铦奏"分饬防护、抚恤并续报永定河北中汛漫溢，查明前后疏防各员分别惩处"一折。永定河汛水异涨，前据蒋攸铦奏北三工、南二工漫溢情形。今又据奏，北中汛十三号漫溢三十余丈，该汛七号暨北上汛十一号，现仍蛰埽溃堤，赶紧抢护。本年大雨过多，厅、汛各官保守不力，未能化险为平，以致屡生漫口。管河各员实属咎有应得。所有疏防北中汛及前次北三工、南二工厅、汛各员，北岸同知陶金殿、南岸同知窦乔林、石景山同知袁煐、署涿州州判杨泰阶、良乡县县丞马锌、武清县县丞史渭纶，俱著革去顶戴，仍暂留本任效力。永定河道张泰运，于北三、南二各工，既不能保守于前，今北中汛又复失事于后，咎无可辞。惟现当险工防护吃紧之时，未便遽易生手，张泰运著革职留任，责成该道同厅、汛各员，相机妥办。俟堵筑合龙，时能否出力，此外各要工能否化险为平，再行分别核办。蒋攸铦未能先事预防，亦著交部议处。迅即赴工督办，并严饬该道等，将前后各漫口赶紧盘做裹头，勿致愈刷愈宽。督率厅、汛各官，将蛰埽溃堤各险工，竭力抢护防守，所有前、后漫口附近各村庄，及此外被水各州县，迅饬藩司督同地方官，确查抚恤。如被水情形较重，即由司酌发银两，派委干员驰往，会查妥办，毋令一夫失所。又另片奏，请张文浩等前赴工次会商，不为无见。张文浩在南河有年，永定情形虽与南河稍异，然事同一体。著张文浩就近前赴工次查勘，帮同蒋攸铦办理。继昌著暂行回京。蒋攸铦系直隶总督，责无旁贷，仍应留心查看。不可以张文浩熟悉河务，遂即全然委卸也。凛之慎之。钦此。

道光三年［1823］七月，奉上谕：

张文浩等奏《查明永定河漫口分别办理并各险工抢办平稳》一折。前因永定河漫口降旨，令张文浩前赴工次，会同蒋攸铦商办。兹据查明：北三工漫口业经干涸。著即先将北三工缺口，估还原堤，补下埽段。南二工现未断流，一俟挂淤，即赶紧补还堤埽。至北中汛漫口，地处上游，势已将次夺溜，现在汛水方长，未能兴工。著俟秋分后新秸登场，购集料物，克期堵筑。其口门以下，河身停沙淤垫，必须挑挖引河，以便合龙时引水下注。张文浩熟悉河务，著即常川驻工。俟坝工引河可以料估时，督饬该道约实估计，会同蒋攸铦具奏。并著蒋攸铦，派明干州县二十员，承挑引河。现准其暂行回省，与藩司等筹拨银两，并查办灾务。俟开工时，即迅赴工次，会同张文浩办理。现在，各险工业经平稳。惟居汛防吃紧之际，著即严饬该道，督率文武员弁，激发天良，同心保护，毋得再有疏虞，致干重咎。钦此。

道光三年［1823］八月，奉上谕：

张文浩等奏"勘估永定河北中汛堵筑漫口并挑挖引河，及南二、北三两处旱口补还堤埽各工银数"一折。永定河堵筑漫口，共估需工料土方银十五万两，业已解贮工次。现届秋分，亟宜趱办料物，诹吉开工。著蒋攸铦即赴工次，会同张文浩，督率在工文武员弁，妥速办理。务于霜降以前完竣，毋稍迟逾干咎。并严饬该道等，专司勾稽，搏节支发。如有余剩，著归善后工程案内应用，照例核实报销。该部知道。钦此。

道光三年［1823］九月，奉上谕：

张文浩等奏《永定河北中汛大坝合龙》一折。本年永定河漫口，经朕降旨，令于霜降前完工。前据张文浩等奏称："连日督率道、厅等，昼夜趱办，慎重进占。于十一日丑刻起，除土坝开放河水，建瓴而下，大溜掣动，畅流下注，即时挂缆合龙。全河复归故道。"以手加额，欣慰览之。著发去大藏香十炷，交张文浩、蒋攸铦，敬诣河神各庙，虔诚祀谢，以答神庥。至在工最为出力文武员弁，著张文浩等，秉公保奏一、二员，毋许冒滥。永定河道张泰运，前因疏防革职留任，责成该道相机妥办，现在督办大工合龙迅速，功过仅足相抵，毋庸施恩。其北岸同知陶金殿、南岸同知窦乔林、石景山同知袁烺、署涿州州判杨阶、良乡县县丞马镈、武清县县丞史渭纶，办理漫口并挑挖引河，均属奋勉，俱著加恩赏还顶戴。至此次工程，共用银十三万五千四百九十余两，较原估节省银一万四千五百两零。著核明工段丈尺、销赔确数，开单具奏。所有善后事宜，详细勘明，奏明办理。钦此。

道光三年［1823］九月，奉上谕：

张文浩等奏《北中汛善后紧要工程估需银数》一折。永定河北中汛，前经奏报合龙。兹据张文浩等奏称："新筑大坝柴土，未能十分粘结，急宜加高培厚。并于金门以下，添筑顺水草坝一道，金门以后，添筑越堤一道。该汛头、二、三号并六、七、八、九、十等号，及北下汛二、三、四等号，大河俱走堤根，应筑越堤四道，帮培越堤一道，以为重门保障。南二、北三两处旱口，补还堤埽新工，均需加高培厚。又，南上南五、南六，北上北二、北五等汛，堤身残缺单薄之处，分别帮培并加高堤顶，以资捍卫。共估需银二万一千八百二十三两零。著照所请，将此次大工案内节省银一万四千五百六两零动用外，其下不敷银七千三百十七两零，准其于本年请拨堵筑漫口等项经费银内，照数动支给发。饬令该道、厅等，乘时赶办完竣，报候验收，另案请销。毋得稍有草率、偷减，以昭核实。该部知道。钦此。

道光三年［1823］九月，奉上谕：

张文浩等奏《查明永定河出力人员请加鼓励》一折。此次永定河堵筑漫口，迅速葳工，经张文浩、蒋攸铦查明，最为出力人员据实保奏加恩。著照所请：冀州直隶州知州周寿龄，著赏加知府衔。河营都司李存志、都司衔河营守备夏茂芳，俱著赏加游击衔。滦州知州黄克昌、固安县典史吴尔祚，俱著以地方应升之缺，酌量升用。通州通流闸闸官徐敦义，著以河工主簿巡检升用河工。候补未入流孙良坤、沈炳章，均著以沿河典史尽先补用，以示鼓励。又另片奏，留直委用革职知县姚景枢，挑河极为深通，办理妥速，该员曾任长芦盐场大使。姚景枢著仍以盐场大使，留于长芦，遇缺补用。该部知道。钦此。

道光三年［1823］十一月，奉上谕：

张文浩等奏《勘估永定河减水闸坝越堤等工，请及时分别修筑》一折。近年，永定河流受淤较重，据张文浩等逐一履勘，南二工拆[8]修，升高金门石闸龙骨、坝台、金墙、海墁、石簸箕。暨闸内镶做护埽、裹头，并刷堤挑挖闸塘淤沙。以及上首裹头，下首雁翅，迎河老滩，均抛片石坦坡，又迎水引河闸外减河等工，并厂房器具，共估需银十万三千四百五十一两零。南上汛新建灰坝，暨坝内镶做挑水、顺水、埽坝、裹头、迎水引河，并刷堤筑做越坝、启拆越坝，以及坝外减河护村堤埝、厂房器具，共估需银七万八千三百四十九两零。北岸越堤十一道，凑长五千三十九丈，估需银三万七千二百六十一两零。共银二十一万九千六十二两零。著俟来岁春融照估趱办，统限汛前一律完竣。所需银两即于拨发，各省封贮项下解到动用。其灰石等项料物，应于今冬采办到工。著蒋攸铦，将解部粤海关饷，先行截留一批，计银五万两，发交永定河道，赶紧购备，以免迟误。该部知道。钦此。

道光四年［1824］　　月

命工部侍郎程含章，会同总督蒋攸铦，督办直隶水利事务。

道光四年［1824］四月，奉上谕：

本日御史陈沄奏《永定河闸坝减河情形》。据称："前闻河臣张文浩查办直隶水利，议于永定河南岸建设闸坝，挑挖减河，现已兴工。于南岸修复金门闸，挑挖减河一道。又于南上建灰坝一座，挑挖减河一道。皆为分减盛涨，泄入大清河之用。查，金门闸久经堵闭。乾隆年间，孙家淦曾于闸上开放南岸，泄水入中亭河，不能容纳，附近民田受害，旋即赶紧堵筑。今新开减河，放水灌入清河，与孙家淦所为无异。况清河壅塞，不能容纳，减水易滋漫溢。"等语。大清河贯穿东、西两淀，因下游为永定浊水所淤，上游频年溃决，畿南十余州县被灾独重。必须先从下游疏治，俾得畅流入海。若转在上游灌输，浊水则壅遏泛滥，为患弥甚。此事关系全河大局，不可不计出万全。著交程含章、蒋攸铦再加相度，通盘筹画，并派明干道员会同河道张泰运，前往逐一履勘。该处开坝情形，据实妥商办理。务使堤障、田庐两无妨碍，方为至善。陈沄原折著发给阅看。将此谕令知之。钦此。

道光四年［1824］六月，奉上谕：

程含章等奏《治水大纲请发银办理》一折。直隶全省水利，经程含章会同蒋攸铦督率各道，将紧要处所逐一查勘。奏请："先理大纲，兴办大工九处。如，疏通天津海口，疏浚东、西淀，大清河，及相度永定河下口，疏子牙河积水，复南运河旧制，估办北运河，修筑千里长堤。"均著照所议，分别估办。其请"先筹拨银一百二十万两以作工需，并请于八九月间，解到四五十万两，先行择办。"著户部查明广东、江西、浙江等省，封贮及新收捐监银，共有若干万两，可先拨若干万两，分晰迅速具奏，再降谕旨。至秋汛后，或尚有变更，俟办理时随估随奏，妥议章程，责成分办。此外，如三支黑龙港，宣、惠、滹各旧河，沙、洋、洺、滋、浚、唐、龙汛、龙泉、潴龙、忙牛等河，及应修文安、大城、安州、新安等处堤工，著分年、次第办理。各州县支港、沟渠，著饬各地方官，俟秋收后，劝谕农民按亩出工挑挖，以资消泄。至该侍郎等奏称："挑河筑堤，如有占用旗民地亩，分别拨补、给价，其将河身官地蒙混升科者，豁除钱粮免完。"俱著照所请行。钦此。

道光四年［1824］闰七月，奉上谕：

据御史陈沄奏："永定河重开闸坝、引河，民间皆受其害。请及早堵闭"，等语。著陈沄驰驿前赴保定，令程含章带同该御史，前往永定河新建闸坝处所，将有无冲刷民田、庐舍，及淤塞清河之处，面为指陈利病，逐细履勘明确。仍令程含章会同蒋攸铦，据实具奏。该御史原折，著发给程含章、蒋攸铦阅看。钦此。

道光四年［1824］闰七月，奉上谕：

据程含章等覆奏《带同御史陈沄查勘永定河新建闸坝》一折。据称："新建灰坝毫无妨碍。新修金门石闸，亦无淹及民房田地之事。其涿州任村坍塌房屋，本系去年冲坏。至下口淤浅处所，系上年永定河冲刷泥沙停积，与新开闸坝无涉。良乡、涿州大道，地势甚高，亦决不致淹冲官道，有碍驿递。新安、安州被淹，系白沟浊流倒灌所致，并不关永定减河之事。"所奏情形了如指掌。至程含章所称："束水攻沙，藉清刷浊。"与面奏之言相符。闸坝既修，分减涨势，保护堤工，即是保护百姓田庐。去岁，张文浩亦系如此奏对。是新建闸坝有利无害，毫无疑义。该御史陈沄，先于四月间具奏，降旨，令程含章等再加相度。业据该侍郎等先后覆奏，险工得以平安，皆闸坝减水之力。兹该御史又行具奏，因令程含章带同履勘，面为指陈利病。乃该御史仍固执己见，不以为然，其意何居？倘必申其说，不顾全河大局，哓哓具折致辩尚复，成何事体。著程含章、蒋攸铦，将该御史履勘闸坝时作何情形，若不谙河务，又复阻挠公事，擅作威福，其风断不可长。即著据实密奏。并传旨，令该御史即日回京，可也。将此谕令知之。钦此。

道光四年［1824］闰七月，奉上谕：

永定河新建闸坝，先据御史陈沄于四月间具奏，开堤放水恐滋流弊，当经谕令程含章等，覆加相度，仍奏明照估修复。本月十一日，复据该御史奏，新开闸坝，民间皆受其害，请及早堵闭。朕以地方河工关系民生，最为重大，犹恐程含章等有意回护，特降旨令该御史前往。并令程含章带同逐细履勘，面为指陈利病。原欲其虚衷商确，以求一是。乃程含章等，将开闸坝减水情形，剀切告知。陈沄仍固执己见，哓哓致辩，并于会勘时，呵斥道厅，擅作威福。且，其前赴保定时，并未召见。陈沄捏称，递折后曾经召见，意在挟制，以实其言。实属阻挠国政，谬妄之至。陈沄不胜御史之任，姑念其究系因公，著加恩降为主事候补。以示朕不为已甚之意。钦此。

道光六年［1826］十月，奉上谕：

河工要务，全在冬勘春修。每年预发岁料银两，饬交工员乘时购备，将料垛、土牛堆积如式。该河督，向于霜清水落之后，前往沿河详验，以杜架空浮松之弊。并将应办春工，周历履勘，悉心核估。一交春令，次第兴修，克期竣事，再行亲往验收，查明料物用存确数，以备伏、秋两汛之需。即遇有险工陡出，备料足资应手，是以鲜有失事。朕闻，自嘉庆年间以来，各河督等习于安逸，往往不于霜降后如期逐段亲诣勘验。以致工员等，将应贮料物，架井堆空，克扣偷减诸弊，视为固然。甚或有估办春工时，辄以不应修而修，转将应修处所，暗留为大汛抢险地，以便藉另案工程事起仓猝，易滋侵冒。著各该河督等，于例届冬初，及次年工竣时，务须亲历河干详加勘验，料垛必禁其虚松，工程必期其坚实，各宜不惮勤劳，力除结习。并严饬通工员弁，既不得藉公帑以肥私橐，尤须惩奸胥而斥劣幕，如有敢蹈前辙，仍踵积弊者，即当随时严参惩办，毋稍宽贷。钦此。

道光七年［1827］八月，奉上谕：

那彦成奏《永定河秋汛安澜，酌保尤为出力人员》一折。著照所请，宛平县县丞汪兆鹏、固安县县丞张耀箕，俱准其以应升之缺，酌量升用。天津县典史沈炳章，已于新例加捐双月县丞，著准其捐足，分发留于北河差遣委用。地方候补通判安豫、候补从九品傅致泰，俱准其改拨河工差委。该部知道。钦此。

道光八年［1828］九月，奉上谕：

屠之申奏《永定河秋汛安澜，查明尤为出力人员，恳请鼓励》一折。直隶石景山同知李国屏、南岸同知窦乔林，俱著交部从优议叙。北下汛宛平县县丞汪兆鹏，著以沿河知县升用。南六工上汛霸州州判万启逊，著以应升之缺升用，河工尽先。县丞沈炳章，著俟补缺后，经历三汛，再以沿河知县酌量升用。该部知道。钦此。

道光九年［1829］九月，奉上谕：

那彦成奏《永定河秋汛安澜，查明尤为出力人员，恳请鼓励》一折。直隶永定河道张泰运，著加恩赏戴花翎。南岸同知窦乔林，著交部从优议叙。北岸同知蒋宗墉，著以应升之缺升用。北二工良乡县县丞郑启新、霸州州判^[9]代理南上汛州同万启逊，均著以沿河知县即升。候补直隶州州判许瀚，著于补缺后，以应升之缺升用。地方试用县丞钱实珊，著改拨河工委用。改拨河工候补未入流李敦寿，著免补本班以河工应升之缺补用。河工候补未入流徐进，著以沿河典史补用。良乡县绿营守备平振，著以应升之缺升用。北岸千总李焕文，著以河营守备升用。以示鼓励。该部知道。钦此。

道光十年［1830］四月，奉上谕：

那彦成奏"永定河浑水南徙东淀，直逼千里长堤，恐妨运道，亲往查勘筹议修防"一折。永定河浑水入淀，东淀长堤胥受其害。该督因东淀杨芬港以下逐渐淤塞，致大清河之水与永定河浑水合而为一，俱由杨芬港之岔河，经杜家沟，归韩家树正河行走，直逼千里长堤。堤出水面仅三天许，恐汛期长水，难资保护。于运道、民田、庐舍均有关碍。现议帮培杜家沟堤身，原系急则治标之法。此外有无别策？俾淀不受淤，水有归宿。该督现已亲往履勘，著详细勘明，筹议覆奏。到时再降谕旨。将此谕令知之。钦此。

道光十年［1830］四月，奉上谕：

那彦成奏《勘明浑水淤淀刷堤，请动项估办土埽各工》一折。前据那彦成奏："永定河浑水南徙东淀，直逼千里长堤，恐妨运道。"降旨，令该督于亲往履勘时，筹议覆奏。兹据奏称："疏挑永定河下口，此时赶紧不及，惟有就杜家^[10]沟堤身，大加帮培，并多镶埽段，以资抵御。"著照所请，将现办各工，责成天津道李振翥、永定河道张泰运，分别购料，集夫督办。工程如有短缺草率，惟该二道是问。务于端午以前，普律全完。工竣，核实验收奏报。所有估需工料银三万六千八百五两零，即著在司库水利本款内，照数动拨。该部知道。钦此。

道光十年［1830］九月，奉上谕：

那彦成奏"筹办永定河下口工程，请先拨项，购备料物"一折。永定河下口，据该督勘明，应于大范瓮口估挑引河一道，并将新堤及南遥埝一律加高培厚。约需银六万余两。请先购备秸料，以资兴筑。著照所请。准于司库水利项下动拨银三万

（光绪）永定河续志

两，饬发永定河道领回，先行备办料物、土方。即于来年估报银内，核实开除，以济工需。该部知道。钦此。

道光十年［1830］九月，奉上谕：

那彦成奏"永定河秋汛安澜，查明尤为出力人员，恳请鼓励"一折。直隶永定河，北三工、涿州州判蒋景旸，北五工、永清县县丞熊开楚，易州州判金大中、正定府经历吴汝芝、房山县县丞李宣苑，著以应升之缺升用，尽先升用。试用通判刘奋南、试用未入流彭祖望，俱著各按班尽先补用。南三工、涿州州判王仲兰，北上汛、武清县县丞徐敦义，俱着交部从优议叙。该部知道。钦此。

道光十一年［1831］三月，奉上谕：

王鼎奏《永定河估办草土各工》一折。永定河河势南徙。上年据那彦成奏请："于大范瓮口挑挖引河一道，并将新筑堤工，及南遥埝加高培厚，估需银六万余两。先于司库发银三万两，其余银三万两，俟本年兴办挑挖引河时拨发。"业经降旨允准。兹据王鼎查明，新堤遥埝工程，上年兴办八分有余，而引河尚未开工。现在溜势转移，复归故道。所有挑挖引河银三万余两，应归节省。惟查，入淀金门尚宽七十余丈，亟应赶紧堵筑，并做护埽，以资保障。又，旧河由十五号至汪儿淀，计长二千四五百丈。迤下，应估拦河大坝三道，计凑长一百六十丈，亦于迎水估做埽镶，以防汛涨，串入金门吃里。此项工程，除上年司库所发银三万两，支发动用外，尚不敷银六百余两。著照所请，即在道库存贮河淤地租项下动支。工竣验收，造册咨部核销。又据另片奏："永定河北七工，自二十六号起，至四十六号止，堤埝单薄，择要加培，估需银四千五百四十两零。又，南二工金门闸宣泄攸资，应加高石龙骨一尺二寸，并迎水片石坦坡等工，估需银四千三百五十九两零。"亦照所请。准于上年奏定未领之挑河银三万两内，动拨银八千九百两零。饬令该道张泰运，赶紧兴办，汛前一律完竣，核实验收造报。该部知道。钦此。

道光十一年［1831］五月，奉上谕：

琦善奏《堤工紧要，请移驻汛员以重河防》一折。永定河下口，水归故道，南八工下游为众水汇注之区，遇有险要，需员防守。据该督奏请，酌量移驻，著准其将现无要工之凤河汛把总，作为南八工下汛把总，同凤河额设河兵二十四名，一律移驻。并酌添河兵十名，即在永定河各汛内抽拨。所需廉俸、马干等项，俱仍旧制。无庸月行增减，以重要工，而专责成。该部知道。钦此。

道光十一年［1831］八月，奉上谕：

琦善奏"永定河秋汛安澜，查明尤为出力人员，恳请鼓励"一折。本年雨水短少，交秋以来，河流虽经叠长，溜势尚平。该河员等防护安澜，系属分内之事，本可无庸给予议叙。兹据该督查明，南岸同知窦乔林、北岸同知蒋宗墉，在任八载，经历险工均无贻悮。该二员著加恩赏，加知府衔。北中汛、武清县县丞徐敦义，北下汛、宛平县县丞陈嘉谋，南六工上汛、霸州州判张梦麟，俱着准其以应升之缺升用。该部知道。钦此。

道光十二年［1832］八月，奉上谕：

琦善奏"请将疏防永定河南六工漫溢各员，分别摘去顶戴，革职留任"一折。本年七月间，永定河南六工水涨漫溢，当经该督驰往查办。兹据奏称："查看漫溢情形，实缘秋雨过大，兼以上游长水，盛涨漫过堤顶。"所有防护不力之三角淀通判娄豫，南六工上汛、州判张梦麟，均著摘去顶戴，撤任留工效力。永定河道张泰运，著革职留任。琦善，著交部议处。该督仍责成该道等，赶紧相机妥办，务期堵筑，保固坚实，毋许虚糜工费。钦此。

道光十二年［1832］九月，奉上谕：

琦善奏《勘估永定河南六工堵筑漫口并挑挖引河约需银数》一折。永定河南六工漫口处所，经该督体察情形，请于漫口东、西两头，就滩面建立坝基越堵计，西首估，筑坝基八十九丈；东首估，筑坝基四十四丈。临河，一面仍镶护埽，并添挑水坝，逼溜注引河头。所有正坝，上下边埽、护埽、挑坝，应用正杂料物、夫工、土方、暨采买秫秸加添运脚，及漫口以下旱口四处，约需银三万七千余两。其引河，自漫口迤下起，至南七工十九号止，间段估挑，共长八千六百六十九丈。计估口宽十五、六丈，至五、六丈不等。底宽八、九丈及十丈至五、六丈不等，深一丈二、三尺至四、五尺不等，约需银五万八千余两。通共估需银九万五千余两。著准其筹款动拨，解赴工次，交该道收存备用。仍遴委诚实之员，专司稽核。务须力加撙节，将来余剩若干，著奏明留为善后工程之用。该督亲往督办。务使工坚料实，不准稍有偷减虚糜。工竣核实报销。该部知道。钦此。

道光十二年［1832］闰九月，奉上谕：

琦善奏请："将道、厅各员恳予开复"，等语。前因永定河南六工漫口时，经该督将道、厅等奏参。曾降旨，将永定河道张泰运革职留任，通判娄豫、州判张梦麟，均摘去顶戴，留工效力。兹据该督奏称："该道督办坝工，钱粮节省，竣工亦复迅速。工员等，随同效力俱各认真，尚知愧奋。"著加恩，将永定河道张泰运准予开复。原参处分通判娄豫、州判张梦麟，俱著赏还顶戴。其余在工襄事各员，著该督，择其尤为出力者，酌保数员，候朕施恩。不许稍涉冒滥。钦此。

道光十二年［1832］闰九月，奉上谕：

琦善奏《永定河南六工善后紧要工程估需银数》一折。南六工上汛漫口，业经堵合完竣。惟新筑大坝，须建筑越堤，并各汛加培堤埝，补还原堤残缺，填垫坑塘等工。据该督勘明，均关紧要，自应乘时赶办。所有估需银数，除将奏明节省大工银两动用外，尚不敷银八千三百一两零。准其在于藩库筹款拨给支领。该督即饬该道等，赶紧趱办，务于上冻以前完工报验，不得稍有草率偷减。工竣核实报销。该部知道。钦此。

道光十三年［1833］八月，奉上谕：

琦善奏《永定河秋汛安澜》一折。本年永定河伏、秋两汛，河水迭次骤长，经该督率道、厅员弁抢办，俾河流顺轨，普庆安澜。所有在工防汛各员，不避艰险，著有微劳。著该督，择其尤为出力者，酌保数员，毋许冒滥。钦此。

道光十四年［1834］七月，奉上谕：

琦善奏"永定河南北各工漫溢，请将疏防各员分别摘顶交议革职"一折。永定河南、北两岸，各工均有漫溢。现据该督履勘，北下汛、北三工、南二工等三汛漫口，俱经挂淤断流。惟北中汛六、七、八号，业已夺溜成河，归并灌注正河，间段干涸，不致再从旱口分行。所有被水之宛平、良乡、武清、大兴、东安、固安、永清各县，著该督即分别查办，不容草率牵混。其水势顶冲之处，即为被灾较重之区。并著，酌量先予抚恤。此次各工失事，虽因雨水过多，上游叠涨，水势过猛，人力难施。田庐虽多淹浸，人口并无损伤。惟在事工员，未能化险为平，均难辞咎。石景山同知张起鹓、北中汛县丞徐敦义，著先行摘去顶戴，并行撤任，仍留工效力，以赎前愆。署北下汛县丞张书绅、北岸同知蒋宗墉、北三工州判王仲兰，调署南岸同知邵楠、南二工县丞陈禾，所管堤工各有漫溢，尚未夺溜成河。著交吏部照例议处，免其撤任，以观后效。永定河道张泰运，督率无方，咎无可辞，惟现当险工防护吃紧之时，转瞬又须办理堵筑，著革职留任，仍责成尽力妥办。俟合龙后，该督将该道及厅、汛各员，察其能否愧奋出力，再行据实具奏。该督虽经屡属防范，究未保护平稳，著交部议处。至此次堵筑事宜，自应亟为筹计。现在新料尚未登场，引河亦难勘估。著俟水势消退，禾稼刈获，即一面挑河，一面购料，务于霜降后赶紧堵合。饬令该管河道，专驻料理。其进占时，著该督，仍亲赴工次，督率妥办。毋任草率、疏忽。该部知道。钦此。

道光十四年［1834］七月，奉上谕：

琦善奏《请动项赶办旱口堤埽各工》一折。永定河北中汛漫口，前据该督奏明，俟霜降后，兴修其旱口堤埽各工，以御将来合龙，下注之水自应及时赶办。兹据查明，南二工、北下汛、北三工等三汛旱口等工，即应补还原堤，镶做护埽。又南二、北下两汛，经此次河水异涨，大溜撞激塌溃之处，亦须补还堤埽。又，南二工十五、六、七、八等号，及北二工上汛十一、二、三等号，堤身残缺，坑塘俱应先为补筑。以上各工共估需银三万六千九百一十七两零。除旱口等工，估银二万一千三百五十五两零。著分别赔销外，其补还塌埽、溃堤并填补残缺坑塘等工，估银一万五千五百六十二两零。仍照例核销。所需银两，准其在于直隶藩库如数动拨。该督即饬该道，乘此漫工未举，引河未估之先，赶紧兴办，毋任草率偷减，工竣核实验收。该部知道。钦此。

道光十四年［1834］九月，奉上谕：

琦善奏《勘估堵筑漫口工料并挑挖引河银数》一折。本年，永定河北中汛漫口，原宽三百五十丈。据该督查勘情形，应将东岸旱滩一百六十三丈，补筑土堤，余存口门一百八十七丈，必须一律软镶进占。接下丁头大埽，背后帮筑戗堤，临河一面镶做护埽。其引河自漫口迤下，至南八工下汛尾间之单家沟止，间段估挑，共长二万七千四百五十六丈五尺。所有一切正杂料物，共约需银十三万两。著准其筹款动

（光绪）永定河续志

拨，解赴工次，交该道张泰运收存备用。国家经费有常，该督此次所拨款项，亦不为少矣，务须派委诚实之员，专司稽核。并严饬承办各工员，认真经理，力加撙节，于工程实有裨益，而帑项不至虚糜。如有余剩银两，即留为善后工程之用。该督即饬令，分段赶紧挑挖，相机进占，居期亲赴工次督饬，妥速办理，无许草率偷减。工竣核实报销。该部知道。钦此。

道光十四年［1834］十月，奉上谕：

琦善奏："永定河漫口要工竣事，请分别开复处分，赏还顶戴，并请鼓励出力各员"，等语。本年，永定河北中汛漫口，当降旨将河道张泰运等，分别革职，摘顶撤任，交部议处。兹据该督奏称，要工业已竣事，各该员尚知愧奋，自应量予恩施。永定河道张泰运、同知蒋宗埔、邵楠、州判王仲兰、县丞张书绅、陈禾，著准其将原参处分，均予开复。同知张起鹓、县丞徐敦义，均著赏还顶戴。仍着令该二员，各在本工防守一年，俟来岁三汛安澜，再准回省序补。至此次在工州县及厅、汛各员，昼夜襄事，著有微劳。著该督，将尤为出力之员，酌量保荐，断不准稍涉冒滥。该部知道。钦此。

道光十六年［1836］正月，奉上谕：

河工每年预办岁料，及备防料物银两，例应按年将动存各料造册报部。近来，南河及直隶、山东，多有漏报之案。国家经费有常，必须工归实用，若预办料物，既已拨银分案开销。复行添购，其动存数目，任意延不造报，部中无册可稽，何从销算？殊非核实办公之道。著直隶、山东、河南、江南等省经管河工各督、抚，嗣后，预办料物，务须遵照奏定章程，每年造具动存四柱清册，报部备查，毋再延玩。其从前未报年分，著速行补报，并于册内将某年、某工、段落数目、动用何项料物，分晰开载，以除积弊。钦此。

道光十九年［1839］十月，奉上谕：

琦善奏《请添防备秸料》一折。著照所请。永定河岁修秸料，准其每束仍加运脚银二厘五毫，并准其添购备防秸料二百四十万束。所有岁料、运脚银两，著照例委员赴部请领。其添备秸料价银，著即于司库筹款，照数动拨。责成该护道，督率厅、汛各员，乘时采买，分贮工次，报候验收。倘来年水平工稳，料有赢余，仍留为下年之用。该部知道。钦此。

道光二十二年［1842］八月，奉上谕：

讷尔经额奏《永定河秋汛安澜，请将在工防汛各员量予鼓励》一折。本年，永定河秋汛安澜，各工员巡防抢护著有微劳。著该督，择其尤为出力者，酌保数员，候朕施恩，毋许冒滥。钦此。

道光二十二年［1842］十一月，奉上谕：

讷尔经额奏《请动项修筑闸工》一折。永定河金门闸近因过水太畅，间有被冲残缺，自应赶紧修复，以资宣泄。所有估需工料银二万九千一百八十五两零，准其在于司库筹款动拨。即著责成该道，先督率厅、汛各员，将应用料物年内预备齐全。于来春兴工赶办，务须一体坚实，毋任草率偷减。工竣核实验收，照例题销。该部知道。钦此。

道光二十三年［1843］闰七月，奉上谕：

讷尔经额奏《永定河水漫溢驰往勘办》一折："永定河北六工汛、北遥堤十一号，因大清河水势过大，顶托浑水，有长无消。初三、初四两日，堤身蛰塌二十余丈，漫淹二十余里，民房、人口尚无冲坏伤损。请将厅、汛、道员分别惩处。"等语。北岸同知窦乔林、北六工汛霸州州判严士钧、协防把总富泰，著一并革职，暂留工次效力。永定河道恒春，著革职留任。责令督同接署厅、汛各员，赶紧筹办。直隶总督讷尔经额，未能先事预防，亦著交部议处。该督即驰往查勘，赶做裹头盘护，毋任续有汕刷。并查明被淹村庄，妥为抚恤，无任一夫失所。余俱著照所议办理。该部知道。钦此。

道光二十三年［1843］闰七月，奉上谕：

讷尔经额奏："查勘永定河北遥堤漫口，现已裹头盘护，估需堵筑挖河银数，筹议捐修。"等语。览奏均悉。永定河北遥堤漫水蛰塌，亟应兴工堵筑。既据该督详细筹勘，应就北六工正堤尾接筑大坝，由柳坨村挑挖引河。即于彼处截流堵口，使大溜仍由故道，自系因势利导。著照所议。即饬该道督同委员，赶紧办理。所有估需工料、银两，准其由该督等量力捐办。仍责成该道恒春，督率厅、汛委员，赶挑引河，务于霜降后一律完工，无稍迟误。将此谕令知之。钦此。

道光二十三年［1843］九月，奉上谕：

讷尔经额奏："动项补筑遥堤口门，并请鼓励出力工员。"等语。此次直隶永定河北七工遥堤漫口，经该督改由北六工筑坝堵合，其被冲口门，自应照旧补还。全堤残缺蛰陷处所，亦应一律修培。估需工费银一万一千四百余两，著准其在于捐项内动支。责成该道督率妥办，工竣核实验收，毋许草率偷减。此项工程免其造册报销。所有捐数较多，并在工各员，著该督择其尤为出力者，酌保数员，候朕施恩，毋许冒滥。该部知道。钦此。

道光二十三年［1843］九月，奉上谕：

讷尔经额奏："请给永定河北七工河神庙，及南六工双营村河神庙匾额"，等语。本年，北七工十一号遥堤因河道迁徙，漫溢刷塌。迨兴工以来，天气久晴，水不扬波，得以克期合龙。实赖神灵默佑。自应特颁联额以答神庥，发去御书匾额二方，对联二副。著讷尔经额祗领，敬谨悬挂。钦此。

道光二十三年［1843］十月，奉上谕：

讷尔经额奏："遵保河工出力，及捐数较多各员，开单恳请奖励。"本年，永定河漫口，经该督率属捐资办理，迅速蒇工。各该员办事出力，又复捐资备料，洵属奋勉急公，自应加恩量予鼓励。知府衔石景山同知汪兆鹏，著以知府陞用。南路同知高午，著赏加知府陞衔。候补直隶州知州宝琳，著遇有直隶州知州缺出，不论繁简即行补用。候补知州恩符，著尽先补用。布政司经历祝恂，著以应升之缺即行升用。州同衔宛平县县丞费懋德、新雄县[11]丞毛永柏，均著以知县升用。武清县县丞司马钟，著赏加州同升衔。河营都司李焕文，赏加游击升衔。至所请永年县知县张宝墀，得缺后以知府酌量升用。延庆州知州童恩，以应升之缺升用。试用同知卫厚，改拨河工补用之处，著吏部议奏。又另片奏，永定河道恒春、已革同知窦乔林、州判严士钧、把总富泰，随工效力，均属愧奋。恒春，著准其开复革职留任处分。窦乔林、严士钧、富泰，均著准其开复原官，留工候补，仍俟来年三汛安澜后，如果始终奋勉，再行酌量补用。该部知道。钦此。

道光二十四年［1844］六月，奉上谕：

讷尔经额奏《永定河水漫溢驰往勘办》一折。永定河南七工五号堤身，因连日大雨水势侧注，以致蛰塌十余丈。该道、厅各员未能加意守护，实属疏于防范。永定河道张起鹓、三角淀通判翟宫槐、南七工东安县主簿王锡震，均著革职留任。翟宫槐、王锡震，并著摘去顶戴，责令随同该道，赶紧设法堵合。直隶总督讷尔经额，未能先事预防，亦著交部议处。该督即驰往工次，查勘督办。并著查明被淹村庄，妥为抚恤，无任一夫失所。至此次添办料物，并堵筑漫口经费，准其将清河道库积存滹沱河生息银动拨三万两，解交永定河道库，以供支发。事竣核实报销。该部知道。钦此。

道光二十四年［1844］六月，奉上谕：

讷尔经额奏"查勘永定河南七工漫口，现已裹头盘护，应俟水落料齐堵筑"一折。览奏均悉。永定河南七工五号堤身，漫水蛰陷。据该督详细筹勘，漫口之水虽循行旧河，可以因势利导，惟南、北两堤之内，村庄不少，居民迁徙维艰。自应堵筑漫口，引归故道。现在存料无多，且新河坎已刷深，正河淤高。下口凤河间段停淤，尤虞高仰，须俟水落后挑挖深通、堵筑，方可得手，自系实在情形。著照所议。即饬该道督同员弁，赶紧备料，俟秋汛后妥速办理。至下口凤河展宽挑深之处，引河放水时，应否再加挑挖，一并勘估具奏，无稍迟误。所有永清、霸州被水村庄，应否抚恤，著确查漫淹轻重，核实办理。将此谕令知之。钦此。

道光二十四年［1844］八月，奉上谕：

讷尔经额奏"勘定永定河堵筑漫口、挑挖引河、凤河工程，估需银数，筹议动款分捐"一折。览奏均悉。永定河南七工漫口，应挑引河。既据该督查勘测量，应就迤北三里许，北六工尾之河西营村前，定为河头，挑挖引河，于筑坝合龙，形势较顺。估计自河西营起，至凤河止，工长七十余里，需银八万八千余两。又，堵合原堤漫口各工，需银三万五千余两。又，挑挖凤河，需银二万五千余两。三项[12]共估需银十四万八千余两。著照所议办理。所有估需银两，准其以滹沱河生息余存银二万四千余两凑用。不敷银十二万四千余两，由该督等量力捐办。仍责成该道督率厅、汛委员，赶紧挑筑，务于九月内合龙蒇事，无稍迟误。将此谕令知之。钦此。

道光二十四年［1844］九月，奉上谕：

讷尔经额奏："永定河南七工大坝合龙，并请酌保捐资出力各员"，等语。此项工程，先后动用过滹沱河生息银三万两，著照例造册报部。其不敷银十二万余两，免其造册报销。所有捐数较多，并在工尤为出力者，著该督酌保数员，候朕施恩，毋许冒滥。革职留任之永定河道张起鹓、三角淀通判翟宫槐，现在办工尚知奋勉，著俟来年三汛安澜后，如果始终无误，再行奏请开复。专汛东安县主簿王锡震，前既疏防，办工又不得力，著即革任，以示惩儆。该部知道。钦此。

道光二十五年［1845］八月，奉上谕：

讷尔经额奏："永定河三汛安澜，请开复道员处分"，等语。直隶永定河道张起鹓，督率工员保护平稳，始终无误，所有革职留任处分，著准其开复。在工各员，往来防护尚无贻误，著择其尤为出力者，酌保数员，候朕施恩，毋许冒滥。该部知道。钦此。

道光三十年［1850］六月，奉上谕：

讷尔经额奏《永定河北七工堤埝漫口，请将防护不力之道员厅汛分别惩处》一折。永定河北遥堤地势低洼，因上游山水下注，大清河水又复同时并涨，以致北七工八、九两号，相连处所、堤顶漫溢三十余丈之多。该管厅、汛，先事既不能预防，临时又未能抢护，实属玩误。永定河北七工东安县主簿郑庆恬，著即革职。北岸通判徐敦义，著摘去顶戴，责令随工效力。永定河道熊守谦，管辖全河，未能预为筹防；直隶总督讷尔经额，有督率防护之责，著一并交部议处。该部知道。钦此。

道光三十年［1850］十月，奉上谕：

讷尔经额奏《永定河缺口合龙》一折。另片："请酌保出力各员"，等语。本年，永定河北七工漫口，现经挑挖引河，堵筑长堤，克日合龙，全河复归正道。此项工程，著免其造册报销。所有在工各员，著择尤为出力及捐数较多者，酌量保奏，候朕施恩，毋稍冒滥。该部知道。钦此。

咸丰元年［1851］二月，奉上谕：

讷尔经额奏："请将随工出力之道员等，开复处分"，等语。前因永定河北七工漫口，降旨将该道熊守谦革职留任，北岸通判徐敦义摘去顶戴，北七工东安县主簿郑庆恬革职，责令随工效力。兹据奏称："该道于兴工后，督率被参各员，堵筑漫口，挑挖引河，又复捐助工费，尚知愧奋。"熊守谦革职留任处分，著准其开复。徐敦义著给还顶戴。郑庆恬著开复原官，仍留直隶地方补用。至讷尔经额，前经交部议处之处，著加恩一并开复。该部知道。钦此。"

咸丰元年［1851］闰八月，奉上谕：

讷尔经额奏《永定河秋汛安澜》一折。直隶永定河，本年伏、秋汛内节经盛涨，在工员弁防护数月之久，慎勉从事。现已节逾秋分，查勘通工，悉臻稳固。所有厅、汛各员，著择其尤为出力者，酌保数员，候朕施恩，毋许冒滥。该部知道。钦此。

咸丰三年［1853］六月，奉上谕：

讷尔经额奏"永定河水势陡长蛰堤漫溢，请将防护不力之道员、厅、汛分别惩处并自请议处"一折。据称："本月初八日，永定河水势骤长，南三工十三号堤身坐蛰，时当昏夜人力难施，至塌宽三十七丈，掣动大溜。民房、田禾间有淹浸，尚无损伤人口"，等语。现当伏汛盛涨之时，该厅、汛员弁，防守不力，致有漫口，实属咎无可辞。署永定河南岸同知王茂壎、南岸守备王德盛，均著摘去顶戴，交部议处。南三工涿州州判嵇兰生、汛弁额外外委郭凤林，均著革职，留工效力。其管辖全河之永定河道定保，著革职留任，讷尔经额著交部议处。该督仍严饬该道，督同厅、汛员弁，赶紧盘筑裹头，毋令续有坍塌。其被淹各村庄，即著分别轻重情形，妥筹抚恤。该部知道。钦此。

咸丰三年［1853］九月，奉上谕：

据御史隆庆奏："夏秋大雨连旬，河堤坍塌，被淹各村庄灾民甚多。闻河道动工，伊迩灾民等候傭工，聚集固安县城外者数千人。永定河道定保，现在调赴军营办理粮台。其道库所存银两，并未闻设法守护"，等语。现在贼氛未靖①，转瞬严冬，饥民聚集数千，恐滋生事端。著桂良速饬地方官，设法安插灾民，妥为抚辑。并饬将库款小心守护，以靖地方，而重帑储。原折著摘抄阅看。将此由六百里谕令知之。钦此。

咸丰五年［1855］八月，奉上谕：

桂良奏《永定河秋汛安澜》一折。直隶永定河本年秋汛期内节经盛涨，在工员弁防护数月之久，著有微劳。现在节逾秋分，通工悉臻稳固。所有厅、汛各员，著桂良择其尤为出力者，酌保数员，候朕施恩，毋许冒滥。钦此。

咸丰六年［1856］六月，奉上谕：

桂良奏《永定河正堤漫溢，现在亲往勘办》一折。据称："本年，伏汛大雨连朝，南七工正堤河水叠长，堤身蛰陷，堤面漫溢过水约四十余丈，深约尺余"，等语。该厅、汛员弁，于河水盛涨之时抢护不力，厥咎甚重。署三角淀通判涿州州同曹文懿、署南七工东安县主簿钱宝珊，均著革职，留工效力。其未能先事筹防之。永定河道崇祥，著革职留任。桂良督率无方，著一并交部议处。该督现已驰往该工查勘，著即严饬该管员弁，赶紧盘筑裹头，毋令续有刷塌。至被淹村庄轻重，如有应行抚恤之处，并著桂良迅速查明具奏。钦此。

咸丰六年［1856］七月，奉上谕：

桂良奏《永定河北岸漫溢，驰往勘办》一折。直隶永定河南岸漫口后，大雨不止，河水叠次增长。各汛堤埽纷纷被冲，大溜直漫堤顶，北四上汛、北三工堤工，冲缺二十余丈。该厅、汛员弁，当河水连日盛涨之际，并不加意防范，以致北岸复有漫溢，实非寻常玩误可比。知府衔北岸同知娄煜、署北四工上汛涿州州同[13]试用县丞施成钊、北三工涿州州判朱秉璋、协防北岸把总蔡铎，著一并革职，仍责令随工效力。永定河道崇祥，前因南岸漫口，业经革职留任，北岸又复漫溢，未能实力防护，著即行革职。桂良著再行交部议处。该督候南岸查勘详明后，即著驰赴北岸，

---

① "贼氛未靖"，是指当时南方有太平天国起义，北方有捻军起义，西北有回民起义，正值方兴未艾之势，清廷疲于应付，蔑称"贼氛"。

严饬该管员弁，赶紧堵筑。被淹村庄如何抚恤之处，并著桂良迅速查明具奏。钦此。

咸丰六年［1856］十月，奉上谕：

桂良奏："永定河漫口合龙，并请酌保捐资出力各员"，等语。直隶永定河南、北两岸先后漫口，经桂良督率永定河道崇厚暨各委员等，昼夜督催，赶紧镶筑。现在，北三工漫口已于初七日合龙，全河复归正道。北四上汛、南七工添筑坝工，均已一律完竣，办理尚属妥速。此项工程系桂良督属揗办，著免其造册报销。所有在工出力并捐数较多之员，准其择优保奏，候朕施恩。该部知道。钦此。

咸丰七年［1857］六月，奉上谕：

谭廷襄奏"永定河堤埝漫溢，请将防护不力各员分别惩处并自请议处"一折。据称："本年伏汛大雨连绵，北四上汛十号堤埝遂至漫塌二十余丈。虽系水势较大，下流情形亦不甚重。"惟当河水盛涨之时，该厅、汛员弁，未能抢护平稳，实难辞咎。署北岸同知李载苏、署北四上汛涿州州同程志达，均著先行革职，留工效力。协防河营都司张浡、额外外委司际泰，著一并革职留任。永定河道崇厚，未能先事筹防，著革职留任。谭廷襄著交部议处。该署督仍严饬该管员弁，赶紧盘筑裹头，毋令续有刷塌。下游被淹村庄，著即查看情形，量为抚恤。钦此。

咸丰七年［1857］七月，奉上谕：

谭廷襄奏《请将承办工程未能坚固之同知革职留任并捐银抚恤》一折。现任石景山同知王茂壎，上年承办永定河北四上汛旱口工程，未能坚固，致本年，又复漫溢，实属咎无可辞。王茂壎著革职留任，责令将原领经费，照数赔交，以示惩儆。署直隶总督谭廷襄、布政使钱炘和永定河道崇厚，捐输银两，著户部核议具奏。钦此。

咸丰七年［1857］十一月，奉上谕：

谭廷襄奏请："开复河工原参各员处分"，等语。直隶永定河道崇厚，前因永定河北四上汛漫口，革职留任。石景山同知王茂壎，承办旱口工程，未能坚固，亦经降旨革职留任。兹据该督奏称，该员等在工出力，妥速告竣，应赔银两均已完缴。崇厚、王茂壎，均著开复革职留任处分。该部知道。钦此。

咸丰八年［1858］十二月，奉上谕：

庆祺奏："已革工员恳恩开复"，等语。直隶参革通判曹文懿等，留于永定河效力已阅两年。其应赔工程银两，业经如数缴清。把总蔡铎，并无应赔之项。参革同知李载苏等，于本年伏、秋大汛分派协防，均能竭力抢护。著照所请。前署三角淀通判涿州州同曹文懿，前署南七工东安县主簿候补县丞钱宝珊，前署北四工涿州州同候补县丞施成钊，协防北岸把总蔡铎，前署北岸同知三角淀通判李载苏，原参革职处分；并永定河营都司张淳、北四工汛外委司际泰，革职留任处分，均著准其开复。其已革北三工涿州州判朱秉璋一员，俟赔项呈交，再行核办。该部知道。钦此。

咸丰九年［1859］七月，奉上谕：

恒福奏"永定河水漫溢，请将防护不力各员弁分别革职、革留并自请议处"一折。本年伏汛届期，永定河水叠次增长，又因大风骤作，北三工十二号堤埝漫坍四十余丈。该厅、汛员弁，于河水盛涨之时，未能抢护平稳，咎无可辞。署北岸同知黎极新、署北三工涿州州判贾荣勋，均著革职，留工效力。协防通判李载苏、河营协备郜士选，均著革职留任。其未能先事筹防之永定河道锡祉，著一并革职留任。恒福督率无方，著交部议处。现已派员驰往该工查勘。著即严饬该管员弁，赶紧盘筑裹头，毋令续有刷塌。至被淹村庄，轻重情形，如有应行抚恤之处，并著该督迅速查明具奏。钦此。

咸丰九年［1859］十月，奉上谕：

恒福奏："永定河北三工合龙日期，并请保在工出力人员"，各等语。永定河北三工应筑漫口工程，经恒福派委，候补知府范梁会同该河道锡祉，督率在工各员弁，昼夜堵筑，于九月十六日兴工，十月初十日卯刻合龙，办理尚属妥速。所有在工尤为出力之文武员弁，著恒福核实保奏。此项工程银两内，有应赔款项，该督先由藩道两库垫发，随后捐款归补。其捐输人员除扣除赔项外，始准作为捐款，毋许含混。该部知道。钦此。

咸丰十年［1860］九月，奉上谕：

恒福奏《永定河秋汛安澜并防护出力各员可否择优保奏》一折。据称："永定河自立秋以后，河水时有长落，虽较伏汛溜势稍减，而秋水搜根，势甚汹涌，以致各工埽段纷纷禀报蛰陷。并有汕刷过急，直溃堤根，极形危险。当[14]经该护道王茂壎[15]督率各厅、营、汛，无分雨夜并力抢护……一律保护稳固。现在节届秋分，水势日渐消落，河流顺轨。"著该督饬令该护道，督率各厅、汛，仍照常加意防守。所有此次防护险工各员，著择其尤为出力，并能核实搏节料物经费者，酌保数员，候朕施恩，毋许冒滥。钦此。

同治元年〔1862〕四月，奉上谕：

石赞清奏《河患堪虞亟宜预为筹画》一折。[16]据称："本年惊蛰后，永定河水涨，雄县所属之毛儿湾与保定县交界之处，开口数丈。又，雄县所属之西桥、新城县属之青岭等处，先后开口三道。现经委员会勘，赶紧修筑，设法疏消。惟凌汛、桃花汛水源尚非大旺，转瞬伏汛、秋汛盛涨之时，其患有不可胜言者。必须筹画经费，使河兵足数，工料足敷。严饬各汛官，去其险工，庶可使河流顺轨。查，卢沟桥以下至下口百余里，中洪两旁河身均成熟地，现为附近地户等蒙种，统计约有四五千顷之多。若议租，每年可得银一、二万两。以之津贴河工，可无须另筹经费"，等语。著文煜会同石赞清，严饬永定河道，督同沿河州县详细勘明，该处有若干顷亩，议定租项。每年可征收银若干两，以一半挑挖中洪，一半从上游裁湾取直，以省防险之工，务当破除情面实力筹办。毋令绅民、官吏影射把持，以裕经费，而除河患。原折著抄给文煜阅看，将此谕令知之。钦此。

同治六年〔1867〕七月，奉上谕：

刘长佑奏《永定河漫溢，请将防护不力各员惩办并自请议处》一折。[17]永定河自入伏以后，山水涨发。七月初旬，连次陡长数丈，兼之风雨猛骤，水面抬高，以致北三工五号堤身于初九日漫坍三十余丈。该厅、汛员弁，未能抢护平稳，实属咎无可辞。北岸同知程迪华、借补北三工涿州州判知县黄安澜，均著革职，仍留工效力。协防署北岸协备刘昌安、兼理都司尹光彩，均著革职留任。永定河道徐继镛，有管辖全河之责，未能先事严防，著一并革职留任。直隶总督刘长佑，督率无方，著交部议处。即著该督严饬所派委员，驰往查勘，会同该道，迅速盘筑裹头，毋任再行冲刷。所有被淹村庄应否先行抚恤之处，并著查明，被灾轻重情形，妥筹办理。

该部知道。钦此。

同治六年［1867］十二月，奉上谕：

官文奏《永定河漫工合龙，请将被参各员开复处分》各折片，[18]并"永定河南七工汛漫溢"，等语。本年永定河秋汛盛涨，北三工五号并南上汛灰坝，先后失事。现经道、厅、汛弁人等，开挖引河，设法抢办，灰坝业已合龙。应需款项，著官文督饬藩司，照案筹办。其应如何分捐归款之处，并饬会同该河道，妥议办理。至前次漫口各工甫经合龙，而永定河南七工六号冰泮水长，堤身坐蛰，河水复至漫溢。虽在三汛期外，在事各员究属疏于防范。所有此次失事之该道、厅等暨各员弁，均著交部议处。其北三工等处，抢办出力人员，暨随办大工缴清赔项，各员弁均著俟全河工竣，再行奏请酌量加恩。钦此。

同治七年［1868］四月，奉上谕：

官文奏《永定河南四工河水漫溢，请将厅汛员弁分别参处》一折。此次永定河南四工十七号堤埝漫溢，该厅、汛员弁等，未能先时抢护平稳，致令掣动大溜，刷宽口门二十余丈，实属咎无可辞。署南岸同知余汝偕，著革职留任。南岸四工固安县县丞胡彬，著革职留工，以观后效。守备尹光彩、千总李柯均，著交部议处。署永定河道蒋春元，统辖全河，虽到任未久，亦属咎有应得，著交部议处。此时工程正关紧要，著官文督饬委员陆慎言，赶紧驰往漫口处所，查勘情形，会同该署道迅速盘筑裹头，毋任再行刷宽。俟水势稍平，赶紧筹办堵合，并查明，被水村庄应否先行抚恤，著该署督妥筹办理，毋令灾民失所。该部知道。钦此。

同治七年［1868］八月，奉上谕：

官文奏《永定河堤工漫溢，请将厅汛员弁参办并自请议处》一折。永定河秋汛盛涨，七月初间，南上汛十五号大溜逼注堤身，间段漫水。初八日，忽又北风大作，水势陡长，以致护埽柳株全行漂失，口门刷坍十余丈。该厅、汛员弁，未能抢护平稳，实属咎无可辞。署南岸同知余汝偕，南上汛霸州州同何承祜，均著一并革职，留工效力。协防永定河都司南岸守备尹光彩，著革职仍留工效力。南岸把总张克俭，著交部议处。署永定河道蒋春元，虽在工分投抢险，实属疏于防范，著革职留任。署直隶总督官文，督率无方，著交部议处。即著该署督严饬派出委员，驰往查勘，会同该道迅速盘筑裹头,毋任再行刷宽。并严饬在工各员,购备料物,迅筹堵合。所有被水村庄,应否先行抚恤之处,著即查明被灾轻重情形,妥筹办理。该部知道。钦此。

同治八年［1869］六月,奉上谕:

曾国藩奏《河工漫溢,请将疏防各员分别参办并自请议处》一折。直隶永定河,因五月二十一、二等日水势陡涨,北四下汛五号竟被漫越堤顶,刷塌三十余丈。厅、汛各员,未能抢护,实属咎无可辞。代理同知候补通判王维清,署北四下汛固安县县丞从九品岳翰,均著革职,留工效力。永定河道徐继镛,统辖全河,疏于防范,著革职留任。曾国藩并著交部议处。仍著严饬各员,赶紧抢办合龙,毋稍延缓。该部知道。钦此。

同治八年［1869］七月,奉上谕:

曾国藩奏:"永定河漫口未能合龙",等语。永定河北四下汛漫口,经道员徐继镛堵筑,本已定期合龙,因雨大溜急,不能抢办,固系实在情形。惟口门本不甚宽,引河大坝均尚如故,仍当随时酌度情形,妥筹办法。著曾国藩饬令该道,认真经理,一遇水势稍杀,即当赶紧堵合,勿任泛滥为灾。至全河受病日深,宣泄不畅,堤埝单薄,他处易有决溢之。虞曾国藩既虑及此,将来合龙后,自应将中洪下口挑挖疏浚,以资补救,毋得稍涉大意。将此谕令知之。钦此。

同治八年［1869］九月,奉上谕:

曾国藩奏《核明永定河工程,酌拟办法,请拨款项》一折。直隶永定河北四下汛堤岸,于本年五月间漫决后,接连伏、秋二汛,尚未合龙。急应筹款,疏浚下口中洪,以资堵筑。著照所请。由户部拨银四万两,其余三万两,即于江南协济直隶项下拨发。该督务当督饬在事各员,认真办理,为一劳永逸之计,勿致再有疏失。另片奏:"请于昔年裁减岁修等银再加拨二万三千余两,由长芦运库先发一二年,以济要需",等语。著该部核议具奏。余著照所议办理。钦此。

同治八年［1869］十一月,奉上谕:

曾国藩奏"堵筑漫口合龙,暨疏浚中洪下口,均属稳固深通"一折。直隶永定河,本年北四下汛漫口,经曾国藩饬令道、厅各员,设法堵筑,现已合龙。并据该督勘验，北四下汛暨南七两处坝工，均各稳固。张家坟一带所挑中洪，南七以下所挖引河，并能畅流无滞。在事出力各员，著准曾国藩择优保奖，毋许冒滥。嗣后，仍当督饬该道厅等，认真挑挖，并随时修治堤埝，深保无虞。另片奏："被参各员办工出力，请开复处分"，等语。前永定河道徐继镛，著开复原参革职留任处分。署北岸同知王维清、署固安县县丞岳翰，均著开复原参革职留工效力处分。该部知道。片并发。钦此。

同治九年 [1870] 六月，奉上谕：

曾国藩奏《永定河南岸漫口，分别参办并自请议处》一折。此次永定河南岸五工十七号堤埝漫溢，该厅、汛各员，未能先事抢护平稳，致令续涨夺溜，口门刷至二十余丈，实属咎无可辞。三角淀通判朱津，因驻防南七大坝，一时未能兼顾，情尚可原，著革职留任。南岸五工永清县县丞徐铨，著革职不准留工。永定河道李朝仪，统辖全河疏于防范，惟到任未久，著革职留任，以观后效。曾国藩著交部议处。并著遴委委员，驰往查勘，迅筹办理。该部知道。钦此。

同治九年 [1870] 七月，奉上谕：

曾国藩奏《永定河南岸五工续漫成口，再行分别参办》一折。永定河南岸五工十号，于六月二十六日续漫成口，刷开三十余丈。该厅、汛各员，未能先时抢护，致令续行漫溢，实难辞咎。永定河道李朝仪、三角淀通判朱津，著再行交部议处。署永清县县丞候补主簿蔡鸿庆，到任未久，著革职留任，以观后效。即著曾国藩督饬在工各员，赶将口门盘裹，以防续坍。曾国藩著再行交部议处。余著照所议办理。该部知道。钦此。

同治九年 [1870] 九月，奉上谕：

前因李鸿章奏："永定河漫口亟宜修复，请饬筹款拨解"。当谕户部，速议具奏。兹据奏称："永定河应修各工，现经李鸿章估计，共需银九万两，拟即筹款解济。"等语。著李鸿章、丁宝桢、李鹤年，按照该部指拨数目，将直隶旗租银三万两、山东地丁银三万两、河南地丁银三万两，赶紧如数筹拨，克期解交永定河工次，俾济要需，毋稍迟误。李鸿章于此项银两到工时，务当严饬该河道，核实动用，毋任在工人等偷工减料，草率从事。并将用过银数，先行专案报部，以备查核。钦此。

同治九年［1870］闰十月，奉上谕：

李鸿章奏《永定河工合龙，请将出力各员分别开复、奖叙》一折。本年，永定河南五工十号、十七号等处先后漫口，经在工各员次第督修，全河一律通畅，复归故道。李鸿章派委道员祝垲，查勘各工，均属确实，自应量予奖励。永定河道李朝仪，原参降革处分，著即行开复。三角淀通判朱津，原参两次革职留任，署南五工永清县县丞候补主簿蔡鸿庆，原参革职留任各处分，均著一并开复。道员祝垲，着交部从优议叙。其余出力各员弁，着准其择尤酌保，勿许冒滥。该部知道。钦此。

同治十年［1871］六月，奉上谕：

李鸿章奏《永定河南岸漫口，分别参办并自请议处》一折。直隶永定河南岸二工六号堤埝，因本年五月中旬以来连日大雨，水势盛涨，于六月初六日漫溢成口，掣动大溜，刷至三四十丈之宽。该厅、汛各员，未能先时抢护，实属咎无可辞。南岸同知朱津，著革职留任。署南二工良乡县县丞候补县丞萧承湛，即行革职。永定河道李朝仪，统辖全河，疏于防范，著革职留任，以示惩儆。李鸿章著交部议处，并著遴派委员驰往查勘，迅筹办理。该部知道。钦此。

同治十年［1871］七月，奉上谕：

李鸿章奏《永定河南岸石堤五号尾续漫成口》一折。此次永定河南岸石土堤五号尾，因五、六两月暴雨兼旬，山水陡涨高过堤面，漫刷石子土埝，于六月二十四日冲决成口，掣动大溜，口门约宽四五十丈。该厅、汛各员，未能先时抢护，实属咎无可辞。永定河道李朝仪、南岸同知朱津，前已革职留任，著再行交部议处。卢沟桥巡检郑官贤，著革职留任。李鸿章并著再行交部议处。该督即严饬该河道等，查勘情形，迅筹办理。至所称，请饬部臣通盘筹画经费之处，仍著该督，督饬该河道等，核实勘估，详细奉闻，听候谕旨。钦此。

同治十年［1871］九月，奉上谕：

前因李鸿章奏："永定河漫口，工需不敷银两请由部筹拨"。当谕令户部速议，具奏。兹据该部奏："遵拨山东地丁银五万两，河南地丁银五万两，因恐外拨之款缓不济急，拟由部库先行借拨十万两。"等语。永定河工程紧要，被水灾民四出求食，亟宜以工代赈。著照所请，由部库借拨银十万两。即著李鸿章，迅即派员赴部请领，解交工次，克期勘办兴工。俾饥民就食有方，不致流离失所。该督务当严饬厅、汛各员，将应行堵筑、疏浚各工，认真办理，以期经久。毋任偷减工料，致贻后患。其部拨山东、河南地丁银各五万两，并饬丁宝桢、李鹤年，严饬藩司，赶紧筹措，务于十一月以前解还部库，以供支放。仍将起程日期，先行报部，勿稍延缓。钦此。

同治十一年［1872］三月，奉上谕：

李鸿章奏《永定河堤工合龙》一折。上年，永定河南二工六号暨卢沟桥石堤五号尾，先后漫口。经李鸿章督饬该管河道等，筹款堵筑，先将南二工六号工程修筑完竣。其石堤五号尾工，于本年春间加工接办，节节进占，镶埽大工，现已合龙。在事各员弁昼夜抢办，克期蒇事，尚属著有微劳，自应量予奖励。二品顶戴署大顺广道①祝垲，著交部从优议叙。直隶候补知府徐本衡，著俟补缺后以道员用，并赏戴花翎。江苏候补知府周馥，著免补本班，以道员改留直隶尽先补用。蓝翎运同衔候选同知吴廷斌，著赏换花翎，仍以同知留于北河，归先尽班，前先补用分发。补用同知直隶州知州翟增荣，著仍以同知直隶州知州，留于直隶补用。蓝翎石景山同知王茂壎，著赏换花翎。补用同知知州唐成棣，著赏戴花翎。交河县知县王养寿，著以同知直隶州知州在任候补，并加随带二级直隶州知州用。候补知县张云祥，著赏戴花翎。永定河道李朝仪，著开复原参革职留任，并降四级督赔处分。署南岸同知朱津、宛平县卢沟桥巡检郑官贤，均著开复革职留任处分。前署南二工良乡县县丞候补县丞萧承湛，著仍带革职处分，留工效力。余著照所议办理。该部知道。钦此。

同治十一年［1872］七月，奉上谕：

御史边宝泉奏"督臣呈进瑞麦恐滋流弊，并请将永定河合龙保案撤销"各折片。国家爱养黎元，惟期年谷顺成，从不侈言浮瑞。李鸿章前以直隶清苑县暨广平府等属，呈报麦秀两歧，据以入奏，并将麦样进呈在该督。虽不致意存粉饰，第恐各该地方官，藉此导谀贡媚，殊于吏治，民风大有关系。嗣后，各该督抚务当勤恤民隐，于地方水旱情形随时查看，力筹补救，不得率以瑞应嘉祥铺张入告，用副朝廷痌瘝在抱之意。近闻，永定河北岸堤工溃决，顺天南路及保定、天津所属州县，均有水

---

① 大顺广道，驻大名府。辖大名府、顺德府、广平府（三府所辖州县略）。

患，兼有被蝗之处。著李鸿章迅速查明，永定河决口及各州县被灾情形，究竟若何，据实具奏。前据李鸿章奏保永定河合龙出力人员，折内声称，全河两岸堤埝均已培补坚厚，何以又复溃决？在工各员所司何事？著李鸿章查明参奏。并著该部，将前次保案即行撤销。钦此。

同治十一年［1872］七月，奉上谕：

昨御史边宝泉奏称："永定河决口情形，当降旨令李鸿章查明，据实具奏。并将在工各员查参，撤销前次保案。"兹据李鸿章奏称："上月大雨时行，河水盛涨，消泄不及，各堤多有蛰动，均经随时抢护。惟北下汛十七号水高过堤，大溜越堤而过，抢救不及，遂至漫口，请将在工各员分别参办，并自请议处"，等语。永定河堤工，前经李鸿章奏报合龙，并称两岸堤埝均已培补坚厚。乃为时未久，即有决口之处。在工各员未能小心防范，咎无可辞。石景山同知王茂埙，著革职留任。署北下汛宛平县县丞候补主簿唐照，著革职留工效力。永定河道李朝仪，著革职留任，以示惩儆。李鸿章督率无力，著交部议处。即著该督，严饬在事各员弁，迅将决口赶紧堵合，务臻坚固，不得稍有草率。其全河各段堤工，并著随时加意保护，毋稍疏懈。该部知道。钦此。

（光绪）永定河续志

同治十一年［1872］九月，奉上谕：

李鸿章奏《永定河漫口合龙，请将出力各员奖叙》一折。本年七月间，水定河北下汛十七号，因河水暴涨漫溢成口，经李鸿章督饬该管河道等，克期抢堵，时值秋汛正旺，该员等竭力抢作，坝埽全行堵合，河流复归故道。其北二上、北五、南七等汛残缺工程，亦经分投堵筑，下游两岸各工悉臻稳固，大工现已合龙。李鸿章督率有方，筹办迅速，所有前次应得处分，著加恩即行开复。在事各员奋勉趋公，克期蒇事，尚属著有微劳，自应量予奖叙。同知吴廷斌、知县张云祥，均著赏换花翎，补用同知。知州唐成棣，著赏戴花翎。县丞叶昌绪，著俟补知县后赏加同知衔。永定河道李朝仪、石景山同知王茂埙，均著开复革职留任处分。王茂埙年力就衰，著即以原品休致。署北下汛宛平县县丞唐照，著开复革职处分，仍留工差遣。余著照所议办理。另片奏请，"将异常出力之知府奖励"，等语。河工差委江苏候补知府周馥，会办险工，力任劳怨，该员本系改留直隶候补缺后，以道员补用之员，著加恩免补本班，以道员留于直隶，尽先补用。嗣后，不得援以为例。该部知道。钦此。

同治十二年［1873］闰六月，奉上谕：

李鸿章奏《永定河南四工漫口，在工各员分别参办并自请议处》一折。据称："本年伏汛大雨连旬，山水暴发，河湖异涨。经该河道等昼夜抢险，开放闸坝，险工已就平稳。自六月十一、二日以后，大雨倾盆，各处山水汇注闸坝，宣泄不及，河不能容。南四工九号对岸，又淤生沙嘴，回风逼溜，水势抬高数尺，人力难施，遂致漫口"，各等语。永定河工，经李鸿章于上年奏报合龙，为时未久，仍复决口。虽连旬大雨所致，在工各员究未能小心防护，咎无可辞。南岸同知朱津，著革职留任；南四工固安县县丞王仁宝，著革职留工效力；永定河道李朝仪，著革职留任，以示惩儆。李鸿章督率无方，著交部议处。即著该督，严饬在事员弁，迅将决口赶紧堵筑，毋稍延缓。其上游各厅、汛，并著加意防护。被淹地方，即由该督量为抚恤，毋令失所。该部知道。钦此。

同治十二年［1873］八月，奉上谕：

内阁学士宋晋奏《近畿连年被水，请饬以工代赈》一折。据称："直隶河道漫溢，连岁水灾，与其并力筹赈，不如择要修工。请饬该督，以现拨帑金酌提一半，拯恤灾区，以一半赶择河道紧要者，速为修治。工赈兼施，两收其效。至现拨帑金尚不敷用，并饬续拨款项以成钜工。"等语。近年以来，直省河患频仍，亟宜设法疏治，期于一劳永逸。至宋晋所陈办法，是否可行，著李鸿章统筹全局，悉心酌核，迅速具奏。原折著抄给阅看，将此谕令知之。钦此。

同治十二年［1783］九月，奉上谕：

李鸿章奏《永定河漫口合龙，开单请奖》一折。本年闰六月间，永定河南四汛九号，因河水暴涨，漫溢成口。经李鸿章督饬该营河道等，力筹抢堵。时值秋汛正旺，该员等并力抢筑，坝埽全行堵合，河流复归故道，大工克期蒇事。李鸿章督率有方，筹备迅速，所有前次应得处分，著加恩即行开复。在事各员，履危涉险，加劲抢办，尚属著有微劳，自应量予奖叙。道员周馥，著赏加按察使衔。永定河道李朝仪、南岸同知朱津，均著开复革职留工处分。知县用县丞王仁宝，著开复革职留工处分，仍以原官原衔按原班补用。单开之同知张毓先、知县邹振岳，均著赏戴花翎。同知吴士湘，著赏换花翎。知县用县丞萧承湛，著开复革职留工效力处分，仍按原班补用。主簿刘庆长，赏戴蓝翎。州同朱瀛，著赏加运同衔。知州唐成棣，著以知府在任候补。同知窦廷馨、通判桂本诚，均著赏加知府衔。游击郑龙彪，著赏给二品封典。千总刘济堂，著赏加守备衔。知县杨谦柄，著赏给随带加三级。主簿王耀，著俟补州判后，以知县用。从九品李忠赞，著赏加六品衔。沈桂脩，著以本班分发直隶尽先补用。书吏李锡福，著以从九品不论双、单月选用。余者，著照所议办理。该部知道。单并发。钦此。

光绪元年［1875］七月，奉上谕：

李鸿章奏《永定河南二工漫口，在工各员分别参办并自请议处》一折。据称："本年伏汛阴雨连旬，河水屡经涨发，经该河道等昼夜督抢，险工已就平稳。不期水又续长，埽复蛰陷多段，对岸忽淤沙嘴，河流愈窄愈急，水势抬高数尺，人力难施，遂至漫口"，等语。永定河工，经李鸿章筹修闸坝，上年已就安澜。今值伏迅，仍复漫口。虽因连旬阴雨所致，在工各员究未能小心防护，咎无可辞。署南岸同知吴运斌，著革职留任。署南二工良乡县县丞汪仰山，著革职留工效力。永定河道李朝仪，革职留任，以示惩儆。李鸿章督率无方，著交部议处。即著该督，严饬在事员弁，赶紧堵筑，毋稍延缓。其上游各汛，并著加意防护。被水地方，即由该督查勘安抚，毋令失所。该部知道。钦此。

光绪元年［1875］十月，奉上谕：

李鸿章奏《永定河漫口合龙，出力各员开单请奖》一折。永定河南二工，前因连旬阴雨，水势过大，致有决口。经李鸿章派委道员周馥，会同该河道李朝仪，督率厅、汛员弁，赶紧堵筑。时值河水叠涨，大溜冲击西坝，陡蛰十余丈，该员等并力抢护稳固，大工现已合龙。李鸿章督率有方，筹备迅速，所有前次应得处分，著加恩即行开复。在事出力各员，尚属著有微劳，自应量予奖叙。道员周馥，著交部从优议叙。永定河道李朝仪、署南岸同知吴廷斌，原参革职留任处分均著准其开复。县丞汪仰山，著开复原参革职留工处分，仍以原官衔翎归原班补用。单开之知县王家瑞，赏戴花翎。千总刘济堂，著换花翎。县丞李骏声等，均着赏戴蓝翎。州判萧德鸿等，均著留于北河归本班前先补用。县丞严暄，著俟补缺后以知县前先补用。知州唐成棣等，均著赏加二级，并给予三品封典。布政司理问蒋金生，著俟选缺后以知州用。典史朱同保，著赏给随带二级。从九品张敬铭等，均著赏加六品衔。书吏张铭仁，著以从九品，不论双、单月选用。余者，著照所议办理。该部知道。单并发。钦此。

光绪四年［1875］七月，奉上谕：

李鸿章奏《永定河北六工漫口，在工各员分别参办并自请议处》一折。据称："本年夏雨时行，河水迭长，经该河道等实力防抢，伏汛尚称平稳。自七月二十一、二十二等日，昼夜大雨，上游诸水汇涨，汹涌异常。二十二日戌刻，雨势如注，水又陡长，北六工二十四号漫过堤顶二尺，大溜汛猛，人力难施，遂致漫口。"等语。永定河北工漫口，虽由夜雨溜猛所致，在工各员究未能小心防护，咎无可辞。北六工霸州州判邹源，著即行革职。北岸通判江垲，著革职留任。永定河道李朝仪，统辖全河疏于防范，著革职留任，以示惩儆。李鸿章督率无方，著交部议处。即著该督，严饬在事员弁，迅将决口赶紧堵筑，毋稍延缓。其上游各厅、汛，并著加意防护。被淹地方，即由该督量为抚恤，毋令失所。该部知道。钦此。

光绪四年［1878］十月，奉上谕：

李鸿章奏《永定河漫口合龙，请开复各员处分并将出力员绅奖励》一折。永定河北六工漫口，经李鸿章派员会同该河道等，筹款堵筑，分投抢办大工，现已合龙。李鸿章督率有方，筹备迅速，所有前次应得处分，著加恩即行开复。在事出力各员，尚属著有微劳，自应量予奖叙。知府史克宽，著留于直隶，以知府遇缺尽先即补。永定河道李朝仪、北岸通判江垲，均著开复革职留任处分。北六工霸州州判邹源，著留工效力。单开之同知吴廷斌等，均著俟离任归知府班后，赏加三品衔。游击郑龙彪，著俟补游击后以参将用。知府叶金授，著赏加三品衔。知县侯绍瀛，著分发省分前先补用。通判陈本怡，著留于直隶前先补用。州判章兆蓉，著俟选缺后以知州补用。守备吴恩来等，均著赏换花翎。知县严暄均，著赏戴花翎。千总刘济堂，著赏加都司衔。主簿隆廉等，均著赏戴蓝翎。知县张钰，著以知州在任候补。知县潘秋水，著俟补缺后以同知用，先换顶戴。县丞刘延科，著候补缺后，以知县用。主簿韩传琦，著候补缺后以州判用。州判夏人杰，著赏五品衔。巡检沈桂脩等，均著俟得缺后以主簿用。从九品张家达，著分发省分，前先补用。千总刘庆有，著补缺后以守备尽先补用。知府石作桢等，均著分前先补用。供事苏必寿，著以从九品不论双、单月选用。余著照所议办理。该部知道。单并发。钦此。

[卷首校勘记]

〔1〕"康熙七年至嘉庆十三年"标题此处原无，根据本志卷首目录添加。

〔2〕三处"狼城河"，"狼"为"郎"之误，均改"郎"。《（嘉庆）永定河志》及本志下文皆为"郎城河"。故改。

〔3〕"漠视"误为"瞙视"。据文意改。

〔4〕"奉"字误为"奏"，据文意改。

〔5〕"妨"误为"防"，据文意改。

〔6〕"嘉庆二十年至光绪六年"标题此处原无，根据本志卷首目录加。

〔7〕"处"字脱，据上下文意增补。

〔8〕"拆"字误为"折"，据文意改。

〔9〕此处缺人名，待查。

〔10〕此处衍一"道"字，据前折，改正。

〔11〕此处脱一"县"字，补之。又按"新雄县"地名无考，疑为"雄县"之误，存疑不改。

〔12〕此"项"字脱。据上下文意增补。

〔13〕此处脱一人名待查。

〔14〕"当"字前原奏折有"之处"二字，且"当"字为"均"，系上谕摘录原折时脱误，故不改。原奏折见卷十二，《直隶总督恒福秋汛安澜疏》咸丰年八月。

〔15〕"该护道王茂壎"一语，原奏折为"该护道"。王茂壎是上谕摘录原折时增补，故不改。按护道是"护理永定河道"的省称。原折同上。

〔16〕原折题为《〔顺天〕府尹石赞清预筹河患疏》同治元年四月。见卷十二奏议收录。

〔17〕原折题为《总督刘长佑北三工漫溢疏》同治六年七月。见卷十二奏议收录。

〔18〕原折题为：《〔直隶〕官文筹办漫合情形疏》〔同治六年十二月附：《开复各员处分片》、《南七工冰泮漫溢片》〕上谕引用奏折题目，及其中引用的语句往往与原文不完全相同，故不作引文对待，即不加引号和书名号。

卷一 绘 图[1]

永定河全图图例及说明　永定河全图总图　永定河全图[2]

永定河全图图例及说明[3]

　　图中凸为御碑，⊙为河神庙，□为衙署，▢▢为汛房，口为铺房，▢为石桥，▢▢▢为村庄。用工部尺丈量，缩为四万五千分之一，即一分当四十五丈，四分当一里。图中只画两岸堤工及下口村庄，而埽坝河流不与者，因其河流无定，时有更移，故空其中，以备随时填画。凡每次涨水各汛案，水从何工、何号而来，向某工、某号而去，或平而险，或险而平，傍堤、顺流，或走中洪，以色笔按号填画。下口所属，委诸武弁，汇归工所。总集成图旁注年、月、日，比即当时河势情形也。堤外十里村庄理得附载，而目所未见，无从位置，是多略。览者谅之。

光绪己卯［1879］冬十有二月。

南海招锡恩恭绘并志。①[4]

---

　　① 《永定河全图》是三部《永定河志》中，唯一用丈量实地绘制的永定河道比例地图。其采用的比例尺，是清代工部尺，四万五千分之一，即一分当四十五丈，四分当一里。清工部尺比今市尺略小，又称营造尺；与今市尺及公尺［米］的换算参见本书增补附录"清代水利工程术语简释"。《永定河全图》测绘人招锡恩，字毅生，广东南海［今广东南海］人，生卒年月及生平不详。

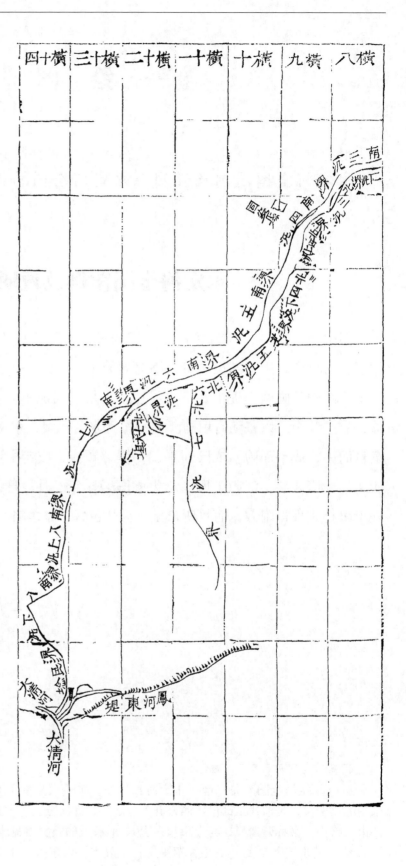

（光绪）永定河续志

七横　六横　五横　四横　三横　二横　一横

縱一
縱二
縱三
縱四
縱五
縱六
縱七
縱八
縱九
縱十

永定河全图总图

②〔5〕

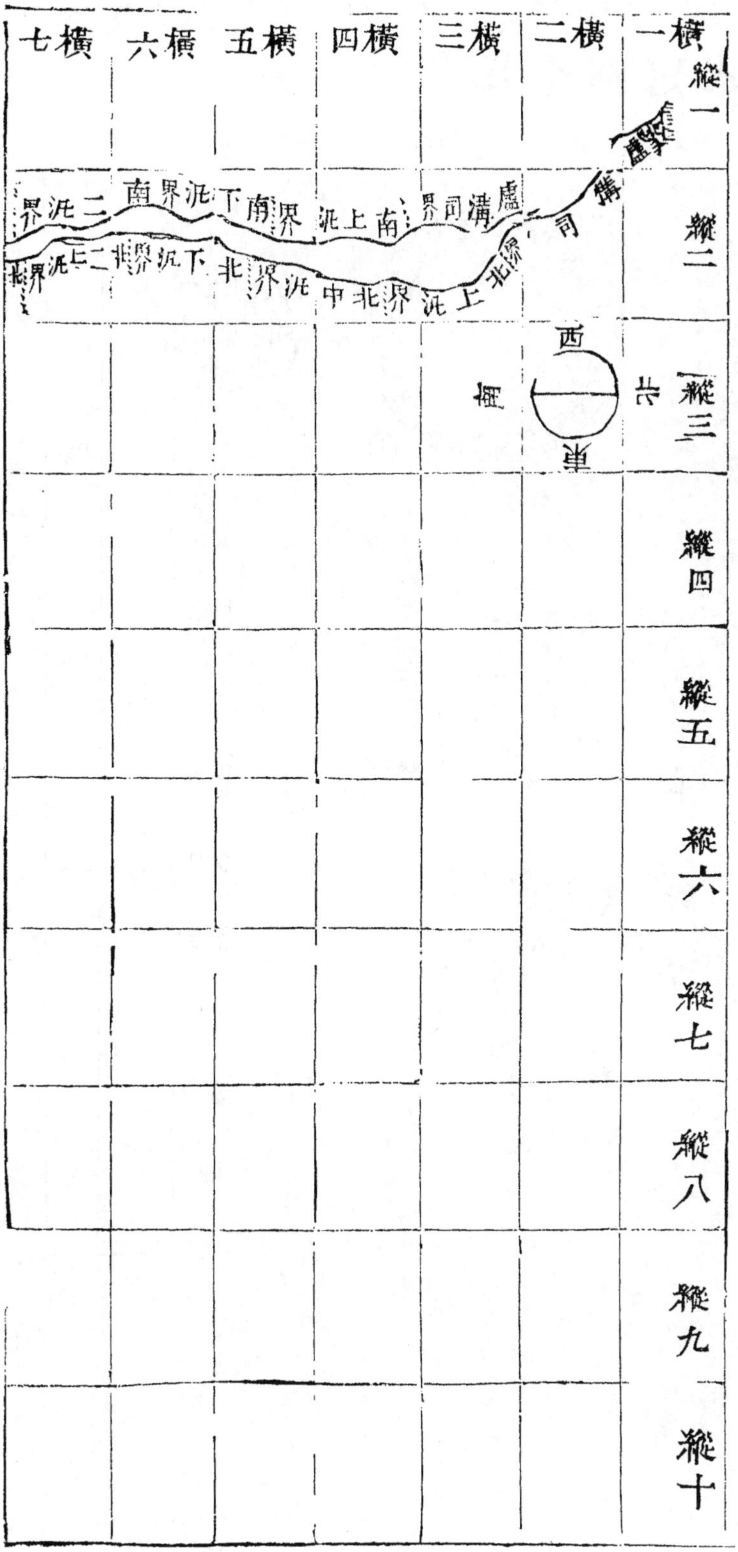

界沉二　南界沉下南界　沉上南界　虑沟司
長界沉上二北界沉下北界沉中北界沉上北

西　北
南　甲

图一

永定河全图[6]

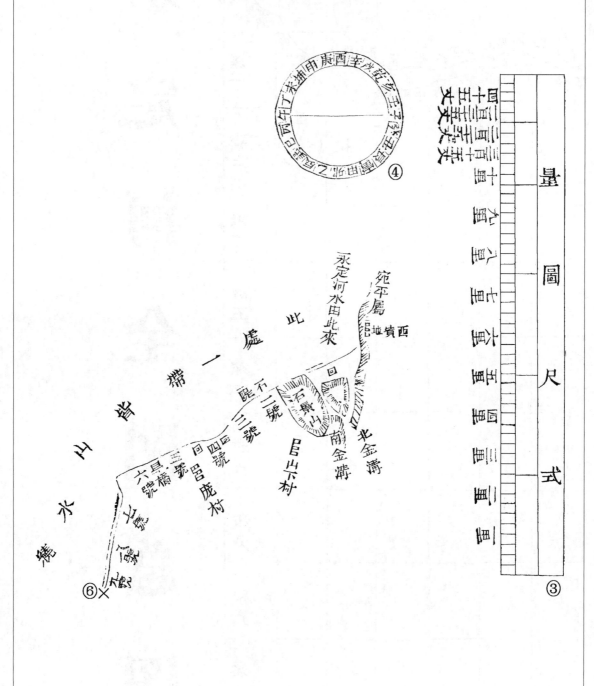

图二 ［纵一横一　纵一横二］⑤

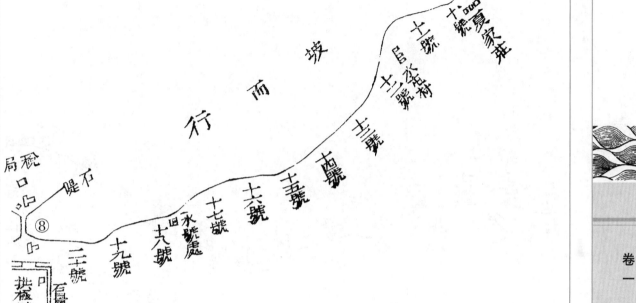

图三 ［纵二横二］

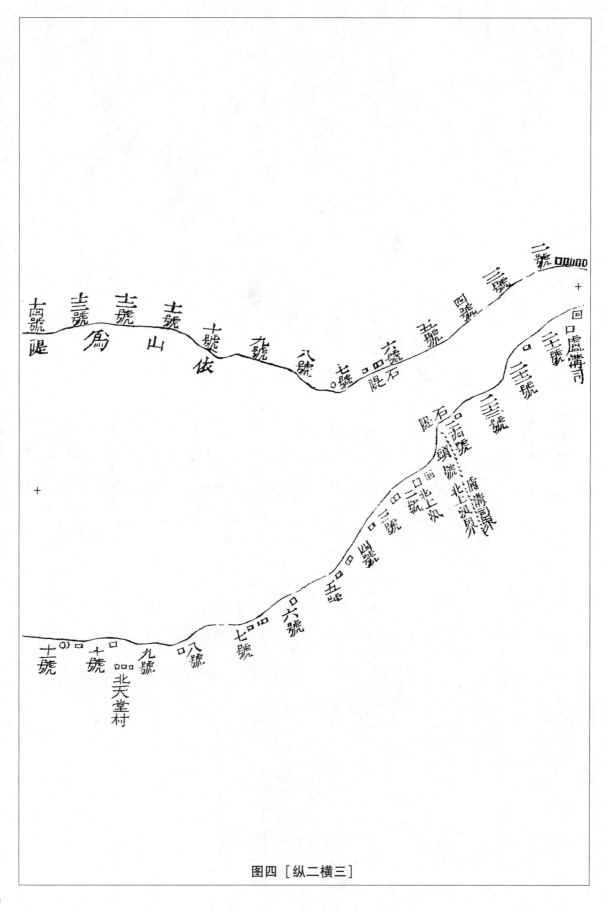

图四 ［纵二横三］

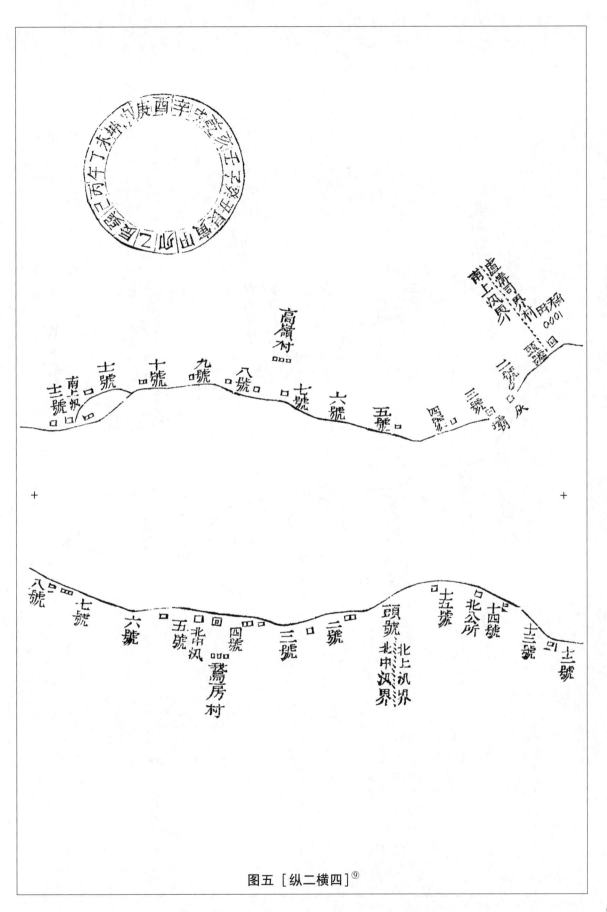

图五 [纵二横四]⑨

（光绪）永定河续志

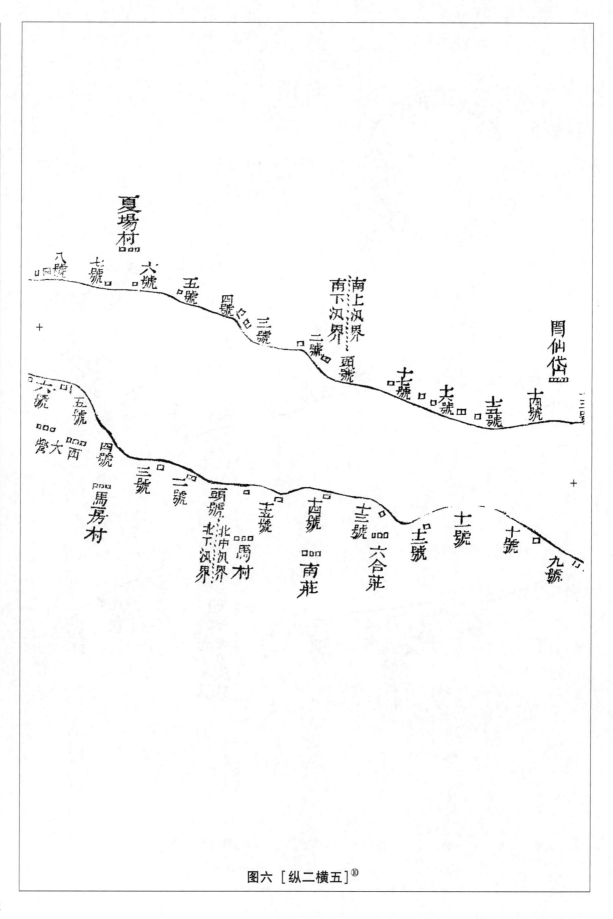

图六　[纵二横五]⑩

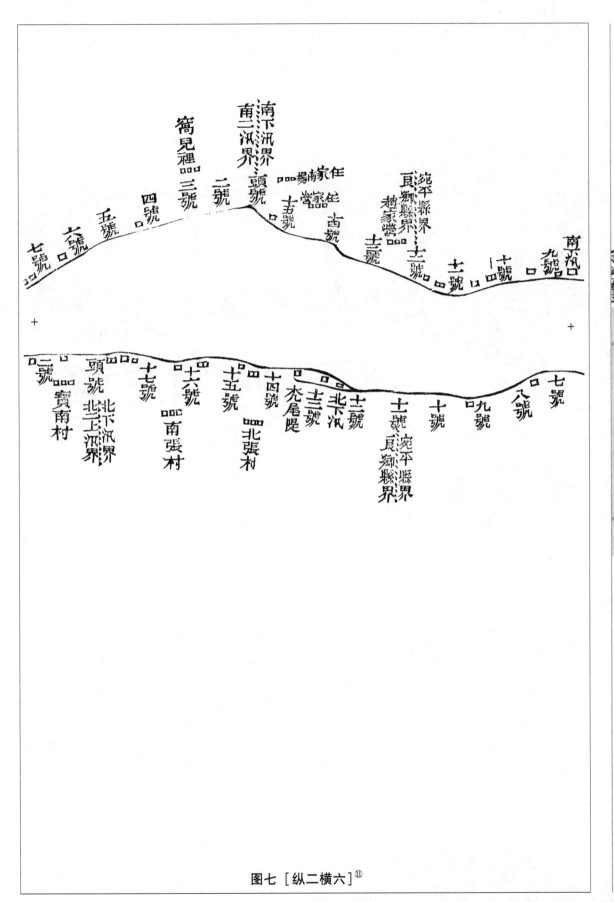

图七 ［纵二横六］[11]

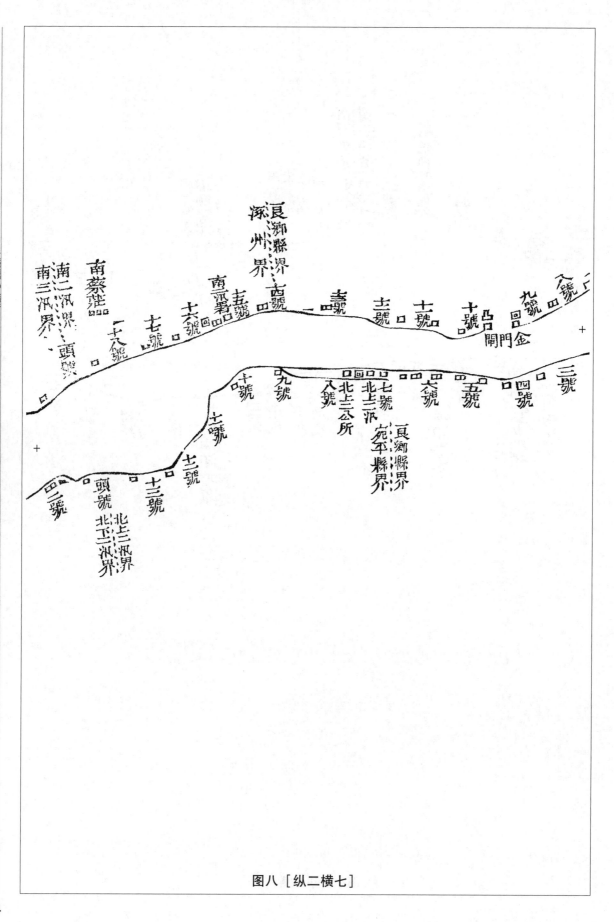

图八 ［纵二横七］

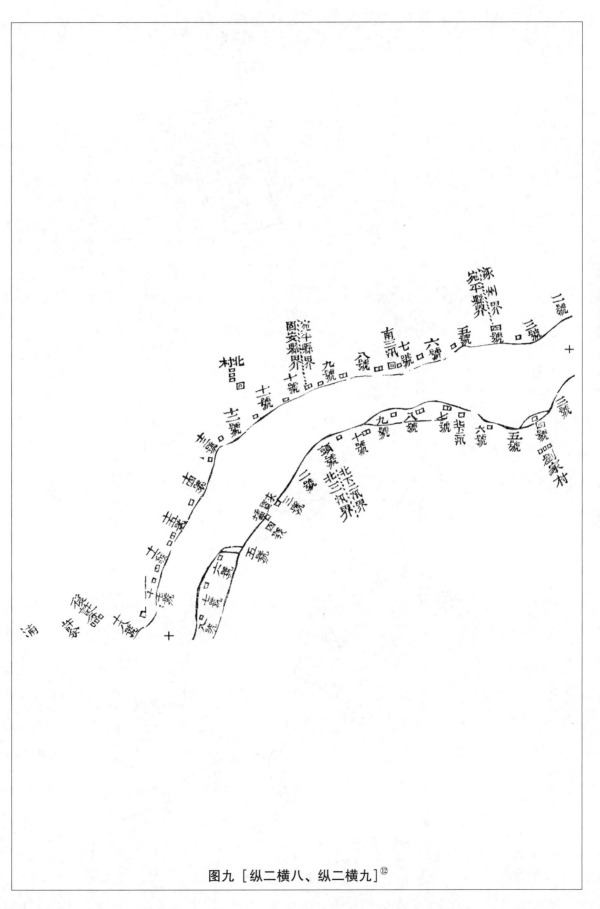

图九 ［纵二横八、纵二横九］⑫

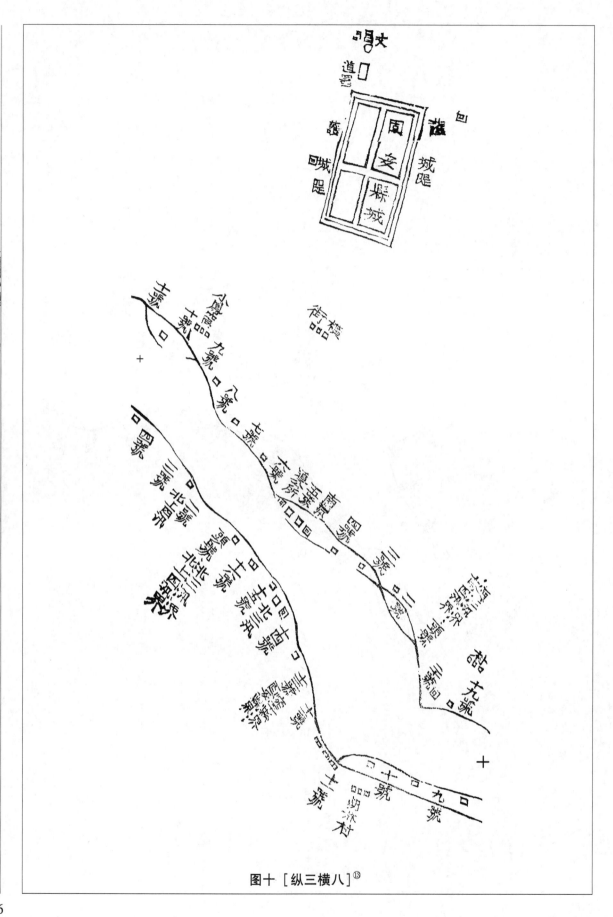

图十　[纵三横八]⑬

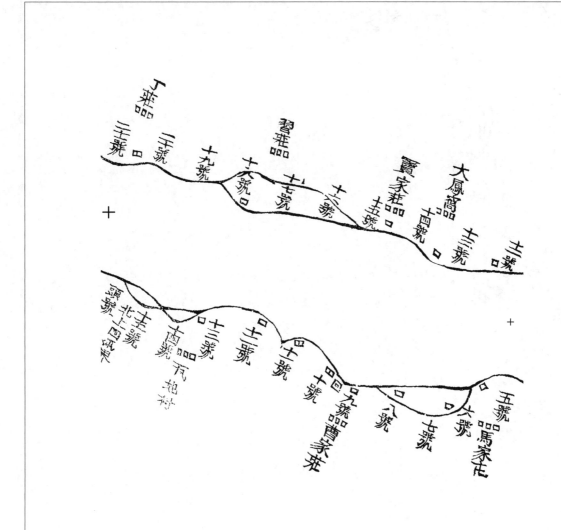

图十一　[纵三横九]⑭

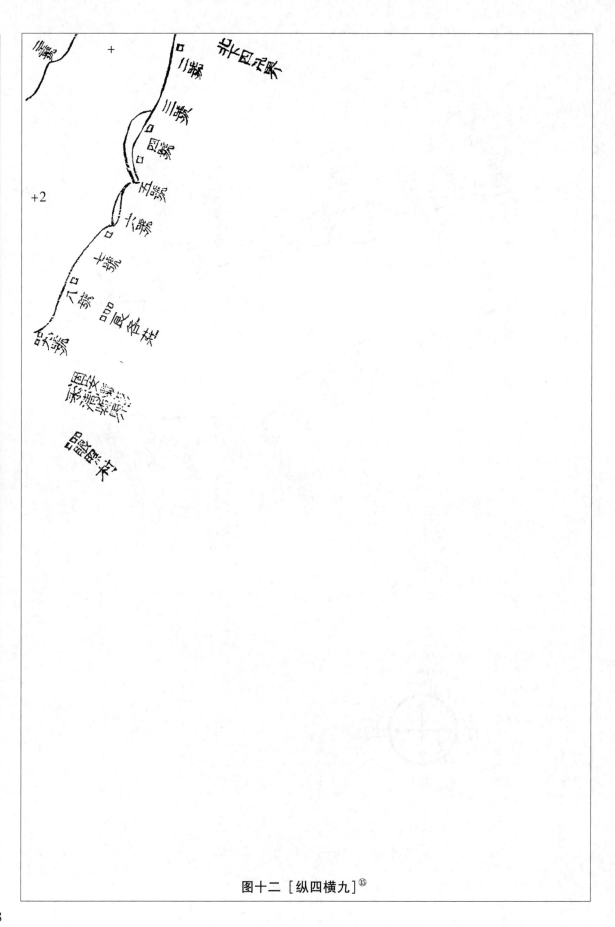

图十二 ［纵四横九］[15]

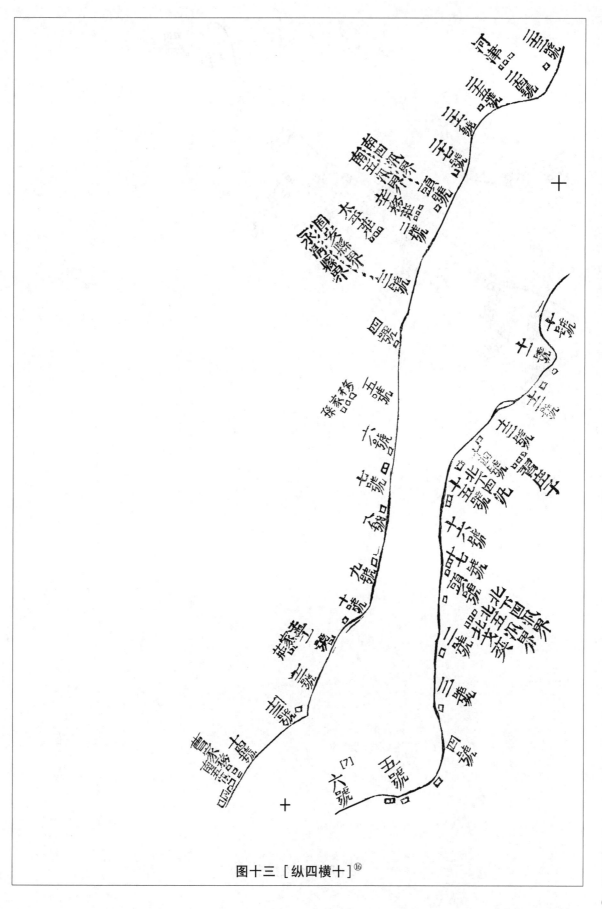

图十三［纵四横十］⑯

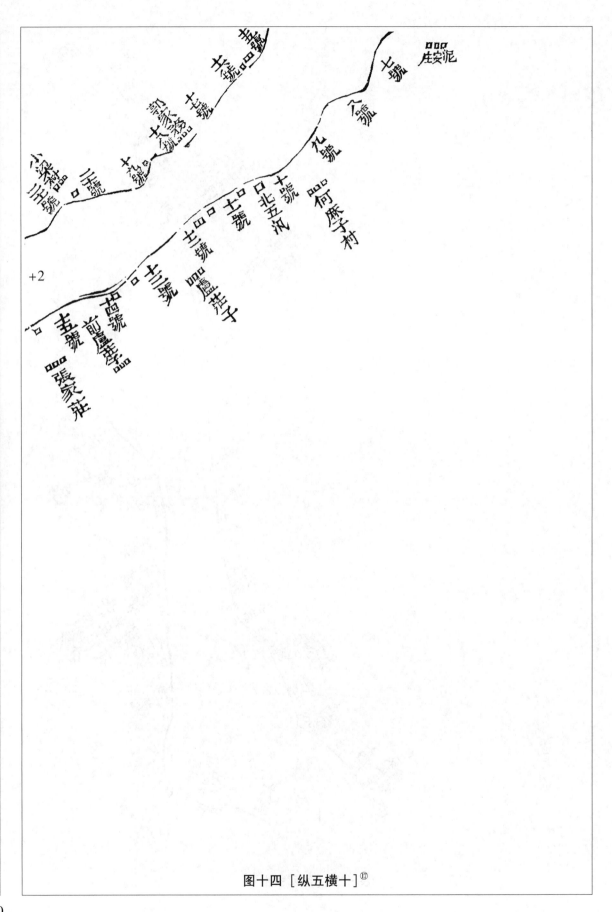

图十四 ［纵五横十］^⑰

（光绪）永定河续志

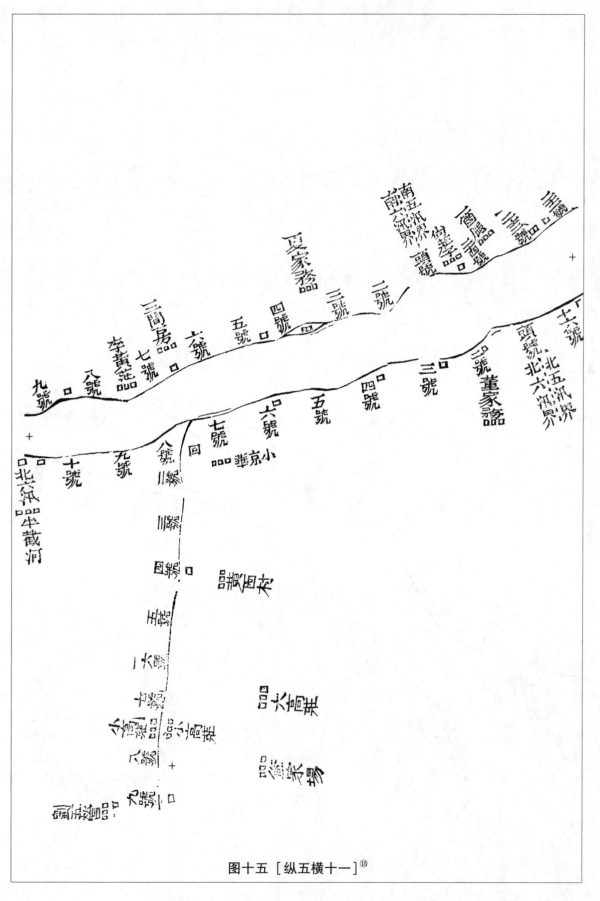

图十五 ［纵五横十一］⑱

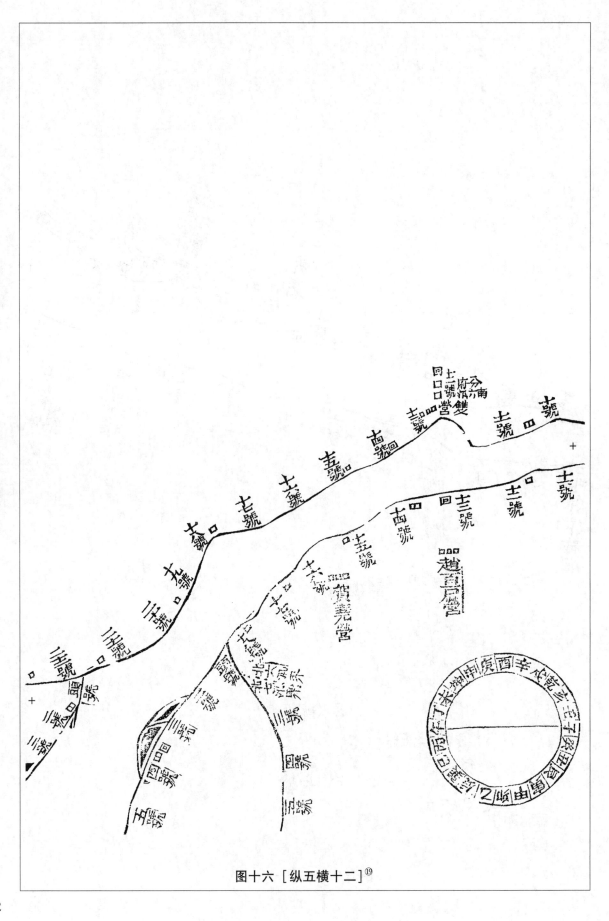

图十六 ［纵五横十二］[19]

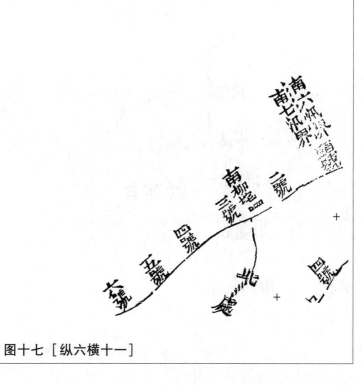

图十七 ［纵六横十一］

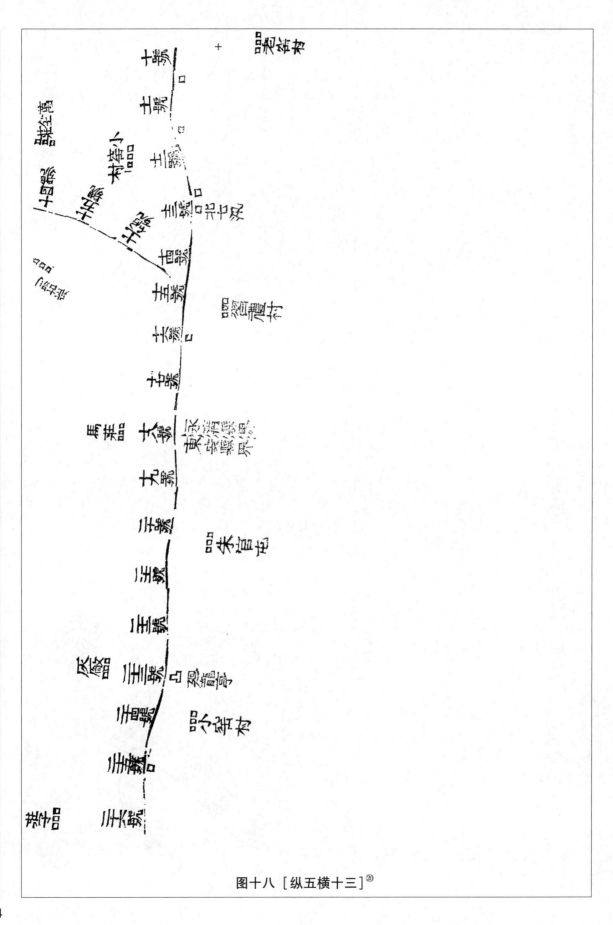

图十八 ［纵五横十三］[20]

（光绪）永定河续志

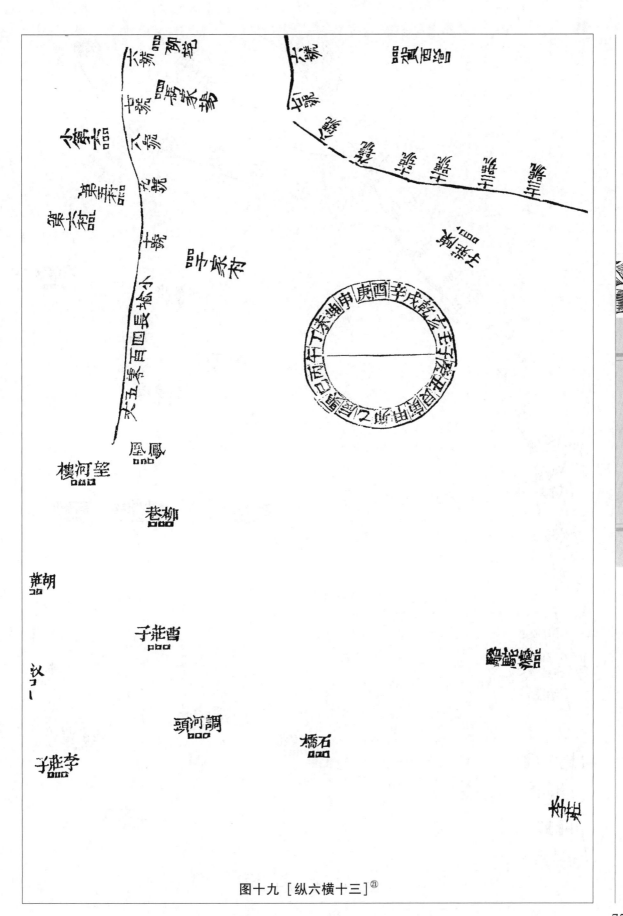

图十九〔纵六横十三〕[21]

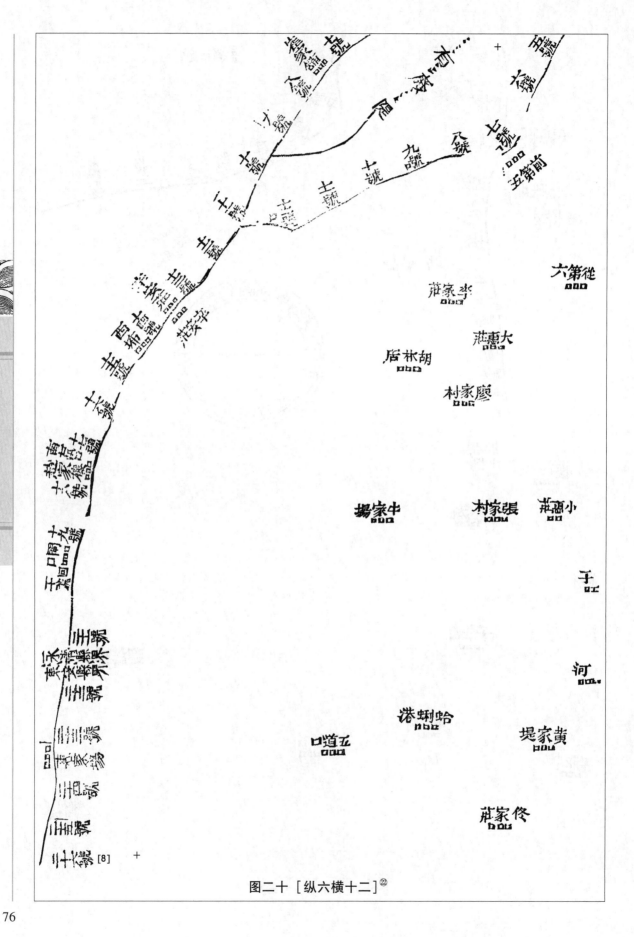

图二十 ［纵六横十二］②

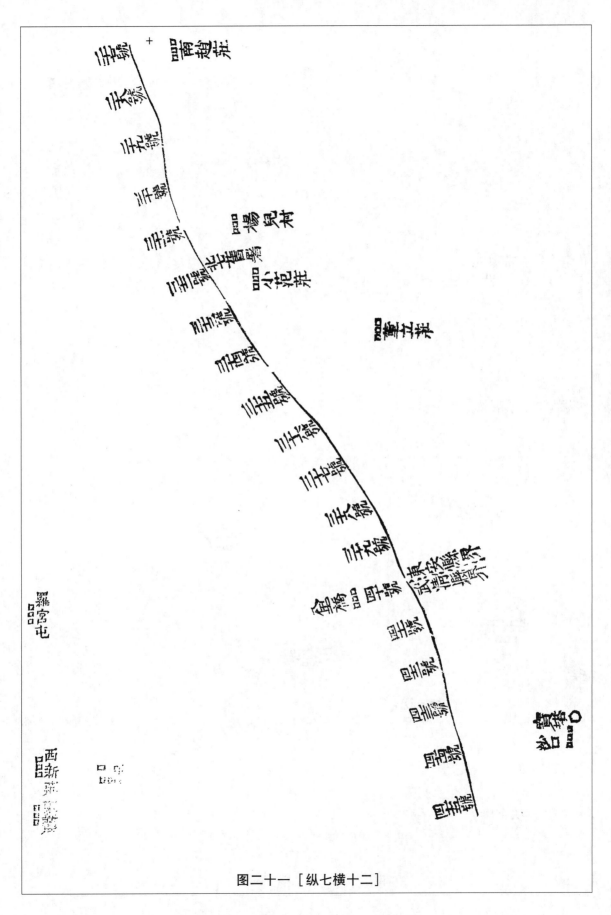

图二十一　[纵七横十二]

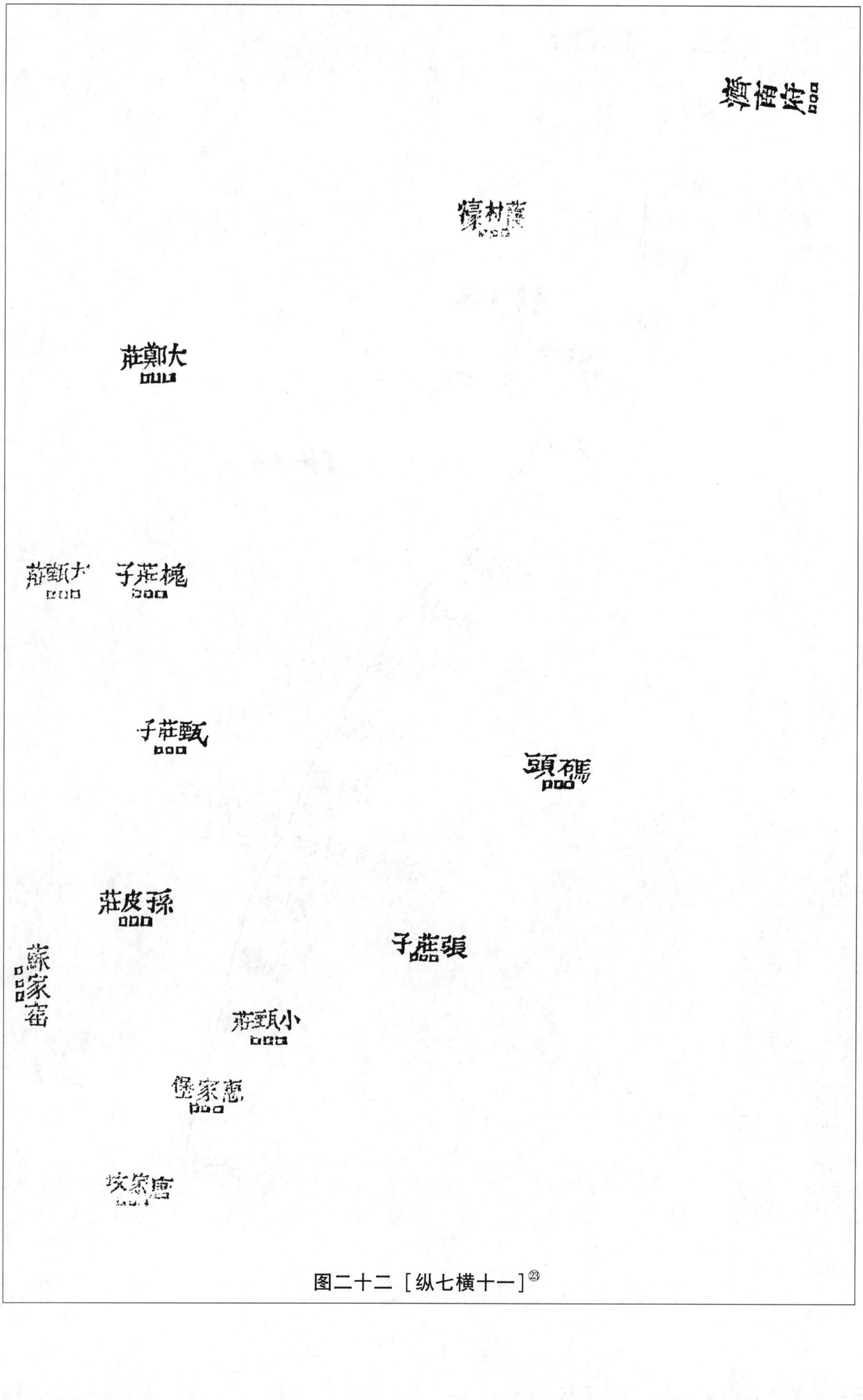

薛柳坨

薛村凑

大郑庄

大甄莊　槐莊子

甄莊子

碼頭

孫皮莊

張莊子

蘇家窑

小瓦甄莊

惠家堡

唐家埝

图二十二 ［纵七横十一］[23]

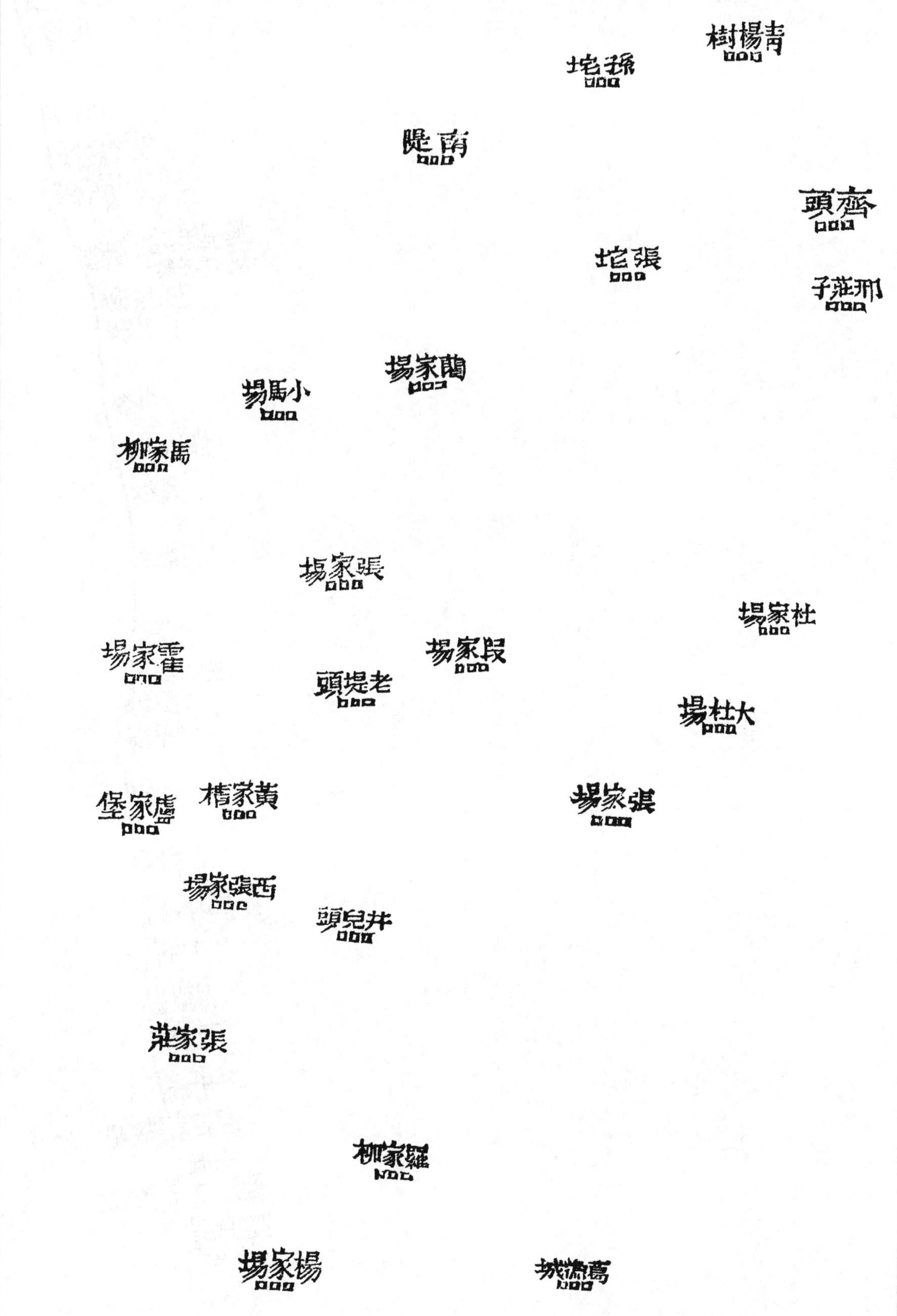

青楊樹

孫垞

南隄

齋頭

張垞

那莊子

蘭家場

小馬場

馬家柳

張家場

杜家場

霍家場

段家場

老堤頭

大杜場

盧家堡　黃家楮

張家場

西張家場

井兒頭

張家莊

羅家柳

楊家場　　　　鳶濟城

图二十三 ［纵七横十三］㉔

图二十四 ［纵七横十四］⑤

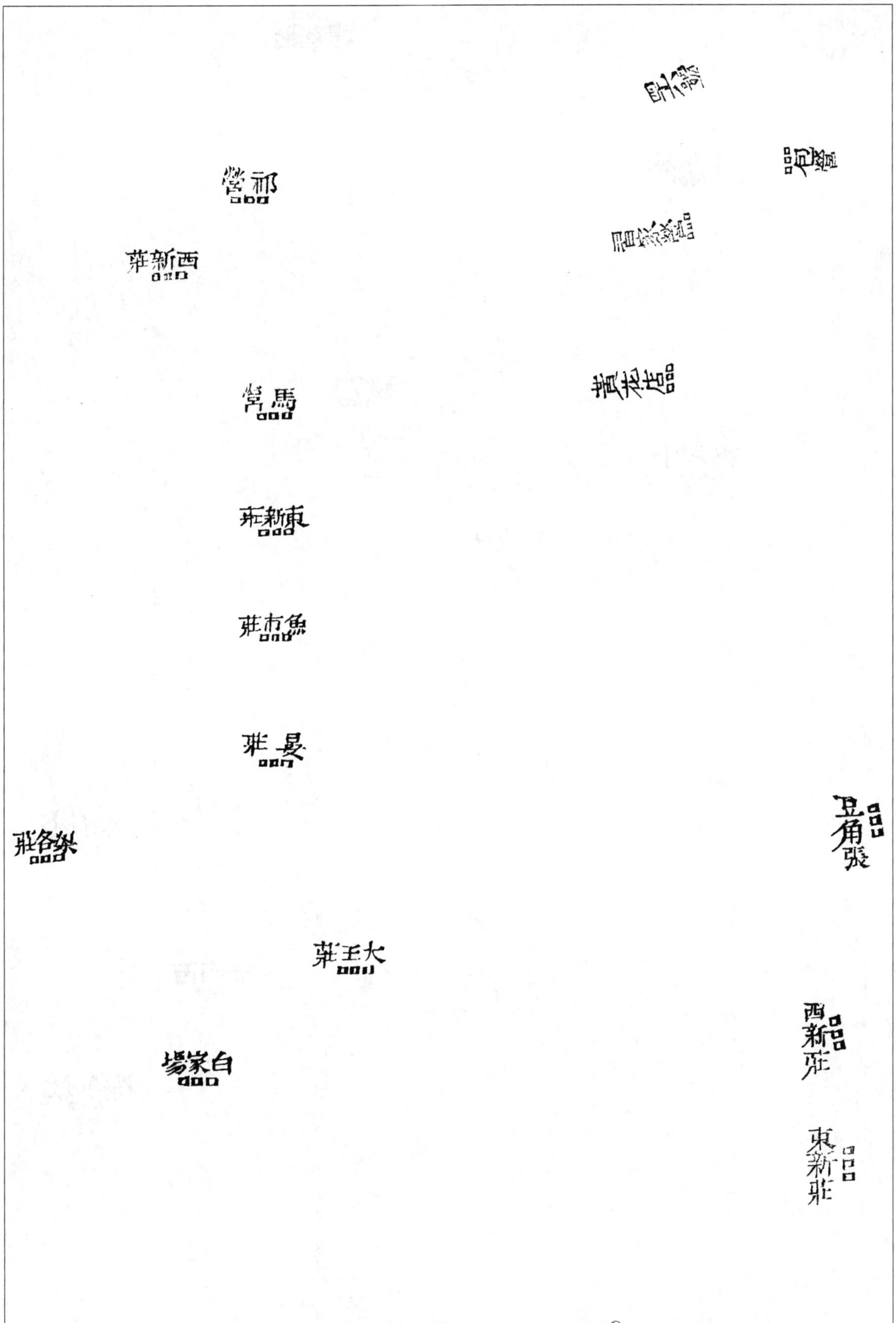

图二十五 ［纵八横十一、纵八横十］㉖

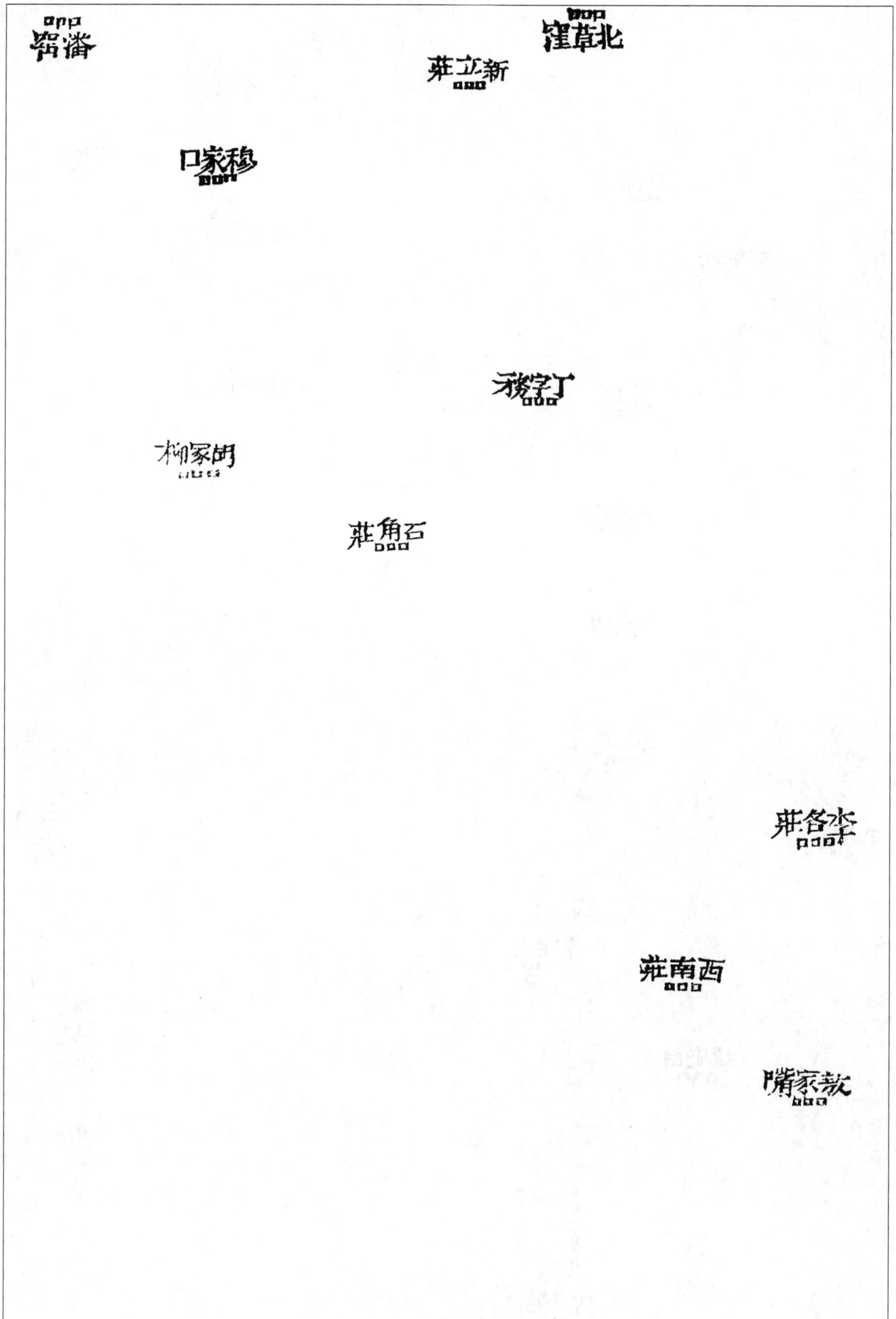

潘窑

北草窪

新立莊

穆家口

丁字拐

柳家閘

石角莊

李各莊

西南莊

隋家教

图二十六 ［纵八横十二］⑳

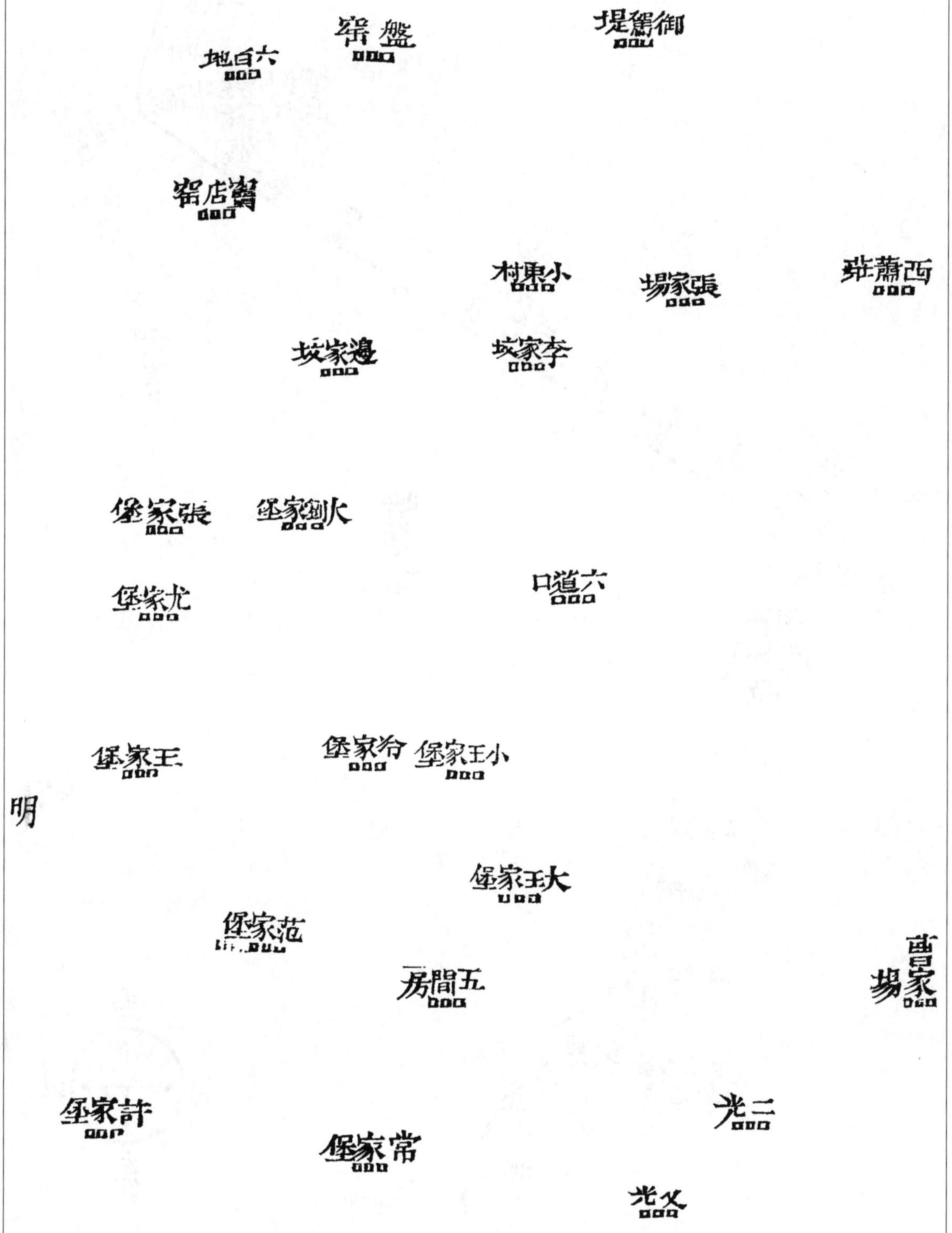

盘窑　　　　御驾堤

六百地

鸾店窑

　　　　　小果村　　　张家场　　　　　西萧班

　　　遍家坟　　李家坟

张家堡　　火刘家堡

尤家堡　　　　　　　　六道口

明

王家堡　　　冷家堡　小王家堡

　　　　　　　大王家堡

　　范家堡

　　　　五间房　　　　　　　　　曹家场

许家堡　　　　　　　　　　　　　二光

　　　常家堡

　　　　　　　　　　义光

图二十七 ［纵八横十三］㉘

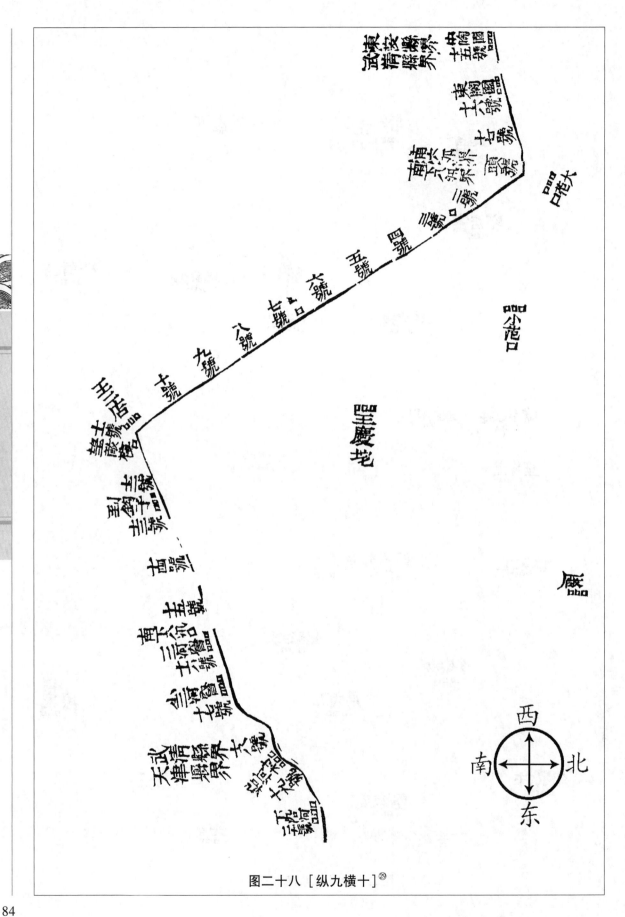

图二十八［纵九横十］㉙

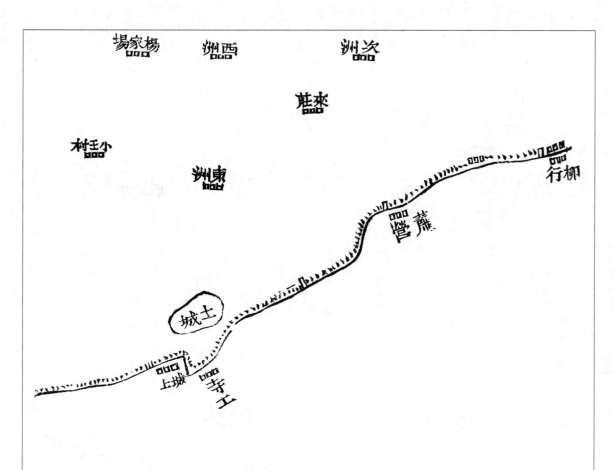

場家楊　洲西　洲次

羆來

小王村

洲東　　　　　　　　　　　　柳行

蕻營

土城

上城　王寺

图二十九 ［纵九横十一］㉚

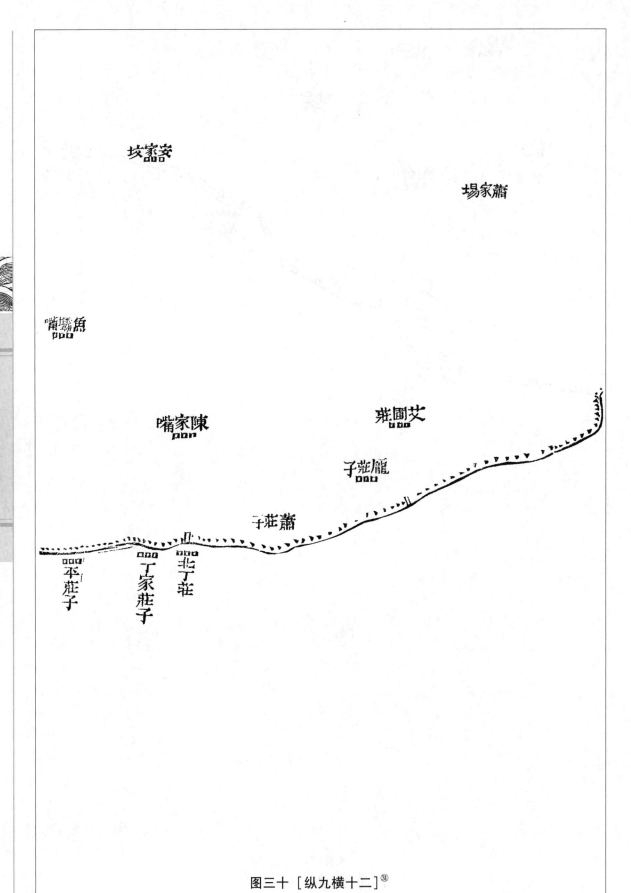

坟家姜

塲家蕭

嘴壩魚

嘴家陳

莊圃艾

子莊籠

子莊蕭

北丁莊

平莊子

工家莊子

（光绪）永定河续志

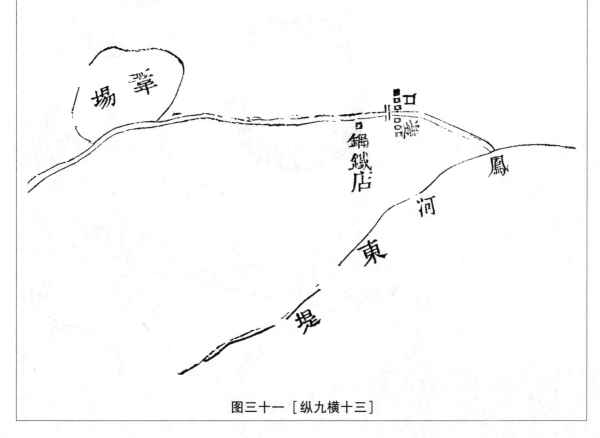

图三十一 [纵九横十三]

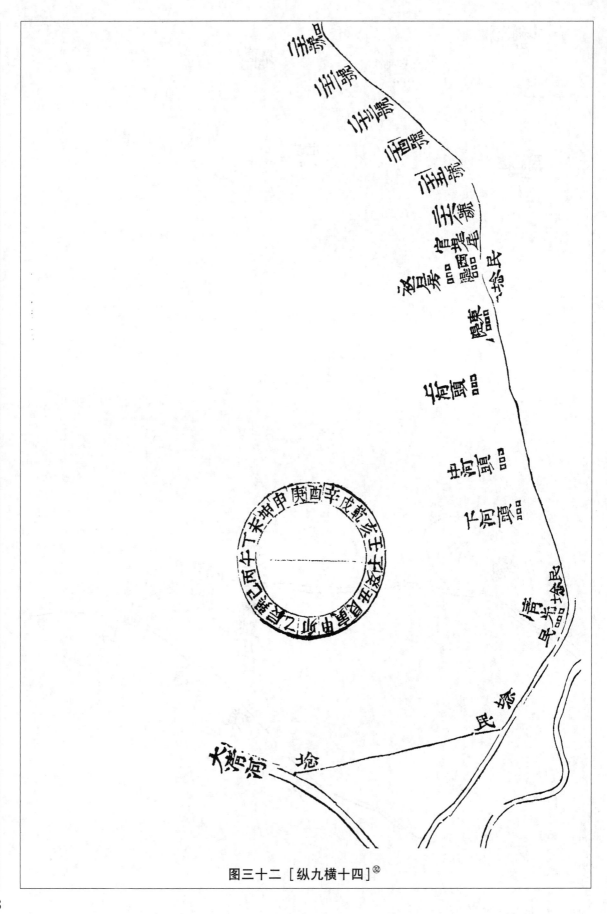

图三十二 ［纵九横十四］②

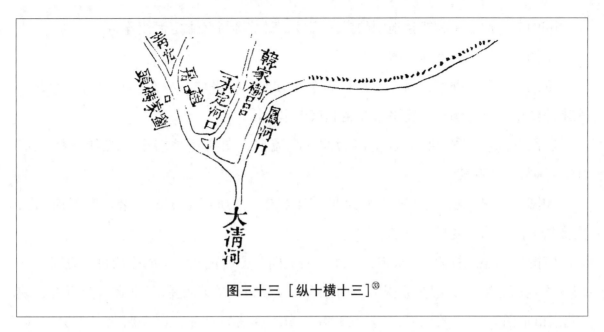

图三十三 ［纵十横十三］㉝

余即创议，续辑《永定河志》，而志中旧图与现在形势互异。爰倩招君毅生以测量法重绘之，三月而毕。展阅一过，了如指掌，遂付诸板。

光绪庚辰［1880］孟陬月［正月］㉞
宝山朱其诏记

[卷一注释]

②图一：《永定河全图总图》，为永定河下游石景山南、北金沟及石堤起，至凤河东堤止的部分河段。不包括麻峪以上的中、上游，及凤河以下，汇合大清河、子牙河、入海河的河段。故以"全图"为名仅为当时所称，非今日之永定河全图。阅图请按纵三横二格内指北针所指方向，即明了永定河流向。此图原为二图拼合而成。

③图二：此即地图绘制的比例尺。当时的术语"量图尺式"。图例说明中，将清营造尺［工部尺］之"一分当四十五丈，四分当一里"说明。

④图二：图中圆形为罗盘。将天干甲乙丙丁、庚辛壬癸（去掉戊己），添上乾坤巽艮，与地支子丑寅卯……相互间隔排列，共计二十四个方位。子午一线，表示正北、正南方向，每两个字相隔15°。

⑤图二："纵一横一"指示此页图为总图"纵一横一"格内的放大图。适用"四万五千分之一"的比例尺。以下各页图均仿此，不注明。本页原为两页，今合一。图中地名在今北京市石景山区。

⑥图二：此处＋为拼接地图的拼接符号，对准即可将永定河流连接。

⑦图三：拱极城即宛平城。

⑧图三：此处即卢沟桥。卢沟桥为东西方向，宛平城在桥东。永定河自西北—东南流经桥下。卢沟桥、宛平城今属北京市丰台区。

⑨图五［纵二横四］。永定河为北—南流向。图所记地名据清光绪《顺天府志》，高岭名为高陵.

⑩图六［纵二横五］。永定河为北—南流向。图所记地名据光绪《顺天府志》，闫仙岱为闫仙偕。夏场名下场。

⑪图七［纵二横六］。永定河为北—南流向。图所记北张、南张两村，乾隆、嘉庆《永定河志》均标记为北张客、南张客；《顺天府志》记作北章客、南章客，现《北京市地图》同《顺天府志》。北章客、南章客清属良乡县，今属北京市房山区。其余地名如图。

⑫图九［纵二横八、纵二横九］。永定河北转东南流。河东北岸及对岸宛平县地，今同属北京市大兴区。北村在今河北固安县西北境。以上图二—图六，永定河大体为北—南走向，但清代文献习惯将西岸称南，东岸称北岸。求贤坝在今大兴区境。

⑬图十［纵三横八］。永定河呈西北—东南流。胡林村在今北京大兴区境（今有东、西胡林两村），清属宛平县。本页左上部接上页左下部；右上部固安城与上页固安城拼接。

⑭图十一［纵三横九］。丁庄村在南四汛二十一号的左侧。丁庄村在今固安县东北境，参见《河北省地图册》固安县图。

⑮图十二［纵四横九］。本页右部接上页左部。

⑯图十三［纵四横十］。本页地名如图所记，河津、辛务庄、太平庄，在今河北省固安县东北境，其余均在今河北永清县境。参见上引地图册，固安、永清图。

⑰图十四［纵五横十］。参见上引地图册永清县图。

⑱图十五［纵五横十一］。半截河、刘五营，在今永清县境中部。本页左部接上页中部"刘五营九号"位（按乾隆、嘉庆《永定河志》刘五营作刘武营，今《河北省地图册》永清图也作刘武营）；右部接上页左下部。

⑲图十六［纵五横十二］。图中贺尧营在永清县境，清文献中又称贺老营；现有东、西贺尧营两村。

⑳图十八［纵五横十三］。本图左图有两个小窑村分属永清、东安两县。朱官屯在东安县境。

㉑图十九［纵六横十三］。本页上部接图十七右下部"此处……"。参见《河北省地图册》永清县、廊坊市区图（清东安县），清永清县、东安县分界，与今分界有变动。东安县境的汉河今名岔河，调河头又名条河头。

㉒图二十［纵六横十二］。图中有的地名重复，如小惠庄，永清、东安两县都有。

㉓图二十二［纵七横十一］。本图上接图二十左部二十六号处；图中济南府今名济南屯，码头今码头镇。参见《河北省地图册》永清县图。

㉔图二十三［纵七横十三］。本图上接图二十左下南七汛二十六号。地名如图，井儿头今名景尔头，属东安县。

㉕图二十四［纵七横十四］。图中"郎二塄、西塄"，塄字读音据《中华大字典》注为"何邓切、径"，即 hèng。

㉖图二十五［纵八横十一、纵八横十］。各地名为附堤十里村庄。左部属东安县，右部属武清县（指旧武清，治所城关镇，在今天津市武清区西境）。

㉗图二十六［纵八横十二］。同前页。穆家口属东安县。

㉘图二十七［纵八横十三］。六道口、西萧庄、二光、义光属武清县。

㉙图二十八［纵九横十］。图中大范口全称大范瓮口、小范口全称小范瓮口；王庆坨今王庆坨镇，在今天津市武清区西南境，其南即乾隆、嘉庆《永定河志》所云三角淀、叶淀等淀泊所在地。

㉚图二十九［纵九横十一］。武清县西南境。武清县指旧武清。

㉛图三十［纵九横十二］。渔坝嘴今名鱼坝口。

㉜图三十二［纵九横十四］。青光、上、中、下河条（今属三河头镇），都在天津市西清区（清属天津县）。

㉝图三十三［纵十横十三］。韩家树一名韩家墅，在今天津市北辰区。清代属天津县。

㉞光绪庚辰孟陬月：光绪庚辰六年［1880］正月；孟陬，夏历正月的别称。

［卷一校勘记］

〔1〕 本卷标题本无，依总目添加。

〔2〕 此卷原无目录，依据内容添加。

〔3〕 此标题原书中无，据内容添加。

〔4〕 此段文字原在《永定河全图总图》左半页的左侧。为将总图拼接为一张图，挪到此处。

〔5〕 此总图原分置为二，其右半页与"永定河全图"字为一页。其左半页与图例及说明为一页。此次改版，将图例说明，挪至前页。《永定河全图总图》标题为整理时增补。图中纵三横三绘有指北针，指示阅图方向。图例及说明亦为校注时添加。

〔6〕 此标题原在"永定河全图总图"前页一侧，整理时依据内容移至此处。

〔7〕 此处与下幅图相接处有遗漏，第六号段原未画上，今补。

〔8〕 此处与下幅图相接处有遗漏，第"二十六号"未标上，今补。

（光绪）永定河续志

卷二 工　程

"旧志"① 于各汛号数下，缀以埽段，则工程险易，了然可知。惟本工险要迭出，岁岁修防，实无准处，故常年岁、抢埽段、疏浚工程，是编不载。

石景山同知辖六汛经管堤工里数

石景山汛，外委经管

石景山东岸堤工，长十八里五分。零号至二十号中止，俱宛平县②境。工自北金沟起。

头号，北金沟片石堤长十丈，南金沟片石堤长三十丈七尺（内帮并加片石戗堤，南北金沟四十丈七尺，向编一号）。

---

① "旧志"，指嘉庆《永定河志》。

② 宛平县境，此处所指是清宛平县东南境，自石景山至卢沟桥以南，再至与良乡县［今属房山区］、涿州［河北省涿州市］、固安县［属河北省］相邻地带。现分别属于北京市的石景山、丰台、大兴三个区。

二号，石景山前片石堤长八十丈（内帮片石戗堤共七十一丈），大石磨盘堤长十五丈五尺，大石堤长八十四丈五尺（大堤内帮并加片石戗堤）。大片石挑水坝一道，长九丈。

三号，片石堤长一百三十丈（内帮片石小戗堤共十七丈），大石堤长四十七丈。大片石三尖坝一道，长十五丈。片石顺水坝一道，长十六丈。片石月牙坝一道，长十六丈。

四号，大石堤长七十三丈，片石堤长一百七丈。大片石挑水坝一道，长六丈。片石鸡嘴坝一座，长四丈一尺。北惠济庙前镇水铁牛一具。

五号，土堤长一百八十丈（内帮并加片石戗堤）。大石包砌旱桥一座。

六号，片石堤长一百八十丈。

七号，土堤长一百八十丈（内帮并加片石戗[1]堤）。

八号，土堤长九十五丈（内帮并加片石戗堤），石子堤长八十五丈。

九号，石子堤长一百八十丈（内帮片石护堤十三丈）。大片石坝一道，长二丈五尺。

十号，片石堤长一百八十丈（内帮大石护堤三十七丈）。

十一号，片石堤长一百四十丈，土堤长四十丈（土堤内帮并加片石戗堤）。

十二号，土堤长一百八十丈（内帮并加片石戗堤）。

十三号，土堤长八十二丈（内帮并加片石戗堤），石子堤长九十八丈。片石馒头坝五座，共长二十丈。

十四号，大片石堤长一百八十丈。

十五号，大石堤长一百七十七丈。

十六号，片石堤长八十丈五尺。大石堤长九十九丈五尺。

十七号，大石堤长三十九丈五尺，片石堤长八十八丈（内帮片石戗堤七十丈），大石堤长十丈，片石堤长四十二丈五尺。片石小挑水坝一道，长六丈。

十八号，片石堤长二十二丈五尺，大石堤长一百五十七丈五尺（上有石子埝四十六丈）。

十九号，大石堤长一百八十丈（上并加石子埝）。

二十号，大石堤长六十丈五尺，至卢沟桥北雁翅止（上并加石子埝）。

（"旧志"石景山石堤工程，同知辖，巡检经管。故卢沟桥巡检，"旧志"称石景山汛。今东岸卢沟桥以上，归石景山外委管理。考《畿辅安澜志》：石景山经制外委，经管东岸第一号，北金沟起，至卢沟桥北雁翅二十号止。又，自西岸卢沟桥北雁翅起，英山嘴迤南止，则与今制无异，而"旧志"之失明矣。英山嘴迤南，向无堤防，不编号数。）

卢沟桥汛，宛平县巡检经管

东岸堤工长四里二分，自二十号中至二十四号止，俱宛平县境。工头接石景山汛工尾。

二十号，片石堤长一百二十丈（内帮片石戗堤四十二丈五尺，石子埝四十六丈六尺）。卢沟桥一座。

二十一号，片石堤长一百八十丈。片石鸡嘴坝一座，长三丈五尺。

二十二号，片石堤长一百八十丈。大石月牙坝一道，长三十二丈。

二十三号，片石堤长一百八十丈。

二十四号，片石堤长九十六丈。兵铺一所。

北头工上汛，武清县县丞经管

堤长十五里，编十五号，俱宛平县境。工头接卢沟桥汛石堤工尾。

头号，兵铺一所。

二号，兵铺一所。外越堤一道，至四号止，长五百三十八丈。

三号，兵铺一所。

四号，兵铺一所。外越堤一道，至五号止，长一百五十五丈。

五号，兵铺一所。越堤一道，至七号止，长三百十七丈。

六号，兵铺一所。汛房一所。

七号，兵铺一所。

八号，兵铺一所。汛房一所。

九号，兵铺一所。

十号，兵铺一所。

十一号，兵铺一所。

十二号，兵铺一所。

十三号，兵铺一所。

十四号，兵铺一所。外越堤一道，至十五号工尾止，长二百八十丈。

十五号，兵铺一所。

附堤十里村庄出夫①名数：

狼岱村二十七名半，卢城村二十五名，卢沟桥东关五名（俱宛平县境）。共汛夫五十七名半。

北头工中汛，武清县县丞经管

堤长十五里，编十五号，俱宛平县境。工头接上汛工尾。

头号，兵铺一所。外越堤一道，至二号止，长四百二十丈。

二号，兵铺一所。

三号，兵铺一所。汛房一所。

四号，兵铺一所。外越堤一道，至六号止，长三百七十丈。

五号，兵铺一所。

六号，兵铺一所。

七号，兵铺一所。汛房一所。

八号，兵铺一所。

九号，兵铺一所。外越堤一道，至十号止，长三百四十丈。

十号，兵铺一所。

十一号，兵铺一所。内越堤一道，至十三号止，长二五十四丈。外越堤一道，至十二号止，长二百三十丈。

十二号，兵铺一所。

十三号，兵铺一所。

十四号，兵铺一所。

十五号，兵铺一所。

附堤十里村庄出夫名数：

罗奇营十名，前辛庄五名，后辛庄五名，宋家庄五名，臧村十五名，鹅房村五名（俱宛平县境）。共汛夫四十五名。

_____

① 清朝河防工程往往动用沿河十里内村庄的民夫。据嘉庆《永定河志》载，所用民夫除汛期临时雇募外，还有"险夫户"。他们接受州县官府将河滩淤出地亩分配土地，每户六亩半，除交一定租粮外，汛期还要上堤承担守护、抢险任务。故下文有"二十七名半"之说，因受地不足，按"半户"对待。

（北中汛原管堤长十六里，编十六号。道光五年［1825］，因末号埽段与北下汛险工相接，遂以十六号改归下汛管理。）

北头工下汛，宛平县县丞经管

堤长十七里三分，编十七号。头号至十号宛平县境，以下良乡县境。工头接中汛工尾。

头号，兵铺一所。

二号，兵铺一所。

三号，兵铺一所。

四号，兵铺一所。

五号，兵铺一所。

六号，兵铺一所。

七号，兵铺一所。

八号，兵铺一所。

九号，兵铺一所。

十号，兵铺一所。

十一号，兵铺一所。

十二号，兵铺一所。外越堤一道，至十四号止，长二百五十丈。

十三号，兵铺一所。汛房二所。

十四号，兵铺一所。汛房一所。

十五号，兵铺一所。汛房一所。

十六号，兵铺一所。

十七号，兵铺一所，汛房一所。

附堤十里村庄出夫名数：

西刘村十名，留民庄十名，南、北高各庄十名，皮各庄十名，桑马房十名，西大营三名，王家庄五名，朱家营五名（宛平县境）；南、北张客八名，前官营七名（良乡县境），共汛夫七十八名。

北二工上汛，良乡县县丞经管

堤长十三里，编十三号。头号至四号良乡县境，以下宛平县境。工头接头工下汛工尾。

头号，兵铺一所。

二号，兵铺一所。

三号，兵铺一所。

四号，兵铺一所。

五号，兵铺一所。汛房三所。外越堤一道，至七号止，长四百八十丈。

六号，兵铺一所。汛房一所。

七号，兵铺一所。

八号，兵铺一所。外越堤一道，长一在九十丈。

九号，兵铺一所。

十号，兵铺一所。

十一号，兵铺一所。

十二号，兵铺一所。

十三号，兵铺一所。

附堤十里村庄出夫名数：

赵村十二名半，曹各庄五名，定福庄五名，常各庄十名，梁家务五名（宛平县境）；丁村十二名半，保安庄七名半（良乡县境）。共汛夫五十七名半。

（北二工原管堤长二十三里四分。道光五年［1825］，因汛段绵长，分为上、下两汛，上汛辖堤工十三里，余归下汛经管。）

南岸同知辖六汛经管堤工里数

卢沟桥汛，宛平县巡检经管

西岸堤工，长十四里七分，编十四号，俱宛平县境。工自卢沟桥起（十一号以下地势高阜，向未建堤，仍按丈分里编号）。

头号，片石堤长一百八十丈。兵铺一所。

二号，片石堤长五十丈，大石堤长一百三十丈。

三号，大石堤长一百八十丈。

四号，大石堤长一百二十丈，片石堤长六十丈。

五号，大石堤长八十丈，片石堤长一百丈。兵铺一所。汛房一所。片石顺水坝一道，长二十五丈六尺[2]。

六号，土堤长一百八十丈。汛房一所。

七号，土堤长一百八十丈。

八号，土堤长一百八十丈。兵铺一所。

九号，土堤长一百八十丈。

十号，土堤长一百八十丈。兵铺一所。

十一号。

十二号。

十三号。

十四号。

（嘉庆二十一年［1815］，西岸石堤拨归南岸同知管理，卢沟桥汛遂分隶南岸同知。）

南头工上汛，霸州州同经管

堤长十七里，编十七号，俱宛平县境。工头接卢沟桥汛土坡工尾。

头号，兵铺一所。

二号，兵铺一所。汛房二所。灰坝一座。

三号，兵铺一所。

四号，兵铺一所。

五号，兵铺一所。

六号，兵铺一所。

七号，兵铺一所。

八号，兵铺一所。

九号，兵铺一所。

十号，兵铺一所。

十一号，兵铺一所。内越堤一道，至十二号止，长二百二十二丈。

十二号，兵铺一所。汛房一所。

十三号，兵铺一所。汛房一所。

十四号，兵铺一所。

十五号，兵铺一所。汛房一所。

十六号，兵铺一所。汛房一所。

十七号，兵铺一所。汛房一所。

附堤十里村庄出夫名数：

赵新店十名，茨头村五名，高陵村十名，稻田村五名，岗洼村五名，军留庄五名，朱家岗一名，独义村二名半（宛平县境）；长羊村十名，黄官屯十名，篱笆房五名（良乡县境）。共汛夫六十八名半。

南头工下汛，宛平县县丞经管

堤长十五里三分，编十五号。头号至十一号宛平县境，以下良乡县境。工头接上汛工尾。

头号，兵铺一所。汛房一所。

二号，兵铺一所。

三号，兵铺一所。汛房一所。

四号，兵铺一所。

五号，兵铺一所。

六号，兵铺一所。

七号，兵铺一所。

八号，兵铺一所。汛房一所。

九号，兵铺一所。

十号，兵铺一所。

十一号，兵铺一所。外越堤一道，长九十六丈。

十二号，兵铺一所。

十三号，兵铺一所。

十四号，兵铺一所。

十五号，兵铺一所。

附堤十里村庄[4]出夫名数：

水碾屯五名，前葫卢堡村一名，梨村五名，老君堂五名，任家营五名，赵家庄二名（良乡县境）；长新店二十名，后葫卢堡村五名（宛平县境）。共汛夫四十八名。

（南下汛原管堤长十一里三分，与二工汛段长短不均。以二工头、二、三、四号改归南下汛管理。）

南二工，良乡县县丞经管

堤长十八里七分，编十八号。头号至十四号良乡县境，以下涿州境。工头接头工下汛工尾。

头号，兵铺一所。

二号，兵铺一所。

三号。

四号，兵铺一所。

五号。

六号，兵铺一所。

七号，兵铺一所。汛房一所。

八号，汛房一所。

九号，兵铺一所。汛房一所。金门闸①一座。

十号，兵铺一所。

十一号，兵铺一所。

十二号。

十三号，兵铺一所。

十四号，兵铺一所。

十五号，兵铺一所。

十六号，汛房一所。

十七号，兵铺一所。

十八号，兵铺一所。

附堤十里村庄出夫名数：

官庄十名，贾河村七名半，窑上村五名，辛立庄二名半，务子村五名，陶村五名，兴隆庄五名，韩家营二名半，东石羊村三名，西石羊村五名，后石羊村五名（良乡县境）；陶家营五名，古城村五名，南蔡村五名，北蔡村五名（涿州境）。共

_____

① 金门闸在今房山区东境，清属良乡县。本志《永定河全图》纵二横七分图。

汛夫七十五名半。

南三工，涿州州判经管

堤长二十里七分，编二十号。头号至五号中涿州境，下至九号尾宛平县境，以下固安县境。工头接二工工尾。

头号，兵铺一所。

二号。

三号，兵铺一所。

四号。

五号，兵铺一所。

六号，兵铺一所。

七号，汛房一所。

八号，汛房一所。

九号，兵铺一所。汛房一所。

十号，兵铺一所。

十一号，兵铺一所。

十二号，兵铺一所。

十三号，兵铺一所。

十四号，兵铺一所。

十五号，兵铺一所。汛房一所。

十六号，兵铺一所。汛房一所。

十七号，兵铺一所。汛房一所。

十八号。

十九号，兵铺一所。

二十号，兵铺一所。外越堤一道，长三十七丈五尺。

附堤十里村庄出夫名数：

阎常屯十名，渠落村五名，白家庄五名，丁各庄五名，商定村五名，屯子头村五名（涿州境）。东徐村十名，西徐村二名半，马村五名，它头村五名，北相各庄五名，北村二名半，门村二名半，门村营二名半，米各庄二名半，杨村二名半，西玉村二名，位村五名，北赵村五名（固安县境）。共汛夫八十七名。

（光绪）永定河续志

南四工，固安县丞经营

堤七长二十七里七分，编二十八号，俱固安县境。工头接三工工尾。

头号，兵铺一所。

二号，兵铺一所。

三号，兵铺一所。汛房一所。外越堤一道，至五号止，长四百三十二丈。

四号，兵铺一所。汛房一所。

五号，兵铺一所。

六号，兵铺一所。

七号，兵铺一所。

八号，兵铺一所。

九号，兵铺一所。

十号，兵铺一所。

十一号，兵铺一所。

十二号，兵铺一所。

十三号，兵铺一所。汛房一所。

十四号，兵铺一所。

十五号，兵铺一所。

十六号，兵铺一所。

十七号，兵铺一所。

十八号，兵铺一所。汛房一所。

十九号，兵铺一所。

二十号，兵铺一所。

二十一号，兵铺一所。

二十二号，兵铺一所。

二十三号，兵铺一所。

二十四号，兵铺一所。

二十五号，兵铺一所。

二十六号，兵铺一所。

二十七号，兵铺一所。

二十八号，兵铺一所。

附堤十里村庄出夫名数：

官庄三名，高家庄五名，东相各庄五名，东玉铺村五名，前、后西湖村十名，北孝城村十名，知子营五名，黄垡十一名，河津村五名，白村五名，孙郭村五名（俱固安县境）。共汛夫六十九名。

北岸同知辖四汛经管堤工里数

北二工下汛，东安县主簿经管

堤长十里四分，编十号，俱宛平县境。工头接上汛工尾。

头号，兵铺一所。

二号，兵铺一所。汛房一所。

三号，兵铺一所。

四号，兵铺一所。

五号，兵铺一所。

六号，兵铺一所。外越堤一道，至九号止，长四百九十丈。

七号，兵铺一所。汛房一所。

八号，兵铺一所。

九号，兵铺一所。

十号，兵铺一所。

附堤十里村庄出夫名数：

石垡村十名，刘实庄十名，里河村十名，魏各庄五名，太平庄二名半，东麻各庄二名半，西麻各庄五名，黄各庄七名（俱宛平县境）。共汛夫五十二名。

北三工，涿州州判经管

堤长十六里三分，编十六号。头号至十二号，宛平县境，以下固安县境。工头接二工下汛工尾。

头号，兵铺一所。

二号，兵铺一所。

三号，兵铺一所，汛房一所。求贤灰坝①一座。

四号，兵铺一所。外越堤一道，至十号止，长九百六十丈。

五号，兵铺一所。内越堤一道，长一百九十丈。

六号，兵铺一所。

七号，兵铺一所。

八号，兵铺一所。

九号，兵铺一所。

十号，兵铺一所。

十一号，兵铺一所，汛房二所。

十二号，兵铺一所，汛房一所。

十三号，兵铺一所。

十四号，兵铺一所。

十五号，兵铺一所。

十六号，兵铺一所。

附堤十里村庄出夫名数：

辛庄五名，求贤[4]村②五名，大练庄五名，于垡七名半，东庄村二名半，东瓮各庄二名半，西瓮各庄二名半，东胡林村五名，西胡林村五名，太子务五名（宛平县境）③；北十里铺、辛安庄共五名（固安县境）。共汛夫五十名。

（北三工原管堤长十八里三分。道光五年［1825］，因三工尾号埽厢与四工紧相毗连，遂以十七、八号改归四工管理。）

北四工上汛，涿州州同经管

堤长十五里，编十五号，俱固安县境。工头接三工工尾。

头号，兵铺一所。

二号，兵铺一所。汛房一所。

三号，兵铺一所。

---

① 求贤灰坝，在今大兴区南境，清属宛平县。本志《永定河全图》纵二横八分图。

② 从上宛平县属各村庄，均属今大兴区境。

③ 从上宛平县属各村庄，均属今大兴区境。

四号，兵铺一所。

五号，兵铺一所。内越堤一道，至八号止，长四百三十丈。

六号，兵铺一所。

七号，兵铺一所。

八号，兵铺一所。

九号，兵铺一所。内越堤一道，长七十八丈。

十号，兵铺一所。汛房一所。

十一号，兵铺一所。

十二号，兵铺一所。

十三号，兵铺一所。内越堤一道，长一百七丈。

十四号，兵铺一所。内越堤一道，至十五号止，长二百六十五丈。

附堤十里村庄出夫名数：

张化村五名，小黑垡五名，冯百户营五名，曹辛庄、崔各庄共五名，东押堤五名，西押堤五名，郭家务、北小店共五名，南化各庄、南小店共五名，北化各庄、刘各庄共五名，石佛寺村、十家垡共五名，马家屯、王家屯共二名半（俱固安县境）。共汛夫五十二名半。

（北四工原管汛段，连三工续拨十七、八号工，长二十六里九分。道光二十六年[1846]，分为上、下两汛。上汛辖堤工十五里。所余十一里九分，与北五汛地牵连，均拨四工下汛分管十六里九分。）

北四工下汛，固安县县丞经管

堤长十六里九分，编十七号。头号至十号，固安县境，以下永清县境。工头接上汛工尾。

头号，兵铺一所。

二号，兵铺一所。

三号，兵铺一所。内越堤一道，至四号止，长一百四十五丈。

四号，兵铺一所。内越堤一道，至六号止，长三百十丈。

五号，兵铺一所。汛房二所。

六号，兵铺一所。

七号，兵铺一所。

八号，兵铺一所。

九号，兵铺一所。

十号，兵铺一所。

十一号，兵铺一所。内越堤一道，长一百七十五丈。

十二号，兵铺一所。内越堤二道，一长五十丈，一长四十五丈。

十三号，兵铺一所。

十四号，兵铺一所。

十五号，兵铺一所。

十六号，兵铺一所。

十七号，兵铺一所。汛房一所。

附堤十里村庄出夫名数：

聚福屯三名，崔指挥营三名，贾家屯二名，梁各庄五名，西洪辛庄二名（固安县境）；北戈弈五名，纪家庄五名，宋家庄二名，邱家务三名，张野鸡庄五名，池口村五名（永清县境）；南寺垡十名，寺垡辛庄五名，刘家庄三名，东洪辛庄二名，东化各庄四名，南小街一名（东安县境）①。共汛夫六十五名。

三角淀通判辖五汛经管堤工里数

南五工，永清县县丞经管

堤长二十四里六分，编二十五号。头号至三号中，固安县境，以下永清县境。工头接四工工尾。

头号，兵铺一所。

二号。

三号。

四号，兵铺一所。

五号。

六号，兵铺一所。汛房一所。

_____

① 今廊坊市。

七号，兵铺一所。外越堤一道，至九号止，长三百六十丈。

八号。

九号，兵铺一所。外越堤一道，至十号止，长六十三丈。

十号，兵铺一所。汛房一所。

十一号。

十二号，兵铺一所。

十三号。

十四号，兵铺一所。外越堤一道，至十六号止，长四百二十五丈。

十五号。

十六号，兵铺一所。汛房一所。

十七。

十八号，兵铺一所。

十九号。

二十号，兵铺一所。

二十一号，兵铺一所。外越堤一道，至二十三号止，长三百六十四丈。

二十二号，汛房一所。

二十三号。

二十四号。

二十五号，兵铺一所。

兼管西老堤，自本汛十九号起，下至六工交界止。

附堤十里村庄出夫名数：

辛务村五名，前、后白垡村五名，北顺民屯五名，南小营五名，南解家务五名，北解家务五名（固安县境）。唐家营二名，大王庄七名，北小营二名，东西下七村三名，孙杨庄三名，张家务三名，邵家营二名，冯各庄一名，张家营一名，曹内官营三名；许辛庄二名，孟各庄二名，南戈弈三名，佃子仲和一名，前仲和三名，后仲和二名，陈仲和三名，东桑园二名，西桑园二名，刘其营二名，南曹家务二名，北曹家务五名，郭家务五名，刘家务二名，大良村五名，小良村二名，沈仲和三名；台子庄二名，曹家庄二名，东城铺一名，西城铺一名，尚家庄一名（永清县境）。共汛夫一百十名。

南六工，霸州州判经管

堤长二十二里，编二十二号，俱永清县境。工头接五工工尾。

头号，兵铺一所。

二号。

三号，兵铺一所。汛房一所。内越堤一道，长一百九十六丈。

四号。

五号，兵铺一所。

六号，内越堤一道，长三十七丈。

七号，兵铺一所。内越堤一道，长五十四丈。

八号。

九号，兵铺一所。

十号，汛房一所。

十一号，兵铺一所。

十二号。

十三号，兵铺一所。

十四号。

十五号，兵铺一所。汛房一所。

十六号。

十七号，兵铺一所。

十八号。

十九号，兵铺一所。汛房一所。

二十号，汛房一所。

二十一号，兵铺一所。

二十二号。

兼管西老堤，上接五工堤尾，下至七工交界止。

兼管东老堤，自本汛十六号起，下至七工交界止。

附堤十里村庄出夫名数：

东各庄二名，官场一名，董家务二名，贾家务二名，韩家庄二名，菜园村三名，王佃庄三名，胡家庄二名，刘其营三名，李黄庄五名，大麻子庄五名，小麻子庄二名，东西北麻五名，双营村五名，佃庄三名，城场村五名，鲁村五名，黄村五名，张迁务五名，东西镇五名，邓家务五名，小营村二名，庞各庄三名，小黄村二名，韩各庄五名，沈家庄五名，辛庄三名，窑窝村二名，王虎庄三名，马家铺三名，小黄家庄二名，惠元庄二名，前、后第六村七名（俱永清县境）。共汛夫一百四名。

（南六工原管堤长三十里。嘉庆二十五年［1820］，分为下、下两汛，各管堤工十五里。道光十八年［1838］，下汛缺，裁其汛地一号至七号，归并六工管理。八号至十五号，改隶七工。）

南七工，东安县主簿经管

堤长二十八里，编二十八号。头号至二十一号，永清县境，以下东安县境。工头接六工工尾。

头号。

二号。

三号。

四号。

五号。

六号。

七号。

八号。

九号。

十号。

十一号。

十二号。

十三号。

十四号，汛房一所。

十五号。

十六号。

十七号。

十八号。

十九号。

（光绪）永定河续志

二十号。

二十一号。

二十二号。

二十三号。

二十四号。

二十五号。

二十六号。

二十七号。

二十八号。

兼管大坝长十二里，编十二号。（道光二十四年［1844］，本汛五号漫口，在河身内筑坝堵合。工长一百二十七丈，坝尾接土埝二百八丈。同治八年［1869］，于本汛头二号添做截水坝，一百六十五丈，首尾接筑于丈圈埝。十年［1871］，又在圈埝外建筑大坝，接连东西小堤，自六工二十一号起，至本汛十号止。）

头号，汛房一所。

二号。

三号。

四号，兵铺一所。

五号。

六号，兵铺一所。

七号。

八号，兵铺一所。

九号。

十号，兵铺一所。

十一号。

十二号，兵铺一所。

兼管西老堤，上接六工堤尾，至本汛八号坦坡埝止。

兼管东老堤，上接六工堤尾，至本汛八号横埝尾止。堤身被水冲刷。

兼管旧南堤，自本汛六号起，下至八工上汛交界止。

兼管坦坡埝，自本汛八号起，上接西老堤尾，下至八工上汛交界止。

附堤十里村庄出夫名数：

四间房二名，佛城疙疸三名，堂二铺七名；霸州信安镇①七名，马家铺四名，牛眼村二名，崔家铺三名，南城上三名，北城上四名，牛百湾二名，董家铺二名，何赵铺二名，杨家铺二名，李家铺一名，樊家铺三名，黄家铺一名，王家铺二名，霸州外郎城②三名，胡家铺二名（霸州境）。永清信安镇③七名，刘家场三名，武家窑五名，商人庄三名，甄家庄一名，庄窠三名，四胜口四名，三胜口三名，第七里二名，吴家场二名，北柳坨三名，东武家庄三名，西武家庄二名，大刘家庄五名，小刘家庄三名，第四里三名，冰窑村五名，信安庄三名，张家场一名，尹家场一名，五道口一名，南赵家楼三名，小米家庄三名，惠家场二名，李奉先村五名，南二铺三名，永清里郎城④二名，闸口村三名，赵家楼二名（永清境）。东安外郎城⑤三名，九家铺二名，郭家场四名，东惠家场一名，东安里郎城⑥四名（东安县境）。共汛夫一百五十六名。

南八工上汛，武清县主簿经管

堤长十七里三分，编十七号。头号至十四号，东安县境，以下武清县境。工头接七工工尾。

头号，兵铺一所。汛房一所。

二号。

三号。

四号，兵铺一所。

五号。

六号。

七号，兵铺一所。

---

① 信安镇，原为宋置信安军，金改为信安县，元废为信安镇。地处霸州东北五十里，今信安镇即其旧地，清时信安镇跨永清县、霸州两州县，故有两信安镇。

② 永清里郎城，东安外郎城，东安里郎城，及霸州外郎城，四处都有"郎城"，且跨三个州县。郎城在嘉庆《永定河志》及《永定河续志》卷首记载于成龙修郎城河。均指即"安澜城河"，安澜城河的走向跨越三州县界，详情待考。

③ 同①。

④ 同②。

⑤ 同②。

⑥ 同②。

（光绪）永定河续志

八号。

九号，兵铺一所。

十号。

十一号。

十二号，兵铺一所。

十三号。

十四号。

十五号。

十六号。

十七号，兵铺一所。

兼管旧南堤，上接七工堤尾，下至下汛九里横堤止。

兼管坦坡埝，上接七工埝尾，下至下汛九里横堤工尾止（坦坡埝至八工下汛作为正堤）。

附堤十里村庄出夫名数：

王庆坨十八名（武清县境）；策城村八名，寨上村三名，大王庄三名（霸州境）；王家园三名，陈家铺二名，宋流口①五名，于家铺二名，得胜口八名，葛渔城六名，褚河港八名，淘河村五名，于家堤六名，马家口三名，磨叉港五名（东安县境）。共汛夫八十五名。

（南八工原管堤长二十里。嘉庆二十五年［1820］，以九工汛务归并八工管理，而八工十七号迤东二千余丈，向无堤岸。自道光十年［1830］，接筑横堤一千七百八丈。十一年［1831］，分八工为上、下两汛。上汛辖堤工十七里三分，下汛辖新、旧堤二十六里八分。）

南八工下汛，把总经管

堤长二十六里八分，编二十六号。头号至十八号，武清县境，以下天津县境。工头接上汛工尾。

头号。

二号，兵铺一所。

---

① 现名送流口。其余三州县附堤十里村庄，除个别待考，大多在现河北省地图册查找到。

三号。

四号，兵铺一所。

五号。

六号，兵铺一所。

七号。

八号。

九号。

十号，兵铺一所。

十一号。

十二号。

十三号。

十四号。

十五号，兵铺一所。

十六号。

十七号，兵铺一所。

十八号。

十九号。

二十号，兵铺一所。

二十一号。

二十二号。

二十三号。

二十四号。

二十五号。

二十六号。

兼管废埝，自本汛二十号起，至青光村西止。埝身被水冲刷（此系乾隆八年［1743］接筑坦坡埝之下截）。

附堤十里村庄出夫名数：

河西东沽港①二名，郑家楼三名（东安县境)②；大范瓮口三名，小范瓮口五名，小王家铺一名，河东东沽港③二名，苑家铺一名（武清县境）；郝家铺一名，徐家铺一名，安光村四名，青光村二名，东堤四名，中河头二名，上河头二名，疢夫房二名，西堤一名，杨家河二名，线河村二名（天津县境)④。共汛夫四十名。

北岸通判辖三汛经管堤工里数

北五工，永清县县丞经管

堤长十六里四分，编十六号，俱永清县境。工头接四工下汛工尾。

头号，兵铺一所。

二号，兵铺一所。

三号，兵铺一所。

四号，兵铺一所。

五号，兵铺一所。汛房一所。

六号，兵铺一所。

七号，兵铺一所。

八号，兵铺一所。

九号，兵铺一所。

十号，兵铺一所。

十一号，兵铺一所。汛房一所。

十二号，兵铺一所。

十三号，兵铺一所。

十四号，兵铺一所。

---

① 东沽港一名此处分为河东、河西。今廊坊市南境有东沽港镇地名，其地邻天津武清县。清晚期东沽港镇跨东安〔即今廊坊市〕、武清两县，河西、河东之谓当即永定河支流〔或引渠〕。郑家楼属天津武清区〔县〕，与大、小范瓮口相邻近。故清晚期郑家楼曾属东安县。

② 天津县属各附隄各村中，除东隄、西隄、疢夫房待考，其余均在今天津市北辰区西境。

③ 同①。

④ 同②。

卷二 工程

十五号，兵铺一所。

十六号，兵铺一所。

附堤十里村庄出夫名数：

王居村五名，吴家庄五名，泥安村五名，韩台村五名，仁和铺五名，仓上村五名，支各庄五名，泥塘村五名，姚家马房村五名，楼台村五名，卢家庄一名，王于今村五名，张于今村五名，西营、潘家庄共五名，何麻子营、赵家庄共五名，张家庄、杨家营、沈于今村共五名（俱永清县境）。共汛夫八十二名。

北六工，霸州州判经管

堤长十八里三分，编十八号，俱永清县境。工头接五工工尾。

头号，兵铺一所。

二号，兵铺一所。

三号。

四号，兵铺一所。

五号，兵铺一所。

六号，兵铺一所。汛房一所。

七号。

八号，兵铺一所。

九号，兵铺一所。

十号，兵铺一所。

十一号。

十二号，兵铺一所。

十三号，兵铺一所。

十四号，兵铺一所。汛房二所。外越堤一道，长三十丈。

十五号，兵铺一所。

十六号，兵铺一所。

十七号，兵铺一所。

十八号。

附堤十里村庄出夫名数：

柴家庄五名，董家务五名，李家庄四名，南钊一名，北剑五名，前朝王四名，后朝王一名，东贾家务一名，西溜五名，辛屯五名，小荆垡三名，老幼屯五名，王希五名，半截河五名，前刘武营五名，后刘武营五名，赵百户营五名，猴家庄三名，辛务五名，徐家庄三名，大范家庄二名（俱永清县境）。共汛夫八十二名。

北七工，东安县主簿经管

堤长四十六里，编四十六号。头号至十八号，永清县境，下至四十号，东安县境，以下武清县境。工头接六工八号大堤。

头号。

二号。

三号。

四号，兵铺一所。

五号。

六号。

七号，兵铺一所。

八号，兵铺一所。

九号，兵铺一所。

十号，兵铺一所。

十一号，兵铺一所。

十二号，兵铺一所。

十三号，兵铺一所。

十四号。

十五号，兵铺一所。

十六号。

十七号。

十八号。

十九号。

二十号。

二十一号。

二十二号。

二十三号。

二十四号，兵铺一所。

二十五号。

二十六号。

二十七号。

二十八号。

二十九号。

三十号。

三十一号。

三十二号。

三十三号。

三十四号。

三十五号。

三十六号。

三十七号。

三十八号。

三十九号。

四十号。

四十一号。

四十二号。

四十三号。

四十四号。

四十五号。

四十六号。

兼管大坝

长十里，编十号（自六工十八号工尾起，至于家屯止）。

头号。

二号。

三号，汛房一所。

四号。

五号。

六号，兵铺一所。

七号。

八号，兵铺一所。

九号。

十号。

兼管圈埝

长十六里九分，编十七号（自六工十八号工尾起，至本汛遥堤十四号止）。

头号，兵铺一所。

二号。

三号，兵铺一所。

四号。

五号。

六号，兵铺一所。

七号。

八号。

九号。

十号。

十一号。

十二号。

十三号。

十四号。

十五号。

十六号。

十七号。

附堤十里村庄出夫名数：

埝上十名，陈各庄十名，大站十名，小站五名，东横亭十名，西横亭五名，东溜村五名，刘赵庄五名，焦家庄三名，辛立庄二名（永清县境）；张家务五名，朱村五名，小北尹五名，左弈五名，邵家庄、桃源共五名，朱官屯七名，宋史家务三名，崔史家务六名，马杓留三名，达王庄三名，小益留屯三名，灰城一名，赵家庄三名，大麻庄三名，小麻庄一名，马神庙庄三名，南崔庄五名，北崔庄二名，麻子屯一名，谷家庄一名，孔家洼三名，大小纪庄共五名，前所营二名，邢家营三名，杨官屯八名，东栗庄五名，前沙窝二名，后沙窝一名，施东庄二名，孟东庄二名，许东庄一名，孙东庄一名，东庄南关一名（东安县境）。共汛夫一百七十六名。

（道光五年［1825］，裁北八工主簿，八工汛务归并七工管理。十八年［1838］，裁七工主簿，两汛堤工统归六工管理。二十四年［1844］，复设七工主簿，以昔年旧管之汛段属焉。）

两岸减水闸坝式

金门石闸

道光四年［1824］，拆去尖脊石龙骨，改建平顶石龙骨。高四尺五寸，长五十六丈，顶宽五尺。迎水坡斜宽六尺三寸，出水坡斜宽一丈三尺五寸。补砌石海墁。两坝台金墙，加高四尺。十一年［1831］，加高石龙骨一尺二寸。迎水一面，砌片石坦坡，上长五十六丈，下长五十九丈。顶宽二尺，底宽八尺，高五尺七寸。二十三年［1843］，拆卸旧龙骨一尺二寸，加高三尺。海墁下接做散水石，宽九尺，厚一尺。同治十一年［1872］，龙骨移进五丈。中段二十丈升高四尺，两头各十八丈升高五尺。斜作坦坡形，进深六丈。北坝台移南九丈，与龙骨紧接。十三年［1874］，龙骨中段二十丈及下段十丈，均照中段原高尺寸，落低一尺七寸。光绪二年［1876］，龙骨中段二十丈加高一尺二寸，下段十丈加高一尺五寸，迎水坡加高一尺。六年［1880］，加高龙骨中段、下段共三十丈，与两头原龙骨等平。

减河

道光四年［1824］，挑浚三千四百六十丈，由大辛村以下入清河。同治十一年［1827］，挑浚四千一百七十丈，由童村入清河。每年仍于农隙时劝民挑浚。（嘉庆十五年［1810］，金门闸泄水过大，恐夺溜堵闭。道光四年［1824］重修，放水。十年［1830］堵闭。十一年［1831］重修，放水。同治五年［1866］堵闭。十一年［1871］重修，放水。考《畿辅安澜志》，康熙四十年［1701］三月，南岸自老君堂东开小清河一道，于竹络坝北建束水草闸，口门宽二丈。引牤牛河清水入闸，借清刷浑。四十六年［1707］，以草闸不能经久，改建金门石闸。以时启闭，水大则闭闸，以防其轶；水小则开闸，以合其流。金门宽二丈，进深一丈二尺，两金墙各高八尺，南北护以埽坝，各长五丈，宽一丈，高六尺。闸左设镇河铁狗一座，后因正河淤高，清水难入闸，遂废。乾隆二年［1737］六月，大水漫决闸址，铁狗俱埋。三年［1738］，移建于二工十四号，改为减水石坝。仍号金门闸者，袭旧称也。）

曹家务草坝①

原在南五工张字十九号，乾隆三年［1738］建。金门，宽二十丈，进深五丈。迎水灰土护坝，宽二十丈，进深五丈。出水灰墁，内宽二十六丈，外宽二十八丈五尺，进深五丈。出水接筑灰唇，内宽二十二丈，外宽二十四丈，进深五丈。两金墙，各长五丈，宽三丈。迎水墙，各长七丈，宽二丈。出水墙，各长四丈，宽二丈。

郭家务草坝②

原在南六工寒字六号，乾隆三年［1738］建。金门，宽三十丈，进深五丈。迎水游身，长十丈。出水雁翅，各长五丈，宽二丈二尺。两坝台，各宽三丈。初立刨槽下埽，上加柴土镶垫，坝面原无灰土。四年［1739］，添筑灰槛一道。七年［1742］，加作灰土金门，改宽十二丈。

半截河草坝③

原在北六工洪字十六号，乾隆四年［1739］建。丈尺与曹家务草坝同。

双营草坝④

原在南六工寒字十六号，乾隆六年［1741］建。金门，宽十二丈，进深五丈。迎水灰土护坝，宽十二丈，进深五尺。出水灰墁，内宽十七丈，外宽二十丈五尺，

---

① 曹家务草坝，在今永清县西北境。见本志《永定河全图》纵四横十分图。
② 郭家务草坝，在曹家务草坝东南。见本志《永定河全图》纵五横十分图。
③ 半截河草坝，在永清县中部。见本志《永定河全图》纵五横十一分图。
④ 双营草坝，在半截河草坝西南。以上四座草坝均在永定河中泓故道途经之处。见本志《永定河全图》纵五横十一及纵五横十二分图。

进深五丈。两金墙，各长五丈，宽三丈。迎水墙，各长七丈，宽二丈。出水墙，各长四丈，宽二丈。

胡林村草坝①

原在北三工黄字五号，乾隆六年〔1741〕建。丈尺与双营草坝同。

惠家庄草坝②

原在北岸上七工日字十三号，乾隆六年〔1741〕建。金门，宽十二丈，进深五丈。出水灰墁，内宽十七丈，外宽二十丈七尺，进深七丈。迎水灰土护坝，宽十三丈，进深五尺。出水灰土护坝，宽二十二丈，进深五尺。两金墙，各长五丈，宽三丈。迎水墙，各长七丈，宽二丈。出水墙，各长四丈，宽二丈。

清凉寺草坝③

原在南六工寒字三号，乾隆七年〔1742〕建。金门，宽十六丈，进深五丈。迎水灰土护坝，宽十六丈，进深五丈。两金墙，各长五丈，宽三丈。迎水、出水墙，各长七丈，宽二丈。

张仙务草坝④

原在南六工寒字二十二号，乾隆七年〔1742〕建。丈尺与清凉寺草坝同。

五道口草坝⑤

原在北旧堤，乾隆七年〔1742〕建。金门，宽二十丈，进深五丈。出水灰墁内宽二十五丈，外宽二十八丈七尺，进深七丈。迎水灰土护坝，宽二十丈，进深五尺。出水灰土护坝，宽三十丈，进深五尺。两金墙，各长十丈，宽五丈。迎水雁翅，各长十四丈，宽三丈。

---

① 胡林村草坝在今大兴区。本志《永定河全图》纵三横八分图。
② 惠家庄草坝待考。
③ 清凉寺草坝待考。
④ 张仙务草坝待考。
⑤ 五道口草坝在武清县东南境。

卢家庄草坝①

原在北五工宙字十八号，乾隆八年［1743］建。金门，宽十六丈，进深五丈。出水灰墁，内宽二十一丈，外宽二十四丈七尺，进深七丈。接灰土簸箕，宽二十六丈，进深三丈。迎水灰土护坝，宽十六丈，进深五尺。出水灰土护坝，宽二十六丈，进深五尺。两金墙，各长五丈，宽三丈。迎水、出水墙，各长七丈，宽二丈。

崔营村草坝②

原在北四工宇字十八号，乾隆十三年［1748］建。金门，宽十二丈，进深五丈。出水灰墁，内宽十七丈，外宽二十一丈，进深七尺。迎水灰土护坝，长十二丈，宽五尺。出水灰土护坝，长二十二丈，宽五尺。迎水接筑灰唇，内宽十二丈，外宽十五丈，进深五丈。两金墙，各长五丈，宽三丈。迎水墙，各长七丈，宽二丈。出水墙，各长四丈，宽二丈。

马家铺草坝③

原在南岸上七工来字一号，乾隆十五年［1750］建。丈尺与双营草坝同。

冰窖草坝④

原在南岸上七工来字十号，乾隆十五年［1750］建。丈尺与双营草坝同（坝外地势过低，乾隆十六年［1751］凌汛夺溜，因展宽作为下口）。

北村灰坝⑤

嘉庆十一年［1860］堵闭。

---

① 户家庄草坝待考。
② 崔营村草坝在当今大兴区南境。
③ 马家铺坝在永清县南境。
④ 冰窖草坝在永清县南境。两坝在同一工段。
⑤ 北村灰坝在固安县西北境。《永定河全图》纵二横八分图。

求贤村灰坝[1]

同治十三年［1874］重修。坝口宽二十丈，筑圆顶龙骨高七尺，下作坦坡形，进深五丈。迎水簸箕，宽二十五丈五尺，进深四丈。出水簸箕，内宽二十四丈五尺，外宽三十丈，进深十二丈。出水一面加散水坡，宽十四丈，进深一丈二尺。两坝台金墙，均宽六丈四尺，南斜长五丈五尺，北斜长五丈六尺。光绪二年［1876］，加高龙骨二尺五寸，迎水、出水簸箕，各加高一尺五寸。六年［1882］，加高龙骨二尺五寸，递减至迎水、出水簸箕高五寸。两金墙连迎水雁翅，各加高三尺。

减河

同治十三年［1874］，挑浚九千六百丈，至仁和铺止。光绪六年［1880］，挑浚四百六十丈。每年，仍于农隙时劝民挑浚。（道光二年［1822］凌汛，求贤坝几致夺溜，堵闭。同治十三年［1784］重修，放水。光绪三年［1877］堵闭。六年［1880］重修，放水。）

南上汛灰坝

在二号，道光四年［1824］建。金门，宽五十六丈，进深八丈。迎水簸箕，内宽六十一丈，外宽六十五丈，进深四丈。出水簸箕，内宽六十二丈，外宽七十六丈，进深十四丈。两金墙，顶进深六丈四尺，底进深八丈，宽六丈。二十五年［1845］，加筑圆顶流水灰埝，顶宽一丈，底宽五丈，高一尺五寸，长五十六丈。同治六年［1867］夺溜，仍照原式修理。十二年［1873］改筑圆顶龙骨，高七尺，下作坦坡形，进深八丈。迎水簸箕，内宽六十五丈八尺，外宽六十三丈。出水簸箕连海墁，内宽六十四丈九尺，外宽七十八丈，进深丈尺仍照原式。其迎水、出水口，外加护桩、灰土各二尺五寸。南坝台，顶均宽八丈六寸零，底均宽八丈五尺四寸，均高九尺三寸零。金刚雁翅等墙，四面均方，每长八丈三尺，均高九尺三寸零。北坝台，顶均宽八丈一尺，底均宽八丈四尺，均高九尺二寸。金刚雁翅等墙，四面均方，每长八丈二尺五寸零，均高八尺四寸零。光绪二年［1876］，加高龙骨一尺五寸。迎水簸箕并两雁翅，加高一尺。出水簸箕并海墁，加高五寸。六年［1880］，加高龙骨一

（光绪）永定河续志

---

 ① 求贤村灰坝在今大兴区南境，清属宛平县。见上分图。

尺五寸，递减至迎水、出水簸箕，高五寸。迎水、出水、簸箕并雁翅，各加高五寸。

减河

道光四年［1824］，在本汛二号堤外，间段挑浚一千三百五十丈，至水碾屯入清河。同治十二年［1873］，挑浚一千一百八十丈，自稻田村至保和庄入清河。每年仍于农隙时劝民挑浚。

（两岸减水坝凡十七，石坝一，灰草坝十六。在南岸十，在北岸七。今两岸仍资分泄者，惟金门闸与南上、求贤两灰坝。余俱先后堵闭，基址亦湮没者半。今仍详载坐落丈尺，以建造年月分列先后，用备查考。已载于"旧志"者从略。）

下游堤工

溯自乾隆二十一年［1755］改移下口后，南五工以下南大堤，乃康熙三十九年［1700］接建之东堤，下接雍正四年［1726］改筑之北堤。又，继以坦坡埝之下截，至三河头而止。堤外废堤三道，一为旧南堤，一为东老堤之下截，一为西老堤。暨坦坡埝之上截。而八工正堤十七号迤东，二千余丈向无堤防。道光十年［1830］，河水南趋淤淀。遂于缺处建筑九里横堤，以挑溜势，迫河流北徙，补筑缺口。由是，南岸堤工直至坦坡埝尾，上下相承无有间缺。光绪四年［1878］，下游村民请于坦坡埝尾接筑民埝，至青光以下，保卫田庐。因有裨于大清诸河，故筹全局者主而行之。北岸于乾隆四十三年［1778］，改六工十九号，为下口，即以六工十八号为北堤工尾。道光至同治间，于六工工尾三次筑坝、接堤。是以同治三年［1864］后，北岸正堤以七工大坝十号为工尾，而六工八号迤东之斜堤四十六里，今为七工所辖之汛段，谓之遥堤。"旧志"称越埝。又，为北埝、北堤者，即此今遥堤南之圈埝，即乾隆二十一年［1756］所筑之遥埝，并隶于北七工云。（南、北岸堤工，自乾隆戊戌［1778］迄今，百有于载，无甚更改。细绎"旧志"自悟。）

下口河形

按：嘉庆二十年［1815］后，北岸七、八两工均成险要。二十三年［1818］，下口南移，大溜从南堤缺口，向三河头横漫而出，致东淀杨芬港以下逐渐淤塞。遂由杨芬港东南之岔河，经杜家道沟，归韩家树正河入海。杜家道沟，即千里长堤堤身也。至道光三年［1823］，改由汪儿淀入大清河，渐由三河蓟出口，直冲静海天津接壤之千里堤边。偶值盛涨之时，则清浑交并，大清、子牙、南运诸河，几与永定河合为一矣。十年［1830］，于南八工十七号至汪儿淀，筑堤一千七百八丈，以挑溜势，仍留入淀金门三百五十余丈。其明年凌汛改溜，渐入中洪，由窦淀窑历六道口、双口一带入凤河。嗣复折而南趋，在南八下汛二十号以下，冲成缺口。迨二十二年［1842］凌汛后，往岁由大范瓮口南去之水，转而由稍北之郑家楼后东下。是以二十三年［1823］，北遥堤即漫溢成口。治之者于北六工筑坝堵截，以遏其势。于柳坨村疏浚中洪，以顺其性，由是溜走中洪者十余载。咸丰九年［1859］，河势渐形北徙，不数年，凤河淤垫，下口高仰，倒漾之水由遥堤尾浸灌堤外，东安境内屡被水灾。故同治三年［1864］，又于柳坨地面开浚引河，由旧河形历义光、二光、鱼坝口、天津沟，达津归海。此即咸丰九年［1859］以前之正河。而河流善徙，水性靡常，旋复道光二十二年［1842］之故道。虽日溜势无定，然自道光二十二年迄今，皆东抵凤河，以达于海。夫尝失永定河之正道，则谓治之者，得行水之法也，亦宜。

漫口叙略

顺治八年［1651］，河自永清县界，徙固安迤西七十里，与白沟河合流。

顺治十一年［1654］，河由固安县西宫村，与清水合流而南，入新城界，又决于固安叵罗垡。由霸州城北，东入清河，又决于新城九龙花台南里。

顺治十八年［1661］，河决雄县大阴村南堤、东堤、王朴口南堤、横堤，龙华村北横堤、留通村西堤、李郎村西堤，旋经堵合。

康熙七年［1668］七月，河决卢沟桥及堤岸。

康熙二十年［1681］，河决霸州田家口民堤。

康熙二十七年［1688］，河从善来营入玉带河，旧从固安之故城村决而西南，至茨村合琉璃河，直南冲茨村，分为二。后渐从而东，至是筑塞不复相通，琉璃河遂南入新城。其故道由涿州、固安、永清、东安、霸州者，悉为浑河所夺。

康熙四十一年［1702］五月，漫永清县三圣口南岸堤，旋经堵合。

康熙四十八年［1709］，决永清县王虎庄前堤，旋经堵合。

康熙五十六年［1717］六月，决永清县贺尧营北岸堤，旋经堵合。

康熙五十八年［1719］，决永清县贺尧营北岸堤，旋经堵合。

雍正二年［1724］六月，决霸州堂二铺南岸堤，旋经堵合。

雍正三年［1725］七月，决永清县城厂南岸堤，旋经堵合。

雍正七年［1729］，决北岸刘家庄以南堤十五丈，旋经堵合。

雍正八年［1730］三月，漫南岸武家庄，北岸五道口东、西各十余丈。七月，漫南岸冯家场十余丈、田家场六丈，决北岸四圣口六十余丈，随时堵筑。惟四圣口全溜所经，至八月水减竣工。

雍正十二年［1734］七月，决南岸二工堤，铁狗十七丈，北蔡东北十五丈，北蔡正东十七丈，南蔡正东三处，共十二丈。五工黄家湾，八十六丈。北岸堤四工，梁各庄四十五丈。上七工，四圣口一百六十三丈。下七工五道口，九十三丈。八工小荆垡八丈，赵家楼重堤十八丈，田家场重堤十九丈。其黄家湾一处河溜全夺，水入永清县署，流至霸州津水洼归淀。九月二十二日，堵筑工竣。

雍正十三年［1735］六月，决南岸下七工堤，朱家庄东十一丈。八工东沽港二十六丈三尺，北岸赵家楼三十丈，地属永清、东安。河水分流于朱家庄、赵家楼，两口之中决口，距三角淀甚近。水由六道口小堤复淀。

乾隆元年［1736］正月，决南岸八工，东沽港堤二十四丈。二月堵筑工竣。

乾隆二年［1737］六月，陡涨漫卢沟桥面，过堤顶，冲刷石景山土堤一处，漫溢南岸十八处，北岸二十二处。张客地居上游，出水更利，漫刷四百余丈。全河大溜尽从此出，由宛平、良乡、涿州、固安、永清、东安、武清等县，弥漫而下，归凤河。八月，堵筑工竣。

乾隆三年［1738］六月，决南岸下七工，朱家庄大堤一百五十五丈，六工杨家庄大堤六丈。七月，头工又决八十八丈。八月，堵筑工竣。

乾隆十五年［1750］五月三十日，南三工十五号漫溢。旋经堵合。

乾隆十九年［1754］六月，南埝漫溢四十余丈。七月，决下口东老堤，六号一百余丈，复冲破西老堤六十余丈。是年，改条河头为下口。

乾隆二十四年［1759］闰六月，南四工漫溢。旋经堵合。

乾隆二十六年［1761］七月十一日，北三工十三号漫溢。八月初二日，堵筑工竣。

乾隆三十五年［1770］五月，北二工六号漫口四十七丈。旋经堵合。

乾隆三十六年［1771］七月，南二工漫口七十余丈，北二工漫口一百余丈。旋经堵合。

（以上补"旧志"缺。"旧志"已录谕旨，奏议者不及。）

嘉庆二十年［1815］六月二十五日，北七工二十四号漫溢。九月十九日堵合。

嘉庆二十四年［1819］七月二十日，南四工二十号、北二工二十一号，二十二日，北头工上汛七、八、九号，均漫溢。九月二十一日，北上汛水口堵合。

道光二年［1821］六月十五日，南六工上汛头号漫溢。九月十三日堵合。

道光三年［1822］六月初十日，北三工十二、三号，十二日，南二工二十号，十七日，北头工中汛十三号，均漫溢。九月十一日，北中汛水口堵合。

道光十二年［1831］七月二十三日，南六工上汛头号漫溢。闰九月十三日堵合。

道光十四年［1833］七月初一日，北三工十一、二号，南二工金门闸迤南，北头工下汛四号及十四号，北头工中汛六、七、八号，均漫溢。十月二十二日，北中汛水口堵合。

道光二十三年［1844］闰七月初三日，北六工遥堤、十一号漫溢。九月初六日堵合。

道光二十四年［1845］五月二十四日，南七工五号漫溢。九月十八日堵合。

道光三十年［1850］五月二十五日，北七工八、九号漫溢。十月初一日堵合。

咸丰三年［1853］六月初八日，南三工十三号漫溢。四年五月初三日堵合。

咸丰六年［1856］六月十八日，南七工五号，二十八日，北四工上汛十号、北三工十三号，均漫溢，十月初七日，北三工水口堵合。

咸丰七年［1857］六月十八日，北四工上汛十号漫溢。九月二十五日堵合。

咸丰九年［1859］七月初二日，北三工十二号漫溢。十月初十日堵合。

同治六年［1867］七月初九日，北三工五号漫溢。二十九日，南上汛灰坝夺溜。十月二十四日灰坝堵闭合龙。十一月十二日，南七工六号漫溢。

同治七年［1868］三月十三日，南四工十七号，七月初八日，南头工上汛十五号，均漫溢。八年［1869］四月初七日，南上汛水口堵合。

同治八年［1869］五月二十一日，北四工下汛五号漫溢。十月十二日堵合。

同治九年［1870］六月初九日，南五工十七号，二十六日，十号，均漫溢。十月十八日，十号水口堵合。

同治十年［1871］六月初六日，南二工六号，二十四日，卢沟桥南岸石堤五号，均漫溢。十一年三月二十一日，石堤水口堵合。

同治十一年［1872］七月初二日，北头工下汛十七号漫溢。九月初十日堵合。

同治十二年［1873］闰六月十五日，南四工九号漫溢。九月二十一日堵合。

光绪元年［1875］六月二十五日，南二工六号漫溢。九月三十日堵合。

光绪四年［1879］七月二十二日，北六工十四号漫溢。十月十九日堵合。

［以下为抄本研读者加注］

（光绪九年［1883］，南五工十七号决。

光绪十三年［1887］，南七工西小堤四号决。

光绪十四年［1888］，南二工二十七号决。

光绪十六年［1890］，北上汛二号决。

十八年［1892］，南上汛十号决。

二十二年［1896］，北中汛六、七、八号决。

三十年［1904］，北下汛十六号决。

三十三年［1907］，北四上汛十四号决。

宣统三年［1911］，南三工二十号决。

民国元年［1912］，北五工七号决。

二年［1913］，北五工十九号决。

五年［1916］，北六工头号决。

六年［1917］，北三工二十三号决。

十三年［1924］，南上二工十号决。

自前顺治八年［1651］至民国十三年［1924］，三百七十三年之间决口六十六次，平均四年一次。其决口时期相距最长的为十四年，仅一次。其次九年决二次，八年决二次，七年决四次，余则二、三、四、五、六年不等。惟同治六年至十二年连年决口，大约河工以此时为最坏。）

卷三　经费　建置

经费
　　岁需款目　另案工需　河淤地亩　柳隙地亩
　　苇场地亩　香火地亩
建置
　　碑亭（附闸坝埝碑）　祠庙　衙署　防汛公署

经　费

岁需款目

　　"旧志"本工，岁修、抢修、疏浚、运脚等项，岁领银六万九千五百两。嘉庆二十年［1815］，酌添备防秸料银二千两。道光三年［1823］后，岁估备防料银一万九千余两，至二万九千余两不等。二十年［1840］，请二万五千二百两。后为定额，岁共领银九万四千七百两。咸丰四年［1854］，部库支绌，减半支领，再按银钞①各半给发。岁领实银二万三千六百余两，在司库旗租②项下指拨。七年［1857］，减备防料银一千五十两。同治二年［1863］，停发五成钞票。三年［1864］，改发五成实银。九年［1870］，加拨岁抢修银二万三千两。十二年［1873］，复原额，仍领实银

---

　　①　"部库支绌"，指清政府财政紧张，（户）部库支付困难，河防工程减半支领经费，额定给付1/4现银，另1/4给户部发行的"官票"，即纸币，俗称"钞"。户部官票咸丰三年［1853］发行，以银两为单位，发行后不久即贬值，几成废纸。到同治年间，仅在捐税、纳官、赎当时，搭配使用。

　　②　旗租是指旗人［相对汉民而言］占有旗地，向官府依法纳租税。旗地划拨、分配、征租额、豁除均在户部备案，地方官代征，上解户部司库。

九万四千七百两，由江南拨解三万两，长芦留拨七千两，余在司库旗租项下指拨。光绪三年［1877］，加抢险银四千两，添备麻袋、月夫、兵米等费，由外筹拨，不归本工报销。（岁需经费，本年如有节存，下年请领时例应照数扣除。今因工程险要尽数动用，故常年报销银数是编不载。）

另案工需

嘉庆二十年［1815］，堵筑北七工漫口，用银五万五千四百九十七两零。善后及备防秸料，八千五百四十七两零。

嘉庆二十一年［1816］，各汛加修石土堤工，用银三万八千二百六两零。又，抢添埽段，八百九十七两零。

嘉庆二十四年［1819］，堵筑北上、北二、南四等工水旱漫口，用银二十四万一千六百九十五两零。善后及备防秸料，二万一千七百九十八两零。又，南七、八工加添护坝、戗埽，一千三百六十七两零。又，各汛后加石土堤工，一万九千八百十一两零。

嘉庆二十五年［1820］，凌汛用缺岁抢料物动项买补，用银一万二千四百九十五两。又，抢添埽段，二千二百二十八两零。又，各汛加修石土堤工，三万八千八百五十八两零。

道光元年［1821］，抢添埽段，用银二千八百六十六两零。

道光二年［1822］，堵筑南六土汛漫口，用银九万八千三百二十三两^[1]零。善后工程，一万四千七百十两零。又，堵闭求贤灰坝，一千五百两。又，各汛加修石土堤工，三万二千七百六十七两零。又，抢添埽段，三千四百九十四两零。

道光三年［1823］，堵筑北中、北三、南二等工水旱漫口，用银十三万五千四百九十五两零。善后工程，二万一千八百二十三两零。又，抢补堤埽，六千四百九十二两零。

道光四年［1824］，南上汛建造灰坝，用银七万八千三百四十八两零。又，南二工拆修金门闸，十万三千四百五十一两零。又，北上、北中、北下、北二、北三、北五等工，培筑新旧堤埝，三万七千二百六十两零。

道光八年［1828］，各汛加修石土堤工，用银二万九千一百九十七两零。

---

① 长芦，此指以长芦盐场的销盐收入留拨河防工程经费。

道光十一年［1831］，收窄入淀金门、堵截河槽、筑做堤坝等工，除用存工料物外，用银二万九千一百十七两零。又，北七工加培土工，四千五百四十两零。又，金门闸加高龙骨、坦坡等工，四千三百五十九两零。

道光十二年［1832］，堵筑南六上汛漫口，用银八万四千五百二十五西零。善后工程，一万八千五百四十一两零。

道光十三年［1833］，各汛加培土工，用银二万四千二十一两零。

道光十四年［1834］，堵筑北中、北下、北三、南二等工水旱漫口，及善后工程，用银十四万五千五百七十二两零。

道光十五年［1835］，各汛加培土工，用银三万二千四百三十六两零。

道光十六年［1836］，各汛加培土工，用银九千九十六两零。

道光十七年［1837］，各汛加培土工，用银六千四百十七两零。

道光十八年［1838］，各汛加培土工，用银二万五千四百八十五两零。

道光十九年［1839］，各汛加修石土堤工，用银一千九百三十八两零。

道光二十年［1840］，各汛加修石土堤工，用银一千九百五十八两零。

道光二十一年［1841］，各汛加修石土堤工，用银一千九百四十七两零。

道光二十二年［1842］，各汛加培土工，用银八千八百五十四两零。

道光二十三年［1843］，堵筑北七工漫口，用银五万五千五百九十一两零。接筑堤埝，七百七十三两零。补筑旱口及善后工程，一万二千八百九十四两零。又，金门闸加高龙骨，修补残缺各工，二万九千二十三两零。又，各汛加修石土堤工，一千九百三十八两零。

道光二十四年［1844］，堵筑南七工漫口，用银十四万五千九百三十九两零。善后工程，八千二百四十九两零。又，抢办险工秸料，五千二百五十两。又，各汛加修石土堤土，一千九百六十三两零。又，修理双营河神庙，三千九百七十两。

道光二十五年［1845］，南上汛灰坝加筑滚水灰埝，修补残缺各工，用银三千五百五十三两零。又，各汛加修石土堤工，一千九百六十八两零。

道光二十六年［1846］，各汛加修石土堤工，用银一千九百九十三两零。

道光二十七年［1847］，各汛加修石土堤工，用银一千九百七十二两零。

道光二十八年［1848］，各汛加修石土堤工，用银二千四百八十六两零。

道光二十九年［1849］，各汛加修石土堤工，用银二千四百七十四两零。

道光三十年［1850］，堵筑北七工漫口，用银六万九千八百五十一两零。善后工程，七千九十二两零。又，各汛加修石土堤工，二千四百八十三两零。

咸丰元年［1851］，各[2]汛加修石土堤工，用银二千四百八十九两零。

咸丰二年［1852］，各汛加修石土堤工，用银二千四百八十两零。

咸丰三年［1853］，各汛加修石土堤工，用银二千四百九十四两零。

咸丰四年［1854］，补筑上年南三工漫口及善后工程，用银三万九千五百三十两零。

咸丰六年［1856］，堵筑北三、北四上、南七等工水旱漫口及御水工，用银八万二千八百五十五两零。又，各汛加修石土堤工，二千四百八十四两零。

咸丰七年［1857］，堵筑北四上汛漫口，用银四万三千四百七十一两零。又，疏浚中洪下口，一万三千八百十二两零。

咸丰八年［1858］，各汛加修石土[3]堤工，用银二千四百七十九两零。

咸丰九年［1859］，堵筑北三工漫口，用银五万三千八百二十一两零。善后工程，四百九十九两零。

咸丰十年［1860］，各汛加修石土[4]堤工，用银二千四百八十七两零。

咸丰十一年［1861］，各汛加修石土[5]堤工，用银二千四百九十四两零。

同治元年［1862］，各汛加培土工，用银二千九百九十四两零。

同治二年［1863］，各汛加修石土堤工，用银二千四百七十五两零。

同治三年［1864］，北七工建筑大坝，用银四万一千三百九十六两零。善后工程，三千八百九十七两零。

同治四年［1865］，各汛加修石土堤工，用银二千四百七十四两零。

同治五年［1866］，各汛加修石土堤工，用银二千四百九十六两零。

同治六年［1867］，堵闭南上汛灰坝暨北三工旱口，用银四万九千八百十六两零。御水善后各工，七千一百二十三两零。嗣因经费不敷，在内剔除三千十八两零，随时酌办。又，各汛加修石土堤工，用银二千四百八十八两零。

同治七年［1868］，各汛加修石土堤工，用银二千四百八十六两零。

同治七、八两年［1868、1869］，堵筑南上、南四、南七、北四下等汛水旱漫口，暨疏浚中洪下口，各工用银三十万五千九百八十八两零。

同治九年［1870］，堵筑南五工水旱漫口及善后工程，用银十万四六十八两零。

同治十年［1871］，堵筑南岸石堤漫口，并南二工旱口、南七工旱坝，暨御水善后各工，用银三十一万一百五十四两零。又，各汛加修石土堤工，二千四百七十一两零。

同治十一年［1872］，堵筑北下汛漫口及御水工，除用道库节存暨各员赔款外，用银四万四千两。又，重修金门闸，六万四千七百四十二两零。又，各汛加培土工，三万一百五十两零。又，石景山修补石工，五千两。

同治十二年［1873］，堵筑南四工漫口，除各员赔款外，用银五万七千两。又，重修南上灰坝，二万八千三百七十二两零。又，各汛加修石土堤工，二千四百九十三两零。

同治十三年［1874］，重修求贤灰坝，用银四万七百二十两零。又，各汛加修石土堤工，二千四百九十六两零。又，修理道署，七千四百五十四两。

光绪元年［1875］，堵筑南二工漫口，除各员赔款外，用银四万一千九百三十九两零。

光绪二年［1876］，修金门闸，用银二千七两。又，修南上灰坝，四千九十七两零。又，修求贤灰坝，四千八百二十三两零。又，各汛加修右土堤工，二千四百九十七两零。

光绪三年［1877］，各汛加修石土堤工，用银二千四百九十六两零。

光绪四年［1878］，堵筑北六工漫口，除各员赔款外，用银四万五千一百九十四两零。

光绪五年［1879］，各汛加修石土堤工，用银一万两。

光绪六年［1880］，修金门闸，用银一千五百三十四两零。又，修南上灰坝，五千九百三两零。又，修求贤灰坝，四千七百十九两零。又，修南岸石堤，一千四百二十一两零。又，北上汛加培土工，三千一百五十三两零。

（"旧志"详载历年销案。查，道光二十年［1840］后，另案工程多有由外筹办，请免造册报销者。今除岁款外，凡动支别款领办工程，不论报销与否，汇录如右。凡漫口大坝、引河两项，例应销六赔四，赔款按十成摊算，河督、河道各赔三成，本厅二成半，本汛一成半。）

河淤地亩

宛平县经征河滩淤地，共十六顷十五亩六分。内除不堪耕种地十顷六十五亩，实存征租地五顷五十亩六分。岁征银十六两五钱一分八厘。（查，嘉庆后档册无异，

（光绪）永定河续志

"旧志"误。)①

东安县经征河滩淤地，道光十八年［1838］续报三十三顷七十六亩，每亩征租银六分，岁征银二百二两五钱六分；又，四十五顷十三亩二分，每亩征银三分，岁征银一百三十五两三钱九分六厘。共地七十八顷八十九亩二分，共征银三百三十七两九钱五分六厘。内有北七汛代征银九十七两八钱九分，由县实征银二百四十两六分六厘。

（河淤地，有被河估堤压，不堪耕种者，未便率请除租。每五年由河员确切查明，以近处涸出之地拨补原种之户。"旧志"淀泊、庄基侵佔等地，悉归入河淤地内。载良乡、霸州、固安、永清、东安、武清等六州县，实存征租地五百九顷二十一亩五分二厘，岁征银一千七百四十五两七钱八分七厘五毫。今档册同连前，共地五百九十三顷六十一亩三分二厘，岁共征银二千一百两二钱六分一厘五毫。内永清县淤租，有南五汛代征银五十四两四钱五毫，由县实征银九百二十三两五钱八分九厘）。

柳隙地亩②

霸州经征堤帮地，光绪三年［1877］续报三顷三十九亩七分九厘一毫，每亩征租银一钱，岁征银三十三两九钱七分九厘一毫。又，八顷四十六亩九分，每亩征租银六分，岁征银五十两八钱一分四厘。又，九十七亩，每亩征租银三分，岁征银二两九钱一分。共地十二顷八十三亩六分九厘一毫，共征银八十七两七钱三厘一毫。

永清县经征柳园、堤帮余隙等地，共五十五顷三亩二分一厘五毫。同治六年［1867］减租征收，岁征银五百七十二两六钱六分九厘四毫。

南八上汛经征本汛老堤三道地租，计长十七里三分，岁征京钱一千一百二千八百三十二文。

———————————

① 河淤地亩，河滩淤出土地属于官地。清政府实行"招佃征租"，令沿河农民租种，按土地肥沃程度，租额每亩银六分、三分不等。嘉庆《永定河志》载，每户农民可分得六亩半河亩淤地，称为"险夫地"，农户则称"险夫"。除纳租银外，汛期还要上堤担任河防守护、抢险义务。官府收缴的租银上缴藩库，用于河防工程经费，拨给永定河道库。

② 柳隙地亩，清政府为保护河堤，要沿河堤种柳树防护林，防护林间隙地、堤帮地，也实行"招佃征租"，其性质与河淤地亩相同，承租农民义务也相同。租银官府征收、上解、使用也同上述。

南八下汛经征本汛废埝一道，地租计长八里，有零岁征银十二两。

北七汛经征落垡村退出官地，一项三十亩，岁征银七两一分二厘。

（"旧志"堤帮、堤隙、麻租等地，悉归入柳隙地内。载霸州、东安两州县，实存征租地六项八十八亩二分四厘七毫，岁征银一百二十二两七钱六分四厘八毫。今档册同连前，共地七十六项五亩一分五厘三毫，又二十五里有零，岁共征银八百二两一钱四分九厘三毫，京钱一千一百二千八百三十二文。）

苇场地亩

武清县经征苇场淤余等地，道光十年［1830］被水冲刷除租地，一项八十四亩五分五厘，实存征租地三十七项十亩一分四厘，减租征收，岁征银三百八十两六分八厘六毫。二十六年［1846］，淤平前次除租地，一项八十四亩五分五厘。又，原系除租地四项五十亩，共地六项三十四亩五分五厘，岁征银三十五两二钱六分四厘。连前，共地四十三项四十四亩六分九厘，岁共征银四百十五两三钱二厘六毫。[①]

香火地亩

永清县经征段德名下入官香火地，原额四十五项三十三亩五分一厘九毫，岁征银二百五十五两四钱五分六厘。乾隆三十三年［1768］，墾五十六年［1790］，两次拨新分庄基地七项五十一亩一厘，归入段德地内，岁征银三十四两九钱四分一厘。共地五十二项八十四亩五分二厘九毫。同治六年［1867］减租征收，岁共征银一百九十四两七钱七分。又，乾隆三十三年［1768］，加征淤租岁拨银六十二两一钱七分五厘，归入段德地租项下。同治六年［1867］，减征改拨银四十五两六钱二厘三毫（今据永清县档案纂入，与"旧志"异）。

南六工经征本汛关帝庙香火地二顷，岁征银六两。

南七工经征道署文昌阁香火地九十亩。又，民人于若河承种香火地（某庙香火无考）一项八十七亩五分，岁共征银二十五两六分一厘。

北下汛经征戒台寺香火地，七项六十三亩一分，岁征银二十二两八钱九分三厘。嘉庆六年［1801］，被水冲刷除租。二十二年［1817］涸出，照旧纳粮。（"旧志"载，各庙香火除北下、北二上两汛外，拨地六十七项六十九亩，连前共地九十项十

---

① 苇场地亩，其性质同河淤地亩。

六亩一分。又按，"旧志"各庙香火共地七十余顷，内除北二工、条河头两处河神庙，及杨忠愍公香火，在柳隙新淤地内拨给。而段德名下香火地，仅存二十余顷，则所存不敷所拨。今查档案，乾隆二十三年［1758］奏准，在河淤地内拨给各庙三、四顷，以供香火。"旧志"失载。）

北五工经征本汛元神庙香火地七十五亩，岁征银五两一钱六分。

北六工经征遥堤惠济庙香火地，并民人田伦、田一士承种香火地，（某庙香火无考）共十三顷二十一亩一分，岁征银三十九两六钱三分三厘。（右地十顷亩，岁共征银三百三十九两一钱四分三厘二毫）。[1]

附：各庙香火地亩数

道署文昌阁，香火地九十亩。

南六工关帝庙，香火地二亩。

南七工惠济庙，香火地六十五亩。

南八上汛惠济庙，香火地七十亩。

北下汛惠济庙，香火地二顷（"旧志"在北岸头工，未书上、中、下汛）。

北二上汛惠济庙，香火地六顷（"旧志"在北岸二工，是时未分上、下汛）。

北五工元神庙，香火地七十五亩。

北六工遥堤惠济庙，香火地一顷八十四亩。

（"旧志"载，各庙香火除北下、北二上、西汛外，拨地六十七顷六十九亩。连前，共地九十顷十六亩一分。查，承种夫地，各户嘉庆后并无改拨。"旧志"已详兹，不复录。惟"旧志"户亩细数，分计合算多有舛错，况岁征租银已见于河淤地，而于险夫地又复复出，未免混淆，既无另征银两，不当入经费门。今以出夫村庄名数编入工程。）

---

[1] 香火地亩的性质同上述各项，只是经费用于河神祭祀，而非河防工程。

建　置

碑亭

本工碑亭一座。"旧志"载南二工十四号、北八工三号，各有碑亭一座。二工十四号后改为九号，八工三号后改为七工二十三号。

上谕禁止河身内增盖民房碑，一在石各村前北埝上，乾隆十八年［1758］建（是年建碑四座，见"旧志"附录门。建置门载三座误）。

上谕南二工拆修金门石闸碑，在金门闸，道光四年［1824］建。

上谕南上汛建造灰坝碑，在南上灰坝，道光四年［1824］建。

附重修金门减水石闸碑，在金门闸，同治十一年［1872］建。

重修南上汛灰坝碑，在南上灰坝，同治十二年［1873］建。

重修求贤灰坝碑，在求贤坝，同治十三年［1874］建。

禁止下口私筑土埝碑，一在青光村、一在韩家树村、一在南八下汛署后。光绪三年［1877］建。（道光后碑文，载杂识门。）

祠庙

永定河神。乾隆十六年［1751］。

勅封安流广惠之神（"旧志"广惠误惠济），光绪元年［1875］加封普济二字。

南上汛将军庙，在二号灰坝，同治十二年［1873］建。

南二工惠济庙，一在金门闸，同治十一年［1872］重修，一在十五号堤外。

南二工将军庙，在六号，光绪元年［1875］漫口冲塌重建。

南四工惠济庙，在四号。

南四工将军庙，在五号。

南五工惠济庙，一在曹家务西，今圮。一在十五号，同治十一年［1872］重修。

南五工将军庙，在十五号。

南六工关帝庙，在十三号，乾隆五十七年［1792］建。

南六工惠济庙，道光二十三年［1843］颁赐御书额联："功卫京圻"、"鄀屋安恬资润下，桑乾巩固颂灵长"。二十四年［1844］庙重修。

（光绪）永定河续志

138

南七工惠济庙，在十九号。

南八上汛惠济庙，一在十一号，一在废堤宋流口。

北上汛将军庙，在头号。

北中汛惠济庙，在四号。

北下汛惠济庙，在十七号。

北二上汛惠济庙，在七号。

北二下汛惠济庙，在六号。

北三工惠济庙，在十四号。

北四上汛惠济庙，在十号。

北四下汛惠济庙，在十五号。

北五工惠济庙，在五号。同治十一年［1872］被水冲塌，光绪六年［1880］重建。（嘉庆十一年［1806］堵筑五工漫口，协备杨贾成积劳身故。南四工目兵来泰和北中汛目兵贾夔堕水死，并附纪于庙。）

北五工将军庙，原在五号，今坍。附祀本汛惠济庙。

北六工惠济庙，在七工遥堤头号。（遥堤惠济庙原系北七工奉祀，光绪元年［1875］拨归六工。）道光二十三年［1843］，颁赐御书额联："畿甸承庥"、"德义百川征轨顺，灵昭三辅庆波恬"。（钦定七工遥埝河神庙，额联因庙冲塌未建，恭移遥堤惠济庙内。）

北七工惠济庙，原在遥埝十五号，道光二十三年［1843］漫口冲塌。同治四年［1865］重建于大坝三号。

（各汛神庙凡"旧志"未载，暨载而号数不符者，并录之以备查考。其建造年月档案无征者阙之，已详"旧志"，而号数并无更改者，不录焉）。

衙署

河道署，同治十二年［1873］，漫口冲塌，重修。

石景山同知署，光绪三年［1877］，借廉重修。

南岸同知署，在固安县西门内。本守备署，同治十年［1871］冬，详准对换，借廉重修。

北岸同知署，道光十四年［1834］，漫口冲塌。

三角淀通判署，嘉庆二十一年［1816］，拆建于南六工十二号双营村。今坍，光绪二年［1876］，借廉修双营总督行馆，权为公解。

北岸通判署，未建，岁领房价银八十两。在道库支领。

卢沟司汛署，在拱极城外。

南上汛署，在本汛十二号。

南下汛署，在本汛八号。

南二汛署，在本汛十五号。

南三汛署，在本汛七号。

南四汛署，在本汛四号。

南五汛署，在本汛十四号。

南六汛署，在本汛十二号。

南七汛署，在本汛十六号。

南八上汛署，在本汛六号。

北上汛署，原在本汛头号，光绪元年［1875］，移建于十四号。

北中汛署，在本汛四号。

北下汛署，在本汛十二号。

北二上汛署，在本汛七号。

北二下汛署，在本汛六号。

北三汛署，在本汛十四号。

北四上汛署，在本汛二号。

北四下汛署，在本汛十五号。

北五汛署，在本汛十号。

北六汛署，在本汛十号。

北七汛署，在本汛十二号。

都司署，今圮。

守备署，在固安县城东祖家场，本南岸同知署对换。今圮。

协备署，在固安县东门内，道光二十一年［1841］，协备邵士选捐廉重建。

南八下汛署，在本汛十五号。

防汛公署

总督防汛公署，一在宛平县长安城①，今圮。一在永清县双营村，光绪二年［1876］被火。三角淀通判借廉重修。

河道防汛公署，一在南三工六号，今圮。历年防汛，驻南四工公署。

石景山同知防汛公署，本二所。今圮。重建于南二工金门闸。

［卷三校勘记］

〔1〕"两"字续志误为"年"，据文意改正。

〔2〕"各"字续志误作"加"字，据文意改正。

〔3〕"土"字续志误为"上"字，据文意改正。

〔4〕"土"字续志误为"上"字，据文意改正。

〔5〕"土"字续志误为"上"字，据文意改正。

① 长安城现属河北省涿州市。

卷四 职 官

官属 表一（嘉庆二十年至道光十年）

官属（武职详兵制门）

永定河道

为请旨简放缺①，专司河务，无民社事。初兼按察司副使，或佥事②衔。乾隆十八年［1753］罢兼衔。道光十八年［1838］，裁原辖之北七汛主簿、南六下汛巡检各一员。二十四年［1844］，复设北七汛主簿。二十六年［1846］，添设北岸通判一员、北四上汛州同一员。同治十年［1871］，以宛平、涿州、良乡、固安、永清、东安、霸州、武清等治河八州县，有交涉河工事宜，统由永定河道考核。

石景山同知

嘉庆二十一年［1816］，拨北上、北中、北下、北二四汛归并管理。道光五年［1825］，二工分为上、下两汛。二十六年［1846］，二工下汛改隶北岸同知。

南岸同知

嘉庆二十一年［1816］，管理西岸石工，兼辖卢沟桥汛。以南五、南六两汛，改

---

① 请旨简放缺，清外官道、府以上官，由特旨授职的称简放。此类官员职位出现空缺，须由吏部请旨，由皇帝下旨任命。

② 按察使副使，明清时一省的司法长官，提刑按察使省称按察使，副使即其副职。河道授与兼衔是因河务可能涉及民事或刑事纠纷。佥事，明清按察使司设佥事一职，为按察使的副职。乾隆十八年裁撤佥事。

隶三角淀通判。

北岸同知

嘉庆二十一年［1816］，拨北七、北八两汛，归并管理。以北上、北中、北下、北二四汛，改隶石景山同知。道光五年［1825］，北八汛裁。十八年［1838］，北七汛裁。二十四年［1844］，复设北七汛。二十六年［1846］，四工分为上、下两汛，又拨北二工下汛归并管理，以北五、北六、北七三汛改隶北岸通判。

三角淀通判

嘉庆二十一年［1816］，拨南五、南六两汛，归并管理。以北七、北八两汛，改隶北岸同知。二十五年［1820］，改南九汛为南六下汛。道光十八年［1838］，下汛缺裁。

北岸通判

道光二十六年［1846］，调子牙河通判驻北岸，改为北岸通判，辖北五、北六、北七共三汛。

卢沟桥汛、宛平县巡检

嘉庆二十一年［1816］，分隶南岸同知。

北头工上汛、武清县县丞

嘉庆二十一年［1816］，改隶石景山同知。

北头工中汛、武清县县丞

嘉庆二十一年［1816］，改隶石景山同知。

北头工下汛、宛平县县丞

嘉庆二十一年［1816］，改隶石景山同知。

北二工上汛、良乡县县丞

原设为北二汛。嘉庆二十一年［1816］，改隶石景山同知。道光五年［1825］，分为两汛，原设县丞为上汛。

北二工下汛、东安县主簿

道光五年［1825］，调北七汛主簿驻二工，改为二工下汛，隶石景山同知。二十六年［1846］，改隶北岸同知。

北四工上汛、涿州州同

道光二十六年［1846］，调祁州州同①驻四工，改为四工上汛。涿州州同隶北岸同知。

北四工下汛、固安县县丞

原设为北四汛。道光二十六年［1846］，分为两汛，原设县丞为下汛。

南五汛、永清县县丞

嘉庆二十一年［1816］，改隶三角淀通判。

南六汛、霸州州判

嘉庆二十一年［1816］，改隶三角淀通判。二十五年［1820］，分为两汛，调南九汛霸州淀河巡检驻。六工改为六工下汛，原设州判为上汛。道光十八年［1838］，下汛缺裁，仍归并为南六汛。

北五汛、永清县县丞

道光二十六年［1846］，改隶北岸通判。

---

① 祁州州同。祁州，唐分定州置，治无极。宋移治蒲阳［今安国市］辖安国、深泽、晋州等地。清不辖县，1913年降为县，后改为安国县［今安国市］。祁州不在永定河沿岸，清时一般不调用非沿河州县地方官任河防官职，此为特殊。

北六汛、霸州州判

道光二十六年［1846］，改隶北岸通判。

北七汛、东安县主簿

嘉庆二十一年［1816］，改隶北岸同知。道光二年［1822］，移驻北二工，改为二工下汛。调北八汛主簿为北七汛。十八年［1838］，缺裁。二十四年［1844］，复设，调宝坻县主簿驻七汛[1]，改为七工东安县主簿。二十六年［1846］改隶北岸通判。

表一　嘉庆二十年至道光十年［1815—1830］

纪年	直隶总督	永定河道	厅 员	汛 员	河 营
嘉庆二十年［一八一五］	那彦成（满洲正白旗进士。嘉庆十九年［1814］任。）	李于培（山东安邱人。进士。五月任。） 叶观潮（福建闽［今闽侯县］县人。举人。十二月任。）	石景山同知　丁宝洲（江苏无锡人。监生。嘉庆十七年［1812］任。） 南岸同知　孙豫元（浙江仁和［今属杭州］人。附监生。嘉庆十五年［1810］任。）	卢沟桥汛宛平县巡检　张南衡（浙江归安人。监生。嘉庆十九年任。） 南头工上汛霸州州同　祝庆毅（河南固始人。监生。五月任。） 南头工下汛宛平县县丞　洪如义（贵州玉屏人。廪贡生。嘉庆十七年任。）	都司　谢成（固安人。行伍[1]。嘉庆十六年［1811］任。） 南岸守备　李存志（永清人。行伍。嘉庆十六年任。） 北岸协备　夏茂芳（武清人。行伍。嘉庆十八年［1813］任。）

---

　① 行伍，原本是指军队的行列，后泛指军队。行伍在此处是"行伍出身"的省略语，意为职业军人，俗语"当兵出身"。

纪年	直隶总督	永定河道	厅员	汛员	河营
嘉庆二十年〔一八一五〕				南二汛良乡县县丞 马 锌 （山东历城人。职员。嘉庆十九年任。）	南岸千总 刘永泰 （固安人。行伍。嘉庆十八年任。）
				南三汛涿州州判 蒋宗墉 （安徽怀宁人。监生。嘉庆十九年任。）	北岸千总 宋 培 （武清人。行伍。嘉庆十六年任。）
				南四汛固安县县丞 陈 禾 （江苏宿迁人。监生。嘉庆十九年任。）	南岸把总 刘天喜 （东安人。行伍。嘉庆十七年〔1812〕任。）
				南五汛永清县县丞 张 藻 （江苏睢宁人。监生。嘉庆十九年任。）	北岸把总 徐文立 （宛平人。行伍。嘉庆十九年任。）
				南六汛霸州州判 张循梅 （湖南武岗人。监生。五月任。）	凤河东堤把总 吴之华 （固安人。行伍。乾隆五十六年〔1791〕任。）
			北岸同知 张泰运 （江苏铜山人。廪贡生。嘉庆十九年任。）	北头工上汛武清县县丞 钱 杙 （江苏沭阳人。监生。四月任。）	石景山经制外委 冯 荣 （宛平人。行伍。嘉庆十九年任。）

纪年	直隶总督	永定河道	厅员	汛员	河营
嘉庆二十年[一八一五]				北头工中汛武清县县丞 支甯祥 （江苏山阳[今淮安市]人。监生。嘉庆十六年[1811]任。） 北头工下汛宛平县县丞 包骏 （江苏上元[今南京市]人。监生。四月任。） 北二汛良乡县县丞 陈镇标 （陕西韩城人。职员。四月任。） 北三汛涿州州判 胡侍丹 （江苏武进人。监生。嘉庆十九年任。） 北四汛固安县县丞 乔巨英 （山西太谷人。监生。三月任。） 北五汛永清县县丞 唐涓 （江苏江都人。监生。嘉庆十九年任。）	淀河经制外委二员 贾钲 （涿州人。行伍。嘉庆九年任。） 单均平 （固安人。行伍。嘉庆十七年任。）

卷四 职官

纪年	直隶总督	永定河道	厅　员	汛　员	河营
嘉庆二十年[一八一五]				北六汛霸州州判 　康　诰 （江苏清河[今淮阴市]人。监生。嘉庆十九年任。）	
			三角淀通判 　宋纶光 （江苏长洲[今苏州]人。监生。八月任。）	南七汛东安县主簿 　杨泰阶 （浙江山阴人。监生。嘉庆十九年任。）	
				南八汛武清县主簿 　蒋景旸 （江苏元和[今苏州市]人。职员。嘉庆十七年任。）	
				南九汛霸州淀河巡检 　归懋修 （江苏常熟人。监生。九月任。）	
				北七汛东安县主簿 　史渭纶 （江苏溧阳人。监生。九月任。）	
				北八汛东安县主簿 　马　钧 （山东历城人。职员。嘉庆十九年任。）	

（光绪）永定河续志

纪年	直隶总督	永定河道	厅员	汛员	河营
嘉庆二十一年[一八一六]（是年，分隶焉。以北上、北中、北下、北二共四汛，改隶石景山同知。南上、南下、南二、南三、南四共五汛，隶南岸同知。南五、南六、南七、南八、南九共五汛，隶三角淀通判。卢沟桥汛亦	托津（满洲旗人。闰六月任。） 方受畴（安徽桐城人。监生。闰六月任。）	孙豫元（十一月由南岸同知兼护） 李逢亨（陕西平利[今安康]人。拔贡生。十二月任。）	石景山同知 田宏猷（江苏桃源[今泗阳县]人。监生。正月任。） 南岸同知 孙豫元	卢沟桥汛 叶泰（浙江钱塘人。监生。三月任。） 潘炯（浙江归安[今湖州市]人。附监生。九月任。） 北头工上汛 钱杘 北头工中汛 沈锐（浙江归安人。监生。四月任。） 北头工下汛 王庚（江苏吴县人。监生。四月任。） 北二汛 陈镇标 南头工上汛 祝庆穀 南头工下汛 黄懒（安徽桐城人。职员。十二月任。）	都司 谢成 守备 李存志 协备 夏茂芳 南岸千总 刘永泰 北岸千总 宋培 南岸把总 刘天喜 北岸把总 徐文立 凤河把总 高际时（固安人。行伍。八月任。） 石景山汛外委 冯荣 淀河外委二员 贾钲 单均平

卷四 职官

纪年	直隶总督	永定河道	厅　员	汛　员	河　营
				南二汛　马　镡	
				南三汛　蒋宗墉	
				南四汛　陈　禾	
			北岸同知 　　张泰运	北三汛　胡侍丹	
				北四汛　乔巨英	
				北五汛　唐　涓	
				北六汛　康　诰	
				北七汛　史渭纶	
				北八汛 　张南衡(三月任)	
			三角淀通判 　　陈春熙 (江苏如皋人。 监生。正月任。)	南五汛　张　藻	
				南六汛　袁修敬 (江苏华亭[今上海 松江县]人。监生。 二月任。)	
				南七汛　杨泰阶	
				南八汛　蒋景旸	
				南九汛　陈佩兰 (江苏江宁[今南京 市]人。附监生。三 月任。)	

纪年	直隶总督	永定河道	厅员	汛员	河营
嘉庆二十二年〔一八一七〕	方受畴	李逢亨	石景山同知　徐铨（浙江德清人。监生。四月任。）　陈春熙（八月任）	卢沟桥汛　潘炯　北头工上汛　钱栻　北头工中汛　陈禾(三月任)　北头工下汛　王庚　北二汛　陈镇标	都　司　谢　成　守　备　李存志　协　备　夏茂芳　南岸千总　刘永泰　北岸千总　宋　培
			南岸同知　孙豫元	南头工上汛　蒋宗墉(三月任)　南头工下汛　黄翰　南二汛　包骏(三月任)　南三汛　马镎(三月任)　南四汛　杨泰阶(三月任)	南岸把总　刘天喜　北岸把总　李焕文（天津人。行伍。十一月任。）　凤河把总　高际时　石景山汛外委　冯　荣
			北岸同知　张泰运	北三汛　胡侍丹　北四汛　乔巨英	淀河外委二员　贾　钲　单均平

纪年	直隶总督	永定河道	厅　员	汛　员	河　营
				北五汛 　唐　湑 北六汛 　康　诰 北七汛 　史渭纶 北八汛 　张南衡	
			三角淀通判 　黄桂林 (江苏砀山[今属 安徽]人。监生。 五月任。)	南五汛 　张　藻 南六汛 　袁修敬 南七汛 　程裕臣 (江苏睢宁人。监 生。三月任。) 南八汛 陈佩兰(三月任) 南九汛 归懋修(三月任)	

纪年	直隶总督	永定河道	厅　员	汛　员	河　营
嘉庆二十三年［一八一八］	方受畴	李逢亨	石景山同知 　徐　铦 （五月任） 　马金陆 （山东齐河人。监生。十二月任。）	卢沟桥汛 　潘　炯 北头工上汛 　钱　杶 北头工中汛 　陈　禾 北头工下汛 　庄宝瑛 （江苏武进人。议叙。十二月任。） 北二汛 　唐涓（二月任） 　王庚（十二月任）	都　　司 　谢　成 守　　备 　李存志 协　　备 　夏茂芳 南岸千总 　刘永泰 北岸千总 　宋　培 南岸把总 　刘天喜
			南岸同知 　孙豫元	南头工上汛 　蒋宗墉 南头工下汛 　黄　翰 南二汛 　马镎（二月任） 南三汛 　乔巨英（二月任） 南四汛　杨泰阶	北岸把总 　李焕文 凤河把总 　高际时 石景山汛外委 　冯　荣 淀河外委二员 　贾　钰 　单均平
			北岸同知 　张泰运	北三汛　汪兆鹏 （山东愿城［今属济南市］人。监生。五月任。）	

纪年	直隶总督	永定河道	厅　员	汛　员	河　营
				北四汛 　史渭纶(二月任)	
				北五汛 　袁修敬(二月任)	
				北六汛　周维嘉 (山东金乡人。监生。正月任。)	
				冯人骥 (浙江平湖人。监生。五月任。)	
				北七汛　张钦祖 (河南太康人。监生。二月任。)	
				北八汛　张南衡	
			三角淀通判 黄桂林	南五汛　沈渭 (浙江仁和人。监生。十二月任。)	
				南六汛　毛占枢 (浙江余姚人。监生。二月任。)	
				南七汛　程裕臣	
				南八汛　陈佩兰	
				南九汛　归懋修	

纪年	直隶总督	永定河道	厅　员	汛　员	河　营
嘉庆二十四年〔一八一九〕	方受畴	张泰运（八月任）	石景山同知 嵇承廉 （江苏无锡人。监生。八月任。） 孙星衢 （江苏阳湖人。监生。十月任。）	卢沟桥汛 吴尔祚 （安徽卢江人。附监生。八月任。） 北头工上汛 陈佩兰（八月任） 北头工中汛 袁修敬（正月任） 史渭纶（十月任） 北头工下汛 庄宝瑛 北二汛 张钦祖（十月任）	都　司 谢　成 守　备 李存志 协　备 夏茂芳 南岸千总 刘永泰 北岸千总 宋　培 南岸把总 刘天喜
			南岸同知 彭应杰 （广东陆丰人。监生。八月任。）	南头工上汛 蒋宗塘 南头工下汛 王庚（十月任） 南二汛 马　镎 南三汛 乔巨英 南四汛 黄懒（十月任）	北岸把总 李焕文 凤河把总 高际时 石景山汛外委 冯　荣 淀河外委二员 贾　钲 单均平

纪年	直隶总督	永定河道	厅　员	汛　员	河　营
			北岸同知 　徐　铨 （八月任） 　支甯祥 （十月任）	北三汛 　胡侍丹（正月任） 北四汛 　袁修敬（十月任） 北五汛 　汪兆鹏（正月任） 　杨泰阶（十月任） 北六汛 　　汪炳文 （山东荷泽人。监 生。三月任。） 北七汛 　　徐敦义 （浙江德清人。监 生。十月任。） 北八汛 　　张南衡	
			三角淀通判 　黄桂林	南五汛 　　沈　渭 南六汛 　　毛占枢 南七汛 　　张同勋 （安徽桐城人。监 生。四月任。） 　　孟　钊 （山东懋城人。吏 员。十月任。） 南八汛 　潘炯（八月任） 南九汛 　　归懋修	

纪年	直隶总督	永定河道	厅　员	汛　员	河　营
嘉庆二十五年〔一八二〇〕（是年调南九汛霸州淀河巡检驻南六工，改为南六下汛。原设南六汛为上汛。）	方受畴	张泰运	石景山同知　徐铤（九月任）	卢沟桥汛　张钦祖（十月任） 北头工上汛　陈佩兰 北头工中汛　史渭纶 北头工下汛　庄宝瑛 北二汛　黄翰（三月任）	都　司　谢　成 守　备　李存志 协　备　夏茂芳 南岸千总　刘永泰 北岸千总　宋　培
			南岸同知　彭应杰	南头工上汛　蒋宗墉 南头工下汛　王　庚 南二汛　马　镎 南三汛　乔巨英 南四汛　孟钊（三月任）	南岸把总　刘天喜 北岸把总　李焕文 凤河把总　高际时 石景山汛外委　冯　荣
			北岸同知　叶德豫（江苏上元人。监生。五月任。）	北三汛　胡侍丹 北四汛　袁修敬 北五汛　杨泰阶 北六汛　王仲淇（江苏吴县人。职员。二月任。）	淀河外委二员　贾　钰　单均平

纪年	直隶总督	永定河道	厅　员	汛　员	河　营
				张耀箕 （江苏铜山人。职员。七月任。）	
				成　诚 （浙江仁和人。举人。十二月任。）	
				北七汛　叶　藻 （河南汝阳人。监生。九月任。）	
				北八汛 　归懋修（二月任）	
			三角淀通判 黄桂林	南五汛 　包骏（九月任）	
				南六工上汛 　　毛占枢	
				南六工下汛霸州巡检 　程裕臣（二月任）	
				南七汛 　张钦祖（三月任）	
				李朗煊 （江苏萧县[今属安徽]人。监生。九月任。）	
				南八汛 　蒋景旸（八月任）	

（光绪）永定河续志

纪年	直隶总督	永定河道	厅 员	汛 员	河 营
道光元年[一八二一]	方受畴	张泰运	石景山同知 袁 烺 （山东长山[现邹平县]人。监生。二月任。） 南岸同知 徐 铨 （二月任） 邵 楠 （浙江山阴[绍兴]人。监生。九月任。） 窦乔林 （山东诸城人。监生。十一月任。）	卢沟桥汛 张钦祖 北头工上汛 陈佩兰 北头工中汛 史渭纶 北头工下汛 庄宝瑛 北二汛 黄 懒 南头工上汛 蒋宗墉 南头工下汛 王 庚 南二汛 马 锌 南三汛 乔巨英 南四汛 康诰（二月任）	都 司 谢 成 守 备 李存志 协 备 夏茂芳 南岸千总 刘永泰 北岸千总 宋 培 南岸把总 刘天喜 北岸把总 李焕文 凤河把总 高际时 石景山汛外委 冯 荣 淀河外委二员 贾 钲 单均平

纪年	直隶总督	永定河道	厅　员	汛　员	河　营
			北岸同知 　陶金殿 （安徽滁州人。拔贡生。四月任。）	北三汛　胡侍丹 北四汛　刘一峰 （河南滑县人。举人。二月任。） 北五汛　孙良坤 （浙江山阴〔绍兴〕人。议叙。十二月任。） 北六汛 　陈禾（十月任） 北七汛　叶蕖 北八汛　归懋修	
			三角淀通判 　黄桂林	南五汛 　张耀箕（五月任） 南六工上汛 　毛占枢 南六工下汛 　程裕臣 南七汛 　张书绅 （江苏武进人。议叙。二月任。） 南八汛 　蒋景旸	

纪年	直隶总督	永定河道	厅 员	汛 员	河 营
道光二年[一八二二]	长 龄 (蒙古正白旗人。翻译。生员。正月任。) 松 筠 (蒙古正蓝旗人。翻译。生员。正月任。) 颜 检 (广东连平人。拔贡生。闰三月任。)	张泰运	石景山同知 袁 烺 南岸同知 窦乔林 北岸同知 陶金殿	卢沟桥汛 管嗣许 (浙江海宁人。监生。四月任。) 北头工上汛 陈佩兰 北头工中汛 史渭纶 北头工下汛 庄宝瑛 北二汛 唐淯(五月任) 南头工上汛 胡侍丹 (十二月任) 南头工下汛 王 庚 南二汛 马 锌 南三汛 乔巨英 南四汛 张耀箕(九月任) 北三汛 杨泰阶(十二月任) 北四汛 蒋景旸(正月任)	都 司 李存志 (五月任) 守 备 夏茂芳 (五月任) 协 备 宋 培 (五月任) 南岸千总 刘永泰 北岸千总 李焕文 (五月任) 南岸把总 刘天喜 北岸把总 谢自富 (永清人。行伍。五月任。) 凤河把总 高际时 石景山汛外委 冯 荣 淀河外委二员 贾 钲 单均平

纪年	直隶总督	永定河道	厅　员	汛　员	河　营
				北五汛 　杨泰阶(四月任) 　　蒯梦霆 (江苏吴江人。职 员。十二月任。) 北六汛　崔广仁 (河南商邱人。监 生。二月任。) 北七汛　叶　蕖 北八汛　归懋修	
			三角淀通判 　陈镇标 (七月任) 　徐　铨 (八月任) 　蒋宗墉 (十二月任)	南五汛 　康诰(九月任) 南六工上汛 　　张曦午 (山西临汾人。附贡 生。二月任。) 南六工下汛 　　程裕臣 南七汛　张书绅 南八汛　张梦麟 (江苏铜山人。监 生。正月任。) 　　杨夒生 (江苏金匮人。议 叙。十一月任。)	

纪年	直隶总督	永定河道	厅员	汛员	河营
道光三年[一八二三]	蒋攸铦（汉军镶蓝旗人。进士。四月任。）	张泰运	石景山同知 李国屏（河南郑州人。增贡生。九月任。）	卢沟桥汛 崔广仁（十月任） 北头工上汛 张书绅（二月任） 北头工中汛 唐涓（九月任） 北头工下汛 汪兆鹏（九月任） 北二汛 蒋景旸（九月任）	都司 李存志 守备 夏茂芳 协备 宋培 南岸千总 刘永泰 北岸千总 李焕文 南岸把总 刘天喜 北岸把总 谢自富 凤河把总 高际时 石景山汛外委 冯荣 淀河外委二员 贾钲 单均平
			南岸同知 窦乔林	南头工上汛 王仲兰（江苏吴县人。监生。九月任。） 南头工下汛 王庚 南二汛 马镈 南三汛 乔巨英 南四汛 张耀箕	

纪年	直隶总督	永定河道	厅　员	汛　员	河　营
			北岸同知 　蒋宗墉 （九月任）	北三汛 　包骏（十月任） 北四汛 　张梦麟（九月任） 北五汛 　　蒯梦霆 北六汛 　　李祖垚 （山西翼城人。廪贡 生。四月任。） 北七汛 　潘炯（十一月任） 北八汛　归懋修	
			三角淀通判 　胡侍丹 （九月任）	南五汛　康　诰 南六工上汛 　庄宝瑛（九月任） 南六工下汛 　　沈元文 （浙江归安人。监 生。二月任。） 南七汛 　程裕臣（二月任） 南八汛 　　杨夔生	

（光绪）永定河续志

纪年	直隶总督	永定河道	厅员	汛员	河营
道光四年[一八二四]	蒋攸铦	张泰运	石景山同知 李国屏	卢沟桥汛 蒯梦霆(九月任) 北头工上汛 张书绅 北头工中汛 唐涓 北头工下汛 汪兆鹏 北二汛 张梦麟(九月任)	都　司 李存志 守　备 夏茂芳 协　备 宋培 南岸千总 刘永泰 北岸千总 李焕文 南岸把总 刘天喜
			南岸同知 窦乔林	南头工上汛 康诰(九月任) 南头工下汛 王庚 南二汛 马锌 南三汛 乔巨英 南四汛 张耀箕	北岸把总 谢自富 凤河把总 高际时 石景山汛外委 冯荣 淀河外委二员 贾钲 单均平

纪年	直隶总督	永定河道	厅　员	汛　员	河　营
			北岸同知 蒋宗墉	北三汛 　蒋景旸(九月任)	
				北四汛 　程裕臣(九月任)	
				北五汛 　　　熊开楚 (江苏高邮人。监 生。五月任。)	
				北六汛　吕子瓒 (江苏阳湖人。副贡 生。十一月任。)	
				北七汛　陈嘉谋 (浙江钱塘人。荫 生。七月任。)	
				北八汛　归懋修	
			三角淀通判 胡侍丹	南五汛 　王仲兰(九月任)	
				南六工上汛 　　　王澯 (江苏吴县人。监 生。二月任。)	
				陈禾(十一月任)	
				南六工下汛 　　　崔广仁 (九月任。由南七汛 兼署。)	
				南七汛 　崔广仁(九月任)	
				南八汛 　沈元文(九月任)	

纪年	直隶总督	永定河道	厅员	汛员	河营
道光五年[一八二五]（是年，调北七汛、东安县主簿驻北二工，改为北二下汛。隶石景山同知。原设北二汛为上汛，以北八汛改为北七汛。八工缺裁。）	那彦成（十一月任）	张泰运	石景山同知 李国屏 南岸同知 窦乔林	卢沟桥汛 艾淦（江苏震泽［今吴县］人。监生。二月任。） 北头工上汛 张书绅 北头工中汛 唐淯 北头工下汛 汪兆鹏 北二工上汛 张梦麟 北二工下汛东安县主簿 陈嘉谋（原任北七汛） 南头工上汛 康诰 南头工下汛 王庚 南二汛 马镎 南三汛 乔巨英	都司 李存志 守备 夏茂芳 协备 宋培 南岸千总 刘永泰 北岸千总 李焕文 南岸把总 刘天喜 北岸把总 谢自富 凤河把总 高际时 石景山汛外委 冯荣 淀河外委二员 贾钲 单均平

纪年	直隶总督	永定河道	厅员	汛员	河营
				南四汛 　　郑启新 （山西文水人。监生。九月任。）	
			北岸同知 　蒋宗墉	北三汛　蒋景旸 北四汛　程裕臣 北五汛　熊开楚 北六汛　吕子瓒 北七汛 　　归懋修 （原任北八汛）	
			三角淀通判 　胡侍丹	南五汛 　　王仲兰 南六工上汛 　　万启逊 （江西南昌人。监生。三月任。） 南六工下汛 　　马晋锡 （江苏常熟人。监生。三月任。） 南七汛　崔广仁 南八汛　沈元文	

纪年	直隶总督	永定河道	厅员	汛员	河营
道光六年[一八二六]	那彦成	张泰运	石景山同知 李国屏	卢沟桥汛 艾淦 北头工上汛 张书绅 北头工中汛 郑启新 (十二月任) 北头工下汛 汪兆鹏 北二工上汛 张梦麟 北二工下汛 陈嘉谋	都司 李存志 守备 夏茂芳 协备 宋培 南岸千总 刘永泰 北岸千总 李焕文 南岸把总 刘天喜 北岸把总 谢自富 凤河把总 高际时 石景山汛外委 冯荣 淀河外委二员 贾钰 单均平
			南岸同知 窦乔林	南头工上汛 康诰 南头工下汛 王庚 南二汛 马镎 南三汛 王仲兰(二月任) 南四汛 张耀箕(四月任)	

纪年	直隶总督	永定河道	厅　员	汛　员	河　营
			北岸同知 　蒋宗墉	北三汛 　　蒋景旸 北四汛 　　程裕臣 北五汛 　　熊开楚 北六汛 　　吕子瓆 北七汛 　　归懋修	
			三角淀通判 　胡侍丹	南五汛 　陈禾(二月任) 南六工上汛 　　万启逊 南六工下汛 　崔广仁(五月任) 南七汛 　马晋锡(五月任) 南八汛 　　沈元文	

纪年	直隶总督	永定河道	厅　员	汛　员	河　营
道光七年〔一八二七〕	屠之申 （湖北孝感人。监生。十一月任。布政使护理。）	张泰运	石景山同知 李国屏	卢沟桥汛 　艾　淦 北头工上汛 　徐敦义（三月任） 北头工中汛 　张梦麟（三月任） 北头工下汛 　汪兆鹏 北二工上汛 　郑启新（三月任） 北二工下汛 　陈嘉谋	都　司 　李存志 守　备 　夏茂芳 协　备 　宋　培 南岸千总 　刘永泰 北岸千总 　李焕文 南岸把总 　邰士选 （武清人。行伍。闰五月任。）
			南岸同知 窦乔林	南头工上汛 　康　诰 南头工下汛 　王　庚 南二汛 　马　锌 南三汛 　王仲兰 南四汛 　程际亨 （浙江嘉善人。议叙。十一月任。）	北岸把总 　谢自富 凤河把总 　高际时 石景山汛外委 　冯　荣 淀河外委二员 　贾　钇 　单均平

纪年	直隶总督	永定河道	厅　员	汛　员	河　营
			北岸同知 　蒋宗墉	北三汛 　　蒋景旸 北四汛 　　李莹光 （山东历城［今济南］人。监生。正月任。） 北五汛 　　熊开楚 北六汛 　　吕子璸 北七汛 　　归懋修	
			三角淀通判 　胡侍丹	南五汛 　　陈　禾 南六工上汛 　　万启逊 南六工下汛 　　崔广仁 南七汛 　　马晋锡 南八汛 　　沈元文	

纪年	直隶总督	永定河道	厅　员	汛　员	河　营
道光八年〔一八二八〕	屠之申	张泰运	石景山同知　李国屏	卢沟桥汛　艾淦 北头工上汛　徐敦义 北头工中汛　张梦麟 北头工下汛　汪兆鹏 北二工上汛　郑启新 北二工下汛　陈嘉谋	都　司　夏茂芳（三月任） 守　备　刘永泰（三月任） 协　备　张名远（固安人。行伍。十二月任。） 南岸千总　王泰（永清人。行伍。三月任。） 北岸千总　李焕文
			南岸同知　窦乔林	南头工上汛　康诰 南头工下汛　王庚 南二汛　马锌 南三汛　王仲兰 南四汛　张耀箕（六月任）	南岸把总　邰士选 北岸把总　谢自富 凤河把总　高际时 石景山汛外委　冯荣 淀河外委二员　贾钲　单均平

纪年	直隶总督	永定河道	厅 员	汛 员	河 营
			北岸同知 蒋宗墉	北三汛 　蒋景旸 北四汛 　李莹光 北五汛 　熊开楚 北六汛 　吕子璸 北七汛 　归懋修	
			三角淀通判 胡侍丹	南五汛　陈禾 南六工上汛 　万启逊 南六工下汛 　崔广仁 南七汛 　马晋锡 南八汛 　沈元文	

（光绪）永定河续志

纪年	直隶总督	永定河道	厅　员	汛　员	河　营
道光九年〔一八二九〕	松　筠（四月任） 那彦成（六月任）	张泰运	石景山同知 周　衡 （四川涪州人。举人。十二月任。） 南岸同知 窦乔林	卢沟桥汛 李敦寿 （四川三台人。职员。三月任。） 柳廷森 （湖南长沙人。监生。十一月任。） 北头工上汛 徐敦义 北头工中汛 张梦麟 北头工下汛 陈嘉谋（三月任） 北二工上汛 郑启新 北二工下汛 艾淦（三月任） 南头工上汛 万启逊（二月任） 康诰（十二月任） 南头工下汛 王　庚 南二汛 马　锌	都　司 夏茂芳 守　备 张文彩 （固安人。行伍。六月任。） 协　备 张名远 南岸千总 王　泰 北岸千总 李焕文 南岸把总 邰士选 北岸把总 谢自富 凤河把总 吕汉秀 （固安人。行伍。二月任。） 石景山汛外委 冯　荣 淀河外委二员 贾　钲 单均平

卷四　职官

纪年	直隶总督	永定河道	厅　员	汛　员	河　营
				南三汛 　　　王仲兰 南四汛 　张耀箕(六月任)	
			北岸同知 　蒋宗墉	北三汛　蒋景旸 北四汛　李莹光 北五汛　　熊开楚 北六汛　　吕子璸 北七汛　　归懋修	
			三角淀通判 　胡侍丹	南五汛 　　　陈　禾 南六工上汛 　沈元文(二月任) 南六工下汛 　　　李振业 (安徽太湖人。监 生。二月任。) 南七汛　马晋锡 南八汛 　　　张　瀛 (江苏萧县人。监 生。二月任。)	

纪年	直隶总督	永定河道	厅　员	汛　员	河　营
道光十年[一八三〇]	那彦成	张泰运	石景山同知 周　衡	卢沟桥汛 柳廷森 北头工上汛 徐敦义 北头工中汛 张书绅(四月任) 北头工下汛 陈嘉谋 北二工上汛 郑启新 北二工下汛 艾　淦	都　司 夏茂芳 守　备 张文彩 协　备 张名远 南岸千总 王　泰 北岸千总 李焕文 南岸把总 邰士选
			南岸同知 窦乔林	南头工上汛 康　诰 南头工下汛 王　庚 南二汛 马　镈 南三汛 乔巨英 (十一月任) 南四汛 张耀箕	北岸把总 谢自富 凤河把总 吕汉秀 石景山汛外委 冯　荣 淀河外委二员 贾　钲 单均平

纪年	直隶总督	永定河道	厅　员	汛　员	河　营
			北岸同知 蒋宗墉	北三汛 　蒋景旸	
				北四汛 　李莹光	
				北五汛 　熊开楚	
				北六汛 　吕子璸	
				北七汛 李敦寿(三月任)	
			三角淀通判 胡侍丹	南五汛 　陈　禾	
				南六工上汛 张梦麟(四月任)	
				南六工下汛 　李振业	
				南七汛 　马晋锡	
				南八汛 沈元文(八月任)	

［卷四校勘记］

〔1〕"汛"续志为"工"，与上下文意不符。故改工为"汛"。

卷五 职 官

表二 道光十一年至三十年 [1831—1850]

纪年	直隶总督	永定河道	厅员	汛员	河营
道光十一年[一八三一]（是年，调凤河东堤把总驻南八工，改为南八下汛。原设南八汛为上汛。）	王鼎（陕西蒲城人。进士。二月任。） 琦善（满洲正黄旗人。荫生。四月任。）	张泰运	石景山同知 周衡 南岸同知 窦乔林	卢沟桥汛 柳廷森 北头工上汛 沈元文（四月任） 北头工中汛 徐敦义（四月任） 北头工下汛 陈嘉谋 北二工上汛 郑启新 北二工下汛 艾淦 南头工上汛 康诰 南头工下汛 王庚 南二汛 陈禾（二月任）	都司 张文彩 （五月任） 守备 张名远 （五月任） 协备 刘永泰 （五月任） 南岸千总 谢自富 （五月任） 北岸千总 李焕文 南岸把总 邰士选 北岸把总 孟文光 （固安人。行伍。五月任。）

179

纪年	直隶总督	永定河道	厅　员	汛　员	河　营
				南三汛　乔巨英	南八工下汛把总 吕汉秀 （原任凤河把总）
				南四汛　张耀箕	
			北岸同知 蒋宗墉	北三汛　蒋景旸	石景山汛外委 冯　荣
				北四汛　李莹光	
				北五汛 程裕臣（二月任）	淀河外委二员 周　琳 （固安人。行伍。八月任。）
				北六汛　吕子璸	
				北七汛　李敦寿	张兴仁 （良乡人。行伍。九月任。）
			三角淀通判 张梦麟 （七月由南六上汛兼署） 娄　豫 （浙江山阴人。监生。十一月任。）	南五汛 熊开楚（二月任）	
				南六工上汛 张梦麟	
				南六工下汛 程志达 （河南商城人。监生。二月任。）	
				南七汛 马晋锡	
				南八汛 钱宝珊 （江苏长洲人。监生。四月任。）	

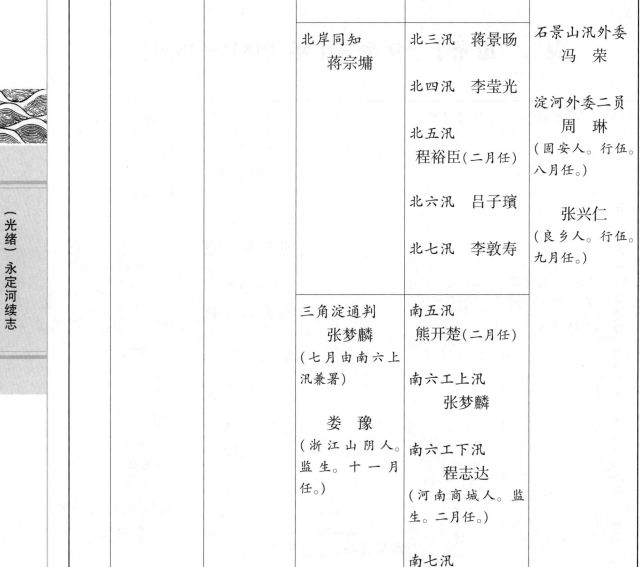

（光绪）永定河续志

纪年	直隶总督	永定河道	厅员	汛员	河营
道光十二年〔一八三二〕	琦善	张泰运	石景山同知 张起鹇 （甘肃古浪人。监生。十一月任。）	卢沟桥汛 程椿 （江苏甘泉人。监生。四月任。） 北头工上汛 沈元文 北头工中汛 徐敦义 北头工下汛 陈嘉谋 北二工上汛 郑启新 北二工下汛 艾淦	都 司 张文彩 守 备 张名远 协 备 刘永泰 南岸千总 谢自富 北岸千总 李焕文 南岸把总 邰士选 北岸把总 孟文光 南八工下汛把总 吕汉秀 石景山汛外委 冯荣 淀河外委二员 周琳 张兴仁
			南岸同知 窦乔林	南头工上汛 康诰 南头工下汛 王庚 南二汛 陈禾 南三汛 乔巨英 南四汛 张耀箕	

纪年	直隶总督	永定河道	厅　员	汛　员	河　营
			北岸同知 　蒋宗墉	北三汛 　　蒋景旸 北四汛 　　李莹光 北五汛 　　马晋锡 （闰九月任） 北六汛 　　吕子瓃 北七汛 　　李敦寿	
			三角淀通判 　汪兆鹏 （八月任）	南五汛 　　熊开楚 南六工上汛 　崔广仁（八月任） 南六工下汛 　傅致泰 （湖北江夏人。监 生。八月任。） 南七汛 　　钱宝珊 （闰九月任） 南八汛 　柳廷森（四月任） 　程志达（八月任）	

（光绪）永定河续志

纪年	直隶总督	永定河道	厅员	汛员	河营
道光十三年[一八三三]	琦善	张泰运	石景山同知 张起鹓	卢沟桥汛 程椿	都司 张文彩
				北头工上汛 张耀箕(二月任)	守备 张名远
				北头工中汛 徐敦义	协备 刘永泰
				北头工下汛 陈嘉谋	南岸千总 吕汉秀 (正月任)
				北二工上汛 郑启新	北岸千总 李焕文
				北二工下汛 李敦寿(二月任)	南岸把总 邰士选
			南岸同知 窦乔林	南头工上汛 康诰	北岸把总 谢自富 (正月任)
				南头工下汛 王庚	南八工下汛把总 孟文光 (正月任)
				南二汛 陈禾	石景山汛外委 冯荣
				南三汛 乔巨英	淀河外委二员 周琳
				南四汛 艾淦(二月任)	张兴仁

纪年	直隶总督	永定河道	厅　员	汛　员	河　营
			北岸同知 　蒋宗墉	北三汛 　　蒋景旸 北四汛 　　李莹光 北五汛 　　马晋锡 北六汛 　　吕子璜 北七汛 　　许　奎 (福建闽县人。监 生。二月任。)	
			三角淀通判 　汪兆鹏	南五汛 　　熊开楚 南六工上汛 　沈元文(二月任) 南六工下汛 　　傅致泰 南七汛 　　钱宝珊 南八汛 　　程志达	

纪年	直隶总督	永定河道	厅员	汛员	河营
道光十四年〔一八三四〕	琦善	邵楠（十一月由南岸同知兼护）	石景山同知 胡侍丹 （七月任） 南岸同知 胡侍丹 （正月任） 邵楠 （四月任）	卢沟桥汛 程椿 北头工上汛 张耀箕 北头工中汛 陈嘉谋（八月任） 北头工下汛 张书绅（正月任） 北二工上汛 钱宝珊（四月任） 北二工下汛 李敦寿 南头工上汛 蒋景旸（二月任） 南头工下汛 王庚 南二汛 陈禾 南三汛 乔巨英 南四汛 邹廷燮 （江苏金匮人。议叙。正月任。）	都司 张文彩 守备 张名远 协备 刘永泰 南岸千总 吕汉秀 北岸千总 李焕文 南岸把总 邠士选 北岸把总 谢自富 南八工下汛把总 孟文光 石景山汛外委 冯荣 淀河外委二员 周琳 张兴仁

纪年	直隶总督	永定河道	厅　员	汛　员	河　营
			北岸同知 蒋宗墉	北三汛 　王仲兰(二月任) 北四汛 　李莹光 北五汛 　马晋锡 北六汛 　吕子璸 北七汛 　吕子璸 (五月由北六汛兼署)	
			三角淀通判 汪兆鹏	南五汛 　　熊开楚 南六工上汛 　沈元文 南六工下汛 　傅致泰 南七汛 　程际亨(三月任) 南八汛 　　程志达	

纪年	直隶总督	永定河道	厅 员	汛 员	河 营
道光十五年［一八三五］	琦善	文冲（满洲镶红旗人。荫生。二月任。）	石景山同知　冯季曾（山西屯留人。监生。正月任。）	卢沟桥汛　程椿	都司　张文彩
				北头工上汛　邹廷燮（四月任）	守备　李焕文（十二月任）
				北头工中汛　陈嘉谋	协备　吴汉秀（五月任）
				北头工下汛　罗瀛（江苏宿迁人。监生。八月任。）	南岸千总　孟文光（五月任）
				北二工上汛　王凤楷（山东长清人。监生。四月任。）	北岸千总　邰士选（十二月任）
				北二工下汛　李敦寿	南岸把总　王德盛（新城人。行伍。十二月任。）
			南岸同知　邵楠	南头工上汛　蒋景旸	北岸把总　陈佩铭（固安人。行伍。五月任。）
				南头工下汛　任元（山西汾阳人。监生。二月任。）	南八工下汛把总　张九成（固安人。行伍。五月任。）
				何绍曾（广东番禺人。监生。六月任。）	
				南二汛　陈禾	

纪年	直隶总督	永定河道	厅　员	汛　员	河　营
				南三汛　乔巨英 南四汛　乔巨英 （四月由南三汛兼署） 张书绅（八月任）	石景山汛外委 　冯　荣 淀河外委二员 　刘昌安 （固安人。行伍。 九月任。） 　张兴仁
			北岸同知 　娄　豫 （正月任） 　陈　亿 （江西玉山人。 举人。五月任。）	北三汛　王仲兰 北四汛　李莹光 北五汛　马晋锡 北六汛　吕子璸 北七汛　吕子璸	
			三角淀通判 　汪兆鹏	南五汛 　钱宝珊（四月任） 南六工上汛 　沈元文 南六工下汛 　屈惟域 （江苏常熟人。监 生。八月任。） 南七汛 　蔡　煦 （江苏吴县人。监 生。正月任。） 南八汛　程志达	

（光绪）永定河续志

纪年	直隶总督	永定河道	厅员	汛员	河营
道光十六年〔一八三六〕	琦善	邵楠 （四月由南岸同知兼护） 霍隆阿 （满洲正黄旗人。监生。五月任。） 冯季曾 （八月由石景山同知兼护） 徐受荃 （浙江鄞县人。举人。十二月任。）	石景山同知 冯季曾 南岸同知 邵楠	卢沟桥汛 黄守坚 （浙江平湖人。监生。六月任。） 北头工上汛 邹廷燮 北头工中汛 吴丰培 （河南光州〔今光山县〕人。举人。二月任。） 张书绅（六月任） 北头工下汛 罗瀛 北二工上汛 李敦寿（正月任） 北二工下汛 费懋德 （奉天开原〔今辽宁开原〕人。监生。正月任。） 南头工上汛 蒋景旸 南头工下汛 何绍曾 南二汛 陈禾	都司 吴汉秀 （十月任） 守备 李焕文 协备 孟文光 （十月任） 南岸千总 陈佩铭 （十月任） 北岸千总 邰士选 南岸把总 王德盛 北岸把总 富泰 （宛平人。行伍。十月任。） 南八工下汛把总 张九成 石景山汛外委 冯荣 淀河外委二员 刘昌安 张兴仁

纪年	直隶总督	永定河道	厅　员	汛　员	河　营
				南三汛　乔巨英	
				南四汛 程裕臣（六月任）	
			北岸同知 　陈　亿	北三汛　王仲兰	
				北四汛　李莹光	
				北五汛　马晋锡	
				北六汛　吕子璸	
				北七汛　严士钧 （浙江归安人。监 生。十二月任。）	
			三角淀通判 　汪兆鹏	南五汛 　　钱宝珊	
				南六工上汛 　　沈元文	
				南六工下汛 　　屈惟域	
				南七汛 　　陆　嵘 （江苏宝应人。监 生。十月任。）	
				南八汛 　　程志达	

纪年	直隶总督	永定河道	厅员	汛员	河营
道光十七年[一八三七]	穆彰阿 （满洲镶蓝旗人。进士。三月任。） 琦善 （六月任）	文冲 （八月任）	石景山同知 窦乔林 （十一月任）	卢沟桥汛 沈钰 （陕西南郑人。职员。八月任。） 北头工上汛 邹廷燮 北头工中汛 张书绅 北头工下汛 罗瀛 北二工上汛 汪英厚 （江苏砀山[今属安徽]人。监生。三月任。） 北二工下汛 费懋德	都司 吴汉秀 守备 李焕文 协备 孟文光 南岸千总 陈佩铭 北岸千总 邰士选 南岸千总 王德盛 北岸把总 富泰
			南岸同知 邵楠	南头工上汛 蒋景旸 南头工下汛 何绍曾 南二汛 陈禾 南三汛 陈禾 （十一月由南二汛兼署） 南四汛 程裕臣	南八工下汛把总 张九成 石景山汛外委 冯荣 淀河外委二员 刘昌安 张兴仁

纪年	直隶总督	永定河道	厅　员	汛　员	河　营
			北岸同知 　陈　亿	北三汛 　　王仲兰 北四汛 　　李莹光 北五汛 　　马晋锡 北六汛 　　吕子璸 北七汛 　　严士钧	
			三角淀通判 　汪兆鹏	南五汛 　　钱宝珊 南六工上汛 　　沈元文 南六工下汛 　　屈惟域 南七汛 　黄守坚(八月任) 南八汛 　　程志达	

纪年	直隶总督	永定河道	厅员	汛员	河营
道光十八年[一八三八]（是年，南六下汛、北七汛缺裁。）	琦善	文冲	石景山同知 冯季曾（四月任） 南岸同知 邵楠	卢沟桥汛 邓兰芬（江西新城人。监生。闰四月任。） 北头工上汛 邹廷燮 北头工中汛 张书绅 北头工下汛 程裕臣（闰四月任） 北二工上汛 汪英厚 北二工下汛 马霖（河南杞县人。监生。闰四月任。） 南头工上汛 蒋景旸 南头工下汛 何绍曾 南二汛 陈禾 南三汛 罗瀛（闰四月任）	都司 李焕文（十月任） 守备 吴汉秀（十月任） 协备 孟文光 南岸千总 陈佩铭 北岸千总 邰士选 南岸把总 王德盛 北岸把总 刘昌安（十二月任） 南八工下汛把总 富泰 石景山汛外委 冯荣 淀河外委二员 张濮（固安人。行伍。二月任。） 张兴仁

纪年	直隶总督	永定河道	厅　员	汛　员	河　营
				南四汛 费懋(闰四月任)	
			北岸同知 陈　亿	北三汛 　王仲兰 北四汛 　王仲兰 (七月由北三汛兼署) 北五汛 　马晋锡 北六汛 　吕子璸	
			三角淀通判 汪兆鹏	南五汛 　程志达(正月任) 南六汛 　沈元文 南七汛 　黄守坚 南八汛 　严士钧(正月任)	

（光绪）永定河续志

纪年	直隶总督	永定河道	厅　员	汛　员	河　营
道光十九年[一八三九]	琦善	邵楠 （九月由南岸同知兼护） 恒春 （满洲正白旗人。进士。十二月任。）	石景山同知 冯季曾	卢沟桥汛 邓兰芬 北头工上汛 邹廷燮 北头工中汛 汪英厚 （十二月任） 北头工下汛 程裕臣 北二工上汛 马霮 （十二月任） 北二工下汛 李敦寿 （十二月任）	都　司 李焕文 守　备 吴汉秀 协　备 孟文光 南岸千总 王德盛 （十一月任） 北岸千总 邰士选 南岸把总 刘昌安 （十一月任）
			南岸同知 邵楠	南头工上汛 何绍曾 （三月由南下汛兼署） 南头工下汛 何绍曾 南二汛 陈禾 南三汛 罗瀛	北岸把总 张宽 （良乡人。行伍。十一月任。） 南八工下汛把总 富泰 石景山汛外委 刘济堂 （固安人。行伍。六月任。）

纪年	直隶总督	永定河道	厅　员	汛　员	河　营
				南四汛 　费懋	淀河外委二员 　张　濮 　张兴仁
			北岸同知 　窦乔林 　汪兆鹏 （十月任）	北三汛 　王仲兰 北四汛 　马光型 （四川灌县[今都江堰市]人。举人。四月任。） 北五汛 　马晋锡 北六汛 　杨燕缙 （山东蓬莱人。监生。六月任。）	
			三角淀通判 　蒋景旸 （三月任）	南五汛 　程志达 南六汛 　沈元文 南七汛 　黄守坚 南八汛 　严士钧	

（光绪）永定河续志

纪年	直隶总督	永定河道	厅员	汛员	河营
道光二十年[一八四○]	讷尔经额 （满洲正白旗人。翻译。进士。九月任。）	恒春	石景山同知 冯季曾	卢沟桥汛 姚煦 （浙江会稽人。监生。四月任。） 北头工上汛 王谟 （江苏丹徒人。监生。六月任。） 司马锺 （江苏江宁人。监生。十二月任。） 北头工中汛 马霈（六月任） 北头工下汛 程裕臣 北二工上汛 汪英厚（六月任） 北二工下汛 邓兰芬（四月任）	都司 李焕文 守备 吴汉秀 协备 孟文光 南岸千总 王德盛 北岸千总 邱士选 南岸把总 刘昌安 北岸把总 张宽 南八工下汛把总 富泰 石景山汛外委 刘济堂 淀河外委二员 张濮 张兴仁
			南岸同知 喜禄 （满洲正黄旗人。进士。六月任。）	南头工上汛 蒋景旸（三月任） 南头工下汛 费懋德（三月任） 南二汛 陈禾 南三汛 罗瀛	

纪年	直隶总督	永定河道	厅　员	汛　员	河　营
				南四汛 　　罗　瀛 (二月由南三汛兼署) 程志达(六月任)	
			北岸同知 　汪兆鹏	北三汛 　徐敦义(五月任) 北四汛　支履和 (江苏青浦[现属上海市]人。监生。五月任。) 北五汛 　严士钧(五月任) 北六汛 　马晋锡(五月任)	
			三角淀通判 　褚裕仁 (甘肃西宁[今青海西宁]人。进士。三月任。)	南五汛 　黄守坚(三月任) 南六汛　沈元文 南七汛　蒋寿畴 (江苏元和人。监生。三月任。) 　　嵇兰生 (浙江德清人。监生。十月任。) 南八汛 　李敦寿(四月任)	

（光绪）永定河续志

纪年	直隶总督	永定河道	厅员	汛员	河营
道光二十一年[一八四二]	讷尔经额	恒春	石景山同知 冯季曾	卢沟桥汛 徐莹 (浙江德清人。职员。六月任。)	都司 李焕文
				北头工上汛 司马锺	守备 孟文光 (九月任)
				北头工中汛 马霨	协备 邰士选 (九月任)
				北头工下汛 李敦寿(六月任)	南岸千总 王德盛
				北二工上汛 汪英厚	北岸千总 陈佩铭 (九月任)
				北二工下汛 邓兰芬	南岸把总 刘昌安
			南岸同知 喜禄	南头工上汛 罗瀛(九月任)	北岸把总 张宽
				南头工下汛 费懋德	南八工下汛把总 富泰
				南二汛 程志达(九月任)	石景山汛外委 刘济堂
				南三汛 陈禾(九月任)	淀河外委二员 张濮
				南四汛 支履和(八月任)	孔得富 (宛平人。行伍。九月任。)

纪年	直隶总督	永定河道	厅　员	汛　员	河　营
			北岸同知 　　汪兆鹏	北三汛 　　徐敦义 北四汛 　　王恒谦 (山东福山人。监生。六月任。) 北五汛 　　严士钧 北六汛 　蒋寿畴(五月任)	
			三角淀通判 　　窦乔林 (三月任) 　　翟宫槐 (山东寿光人。进士。十月任。)	南五汛 　　罗廷庄 (广西马平[今柳州]人。监生。五月任。) 南六汛 　马晋锡(五月任) 南七汛 　　嵇兰生 南八汛 　　姚煦(六月任)	

纪年	直隶总督	永定河道	厅员	汛员	河营
道光二十二年[一八四二]	讷尔经额	恒春	石景山同知 汪兆鹏 （十月任）	卢沟桥汛 葛震 （山东历城人。议叙。四月任。） 北头工上汛 司马锺 北头工中汛 王仲兰 （十二月任） 北头工下汛 嵇兰生 （十二月任） 北二工上汛 李敦寿 （十二月任） 北二工下汛 支履和（四月任）	都司 李焕文 守备 孟文光 协备 邰士选 南岸千总 王德盛 北岸千总 陈佩铭 南岸把总 刘昌安 北岸把总 张宽 南八工下汛把总 富泰 石景山汛外委 刘济堂 淀河外委二员 张濮 孔得富
			南岸同知 喜禄	南头工上汛 罗瀛 南头工下汛 费懋德 南二汛 程志达 南三汛 陈禾 南四汛 唐润 （江苏江都人。监生。三月任。）	

纪年	直隶总督	永定河道	厅　员	汛　员	河营
			北岸同知 窦乔林 （十月任）	北三汛 　　徐敦义 北四汛 　　王恒谦 北五汛 邓兰芬（四月任） 北六汛 严士钧（四月任）	
			三角淀通判 翟宫槐	南五汛 　　罗廷庄 南六汛 　　马晋锡 南七汛 　　蒋寿畴 （十二月任） 南八汛 　　姚　煦	

（光绪）永定河续志

纪年	直隶总督	永定河道	厅　员	汛　员	河　营
道光二十三年〔一八四三〕	讷尔经额	恒　春	石景山同知　汪兆鹏	卢沟桥汛　葛震	都　司　李焕文
				北头工上汛　司马锺	守　备　孟文光
				北头工中汛　王仲兰	协　备　邰士选
				北头工下汛　稘兰生	南岸千总　王德盛
				北二工上汛　李敦寿	北岸千总　陈佩铭
				北二工下汛　吴焘（安徽黟县人。议叙。七月任。）	南岸把总　刘昌安
					北岸把总　张宽
			南岸同知　喜禄	南头工上汛　罗瀛	南八工下汛把总　富泰
				南头工下汛　费懋德	石景山汛外委　刘济堂
				南二汛　程志达	淀河外委二员　张濮　孔得富
				南三汛　张銮（江苏宿迁人。举人。十一月任。）	
				南四汛　姚煦（十二月任）	

纪年	直隶总督	永定河道	厅　员	汛　员	河　营
			北岸同知 　冯德峒 （河南商城人。 监生。十月任。）	北三汛 　徐敦义 北四汛 　汪　桂 （浙江桐乡人。监 生。十二月任。） 北五汛 　邓兰芬 北六汛 　黄守坚 （十二月任） 　唐　润 （十二月任）	
			三角淀通判 　叶荣春 （浙江慈溪人。 监生。七月任。）	南五汛 　罗廷庄 南六汛 　马晋锡 南七汛 　王锡震 （安徽怀宁人。议 叙。五月任。） 南八汛 　朱　溥 （浙江归安人。监 生。十二月任。）	

纪年	直隶总督	永定河道	厅　员	汛　员	河　营
道光二十四年〔一八四四〕（是年，调宝坻县主簿驻北七工。改为北七汛、东安县主簿。）	讷尔经额	汪兆鹏（二月由石景山同知兼护）张起鹓（三月任）	石景山同知汪兆鹏	卢沟桥汛李　埔（浙江山阴人。职员。十二月任。）北头工上汛司马锺北头工中汛王仲兰北头工下汛嵇兰生北二工上汛程裕臣（六月任）姚煦（十二月任）北二工下汛葛　震（十二月任）	都　司李焕文守　备夏荣芳（武清人。行伍。八月任。）协　备邰士选南岸千总王德盛北岸千总陈佩铭南岸把总刘昌安北岸千总张　宽
			南岸同知项兆松（江西彭泽人。举人。七月任。）冯德峋（十一月任）	南头工上汛罗　瀛南头工下汛朱锡庆（江苏吴县人。监生。十一月任。）南二汛　程志达南三汛　张　銮	南八工下汛把总张　兰石景山汛外委刘济堂淀河外委二员张　濮孔得富

纪年	直隶总督	永定河道	厅　员	汛　员	河　营
				南四汛 　吴焘(十二月任)	
			北岸同知 　　高　午 (陕西郿州人。 副贡生。十月 任。)	北三汛 　　徐本培 (浙江德清人。监 生。十月任。) 北四汛 　　　汪　桂 北五汛 　　　邓兰芬 北六汛 　　　唐　润 北七汛东安县主簿 　　庞光辰 (江苏上元人。监 生。五月任。)	
			三角淀通判 　马晋锡 (正月由南六汛 兼署) 　翟宫槐 (五月任)	南五汛 　　罗廷庄 南六汛 　徐敦义(十月任) 南七汛 　支履和(九月任) 南八汛 　黄守坚(五月任)	

纪年	直隶总督	永定河道	厅 员	汛 员	河 营
道光二十五年〔一八四五〕	讷尔经额	张起鹓	石景山同知 汪兆鹏	卢沟桥汛 郑衍恒 （山西交水人。监生。六月任。） 北头工上汛 韩兆霖 （浙江萧山人。职员。十一月任。） 北头工中汛 王仲兰 北头工下汛 马霈（五月任） 北二工上汛 姚煦 北二工下汛 葛震	都　司 李焕文 守　备 夏荣芳 协　备 邰士选 南岸千总 王德盛 北岸千总 陈佩铭 南岸把总 刘昌安 北岸把总 张宽 南八工下汛把总 张兰 石景山汛外委 刘济堂 淀河外委二员 张濮 孔得富
			南岸同知 冯德峋	南头工上汛 徐敦义（三月任） 南头工下汛 程裕臣（四月任） 何逢吉 （福建光泽人。监生。十二月任。） 南二汛 汪桂（五月任）	

纪年	直隶总督	永定河道	厅　员	汛　员	河营
				南三汛 嵇兰生（五月任） 南四汛 　吴　焘	
			北岸同知 　高　午	北三汛 司马锺（十一月任） 北四汛 　支履和（四月任） 北五汛 　钱宝珊（二月任） 徐本培（十二月任） 北六汛　唐　润 北七汛　庞光辰	
			三角淀通判 　罗　瀛 （三月任）	南五汛　罗廷庄 南六汛　张维型 （山东昌邑人。吏 员。三月任。） 南七汛 　黄守坚（三月任） 南八汛 　　钱万青 （浙江会稽人。议 叙。三月任。）	

纪年	直隶总督	永定河道	厅员	汛员	河营
道光二十六年〔一八四六〕（是年，调子牙河通判驻北岸，改为永定河北岸通判。调祁州州同驻北四工，改为北四上汛、涿州州同。北五汛、北六汛、北七汛归北岸通判管理。原设北四汛为下汛，以北二下汛、北三汛、北四上汛、北四下汛归北岸同知管理。	讷尔经额	张起鹓	石景山同知 汪兆鹏	卢沟桥汛 郑衍恒 北头工上汛 韩兆霖 北头工中汛 唐成棣 （江苏江都人。监生。九月任。） 北头工下汛 胡彬 （江苏元和人。议叙。四月任。） 马霡（十二月任） 北二工上汛 姚煦	都　司 李焕文 守　备 孟文光 （正月任） 协　备 邰士选 南岸千总 王德盛 北岸千总 陈佩铭 南岸把总 刘昌安 北岸把总 张宽 南八工下汛把总 张兰 石景山汛外委 刘济堂 淀河外委二员 张濮 孔得富
			南岸同知 祝恂 （浙江秀水人。监生。五月任。）	南头工上汛 徐敦义 南头工下汛 朱锡庆 （闰五月任） 南二汛　汪桂 南三汛　嵇兰生 南四汛　吴焘	

纪年	直隶总督	永定河道	厅员	汛员	河营
			北岸同知 高午	北二工下汛 葛震 北三汛 司马锺 北四工上汛涿州州同 沈棨 (浙江海宁人。监生。正月任。) 北四工下汛 程裕臣(闰五月任)	
			三角淀通判 罗瀛	南五汛 庞光辰(闰五月任) 南六汛 罗廷庄(闰五月任) 钱万青(九月任) 南七汛 张维型(十二月任) 南八汛 姜由轼 (江苏六合人。议叙。九月任。)	
			北岸通判 娄煜 (原名缘。五月任。)	北五汛 支履和(闰五月任) 黄守坚(十二月任) 北六汛 唐润 北七汛 朱秉璋 (江苏宿迁人。监生。闰五月任。)	

纪年	直隶总督	永定河道	厅　员	汛　员	河　营
道光二十七年〔一八四七〕	讷尔经额	李树玉（陕西大荔人。廪贡生。正月由候补知府护理。） 熊守谦（江西新建人。进士。五月任。）	石景山同知　汪兆鹏 南岸同知　祝恂	卢沟桥汛　郑衍恒 北头工上汛　朱秉璋（正月任） 北头工中汛　韩兆霖（正月任） 北头工下汛　钱万青（十一月任） 北二工上汛　姚煦 南头工上汛　司马锺（十月任） 南头工下汛　朱锡庆 南二汛　包国璟（江苏丹徒人。监生。十二月任。） 南三汛　嵇兰生 南四汛　吴焘	都　司　李焕文 守　备　孟文光 协　备　邰士选 南岸千总　王德盛 北岸千总　陈佩铭 南岸把总　刘昌安 北岸把总　张宽 南八工下汛把总　张兰 石景山汛外委　刘济堂 淀河外委二员　张濮　孔得富

纪年	直隶总督	永定河道	厅　员	汛　员	河　营
			北岸同知 　娄　煜 （十月任）	北二工下汛 　葛　震 北三汛 庞光辰（十月任） 北四工上汛 　沈　棨 北四工下汛 　程裕臣	
			三角淀通判 　罗　瀛	南五汛 　支履和（十月任） 南六汛 费懋德（十一月任） 南七汛　张维型 南八汛　汪玉藻 （浙江秀水人。监生。七月任。）	
			北岸通判 　徐敦义 （十月任）	北五汛 　黄守坚 北六汛 　唐　润 北七汛 　嵇莲生 （浙江德清人。监生。正月任。）	

纪年	直隶总督	永定河道	厅员	汛员	河营
道光二十八年〔一八四八〕	讷尔经额	熊守谦	石景山同知 娄煜 （十月任）	卢沟桥汛 温应怀 （江苏上元人。监生。五月任。） 北头工上汛 朱秉璋 北头工中汛 葛震（二月任） 北头工下汛 钱万青 北二工上汛 姚煦	都司 李焕文 守备 孟文光 协备 邰士选 南岸千总 王德盛 北岸千总 陈佩铭 南岸把总 刘昌安
			南岸同知 祝恂	南头工上汛 司马锺 南头工下汛 程志达（正月任） 陈宾 （浙江山阴人。议叙。八月任。） 南二汛　包国璟 南三汛　嵇兰生 南四汛　吴焘	北岸把总 张宽 南八工下汛把总 张兰 石景山汛外委 刘济堂 淀河外委二员 张濮 孔得富

卷五　职官

纪年	直隶总督	永定河道	厅　员	汛　员	河　营
			北岸同知 　王茂壎 （山东福山人。 附贡生。十月 任。）	北二工下汛 　罗椿运 （江苏宿迁人。监 生。二月任。） 　费懋德（八月任） 北三汛　庞光辰 北四工上汛 　　沈　棨 北四工下汛 　　程裕臣	
			三角淀通判 　罗　瀛	南五汛　支履和 南六汛　陈士全 （江苏江宁人。举 人。四月任。） 南七汛　张维型 南八汛　汪玉藻	
			北岸通判 　徐敦义	北五汛 　　黄守坚 北六汛 　钱宝珊（十一月任） 北七汛 　马霈（六月任）	

纪年	直隶总督	永定河道	厅 员	汛 员	河 营
道光二十九年〔一八四九〕	讷尔经额	毛永柏 （八月由石景山同知兼护） 熊守谦 （十月任）	石景山同知 毛永柏 （奉天宁海人。议叙。闰四月任。） 南岸同知 罗瀛 （正月任）	卢沟桥汛 汪坤 （浙江仁和人。议叙。三月任。） 北头工上汛 朱秉璋 北头工中汛 葛震 北头工下汛 钱万青 北二工上汛 马霖（正月任） 南头工上汛 司马锺 南头工下汛 汪度 （山东历城人。监生。四月任。） 南二汛 汪桂（正月任） 南三汛 嵇兰生 南四汛 吴焘	都司 李焕文 守备 孟文光 协备 邰士选 南岸千总 王德盛 北岸千总 陈佩铭 南岸把总 刘昌安 北岸把总 张宽 南八工下汛把总 张兰 石景山汛外委 刘济堂 淀河外委二员 张濮 孔得富

纪年	直隶总督	永定河道	厅　员	汛　员	河　营
			北岸同知 　娄　煜 （五月任）	北二工下汛 　费懋德 北三汛　庞光辰 北四工上汛 　沈　棨 北四工下汛 　程裕臣	
			三角淀通判 叶荣春 （正月任） 王仲兰 （十二月任）	南五汛　支履和 南六汛　曹文懿 （山西介休人。监 生。三月任。） 南七汛 　汪玉藻（三月任） 南八汛 　钱宝珊（三月任）	
			北岸通判 　徐敦义	北五汛　黄守坚 北六汛 　张维型（三月任） 北七汛 　姚煦（正月任） 郑庆恬 （浙江山阴人。监 生。八月任。）	

纪年	直隶总督	永定河道	厅员	汛员	河营
道光三十年[一八五○]	讷尔经额	熊守谦	石景山同知 毛永柏	卢沟桥汛 汪坤	都司 李焕文
				北头工上汛 朱秉璋	守备 孟文光
				北头工中汛 葛震	协备 邰士选
				北头工下汛 包国璟(六月任)	南岸千总 王德盛
				北二工上汛 钱万青(六月任)	北岸千总 陈佩铭
					南岸把总 刘昌安
			南岸同知 罗瀛	南头工上汛 司马锺	北岸把总 张宽
				南头工下汛 陈赞清 (山东济宁人。监生。正月任。)	南八工下汛把总 张兰
				南二汛 汪桂	石景山汛外委 刘济堂
				南三汛 嵇兰生	淀河外委二员 张濮 黄文喜 (宛平人。行伍。八月任。)
				南四汛 吴焘	

纪年	直隶总督	永定河道	厅　员	汛　员	河　营
			北岸同知 　娄　煜	北二工下汛 　费懋德 北三汛 　沈棨(六月任) 北四工上汛 　庞光辰(六月任) 北四工下汛 　程裕臣	
			三角淀通判 　王仲兰	南五汛　支履和 南六汛　曹文懿 南七汛　汪玉藻 南八汛　普　庆 (满洲镶蓝旗人。附 贡生。四月任。)	
			北岸通判 　徐敦义	北五汛 　黄守坚 北六汛 　程志达(六月任) 北七汛 　张维型(六月任) 　陆慎言 (江苏元和人。监 生。十一月任。)	

（光绪）永定河续志

卷六 职官

表三　咸丰元年至同治五年 ［1851—1866］

纪年	直隶总督	永定河道	厅员	汛员	河营
咸丰元年［一八五一］	讷尔经额	穆清阿（满洲镶黄旗人。贡生。三月任。）	石景山同知毛永柏	卢沟桥汛　汪坤 北头工上汛　朱秉璋 北头工中汛　葛震 北头工下汛　包国璟 北二工上汛　钱万青	都司　李焕文 守备　孟文光 协备　郎士选 南岸千总　王德盛 北岸千总　刘昌安（二月任） 南岸把总　刘济堂（二月任） 北岸把总　蔡铎（武清人。行伍。四月任。）
			南岸同知陈嘉谋（正月任）	南头工上汛　司马锺 南头工下汛　陈赞清 南二汛　汪桂 南三汛　嵇兰生 南四汛　费懋德(四月任)	

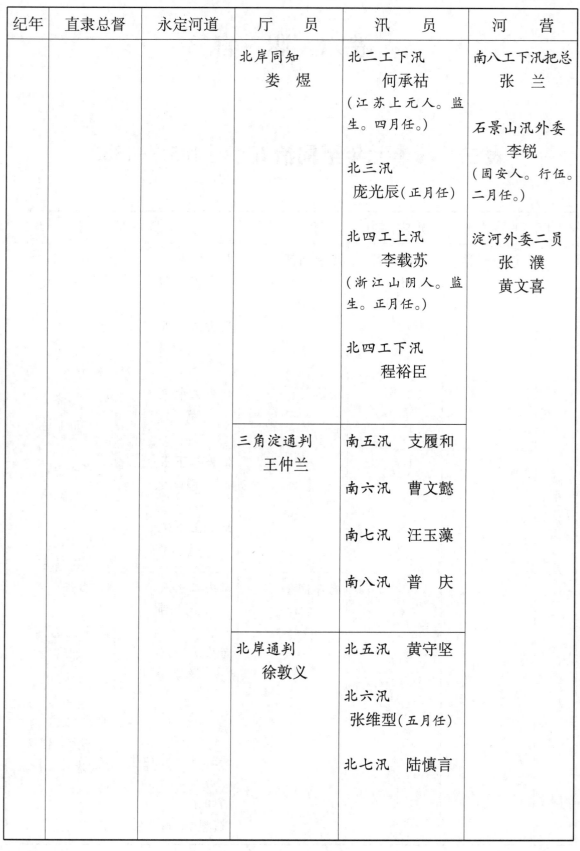

纪年	直隶总督	永定河道	厅员	汛员	河营
			北岸同知 　娄　煜	北二工下汛 　何承祜 （江苏上元人。监生。四月任。） 北三汛 　庞光辰（正月任） 北四工上汛 　李载苏 （浙江山阴人。监生。正月任。） 北四工下汛 　程裕臣	南八工下汛把总 　张　兰 石景山汛外委 　李　锐 （固安人。行伍。二月任。） 淀河外委二员 　张　濮 　黄文喜
			三角淀通判 　王仲兰	南五汛　支履和 南六汛　曹文懿 南七汛　汪玉藻 南八汛　普　庆	
			北岸通判 　徐敦义	北五汛　黄守坚 北六汛 　张维型（五月任） 北七汛　陆慎言	

纪年	直隶总督	永定河道	厅　员	汛　员	河　营
咸丰二年[一八五二]	讷尔经额	穆清阿	石景山同知 毛永柏	卢沟桥汛 汪　坤 北头工上汛 朱秉璋 北头工中汛 葛　震 北头工下汛 包国璟 北二工上汛 支履和（十月任）	都　司 孟文光 （三月任） 守　备 王德盛 （三月任） 协　备 邰士选 南岸千总 刘济堂 （三月任） 北岸千总 刘昌安
			南岸同知 王茂壎 （十一月任）	南头工上汛 司马锺 南头工下汛 陈赞清 南二汛 钱万青（十月任） 南三汛 嵇兰生 南四汛 费懋德（四月任）	南岸把总 宋　云 （良乡人。行伍。 三月任。） 北岸把总 蔡　铎 南八工下汛把总 李　柯 （固安人。行伍。 正月任。） 石景山汛外委 李　锐

纪年	直隶总督	永定河道	厅　员	汛　员	河　营
			北岸同知 　娄　煜	北二工下汛 　何承祜 北三汛　庞光辰 北四工上汛 　李载苏 北四工下汛 　姜由轼(正月任) 谭岁本 (江西南丰人。监 生。八月任。)	淀河外委二员 张　濮 黄文喜
			三角淀通判 　王仲兰	南五汛 　陈凤藻 (浙江钱塘人。监 生。十月任。) 南六汛 　曹文懿 南七汛 　汪玉藻 南八汛 　普　庆	
			北岸通判 　徐敦义	北五汛　黄守坚 北六汛　张维型 北七汛　陆慎言	

纪年	直隶总督	永定河道	厅员	汛员	河营
咸丰三年[一八五三]	桂良 （满洲正红旗人。贡生。九月任。）	娄煜 （正月由北岸同知兼护） 定保 （满洲正白旗人。笔帖式。二月任。） 王仲兰 （十月由南岸同知兼护）	石景山同知 娄煜 （四月任） 南岸同知 王仲兰 （八月任）	卢沟桥汛 汪坤 北头工上汛 朱秉璋 北头工中汛 朱锡庆（九月任） 北头工下汛 钱宝珊（八月任） 北二工上汛 葛震（九月任） 南头工上汛 司马锺 南头工下汛 陈赞清 南二汛 支履和（九月任） 南三汛 张维型（七月任） 南四汛 姜由轼（正月任）	都司 张淳 （武清人。行伍。四月任。） 守备 王德盛 协备 刘昌安 （八月任） 南岸千总 刘济堂 北岸千总 蔡铎 （八月由北岸把总兼署） 南岸把总 宋云 北岸把总 蔡铎 南八工下汛把总 李柯 石景山汛外委 李锐 淀河外委二员 张濮 黄文喜

卷六 职官

223

纪年	直隶总督	永定河道	厅　员	汛　员	河　营
			北岸同知 　石赞清 （贵州贵筑人。 进士。四月任。） 徐敦义 （十二月由北岸 通判兼署）	北二工下汛 　何承祐 北三汛 　庞光辰 北四工上汛 包国璟（八月任） 北四工下汛 　谭岁本	
			三角淀通判 李载苏 （八月任）	南五汛 　陈凤藻 南六汛 　曹文懿 南七汛 　汪玉藻 南八汛 　普　庆	
			北岸通判 　徐敦义	北五汛 　黄守坚 北六汛 　钱　莹 （江苏阳湖人。监 生。七月任。） 北七汛 　陆慎言	

（光绪）永定河续志

纪年	直隶总督	永定河道	厅　员	汛　员	河　营
咸丰四年[一八五四]	桂　良	崇　祥 (满洲镶红旗人。监生。十二月任。)	石景山同知 毛永柏 (闰七月任)	卢沟桥汛 鲁　镛 (浙江山阴[绍兴]人。吏员。七月任。) 北头工上汛 朱秉璋 北头工中汛 朱锡庆 北头工下汛 包国璟(四月任) 北二工上汛 葛　震	都　司 张　淳 守　备 王德盛 协　备 刘昌安 南岸千总 刘济堂 北岸千总 蔡　铎 南岸把总 宋　云 北岸把总 蔡　铎 南八工下汛把总 李　柯 石景山汛外委 李　锐 淀河外委二员 张　濮 黄文喜
			南岸同知 李载苏 (六月任)	南头工上汛 庞光辰(四月任) 南头工下汛 陈赞清 南二汛　支履和 南三汛 何承祜(二月任) 南四汛　姜由轼	
			北岸同知 娄　煜 (闰七月任)	北二工下汛 郑衍恒(二月任) 程映玑 (山东利津人。监生。十二月任。)	

纪年	直隶总督	永定河道	厅　员	汛　员	河营
				北三汛 　汪玉藻(三月任) 　汪度(十一月任) 北四工上汛 　　原振钧 (山东掖县[今莱州市] 人。监生。四月任。) 北四工下汛 　　乌应昌 (山东博平人。监 生。七月任。)	
			三角淀通判 　司马锺 (四月任)	南五汛 　陆慎言(正月任) 　陈凤藻(五月任) 南六汛　曹文懿 南七汛　普　庆 南八汛　施成钊 (浙江山阴[绍兴] 人。监生。四月 任。)	
			北岸通判 　徐敦义	北五汛　黄守坚 北六汛　钱　莹 北七汛　熊　琦 (江西铅山人。监 生。正月任。)	

纪年	直隶总督	永定河道	厅　员	汛　员	河　营
咸丰五年[一八五五]	桂　良	崇　祥	石景山同知 毛永柏	卢沟桥汛 郑衍恒(正月任) 北头工上汛 吴履中 (江苏吴县人。监生。九月任。) 北头工中汛 程志达(三月任) 北头工下汛 包国璟 北二工上汛 葛　震	都　司 张　淳 守　备 王德盛 协　备 刘昌安 南岸千总 尹光彩 (沧州人。行伍。五月任。) 北岸千总 刘济堂 (七月任)
			南岸同知 王仲兰 (正月任)	南头工上汛 庞光辰 南头工下汛 普　庆(正月任) 陈赞清(十月任) 南二汛 姜由轼(十一月任) 南三汛 支履和(十一月任) 南四汛　陆锡曾 (浙江桐乡人。监生。十一月任。)	南岸把总 尹光彩 (五月由南岸千总兼署) 北岸把总 蔡　铎 南八工下汛把总 李　柯 石景山汛外委 李　锐 淀河外委二员 张　濮 黄文喜

纪年	直隶总督	永定河道	厅　员	汛　员	河　营
			北岸同知 　　娄　煜	北二工下汛 　　顾树榛 （江苏江宁人。监 生。五月任。） 北三汛 　陈赞清（正月任） 　朱秉璋（十月任） 北四工上汛 　稆兰生（四月任） 北四工下汛 　　乌应昌	
			三角淀通判 　李载苏 （正月任）	南五汛 　施成钊（四月任） 　普　庆（十月任） 南六汛　曹文懿 南七汛 　钱宝珊（正月任） 南八汛　沈赓扬 （浙江仁和人。监 生。四月任。）	
			北岸通判 　王茂壎 （七月任）	北五汛 　汪玉藻（正月任） 北六汛 　黄守坚（正月任） 北七汛　严长生 （江苏吴县人。监 生。十月任。）	

纪年	直隶总督	永定河道	厅　员	汛　员	河　营
咸丰六年[一八五六]	桂　良	崇　厚 （满洲镶黄旗人。举人。七月任。）	石景山同知 李载苏 （正月任）	卢沟桥汛 郑衍恒 北头工上汛 吴履中 北头工中汛 陈镜清 （山东济宁人。监生。二月任。） 北头工下汛 庞明远 （江苏上元人。监生。十二月任。） 北二工上汛 王希鹏 （江苏吴县人。监生。八月任。）	都　司 张　浡 守　备 王德盛 协　备 刘昌安 南岸千总 尹光彩 北岸千总 刘济堂 南岸把总 尹光彩 北岸把总 张兴仁 （八月任）
			南岸同知 王仲兰	南头工上汛 唐成棣 （十二月任） 南头工下汛 徐　铤 （江苏吴县人。监生。十月任。） 南二汛 汪玉藻（二月任） 南三汛 朱锡庆（十月任）	南八工下汛把总 李　柯 石景山汛外委 李　锐 淀河外委二员 张　濮 黄文喜

纪年	直隶总督	永定河道	厅　员	汛　员	河　营
				南四汛 　程映玑(八月任)	
			北岸同知 　　王茂壎 (十二月任)	北二工下汛 　　顾树榛 北三汛 　葛震(八月任) 北四工上汛 　施成钊(正月任) 程志达(七月任) 北四工下汛 　程志达(二月任) 　　何同福 (江苏上元人。监 生。七月任。)	
			三角淀通判 曹文懿 (正月任) 　汪　桂 (六月任) 　支履和 (十月任)	南五汛　普　庆 南六汛 　何承祐(正月任) 南七汛　徐邦彦 (浙江德清人。监 生。七月任。) 南八汛 　陆锡曾(八月任)	

纪年	直隶总督	永定河道	厅　员	汛　员	河　营
			北岸通判 　庞光辰 （十二月任）	北五汛 　乌应昌（二月任） 　严长生（七月任） 北六汛 　　任文斗 （山东聊城人。拔贡 生。正月任。） 　　包国璟 （十二月任） 北七汛 　　马光瀛 （江苏常熟人。监 生。七月任。）	
咸丰七年 〔一八 五七〕	谭廷襄 （浙江山阴人。 进士。三月 任。）	崇　厚	石景山同知 　王茂壎 （三月任）	卢沟桥汛 　郑衍恒 北头工上汛 　徐本培（十月任） 北头工中汛 　王履丰 （浙江诸暨人。监 生。二月任。） 北头工下汛 　庞明远 北二工上汛 　葛　震 （十一月任）	都　　司 　　张　浡 守　　备 　　王德盛 协　　备 　　刘昌安 南岸千总 　　尹光彩 北岸千总 　　刘济堂

纪年	直隶总督	永定河道	厅　员	汛　员	河　营
			南岸同知 　王仲兰	南头工上汛 　唐成棣 南头工下汛 　胡彬(八月任) 南二汛　汪玉藻 南三汛　项宝善 (河南密县[今新密市]人。监生。十月任。) 南四汛　程映玑	南岸把总 　李　锐 (十一月任) 北岸把总 　张兴仁 南八工下汛把总 　李　柯 石景山汛外委 　张克俭 (固安人。行伍。十一月任。)
			北岸同知 　李载苏 (三月任) 　支履和 (六月任)	北二工下汛 　胡世华 (江苏青浦[今属上海市]人。监生。三月任。) 　郝敦杰 (山西介休人。附贡生。十二月任。) 北三汛　贾荣勋 (浙江山阴[绍兴]人。监生。十一月任。) 北四工上汛 　顾树榛(六月任) 北四工下汛 　任文斗(五月任)	淀河外委二员 　张　濮 　黄文喜

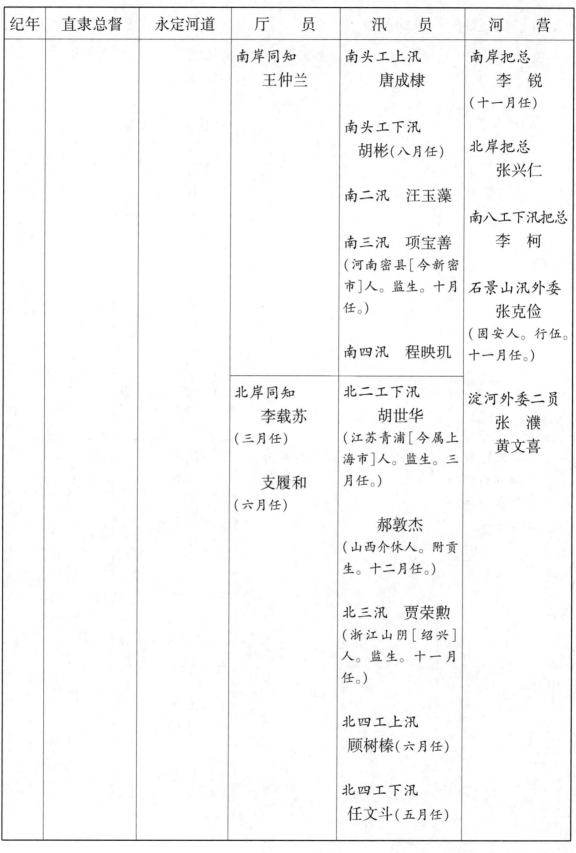

纪年	直隶总督	永定河道	厅　员	汛　员	河　营
			三角淀通判 　龚国瑞 （江苏长洲人。监生。六月任。）	南五汛 　　方有庆 （浙江石门［原崇德县，现桐乡县］人。监生。三月任。） 南六汛 　　何承祐 南七汛 　　马启桐 （河南杞县人。监生。八月任。） 南八汛 　　洪　琨 （安徽祁门人。监生。二月任。）	
			北岸通判 　庞光辰	北五汛 　普　庆（三月任） 　吴履中（十月任） 北六汛 　　徐本衡 （原名邦彦。十一月任。） 北七汛 　陈镜清（十月任）	

卷六　职官

纪年	直隶总督	永定河道	厅　员	汛　员	河　营
咸丰八年〔一八五八〕	瑞麟 （满洲旗人。生员。六月任。） 宗室　庆祺 （满洲正蓝旗人。进士。八月任。）	王仲兰 （四月由南岸同知兼护） 锡祉 （满洲正白旗人。进士。十二月任。）	石景山同知　王茂壎 南岸同知　王仲兰 北岸同知　方炳奎 （安徽怀宁人。进士。四月任。）	卢沟桥汛　金贤良 （山东汶上人。吏员。八月任。） 北头工上汛　徐本培 北头工中汛　王履丰 北头工下汛　庞明远 北二工上汛　葛震 南头工上汛　唐成棣 南头工下汛　胡彬 南二汛　汪玉藻 南三汛　项宝善 南四汛　朱锡庆（二月任） 北二工下汛　郝敦杰 北三汛　贾荣勋	都司　张浡 守备　王德盛 协备　刘昌安 南岸千总　尹光彩 北岸千总　刘济堂 南岸把总　李锐 北岸把总　张兴仁 南八工下汛把总　李柯 石景山汛外委　张克俭 淀河外委二员　张濮　黄文喜

（光绪）永定河续志

纪年	直隶总督	永定河道	厅　员	汛　员	河　营
				北四工上汛 　顾树榛 北四工下汛 　秦振声 (江苏江宁人。议叙。三月任。) 　李廷鉴 (浙江会稽人。监生。八月任。)	
			三角淀通判 　唐　郁 (四川绵州[今绵阳市]人。监生。二月任。)	南五汛 　岳奎龄 (湖北江夏人。吏员。二月任。) 南六汛 　何承祜 南七汛 　马启桐 南八汛 郑衍恒(八月任)	
			北岸通判 　支履和 (四月任)	北五汛 　吴履中 北六汛 马光瀛(四月任) 北七汛 　陈镜清	

卷六　职官

纪年	直隶总督	永定河道	厅员	汛员	河营
咸丰九年[一八五九]	文煜 (满洲正蓝旗人。生员。二月任。) 恒福 (蒙古镶黄旗人。荫生。三月任。)	锡祉	石景山同知 王茂壎	卢沟桥汛 金贤良 北头工上汛 徐本培 北头工中汛 王履丰 北头工下汛 王德荣 (浙江钱塘[今杭州]人。监生。二月任。) 北二工上汛 葛震	都司 张浡 守备 王德盛 协备 刘昌安 南岸千总 尹光彩 北岸千总 刘济堂 南岸把总 蔡铎(六月任)
			南岸同知 王仲兰	南头工上汛 何承祜(九月任) 南头工下汛 胡彬 南二汛 汪玉藻 南三汛 项宝善 南四汛 施成钊(九月任)	北岸把总 张兴仁 南八工下汛把总 李柯 石景山汛外委 李锐(六月任) 淀河外委二员 张濮 黄文喜

（光绪）永定河续志

236

纪年	直隶总督	永定河道	厅　员	汛　员	河营
			北岸同知 　　黎极新 （广西永淳①人。 举人。五月任。） 　　陈应枢 （山东潍县[今属 潍坊市]人。举 人。九月任。）	北二工下汛 　　王广爱 （山东济宁人。监 生。三月任。） 北三汛 　　贾庆熙 （浙江山阴人。监 生。七月任。） 北四工上汛 　　顾树榛 北四工下汛 　　郑衍恒（二月任） 　　章树春 （浙江会稽人。吏 员。十一月任。）	
			三角淀通判 　　唐　郁	南五汛 　　岳奎龄 南六汛 　　庞明远（九月任） 南七汛 　　汪国桢 （江苏上元人。监 生。八月任。）	

①　永淳县宋由永定改称,1952 年撤销,大部并入横县,其余并入宾阳县与邕宁县。

卷六　职官

纪年	直隶总督	永定河道	厅员	汛员	河营
				南八汛 　　贾瑞昌 （浙江山阴人。监生。二月任。）	
			北岸通判 　　唐成棣 （九月任）	北五汛　吴履中 北六汛　马光瀛 北七汛　陈镜清	
咸丰十年[一八六〇]	恒福	王茂壎 （四月由同知护理）	石景山同知 　　李载苏 （四月任）	卢沟桥汛 　　金贤良 北头工上汛 　　马光泰 （江苏常熟人。监生。正月任。） 　　高彤绂 （山东利津人。议叙。十月任。） 北头工中汛 　　王履丰 北头工下汛 　　王德荣 北二工上汛 　　葛震	都　　司 　　张浮 守　　备 　　王德盛 协　　备 　　刘昌安 南岸千总 　　尹光彩 北岸千总 　　刘济堂 南岸把总 　　蔡铎 北岸把总 　　陈佩镛 （固安人。行伍。九月任。）

纪年	直隶总督	永定河道	厅　员	汛　员	河　营
			南岸同知 　　朱锡庆 （五月任）	南头工上汛 　　何承祜 南头工下汛 　　胡　彬 南二汛　汪玉藻 南三汛　项宝善 南四汛　施成钊	南八工下汛把总 　　李　柯 石景山汛外委 　　李　锐 淀河外委二员 　　张　濮 　　黄文喜
			北岸同知 　　李书堃 （山东临清人。 监生。二月任。）	北二工下汛 　　郝敦杰（五月任） 　王广爱（十月任） 北三汛 　　　沈肇祖 （浙江归安人。监 生。正月任。） 北四工上汛 　王广爱（五月任） 　郝敦杰（十月任） 北四工下汛 　　章树春	

纪年	直隶总督	永定河道	厅　员	汛　员	河　营
			三角淀通判 　唐　郁	南五汛 　　岳奎龄 南六汛 　　陈韶秀 （安徽泾县人。议 叙。正月任。） 南七汛 　　汪国桢 南八汛 　　汪纪书 （山东历城［今济南 市］人。议叙。二月 任。）	
			北岸通判 　徐本培	北五汛 　顾树榛（五月任） 　　李如璧 （江苏丹徒人。监 生。十一月任。） 北六汛 　　马光瀛 北七汛 　　陈镜清	

（光绪）永定河续志

纪年	直隶总督	永定河道	厅　员	汛　员	河　营
咸丰十一年〔一八六一〕	文　煜 （二月任）	徐继镗 （广东番禺人。监生。三月任。）	石景山同知 王茂壎 （四月任） 南岸同知 朱锡庆	卢沟桥汛 狄廉惠 （江苏溧阳人。监生。五月任。） 北头工上汛 高彤绂 北头工中汛 何兆清 （江苏江宁人。监生。四月任。） 北头工下汛 王德荣 北二工上汛 葛　震 南头工上汛 何承祜 南头工下汛 胡　彬 南二汛 汪玉藻 南三汛 项宝善 南四汛 陈镜清（十月任）	都　司 王德盛 （八月由守备兼署） 守　备 王德盛 协　备 郝庆澜 （沧州人。行伍。二月任。） 尹光彩 （七月任） 南岸千总 李柯（六月任） 北岸千总 刘济堂 南岸把总 蔡　铎 北岸把总 李　锐 （十二月任） 南八工下汛把总 司马镕 （永清人。行伍。六月任。）

纪年	直隶总督	永定河道	厅　员	汛　员	河　营
			北岸同知 　李书塈	北二工下汛 　　王广爱 北三汛　沈肇祖 北四工上汛 　　江　垲 （安徽歙县人。举 人。四月任。） 北四工下汛 顾树榛（六月任） 章树春（十一月任）	石景山汛外委 　司际泰 （固安人。行伍。 十二月任。） 淀河外委二员 　文庆恬 （固安人。行伍。 八月任。） 黄文喜
			三角淀通判 　唐　郁	南五汛　岳奎龄 南六汛　丁　焘 （安徽怀宁人。监 生。三月任。） 南七汛　王树縠 （江西万载人。监 生。二月任。） 南八汛 　金贤良（六月任）	
			北岸通判 　徐本培	北五汛　李如璧 北六汛　马光瀛 北七汛　哈清阿 （满洲镶红旗人。举 人。十月任。）	

纪年	直隶总督	永定河道	厅 员	汛 员	河 营
同治元年[一八六二]	文 煜	徐继镗	石景山同知 王茂壎	卢沟桥汛 毛桂荣 (浙江余姚人。监生。二月任。)	都 司 张浡(六月任)
				北头工上汛 高彤绂	守 备 王德盛
				北头工中汛 何兆清	协 备 尹光彩
				北头工下汛 曹文懿(正月任)	南岸千总 李 柯
				北二工上汛 葛 震	北岸千总 李 锐 (六月由北岸把总兼署)
			南岸同知 朱锡庆	南头工上汛 何承祜	南岸把总 刘济堂 (六月任)
				南头工下汛 汪国桢 (十一月任)	北岸把总 李 锐
				南二汛 汪玉藻	南八工下汛把总 蔡铎(六月任)
				南三汛 项宝善	石景山汛外委 诸第魁 (固安人。行伍。六月任。)
				南四汛 胡 彬	淀河外委二员 文庆恬 黄文喜

纪年	直隶总督	永定河道	厅 员	汛 员	河 营
			北岸同知 凌松林 (河南西华人。进士。二月任。)	北二工下汛 刘性朴 (山东清平①人。廪贡生。五月任。) 北三汛 王广爱(五月任) 北四工上汛 江 垲 北四工下汛 章树春	
			三角淀通判 唐 郁	南五汛 岳奎龄 南六汛 丁 焘 南七汛 王树縠 南八汛 金贤良	
			北岸通判 徐本培	北五汛 石永焘 (广东番禺人。监生。五月任。) 李傅馨 (浙江仁和人。监生。十月任。) 北六汛 金嘉琴 (安徽桐城人。监生。闰八月任。) 北七汛 哈清阿	

---

① 清平县,山东西北部,隋置县。1956 年撤销,划归临清市和高唐县。

（光绪）永定河续志

纪年	直隶总督	永定河道	厅　员	汛　员	河　营
同治二年[一八六三]	崇　厚 （正月任） 刘长佑 （湖南新宁人。拔贡生。三月任。）	徐继镠	石景山同知 王茂壎	卢沟桥汛 毛桂荣 北头工上汛 高彤绂 北头工中汛 张庆奎 （湖北东湖［今宜昌市］人。监生。正月任。） 马光泰（五月任） 北二工下汛 许兆瑞 （河南祥符人。监生。二月任。） 北二工上汛 葛　震	都　司 张　浡 守　备 王德盛 协　备 尹光彩 南岸千总 李　柯 北岸千总 李　锐 南岸把总 刘济堂 北岸把总 李　锐
			南岸同知 隆　祥 （满洲镶蓝旗人。官学生。正月任。）	南头工上汛 何承祐 南头工下汛 汪国桢 南二汛　汪玉藻 南三汛　项宝善 南四汛　胡　彬	南八工下汛把总 蔡　铎 石景山汛外委 诸第魁 淀河外委二员 文庆恬 黄文喜

纪年	直隶总督	永定河道	厅　员	汛　员	河　营
			北岸同知 凌松林	北二工下汛 　刘性朴 北三汛 　黄安澜 （江西宜黄人。举 人。十二月任。） 北四工上汛 　江　垲 北四工下汛 　章树春	
			三角淀通判 唐　郁	南五汛　岳奎龄 南六汛　丁　焘 南七汛　王树毂 南八汛 马启桐（十二月任）	
			北岸通判 徐本培	北五汛 　李傅馨 北六汛 　金嘉琴 北七汛 　张廷桢 （河南夏邑人。监 生。二月任。）	

纪年	直隶总督	永定河道	厅 员	汛 员	河 营
同治三年〔一八六四〕	刘长佑	徐继镕	石景山同知 王茂壎	卢沟桥汛 毛桂荣 北头工上汛 高彤绂 北头工中汛 汪玉藻(四月任) 张庆奎(十二月任) 北头工下汛 哈清阿 (十二月任) 北二工上汛 葛震	都 司 王德盛 (十一月由守备兼署) 守 备 王德盛 协 备 尹光彩 南岸千总 李柯 北岸千总 李锐
			南岸同知 隆祥	南头工上汛 何承祐 南头工下汛 汪国桢 南二汛 马光泰(四月任) 南三汛 项宝善 南四汛 李傅馨(四月任) 胡彬(十二月任)	南岸把总 刘济堂 北岸把总 李锐 南八工下汛把总 蔡铎 石景山汛外委 诸第魁 淀河外委二员 文庆恬 黄文喜

纪年	直隶总督	永定河道	厅　员	汛　员	河　营
			北岸同知 　朱锡庆	北二工下汛 　　宫兆庚 （山东蓬莱人。附贡生。四月任。） 北三汛　黄安澜 北四工上汛　江垲 北四工下汛 　　陈安澜 （浙江山阴人。监生。十二月任。）	
			三角淀通判 　唐　郁	南五汛　岳奎龄 南六汛　周　洵 （江苏溧阳人。监生。十一月任。） 南七汛　王仁宝 （江苏吴县人。监生。九月任。） 南八汛 　曹文懿（六月任）	
			北岸通判 　徐本培	北五汛 胡　彬（四月任） 李傅馨（十二月任） 北六汛　彭邦猷 （广东化州人。监生。十二月任。） 北七汛　张廷桢	

（光绪）永定河续志

纪年	直隶总督	永定河道	厅　员	汛　员	河　营
同治四年[一八六五]	刘长佑	徐继镛	石景山同知 王茂壎	卢沟桥汛 尤如坦 （江苏吴县人。议叙。三月任。） 北头工上汛 高彤绂 北头工中汛 于汉清 （山东临淄人。监生。四月任。） 朱锡瑕 （江苏吴县人。监生。十一月任。） 北头工下汛 哈清阿 北二工上汛 葛震	都　司 王德盛 守　备 王德盛 协　备 尹光彩 南岸千总 李柯 北岸千总 李锐 南岸把总 刘济堂 北岸把总 李锐
			南岸同知 隆祥	南头工上汛 何承祜 南头工下汛 王树毅 南二汛　马光泰 南三汛　项宝善 南四汛　胡彬	南八工下汛把总 蔡铎 石景山汛外委 诸第魁 淀河外委二员 张永祥 （固安人。行伍。七月任。） 黄文喜

纪年	直隶总督	永定河道	厅　员	汛　员	河　营
			北岸同知 　　朱锡庆	北二工下汛 　　何兆清 （十一月任） 北三汛　黄安澜 北四工上汛 　　江　垲 北四工下汛 　　陈安澜	
			三角淀通判 　　汪玉藻 （正月任）	南五汛　岳奎龄 南六汛　宫兆庚 （十一月任） 南七汛　陈　枫 （浙江山阴［绍兴］ 人。监生。十二月 任。） 南八汛 　　汪纪书 （十一月任）	
			北岸通判 　　徐　龄 （安徽歙县人。 监生。正月任。）	北五汛 　　李傅馨 北六汛 　　彭邦猷 北七汛 　　张廷桢	

纪年	直隶总督	永定河道	厅　员	汛　员	河　营
同治五年[一八六六]	刘长佑	荫德泰（满洲镶白旗人。荫生。二月任。） 徐继镛（五月任）	石景山同知 　王茂壎	卢沟桥汛 　　尤如坦 北头工上汛 　刘性朴(正月任) 　高彤绂(九月任) 北头工中汛 　朱锡嘏 北头工下汛 　　丁福培 （山东潍县人。举人。七月任。） 北二工上汛 　　葛震	都　司 　王德盛 守　备 　王德盛 协　备 　尹光彩 南岸千总 　李柯 北岸千总 　李锐 南岸把总 　刘济堂 北岸把总 　李锐 南八工下汛把总 　蔡铎 石景山汛外委 　诸第魁 淀河外委二员 　张永祥 　黄文喜
			南岸同知 　隆　祥	南头工上汛 　何承祜 南头工下汛 　王树毂 南二汛 　于汉清(正月任) 南三汛 　项宝善 南四汛 　胡彬	

纪年	直隶总督	永定河道	厅　员	汛　员	河　营
			北岸同知 　程迪华 （江西新建人。 监生。七月任。）	北二工下汛 　　沈肇祖 （浙江归安人。监 生。十一月任。） 北三汛　黄安澜 北四工上汛 　　江　垲 北四工下汛 　　徐文林 （山东泰安人。监 生。三月任。）	
			三角淀通判 　汪玉藻	南五汛　岳奎龄 南六汛　宫兆庚 南七汛　陈　枫 南八汛 　郑衍恒（十月任）	
			北岸通判 　徐　龄	北五汛 　　李傅馨 北六汛 　　彭邦猷 北七汛 　高彤绂（正月任） 　熊　琦（九月任）	

卷七 职 官

表四（同治六至至光绪六年）[1]　官俸役食[2]

表四　同治六年至光绪六年[3]　[1867—1880]

纪年	直隶总督	永定河道	厅 员	汛 员	河 营
同治六年[一八六七]	官 文 （满洲正白旗[4]人。十一月任。）	徐继镛	石景山同知 王茂壎	卢沟桥汛 邸景星 （奉天锦县[今辽宁锦州市]]人。增贡生。十二月任。） 北头工上汛 高彤绂 北头工中汛 朱锡嘏 北头工下汛 丁福培 北二工上汛 蔡寿臻 （浙江桐乡人。附监生。正月任。）	都 司 尹光彩 （正月由守备兼署） 守 备 尹光彩 （正月任） 协 备 刘昌安 （正月任） 南岸千总 李 柯 北岸千总 刘济堂 （正月任） 南岸把总 张克俭 （正月任） 北岸把总 李 锐
			南岸同知 余汝偕 （江苏武进人。举人。三月任。）	南头工上汛 何承祐 南头工下汛 王树毅	

纪年	直隶总督	永定河道	厅　员	汛　员	河　营
				南二汛　于汉清	南八工下汛把总　蔡　铎
				南三汛　项宝善	
				南四汛　胡　彬	石景山汛外委　诸第魁
			北岸同知　王茂壎（八月由石景山同知兼署）	北二工下汛　沈肇祖	淀河外委二员　张永祥　黄文喜
				北三汛　郑衍恒（八月任）	
				北四工上汛　朱瀛（浙江归安人。监生。三月任。）	
				北四工下汛　江垲（三月任）	
			三角淀通判　朱　津（浙江归安人。监生。十月任。）	南五汛　岳奎龄	
				南六汛　宫兆庚	
				南七汛　陈　枫	
				南八汛　陈　崚（山东菏泽人。监生。七月任。）	
			北岸通判　徐　龄	北五汛　李傅馨	
				北六汛　白上贤（山西永和人。举人。四月任。）	
				北七汛　熊　琦	

（光绪）永定河续志

纪年	直隶总督	永定河道	厅　员	汛　员	河　营
同治七年[一八六八]	官　文	王茂壎 （二月由石景山同知兼护） 蒋春元 （湖南耒阳人。优廪生。三月任。） 徐继镗 （十一月任）	石景山同知 王茂壎	卢沟桥汛 　邸景星 北头工上汛 　朱同保 （浙江归安人。监生。五月任。） 北头工中汛 　朱锡嘏 北头工下汛 　丁福培 北二工上汛 　陈枫(三月任)	都　司 　董家祥 （湖南祁阳人。军功。九月任。） 守　备 李柯(九月任) 协　备 　刘昌安 南岸千总 蔡铎(九月任) 北岸千总 　刘济堂
			南岸同知 王茂壎 （九月由石景山同知兼署）	南头工上汛 　陈安澜 （九月由南下汛兼署） 南头工下汛 　陈安澜(三月任) 南二汛　于汉清 南三汛 　哈清阿(三月任) 南四汛 　朱瀛(六月任)	南岸把总 　张克俭 北岸把总 　陈佩镗 （五月任） 南八工下汛把总 　司马镕 （九月任） 石景山汛外委 　诸第魁 淀河外委二员 　张永祥 　黄文喜

纪年	直隶总督	永定河道	厅　员	汛　员	河　营
			北岸同知 　　程迪华 （正月任）	北二工下汛 　　江垲（六月任） 北三汛　郑衍恒 北四工上汛 　　沈肇祖（六月任） 北四工下汛 　　　岳　翰 （湖北江夏人。监 生。六月任。）	
			三角淀通判 　朱　津	南五汛　岳奎龄 南六汛　宫兆庚 南七汛　陈咏桂 （江苏上元人。监 生。三月任。） 　　潘秋水 （浙江山阴［绍兴］ 人。吏员。七月 任。） 南八汛　陈　崚	
			北岸通判 　徐　龄	北五汛　李傅馨 北六汛　白上贤 北七汛　熊　琦	

纪年	直隶总督	永定河道	厅　员	汛　员	河　营
同治八年[一八六九]	曾国藩 （湖南湘乡人。进士。二月任。）	蒋春元 （八月任） 李朝仪 （贵州贵筑人。进士。十月任。）	石景山同知 　王茂壎 南岸同知 　朱锡庆 （三月任） 　王养寿 （十一月由南上汛兼署）	卢沟桥汛 　潘诵惠 （浙江德清人。监生。九月任。） 北头工上汛 　江岂 （十一月任） 北头工中汛 　白上贤 （十一月任） 北头工下汛 　叶昌绪 （浙江会稽人。监生。七月任。） 北二工上汛 　陈枫 南头工上汛 　陆景濂 （江苏元和人。监生。二月任。） 　王养寿 （浙江萧山人。举人。六月任。） 南头工下汛 　沈肇祖（二月任） 南二汛 　于汉清	都　司 　吴凤标 （江苏宿迁人。行伍。五月任。） 守　备 　李柯 协　备 　蔡铎 南岸千总 　李明德 （固安人。行伍。八月任。） 北岸千总 　刘济堂 南岸把总 　陈佩镗（九月任） 北岸把总 　张永泰 （固安人。行伍。九月任。） 南八工下汛把总 　司马镕 石景山汛外委 　诸第魁

纪年	直隶总督	永定河道	厅　员	汛　员	河　营
				南三汛 　岳奎龄(二月任)	淀河外委二员 张永祥 黄文喜
				南四汛 　李传馨(二月任)	
			北岸同知 　王维清 (浙江诸暨人。监生。二月任。) 张毓先 (河南商城人。监生。七月任。)	北二工下汛 　何兆清(二月任) 　钱　坊 (浙江仁和人。监生。十月任。) 北三汛　郑衍恒 北四工上汛 　江　垲(二月任) 朱同保(十一月任) 北四工下汛 　诸　畲 (江苏常熟人。监生。九月任。)	
			三角淀通判 　朱　津	南五汛　徐　铨 (江苏吴县人。监生。二月任。) 南六汛　宫兆庚 南七汛　潘秋水 南八汛　徐庆锡 (河南光山人。监生。三月任。)	

纪年	直隶总督	永定河道	厅　员	汛　员	河　营
			北岸通判 唐思钧 （浙江山阴人。监生。二月任。）	北五汛 支兆熊 （江苏青浦［今属上海市］人。监生。二月任。） 汪仰山 （山东历城人。监生。十月任。） 北六汛 朱锡嘏 （十一月任） 北七汛 熊　琦	
同治九年［一八七○］	李鸿章 （安徽合肥人。进士。九月任。）	李朝仪	石景山同知 王茂壎	卢沟桥汛 潘咏惠 北头工上汛 江　垲 北头工中汛 马启桐（五月任） 北头工下汛 朱锡嘏 （十二月任） 北二工上汛 项寿堃 （江苏阳湖人。监生。九月任。）	都　司 吴凤标 守　备 李　柯 协　备 蔡　铎 南岸千总 李明德 北岸千总 刘济堂 南岸把总 陈佩镲

纪年	直隶总督	永定河道	厅　员	汛　员	河　营
			南岸同知 　王养寿	南头工上汛 　　王养寿 南头工下汛 　　沈肇祖 南二汛　萧承湛 (河南祥符人。监 生。十一月任。) 南三汛 　陈咏桂(五月任) 　陈　枫(九月任) 南四汛 　　李传馨	北岸把总 　张永泰 南八工下汛把总 　司马镕 石景山汛外委 　诸第魁 淀河外委二员 　张永祥 　黄文喜
			北岸同知 　张毓先	北二工下汛 　　钱　坊 北三汛　郑衍恒 北四工上汛 　　张熊相 (广东定安[今属海 南省]人。监生。十 一月任。) 北四工下汛 　　诸　畬	

（光绪）永定河续志

纪年	直隶总督	永定河道	厅　员	汛　员	河　营
			三角淀通判 　朱　津	南五汛 　　蔡鸿庆 （浙江桐县人。监生。六月任。） 　　汪仰山 （十二月任） 南六汛 　　宫兆庚 南七汛 　　潘秋水 南八汛 　　陈安澜 （十二月任）	
			北岸通判 　王维清 （正月任）	北五汛　茅光耀 （浙江山阴［绍兴］人。监生。十二月任。） 北六汛 　　于汉清 （十一月任） 北七汛　胡维贤 （浙江山阴［绍兴］人。吏员。十月任。）	

纪年	直隶总督	永定河道	厅员	汛员	河营
同治十年〔一八七二〕	李鸿章	李朝仪	石景山同知 王茂壎	卢沟桥汛 郑官贤 （山西文水人。监生。二月任。） 北头工上汛 陈寿椿 （浙江会稽人。监生。二月任。） 北头工中汛 潘秋水（九月任） 北头工下汛 朱锡嘏 北二工上汛 沈肇祖（八月任）	都　司 　　王文仲 （开州①人。行伍。二月任。） 守　备 　　李　柯 协　备 　　蔡　铎 南岸千总 　　李明德 北岸千总 　　刘济堂 南岸把总 　　陈佩镛
			南岸同知 　　朱　津 （四月任）	南头工上汛 　　王仁宝 （十一月任） 南头工下汛 何兆清（八月任） 南二汛 陆景濂（六月任） 南三汛　陈　枫 南四汛　　李传馨	北岸把总 　　张永泰 南八工下汛把总 　　司马镕 石景山汛外委 　　诸第魁 淀河外委二员 　　张永祥 　　黄文喜

① 按清名开州者有二：一为今重庆市开县；一为今河南濮阳县。此所指不详。

纪年	直隶总督	永定河道	厅　员	汛　员	河　营
			北岸同知 　张毓先	北二工下汛 　哈清阿(三月任) 北三汛 　叶昌绪(四月任) 北四工上汛 　　张熊相 北四工下汛 　　诸　畲	
			三角淀通判 　蒋士琦 (江苏长洲人。 监生。四月任。) 　赵书云 (安徽泾县人。 监生。十二月 任。)	南五汛　汪仰山 南六汛　宫兆庚 南七汛 　朱瀛(二月任) 南八汛　陈安澜	
			北岸通判 　王维清	北五汛　茅光耀 北六汛　唐成梁 (江苏江都人。监 生。六月任。) 北七汛　蒋继忠 (浙江余姚人。监 生。九月任。)	

纪年	直隶总督	永定河道	厅员	汛员	河营
同治十一年[一八七二]	李鸿章	李朝仪	石景山同知 唐成棣 （十月任）	卢沟桥汛 郑官贤 北头工上汛 张映辰 （山西长治人。附贡生。三月任。） 北头工中汛 陈咏桂 （十一月任） 北头工下汛 唐照 （江苏江都人。监生。五月任。） 岳翰（八月任） 北二工上汛 沈肇祖	都　司 王文仲 守　备 蔡铎 （四月任） 协　备 刘济堂 （四月任） 南岸千总 陈佩镛 （十二月任） 北岸千总 张永泰 （四月任）
			南岸同知 朱　津	南头工上汛 宫兆庚（十月任） 南头工下汛 张承福 （浙江山阴［绍兴］人。监生。五月任。） 南二汛 潘秋水（十一月任） 南三汛　陈枫 南四汛 王仁宝（十月任）	南岸把总 黄文喜 （十二月任） 北岸把总 齐福琛 （涿州人。行伍。四月任。） 南八工下汛把总 司马镕 石景山汛外委 张兆清 （宛平人。行伍。五月任。）

纪年	直隶总督	永定河道	厅　员	汛　员	河营
			北岸同知　张毓先	北二工下汛　刘庆长（山东乐安［今广饶县］人。监生。三月任。）　北三汛　凌道增（安徽定远人。监生。四月任。）　北四工上汛　朱瀛（十月任）　北四工下汛　诸畚	淀河外委二员　张永祥　李景泰（永清人。行伍。二月任。）
			三角淀通判　赵书云	南五汛　茅光耀（二月任）　南六汛　陈祖寿（浙江嘉善人。监生。十月任。）　南七汛　童湛（浙江会稽人。监生。二月任。）　南八汛　张庆平（浙江山阴［绍兴］人。监生。八月任。）　李昌第（山东聊城人。监生。十一月任。）	
			北岸通判　江垲（正月任）	北五汛　支兆熊（三月任）　凌燮（安徽定远人。监生。十一月任。）　北六汛　李传馨（十月任）　北七汛　周国钧（浙江会稽人。吏员。十二月任。）	

纪年	直隶总督	永定河道	厅　员	汛　员	河　营
同治十二年〔一八七三〕	李鸿章	李朝仪	石景山同知 唐成棣	卢沟桥汛 郑官贤 北头工上汛 张映辰 北头工中汛 陈诏桂 北头工下汛 孙钊 （浙江山阴人。监生。二月任。） 冯寿松 （浙江归安人。监生。八月任。） 北二工上汛 何兆清（三月任） 张绍良 （江苏丹徒人。监生。九月任。）	都　司 郑龙彪 （安徽六安人。军功。正月任。） 守　备 吴恩来 （天津人。行伍。四月任。） 协　备 蔡铎 （四月任） 南岸千总 陈佩镛 北岸千总 刘济堂 （四月任） 南岸把总 黄文喜 北岸把总 齐福琛 南八工下汛把总 司马镕 石景山汛外委 张兆清
			南岸同知 朱津	南头工上汛 宫兆庚 南头工下汛 叶昌绪（五月任） 何兆清（九月任） 南二汛 潘秋水	

纪年	直隶总督	永定河道	厅　员	汛　员	河　营
				南三汛　陈　枫	淀河外委二员 周凤山 (固安人。行伍。十一月任。)
				南四汛 　凌　銮(七月任)	
			北岸同知 张毓先	北二工下汛 　刘庆长	李景泰
				北三汛　凌道增	
				北四工上汛 　朱　瀛	
				北四工下汛 　何翼堂 (贵州贵筑人。监生。七月任。)	
			三角淀通判 赵书云	南五汛　茅光耀	
				南六汛　曹澍铉 (湖北江夏人。监生。正月任。)	
				南七汛　童　湛	
				南八汛　方志勤 (安徽歙县人。监生。十月任。)	
			北岸通判 江　垲	北五汛 　诸畲(七月任)	
				北六汛　李传馨	
				北七汛　周国钧	

纪年	直隶总督	永定河道	厅员	汛员	河营
同治十三年〔一八七四〕	李鸿章	李朝仪	石景山同知 张毓先 （十一月任）	卢沟桥汛 郑官贤 北头工上汛 孙国培 （浙江归安人。附贡生。十月任。） 北头工中汛 陈咏桂 北头工下汛 吴宗骐 （奉天归县人。监生。正月任。） 童湛（十月任） 北二工上汛 胡维贤（九月任）	都　司 　郑龙彪 守　备 　吴恩来 协　备 　蔡　铎 南岸千总 　陈佩镗 北岸千总 　刘济堂 南岸把总 　黄文喜 北岸把总 　齐福琛
			南岸同知 　朱　津	南头工上汛 宫兆庚 南头工下汛 张映辰（十月任） 南二汛　潘秋水 南三汛　陈枫 南四汛　李翊治 （河南固始人。举人。二月任。）	南八工下汛把总 司马镕 石景山汛外委 张兆清 淀河外委二员 周凤山 李景泰

纪年	直隶总督	永定河道	厅　员	汛　员	河营
			北岸同知 　唐成棣 （十一月任）	北二工下汛 　刘庆长 北三汛　凌道增 北四工上汛 　朱瀛 北四工下汛 　诸畲(二月任)	
			三角淀通判 　赵书云	南五汛　茅光耀 南六汛 　岳翰(正月任) 　曹澍铉(五月任) 南七汛 　王仁宝(十月任) 南八汛　周珩 （浙江会稽人。监 生。五月任。）	
			北岸通判 　江垲	北五汛 　凌燮(二月任) 北六汛 　李传馨 北七汛 　周国钧	

卷七　职官

269

纪年	直隶总督	永定河道	厅　员	汛　员	河　营
光绪元年[一八七五]	李鸿章	李朝仪	石景山同知 蒋廷皋 （江苏元和人。监生。八月任。）	卢沟桥汛 郑官贤 北头工上汛 孙国培 北头工中汛 陈咏桂 北头工下汛 童　湛 北二工上汛 胡维贤	都　司 郑龙彪 守　备 吴恩来 协　备 蔡　铎 南岸千总 陈佩镛 北岸千总 刘济堂 南岸把总 黄文喜
			南岸同知 吴廷斌 （安徽泾县人。文童。二月任。） 吴士湘 （安徽桐城人。监生。十二月任。）	南头工上汛 宫兆庚 南头工下汛 张映辰 南二汛 汪仰山（五月任） 诸　畚（七月任） 南三汛 陈　枫 南四汛 李翊治	北岸把总 李明德 （十一月任） 南八工下汛把总 司马镕 石景山汛外委 张兆清 淀河外委二员 周凤山 李景泰

纪年	直隶总督	永定河道	厅　员	汛　员	河　营
			北岸同知 吴廷斌 （十二月任）	北二工下汛 　吴宗骐（五月任） 北三汛　凌道增 北四工上汛 　朱　瀛 北四工下汛 　陈鸣岐 （山东济宁人。监 生。七月任。）	
			三角淀通判 赵书云	南五汛　茅光耀 南六汛 　高彤绂（正月任） 　李传馨（八月任） 南七汛　王仁宝 南八汛　仲燕祥 （浙江德清人。监 生。十月任。）	
			北岸通判 江　垲	北五汛 　凌　燮 北六汛 　邹　源 （浙江钱塘人。监 生。八月任。） 北七汛　周国钧	

纪年	直隶总督	永定河道	厅　员	汛　员	河　营
光绪二年［一八七六］	李鸿章	李朝仪	石景山同知 杨金锷 （山东寿光人。监生。四月任。）	卢沟桥汛 唐维藩 （浙江山阴人。监生。十一月任。） 北头工上汛 李占春 （云南宜良人。举人。十月任。） 北头工中汛 陈咏桂 北头工下汛 童　湛 北二工上汛 胡维贤	都　司 郑龙彪 守　备 吴恩来 协　备 蔡　铎 南岸千总 陈佩镛 北岸千总 刘济堂 南岸把总 黄文喜
			南岸同知 吴士湘	南头工上汛 韩传琦 （浙江山阴人。监生。十月任。） 南头工下汛 张映辰 南二汛　诸　畚 南三汛　陈　枫 南四汛　李翊治	北岸把总 李明德 南八工下汛把总 司马镕 石景山汛外委 张兆清 淀河外委二员 周凤山 李景泰

纪年	直隶总督	永定河道	厅　员	汛　员	河　营
			北岸同知 　吴廷斌	北二工下汛 　　郑官贤 （十一月任） 北三汛　凌道增 北四工上汛 　　朱　瀛 北四工下汛 　　张承晋 （江苏仪徵人。监生。八月任。）	
			三角淀通判 　程迪华 （二月任） 　宫兆庚 （十月任）	南五汛　茅光耀 南六汛　李传馨 南七汛　王仁宝 南八汛　仲燕祥	
			北岸通判 　江　垲	北五汛　朱　桢 （四川华阳[今属双流县]人。监生。四月任。） 　　马清漪 （山东夏津人。议叙。九月任。） 北六汛　邹　源 北七汛　周国钧	

纪年	直隶总督	永定河道	厅 员	汛 员	河 营
光绪三年[一八七七]	李鸿章	周 馥（安徽建德人。文童。三月任。） 李朝仪（五月任）	石景山同知 吴士湘（十月任） 南岸同知 黄昭鉴（山东蓬莱人。监生。十月任。）	卢沟桥汛 唐维藩 北头工上汛 邹 源（二月任） 李占春（十月任） 北头工中汛 萨多讷（福建侯官人。监生。七月任。） 北头工下汛 童 湛 北二工上汛 胡维贤 南头工上汛 陈枫（四月任） 南头工下汛 张映辰 南二汛 隆 兼（满洲镶蓝旗人。监生。正月任。） 周蓉第（浙江仁和人。监生。十月任。）	都 司 郑龙彪 守 备 吴恩来 协 备 蔡 铎 南岸千总 陈佩镛 北岸千总 刘济堂 南岸把总 黄文喜 北岸把总 张永泰（七月任） 南八工下汛把总 李明德（七月任） 石景山汛外委 张兆清 淀河外委二员 周凤山 李景泰

纪年	直隶总督	永定河道	厅　员	汛　员	河　营
				南三汛 　陈安澜（四月任） 　茅光耀（八月任） 南四汛　李翊治	
			北岸同知 　吴廷斌	北二工下汛 　　郑官贤 北三汛　曾云松 （贵州归化人。监 生。九月任。） 北四工上汛 　　朱　瀛 北四工下汛 　　胡宝森 （浙江山阴人。监 生。十一月任。）	
			三角淀通判 　宫兆庚	南五汛 　孙国培（八月任） 南六汛　李传馨 南七汛 　陈咏桂（七月任） 南八汛 　李占春（二月任） 　仲燕祥（十月任）	

纪年	直隶总督	永定河道	厅　员	汛　员	河　营
			北岸通判 　江　垲	北五汛 　马清漪 北六汛 　仲燕祥 （二月任） 　邹　源 （十月任） 北七汛 　胡万峨 （山东阳谷人。廪贡生。十二月任。）	
光绪四年〔一八七八〕	李鸿章	李朝仪	石景山同知 　吴士湘	卢沟桥汛 　唐维藩 北头工上汛 　李占春 北头工中汛 　萨多讷 北头工下汛 　童　湛 北二工上汛 　程鸿宾 （安徽怀宁人。文童。七月任。）	都　司 　郑龙彪 守　备 　吴恩来 协　备 　蔡　铎 南岸千总 　陈佩镥 北岸千总 　刘济堂 南岸把总 　黄文喜

（光绪）永定河续志

纪年	直隶总督	永定河道	厅　员	汛　员	河　营
			南岸同知 吴廷斌 （二月任）	南头工上汛 陈枫 南头工下汛 张映辰 南二汛 周蓉第 南三汛 茅光耀 南四汛 孙国培 （十一月任）	北岸把总 司马镕 （正月任） 南八工下汛把总 李明德 石景山汛外委 张兆清 淀河外委二员 周凤山 李景泰
			北岸同知 朱豫复 （河南祥符人。 监生。二月任。）	北二工下汛 郑官贤 北三汛 曾云松 北四工上汛 仲燕祥（四月任） 夏人傑 （浙江海宁人。监 生。十一月任。） 北四工下汛 胡宝森	

纪年	直隶总督	永定河道	厅　员	汛　员	河　营
			三角淀通判 　宫兆庚	南五汛 　　陈安澜 （四月任） 南六汛 　　李传馨 南七汛 　　潘　煜 （浙江山阴人。议 叙。十二月任。） 南八汛 　　何翼堂 （四月任） 　　仲燕祥 （十一月任）	
			北岸通判 　江　垲	北五汛 　　马清漪 北六汛 　　何兆清 （八月任） 北七汛 　　王榕旭 （山东博兴人。监 生。十月任。）	

纪年	直隶总督	永定河道	厅　员	汛　员	河　营
光绪五年〔一八七九〕	李鸿章	朱其诏（江苏宝山〔今属上海市〕人。监生。五月任。） 文沛（满洲镶红旗人。监生。八月任。）	石景山同知　吴士湘	卢沟桥汛　唐维藩 北头工上汛　李占春 北头工中汛　韩传琦（八月任） 北头工下汛　王贻直（安徽黟县人。附贡生。八月任。） 北二工上汛　郑官贤（八月任）	都　司　郑龙彪 守　备　吴恩来 协　备　蔡铎 南岸千总　陈佩镗 北岸千总　刘济堂 南岸把总　黄文喜
			南岸同知　桂本诚（安徽贵池人。监生。十月任。）	南头工上汛　陈枫 南头工下汛　孙国培（十月任） 南二汛　周蓉第 南三汛　茅光耀 南四汛　张映辰（十月任）	北岸把总　司马镕 南八工下汛把总　李明德 石景山汛外委　张兆清 淀河外委二员　周凤山　李景泰

纪年	直隶总督	永定河道	厅　员	汛　员	河　营
			北岸同知 朱豫复	北二工下汛 　　沈培源 （浙江萧山人。监生。八月任。） 北三汛 　童湛（八月任） 北四工上汛 李传馨（八月任） 北四工下汛 　　胡宝森	
			三角淀通判 　唐应驹 （浙江山阴人。例贡生。二月任。）	南五汛　陈安澜 南六汛　钱承禧 （浙江山阴人。监生。八月任。） 南七汛　潘煜 南八汛　温绍龄 （山西徐沟人。议叙。二月任。） 　方志勤（八月任）	
			北岸通判 　江　垲	北五汛　马清漪 北六汛　潘拱宸 （奉天宁远人。廪贡生。十月任。） 北七汛　王榕旭	

纪年	直隶总督	永定河道	厅　员	汛　员	河　营
光绪六年[一八八〇]	李鸿章	朱其诏 （四月任）	石景山同知 吴士湘	卢沟桥汛 唐维藩 北头工上汛 王仁宝(二月任) 北头工中汛 张士馨 （山西汾阳人。监生。二月任。） 北头工下汛 王贻直 北二工上汛 郑官贤	都　司 郑龙彪 守　备 吴恩来 协　备 蔡铎 南岸千总 陈佩镠 北岸千总 刘济堂 南岸把总 黄文喜
			南岸同知 桂本诚	南头工上汛 李重华 （安徽石埭[今石台县]人。吏员。三月任。） 南头工下汛 余昌寿 （江苏甘泉人。监生。三月任。） 南二汛　周蓉第 南三汛　茅光耀 南四汛　张映辰	北岸把总 司马镕 南八工下汛把总 李明德 石景山汛外委 张兆清 淀河外委二员 周凤山 李景泰

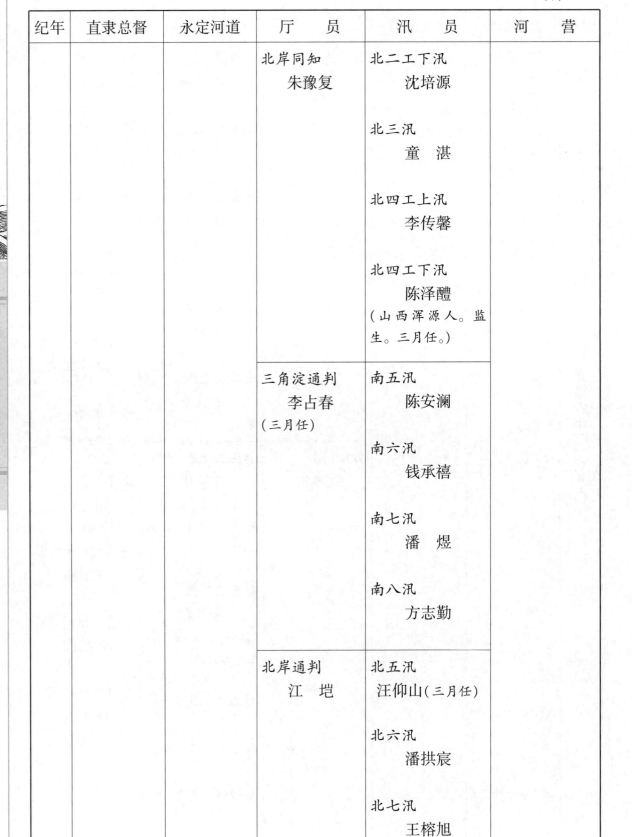

纪年	直隶总督	永定河道	厅　员	汛　员	河　营
			北岸同知 　朱豫复	北二工下汛 　　沈培源 北三汛 　　童　湛 北四工上汛 　　李传馨 北四工下汛 　　陈泽醴 （山西浑源人。监 生。三月任。）	
			三角淀通判 　李占春 （三月任)	南五汛 　　陈安澜 南六汛 　　钱承禧 南七汛 　　潘　煜 南八汛 　　方志勤	
			北岸通判 　江　垲	北五汛 　汪仰山(三月任) 北六汛 　　潘拱宸 北七汛 　　王榕旭	

官俸役食（武职俸廉详兵制门）

"兵马奏销册"载：南岸额定岁支心红蔬菜银六十两，北岸心红蔬菜银一百八两。此为南、北岸分司而设，后裁分司设河道，此项银两即归河道承领。（"旧志"河道心红蔬菜银一百四十四两，书吏纸张银二十四两。未经声叙承领缘由，是以档册无考。）

石景山同知[5]

俸银并二十九名役食，向由宛平县批解道库。今在司库①请领。

三角淀通判

俸银、役食，向由武清县批解道库。今在司库请领。

北岸通判

道光二十六年［1846］设。额定每年俸银六十两，养廉银②六十[6]两。额设吏、户、礼、兵、刑、工典吏六名，门子二名，皂隶十二名，快手八名，轿夫四名，伞扇夫三名，民壮十八名。典吏例无工食银两，余各岁支工食银六两。俸工由大城县批解道库。养廉在司库请领。

南头工上汛霸州州同

养廉银向由本州批解道库。今在司库请领。

北四工上汛涿州州同

道光二十六年设。额定每年俸银六十两，养廉银六十两。额设攒典一名，门子一名，马夫一名，伞夫一名，皂隶六名，民壮六名。攒典例无工食银两。余各岁支

---

① 道库指永定河银库；司库此指直隶布政司银库。

② 养廉银：养廉本指保持和养成廉洁操守。清制于官吏正俸之外按职务等级另给银钱，称养廉银。文职始于雍正五［1727］年，武职始于乾隆四十七年［1782］。养廉银来源于征收地丁钱粮火耗［弥补银两融铸中耗废而额外征收。］等。养廉银加重了对百姓的盘剥。

工食银六两。俸工由祁州批解道库，养廉在司库请领。

南六汛霸州州判

养廉银向由本州批解道库。今在司库请领。

北六汛霸州州判

养廉银向由本州批解道库。今在司库请领。

北头工上汛武清县县丞

民壮工食，向由宁河县批解道库。今三名由固安县批解，一名由宝坻县批解。

北头下汛宛平县县丞

民壮工食，向由本县批解道库。今二名由安州批解，二名由高阳县批解。

南头工下汛宛平县县丞

俸廉役食，向由本县批解道库。今在司库请领。

南二汛良乡县县丞

俸廉役食，除民壮外，向由本县批解道库。今在司库请领。

南五汛永清县县丞

养廉银，向由本县批解道库。今在司库请领。

北五汛永清县县丞

民壮工食，向由本县批解道库。今三名由涞水县批解，一名由平谷县批解。

北二工下汛东安县主簿

道光五年［1825］由北七工调。俸廉役食仍由本县批解道库。今在司库请领。

南七汛东安县主簿

俸廉役食，向由本县批解道库。今在司库请领。

（光绪）永定河续志

南八汛武清县主簿

民壮工食，向由涞水、平谷两县批解道库。今由本县批解。

北七汛东安县主簿

道光二十四年［1844］复设，额定每年俸银三十三两一钱一分四厘，养廉银三十三两一钱一分四厘。额设攒典一名，门子一名，马夫一名，皂隶四名，民壮四名。攒典例无工食银两。余各岁支工食银六两，俸工由本县批解道库，养廉在司库请领。

［卷七校勘记］

〔1〕［同治六年至光绪六年］原书卷目录无。依照总目添加。

〔2〕"官俸役食"，原书卷目录无。依照书中编排添加。

〔3〕"同治六年至光绪六年"由原书稿分目移来。

〔4〕官文旗藉"满洲正白旗"，"正白"二字原书稿脱。据《清史稿·官文传》本传增补。

〔5〕"石景山同知"以下官职，原书不另分行，整理时为突出俸官，均单分立官名，并单起一行。

〔6〕"六百"实为"六十"之误，据后文涿州州同"每年俸银六十两，养廉银六十两"之例，州同与通判同级官员［从七品］薪俸，养廉待遇相同，故改。

卷八 兵 制

河营员弁　兵额　俸廉心红马干马粮　兵饷

金大定十七年［1187］，宰臣议于金口牌置埽官解署，及埽兵之室。此为卢沟桥设兵之始。而元、明时，浑河溃决，率发军民修治，大抵以禁军戍卒，佐民力之不足，非实有常隶之兵，以资修守也。我朝河营兵制，略与绿营同。永定额设，战守兵千数百名，专司修守事宜。"旧志"载，石景山暨南、北两岸兵数，而不言分隶各汛者，亦以汛地额兵时有抽拨，未能悉符旧制欤。是编亦总载通工兵数，不分汛地。补兵制。①

河营员弁

都司②

一员。嘉庆十六年［1811］设，受河道节制，本河弁兵统归管辖。

守备

一员。乾隆四年［1739］设，管南、北两岸堤工。五十六年［1751］，专管南岸堤工。

---

① 据《清史稿·兵志》六"河道总督标兵营二十营"。又《清文献通志》卷一百八十五《兵考》七："江南河道总督一人。……康熙二十三年裁总河标兵一百三十名"。故知河营兵即河道总督标兵营的省称。续志此称"河营兵制略与绿营同"。清河防工程往往调派绿营兵担任守护、修防、抢险，归河道总督节制，在卷首上谕中都有记述。

② "都司"，原与下文同行，为标清河营官名。

协办守备

一员。乾隆五十六年［1751］设，专管北岸堤工。

南岸、北岸千总

二员。康熙四十四年［1705］，以把总二员，加千总衔。雍正四年［1726］裁。八年［1730］，仍以把总加千总衔，一为南岸千总，随辕管兵；一为北岸千总，管北岸上七工汛。乾隆三年［1738］撤回，分管南、北两岸河兵，巡查堤柳，分隶南、北岸同知。后石景山同知、三角淀通判，辖南、北两岸汛地，遂属五厅管辖。

南岸、北岸把总

二员。康熙三十七年［1698］原设四员。四十四年［1705］，以二员加千总衔，留把总二员。雍正八年［1730］，以原留把总加千总衔，另补把总二员，一为北岸把总，管石景山工程；一为南岸把总，管南岸下七工汛。乾隆三年［1738］，调北岸把总，管北岸上七工汛。十六年［1751］俱撤回，巡查南、北两岸堤柳，分隶南、北岸同知。后属五厅管辖。

南八工下汛把总

一员。乾隆三十七年［1772］设凌船把总。五十六年［1791］，改为凤河东堤把总。道光十一年［1831］，移驻南八工为八工下汛，隶三角淀通判。

石景山水关经制外委

一员。雍正十一年［1733］设，专司水报。乾隆三年［1738］，添设千总一员，专管石景山工程。十九年［1754］，调水关外委管凤河东堤。五十六年［1791］，裁石景山千总，仍设水关外委，管理堤工兼司水报，隶石景山同知。

淀河经制外委

二员。乾隆三十七年［1772］设，管理凌船。四十七年［1782］裁凌船，仍司疏浚事宜。今随辕差委。

外委千总

三名。一雍正八年〔1730〕设，一乾隆三年〔1738〕设，一七年〔1742〕设。随辕差委。

外委把总

六名。雍正八年〔1730〕设三名，乾隆三年〔1738〕添设三名。随辕差委。

额外外委

十五名。乾隆二十七年〔1762〕调六名，督标留二名，本河四名，随辕差委。嘉庆十六年〔1811〕添设十一名，协防南、北两岸。①

兵　额

康熙三十七年〔1698〕，设永定河营兵二千名。四十年〔1701〕，裁一千二百名，存八百名。四十九年〔1710〕，工部奏派章京一员，于八百名内拨三十名，巡防衙门口村、真武庙、纪家庄等处堤工。缺额另募补充。雍正三年〔1725〕裁二百名，存六百三十名。乾隆四年〔1739〕添六百名。四十七年〔1782〕，裁武职坐粮四十一分②，（裁守备十二分，石景山千总四分，南、北两岸千总八分，两岸把总八分，随辕外委千、把总九员九分。）实存一千一百八十九名。嘉庆七年〔1782〕添四百名，同治十二年〔1873〕添一百名，共一千六百八十九名。内战兵一百八十九名，守兵一千五百名。除道署防库守兵三十三名，都司、守协备、千总各衙门听差守兵五十八名。余俱分隶文武二十三汛。（河兵开除、募补，旧由本汛报明，由厅验准，行县取结，结到起饷。乾隆四年〔1739〕设守备后，本汛移该管千总，转送守备验

---

① 据《清史稿·职官志》四，《提督等官》："提督军务总兵官……镇守总兵官……都司……守备五品……千总从六品；把总，正七品；外委把总，正九品，额外外委，从九品。"又《清会典》兵部，称守备为五品武官。类推协备为从五品。此为河道武职官员系列。原为绿营兵调派河工，后设河兵营，其制度略与绿营兵同。河营兵中武职最高官员为守备，后提升为都司〔从四品〕、游出〔四品〕。

② 此处"分"读如 fēn，意为"份"，即相当于一名河兵的钱粮份额。

准起饷。季终，全送河道点验。二十年［1755］设立执照，新兵始送河道点验。四十二年［1777］添设腰牌。嘉庆十六年［1811］，设都司后，守备转送都司，都司随时转送河道验准，给发牌照。凡河兵中，明白工程、办事勤干者，旧由本汛移交该管千总，转送守备，申送河道。后改由本汛径移都守、协两营申送河道，验准援拨补什长，由什长拨补头目，由头目援补外委，皆给执照。于季报册内分晰注明。如有才具出众、认真办公者，由都司、守、协备保送河道验准。拟定正陪，详送总督、考援额外外委，给发执照。乾隆十八年［1753］四月，工部咨查各河营兵丁、堡夫，每年应积额裁、额采柳株、苇草。并声明，每兵一名日积土牛二尺五寸，寒、暑月例不堆积，每共岁裁柳一百株。永定河南、北两岸沙碱成活者少，亦于年底查数册报。至应采柳株、苇草，尽收尽报，并无一定额数。）

俸廉心红马干马粮

都司①

岁支俸银九十九两三钱九分三厘六毫，养廉银二百六十两，心红蔬菜银四十二两。自备马四匹，春、冬每匹月支银一两二钱，夏、秋每匹月支银九钱。

守备

岁支俸银六十六两七钱八厘，养廉银二百两，心红蔬菜银二十四两。嘉庆十七年［1812］，改给心红蔬菜银十二两。马匹、马干与都司同。

协备

岁支俸银四十八两，养廉银一百二十两，心红蔬菜银十二两。（协备例无心红蔬菜银两，嘉庆十七年，详准在守备名下，分给一半银十二两。）自备马二匹，马匹、马干与守备同。

---

① "都司"以下，原书与后文相连，为标清官位，单列一行，每职空一行。

千总

每员俸、廉、马匹、马干与协备同。

把总

每员岁支俸银三十六两，养廉银九十两。马匹、马干与千总同。

实缺经制外委

每员岁支马粮银二十四两，养廉银十八两。（俸银、心红、马干、马粮，均在道库估饷项下支领，养廉在司库耗羡项下拨给。武职例无养廉银两。乾隆四十七年[1782]，裁坐粮①改给养廉。）

兵　饷

战兵每名月支饷银一两七钱，守兵月支饷银一两二钱。随辕外委、千、把总，九名食战粮，三名食守粮。额外外委十五名，每名食本身战守粮一分。（兵饷向于八月内复明造册，咨送布政司。详请于文安、大城、雄县、任邱、房山、霸州、永清、东安、武清等州县地丁项下酌拨。按季批解道库，按月发结，遇闰加增添拨。别县凑解，亦有在九州县增发者。嘉庆十年[1805]，改由各州县批解司库，由道按季咨领给发，即河道心红。本衙门额设巡捕及各役工食，都司、守、协、备、千、把、外委等，俸薪、心红、马干、马粮，均于此案内估报。统归兵马奏销案内报销。其扣存建旷银银两，汇解司库归款，另案造报。凡放饷，旧由南、北岸厅具领发，两岸千总分给。后改由都司具领，会同固安县，在公所按名唱给。）

---

① 坐粮：坐粮在此是指坐支钱粮。清财经制度官俸、役食、铺兵工食、驿站料价等，都摊征于民，编入地丁钱粮征收，到支用时就在编征项下支付，即称坐支钱粮，省略语为坐粮。又，清代武职未实行养廉银时，给予坐粮，其数额每名武官支领相当四至六名河兵的一年的钱粮。

卷九 奏 议

雍正八年至道光元年 ［1730—1821］

《为遵旨[1]议奏[2]设河道总督疏》略（雍正八年十二月）

《畿辅河道情形疏》略（乾隆二年七月）

《开堤放水情形疏》略（乾隆五年九月）

《覆御史周祖荣陈善后事宜疏》（乾隆五年十一月）

《勘筹河道情形疏》（乾隆六年十一月）

《请来年改移下口疏》（乾隆十四年十一月）

《勘明南三工漫口情形疏》（乾隆十五年六月）

《议下口归海河情形疏》（乾隆十五年十一月）

《下口善后事宜疏》略（乾隆十六年五月）

《勘下口河形疏》略（乾隆十六年十二月）

《请改移下口估计工需疏》略（乾隆十九年六月）

《议修建草坝暨改移下口疏》略（乾隆十九年六月）

《南四工漫水情形疏》略（乾隆二十四年闰六月）

《北三工漫溢情形疏》（乾隆二十六年七月）

《察看下口情形疏》略（乾隆二十六年七月）

《勘明北埝漫溢情形拟圈筑月堤疏》（乾隆二十七年闰五月）

（以上补旧志缺）

《北七工漫溢疏》（嘉庆二十年六月）

《勘明漫口情形疏》（嘉庆二十年七月）

《北七工续被漫溢疏》（嘉庆二十年七月）

《请改移下口疏》（嘉庆二十年七月）

《勘改移下口情形疏》（嘉庆二十年八月）

《勘明续漫情形疏》（嘉庆二十年八月　附《请温承惠来工帮办片》）

《筹办漫口工程疏》（嘉庆二十年九月）

《堵合北七工漫口疏》（嘉庆二十年九月　附《开复各员处分片》）

《估善后工程疏》（嘉庆二十年十月）

《改厅员经管汛段疏》（嘉庆二十年十月）

《秋汛安澜疏》（嘉庆二十一年七月）

《另案工程条款疏》（嘉庆二十一年十一月）

《秋汛安澜疏》（嘉庆二十二年八月）

《秋汛安澜疏》（嘉庆二十三年八月）

《修北六工旧堤缺口疏》（嘉庆二十四年闰四月）

《北二工南四工漫溢情形疏》（嘉庆二十四年七月）

《北二工南四工同时[3]漫溢疏》（嘉庆二十四年七月）

《筹办各漫口大局情形疏》（嘉庆二十四年七月）

《北上汛漫溢疏》（嘉庆二十四年七月）

《筹办北上汛坝工情形疏》（嘉庆二十四年八月）

《筹办各漫口堵筑事宜疏》（嘉庆二十四年八月）

《估漫口工需疏》（嘉庆二十四年八月）

《堵合北上汛漫口疏》（嘉庆二十四年九月）

《开复各员处分片》（嘉庆二十四年九月）

《勘估善后工程疏》（嘉庆二十四年九月）

《慎重河防疏》（嘉庆二十四年十一月）

《请移驻汛员疏》（嘉庆二十四年十二月）

《秋汛安澜疏》（嘉庆二十五年八月）

《秋汛安澜疏》（道光元年九月）

（光绪）永定河续志

工部《为遵旨议奏设河道总督疏》略（雍正八年［1730］十二月）

为遵旨议奏事："直隶河工关系重大，请设立河道水利总督一员，驻扎天津，令四道厅员及印河各官，受其节制，一切事务俱照河东总河①例行。"（奉旨，恭录卷首。）

总河顾琮《畿辅河道情形疏》略（乾隆二年［1737］七月）

查，畿辅诸河，俱汇津归海。漳、卫二水来自西南，合为南运河。潮、白二水来自东北，合为北运河。桑乾、洋河二水自西北，合万山之水，入关为永定河。滹阳经南、北二泊，会滹沱为子牙河。唐、沙、滋诸水俱入西淀，拒马、琉璃诸河会于龙门口，为白沟河，亦入西淀。西淀之水由玉带河入东淀，而牤牛入于中亭。中亭乃玉带之支流，分而复合。永定、子牙亦入东淀，俱由淀达津，至西沽与北运河会，抵三汉口会南运河，合流东南入海。天津乃九河之下游，淀泊乃众水之交汇，所关最要。永定浑河原无堤岸，只有河身，达于玉带清流，汛涨出槽，淀外数百里之地任其游漾。水归于淀中，泥沉于淀外。民田虽有淹没，所谓"一水一麦"亦不为苦。自筑堤束水以来，下口迫近潮汐，其淤愈速，堤日增，而河日淤，河底已高于平地，近年河患所以尤甚。大凡治水之法，莫善于行所无事。故筑堤防水则可，若以堤束水，是与水争地，而贻后患也。

总督孙嘉淦《开堤放水情形疏》略（乾隆五年［1740］九月）

臣于十六日开永定河南堤放水，复归故道。随即策马沿流而南，处处相度，见河流循轨二百余里之内，逼近河岸村庄不过十数处，易于保护。两岸地势平衍，汛水一至，可以散漫平流，不能为害。至中亭河清浑合流之处，浑水入后，清水不过涨高四寸，将来不至溃溢。又随流而东，睹其清浑荡刷，不过数里水色已清，将来亦不致淤淀。（奉朱批："开河之后，朕日夜廑念，览此奏大慰朕怀矣。非卿一力担承，断不能成此事。然此时尚未可侈然自足也。必俟明年诸事妥协，伏、秋无妨，然后可以慰众望，而吾君臣此举，方不为冒昧也。"）

---

① 河东总河，河南、山东河道总督的省称。又，省称东河。

总督孙嘉淦《覆御史周祖荣陈善后事宜疏》（乾隆五年［1740］十一月）

据御史周祖荣称："永定河改由故道，所有近河村落不无漫溢，请勅查水道所经，必应迁徙者若干村，先择不受水患之地，酌给迁费。"等语。查，自放河以来，严饬各官履勘。据报，涿州、良乡、永清、新城、雄县、固安、霸州等州县，其中近河村落有无庸筑堰防护者，有宜筑一面者，有宜筑两面、三面者，俱已劝谕居民自行修筑，并无必应迁徙之处。缘此地历年过水，民皆聚居高处，间有散居低处者。令止在本村挪移，地方官量加资助，亦无庸给与迁费，别行安插也。又称："预防淹没地亩，查明存案，将来拨补或给价之处，尤属难行。"盖浑水经由，若止漫流平过，则地皆淤肥，即可种获。如改流顶冲之处，必须随时防护，即有冲坍，亦必待事后查勘。所奏均无庸议。总之，民情难静而易动。现在河流顺轨，民情安静。一切善后之图，惟当周详慎重，以安百姓之身家。不可张大其事，骤惊愚民之耳目。（奉朱批："所谓'民情难静而易动'，实为政之要。然思患预防，不动声色，而措泰山之安者，亦必先有以得其要，而后可无为而治也。况数十年未经行之故道，壮与幼未目睹之事，而可保其无少虞乎？故朕谓必明年伏、秋无事，方可谓之成功者。此也，卿其加之意焉。"）

总督高斌《勘筹河道情形疏》（乾隆六年［1741］十一月）

臣于十一月初四日，自保定起程，赴永定河八工，同吏部员外郎方观承、永定河道六格等，由王庆坨沿河岸至郭家务、长安城、金门闸、铁狗等处。过河，循北岸北堰至龙河、凤河、安光一带，南抵大清河。复由半截河、求贤村，至卢沟桥、石景山，所有堤埽工程及上下游各情形，通行查勘。熟筹全河机宜，惟在尾闾通畅，下不壅，则上不溢，使下口之路通达大清河，顺溜急趋，始可收畅行之效。从前，大清河萦回诸淀之中，永定河下口不能避淀趋河，而两淀日益增高，夹束泥沙拥入止水，故胜芳、辛张、策城、三角诸淀，屡改屡淤，皆成原陆。清淀、浑流，交受其患，尾闾既塞，胸[4]腹亦病。用是三角淀自下而上，逐渐淤高，水无去路，遂由郑家楼北折而东。此处地面宽阔，派散支分，虽皆以大清河为归，但历安光、凤河，西迁南转，纡同于叶、沙二淀之中。势既不顺，而河流亦缓，仍恐将来不免淤垫。

臣又勘自七工之南，由冰窖至洞子门。一路地势洼下，改通水道下口，亦可径达大清河。但有应迁、应护村庄，且隔淀坦坡堰，亦须培加高厚，殊费周章。似应仍以三角淀至老河头之旧路，为尾闾正道。盖向日三角淀之淤梗，由于止水不能转输，今旧迹已成平陆，正可改挖[5]成河。藉天然坚实积淤之堤岸，挽郑家楼北折之水，乘建瓴之势直注大清河。水无缓散，沙无停滞，即涨发出槽，正流仍行地中，庶免透淀穿运之虞。今酌议，于三角淀旧淤傍南稍浅处所，开挖[6]引河。下接大清河之老河头，上接郑家楼水口，共长十八里，挖去积土自七尺至一丈四尺不等，宽二十丈至二十四丈不等。所挑之土，即于北岸废堰之南傍安光一带，圈筑坡堰，以防北轶。南岸之尾，亦量为接筑土堰，以遏南流。其下口河唇，每年值清河旺时，潮汐回流不免沙积，应令随时疏通。不过，河唇数里之内，为力甚易。下口既通，上游应筹分泄，使泛、涨、盛皆有所消，湍激始至其气已泄，自无余患。且使在槽之水迅流东注，非特不忧溃漫，而下流河身俱可日渐刷深，以成畅下之势。

查，南、北两岸现存减水各坝。其南岸金门闸石滚水[7]坝，金门宽五十六丈，因坝身太高，数年来并不过水。今酌议，将两头各除十八丈，不动外中抽二十丈，落下一尺五寸，常汛则从中减泄，盛涨则普面漫水，以固重门，庶可均归实用。又，南岸长安城、曹家务，北岸求贤村、半截河四处三合土滚水[8]坝，缘坝身较石坝尺寸为高，只可备宣泄盛涨之用，常汛俱不能过水。今酌议，于南六工之双营，北岸三工之胡林店，七工之小惠家庄，各添建三合土滚水[9]坝一座。坝身俱照石坝落底尺寸，金门均宽十二丈。又，南岸郭家务，旧有草坝与现存引河不接，亦应照新添三滚水[10]坝，一律修筑如式，金门宽十二丈。此四坝金门共宽四十八丈，合之石坝中段二十丈，共宽六十八丈，以备滚泄出槽汛涨之水。其长安城、曹家务、求贤村、半截河四坝，旧筑金门各宽二十丈，共宽八十丈，合之石坝上下段三十六丈，共宽一百一十六丈，以备滚泄陡发盛涨之水。若坝外原有埝堰引河者俱仍其旧，本无者亦毋庸添置。如此办理，则浑流归入清流，而无止水之隔，虽仍循三角淀初由之路，实与前此情形迥异。其各坝宣泄汛涨，一年不过数次，一次不过数时，因堤之固及分而止，不但田庐无害，且于肥淤有益。

查，永定河未设堤岸之先，涨发则四溢横流，及其势定必有河身以行，正流必归淀，仍不免挟入泥沙。今将南、北各坝滚出之水，任其漫溢田间，而节宣有制，更无纷扰。其河身注入正流，直入大清河，则又与泥沙随溜溢淀为患者有别矣。至永定下口宣令归入大清河，前又经部议："恐致淤塞泛碍，行令原任总河顾琮筹画万全。"随据顾琮奏覆："必无前患"。经大学士鄂尔泰等定议具奏。臣今次至大清河乘舟上下察看，兹河为东西两淀、南北诸水之总汇，浩瀚迅驶，浑流一入其中，沙泥悉为刷去。既无留滞，亦无泛溢。且现在水涸之际，深犹二三丈。永定河泛涨过后，其恒流不足以当大清河十分之一，此实断无他虑，可以上慰宸衷者也。

总督方观承《请来年改移下口疏》（乾隆十四年［1749］十一月）

查，乾隆二年［1737］，河身自六工以下，已有高仰之形。奉谕旨："命大学士鄂尔泰亲往详勘，应如何改移、开浚、修筑之处，熟商妥议。"等因。鄂尔泰钦遵，会同前督臣李卫、河臣顾琮议："于半截河堤北改挖[11]新河，即以北堤为南堤。另筑北岸大堤。"经部覆准，自北岸六工起迤东筑成大堤，计长三十六里。因其下有积水侵占，未及完工。至乾隆五年［1740］，河臣顾琮续请接筑北堰，与北大堤相连而下。然，只系下口入淀之保障，而非为改河之用。嗣于两岸开建滚水坝，减泄盛涨，河无冲溢。但每岁淤垫益高，而六工水流不下，近年来情形又异。为今之计，就旧有之北大堤，于六工改移下口，使水由地中畅下无阻，自是长策。臣详加覆勘，只须稍为修补，即可完固。开挖[12]新河以容正溜，无需过为宽深。一切浚筑事宜，计算均无多费。惟查，北大堤内大小十九村庄，约计瓦土房九千七百余间。其余各村应迁者，计尚有三千四百余间，坟墓六千三百五十余穴，旗民地亩一千余顷，并多现种麦地。照雍正四年［1726］郭家务改河旧例，应将民房按间给价，坟墓给费迁移，旗地另筹拨补，民地给价除粮。但事关数千户之田庐生计，必须先期早为晓谕，详加经理，非此数月内能办之事。是以仍议暂由旧道。应请俟来年汛后，再将改移事宜，详加筹酌，奏请圣训办理。（奉上谕，恭录卷首。）

总督方观承《勘明南三工漫口情形疏》（乾隆十五年［1750］六月）

本月初六申刻，据永定道英廉禀报："永定河南岸三工第四道淤沟，两边埽厢被刷，初三、初四两日形势渐变，汕伤堤头宽至六七丈。"等语。臣闻之不胜骇愕，随委清河道僧保住，星速赴工，帮同办理。臣即于酉刻起身，兼程到工查勘。新开淤沟汕口，在南岸三工宿字第十五号。自第十二至十五号，旧有放淤沟五道穿堤，各宽四尺。内加护埽后，圈月堤长七百丈。每于汛期之前，将一、二、三、四道沟引进浑水，为入水沟，由五道沟彻放清水，为出水沟。节年将次淤满。其一道、三道沟，于上年冬闭后未开。现惟二道、四道沟入水，五道沟出水。五月三十日子时，河水逼注堤根，四道沟埽厢被刷，当即汕宽两边堤头，各坍丈许。其二道、五道沟亦同时进水。英廉将二道、五道沟俱行抢闭，并将已坍之四道沟，希图一并堵筑。遂匿不报闻。又捏称："是夜，月堤先坍数丈，以致淤沟通气掣溜。"希图掩饰。嗣因抢筑不住，于本月初三日汕宽一十三丈五尺，水注月堤，同时坍卸三十余丈。英廉始于初四日具禀。其种种捏饰情由，业经臣查明参奏。今臣住宿工所，督率堵筑。初八日，已经下埽四箇，尚需十埽即可合龙。查，溜势全趋汕口，正河受淤计一百五十余丈。臣带署涿州参将^①彭友俊到工，即令专管河兵夫役，并力挑浚，俟合龙之日，一面进埽，一面开放河头，挤逼全溜，令归正河，即可无事。至汕口所出之水，由道沟至固安县西南一带，仍由道沟四十余里至牤牛东股河，即金门闸引河，又四十余里，归入霸州中亭河。漫水四出，村庄低处多被浸漫。固安围城皆水注处，深三、四、五尺不等，地内水深二、三尺不等。永清被水村庄六十余处，水深二、三尺不等，田禾多有损伤。臣已饬司派员查勘，成灾各村借给籽种，赶种荞麦、绿豆等项，以冀有秋。

大学士傅恒等《议下口归海河情形疏》（乾隆十五年[1750]十一月）

永定河下口，东阻北运，南临东淀。自八工以下，浑流散漫于叶淀、沙淀周迴数十里，沙澄河清，然后由凤河入大清河，出西沽会北运、子牙至三汊河，会南运同入海河。原因浑沙善淤，不能有径行归宿之路。今拟于八工尾，接挑长河一道，夹筑两堤，不令散漫直入海河，为导河入海之上策。臣等于十一、十二日，带同永定河道白钟山、天津道宋宗元、知府熊绎祖，及各厅、汛弁等员，自八工下口葛渔城北堰，由庞各庄过凤河，至北运河东岸北仓^②前后，周迴覆勘。永定河自八工尾，直向东南，径入海河，就下之形势甚顺。惟穿过北运，必须将北运河尾改移，另入海河。查，北仓迤北二里许，地方宽阔，可以挑河一道，夹筑两堤，直向东南，至大直沽入海河，计长四十五里。再查，北仓迤南约四里许，穆家庄之北空阔之处，可为永定河经由之路，东南至田家庄入海河。计自八工尾至此，长八十五里。再查，

---

① 参将，清绿营统兵，位次于副将。河道总督辖下有参将一职。担任调遣河工，守汛防险等任务。但嘉庆《永定河志》及本续志职官表均未列入此职。直隶河道水利总督于乾隆十四年[1749]裁撤，河务由直隶总督兼管，涿州参将隶属直隶总督节制。则绿营中高级将领参与河防工程，此其一例。

② 葛渔城在今廊坊市南境，北仓在今天津市北辰区，庞各庄待考，当在今天津武清县南境，都在永定河中泓故道南。

卷九　奏议

297

永定河既以两堤夹束，径入海河，其凤河亦应改入北运河。自庞各庄至桃花口之上，空阔之处，可为凤河改入北运之路，计长十五里。以上挑河筑堤，各土方并建坝等费，共估需银九十余万两。再三详筹等熟虑，恐工力难施，而北运河改移东下，漕运粮艘多行海河二十余里，亦属未便。再，于海河北岸沿河察看，其情形稍觉宽阔，但亦未甚悬殊，诚恐海河四时潮汛。各别有大小缓急之不同，实难保永定河淤沙至此，必无淤垫之患。

总督方观承《下口善后事宜疏》略（乾隆十六年［1751］　月）

永定河尚有随宜酌办之工，如南岸长安城、北岸求贤村、卢家庄、小惠家庄草坝，现资分泄。其坝内各支河，频年过水，掣溜太顺，应另于坝下背溜之处，改挑倒勾引河，以免疏虞。又，各汛河滩内，节年有冲刷，河形逼近堤根。每遇水涨出槽，不免分溜刷堤，汛过又复停水为患。应将河形宽处多筑土格，窄处全行垫筑，俾漫滩之水无通溜之虞。又，五工放淤旧沟三处，乃水道经由熟径。虽经堵闭，必须培加宽厚，庶无疏失。又，南岸下口东堤长二十里，下接南堰，为新下口之处障。现在，水掠堤根，时有汕刷。查此处堤工，系康熙年间所筑，残缺太甚，亟应间段修补完整。

侍郎汪由敦等《勘下口河形疏》略（乾隆十六年［1751］十二月）

永定河身大势，北高南下，于冰窖作为下口，顺其就下之势，出水甚为顺利。臣等复由旧下口之东老堤，循南坦坡堰一路查看。冰窖以下，水即漫散平流。南、北两堰，相距地势宽广，足以容蓄停沙，浊流不至径趋入淀。就此情形，数十年可庆安澜。仰见皇上圣谟睿断，久因势利导之益。臣等公同周阅熟筹，自冰窖以下，应于每年河干之时，量加疏浚，去其壅碍。并于王庆坨南引河内，酌看地势高下，分疏数支，斜引向西北漾流洼处，则蓄水之地益广，似可为善后永图。其循南堰龙尾，东入凤河，顺堤清水一道，亦宜量加拦截草坝，以缓其势，不使缘堰直趋凤河。其凤河东岸堤工，应再间段培高二三尺，以免涨漫。又，南堰中汛，当下游水汇处所，二十里内亦应加培，以障河淀。俱俟臣方观承另行随时勘估办理。

总督方观承《请改移下口估计工需疏》略（乾隆十九年［1754］六月）

永定河于乾隆十六年［1751］改由冰窖出水，循南坦坡埝，导入叶淀。频年来，下口去路复积渐淤高。本年伏、秋盛涨，水倍常年，停淤所积亦倍于常。查，北岸六工半截河之下，于乾隆三年［1739］建筑北大堤，即今北埝之上中汛，原为改河行水之地，合之下流共长八十一里。自中汛以下南北相距渐宽，其北埝下汛与南埝下汛相距计三十五里，足资荡漾。今酌拟于北岸六工洪字二十号埽工之尾，开堤放水，作为下口。就近堤洼处，顺势挑引河一道，至五道口东南，导归沙家淀，仍由凤河转输入大清河。计挑引河长二十余里，普深三、四尺，面宽六、七、八丈，底宽三、四丈不等，俾束正流南趋。又北埝三汛，应一律加筑子埝，高三尺，顶宽八尺，并于上、中二汛内，间段加筑内戗。计引河将旧挖土方除算外，约需工银一千八百八十二两，加筑子埝内戗，除用河兵力作外，约需银一千五百九十四两。又，下汛自十一号至工尾二十三号，长二千二百二十余丈，埝身卑矮，外与沥水相连一片，应加培补，约估需银一千四百余两。查有永定、清河二道库，贮新旧河滩地租银两可以动用。

大学士傅恒等《议修建草坝暨改移下口疏》略（乾隆十九年［1754］六月）

查永定河六工，旧有草坝四座，可以分泄涨水。今应将张仙务、双营二处草坝修葺完固，以备分泄。其上七工地方，向未设有减水草坝。今细阅马家铺及冰窖以东二处外，多系碱地，广袤间旷，村庄远隔，可以潴水。应添建草坝二座，俾遇大汛，分减水势，俱应遵照建造。再，方观承请"将旧有之北大堤，于六工改移下口，使顺流无阻，堤内村庄可以给价另迁。"查，从前因外高于内，业经改移，及改移之后不数年，又高于旧，则今之以北岸为南岸，焉保数年以后不又高于旧身乎？就目前形势而谕，不得不于北岸六工，复为更变之策。今年汛期过后再看情形，数年后如必欲改移下口，另请再议举行。

总督方观承《南四工漫水情形疏》略（乾隆二十四年［1759］闰六月）

南四工漫水，系由大孙郭村①顺固安东界之道沟，趋永清县城，绕濠而南，循黄家河旧河身，入霸州津水洼，流归胜淜淀②内之径直河。（奉朱批："知道了。究以

---

① 大孙郭村在河北固安县北境，现有小孙郭村地名。大孙郭村当在其附近。
② 津水洼、胜芳淀在霸州东南境，中亭河南，文安县北。现有胜芳镇地名。

速开引河、堵漫口为是。不可以其归淀，而缓视之。入淀久，则淤泥深，为害大矣。慎之！"）

总督方观承《北三工漫溢情形疏》（乾隆二十六年［1761］七月）

永定河于七月初八日午刻，卢沟桥长水六尺六寸，金门闸过水三尺，北村草坝过水六尺，北岸求贤草坝过水二尺六寸。至初九日以后，河水虽平，而北岸以外京南一带，沥水汇注甚大。三、四工以下水深四五尺，皆浸泡堤根。霪雨之后，兼值北风冲激。北岸三工黄字十三号堤帮间被汕刷，复并入黄字四号求贤坝减下之水，以致堤顶蛰裂数丈。随即加土抢护，奈脚根已虚，于十一日辰刻坍塌。浑水与沥水通连八丈有余。缘此处堤外地面，较之河身不致如南岸之低，溢出之水约只一二分，全河仍循南岸东趋，并未夺溜。遂于十三日，驰赴该处察看情形，坍处口面已宽至十八丈，溢水无多，软镶即可断流。现在，多集兵夫连夜抢办，已有六份工程。河内底水二尺六寸，如不长水，即可克期完竣。

总督方观承《察看下口情形疏》略（乾隆二十六年［1761］七月）

查北三工漫口于软镶合龙后，内埽外堤各长六十一丈，并戗堤、戗埽等工已及一半，限于八月初二日一律完竣。臣因下口清、浑水道有关紧要，现赴南、北埝、遥埝，周迴乘船察看。遥埝以内地广而洼，浑水初经，足资荡漾。过北埝上汛四十里外，即清、浑相并，所过之地已间段留淤一、二、三尺。盖清水盛，浑水亦盛，则虞倒漾；清盛浑弱，则易停淤。此时，浑水已渐微弱，故水缓沙停，而淤速也。俟水势大落后，臣即令将下口淤处大加疏通，仍挽流令归旧道。

总督方观承《勘明北埝漫溢情形拟圈筑月堤疏》（乾隆二十七年［1762］闰五月）

永定河自麦汛以后，阴雨连绵，河水叠次长发。二十三日夜雨倾盆，河内长水亦只三四尺讵，凤河下游清水骤长至一丈二尺，南埝中汛外，清水与埝顶相平。下汛清水从埝顶漫入，因清水下阻，以致浑水宣泄不及，旁溢一股，至北埝三十四号。又，一股至十七号，旋俱断流。又，一股直注十二号，水势涌起，于二十四日漫出北埝，斜注遥埝，循埝根里许，仍转向东南归入沙淀，去路甚畅。又，遥埝外沥水，自十八九日连次大雨之后，积与埝平，东西宽四五十里，深六、七、八、九尺不等。

复加二十三日夜间大雨，岔河地方埝身浸透。二十四日午后，平蛰四百余丈。幸地势向北渐高，故沥水南趋，而浑水不致北泛。其有漾出埝下减河者，仍转入郑家庄南遥埝之内。臣闻信即兼程前往，沿途察看。南、北两岸各工，俱经抢护平稳。二十八日至北埝改溜处所，乘船随水查勘。东西归入沙淀，其势甚顺，沙淀以下水半澄清，与上年北埝九号过水情形大概相似。其遥埝坍蛰处所，臣详加相度，若只于北埝加培，恐夹峙于浑水、沥水之中，难资捍御。拟于埝外圈筑月堤一道，酌其地势展宽三、四、五里，以为重层保障。此处地面空旷，从常年沥水占蓄之地，宽留浑水荡漾之区，似于匀沙散水之法大有裨益。

（以上补旧志缺）

总督那彦成《北七工漫溢疏》（嘉庆二十年［1815］六月）

本月二十七日，奴才接据永定河道李于培禀称："本月二十五日，该道将南岸三工出险各处抢护平稳，后驰赴北岸查勘水势。途次，接据三角淀通判郑以简、东安县主簿邱凤梧，并协防河间府同知王履泰、候补通判单应魁、候补县丞汪兆鹏等禀称：'本月二十二日夜间，北岸七工雨大风狂，水势叠次增长，黑夜之间但见中洪水立，有似蛟水，竟不能计丈尺。该员等竭力抢护，无如水势有增无减，兼之狂风骤雨，人力难施，以致北岸七工二十四号，于二十五日卯时被水漫溢二十余丈。都司谢成浮淌，现在尚无下落。该道驰至该处查看，已塌去六十余丈。全河大溜直注口门。现在盘做裹头。'并据郑以简回称：'差人顺水查看，水过口门后，即循堤外减河及洼处荒地经行，仍归本河尾闾，下注东安县，傍水小村间有被淹之处'。"等情。具禀前来。奴才接阅之下，不胜惊骇愧悚。查，本月奴才亲往永定河查勘工程，水势因北七工自头号起至二十二号止，堤埝单薄，曾经奏明动拨道库银两酌量加帮。今漫溢之二十四号，虽不在加帮之内，查明，向来因系平工，仅止疏浚中洪银两，并无岁修、抢修之项。惟时届大汛，该管厅、汛及协防各员，虽系暴长蛟水，究属失于防护，以致漫溢，实属疏玩。查，通判郑以简、主簿邱凤梧，系专管之员，同知王履泰、通判单应魁、县丞汪兆鹏，系协防之员，均难辞咎。相应参奏请旨，将三角淀通判郑以简、东安县主簿邱凤梧、协防河间府同知王履泰、候补通判单应魁、候补县丞汪兆鹏，均请暂摘去顶戴，仍留工效力，如果堵筑迅速再请开复。奴才未能先事预防，仰恳圣恩交部议处。至永定河道李于培，到任甫逾一月，应否议处出自皇上天恩。奴才现在飞饬该道李于培，赶紧购买料物，一面在藩库酌动银三万两。

奴才于二十八日亲带赴工，确勘情形，请旨办理。其被淹村庄，如有应行赈恤之处，俟勘明照例奏明请旨，分别赈恤，不敢稍有讳饰。再，此项工程奴才拟动用长芦盐斤加价银两①，现在动拨藩库银三万两，俟盐斤加价银两提到，即行归款。合并陈明。谨奏。（奉上谕，恭录卷首。）

总督那彦成《勘明漫口情形疏》（嘉庆二十年［1815］七月）

窃永定河北岸七工二十四号，于六月二十五日因暴涨漫溢。奴才接据该道李于培禀报，飞折驰奏。奴才于二十八日拜折后，自省城起程，昼夜兼行，次日驰抵该处。带同该道及厅、汛各官，亲赴漫口逐细履勘。查，该处距下口甚近，水势侧注，河身大溜掣入口门后，仍循堤外减河归入正尾闾。先据报，蛰陷六十余丈，及奴才赴勘，暴涨消落。现在，口门业已掣涸，仅止四十余丈，土性坚实，俱无汕刷。随测量口门水深一丈七尺，漫口以内水深五六尺、七八尺不等。漫口以外水深一丈一、二尺不等。减河正身，尚无淤蛰过高之处。惟正河身，因下游淤垫形成高仰，通长应挑三十余里，必须实力挑挖深通，方期顺轨。日来天气晴霁，俟稀淤晒涸，即可先期勘办。至该处向系平工，并无旧料，其各工料物俱因抢险动用，所余无几，亦须留为秋汛修防之用。刻下新料尚未登场，奴才与道、厅各官悉心筹酌，该工下游多系任水荡漾之区，既不妨民间田舍，此时正不必急议堵筑。一俟新料登场，农闲之时，赶紧雇买，定期八月内兴工。此时，先将引河挑挖深通，将来堵筑亦不甚费手，定可一气呵成。仰恳圣厘，所有费用钱粮，奴才所带加价生息银三万两，现在永定河道库存贮新、旧防险及河淤地租，并各员赔项，共银五万余两，统计八万余两②。尽此数目撙节办理，已足敷用，无须另行筹酌。奴才亲督勾稽办理，务使工归实用，不令少有浮费。至都司谢成，先于漫溢时被水冲倒，旋即抱住堤边大树，得不漂没。合并陈明所有现赴该工勘查、筹办情形，合先恭折具奏。（奉朱批："依议，钦此。"）

---

① 长芦盐区在河北省、天津市渤海沿岸。元、明、清以来，为中国主要产盐区。清沿续明制，对食盐制产、运销征收"盐课"，［咸丰年间又加征"盐厘。"］"盐斤加价"是盐课的附加税。盐税是清政府重要财源。清在长芦设巡盐御使，负责征管，归直督节制。这里直隶请旨动用盐税收入，用于河防工程。

② 钱粮加价生息银，是指清政府田赋的附加捐税。田赋按地亩征粮，折合银两，银两征收时每一石加征"火耗"［镕铸银锭时的损耗］四五钱。此项附加税银又放贷给商户收取利息。

总督那彦成《北七工续被漫溢疏》（嘉庆二十年［1815］七月）

窃差次，自本月初九日晚间起，直至十二日止，连朝大雨。奴才恐永定河上游水势涨发，各工出险，一面专差查探，一面行文饬查。即据该道李于培禀报："初十、十一、十二等日，大雨倾注，永定河骤长水一丈余尺，由北六工废堤十六号旧缺口奔腾而出，全注北七工自第一号至十四号，汪洋浩瀚。水势高出堤顶，直与埝平，情形颇为吃重，现在昼夜抢护，"等语。当经奴才批饬，该道督率厅、汛及协防各员，加谨防护。去后，兹于十七日又据李于培禀称："十二日夜间，风雨更大，水势愈高，两岸各处险工在在吃重。饬令兵夫冒雨取土，竭力抢护。讵至十三日丑刻，第十号堤埝水势一涌而过，人力难施，以致漫口三十余丈。溜势由东北折向东趋，仍循减河故道，归入前次漫溢二十四号，漫水下注工尾任水荡漾之区。减河迤北之垫上等十余村，距堤三四里不等，均有被淹，此外并无旁溢。现已差弁往查，另行禀报。其二十四号漫口仍然分流。"等情。具禀前来。奴才查，北七工二十四号已有缺口，此时大雨倾注，各工在在危险。若再于上游漫溢，更属不成事体，工料加费数倍，办理愈难。所幸仍在北七二十号，漫缺相去不远，将来办理尚不致十分棘手。而村庄无多，居民亦无伤损。实皆仰赖皇上洪福，于不幸尚为有幸。惟查，刻下正在秋汛期内，应俟白露后，水退归槽，同二十四号漫口兴工堵合。尔时二者之中必有一断流旱口，庶几施工较易，不致多糜帑项。现饬该道，赶紧盘做裹头。奴才一俟差竣，即驰往查勘，另行具奏。奴才虽在差次，距工稍远，但不能先时饬属预防，咎实难辞。相应请旨，将奴才交部严加议处。至附近各村有无被淹，照例办理。各官仍俟查明另参外，为此缮折奏闻。（奉上谕，恭录卷首。）

总督那彦成《请改移下口疏》（嘉庆二十年［1815］七月）

窃永定河发源山西马邑县，行万山中，挟沙奔驰，会归各水，至直隶石景山卢沟桥以下，散漫无定。康熙三十七年［1698］间，蒙圣祖仁皇帝轸念民依，创建南、北两岸堤工，赐名"永定"。自良乡县老君堂筑堤，开挖新河，由永清县宋家庄汇安澜城（即狼城①）河入淀。康熙三十九年［1770］，因安澜城淤塞，于永清县郭家务之下，改由霸州柳岔口归淀。雍正四年［1726］，柳岔口亦渐次淤高，又于柳岔口稍

---

① 狼城，又作郎城、或琅城，实为一地，在今河北省永清县东南隅，即安澜城。

北，改为下口，自永清县郭家务起，开河引水至武清县王庆坨之东北，由三角淀、叶淀入大清河。乾隆十六年［1751］，三角淀一带淤成高仰之势，南岸七工冰窖草坝凌汛夺溜，遂由冰窖改河，从旧有之东老堤开通，归入叶淀。乾隆二十年［1755］，因冰窖河口迄北淤成南高北低，仰蒙高宗纯皇帝亲临阅视，指示机宜，将北六工洪字二十号以下贺尧营，开堤放水，改为下口河流东注，地势宽广任其荡漾，散水均沙，归沙家淀。乾隆三十七年［1772］，因下口年久地淤，形势曲折，遂于东安县之条河头挖河，经由毛家洼直入沙家淀。此六次改移之原委也。惟时，高宗纯皇帝谕旨内即有"三十年以后殊乏良策"之语。计自乾隆三十七年［1772］改移下口以来，历令四十余载，河水挟沙而行，到处淤积，而下口水势散漫之处，高仰尤为更甚。是以一遇盛涨，水势不能畅注，即有漫溢之虞。今年下口两次漫溢是其明验。奴才详加咨访，南岸六工第十九号即系旧北堤，堤外有旧河形，系乾隆三十九年［1774］以前之下口，比现在正河地势较低。询之在工各员，及附近年老居民，皆称若将下口改移该处，可期畅泄。遂委坐补北岸同知张承勋、都司谢成会同确勘。兹据禀称："前往南六工第十九号，紧对乾隆二十年［1755］北岸洪字二十号改移下口处所，较量正河河底，高于堤外平地二尺三寸，平地高于旧河底三尺，共计正河底高于堤外旧河底五尺三寸，实属河高地低。"该同知等，顺由旧河形处，挨汛勘至韩家树①为止，中间有深至四、五、六尺者，因秋禾在地，不能逐段较量地平。询之沿河村民，佥称："南六工地势较南八工约高五六尺，南八工地势又较三河头②约高七八尺，"直至清浑交汇尾间，探量水深六七尺至一丈二三尺不等。若改移下口，极为顺利。该员等又勘得："旧河形迤南有南大堤一道，迤北有旧北堤一道，即现今之南岸。南、北两堤相隔约有二十余里，中间有东西坦坡埝一道，坦坡埝之中有缺口一处，名川心河。旧河形系自南岸六工十九号起，自西北斜向东南，入川心河东趋入淀。又勘得，离旧河头迤东相离五六里，紧靠旧北堤有村庄二处，一名柳坨村，约有居民五六十户，一名新庄，约有居民六七十户。此二村本在旧北堤外，因乾隆二十年间改移下口搬至旧北堤内。又，川心河迤东相离二十五里，有村庄一处，即安澜城，约有居民一二百户。又，安澜城迤东相离十五里，有村庄一处，名宋流口，约有居民一二百户。又，宋流口迤东相离十八里，有村庄一处，即王庆坨，有居民

---

① 韩家树，又名韩家墅，在今天津北辰区境。
② 三河头，在北辰区，有上、中、下河头三村即是。

四五千户。此三村皆紧靠坦坡埝。又，南大堤内离堤四里，有村庄一处，名唐儿府，约有居民八九千户。又，唐儿府迤南相离六七里，有村庄一处，名得胜口，约有居民二三百户。又，得胜口迤南相离五里，有村庄一处，名东沽港，约有居民三四千户。又，东沽港迤南相离三四里，有村庄一处，名里安澜城，约有居民二百余户。以上九村庄，皆坐落南、北旧堤之内。除柳坨、新庄二村，系乾隆二十年〔1755〕间始行迁往外，其余七村皆系旧有。现在虽种植之地，亦皆历年积水，而近东一带较为洼下。如将下口改移，水势仍由旧河经行入淀，应从坦坡埝外之安澜城、宋流口、王庆坨三村，并南大堤内之唐儿府、得胜口、东沽港、里安澜城①四村面前经过。该村相距河身尚远，均可无碍。惟此外尚有零星小户，自三四户至五六户不等，皆系附近居民，因图种河滩地亩，历年陆续迁居，必须令其搬移，以免淹没。约估修筑堤埝等项工程，共需银十一万五千三百三十七两零。"开单绘图，禀送前来。奴才查，永定河下游高仰，水势不能畅行，数十年来常有溃溢之患，节次修复漫口、赈济灾黎所费帑金，难以数计。若不及时筹一补救之法，则河身淤垫日甚一日，一遇大水，势必溃漫，是年年生工，殊非长策。兹南岸六工第十九号地方，既系昔日下口，较量地势比正河低至五尺有余，以下节节低下，至一丈二三尺不等，实有建瓴之势，估计修筑堤埝等项，共需银十一万有零。奴才愚昧之见，似可将下口移改南岸六工十九号旧道，以顺水性。至附近南大堤坦坡埝，共有村庄七处，皆系昔年所有，相离河身尚远，可无防碍。此外，虽有零星小户，为数无多，将来下口改定之后，将现在河身之地拨给耕种，较伊等现种之地，更为肥饶，该居民等，自必情愿。惟现在必须饬令迁移，方可勘办。奴才于河工事，宜素未历练，不敢毅然自信，合无仰恳圣恩，派令熟悉河工大员，俟奴才差竣，弛赴永定河，会同详细履勘明确，奏请圣训遵行。（面奉谕旨："派戴均元、温承惠会同查勘。钦此。"）

戴均元等《勘改移下口情形疏》（嘉庆二十年〔1815〕八月）

"窃臣那彦成，因永定河下游淤垫，北高南低，访有旧河故道，自南六工第十九号起，逐渐低洼，议请改移下口，"等因。钦奉谕旨："派臣戴均元随带温承惠，前

---

① 此折九个村庄所在：柳坨在河北永清县城东南；新庄待考；安澜城〔现名里安澜〕在永清县境东南隅；宋流口〔今名送流口〕、得胜口、外安澜城〔奏折称里安澜有误〕、东沽港均在今廊坊市南境；王庆坨在天津武清区西南。以上各村均在永定河中泓故道南北旧堤之内。参阅本志《永定河全图》，及《河北省地图册》永清、廊坊图及《天津市地图册》武清区图。

往会同履勘。"臣戴均元即带温承惠于七月二十六日自京起程，二十八日驰抵南六工第十九号地方。臣那彦成亦于是日由差次驰抵该处，遵旨会同确查。随勘永定河南六工十九号南老堤以内，实有旧河形迹，果较低于正河底，深浅不等。从此迤里而下，由西北趋注东南，形势诚为顺利。即约估改移下口、挑河、筑堤等项工程，钱粮亦不致多糜。但旧河淤垫既久，自旧河头至尾闾，绵亘九十余里，附近居民私自迁移种植，俱成沃壤。现在，高粱、黍豆一望黄茂结实，若照例驱逐，令其迁移，亦理所应得。但其中村庄户口，除零星小庄不计外，其有名大村九处，自一二百户及四五千户，并八九千户不等。内如柳坨、新庄、唐儿府，逼近旧河，一经改移难免淹浸。其余六村，水势盛涨之时，亦难保不受水患。河身内亦间有沙埂、填塞之处，俱种树木、芦苇，根荄盘结起除亦非易易。臣等会同筹酌，据现在地形高下而论，改移下口，实有建瓴之势，工费不多，既不难办，土性亦好。惟民舍、田庐在在蕃殖，一时迁移为难。即使以现在新淤河身按户拨给，小民安土重迁，办理殊多未便。所有改移下口之处，应请毋庸办理。为此恭折复奏。（奉朱批："所议甚是，知道了。钦此。"）

总督那彦成《勘明续漫情形疏》（嘉庆二十年［1815］八月　附《请温承惠来工帮办片》）

窃奴才于七月二十八日驰抵永定河，亲诣北七工漫溢处所，逐细查勘。因七月初十等日，河水陡涨，溜势北趋，由北六工废堤十六号旧缺口奔腾而出，向西倒漾十余里。直至北六工废堤与北七工正堤接连之处，仍折回东注，以致北七工第十号堤埝过水。当时，被漫情形本较二十四号为轻，现在连日晴雨，水势消落，已成旱口。止须筑还土堤，并非口岸可比。惟二十四号漫口仍然分流，应于中洪挑挖引河，并于上游筑挑水坝，将溜势挑入引河，方可施工堵合。刻下，虽距白露节候为日无几，惟因雨水过大，偏地稀淤，兵夫难以站脚，尚难动工。应缓至八月二十左右，地土干燥，料物登场，再行择吉办理，以期一气呵成。惟查，永定河道李于培以"未能谙练河工，不能看出形势，以致照漫口"具禀。奴才因在差次未能亲勘，是以据禀具奏。今经戴均元、温承惠俱同奴才亲身履勘，实系旱口，并非口岸。可否仰恳圣恩，念其虽属冒昧，具禀究出之过于小心，不敢讳饰，合无仰恳天恩免其议处。仍令将第十号漫口罚令填筑坚固，不准开销。至该管厅员郑以简、汛员邱凤梧，均非初任人员，两次失防，实属疏玩，理合参奏。请旨将三角淀通判郑以简、东安县主簿邱凤梧革职，仍留工效力，俟漫工堵合完竣，再行具奏请旨。

再，戴均元到工，口传钦奉谕旨："如永定河下口勘定改移，留温承惠在工帮同办理，否则仍回京供职，"等因。查，永定河改移下口，经戴均元与奴才会商，现因民居过众，奏明停止办理。惟北七工之二十四号漫口必须堵筑，八月内即当兴工。永定河道李于培[13]心地端正，办事谨慎，支发钱粮清楚节省，两月以来，各工员均极信服。第该员从未经历堵筑口岸工程，究欠熟练。更兼奴才亦非习谙河务，且有通省应办地方事件甚多，不克常川驻工，实有难以兼顾之势。查，温承惠在值年久，熟悉永定河情形，节次办过漫口，极为妥速。合无仰恳圣恩，仍饬令温承惠来工，帮同奴才办理北七工漫口，俟工竣之后回京供职。不特工程可期妥速办理，不致多糜帑项，即奴才亦得专心办理地方事件，于公务均为有益。奴才愚昧之见是否可行，谨缮片附折陈奏。（奉上谕，恭录卷首。）

总督那彦成《筹办漫口工程疏》（嘉庆二十年［1815］九月）

窃奴才于本月二十三日在天津审案完竣后，即于二十四日，驰抵永定河北七工次。温承惠先于十四日到工，所有应挑引河及堵筑漫[14]口事宜，已与该道李于培等确勘妥议。兹奴才到工后，复与温承惠带同该道李于培，及厅、汛各官详加履勘。水势自西折而向北，直注口门，已成入袖之势。刻下情形，似应在西坝之上，筑挑水大坝一道，逼溜东趋。并于现在迎溜坐湾处所，挑挖引河一道，始成吸川之势。惟估做挑水大坝需项较多，经费有常，不得不撙节办理。奴才与温承惠等再四熟筹，此后水势有落无长，若引河形势顺利，挑挖深通，将来开放亦可得力。挑水坝工程应行节省，勘明即在旧河身稍南，离东坝略远地方挑挖引河。该处间段尚有河形，较为简易，随由引河头迤里而下，直至黄花店以东至西洲止。共应挑引河长五千六百零九丈，估挑口宽二十四丈至三丈不等，底宽一十八丈至一丈五尺不等，深一丈二尺至三尺不等。至口门原宽六十四丈，嗣溜势掣淜，现在水口仅宽四十一丈，水深八九尺至一丈七八尺不等。其掣淜之二十三丈，悉成旱口，用土夯筑固属节省，第漫淹之后土性已属松浮，若不从新另做，难期坚固。必须刨挖深槽，节节多用软草秸料铺底，逐细镶填一律进占，以免溜势搜根，方臻巩固。现在溜势向口门直注，形已入袖，堵合较为费手，必须缓缓镶做，步步稳实力保无虞。且引河头贴近东坝，不宜多做，拟东坝进占七八丈，西坝进占五十余丈，以顺其东注之势，于合龙较易为力。奴才现将引河画分段落，派员领银挑挖。其东、西两坝掌坝文武各官，以及支发银两，购买料物，催河收料，跑牌买土，弹压巡查，委员共需文武一百余员，均已逐一调集，公同派定。诹吉于二十五日，敬祀河神，集夫兴工。至此项工程前经奴才奏明，携带盐斤加价生息银三万两，永定河道库存储新旧防险及河淤地租，并各员赔项，共银五万两，统计八万两余两，尽此数目已足敷用，毋庸另行筹酌。奴才与温承惠督率再加节省办理，总期工归实用，帑不虚糜。仍随时稽查，勒限蒇工，仰纾垂廑。

再，口门河槽甚深，堵合之后倘遇水势盛涨，堤身必致吃重。奴才与温承惠等商酌，拟于合龙后筑月堤一道，镶做鱼鳞埽，以为重门保障。并将北七、北八两汛堤身卑矮残缺之处，一律加高培厚，用资保护。以上二条统于善后工程内另行确估，奏请办理。至第十号漫口，已经该道李于培罚赔，填筑坚实。北六工废堤缺口，亦据该道修筑完固，以资捍卫。合并陈明，谨奏。（奉朱批："览。钦此。"）

总督那彦成《堵合北七工漫口疏》（嘉庆二十年［1815］九月　附《开复各员处分片》）

窃永定河北七工二十四号漫口，原宽六十四丈。及八月间，奴才与温承惠先后到工，会同履勘，因溜势掣溜，水口仅宽四十一丈，水深八九尺至一丈七八尺不等，其余二十三丈悉成旱口。当将筹办情形，及应挑引河地方丈尺详晰商酌，一面札调文武员弁，饬遵赴办，一面奏蒙圣鉴，在案。奴才于十七日送驾后，遵旨于十八日驰回省城。兹于二十一日据温承惠报称："会同永定河道李于培，自八月二十五日开工以来，在工文武员弁、兵夫，均各踊跃从事，昼夜不懈。引河共长五千六百零九丈，分派二十四段，于九月十二、三、四、五日一律挑完，深通如式。东、西两坝，察看大溜向背情形，分别多寡丈尺，以次进占，随时加压大土，务期步步坚实，占占稳固。边埽后戗，亦随时镶做，以资护卫。口门愈收愈窄，溜势愈刷愈深。自初十日以后测量，埽前水势已深二丈二三尺至二丈四五尺不等。迨十八日，又陡长水数尺，金门刷跌愈深，测量竟深至三丈六尺。佥称，此次永定河水势之大，为从来所未有，波涛怒激，猛勇异常。于十八日戌刻，西坝陡蛰数占，势甚危险，幸料物宽裕，人夫云集。温承惠与李于培督率文武掌坝，及在工职事一百余员，分投催运料土加镶、追压，不令片刻停留，西坝甫经平稳。溜势向东侧注，东坝又复陡蛰，随蛰随镶，亦俱保护无虞。坝外水势激湍，两坝屹立不动。其时，西北狂风大作，立将扑堤怒浪卷注东南，直射引河方位。温承惠察看情形，于开放引河事机，极其顺利。时已十九日寅刻，立将引河头所留土埝起除开放，风卷水趋，星驰电掣，建瓴直注迅于飞瀑怒涛。数刻之间，已将五千六百余丈之引河全行铺满，直达尾闾，势甚通畅。埝前水势立刻消退二丈余尺，即于卯时挂缆合龙。员弁、兵夫倍加欢欣踊跃，竭一昼夜之力，于二十日卯刻已坚实稳固，毫无涓滴渗漏，坝前业已停淤，全河悉归故道。奴才接阅之下不胜欣跃，此皆仰赖皇上洪福，河神默佑，得于二十余日之内迅蒇要工。该工善后事宜，奴才现已札致温承惠，督同道、厅确切估计，于明春另行办理。在工大小各员即令回任回省，以节縻费。至奴才俟恭祝万寿，由京回省之时，再会同温承惠前往工所收工。

再，奴才查此次堵筑事宜，所有镶做大坝、挑挖引河工段，皆同时并做，钱粮又务从节省。此次用银总数确实核计，共用银五万五千四百九十七两八钱九分七厘。除奴才等应赔银二万二千一百九十九两零，例应销银三万三千二百九十八两零。所有工段丈尺，用银细数，另开清单恭进御览。至漫口之后，奴才将专管厅、汛参奏革职，协防各员奏请摘去顶戴，留工效力。此次该员等，在工效用均尚认真巴结。且查河工漫口堵合之后，有准予开复原官之例。应请协防北七工先经奏请摘去顶戴之河间府同知王履泰、试用通判单应魁、试用县丞汪兆鹏三员，请旨开复顶戴。其专管之已革三角淀通判郑以简、已革东安县主簿邱凤梧二员，汛内漫口本系无工处所，可否仰恳圣慈，将郑以简降等以州同用，邱凤梧降等以巡检用之处，出自逾格天恩。是否有当，理合恭折具奏。再查，此外尚有办工出力人员，容奴才另行造册咨部议叙。合并声明。谨奏。（奉上谕，恭录卷首。）

总督那彦成《估善后工程疏》（嘉庆二十年［1815］十月）

窃奴才陛辞后，由京会同温承惠，于初十日驰抵永定河工次，将堵筑各工段逐一验收。镶做俱极稳固，丈尺亦俱符合，河流顺轨下注畅达。所有善后应办紧要各工，因漫口新筑，工段土性纯沙，转瞬积凌下注，甚属堪虞。先经温承惠于堵筑大工之时，亲身查看情形，所有应行添筑挑水、顺水各项，坝工土格、月堤并帮做内戗、填补深塘沟槽，以免引溜生工。至临河险要处所，均酌量镶做磨盘裹头，防风埝段。奴才当即饬令该道李于培，督率厅员，酌量缓急，确估赶办，以资抵御。兹据该道开单呈送，共估需银六千五百四十七两零五分二厘。奴才等按照单开各工详细履勘，所有坝、堤、埝段，均系最关紧要，刻不可缓之工，核计所估银数尚无浮多。该道李于培现已督率厅、汛，办至四、五分不等。奴才饬令该道、厅等，务于上冻以前，一律赶办完竣，另案请销。谨将工段丈尺、银数开列清单，恭呈御览。至北七、北八两工迤逦四十余里，向系无工处所，并无岁、抢修秸料。近年以来，河流北趋，已成险工，必须预购秸料，以备来岁伏、秋大汛抢修之用。奴才等悉心筹酌，应奏明请旨俯准，按照例价购备秸料二十五垛。责成该道、厅核实采办，存贮该工，以资要需。再查，北七、北八两工堤身，向系卑薄。本年雨水过多，冲刷残缺之处，在在均须培筑。其余南、北两岸奴才于本年周历各处，节次详细勘验，均有低薄冲刷，应行加培疏浚处所。奴才现饬该道李于培，逐加勘估。容俟核明，于来春兴工奏办外，所有验收新工，及筹办善后紧要工程缘由，理合恭折具奏。（奉朱批："依议。该部知道。钦此。"）

总督那彦成《改厅员经管汛段疏》（嘉庆二十年［1815］十月）

窃永定河南、北两岸，绵亘三百余里，汛段延长，险工林立。每遇伏、秋大汛抢修之时，必须专管厅员呼应灵便，不致顾此失彼，方足以资捍卫而专责成。向来，额设石景山同知，南岸、北岸同知并三角淀通判，共计厅官四员。石景山同知专管两岸石工。南岸同知专管南上、南下、南二、南三、南四、南五、南六共七汛。南七、南八、南九三汛，则归三角淀通判管理。北岸同知专管北上、北中、北下、北二、北三、北四、北五、北六共八汛。北七、北八二汛亦归三角淀通判管理。惟查石景山，向系两岸石工均极巩固，别无要工。南岸同知管理七汛，北岸同知管理八汛，一遇抢险，每致鞭长莫及。三角淀通判住扎北七工，管理北七、北八两汛，又须越河经营南七、南八、南九三汛，董率策应往往势难兼顾。而北七、北八从前只系平工，近年已成险要，更须专员加意防护，方可不致贻误。奴才与温承惠及道、厅等悉心商酌，惟期于事有益，不如量为改移。相应据实奏明，请将石景山北岸石工，仍归石景山同知管理，并添管接连之北上、北中、北下、北二共四汛。其北三、北四、北五、北六、北七、北八共六汛，请俱归北岸同知管理。石景山南岸石工，改归南岸同知管理，仍管接连之南上、南下、南二、南三，南四共五汛。其南五、南六、南七、南八、南九共五汛，请均归三角淀通判管理。如此酌为改易，汛段既不致纷歧，呼应似为较灵，于要工实有裨益。至该厅等改易汛段一切事宜，容奴才另行具题外，所有酌议分管汛段缘由，理合恭折具奏。（奉朱批："吏部议奏。钦此。"经部奏准。）

直隶总督方受畴《秋汛安澜疏》（嘉庆二十一年［1816］七月）

窃照永定河秋汛期内，防卫最关紧要。臣到任后，即经檄饬该道，督率厅、汛各员，加谨防护，在案。兹据该道叶观潮禀称：“入秋以来，水势随长随消，忽于七月十三四日水势陡长，大溜猛激异常，两岸纷纷报险，该道驰赴各汛，督率抢办。南岸二工溜势侧注，赶下新埽一段，并于对岸滩嘴挺峙处所，切去嫩滩，一面筑坝挑溜。又，北岸头工上汛十一号，河势坐湾刷塌堤脚，赶下新埽一段，买土买料抢镶出水。十三号旧埽十五段之下，大溜顶冲汕刷堤根，十九段之下溜势下挫溃塌堤身，颇形吃重。共赶下新埽六段，均赶紧加镶签桩，稳固北岸。三工十二号旧埽之上，大溜侧注，溃伤堤坡，赶下新埽三段。北岸四工八号，前次伏汛所添新埽之上，溜势上提侧注溃堤，接下新埽一段，签桩追压始得平稳。查时逾处暑已阅旬日，异涨如此狂骤，加之北七、北八两汛，叠生新工，较往年尤为着重。幸各汛料物、钱文预备应手，在工文武员弁甚为踊跃，该道往来督率各员，竭三昼夜之力，一律抢护平稳。兹届白露之期，水势渐消，溜走中泓，石、土各堤并闸坝等工，悉臻稳固，”等情。前来。臣查，永定河秋汛期内，河水异涨各处出险，经该道督率厅、汛文武员弁，奋力抢护，悉臻稳固。皆仰赖圣主鸿福，河神默佑，得以化险为平，安澜告庆。臣欣幸之余倍增凛惕，理合恭折具奏。并缮秋汛期内添下埽段丈尺清单，敬呈御览，伏乞皇上睿鉴。谨奏。（奉上谕，恭录卷首。）

工部《另案工程条款疏》（嘉庆二十一年［1816］十一月）

窃臣部办理河工，关系钱粮最为重大。核销一切工程，首据原奏清单，次凭工料例价，盖原奏清单为应修工程之纲目，工料例价系销算钱粮之准绳。故定例，原奏务须叙明情形，清单必欲详开工段至土方例价，各有专条，不使稍有冒滥。旧例固属周密。惟臣部现在查核，河道另案工程仍有例内未经详载事宜。臣等公同商酌，谨拟四条，恭呈御览。

一、河道另案工程。应令于年终，将总用银数汇折奏报，以昭慎重也。查，河工岁、抢修，系常年办理之工，每年动用银数业经有定限，至另案新生各工，系临时察看情形办理，势难画定限制。故定例，银数在五百两以下者，咨部核办。数逾五百两以上者，奏明办理。各按银数分别题咨，估销历经遵办在案。第思另案新工，固难于未办之先定以限制，亦当于既办之后予以考核，俾常年用银多寡有可比较，庶不致任意开销，致启浮冒之渐。应请嗣后，凡河道另案工程，无论题咨各案，令各该督于三汛后，将一年统用银数汇奏一次，并将上三年另案所用银数多寡，分晰比较，以备查核。

一、修筑堤坝，填补残缺洼槽，并填垫河形。应于奏报清单内开明高、深、长、宽丈尺，以归详慎也。查，南河、东河、北河修筑堤坝各工，近年奏报清单除将堤坝各工高、宽、长丈开明外，其填补残缺洼槽，及填垫河形并不开载宽、深丈尺。仅声明，连填补残缺洼槽共需银若干字样。殊不足以昭慎重。应请嗣后，令各该督，凡遇修筑堤坝各工，应须填补残缺洼槽及填垫河形，均于奏报清单内，将宽、深、长丈详细开载，庶足以便稽查。

一、河工奏办另案工程。应令于年终，将一年内奏过各原折，汇册送部，以备核对也。查，臣部核办一切工程，总以原奏为凭。向例，各该督、抚等奏办工程，随时将原折抄录送部，以备查考。惟思，办工有原估、续估、次第奏报者，有汇奏、附奏、分案题估者，亦有奏办后续奏增减、停缓者。若仅随时抄送，设有遗漏，不但往返驳查致烦案牍，且恐增减情形稽核难周。应请嗣后，令各该督，将奏办工程原折，除照向例随时抄录送部外，再于年终，统将一年内奏过各工原折，检齐汇册送部，以免遗漏。

一、南河筑堤挑河工程。应令于估报册内声明兴工、完工日期，以凭稽核也。查，南河现行事例内载筑堤、挑河两项工程，以十月至次年三月为闲月，以四月至九月为忙月。其土方例价之多寡，即按月分之闲、忙分别核定。所有岁、抢修工程，均照闲月例价核销。其另案急工，均照忙月例价核销。毋庸查对闲月、忙月至筹办筑堤、挑河等工。需用土方，向来各按原奏办工时日，分别闲月、忙月核对例价。而估报工程册内，并不将兴工、完工日期，于估册内逐款注明，恐于月分之闲、忙既无从查考，即银数之多寡，亦易涉牵混。臣等公同酌定，应请嗣后令该督，凡题报各案，即将兴工、完工日期，于估册内逐款分晰注明。以杜牵混。（奉旨："依议。钦此。"）

直隶总督方受畴《秋汛安澜疏》（嘉庆二十二年［1817］八月）

窃照永定河秋汛期内，防护最关紧要。前经臣檄饬该道，督率厅、汛员弁加谨防护。在案。兹据该道李逢亨禀称："入秋以后，河水时有长发，且秋水搜根，埽厢易蛰。如南上汛十二号，河溜侧注，冲刷堤根，抢下新埽三段，签桩压土，以资抵御。十四号大溜埽湾，直冲第十三段埽段，重蛰四尺有余，当用骑马勒住，抢镶平稳。旋因溜势上提，第九段埽陡蛰入水，亦用骑马兜住，签桩压土，镶护稳固。南下汛十一号，大溜侧注，埽前水深丈余，埽镶垂蛰三尺有余。十七、八、九三段，埽镶均平蛰二、三尺不等，当即赶紧加镶签桩压土，始臻稳固。南二工十二号尾、南三工九号中埽段，均有垂蛰，当即加镶压土稳实。北三工十三号新埽以下，河水骤长，大溜侧注溃塌堤坡，立时抢下新埽四段。十八号埽镶尾段以下，河形坐湾，亦刷堤坡，当又抢下新埽三段，签桩压土，均资挡护。北四工八号、北五工十号，以及北七、八工各埽段，垂蛰、平蛰之处较多，亦俱随时动用料物，赶紧加镶高厚，悉臻平稳。现在时逾白露，水势安恬，石、土各堤并闸坝等工，俱臻稳固，"等情。前来。臣查，今岁永定河秋汛期内，水势虽无异涨，而各工出险亦复不少，均经该道督率厅、汛文武员弁，实力抢护，得臻平稳。此皆仰赖圣主鸿福，河神默佑，得以普庆安澜。臣欣幸之余，培增寅惕。理合恭折具奏。并缮伏、秋汛期内，添下埽段丈尺清单，恭呈御览。伏乞皇上睿览。谨奏。（奉朱批："工部知道。钦此。"）

直隶总督方受畴《秋汛安澜疏》（嘉庆二十三年［1818］八月）

窃照本年永定河伏、秋汛内，节次长水，经该道、厅等督率抢护平稳，均经臣恭折奏闻，在案。兹据该道李逢亨禀称："永定河秋汛期内，叠次盛涨，各工频频抢险。至七月初九日，陡长水至一丈七尺一寸，奔腾浩瀚，拍岸盈堤，水面高出堤顶，与子埝相平者居多。而堤埝渗漏之处更复不少，或埽坝蛰陷，或汕刷堤身，旧工新险叠出环生。其最为危险者，如北三工十二号，蛰陷埽镶二十八段，劈堤九十余丈，内五十丈仅剩堤身二、三尺宽不等。北四工八号，蛰埽劈堤，亦属危甚。南六工三号，水过子埝，坐蛰堤身十余丈，所幸河水迅速消退，大溜仍归正河。其余两岸各汛，在在出险。幸料物充足，人心踊跃，竭十昼夜之力，抢护平稳。兹届白露之期，溜走中泓，河流顺轨。石土堤、埽、闸、坝各工悉臻稳固，"等情。前来。臣查，永定河本年秋汛期内，非常异涨，各工危险。经该道先事绸缪，于今春加培疏浚，临时又复督率南、北两岸厅汛文武员弁，实力抢护，得臻稳固。此皆仰赖圣主鸿福，河神默佑，得以庆洽安澜。臣欣幸之余，益增凛惕，理合恭折奏慰圣怀。并将秋汛期内，新添埽段丈尺、银数开具清单，敬呈御览。伏乞皇上睿鉴。谨奏。（奉朱批："欣慰览之。钦此。"）

总督方受畴《修北六工旧堤缺口疏》（嘉庆二十四年[1819]闰四月）

窃永定河北岸六工旧堤，于嘉庆十八年[1813]间因长水冲塌。经永定河道李逢亨查明，北岸六工八号以下，系任其荡漾之区，不在估修之列，应行停修。禀经前督臣那彦成附片具奏，钦奉朱批："览。钦此。"在案。兹据该道李逢亨禀称："永定河水势连岁北趋，上年伏、秋异涨，致将北岸六工十六号旧堤冲缺，河流侧注北岸，由缺口过水，向北岸六工八号以东，北七、北八两工堤根行走，情形甚为著重。急须乘此桑干之候，将缺口堵筑。并于缺口以西挑浚中洪，引溜中行，北岸始可平稳。所需银两，即在额设岁修银内动用，毋庸另行请项。惟此项旧堤，本系停修之工，今因河流北趋，修复缺口。禀请奏明。"等情。前来。臣当即委员前往查勘，应修属实。伏查治河之法，必须因时制宜，相机办理。今北岸六工旧堤，于嘉庆十八年[1813]间长水冲塌，查系不在估修之列，奏明停修。现在河势迁移，大溜由北岸行走，北七、北八两工情行较险，自应将北岸六工旧堤缺口修筑，引溜中行，而北岸可保无虞。且水不旁泄，可以刷深中洪，于全河大局甚有裨益。除批饬该道赶紧办理外，理合缮折奏闻。（奉朱批："知道了。钦此"。）

侍郎那彦宝《北二工、南四工漫溢情形疏》（嘉庆二十四年[1819]七月）

窃奴才于二十日恭送圣驾后，即带同步军统领衙门员外郎[1]海忠，于午刻行抵芦沟桥，查看南、北两岸石工，均属巩固。惟河水涨势未见大落。调取签簿与制桩较对，尚有一丈四尺二寸，大溜甚属勇猛。正在传询汛官间，适值永定河道李逢亨由南岸驰到，见其神色惊惧异常，惚惚备述："自本月十八日子刻起至巳刻止，河水叠次骤长至二丈一尺三寸。是日午时，虽渐消落数寸，二十四日卯午未三时，又长水二尺一寸。兼之阴雨连绵，通宵达旦，两岸各工纷纷报险。其南上头工十四、五号尤为吃重，大溜则注，埽前十分危急。正在督率文武汛员抢办，竭三昼夜之力，尚未抢护平稳间。又据南下、南二、南四、南五、南六，北上、北中、北下、北二、

---

① 步军统领是提督九门巡捕五营步军统领的简称，是清代禁卫军将领。负责京城警卫之责[九门是北京内城之九门]。其衙门[与其他部院及内务府]设有员外郎一职，司级官员。此处说明清京城警卫部门官员也派任河防工程。

（光绪）永定河续志

314

北三、北四、北七、北八等工络绎报险，或水高堤埝，或埽镶陡蛰。当即分饬各汛抢护。十九日戌刻，先闻南六、南四、北八、北四同时水过埝顶，堤身溃蛰。遂于二十日，由南岸驰至芦沟桥，正欲取道北岸查看各工，接据石景山同知马金陛、署北二工县丞王庚禀报，该汛二十一号埽前水势汹涌，全河大溜直注埽段。波浪奔腾，风雨交作，人力实难抵御。于二十日午刻，河水漫过堤身，尚未掣动全河大溜。续，又据南岸四工二十号专人报到，河水同时漫过堤身，亦未掣动全河大溜。其两处口门尺寸，现因溜势猛大，一时尚不能较准，"等语。奴才当即饬令该道，分饬各工，预备盘护裹头料物，一面札①调下游兵弁帮同赶办。奴才于拜折后，即亲赴该二处查看漫溢端倪，容俟河水渐落、统归一处后，再行酌定章程，具奏。（奉上谕，恭录卷首。）

总督方受畴《北二工、南四工同时漫溢疏》（嘉庆二十四年［1819］七月）

窃臣于月二十二日申刻，接据永定河道李逢亨禀报，据石景山同知马金陛、署北二工良乡县县丞王庚禀称："该汛二十一号埽前大溜直注，督率兵夫竭力抢护，无如溜急波狂，风雨交作，人力难施，不能抵御。于二十日午刻，河水漫过堤身，尚未掣动大溜。又据南岸四工报到，该工二十四号同时漫过堤身，尚未掣动大溜。其两处口门丈尺，现因溜势狂猛未能较准，当即札饬该汛员等，预备料物盘住裹头，丈量确数再行回报。"等情。具禀前来。臣查，永定河秋汛期内节次异涨，经臣先后具奏，并饬该道督率厅、汛各员，实力巡防。在案。兹北岸二工、南岸四工同时漫溢，虽因水势异涨，人力难施，究由该管汛员疏于防护所致。相应恭折参奏请旨，将署北岸二工良乡县县丞王庚、石景山同知马金陛革职，留于工次效力。俟堵筑合龙后，察其能否奋勉，另行具奏。南四工厅、汛各官，容俟该道查明，具禀到日另添。至臣并永定河道李逢亨，不能督饬巡防，以致南、北两岸同时漫溢，咎实难辞。仰恳圣恩一并交部议处。再，据该道禀称："芦沟桥水势现深一丈四尺二寸，堵合漫口，须俟水势消落方能办理。"臣敬俟关门跪送圣驾后，赶赴永定河勘明筹办，被淹庄村现在饬查，另折奏办。（奉上谕，恭录卷首。）

---

① 札古代公文的一种。上级对下属公文可称"札子"、"札令"、"札饬"、"札调"等；下级对主管上级报告乃至大臣的奏章也可称札子。

尚书吴璥等《筹办各漫口大局情形疏》（嘉庆二十四年[1819]七月）

窃本月二十三日，臣那彦宝将北上头工八、九号漫溢情形，业经奏蒙圣鉴。二十四日早，臣吴璥到芦沟桥与臣那彦宝面晤，公同履看情形。查北二工、南四工初漫之时，原系两处分流。迨北上头漫开，地居上游，大溜奔腾，全归该处漫口。其北二工、南四工，俱已断流。现在，无船难以测量实在丈尺，约计口门宽三百余丈。连日晴霁，水势已渐次消落丈余，自当筹定章程，次第经理。其赶办料物及挑挖引河，业经臣那彦宝奏明，酌派州县丞倅①等分头赶办。其挑挖引河，臣等已令北岸同知张泰运，先往口门下游，查明河身淤垫段落，分别高低确切估计，以便奏调各员到齐，即可饬令前往分段开工。惟查，北岸上游土性松浮，刻下先派员于附近处寻觅好土，预为运工，以备堵筑合龙之用，方能坚固。至两岸下游应办之工甚多，如北二、南四干涸口门，补还原堤。其余两岸汕刷残缺卑薄堤工，均需补筑，所需土[15]方高、宽丈尺，应先勘估。其冲塌埽段、防风亦须补还。臣等现已札饬永定河道，率同厅、汛之逐工估计丈尺，一有确数，即应先行赶办。至漫口，以正杂料物为第一要务，引河亦颇需时日。应请敕下督臣方受畴，札饬署藩司祥泰，迅速派员前来，分头承办。其河水下注泛缢之处，据探水外委等回报，正河大溜向东南，由黄村、东安、武清一带地界淹浸，应归于凤河入海。尚有一分小溜斜趋东南，由南苑高米店迆北，冲开墙垣八丈，西红门迆南流注。所有下游被淹村庄、户口人数，应由督臣饬属查明，妥为抚恤。谨先将臣吴璥到工，会同臣那彦宝查看北上头工漫口，并商办大局情形，恭折奏闻。（奉上谕，恭录卷首。）

总督方受畴《北上汛漫溢疏》（嘉庆二十四年[1819]七月）

窃本月二十四日酉刻，据永定河道李逢亨禀称："二十一日叠次签报长水，共积深二丈一尺七寸，拍岸盈堤，奔腾汹猛。二十二日寅刻，据北岸头工禀报：该汛八号水高堤顶。该道当即督同抢办，跑买筐土，抢筑子埝。讵西北风大作，浪高丈许，扑过堤顶，登时溃蛰、漫溢约二百余丈。全河大溜虽未尽归口门，但该汛地居上游，大河水深尚有二丈一尺四寸，诚恐跌塘过深，仍行夺溜。现在，速即盘做裹头，以免续塌。无如本年岁、抢修银两，以及秸料、桩麻，因屡次抢险，且时逾白露，全

---

① 州县丞倅。此指州县副职或佐官。

行用尽。现在另行筹款，委员分头采买，以备堵筑"，等情。前来。查，永定河北岸二工、南岸四工同时漫溢，昨经臣缮折具奏，臣与该道李逢亨并厅、汛各官，请旨分别议处、革职。钦奉恩谕宽免，感悚无地。兹北岸头工又报漫溢，臣责任宣防，咎无可逭，惟有督饬各员，迅速堵合，稍赎愆尤。但刻下全河水势尚深二丈一尺四寸，急切难以施工。必须俟水势消落，始可办理。臣现饬该道督率汛委各员，赶紧盘做裹头，以免续塌。俟臣跪送圣驾后，驰赴工次勘明情形，筹议堵筑章程，另行具奏复办。一面饬令署藩司祥泰，赍带银两先赴永定河，酌派委员分头购料，并查勘下游被淹地方，据实禀臣办理。（奉上谕，恭录卷首。）

尚书吴璥等《筹办北上汛坝工情形疏》（嘉庆二十四年[1819]七月）

窃臣等于二十六七日两奉廷寄，仰蒙皇上训示周详，俾臣等有所遵循，曷胜感戴。其时，因拨船俱在下游尚未调到，无从测量口门丈尺。节经委员赶紧设法调取，于二十九日拨船牵挽到工，臣等随即饬令文武员弁，赴北上头工细加丈量。计，口门原宽四百四十丈，令酌拟取直堵筑，计口门实宽四百二十六丈。内已有淤滩，长二百余丈，其余俱系过水，口门两边水深五、六、七尺，中洪水深六、七尺至丈余不等。现在盘做裹头最为要务，诚如圣谕："必须盘护稳固，勿令越塌越宽"。仰见圣明睿照，先事预图，实深钦佩。臣等现饬该厅、汛，赶购料物，将裹头镶筑整齐，可无迟误。并一面带同司员督率厅营等，悉心复勘。北上头工旧堤，原系弯曲而下，形如弓背。此次漫溢冲成缺口，若照旧日堤根进筑，不惟现在兜湾吃重，且恐将来一遇盛涨尤为可虑。臣等再三公同商酌，惟有将东、西坝头两相斜对，进占时遂渐取直。复于坝工之后加筑坚实，好土裹饧，与现存两头沙堆连成一势。工段即可节省十数丈，河势亦较前顺畅，即新筑埽工不致过形著重，似亦补偏救弊之一法。至南、北两岸各工，因此次异涨，溜势猛骤，冲成旱口及刷塌堤身，不可胜计。北二工、北中汛并南四、南二、南六等工俱有旱口，应及早为补筑完整。并加镶防风、边埽，以备合龙时开放引河，得收御水之益。其余两岸汕刷残卑薄各堤身，亦应一律补修完固。并恐新旧凑接之土工，一时不能粘砌结实，亦须补镶防风埽段，以资抵御。连日来，天气晴明，稀淤渐次晒干，一俟估计得有确实丈尺，即将南四工旱口，遵旨交革员李逢亨前往先行赶办。其北二工及各处小旱口，并两岸应行加帮堤身、边埽等工，亦应责成该革员督率各汛员，妥速经理。统俟该厅汛估报土方、埽段丈尺确数到日，臣等即选委大员前往复查，饬令各工员赶紧兴筑。至引河必须挑挖深通，使成吸川之势，合龙时方能畅流下注，尤为至要机宜，而道里绵长，亟应赶办。臣等已委北岸同知张泰运，亲往勘估。俟将下游淤垫高仰之处，逐一查明，核准土方丈尺，即须委员分投承挑。惟挑河之丞倅，州县尚未据藩司调派来工，其派办正杂物料之州县亦尚未到，臣等业经连次飞催，日内督臣方受畴即可到工，再行严札催调，呼应较灵，自可迅速到齐，分投承办。再，前奉谕旨赏拨库银十万两，已于二十八日由顺天府委员解到工次。合并陈明，恭折谨奏。（奉上谕，恭录卷首。）

总督方受畴《筹办各漫口堵筑事宜疏》（嘉庆二十四年[1819]八月）

臣于二十八日关门跪送圣驾后，兼程折回，于初一日行抵永定河工次，周历履勘。查，南岸四工、北岸二工两处口门，自北上头工漫溢之后，大溜归并一处。南四、北二现已挂淤。惟北上头工漫口在芦沟桥之下，相距桥上十二里，地处上游，土属浮沙。据该厅、汛测量汇报，口门实宽四百四十丈。现在盘做裹头，不使续塌。已有淤滩二百余丈，中洪水深六七尺至丈余不等。连日天气晴暖，水势日渐消落，即当料理兴工。臣与钦差臣吴璥、臣那彦宝悉心商酌，如采买正杂物料、挑挖引河，均系刻不容缓之事，必须多派干员分头赶办。臣于差次，即已飞调道府丞倅、州县佐杂各员，刻已陆续到工，数日内即可齐集。前赏拨库银十万两业已解到，臣前饬署藩司祥泰赏银十万两迅速来工，筹办一切。现据该司汇报，已经起程，不日可到，银两业已分批起解。至开挖引河，经臣吴璥等饬委护理，永定河道张泰运驰往下游，相度引河形势。俟勘定地面，核准土方丈尺，立即择吉开工。所需正杂料物，分头购办，自可源源接济，断不敢稍有迟误。其南四工旱口及小旱口，遵旨交革员李逢亨前往赶办。北二工及各处小旱口，亦责成该员督率厅、汛各员妥速办理。下游大兴、宛平、东安、武清、通州、固安、永清等县，被淹之狼垡、羊房、黄村、宋家庄、马驹桥各村庄，轻重不一，饬令署藩司祥泰亲往查勘，妥为安顿，不使一夫失所。一面分别核定灾分，照例赈济。俟详到，另行奏请圣训办理。为此恭折具奏。（奉上谕，恭录卷首。）

侍郎那彦宝等《估漫口工需疏》（嘉庆二十四年[1819]八月）

窃本月初二，署藩司祥泰已将奏明动拨司库银十万两，委员批解到工。臣那彦宝、臣方受畴连日会同督办。已于初四日敬祀河神，随饬文武官弁盘护裹头，一面札催护理永定河道张泰运，勘估引河，分饬各员购买料物。初六、初七、初九、初十等日，雨势连绵，芦沟桥签报河水复长一尺有余，旋即渐次消落。现在，中洪水深八、九尺不等。臣等伏查，通工钱粮需用浩繁，必须将应办之工搏节估计。兹据总理局务之通永道任衔蕙及张泰运等禀称："北上头工漫口，计长四百二十六丈。现在，水口尚有二百一十七丈。自七月二十一、二日漫溢之后，南岸四工以下积水未见大消，北上头工以下大河隔路，而异涨所漫之大小旱口、水口、堤外跌塘宽而且深。兼之北上头工一带土性松浮，将来进占口门愈窄，逼溜愈刷愈深，不得不稍为多备料物。正坝后戗，并须好土镶筑结实，方得坚固。惟附近堤身内外，均乏胶淤，现虽选有好土地方，又相距口门往返在十里以外。与通工文武员弁再三核计，大坝正、杂料物、夫土约需银十五万一千余两。至挑挖引河，尤为第一要务。本来水势叠涨，历日长久，滩面积沙较厚，必须疏通梗塞，以成建瓴之势。现由北上汛漫口迤南起，至北七工五号以下止，计程一百八十余里。细心履勘，分别淤垫之高低，间段核估，凑长八千零七丈余。共分为四十五段。有应挑大河者，口宽二十四丈至八丈，底宽十九丈至五丈，深丈五尺至三尺不等；有应于河底抽沟者，口宽五、六丈，底宽二、三、四、五丈，深一、二、三尺不等。其中旱、水、泥泞水中捞泥，方价不一，约需银七万余两。又，南四工大、小旱口九处，北二工旱口一处，应须补还原堤，并镶做防风、边埽，约需银一万八千五百二十余两。共约估银二十三万九千五百二十余两。又，南岸上汛、南下汛、南二工、南三工，并北岸中汛、北三工、北四工等处，前经涨漫堤顶，仅止冲缺堤身，未成漫口。并补加蛰塌埽段，此时急须赶办御水各工，需银二万一千四百四十余两。以上通共约估银二十六万一千九百六十余两"。等情。前来。臣等覆加查核，俱无浮多情弊。除部库拨解十万两、藩司库拨解十万两外，尚不敷银六万一千九百六十余两。臣方受畴已札饬署藩司祥泰，再由司库照数拨解，毋庸请拨部库银两。将来如有余剩，即归善后工程案内应用，核实报销。臣等仍亲督勾稽，务使工归实用，帑不虚糜。至堵合漫口，须先将引河分段开挑，两坝始行进占，而两坝工程又必须料物源源接济，方不致间有作辍。刻下，新料渐次登场，原不难于采买，惟值连日阴雨，道路泥泞，暂时搬运维难，亦属实在情形。一俟天气晴霁，即可赶紧运送，不致迟误。其承挑引河各员，现已陆续来工，随到随令前往承挑，均限于九月底完竣。臣等再分带司员，逐一查验，不使稍有偷减。所有支发银钱，总局东、西两坝，以及购料、收料，挑河总催，弹压巡查，文武各员已经公同派定，限于本月十六日一律兴工。臣等仍将各工成数，遵旨隔十日奏报一次。仰纾宸廑，恭折具奏。（奉朱批："依议办理，钦此"。）

侍郎那彦宝等《堵合北上汛漫口疏》（嘉庆二十四年［1819］九月）

窃日来气候渐寒，臣等恐水泽凝冰，难以措手，亲督两坝文武员弁昼夜趱办。于十九、二十两日，又进得十一丈余，金门仅只三丈余。以八十余丈之河面，收束于三丈，金门之内水势蓄高，骤至四丈五六尺。波涛层叠，汹涌异常，两坝节节俱形吃重。东坝陡蛰数丈，加镶追压，甫臻稳固。西坝上水边浸，又因回溜淘刷，纷纷蛰陷，牵连正埽门占，随蛰随镶，竭两昼夜之力，始皆保护平稳。均无一占闪失。臣等相度机宜，不可再强遏水势，以致坝工过于著重。且四十五段引河均已开放，清水一律深通。其时，又适值西北顺风，溜势直射引河头，因饬工员于二十一日丑刻启放。旋见河水建瓴而下，风卷涛翻，星驰电掣，瞬息之间遂将引河全行铺满，大溜已掣动六七分。臣等先派定员弁分探水势，据节次飞报，畅流下注。察看坝前之水，立见消退丈余，遂于寅刻挂缆，层土层柴拼力抢堵。将及到底，适于戌刻起，风雨交加，连宵达旦，在工文武员弁，鼓励兵夫奋力追压，并赶作关门大埽，直至二十二日午刻，渐次加填坚实。金门之下已见断流，毫无涓滴渗漏。伏查永定河北岸，切近畿辅，最关紧要。本年秋雨连绵，叠次盛涨。圣心洞烛，几先屡遣臣那彦宝查看情形。迨至北上头工漫溢，冲刷南苑墙垣，淹及沿河州县地方，上烦宵旰忧勤，工赈兼施，不惜数十万帑金，以御灾捍患为急务。屡颁训诲，指授机宜，俾臣等得有之遵循，次第赶办。计自奏明于八月十六日兴工以来，仰托圣主洪福，天气晴明，人心踊跃，料物源源应手，并未一日停辍。所有四百二十余丈之坝工，一百八十余里引河，及两岸数千丈之堤埽各工，将及四十日得以普律告竣。诸凡顺利吉祥，殊非臣等心思才力所能及，皆由我皇上睿谟广运，经始图成。诚敬感孚河神默佑，当功成万祀之期。正圣寿六旬之庆，濒河黎庶共乐春台，[①] 臣等欣沾寿寓，获睹平成，庆幸之余，弥深感凛。至大坝动用料物、秫秸、运脚并土方、夫价、应赔、应销数目，及御水各工应销银数，并善后一切事宜，臣等现在会月确核勘估，续行奏明办理。其在工出力各员，再行具折保奏。伏候天恩，合并陈明。谨奏。（奉上谕，恭录卷首。）

---

① 春台，美好游乐之处。典出《老子》第二十七章，"众人熙熙，如享太牢，如登春台。"［参见《老子章句新释》成都古籍书店版］

侍郎那彦宝《开复各员处分片》（嘉庆二十四年［1819］九月）

再，前奉谕旨："李逢亨业已革职。其南四工漫口易于堵筑，著吴璥等，即饬知该革员，令其前往专办此处工程，以赎前愆。如果奋勉出力，工竣后再行酌量施恩，等因，钦此。"随经奴才饬令该革员前往专办，并奏明将北二工及各处小旱口，并两岸应行加帮堤身边埽等工，亦责令督率经理。该革员闻命之下，感激皇上天恩，所办南四工及各旱口工程，迅速完竣。尚属具有天良。奴才不敢壅於上闻。再，石景山同知马金陛、北上汛县丞钱栻，前督臣方受畴参奏，革去顶戴。革员等在工虽属出力，不敢遽请开复原官，可否将马金陛等以通判用，钱栻降等以主簿用，均仍留直隶河工之处，出自皇上天恩。伏候训示遵行。谨奏。（奉上谕，恭录卷首。）

侍郎那彦宝等《勘估善后工程疏》（嘉庆二十四年［1819］九月）

窃据通永道任衔蕙、永定河道张泰运等禀称："查北上汛漫溢，水旱口门共长四百二十六丈。其淤滩旱工刨槽，软镶补还原堤，加镶边埽并水工，内有丁头埽八道，加镶边埽后，饧补还原堤，共计料物、夫工用银十二万五千九百七十两零。又，秸料一项，应照岁、抢修例，每束加添运脚银二厘五毫，共银四千六百五十六两零。大坝以下估挑引河，计凑长八千零七丈，用银七万零九十六两零。又，南四、北二旱口补还原堤，共用料物、夫工并秸料、运脚银一万八千五百二十九两零。以上大坝、引河、旱口三项，共用银二十一万九千二百五十二两零。例应销六赔四，计应销银十三万一千五百五十一两零，应赔银八万七千七百两零。又，南上汛、南下汛、南二工、南三工、南四工，北上汛、北中汛、北二工、北三工、北四工，计十汛御水、土埽各工，共用料物、夫工并秸料、运脚银二万二千四百四十三两零。此系盛涨冲刷堤身、修补残缺并加镶蛰塌堤段，以御合龙下注之水，在大工项下动支办理。例不摊赔。以上统共用过银二十四万一千六百九十五两零。"又据禀称："善后应办工程，经大汛漫溢之后，南、北两岸堤外俱系深水，所有各处赶办料物，由堤上运工，不免车马践踏，风雨摧残及堤身卑薄，应即择要加培，预备春汛积凌之水。其土方价值远近不一，而添下新埽一百五十四段，岁修即需加镶。若经大汛蛰动，尤宜防备。应添正杂料物，分贮北上、北二、南四各工，以备凌、伏、秋三汛应用。以上统共估需银二万一千七百九十八两零"等情。前来。臣等公同确复，大坝、引河、旱口及两岸十汛御水各工，共动支银二十四万一千六百九十五两零。查，原奏约估银二十六万一千九百六十两，缘初估时河面甚宽，以两月日期核计。是以声明水势渐消，坝上亦无一占闪失，所用料物较省，普律告竣。日期较原估早半月余，一切又可稍节糜费，加以司员等遂日分催稽查，总局官出纳慎重，因核与原估银数，节省银二万零二百六十四两零。其所估善后案内夫工、方价并加添秸料、运脚，亦系急应赶办之工，所需银二万一千七百九十八两零，尚无浮多。即在大工节省下动支，共不敷银一千五百三十四两零，应于永定河道库闲款项下动用。无庸另行请拨。已饬令该河道，将善后工程赶紧妥办，一面造具细册，分别大工、应赔、应销数目，由臣方受畴具题核销。至石景山以下，两岸石工经此大汛盛涨，掣落石块、搜空之处，亦复不少。应另案详细查明，核计丈尺，于明年春讯前补修完整。臣方受畴另行具奏外，谨将臣等会同核明大工节省银两，及勘估善后事宜各缘由，理合恭折具奏。（奉朱批："工部知道，钦此"。）

御史蒋云宽《慎重河防疏》（嘉庆二十四年［1819］十一月）

窃照国家建修河堤，设官经理，凡所为保护之方，捍御之法，无不至详且尽。无如人心易懈，奉行不力，但狃于目前之便，每不思绸缪于未雨。即如今秋汛漫口，固由雨水过多，上游暴涨，一时难于抵御，然使平日周于防范，或不至如此漫溢。则揆其失事之由，实出于谋之未尽也。臣谨将所闻河工疏防之弊，亟应整顿者，敬为皇上陈之：

一、河汛员弁宜重官守也。各省沿河设立厅、汛员弁，责令驻居堤顶，专为保守堤工，遇大汛吃紧之时，固当凛遵四防二守之法。即平日，亦宜常川督率兵丁，认真力作并巡逻堤岸，凡车马之蹂躏，獾鼠之穴藏，偶有损动，随即修补，不敢稍涉大意，庶足以防患未然。乃臣闻，各河厅、汛员弁，仅于大汛时驻工防守，其余时日远离汛地，择便自安，不赴堤顶一走，以致兵夫懈弛，相率偷闲。积土采草虚应故事，成活柳株被窃不觉，其余一切防范之具，尽成具文。堤工之失事，未必不由于此。应请敕下河臣，严查厅、汛员弁，无论是否汛期，均不许擅离汛署。如仍狃于前习，即日照例参办，以惩玩愒①而重职守。

一、河兵宜足额也。河营兵丁旧有定额，平时责令填补浪窝、水沟，堆积土牛、柴草，栽种柳株、芦苇。迨至汛期，递送水签，瞭望溜势，抢筑险工，在在皆关紧

---

① 玩愒（kài）。玩，忽视、轻慢；愒，荒废。合为"轻视荒废。"

要。不可一日旷役。乃臣风闻，各省河兵有名无实，遇有空缺，该管员弁不行募补，仍以故名领饷，遇查点时，辄雇替应名，互相支饰。或有附近乡民，图免杂差，挂名籍口，并不驻堤防守，其应得钱粮，尽入营讯员弁私橐之中。又或图省跟役，将实缺河兵擅行调用，令供私役，一遇公事不敷任使，以致防范不周匝，工作不整齐。及大讯生工，分投抢险兵力即单，顾此失彼，往往贻误要工。应请敕下河臣，严行稽查，务令兵自足额无缺，俾得协力保护。庶兵饷不致虚糜，而河道可期巩固矣。

一、防护工段宜惩推却也。查，河堤之形势有定，而大溜之变迁靡常，向来有紧要工程化险为平者，亦有平稳之处变为险工者。凡有河道，当随时审度机宜，视其溜势趋向，亟事防护，不可稍有疏忽。乃本汛河员，止知专防紧要工段，而于无工处所漫不经心，其切近别汛各员分界而守，越本汛地一步，即以为非分内之事，概置之不管。夫救急应变事在呼吸之间，分界防护，系平时专责考成之法，倘遇水涨溜移、无埽之处，忽当顶冲，必俟报明河督，调派人员，协济夫料，方行抢办，已无济矣。所以，平稳之区转多倾溃之虞。应请敕下河臣，转饬汛员留心防范，如溜势改趋，新生险工，本汛官员率领兵夫帮运料物，预备抢护之用。其上、下汛官，亦立即协济夫料，赶往帮护以期平稳。倘在疆界之间，致失事机，应将推却之上、下营汛各官，一并参处，以示惩儆。如此申明功令，庶协力同心，彼此策应，可无疏失之工程矣。

一、兵夫筑堤取土宜远堤脚也。定例，修堤取土在于十五丈以外挑挖，原恐其挖伤堤根，致形单薄，是以定限极严。臣从前经过河南兰阳①地方，凡有兵夫取土即在堤脚下刨挖，闻各处皆有其事，似此挑挖不已，不惟将来有顺堤成河之势，且堤身壁立一遇暴涨，势必易于冲塌。应请嗣后，修堤取土循照定例，令在十五丈以外挑挖，十五丈以内不许擅取一筐。仍责令厅营员弁不时稽查，如有故违，即将兵夫严行惩治，以为玩忽堤工者戒。

以上四条，臣为慎重河堤起见，是否有当，伏乞皇上睿鉴训示。谨奏。（奉上谕，恭录卷首。）

总督方受畴《请移驻汛员疏》（嘉庆二十四年［1819］十二月）

窃察永定河南、北两岸分界立汛，每汛经营河堤自十五、六里，至二十六、七

---

① 兰阳，汉置县地，后废，金复置。清初改为兰仪，清末与封仪县合并，改为兰封。1945年又与考城合并，为兰考县，西北滨黄河。

里。惟南岸六工霸州通判，分管堤长三十里。当日，因地处下游河身宽展，工程平稳，故所管堤工独长。近年以来，水势南趋，每逢盛涨，汕刷堤根，在在出险，修防甚为紧要。该州判上下奔驰，顾此失彼，实有鞭长莫及之势。查，永定河流迁徙靡常，堤工险易今昔情形不同，即应随时酌量改移，以俾要工。臣与永定河道张泰运详加商酌，查有南堤九工霸州淀河巡检，经管堤工十二里，离河较远，素无险工。自当因时制宜，酌量调用。应请将南堤九工霸州淀河巡检移驻南六工，作为南岸六工。霸州下汛巡检经管堤长十五里，原设南岸六工霸州州判，作为上汛州判经管堤长十五里。至南九工汛务，事简工平，即归南八工武清县主簿经管。其移驻之员应支廉俸、役食等项，悉照旧章，毋庸更易。如此酌量移驻，即与定制并无更张，而于要工益资防护。所有分管堤工，分拨河兵，并南六工上、下汛段，应换印信以及移驻之员，建盖衙署各事宜，俟命下之日，另行题咨办理外，为此恭折具奏。（奉朱批："依议。吏部知道。钦此"。）

总督方受畴《秋汛安澜疏》（嘉庆二十五年［1820］八月）

窃照永定河两岸，工长四百余里，溜势善迁，沙堤易溃。本年入伏后，阴雨连绵，河水盛涨二十余次。各汛埽工纷纷报蛰，甚至劈堤走溜，危险万分。及交秋汛，溜势搜刷堤根，愈形汹涌。一经长水，臣即飞派辕弁前往确探，迭饬该河道严督厅、汛，加意巡防其抢护各汛险工。节据该河道禀报，与辕弁确探情形悉属相符。兹已节逾秋分，水势日见消落，据该河道张泰运禀报安澜。前来。臣查，永定河节次盛涨，屡濒于危，得以化险为平，安澜普庆，皆由圣德感孚，河神默佑。臣所幸之余，倍深儆惕。除仍饬该河道督率厅、汛照常防守，不得秋汛已过，稍存懈忽外，所有永定河秋汛安澜缘由，理合恭折奏闻。并将秋汛期内，新添埽段、丈尺、银数，开具清单恭呈御览。伏乞皇上圣签训示。谨奏。（奉旨："工部知道。钦此"。）

直隶总督方受畴《秋汛安澜疏》（道光元年［1821］九月）

窃照永定河土性纯沙，溜趋靡定。前伏汛期内屡经出险，幸护平安。经臣具奏，圣明在案。兹据永定河道张泰运禀称："自交秋汛以来，水势连长数次，两岸埽工纷纷报蛰，劈堤走埽，危险万分。该河道严督在工文武，连朝抢护，实力巡防。幸上年预添备防秸料，得以应手，料物充盈，兵夫云集，同心协力，转危为安。兹已节逾秋分，水势日见消落，堤埽、闸坝各工悉臻稳固"。等情。具报安澜，前来。臣查，永定河本年伏、秋汛内，迭次盛涨，时出新工，情形甚为危急，防守实属不易。均经该河道督率厅、汛员弁，协防文武，于风雨泥淖中不遗余力，奋勉急公，得以化险为平。皆由圣德感孚，河神默佑。安澜普庆，朝野同欢。臣所幸之余，倍深寅畏。除仍饬该河道督率在工文武，照常加紧防守外，所有秋汛期内新添埽段、丈尺开具清单，恭呈御览。伏查，嘉庆二十五年［1817］钦奉谕旨："每岁防工人员，若未经奉旨，率行保奏者，除不准行外，仍将该督交部议处。等因。钦此"。钦遵在案。此次在工人员可否准臣秉公查明，择尤为奋勉者保奏数员，恳恩鼓励之处，伏候皇上训示遵行。谨奏。（奉朱批："不必奏请议叙。钦此"。）

［卷九校勘记］

〔1〕"为遵旨"，文字根据原折增补，使该折原文与略文的正文和题目相符。

〔2〕"奏"字原脱，据奏折正文补。

〔3〕"同时"二字原目录缺失。据两折正文原题目添加。

〔4〕原为异体字"𦙽"，改为"胸"。

〔5〕原为异体字"𡎰"，改为"挖"。

〔6〕同上。

〔7〕"水"字原脱，今按水利工程全称增补。

〔8〕同上。

〔9〕同上。

〔10〕同上。

〔11〕同上。

〔12〕同上。

〔13〕"培"字《续志》误为"均"，据前文改正。

〔14〕"漫"字《续志》误为"温"，据前后文意改正。

〔15〕"土"字《续志》误为"士"，形近而误，经改。

卷十　奏　议

道光二年至十一年 ［1822—1831］

《堵筑求贤灰坝片》（道光二年二月）

《南六工漫溢疏》（道光二年六月）

《参厅员怠玩不职疏》（道光二年六月）

《查看各工暨漫口情形疏》（道光二年六月）

《估漫口工需疏》（道光二年七月）

《坝埽走失请宽限赶办疏》（道光二年八月）

《堵合南六工漫口疏》（道光二年九月）

《开复各员处分疏》（道光二年九月　缺）

《估善后工程疏》（道光二年九月）

《直隶河道情形疏略》（道光三年　月）

《北三工南二工漫溢疏》（道光三年六月　附《各险工抢办情形片》）

《北中汛漫溢疏》（道光三年六月）

《筹办各漫口情形疏》（道光三年六月）

《估漫口工需疏》（道光三年八月）

《堵合北中汛漫口疏》（道光三年九月）

《北中汛漫工合龙疏》（道光三年九月　附《开复各员处分片》）

《估善后工程疏》（道光三年九月）

《估筑闸坝越堤等工疏》（道光三年十一月）

《议闸坝减河情形疏》（道光四年四月）

《复勘闸坝情形疏》（道光四年四月）

（光绪）永定河续志

《治水大纲疏略》（道光四年六月）

《重开闸坝引河利害疏》（道光四年闰七月）

《新建闸坝著有成效疏》（道光四年闰七月）

《密陈御史陈沄勘闸坝时情形疏》（道光四年闰七月）

《秋汛安澜疏》（道光四年八月）

《请移驻汛员改拨工段疏》（道光四年十一月）

《秋汛安澜疏》（道光五年八月）

《不拘汛期酌量往来查勘片》（道光六年七月）

《秋汛安澜疏》（道光七年八月）

《秋汛安澜疏》（道光八年九月）

《秋汛安澜疏》（道光九年九月）

《浑水南徙东淀亲往查勘疏》（道光十年四月）

《勘明浑水情形估土埽各工疏》（道光十年四月）

《勘明下口形势议来春兴工疏》（道光十年九月）

《秋汛安澜疏》（道光十年九月）

《浑水复归故道估草土各工疏》（道光十一年三月附《估修堤埝开坝片》）

《请移驻汛员疏》（道光十一年五月）

《秋汛安澜疏》（道光十一年八月）

总督松筠《堵筑求贤灰坝片》（道光二年［1822］二月）

再，奴才于途次，接据永定河道张泰运禀称："永定河北岸厅属之三工，有减水灰坝一道，系宣泄盛涨出路，不应堵筑。因去冬今春严寒最久，加以正月底两次大雪，凌汛之水较往年竟大至三、四尺。恐泄水过大，以致正流散漫，随调官兵赶紧镶筑，因提要工项下银八百两动用。调船挂缆，软镶绕越进占，已作成四十丈，盘做裹头，水不致散漫"。等因。前来。奴才当即饬该道："方今冰泮，必须赶紧将正坝、边埽一律修筑，免致有碍民田。"查，直隶省于春分节后方事耕作，此次北岸宛平、南岸固安，虽间有漾水，现在连日晴和，水势消落，民田涸出，可以无妨农作。谨将永定河道张泰运禀报情形附片奏闻。（奉旨："知道了。钦此"。）

总督颜检《南六工漫溢疏》（道光二年［1822］六月）

窃查，本年入伏后永定河水势增长情形，经臣附片具奏，原拟本月下旬亲诣各汛查勘。兹于十七日亥刻，先据永定河道张泰运禀报："本月十四日寅刻至酉刻，芦沟桥签报水长至一丈八尺一寸。巨浪汹涌，大溜奔腾，平水、漫水之埽，不一而足。北中汛十号，向系平工，前经密挂大柳搪护，今因大河侧注，溜势顶冲，致大柳全行冲去，溃伤堤身四十余丈。又，南岸南四工五号末，十段顺长五十余丈，埽镶同时陡蛰入水，大堤间段溃伤，现在分头抢护。又，南六工六号堤内，本有深塘，大堤连日雨淋水泡，坐蛰四丈。"等情。臣正拟束装驰往督办间，十八日辰刻，又据该道张泰运禀称："十五日发禀后，星夜带同都司李存志，冒雨驰往南六工查看。行至该汛头号，见大堤又复坐蛰，过水处所约宽四十余丈，业已夺溜。缘是日水势涌涨异常，兼之大雨如注，风势又紧，人力难施，抢护不及，以致堤身忽然坐蛰"。等词，具禀前来。臣即日驰往察看情形，先将漫口赶紧裹头，相机抢护，详察田芦人口有无损伤。并查明，该管道、厅、汛、弁各官如何竦防，另行据实具奏请旨办理外，合将永定河南六工堤身坐蛰，驰往督办缘由，恭折奏闻。（奉朱批"知道了。钦此"。）

总督颜检《参厅员怠玩不职疏》（道光二年［1822］六月）

窃照，永定河本年盛涨异常，兼之阴雨连朝，河水涨至一丈八尺一寸。无埽不蛰，无工不险，全在该管各员随时镶护，冀保无虞。兹查，三角淀通判黄桂林，在任业已数年，南六工是其专汛且系平工，乃该员平日漫不经心，及至新险陡生，又以患病迁延，并不亲至工所赶紧抢护，以致堤身坐蛰，溃成口门。即经懈忽于前，又复竦虞于后，似此怠玩不职，岂可一日姑容，相应据实参奏。请旨，将三角淀通判黄桂林革职，以为竦防河务者戒。其兼管之永定河道张泰运，未能先事预防，亦难辞咎。惟查，该道平日办公极为认真，且储备料物俱甚充足。此次河水异涨，该道昼夜亲历两岸，凡系险要之区，处处防护抢镶，各工均无贻误，核其功过尚可相抵，可否暂免处分，仍留永定河道之任，出自皇上天恩。其专汛之署霸州州判张曦午，甫于本年二月到任，为时未久，迨至堤为水溃，该员跋涉水中，往来抢护，数昼夜不敢稍息，尚属愧惧奋勉，可否仍留本任，以观后效。而赎前愆之处，理合一并请旨定夺。至三角淀通判一缺，现当工程吃紧之时，必需贤员接手办理。查有东安县知县陈镇标在值年久，谙练河防，臣素知其平日办事实心。相应仰恳天恩，即以陈镇标补授三角淀通判，俾堵合要工，令其一手经理，可资得力。仍俟工竣后，给咨送部引见，所有分别请旨缘由，理合恭折具奏。（奉上谕，恭录卷首。）

总督颜检《查看各工暨漫口情形疏》（道光二年［1822］六月）

窃由本月十九日自省起程，二十二日行抵固安县地方，当即冒雨由南岸大堤查看各工。据永定河道张泰运禀报："南上汛八号、十二号，南下汛十一号，南二工十二、十九、二十等号，南四工五号末、南五工八号、十三、四号，北二工五、六号，北三工十二号及北中汛，新生险要处所，均经抢镶平稳。"臣逐段履勘，所有签桩、镶埽各新工，俱属整齐结实。臣即住宿南五工次，督率文武员弁等察看水势，加意防守。适是夜风雨大作，溜势奔趋，湍激异常，而目击各工新埽，均足以资搪护，一律平稳。惟查南六工头号，向系平工，且属下游，即非迎溜顶冲之处，何致堤身坐蛰四十余丈。臣以形势度之，实缘河水盛涨之时，凡险要各工均在上游，全力抢护，将溜势在在逼趋，致下游转为吃重。而是时风狂雨大，涨水累日不消，以致堤身尽成泥淖，同时坐蛰，致有疏虞。现在漫口不甚宽深，亦不甚汕刷，测量口门仅有四十七丈。形势已定，亦不虑其越刷越宽。至南六工之下游，即系永定河下口，本河流归宿之处。其漫水所过处所，惟附近之永清县所属村庄，及霸州界连地亩，不无被淹成灾。然一经过水，即由大清河入海，亦不至顿成积淹。此南六工漫口之大概情形。伏思，堵筑以集料为先，宜泄以引河为要。查，此次工程本不为大，需费亦属无多。若将各工现存料物尽数动用，原不难克期堵合。惟目下秋汛方长，两岸险工林立，巡防守护刻不容辣，各工所存料件，仍须留备本工之用。且此时水未归槽，诸事俱难预料，总需俟交白露节后，水势渐平，不惟挂淤处所尚多，涸出新滩办理较易。即旧时河身均已干涸，得以相度形势，以定引河工头。引河得力，则放水通畅，将来收功尤易为力。彼时新料登场，拟一面兴挑引河，一面购备秸料，多集人夫，不分昼夜一气赶办，约八月中旬即可普律告竣。以期仰慰圣怀。所有应需工费，臣惟有通盘筹算撙节估计，另行据实具奏，请旨办理。合将查看永定河抢修各工平稳，及南六工漫口情形，恭折奏闻。（奉上谕，恭录卷首。）

总督颜检《估漫口工需疏》（道光二年［1822］七月）

窃前在永定河工次，将南六工漫口督同盘护裹头奏明，俟白露后采买新料，开工堵合。仰蒙俞允，在案。[1]一面饬令永定河道张泰运，将应挑引河及通工应用料物，撙节估计。去后。兹据该道禀称："南六工漫口计宽四十七丈，两坝应用正、杂料物、夫工，及两头大堤汕刷残缺之处，计长二十五丈，须做护埽，并采买秋秸，加添运脚，共约需银四万两。其引河自漫口迤下起，至南八工邵家庄止，共长四千四百九十余丈。间段估计口宽二十丈至六、七丈不等；底宽十四、五丈至四、五丈不等；深一丈六、七、八尺至三、四、五尺不等。其中水旱泥泞，方价不一，约需银五万余两。以上通共估需正、杂料物、夫工及引河方价银九万余两"。等情。前来。臣屡加确核，尚属节省。除札饬藩司郑裕国，在于地粮下先行动拨银九万两，委员解交该道。先将料物派员购备足用，仍委诚实之员专司勾稽。将来如有余剩，即归善后工程案内应用，核实报销。查，近日天气晴霁，本月二十三日节届白露，河水渐次消落，新料又值登场，不难采买。所有承挑引河各员，臣业已派定，均限本月二十五日到齐，正可及时兴工，克期告竣。臣现将应办被水州县抚恤，并预筹赈济各事宜，及紧要案件次第赶紧料理。俟下月初旬，即当亲赴工次，督率妥办。务使工归实用，帑不虚糜。以冀仰副圣主慎重河防之至意。所有估需料物、土方、银数，理合恭折具奏。（奉上谕，恭录卷首。）

总督颜检《坝埽走失请宽限赶办疏》（道光二年［1822］八月）

臣于本月二十二日，将南六工两坝进占情形，并引河完竣定于二十四日合龙缘由，恭折奏闻。在案。兹于二十三日酉刻，将引河启放，溜势未能通畅，两坝收窄，门口仅存三丈三尺，探量水深竟至三丈八、九尺不等。二十四日寅刻，挂缆正在堵合间，适值北风大作，水势陡涨，波浪汹涌，直击金门，以致坝上节节吃重。西坝连蛰六、七丈，臣在坝督率该道张泰运及文武员弁，不惜钱粮放手抢办，随垫随镶，未能平稳。至未申之间，忽金门合龙处所，并东坝正占边埽，一齐陡蛰入水，计长五六丈。臣即分投抢护，奈水势湍急异常，片段过长，风力愈猛，人力难施。至亥刻时分，连西坝共走失十三丈。未克如期合龙。臣不胜悚惧之至，现在赶紧兴工，尚不过迟。惟永定河之水系挟沙带泥行走，溜势迴向口门，奔腾而下，引河不无受淤。且查引河尾闾，势尚高仰，前次因节省钱粮，未经估挑。今拟余已挑引河二十九分，之下再挑一千八九百丈，方能畅达。其已挑成之河如有停淤者，一并挑挖深通，以成建瓴之势。如此办理，非二十日不能藏工。合无仰恳圣恩俯准，予限赶办，俾不致草率从事。查，半月之后，节居霜降，水势微弱，易于堵筑成功，断不敢再有延误。臣仍住工所，一力督催。惟此次工已垂成，致有闪失，虽系水涨风狂，究属办理不善。所有承办坝工之三角淀通判陈镇标，系责成专办大工之员，相应请旨将该员革去顶戴，仍留工效力，以观后效。永定河道张泰运总理通工事宜，未能妥协，亦有不合。所有走失坝工，著落该道赔还，不准报销。臣督办无方，咎实难辞，请旨交部议处，以昭炯戒。所有南六汛坝工，不能如期合龙，吁请宽限办理缘由，恭折具奏。（奉上谕，恭录卷首。）

总督颜检《堵合南六工漫口疏》（道光二年 ［1822］ 九月）

兹查续估引河，已于九月初九日一律挑挖完竣，初十日先行开放清水，势甚通畅。前次挑成之河并未受淤，所存积水亦均下注。臣随督率永定河道张泰运及两坝文武员弁，于十一、十二两日内昼夜趱办，慎重进占，多压重土，跟追坚实，步步稳固。金门仅存三丈一、二尺，水势蓄高，骤深至四丈二、三尺不等，情形甚为危险。幸坝身宽厚，出水面二丈有余，虽屡经陡蛰，并未平水，亦未走失。且料物充盈，人夫云集，分投运送料土，加镶追压，片刻不停。各员弁率领兵夫，于溜猛埽危之际，倍加踊跃争先，奋不顾身，随蛰随镶，竭两昼夜之力，一律保护平稳。察看溜势，直射引河方位。臣相度机宜，极为顺利。即于十三日丑刻，将引河所留土埝起除开放，旋见河水建瓴而下，星驰电掣，迅于飞瀑，怒涛瞬息之间，已将大溜掣动，引河全行铺满。畅流下注，毫无阻滞，埽前之水立消数尺，遂于是日辰刻挂缆合龙。层土层柴，拼力抢堵，并下关门大埽，追压到底，金门之下已见断流，毫无涓滴渗漏。坝前随时停淤，全河复归故道，大堤后戗业已跟做坚实。应办善后事宜，已饬该道张泰运，遂细勘估，详请奏明办理。至此，大工用银总数确实核计，共用银十万三千八百九十八两。除走失坝工十三丈，需银五千五百七十五两零，著落该道张泰运赔缴外，实用银九万八千三百二十三两零。前经在于藩库拨银九万两，全数动用，不敷银八千三百二十三两零，系在道库存贮要工并河淤地租项下动拨应用。除俟核明工段丈尺、销赔确数，分晰缮单，另行具奏。（奉上谕，恭录卷首。）

总督颜检《开复各员处分疏》（道光二年九月　缺）

总督颜检《估善后工程疏》（道光二年 ［1822］ 九月）

窃照南六工漫口，于九月十三日堵合完竣后，臣仍驻工次。连日督率加签大桩，追压重土，极为稳固。惟新筑大坝，虽系层柴层土，难免蛰动，急宜加高培厚，以备续蛰。而坝后跌塘，深至三丈六、七尺，片段较长，即需估筑越堤，以资重障。尤宜填补跌塘，俾得后靠坚稳，方臻完善。其余该汛头号、二号、八号，亦应帮培，以防凌汛。当饬令永定河道张泰运督同厅、汛各员，确切估计。兹据该道开单呈道，共估需银一万四千七百一十两零。臣按照开单各工，详细履勘，所有堤坝、填塘工程，均系最关紧要，刻不可缓之工。核计所估银两尚无浮多。臣饬令该道、厅等，赶紧趱办，务于上冻以前完工报验，另案请销。谨将工段、丈尺、土方、银数开列清单，恭呈御览。合无仰恳天恩俯准，在于藩库水利工程银内照数动拨，给发领回，乘时赶办。报后验收，断不容稍有草率偷减。再查，本年伏、秋淫雨为患，水势叠次异涨。南、北两岸冲刷残缺之处较多，更兼此次漫工水停沙积，河底因淤而增高，堤身因淤而愈矮，应行加培并挑挖老坎处所。臣现饬该道遂加勘估，容俟核明，另案奏办外，所有核办善后紧要工程，估需银数缘由，理合缮折具奏。（奉上谕，恭录卷首。）

总督颜检《直隶河道情形疏略》（道光三年［1823］四月）

永定河汇瀓、怟、桑干、壶流、三洋诸川之水，自西山建瓴而下。一过卢沟桥，则地势渐平，水流渐缓，而沙亦渐停。及至下游，则沙无去路，而日渐淤塞。盖永定河不能独流入海，必南会大清河，又南会子牙河，及南、北两运河，而后达津归海。以全省地形而论，则四河皆在前，而永定独居其后，当大汛之时，清流前亘，众水争趋，浑流不能畅达，则水缓而沙停。是永定有泄水之区，而无去沙之路，此其所以难治也。所恃以容沙者，惟四十余里之下口，可以任其荡漾。但历年即久，南淤则水从北泛，北淤则水向南归。凡低窪之区可以容水者，处处壅塞，已无昔日畅达之机。下口淤高，上游河身亦随之而高，两岸堤工遂行卑矮，难资捍御。今欲治全河之水，必先去全河之沙。但永定河头工至九工，长一百八十余里，两岸之宽自三四里至五六里不等，下口之宽四十余里。一岁之中，除三汛及冰冻之时不能挑挖外，只有三、四、九、十等月可以兴工。计此四月之中，必不能将一百八十余里之沙，全行运出堤外。而一经大汛，则旧沙甫去，新沙又满。是以每年疏浚中洪下口，但能裁湾取直，疏通梗塞，而不能将淤沙挑除净尽也。淤沙不能挑除，则惟有将两岸堤工加高培厚，并添建新埽，增高旧埽，以资捍卫。或再于上游高处，添建减水坝，以分盛涨之势，似亦补偏救弊之一法也。

总督蒋攸铦《北三工南二工漫溢疏》（道光三年［1823］六月《附各险工抢办情形片》）

窃照六月初旬以来，省北一带大雨倾注，驿路一片汪洋，文报不通。前于十三日具折奏闻，在案。臣因连日大雨，恐永定河水长发，正在悬盼间。十五日戌刻，永定河道张泰运于十一日禀报："初十日起至十一日午刻，卢沟桥签报，河水涨至一丈九尺二寸，较之上年六月十日盛涨之水，尚大一尺一寸。处处出槽漫滩，巨浪排山，奔腾浩瀚，无工不险，无埽不蛰，实属罕见罕闻。北三工十二、三号，溜势更为汹涌，水高堤顶，雨骤风狂。督同厅、汛设法抢护不及，于是日酉刻，过水漫口约宽四、五十丈。"又，同时复据该道张泰运于十三日禀称："十一日发禀后，驰赴上游查看各工，闻南二工二十号水上埽面，复漫堤顶，情形厄险，只在呼吸。当即驰往，督率厅、汛竭力抢救。无如雨大风狂，溜势倍力勇猛，人力难施，于十二日午刻漫溢，过水夺溜，漫口约宽五十丈，现在各工均甚危险。因南二工漫口阻隔，不能过河，往返转折设法过渡，以致禀报稍迟。"等情。臣接阅之下不胜惊骇。查各工漫口，虽由大雨连绵，水势异涨，人力难施，厅、汛各官驻工防守不能化险为平，难免疏防之咎。容俟查明，另行分别参惩。至该道张泰运熟练直隶河务，人亦朴实可靠。此次河水异涨，实由大雨过多，该道亲身在工抢护，尚非有心玩惕。且臣不谙河工，目力又过于短视，并水势亦不能辨别。前经奏蒙圣鉴。现当防工万分吃紧之时，而此后伏、秋大汛正长，及一切堵筑事宜，须责成该道相机筹办，可否暂免议处，以观后效。出自皇上天恩。现在各省至工，必经之安肃、定兴、涿州、良乡、固安一带道路，据报积水深至丈余及数尺不等，车舆俱不能行走，亦不能直通水路，此外并无绕道可行之处。臣此时已专差查探。一俟积水稍退，即刻起程亲往查办。一面飞饬该道，将各漫口赶紧盘做裹头，以免刷宽。并将危险各工，实力相机防护，勿再疏虞。臣已札饬藩司酌拨银二万两，委员赍[2]往交道库备用。至南二工漫口之水，系由牝牛河归大清河。其北三工漫口，现已掣溜，附近村庄不无被淹，其有无损伤人口及冲塌房屋？现在飞饬各地方官，先行确查抚恤，毋使流离失所。如有应行给赈之处，同此外被水各州县，俟勘明照例请旨办理。

再顷，续据该道张泰运禀称："于十三日由北岸挨汛查看，北二工五、六、七号蛰埽四十四段，内有陡蛰入水，及平水漫水者。又北下汛十五、六号，埽蛰入水者四段。又四号，埽蛰平水者十四段，该号埽工头段以上与中汛十三号，均因河势坐湾溃塌堤身。又，北上汛四号中起，至五号中，因水大汹涌，河水顶冲，致将四丈宽大堤全行溃完。现在，分别密挂大柳，赶下新埽。又，南上汛六、七、八、十及十二号，南下汛十一号，均有蛰埽，吃水溃堤，已竭力抢护平稳。惟十四日寅刻，卢沟桥签报，河水复长至二丈一尺，现仍大雨未息，堤身雨淋水泡，实属危险之极"，等情。臣复飞饬该道，亲督厅、汛各官，昼夜驻工巡防，实力抢护，务保无虞。所有漫口以上两岸各汛抢办情形，合再附片奏闻。（奉上谕，恭录卷首。）

总督蒋攸铦《北中汛漫溢疏》（道光三年［1823］六月）

臣于十八日拜折后即刻自省起程，行抵安肃县①之漕河地方住宿。接准军机大臣字寄，道光三年六月十七日奉上谕："蒋攸铦奏《北三工南二工漫溢情形》一折。朕因连日大雨，恐永定河水长发，有漫溢之虞。于十五日特降谕旨：'令蒋攸铦严饬永定河道，督率厅、汛各员，加意防护'。本日据蒋攸铦奏报：'北三工十二三号，溜势汹涌，水高堤顶，漫口约宽四五十丈。又南二工二十号，复漫口约宽五六十丈。现在各工均甚危险。'朕览奏实深骇异。该河道张泰运驻工防守，不能化险为平，以致蛰埽溃堤，咎有应得。现当伏汛吃紧之时，各工巡防正须相机妥办。张泰运暂缓交议。该督即责成该道，将各漫口赶紧盘做裹头，勿致口门愈刷愈宽。将危险各工实力防护，勿得再有疏虞。其被淹各村庄，有无损伤人口及冲塌房屋，著该督，即饬各地方官，赶紧确查抚恤，毋使流离失所，是为至要。至另片奏：'续查北二工五、六、七号，蛰埽四十四段；又北下汛十五、六号，埽蛰入水者四段；又四号，埽蛰平水者十四段；又北上汛四号中起，至五号中，堤身溃完。南上汛及南下汛均有蛰埽'，等语。著蒋攸铦，分别查明各汛抢办情形，据实具奏。蒋攸铦接奉此旨后，即亲赴该处，督饬该道、厅等，驻工昼夜防护，妥为办理，等因。钦此。"仰蒙皇上不加谴责，训诲周详。臣跪读之余钦感无既，当即分饬遵照。适又据永定河道张泰运禀称："北中汛十三号，全河大溜直注，势若排山。先经捲下埽由，不惜重价远买大柳密挂。无如水势浩大，溜势汹涌，所下柳株埽由，随下随漂。复赶做后戗外帮，抢筑越堤。该道亲督厅、汛各员，并飞调下游文武员弁人等，分段抢护，随抢随漫。惟大雨如注，更兼狂风阵溜益加汹涌，至十七日丑刻，漫溢三十余丈，实

① 安肃县，宋置安肃军，后改为安肃县。金、元、明，或称州，或称县。清为安肃县，属保定府。民国初改为徐水县。其南漕河镇。

属人力难施。现过水二、三分，大河仍走溜七、八分。该汛七号暨北上汛十一号，现仍蛰埽溃堤，赶紧抢护。"等情。臣接阅道禀，益深悚惧。查，永定河本年汛水异常，虽由大雨过多，而厅、汛各官驻工防守不能保护平稳，以致各工溃堤漫溢，所有疏防之北中汛及前次北三工、南二工厅、汛各员，相应查明，请旨。（朱批："保守不力，未能化险为平，以致屡生漫口，管河各员实属咎有应得。亦不能概从未减然。总由朕之德薄，不能感召天和。直省连年水涝，小民不能各安生业，每念及此，不胜懔悚也。钦此"。）将北岸同知陶金殿、南岸同知窦乔林、石景山同知袁烺、署涿州州判杨泰阶、良乡县县丞马镡、武清县县丞史渭纶，均革去顶戴，仍留本任效力。至该道张泰运于北三、南二各工，即不能保守于前，今北中汛又复失事于后，实属咎无可辞。惟现当险工防护吃紧之时，该道在隶河工年久，熟悉水势情形，实难遽易生手。且直省亦无堪胜是缺之员。并恳圣恩，将永定河道张泰运革职留任，责成相机妥办。该道同厅、汛各员俟堵筑合龙时，能否愧奋出力，此外各要工能否化险为平，再行察核，分别具奏。臣任事两月，督率无能，致有屡次漫溢，请旨交部议处。一面严饬该道张泰运，将前后各漫口赶紧盘做裹头，勿致愈刷愈宽，亲督厅、汛各官，将蛰埽[3]溃堤各险工，竭力抢护防守。臣现在赴工督办。至北中汛漫水，系由庞各庄归永定河。下游所有前后漫口附近各村庄，及此外各州县，因大雨过多，现据纷纷禀报被水。臣已饬令藩司，先饬地方官确查抚恤。如有被水情形较重者，即由司酌发银两，委员驰往会查办理，以期灾黎不致失所。理合恭折具奏。（奉上谕，恭录卷首。）

侍郎张文浩等《筹办各漫口情形疏》（道光三年［1823］六月）

查得北中汛漫口，现宽九十八丈，水深六、七、八尺至一丈八、九尺不等。溜势湍驶，过水已有七、八分。业经永定河道张泰运督率厅、汛，将两坝盘头裹护，追压重土，签钉大桩，可期不致刷宽。又查得，南二工漫口，宽一百九十丈，水落时两头俱有涸露，仅存水面五十余丈，水深二、三尺，溜行微弱，且在北中汛下游，虽目前尚未断流，迟日自可挂淤。北三工漫口，宽二百八十丈，业已干涸；北三工缺口沽还原堤，补下埽段，南二工一经挂淤，亦即补还堤埽。至北中汛漫口，地处上游，势已将次夺溜，当兹汛水方长，未能亟筹堵筑。应俟秋分后新秸登场，购集料物，克期兴堵。再，口门以下河身停沙淤垫，必须挑挖引河，以便合龙时引水下注。现当泥淖难行。臣张文浩拟暂住工次，俟七月间，坝工引河可以料估时，督饬该道张泰运约实估计。会商臣蒋攸铦，核明具奏。至引河须在坝工前兴挑，约派能事州县二十人承办。现在，地方不被灾之员，距省俱不甚近。臣蒋攸铦初到直隶，人材未悉，拟月初赶紧回省，与司道等详查熟商，飞调来工方可不误。并与藩司筹拨银两，并查办灾务，俟开工时，再来会办。至前奏蛰埽、溃堤、危险各工，臣等未到之先，俱经该道调集官兵，分投抢办平稳。足以仰纾圣廑。惟查，漫口以上两岸堤埽，正值汛防吃紧之时，尤不容稍有轻忽。臣张文浩看得永定河情形，固不能比较黄河，但两岸绵长四百余里堤工，土性纯沙，河势变迁莫定。水落则分流串注，并无正洪。涨发则拍岸盈堤，随处出险。一时之抢护而论，实有措手不及之虞。惟有严饬该道督率文武员弁，各发天良，齐心保护，毋得再有疏虞，致干重谴。所有臣等查过永定河漫口，并分别办理情形，以及各险工抢护平稳缘由，理合恭折具奏。（奉上谕，恭录卷首。）

侍郎张文浩等《估漫口工需疏》（道光三年 ［1823］ 八月）

窃臣等前会勘北中汛漫口情形，奏明俟秋分后采买新料，兴工堵合，仰蒙俞允。兹臣张文浩查得，南二工亦复断流挂淤。当饬永定河道张泰运，将北中汛以下应挑引河，及应用料物，并南二、北三两处旱口补还堤、埽各工，搏节估计。去后。旋据该道禀称："北中汛口门宽九十八丈，两坝必须软镶，以免渗漏。接下丁头大埽，仍于临河密下边埽，坝后帮筑饿堤，以为后靠，及两头大堤残缺之处，计长四十六丈，须做护埽，以资捍卫。其引河自北中汛漫口以下起，至南六工上汛五号止，间段估挑，共长一万零七百二十五丈，口宽十五、六丈至七、八丈不等，底宽十一、二、三丈至六、七丈不等，深二、三、四尺至一丈不等。又北三工旱口，宽二百八十丈。南二工旱口，宽一百九十丈，均须补还堤埽，并填垫沟槽、坑塘，以御合龙下注之水。以上水旱漫口，应用正、杂料物、夫工，并采买秫秸、加添运脚、堤工土方，及挑挖引河方价，通共约需银十五万两。"等情。前来。臣张文浩复督同该道驰赴下游，逐工履勘，详加确核，处处均从节省，委无浮多。所需工料、土方银两，臣蒋攸铦前经两次奏明，饬令藩司陆言，先于藩库借拨银七万两。现在请拨经费银两，各省尚未解到。又于运库生息[①]项下借拨银八万两，均经委员解贮工次备用，已

---

① 运库生息，是指清漕粮征收、入库、解运过程中，征收的税银及各种规费收入，再放借给商户产生的利息收入。

足十五万之数。查新料渐次登场，檄饬①先将正、杂料物，派员分投购买。并先后饬将南二、北三旱口应需补还堤埽等工，发给银两，委员赶紧趱办。其派挑引河州县，业已陆续到工，随即发银，认段兴挑。所有两坝工程，俟料物购齐运送到工，已届秋分节后，亦可诹吉开工。臣蒋攸铦现将应办紧要事件，赶紧清厘，即亲赴工次，会同臣张文浩督率在工文武员弁，妥速办理。至支发银两、督催引河，必须遴派大员会核经理。臣蒋攸铦查，通永道董淐端谨细心，现已札调该道赴工，会同永定河道张泰运专司勾稽，樽节支发。如有余賸，即归于善后工程案内应用。照例核实报销，务期帑不虚糜，工归实用。再，漫口下游南、北两岸各险工埽段，均应镶做，以资抵御。查，各工俱有用存正、杂料物，足敷镶用，无须另估钱粮。将来仍归抢修案内报销，合并陈明。所有臣等会商，约需水、旱漫口工料及引河方价银数，理合缮折具奏。（奉上谕，恭录卷首。）

侍郎张文浩等《堵合北中汛漫口疏》（道光三年［1823］九月）

臣等连日督率道、厅、都、守等，昼夜趱办，慎重进占。截至初九日，北中口门仅存宽三丈五尺，水势骤然抬高，大溜涌注，坝前水深刷至三丈八九尺，两坝头同时陡蛰丈余，情形甚为险要。幸料物充盈，人夫云集，各员弁率领兵夫踊跃争先，绝无瞻顾，随蛰随镶，竭两昼夜之力，镶压坚稳，高出水面二丈余尺。臣等察看，溜势直射引河，形势极为顺利。即于十一日丑刻，将河头土坝起除开放，河水建瓴而下，疾于飞瀑，瞬息间已将大溜掣动引河，两崖土坡随溜溃塌，奔腾下注。埽前之水立消数尺，遂于是日卯刻，挂缆合龙。层土层柴，并力抢堵，并下关门大埽，追压到底，金门之下顷刻断流，毫无涓滴渗漏。坝前即时停淤，全河复归故道。此次引河坝工，确实核计，共用银十一万九千九百五十余两。南二、北三两处旱口，补还堤埽工程用银一万五千五百三十六两零。通共用银十三万五千四百九十余两，较原估计节省银一万四千五百两零。俟核明工段丈尺，销赔确数，分晰开单，另行具奏。应办善后事宜，已饬永定河道张泰运逐细勘估，详请奏明办理。至在工最为出力文武员弁，可否容臣等查明据实保奏，出自[4]皇上天恩。理合缮折具奏。（奉上谕，恭录卷首。）

---

① 檄，古代官方文书多用木简长一尺二寸，用于征召、晓谕、申讨，此类文书通称为檄书。此指行文命令。

直隶总督蒋攸铦《北中汛漫工合龙疏》（道光三年［1823］九月
附《开复各员处分片》[5]）

窃照九月十一日奏报，永定河北中汛漫工合龙。钦奉谕旨："在工最为出力文武
员弁，著张文浩等秉公保奏。等因。钦此。"伏查此次堵筑漫口，所有镶做大坝、挑
挖引河、补筑各旱口，皆同时并举。派调文武员弁一百余人，共襄其事，昼夜趱办，
一气呵成，钱粮亦务从节省。在工各员无不急公奋勉。臣等详加确查，或承挑引河
头，工费难办，或连年挑挖引河，或掌管东、西两坝工程，或在工承办，一切择其
超众勤奋，最为出力之员。除三角淀通判蒋宗墉、霸州州同胡侍丹，另行循例奏请
升用外，冀州直隶州知州周寿龄，应请赏加知府衔。河营都司李存志、都司衔河营
守备夏茂芳，均请赏加游击衔。滦州知州黄克昌、固安县典史吴尔祚，请以地方应
升之缺，酌量升用。通州通流闸闸官徐敦义，请以河工主簿巡检①升用。河工候
补未入流孙良坤、沈炳章，均请以沿河典史尽先补用。可否量予鼓励之处，出自皇上天
恩。其出力较次员弁，由臣蒋攸铦分别记名拔委。以仰副圣慈微劳必录至意。理合
恭折具奏。伏乞皇上圣鉴训示。谨奏。

再，留直委用革职知县姚景枢，前在卢龙县任内，因屯舍旗人姜士桓京控非刑
滥禁案内，署滦州知州陈晋擅用非刑，该县姚景枢于并未抗传之，姜兆凤欲行掌责，
以致咆哮詈骂，率行收禁。经钦差大理寺正卿张鳞等审明奏。奉上谕："陈晋、姚景
枢，俱著革职，仍留于直隶差遣委用，等因。钦此。"本年派挑引河州县，到工后，
有因本境续被水灾，赶回查勘正在乏人接办，适该员姚景枢经藩司委解饷银至工，
即派令挑河，极为深通，办理亦甚妥速，实属奋勉出力。且同案革职之陈晋，因缉
拏疏失饷鞘人犯，已奉恩旨仍以知县补用。今该员在工次出力，事同一律，惟开复
知县原官未免过优。查，该员原系长芦小直沽批验所大使，升补卢龙县知县。可否
将留直委用。革职知县姚景枢，降等仍以盐务大使②留于长芦。遇缺补用之处，恭候
恩施，理合附片请旨。

---

① 河工主簿巡检，按据嘉庆《永定河志》记载，河工主簿等汛员无管理地方事务的权责，
每遇汛期征募民夫，协调河工与地方事务，时有不听调配的情况。为此，汛员加巡检衔，负责附
堤十里村庄民夫征募、维护治安等事项。详见前志职官有关卷。
② 长芦小直沽批验所大使、盐务大使，均为长芦盐区管理盐务的官职。

338

侍郎张文浩等《估善后工程疏》（道光三年［1823］九月）

永定河漫口合龙后，臣张文浩仍驻工次，连日督率加签大桩，追压重土，均极稳固。惟新筑大坝，柴土未能十分粘结，难免日久蛰矬，急宜加高培厚，以昭巩固。并于金门以下添筑顺水草坝一道，金门以下，添筑越堤一道，其余于该汛头、二、三号，并六、七、八、九、十等号，及北下汛二、三、四等号，大河俱走堤根，形势甚险，亦应筑越堤四道，并帮培越堤一道，以为重门保障。至南二、北三两处旱口，补还堤埽新工，均需加高培厚。又南上、南五、南六、北上、北二、北五等汛，堤身经汛水冲刷，残缺单薄之处，或培内帮、或培外帮、或加高堤顶、或帮培土坝，庶足以资捍卫。饬该道张泰运，督同厅、汛各员确切估计，共需银二万一千八百二十三两零。开单呈送，前来。臣等详加确核，均系刻不可缓之工，估需银两亦无浮多。此次大工案内，节省银一万四千五百六两零，即可动用外，计不敷银七千三百十七两零，合无仰恳天恩俯准，在于本年请拨堵筑漫口等项经费银内，照数动支给发领回。饬令该道、厅等，乘时赶办完竣。报候验收，另案请销。断不容稍有草率偷减。谨将工段、丈尺、土方银数，开列清单，恭呈御览。所有善后紧要工程，估需银数缘由，理合缮折具奏。（奉上谕，恭录卷首。）

侍郎张文浩等《估筑闸坝越堤等工疏》（道光三年［1823］十一月）

臣等于九月十七日黄新庄行在展观，仰蒙垂询直隶河道情形，当将永定河亟须勘筹闸坝分减涨水缘由，奏蒙俞允。遂经饬令永定河道张泰运，督率厅、汛各员，详细相度，核实勘估。去后。兹据该道张泰运禀称："永定河发源山西马邑，汇雁门、云中及宣化塞外诸水，进流而下至石景山，出卢沟桥，挟拥泥沙，溜势趋向靡定，向无修防。迨康熙三十七年［1698］始建堤工。嗣因下游受淤，河不安流。至乾隆三十七年［1772］，已六次改移下口。此后数十年，沙积淤停，更兼连岁异涨，河身逐渐淤高，去路不能畅达，以致旧工新险叠出环生，南激北冲，屡致漫溢。此永定河敝坏之实在情形也。若云治河之法，筑不如疏，似宜先挑下口。惟浑河之水，夹沙而行，不但挑费甚钜，而旋挑旋淤，终归无济。如再求改移之路，则东有东安县人烟辐辏，西有永清县民舍稠密，不能废一县之城郭、田庐，为河水达海之路。则昔人所云：'以不治之法治之者，时势所不能行。'查永定河之所以为患者，固由下口不能畅流，亦因上游无所分泄。是以汛水暴至，河身不能容纳，辄至溃堤。现在亟求补救之方，必须详审宣泄之路。今查得南二工十四号，曾于乾隆三年［1738］建有金门闸一座，口宽五十六丈，分流减涨，各工得保无虞。实为法良意美。近因河底淤高，该闸墙及雁翅、龙骨、海墁、簸箕，不但卑矮，抑且酥碎残坏过甚。启放恐致夺溜，是以筑埝拦水，涓滴不能宣泄。因与各厅再四熟商，惟有将南二工原设之金门闸闸墙、龙骨普律升高；海漫、灰石簸箕残坏之处，全行修补。迎水下雁翅，经嘉庆十五年［1810］冲刷无存，今拟从新补建完整。庶汛水涨发，势杀力分，下游不致泛滥。而南二工以上至石景山汛地，尚有九十余里，险工林立，出山之水迅驶横激，尤为可虑。拟于南上汛二号，添设减水灰坝一座，口门亦宽五十六丈，俾得分流旁注，上游不致吃重。又思闸坝既设，必使去路宽畅，始免散漫之患。查，南上汛二号堤外，地势低洼，俱属苇荡板荒，村庄亦少，所有出水减河，间段估挑至良乡县境之水碾屯，入清河，计长一千三百五十丈。至南二工出水减河，向系由牤牛河、太平河、黄家河至霸州之中亭河入会同河，一百四十余里，久经淤成平陆，里数过长需费不赀。今查，闸下西南旧有河形，估挑三千四百六十丈，至涿州境之大辛庄以下归清河。不特挑河，经费相较悬殊，即去路便捷，更形疏畅。再查。近年以来，河溜每多侧注北岸，并须于北上、北中、北下、北二、北三、北五等汛，择其河流近堤著重之处，估添越堤，帮培旧越堤、旧直堤，以为重障。如此估办，庶于补偏救弊之法，不无裨益。所有南二工拆修、升高金门石闸龙骨、坝台金墙、海墁、石簸箕，暨闸内镶做护埽、裹头并制堤、挑挖闸塘淤沙，以及上首裹头、下首雁翅、迎河老滩，均抛片石坦坡。又，迎水引河、闸外减河等工并厂房器具，共估需银十万零三千四百五十一两零。南上汛新建灰坝，暨坝内镶做挑水、顺水埽坝、裹头、迎水引河，并制堤、筑做越坝、启拆越坝，以及坝外减河，更有护村堤埝并厂房器具，共估需银七万八千三百四十九两零。北岸越堤十一道，凑长五千零三十九丈，共估需银三万七千二百六十一两零。通共需银二十一万九千零六十二两零。亲履详勘，委系确实无浮，"等情。臣张文浩于查勘天津下游后，回至永定河详细履勘，均系必应办理之工，所估钱粮亦俱撙节复兴。臣蒋攸铦悉心筹商，伏思永定河堤岸连岁漫口，实由河身淤垫，去路不通，兼以两堤土性沙松，每逢汛涨不能容纳，以致旁溢为患。近更河流北趋，当冬令水涸之时，尚有溃堤、蛰埽之事。若不亟为筹备，来年一经汛涨，殊恐防护维艰。该道所估各工，系属未雨绸缪，机宜悉合。臣等再三筹酌，均应如估办理。再，所估各工，须俟来岁春融趱办，统限汛前一律完竣。估需二十一万九千零六十二两零，应于臣等另折奏请，预拨各省封贮银两内解到动用。惟灰石等项，须于今冬采办到工，方资应用。查，有解部粤海关饷①十五批以后，尚未过境。可否仰恳圣恩，将前项关饷先行截留一批，计银五万两，发交永定河道，赶紧购料，以免迟误。恭候命下遵行。至筑堤挑河，间有占碍民地之处，饬令该地方官查明，或豁粮、或拨补，再行酌量奏明办理。合并陈明谨奏。（奉上谕，恭录卷首。）

御史陈沄《议闸坝减河情形疏》（道光四年［1824］四月）

臣前闻河臣张文浩查办直隶水利时，议于永定河南岸建设闸坝，挑挖减河，以分减盛涨。未知曾否入奏，准行。嗣闻该处现已购料兴工，于永定河南岸修复金门闸，挑挖减河一道。又于金门闸之上，新建灰坝一座，挑挖减河一道，皆为分减盛涨泄入大清河之用。伏查，金门闸虽系旧有之闸，久经堵闭不用。从前，此闸所以泄水入大清河不为患者，以大清河流行通畅故也。今大清河下游达海之路，久为永定浊水所淤，去路不通。以致上游处处漫溢，为新安、安州、任邱、文安、大城等十余州县之害，年年被灾。是大清河于本河之水已不能容，若复加以永定分减之水，何以受之？至于金门闸以上另建灰坝，开挖减河一节，乾隆五年［1740］间，孙家淦任直隶总督时，曾建议于金门闸之上开放南岸泄水，入中亭河。嗣因中亭河不能容纳，附近民田受害，旋于乾隆六年春赶紧堵筑。高宗纯皇帝御制诗中屡言误听孙家淦之言，原委甚明。今张文浩新开减河即在金门闸之上，其泄水入大清河之处，又在中亭河之上游，虽共地面远近小有不同，要其为两河放水，同时灌入清河，则与当日孙家淦之所为无异。况清河壅塞情形较前尤甚，其不能容纳分减之水，易滋漫溢尤可概见。窃思，治水必通筹全局利害。今专为永定河堤工起见，骤开两减河以分减盛涨，泄入大清河，用以保护水定河堤工，不过为工员规避处分之计。独不思大清一河贯串东、西两淀之间，近年以来，正因下游为永定浊水所淤，上游漫溢害及畿南州县。今治永定，乃不从下游疏治，使清浊二水各有所归，顾反于清水上游两淀适中之界，灌之以永定浑浊之水。以近患言之，必致附近两淀居民受害更重，议赈议蠲重糜国帑；以远患言之，清水上游灌入浊水，数年以后，清流必致壅遏为患滋甚。彼时，再议挑挖，费更倍于今日。此事关系全河大局，非同细故。为此据

①　此指请旨动用海关税收银两。粤海关此时尚属常关，属户部管辖。始设于澳门，康熙二十三年［1684］定海关关税则例。税银分批上解户部。参见《清史稿·食货志六》。

实陈奏。并恭录高宗纯皇帝御制诗呈览。应请旨饬下程含章，会同蒋攸铦，再加相度，通盘筹画，预为善后之策，以免异日之害。是否有当，伏乞圣明鉴察。谨奏。（奉上谕，恭录卷首。）

侍郎程含章等《覆勘闸坝情形疏》（道光四年［1824］四月）

臣等承准廷寄，钦奉上谕："本日，御史陈沄奏永定河闸坝减河[6]情形。据称：'前闻臣张文浩查办直隶水利，议于永定河南岸建设闸坝，挑挖减河，现已兴工。于南岸修复金门闸，挑挖减河一道，又于闸上建灰坝一座，挑挖减河一道。皆为分减盛涨泄入大清河之用。查，金门闸久经堵闭，乾隆年间孙嘉淦，曾于闸上开放南岸泄水，入中亭河，不能容纳，附近民田受害，旋即赶紧堵筑。今新开减河，放水灌入清河，与孙嘉淦所为无异。况清河壅塞，不能容纳减水，易滋漫溢。'等语。大清河贯串东、西两淀，因下游为永定浊水所淤，上游频年溃决。畿南十余州县被灾独重。必须先从下流疏治，俾得畅流入海。若转在上游灌输浊水，则壅遏泛滥为患弥甚。此事关系全河大局，不可不计出万全。著交程含章、蒋攸铦再加相度，通盘筹画。并派明干道员会同河道张泰运，前往逐一履勘该处闸坝情形，据实妥商办理。务使堤障、田庐两无妨碍，方为至善。陈沄原折著发给阅看。将此谕令知之，钦此。"臣等伏查，永定河自康熙三十七年建堤后，至三十九年改移下口，嗣后雍正四年、乾隆十六年、二十年、三十七年，淤一次即改一次，遂别无可改处所。数十年来，不但下游日见高仰，中洪亦无不涨满，并且塞及咽喉。浑水河不能挑挖，徒费无益，久在圣明洞鉴之中。从前，南三工有北村灰坝，北三工有求贤灰坝，均建自乾隆三年［1738］，有东、西两股引河。至五年［1740］九月开堤放水，拟复浑河故道，事不可行。六年［1741］二月即连闸堵闭，而引河仍存至十七年［1752］，始堵截西股引河，只留东股一道。历年挑浚，年久亦渐淤废。盖以减泄之水长而缓，非比漫决之溜近而猛也。上年张文浩在工督办，三月率同道、厅往来查看，熟虑审详告知。臣蒋攸铦谓："此河之难，以防守甚于江南黄河，缘黄河虽河身日高，两岸多系埽工土性坚实，可以加高培厚。然至盛涨时，河中之水高于徐州城楼，全赖上游分泄。黎世序因向有之天然闸、峰山闸均已宣泄不灵，嘉庆十九年［1814］奏建虎山腰减水坝，南河之安澜得力于此者不小。永定河绵长四百余里，两岸皆沙，无从取土，不能处处做埽，俱成险工。而出山之水湍激异常，变迁无定，动辄搜根漫顶，如水浸盐，遇极盛涨时，堤防断不足恃。自嘉庆六年［1801］全河漫口之后，将北上汛天然保障之土山冲刷殆尽，密迩京师尤为吃重。此时，万不得已为补偏救弊之计，惟有修复金门闸，量为升高，并于南上汛添建灰坝闸，则石墙石底，坝则灰墙灰底，均有限制。俾盛涨时出水不过二、三尺，历时不过一半日，水落即行断流。与乾隆五年孙嘉淦奏将永定全河入金门闸，两[7]股引河下注者，迥不相同，有《永定河志》可考较之。频年漫口跌塘，全掣大溜，冲淹村庄、田庐，仍归大清河亦相去远甚。"张文浩于黄新庄行在①奏准后，又率同张泰运周历勘估，酌定引河之路。并于闸坝附近四小村庄，为之估筑护村堤埝，以资捍卫。村民皆知水过时，可收一水一麦之利，并无异词。是以，于十一月十六日会同臣蒋攸铦，奏蒙明发谕旨："著俟春融照估趱办，统限汛前一律完竣。"现在早已兴工，月内外即可蒇[8]事。兹御史陈沄恐两淀居民受害，并恐清水灌入浊水将来壅遏为虞。请勅下臣等再加相度，以为经久之计。事关堤障田庐，自不厌于详慎，应即派委道员往勘查。署清河道屠之申、通永道邓廷桢、天津道韩文显，均有承办要工，未克分身前往。惟臬司②董淯前在通永道任内，曾经查勘河道，往来[9]谙晓情形，不日将秋审事件勘详完竣，交臣蒋攸铦核办，即可委令该司驰赴固安会勘。臣程含章现由保定登舟，前往安州、新安、任邱一带，查勘疏消积水情形，并带同张泰运估勘赵北口以下，至天津各河淀工程。令张泰运由天津先回固安，会同董淯逐细履勘永定河闸坝形势。俟臣程含章赴天津以下，查勘大清河、南、北运河各尾闾之后，即赴永定核勘妥筹，再会同臣蒋攸铦从长计议。（朱批："要紧处原在此。钦此。"）会核具奏，以仰副圣主筹画尽善之至意。陈沄折谨抄录备查。原折恭缴。所有遵旨派员复勘永定河闸坝情形，臣等谨合词，先行恭折具奏。（奉朱批："知道了。钦此。"）

侍郎程含章等《治水大纲疏略》（道光四年［1824］六月）

永定河发源山西，穿西山而出，每遇盛涨，夹沙带泥，势甚汹猛。自有南堤以束之中腹，日见沙停下口，易致淤积。百数十年，改移下口不下十次，改一处淤一处，东北势成高仰。近年，由三河头横漫而出，致淀水停缓不畅。今又在其上，自东沽港、黄亭等处废堤入淀，骎骎乎淤至杨芬港矣。浊流之淤愈宽，则清河之去路愈隘。现在淀水已穿入子牙，若不早修治，恐全淀之水南注子牙，而永定河即尾随

---

① 行在，指皇帝出行所到的地方。
② 臬司，按察使的别称。臬司为一省的司法长官，掌管刑狱。

其后，横决为患。臣等反覆思维，实无良策。应请将格淀大堤赶紧培筑高厚，拦住淀水，不使南入子牙。如能修复永定河南七工以下遥堤，增高培厚，接筑堤尾至凤河口止，拦住永定河水，不使冲入东淀。并挑浚凤河，导引永定河水由凤河口以会入大清，庶可借清水以刷浊流，不致淤积。而工段绵长，经费浩大，且河势变迁无定，必须计出万全。应俟大汛时，臣程含章亲往勘明新设闸坝减水情形，与道厅等通盘筹画，再行会商定议。以昭慎重。（奉上谕，恭录卷首。）

御史陈沄《重开闸坝引河利害疏》（道光四年［1824］闰七月）

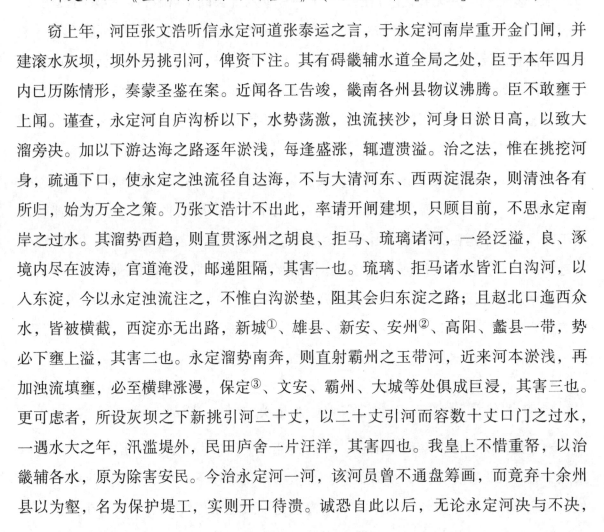

窃上年，河臣张文浩听信永定河道张泰运之言，于永定河南岸重开金门闸，并建滚水灰坝，坝外另挑引河，俾资下注。其有碍畿辅水道全局之处，臣于本年四月内已历陈情形，奏蒙圣鉴在案。近闻各工告竣，畿南各州县物议沸腾。臣不敢壅于上闻。谨查，永定河自庐沟桥以下，水势荡激，浊流挟沙，河身日淤日高，以致大溜旁决。加以下游达海之路逐年淤浅，每逢盛涨，辄遭溃溢。治之法，惟在挑挖河身，疏通下口，使永定之浊流径自达海，不与大清河东、西两淀混杂，则清浊各有所归，始为万全之策。乃张文浩计不出此，率请开闸建坝，只顾目前，不思永定南岸之过水。其溜势西趋，则直贯涿州之胡良、拒马、琉璃诸河，一经泛溢，良、涿境内尽在波涛，官道淹没，邮递阻隔，其害一也。琉璃、拒马诸水皆汇白沟河，以入东淀，今以永定浊流注之，不惟白沟淤垫，阻其会归东淀之路；且赵北口迤西众水，皆被横截，西淀亦无出路，新城①、雄县、新安、安州②、高阳、蠡县一带，势必下壅上溢，其害二也。永定溜势南奔，则直射霸州之玉带河，近来河本淤浅，再加浊流填壅，必至横肆涨漫，保定③、文安、霸州、大城等处俱成巨浸，其害三也。更可虑者，所设灰坝之下新挑引河二十丈，以二十丈引河而容数十丈口门之过水，一遇水大之年，汛滥堤外，民田庐舍一片汪洋，其害四也。我皇上不惜重帑，以治畿辅各水，原为除害安民。今治永定河一河，该河员曾不通盘筹画，而竟弃十余州县以为壑，名为保护堤工，实则开口待溃。诚恐自此以后，无论永定河决与不决，

---

① 新城县唐始置，清属保定府。1993 年改设高碑店市。
② 新安、安州，新安县元置，治河北安新，道光十二年并入安州，为辖县；安州，唐置唐兴县，元明清为安州。1913 年新安县与安州合并，称安新县。
③ 保定县，宋置保定军，后改为县，金、元、明均为县。清属顺天府。民国初改为新镇县，1949 年撤消并入文安县。

民间皆被其害。将来大清河东、西两淀受其淤垫，即多方疏治，于现在所筹一百二十万两之外，再加数倍，终无善策，岂非以有用之帑金尽付东流乎？事关水道全局，亡羊补牢，此时犹未为晚，若待害之既至，虽悔何追？伏祈敕下程含章、蒋攸铦[10]铦亲诣会勘，及早堵闭，庶后患永除，而国帑皆归实济矣。为此具折奏闻。（奉上谕，恭录卷首。）

侍郎程含章等《新建闸坝著有成效疏》（道光四年［1824］闰七月）

闰七月十二日，臣等承准军机处字寄，钦奉上谕："据御史陈沄奏：'永定河重开闸坝引河，民间皆受其害，请及早堵闭，'等语。著陈沄驰驿前赴保定，令程含章带同该御史，前往永定河新建闸坝处所，将有无冲刷民田、庐舍及淤塞清河之处，面为指陈利病，逐细履勘明确。仍令程含章会同蒋攸铦据实具奏。该御史原折著发给程含章、蒋攸铦阅看。钦此。"查此案，先经该御史陈沄具奏，奉旨遴委大员会同永定河道张泰运查勘。经臣等奏，委臬司董淉会同张泰运查勘。去后。嗣据该司、道禀称："勘得新建闸坝系减涨之水，水大则过水一、二尺不等，不过一日半日水退，即点滴不流，不致冲刷民间房屋地亩。与乾隆五年前督臣孙嘉淦决开南堤，全河下注者不同。而永定河堤赖此不致溃决，保全实多。未便将闸坝堵闭。"等情。禀覆前来。臣等正在核议具奏间，该御史又复具奏。接奉上谕，臣程含章因时届白露，前往永定河查工，至良乡途次，与该御史遇见。当即，带同前往永定河，督同河道张泰运勘得，新建灰坝，本年过水六寸及一尺不等，坝下一片荒草，绵长数十里，向来不产粮食，得浊水肥淤可以耕种，民间方以为喜，毫无妨碍。又筑有护村埝四道，并无淹没及民间房屋田地。又勘得，新修金门石闸，本年过水六寸及一尺二寸、二尺不等。减河之水坐湾处间有均塌，并未出槽，亦无淹没及民房、田地之事。上段河身不无淤浅，而工程无多，明年春间即可挑浚，培筑堤埝。其自田城以下河槽深通，更无妨碍。惟涿州之任村，经该御史查出："有坍塌房屋六十五间，恳求赏恤。"等情。臣程含章同该御史复至该村，询据乡约地保王进才等供称："去年被永定河漫口，将村内冲成深阱，阱边剩余房屋业已歪斜。本年七月十二、三日连夜大雨，十四日闸水下来，地基坍塌，阱边破屋陆续倒塌十数间，民等因系去年冲坏之屋，是以不敢妄报，希图赏恤。"等语。随勘得该村上年被永定河冲成深阱，岸高一丈五六尺，闸水无多，不能淹及屋脚，实非冲刷。因该处沙土浮松，根基不固，一遇大雨即行坍塌。阱边破屋是倒塌虽在今年，而所以倒塌之故，实由去年永定河之

卷十 奏议

冲刷，情理甚明。旋据涿州知州查明："庞明亮等口报倒塌房屋内，有希图赏恤，将去年倒塌之屋，报作今年者。亦有房屋已歪斜，自行拆去者，实在今年七月十二、三、四等日大雨，倒塌阽边破屋十九间。"臣等现委通永道邓廷桢，前往确查分别办理。又旋勘得，减河入清河之下口，一段有淤浅处所，系上年永定河开口，冲刷任村一带之泥沙到此停积之故。与新开闸坝无涉。船只仍然流通。又勘得，固安、新城、容城、雄县境内之白沟河，皆属通船，船只往来如织，并无阻滞。此连日查勘之实在情形也。臣等查，该御史原奏："有治永定河之法，惟在挑挖河身，疏通下口，使永定浊流径自达海，实为万全之策。今开闸坝，一经泛溢，良、涿尽在波涛，官道淹没，邮递阻隔。"等语。查永定河身，绵长二百数十里，淤沙壅积高数尺及丈余不等，宽数百丈及四五里不等。若止挑中洪，则水至仍淤，若全行挑挖，运出堤外，则工程浩大，非用银数百万两，办理七八年不克竣事。且挟沙之水随挖随淤，其势断不能行。本年七月间，臣程含章趋赴阙廷，蒙皇上垂问永定河下口。臣对言永定河下口，不治恐其串入子牙河，又复南趋，冲坏南运河运道。治之之法惟在束水攻沙，藉清刷浊。但筑堤挑河须费数十万金，既成之后，又须添设官兵防守，加增岁抢修银，经费不赀。是以，不敢冒昧具奏。面奉谕旨："挑挖下口恐徒费无益，须另筹良策。钦此。"臣等现议"先筑格淀大堤〔11〕，不令永定、大清两河之水串入子牙。再，挑杨家河及三河头，以畅两河之水。且俟明年秋汛后，查勘情形，再为斟酌办理。"在案。至永定浊流如能自行达海岂非上策，但有北运河横亘其下，如令浊流横冲而出，任其阻断漕运，所论固属迁谬。至良、涿大道地势甚高，且离闸河甚远，决无淹冲官道，有碍驿递之事。又，该御史原奏："有永定浊流下注，不惟白沟淤垫，西淀亦无出路，新城、雄县、新安、安州、高阳、蠡县一带，势必下壅上溢。且永定溜势南奔，直射霸州之玉〔12〕带河，必致横肆涨漫，保定、文安、大城等处俱成巨浸。"等语。查，修复之金门闸系旧址，量为加高，从前南、北三工，尚各有一灰坝泄水，浊流分入减河，不能不有淤垫。即江南黄河之峰山、天然、虎山腰等闸坝亦然，要在随时挑浚，或年久另开一处，则用工少而保全者多。现在白沟并无淤垫，至西淀之水因无出路，致新安、安州等处被淹，实系被白沟浊流倒灌所致，业已多年，并不关永定减水之事。臣等前已奏请，由雄县、白沟河故道，开挖一河下达十望、中亭，直入东淀，不令与清河相会。在案。则东、西两淀咽喉、胸膈皆无阻滞，至闸坝原有限制，现在消水无多。即将来河身渐高，恐致坝口夺溜，尽可加高龙骨，何至为害若此之甚。该御史所奏，仍系执定孙嘉淦开堤放水流弊之旧案，与现在情事迥不相同。该御史原奏又云："水大之年，闸河汛滥，堤外一片汪洋，名为保护堤工，实则开口待溃，请及早堵闭，"等语。臣等覆查，永定河水性悍急，一遇大雨，动辄拍岸盈堤，步步生险，加以土性纯沙，所筑之堤不能坚固，每遇大溜顶冲，如盐见水随即坍溃，防守之难甚于黄河。今河身既不能挑挖，尾闾又不能疏通，实乏良策。河臣张文浩与臣蒋攸铦再三斟酌，不得已修此闸坝，分减涨势，保护堤工，即以保护沿河数百万生灵、田庐性命。即如今年七月频次盛涨，南二工及北下、北二、北三等汛段同时蜇陷，危险甚于上年。幸得闸坝减水，得以抢护平安，是闸坝之设，业已著有成效。即减下之水小有损伤田禾，然择祸莫若轻，较之全河溃决，冲刷数州县民田房屋者，其利害之大小、轻重判若天渊矣。该御史不谙河务，欲将闸坝堵闭，是第知防闲小害，而不顾全河之大局，所奏实不可行，应毋庸议。该御史查勘后，来省与臣蒋攸铦相见，臣等将利害切实指陈，该御史固执已见，不以为然。所有臣等勘议缘由，理合据实覆奏。并将该御史原折呈缴。谨奏。（奉上谕，恭录卷首。）

侍郎程含章等《密陈御史陈沄勘闸坝时情形疏》（道光四年〔1824〕闰七月）

窃臣等，于闰七月二十六日，准军机大臣字寄，钦奉上谕："据程含章等覆奏《带同御史陈沄查勘永定河新建闸坝》一折，据称：'新建灰坝毫无妨碍，新修金门石闸，亦无淹及民房田地之事。其涿州任村坍塌房屋本系去年冲坏，至下口淤浅处所，系上年永定河冲刷泥沙停积，与新开闸坝无涉。良乡、涿州大道地势甚高，亦决不致淹冲官道，有碍驿递。新安、安州被淹，系白沟浊流倒灌所致，并不关永定减河之事。'所奏情形了如指掌。至程含章所称：'束水攻沙，藉清刷浊，'与面奏之言相符。'闸坝既修，分减涨势，保护堤工即保护百姓田庐。'去年张文浩亦系如此奏对。是新建闸坝有利无害，毫无疑义。该御史陈沄，先于四月间具奏，降旨令程含章等再加相度。业据该侍郎等先后覆奏，险工得以平安，皆闸坝减水之力。兹该御史又行具奏，因令程含章带同履勘，面为指陈利病。乃该御史仍固执已见，不以为然。其意何居，倘必申其说，不顾全河大局，晓晓具折致辩。尚复成何事体。著程含章、蒋攸铦，将该御史履勘闸坝时作何情形，若不谙河务又复阻挠公事，擅作威福，其风断不可长。即著据实密奏。并传令该御史即日回京可也。将此谕令知之。钦此。"查河工情形，今昔不同，亦年年互异。非随时亲历者，不能因地制宜。

该御史陈沄，始而误执乾隆年间前督臣孙嘉淦开堤放水流弊，以为今之复修闸坝，仍蹈前辙，尚属若于不知。迨后复行具奏，全不计帑项之非可尝试，急流之难以堤防，尾闾之难以疏通，全河淤沙之难以挑挖。仰蒙圣明洞烛，勒令随同查勘。乃复将数十年不修之河道，指为新淤，并未出槽之坝水硬作冲刷，意在必申其说以求胜。永定河道张泰运据理剖辩，屡被该御史痛加呵斥。声言，回京面奏。臣程含章向其指陈利病，该御史总以为非。且谓闸坝之设，乃该道先求张文浩办成，今又求臣程含章代为回护。及至涿州之任村，先经臣程含章查问州牧、乡约、地保人等，佥称："去年被永定河漫口冲刷，倒塌房屋百余间，今年并无冲淹。"及该御史到来，扬言："皇上差我来替百姓伸冤理枉，你们有倒塌房屋者，速来开报。"喝退道厅，不许听闻，独自与百姓私语，以至愚民贪图赏恤，浮开倒屋多间。该御使坐车不肯先行，惟恐臣程含章乘轿赶上见其所为，迨臣程含章折回，面斥其非，同往看明。复经臣等檄委通永道邓廷桢，亲往调查赈册，确系去年被大水冲坏，禀报有案，乡民图赏冒开，取有切实供结。该御史勘毕，既应就近回京，忽又绕道来省，徒劳驿站。并言递折后召见，面奉谕旨："令其诸事问蒋攸铦"。迨臣蒋攸铦剀切告知，闸坝向来所有过水不多，虽非一劳永逸之计，实在有利无害。该御史言："今年有闸坝，闻北岸仍然危险。"答云："若无此分泄，岂不更危？"而伊总欲堵闭，以实其言。伏思，治水须权利害之轻重，即如江南黄河之峰山、天然二闸，年久不能得力，前河臣黎世序添建虎山腰闸坝，分泄盛涨，十余年来颇资其益，可为明证。该御史回护原奏，摇惑人心，必致启劣衿刁民阻挠之渐，诚如圣谕："此风断不可长。"谨合词据实密陈，伏乞皇上圣鉴。再，该御史陈沄，已先于闰七月二十二日，起程回京。合并声明。谨奏。（奉上谕，恭录卷首。）

直隶总督蒋攸铦《秋汛安澜疏》（道光四年［1824］八月）

兹据永定河道张泰运禀称："永定河自交秋汛以来，河水叠次涨发，巨浪奔腾盈堤拍岸，或大溜坐湾，或全河侧注，劈堤蛰塌，不一而足。其危险情形，较之上年盛涨之时为尤甚。幸料物钱粮充足，官兵踊跃，经该道督同厅、汛员弁昼夜抢护，添下新埽七十一段，并藉闸坝分泄之力，均得化险为平。兹届秋分之期，河水日渐消落。堤埽、闸坝各工悉臻稳固，"等情。前来。臣查永定河，自立秋以来水势异涨，南、北两岸堤埽各工在在危险。经该道督率厅、汛员弁，不辞劳瘁，昼夜在工抢护，得臻稳固。此皆仰托圣主鸿福，河神默佑，得以庆洽安澜。臣欣幸之余，倍

（光绪）永定河续志

深凛惕。至通永道属北运河筐儿港引河月堤漫溢，前经奏明，勒令赔修。其近堤村庄，已据查明，水过即消，无碍收成。理合一并奏慰圣怀。所有永定河秋汛期内新添埽段，谨开具清单，敬呈御览。伏乞皇上圣鉴。谨奏。（奉朱批："览奏欣慰。钦此。"）

总督蒋攸铦《请移驻汛员改拨工程段疏》（道光四年[1824]十一月）

设官分职必须因地制宜，而河道情形既有今昔之殊，自应量为变通，以收实效。查永定河北岸二工良乡县县丞，分管堤长二十三里四分，埽厢林立，素称最险。一遇汛水涨发，处处著重，以一汛员而上下奔驰防护，实有鞭长莫及之势。应请将北岸二工分为二汛，自该汛头号起至十三号止，计长十三里，作为北岸二工上汛，责成原设北二工良乡县县丞经管。该汛十四号起至北三工止，计长十里四分，改为下汛。查有北堤七工东安县主簿地居下游，现在溜势南趋，距河较远，工程易于修守，应请移驻北二工，作为北岸二工下汛。东安县主簿其北堤七工汛务，统归于北堤八工经管，易于照料。应请将北堤八工一缺，改为北堤七工东安县主簿。俾上下相承，以符体制。再，北岸头工中汛武清县县丞，经管堤长十六里。北岸三工涿州州判，经管堤长十八里三分。均因近年河流侧注，埽段极多，工程极险，最关紧要，必须匀拨分管，以期防护周密。查北中汛十六号埽厢，与北下汛头号埽段犬牙相错，应请将北中汛十六号汛地一百八十丈，改归北下汛县丞就近经管。其北三工十七八号埽段，与北四工头号埽厢紧相毘连，应请将北三工十七八号汛地三百六十丈，改归北四工县丞就近经管。如此酌量变通，于定制并无更张，而于河工实大有裨益。如蒙俞允，所有移驻各员应换印信，及一切改设各事宜，容督饬司道妥议章程，另行题咨办理。（奉朱批："吏部议奏。钦此。"经部奏准。）

直隶总督蒋攸铦《秋汛安澜疏》（道光五年[1825]八月）

窃照永定河土性纯沙，工段绵长，水势骤长骤落，连年新险叠生，防守倍难。前因伏汛安澜，正当秋汛吃紧，即经臣严饬该道，督率厅、汛员弁慎密巡防，并不时提撕警觉，使之勤益加勤。兹据永定河道张泰运禀称："永定河自交秋汛以来，水势节次异涨，奔腾浩瀚，拍岸盈堤，或大溜坐湾，或河身侧注，溃滩蛰埽之处不一而足，情形甚属危险。幸料物充盈，官兵踊跃，昼夜竭力抢护，陆续添下新埽二十八段。而下游河道较往年通顺，并藉闸坝减水之力，均得化险为平。"兹届秋分之期，河水日渐消落溜走中洪。堤埽、闸坝各工多生新险，均经该道随时禀报，督率厅、汛员弁不辞劳瘁，昼夜在工，竭力加镶抢护，通工得臻稳固。此皆仰托皇上鸿福，河神默佑，得以庆洽安澜。臣欣幸之余，倍深凛惕。至修筑千里长堤新工，该管厅、汛亦皆认真防守，现已一律平稳。合一并奏慰圣怀。所有永定河秋汛期内新添埽段，开具清单，敬呈御览。谨奏。（奉朱批："览奏欣慰。钦此。"）

总督那彦成《不拘汛期酌量往来查勘片》① （道光六年[1826]七月）

再，永定河工自入伏以后，其初次水势长发，抢护平稳缘由，前已奏。蒙圣鉴。昨据永定河道张泰运禀报："河水不时骤长，各工新险叠出。"即经臣飞饬该道，督率厅、汛员弁，分投设法抢办，俱已保护平安，水势亦渐就消落。查，向来伏、秋大汛，例应直隶督臣亲驻工次，督同防守。迨嘉庆年间，因地方事务繁多，钦奉谕旨饬令，酌量往来查勘，毋庸久驻工次。以后，督臣俱于伏汛期内前往察看，如果工程平稳，即行入都陈奏，仰慰廑怀。第念永定河为众流汇注，工段绵长，每当伏、秋大汛，水势长落靡常，埽工平、险尤难预定。每岁习为常例，均于伏汛以内亲往督查，即使水平工稳不过一时情形，而秋汛方长，往往业已面奏，而河上仍复出有险工，岂可恃为成局。并恐厅、汛各员，或因业经查勘，不免意存懈怠，转非核实之道。臣愚昧之见，莫若嗣后，每年或于夏至以前，预为前往查其工段，是否人夫齐备，料物充属，再将筹备之法与该道等逐一亲勘，妥为商定，俾免临时周章。或于白露以后，全河普律安澜，再行前赴各工周历查看，抢镶工程是否逐段稳固，足资抵御来春凌汛，以便分别核办，随时入都面为具奏。倘伏、秋期内设遇水势盛涨，工段十分险要之时，仍当察看情形，随时驰往督办。如此不拘成例，不泥限期，庶河工员弁，时时加意留心筹办，既觉周详修守，亦倍臻核实。且与原奉"酌量往来查勘"谕旨尤属相符，似于慎重河防不无裨益。是否有当，谨缮片请旨。（奉朱批："依议。钦此。"）

直隶总督那彦成《秋汛安澜疏》（道光七年［1827］八月）

窃照永定河土性纯沙，溜势靡定，南、北两岸亘长四百余里，旧工新险，防守

---

① 此处所称"片"是指奏折的附件，正折未收录。有的奏折在奏折题目下加注附某某片，即是。

甚为不易。前因伏汛安澜，正当秋汛吃紧，经臣严饬该道，督率厅、汛员弁实力巡防，不得稍有疏懈，兹得仰仗圣主洪福。自交秋汛以来，河水叠次盛涨，溜势湍激。加以秋水搜根，或全河坐湾，或大溜侧注，各工埽段时有陡蛰，情形颇为险急。幸料物充盈，官弁兵夫齐心协力，雨夜分投抢护，陆续添下新埽二十五段，并藉闸坝减水之力，均得化险为平。兹届秋分之期，河水日渐消落，溜走中泓，堤埽、闸坝各工悉臻巩固稳实。臣查，永定河秋汛叠涨，两岸堤埽各工亦时生新险，均经该道督率厅、汛员弁及派赴防汛各员，昼夜隄防抢护，通工得臻稳固。此皆仰托皇上福庇，河神默佑，得与庆洽安澜。臣欣幸之余，倍深凛惕。除仍饬该道张泰运，督率员弁照常小心防守，毋稍疏懈外，所有永定河秋汛期内新添埽段，开具清单，恭呈御览。至在工厅、汛文武，保守三汛不无微劳，今择其尤为出力者数员，开单恭恳恩施。并将新添埽段一并开具清单，敬呈御览。所有永定河秋汛安澜缘由，恭折奏报，伏乞皇上圣鉴。谨奏。（奉上谕，恭录卷首。）

护理直隶总督屠之申《秋汛安澜疏》（道光八年［1828］九月）

窃据永定河道张泰运禀称："自交秋汛以来，河水节次盛涨，汹涌激湍，兼之秋水搜根，两岸亘长四百余里，或全河侧注，或大溜顶冲，各工纷纷报蛰。并有平工陡生新险，溃塌堤身之处，情形极为危急。幸预备料物充足，官弁兵夫齐心协力，不分雨夜分投抢护，陆续添下新埽十七段，始得化险为平。通计本年，先后水长二十次，随雨随晴，消落尚速。现在节近霜降，水势已定，堤埽各工悉臻稳固。"由道请奏，前来。臣查永定河，土性纯沙，河流靡定，防守本属不易。前因伏汛安澜，堤工平稳，业经臣恭折具奏。兹秋汛新险叠生，复经该道张泰运督率厅、汛各员，不分雨夜加镶抢护，一律平稳。臣亲赴工次，督同该道周历查勘，两岸堤险均极完整。溯自道光四年［1824］，至今五载，河流顺轨，岁稔民安。此皆仰赖皇上圣德感孚，河神默佑，得以一连五年庆洽安澜，实为数十年来所未有。查，三汛安澜在工防守各官，向准该河道酌保数员，用示鼓励。本年河水异涨，新险叠生，该员等昼夜辛勤抢护，均能平稳。谨督同该河道，详加查核，择其尤为出力者，开列数员，奏恳恩施，以示鼓励。伏乞皇上圣鉴。谨奏。（奉朱批："览奏欣慰。钦此。"）

直隶总督那彦成《秋汛安澜疏》（道光九年［1829］九月）

窃照永定河土性纯沙，溜势无定，连年新险叠出，倍于从前。经臣严饬该道，于各工出险处所，节节安用夹坝逼溜，总归中泓。幸得仰仗皇上鸿福，迄今六年均得三汛安澜。仍于伏、秋大汛之前，督率厅、汛员弁实力巡防，不得稍有疏懈。兹据永定河道张泰运禀称："永定河自交秋汛以来，河水节次盛涨，溜势湍激，加以秋水搜根，淘刷愈甚。七月下旬，两岸埽段纷纷报蛰，安危只争呼吸，幸料物充足，在工文武员弁、兵夫分投抢办。一面加镶埽段，一面补还原堤，竭五昼夜之力，并未片刻歇手，更连夹坝逼溜中泓，以后，方得化险为平。兹届秋分之期，水势日渐消落。卢沟桥现存底水七尺三寸，堤埽、闸坝等工胥臻巩固稳实，具报安澜。"前来。臣查，乾隆五十九年至道光三年［1794—1823］，历三十五载[13]，从未有接连五年得庆安澜者。兹自道光四年［1824］以来，迄今六载均能保护平安。臣查今岁秋汛，叠涨陡生新险，又为数年所未有。均经该道督率厅、汛及协防员弁，奔逐于泥淖风雨中，不遗余力，奋勉抢护，通工得臻稳固。此皆仰赖皇上福庇，河神默佑，得以庆洽安澜。臣欣幸之余，倍深凛惕。除饬该道张泰运，督率员弁照常小心防守，毋稍疏懈外，所有永定河秋汛安澜通工稳固缘由，理合恭折具奏。至在工厅汛协防员弁，守护三汛不无微劳，谨择其尤为出力者数员，另缮清单，恭恳恩施，以示鼓励。伏乞皇上圣鉴。谨奏。（奉上谕，恭录卷首。）

总督那彦成《浑水南徙东淀亲往查勘疏》（道光十年［1830］四月）

窃查天津以西四大河，大清河在中，即系东淀下游，其南为子牙河，又南为南运河，均由天津海河入海，惟永定河浑水自西北来，逼近大清河。当日，臣工奏议，多言浑水不可入淀。康熙年间，奉旨创立永定河两岸堤工，以束浑水。雍正四年［1726］特降谕旨："著引浑河别由一道归海。"经怡贤亲王钦遵相度，导之北流绕王庆坨，而东引入长淘河，从此淀河无淤垫之害。乾隆（四十四年）己亥［1779］，高宗纯皇帝亲临阅视，将下口移条河之南，由凤河会大清河入海。圣制诗注云："数十年之后，殊乏良策，"仰见神谟远运，洞烛万年。嗣后，长淘、凤河均已淤塞。浑水由三河头横漫而出，寻至静海县境之杨芬港①。兹据天津道李振翥禀称："自嘉庆二十三年［1818］永定河下游南移，将东淀杨芬港以下逐渐淤塞，致令大清河之水，与永定河浑水合而为一，俱由杨芬港东南之岔河，经杜家道沟归韩家树正河行走。杜家道沟即千里长堤堤身也，堤去河仅数十丈。浑水未发，则清水尚可以水抵水。

---

① 杨芬港，现属霸州市，清属静海县。

若当永定河盛涨之时，河身既不能容淀水，亦不能敌东行，复不能畅，直冲长堤势所必至。一经漫溢，越杜家道沟堤半里，而遥串入子牙河；越子牙河数十丈，而串入南运河。运道淤浅，有误漕运所系綦重。且浑流横出，旁无堤岸，上下数百里民田、庐舍均受其害。惟议挑东淀工费甚钜，且大清河既受永定河浑水之害，旋挑旋淤，亦属兴事无济。请复永定河南岸堤工，以塞其源流，永定河下口以掣其溜，"等语。臣查，道光四年〔1824〕，直隶兴办水利钦差、工部侍郎程含章来直勘办，彼时即因浑水淤垫，拟估挑永定河下口至韩家树止，并帮培旧埝、堵筑河槽，以复旧制。其时，通盘筹算，自南六工起挑挖中洪，需费五十余万两，若搏节由范瓮口，估办亦需二十余万两。而浑水易淤，恐糜帑鲜效，是以中止。阅今又复数年，淤垫日甚，工费愈增。国家经费有常，臣更不敢冒昧陈请，惟有于千里长堤险要之处，设法施工，以资防御。当即札委永定河道张泰运，前往相度形势，议禀核办。兹据禀称："杜家道沟河面宽四、五、六百丈，水深一、二、三、四尺不等。中有横浅泥淤，不能疏浚，缘永定河浑水淤垫，致将大清河挤至千里长堤堤根。是以水面如此宽阔，现在堤出水面最矮者仅三尺。堤南即系子牙河，再南即系南运河。设汛期长水二尺，断难保护，与运道大有关碍。请将杜家道沟堤身大加帮培，多镶埽段，以为补偏救弊之法。"臣查永定河下口，既因工费太钜，势不能办，而挑挖东淀，旋挑旋淤无益于事。若稍事因循，伏、秋之间设有漫溢，永定、大清、子牙、南运四河，合而为一，漕运生民关系綦重。现届四月，转瞬即值汛期，张运泰所禀办法急则治标，不过为目前之计，是否足资抵御，堪以敷衍数年。并此外有无良法，自应臣亲往督同该道等，查勘切实，相机筹办。一俟勘定，即行奏旨遵行。（奉上谕，恭录卷首。）

总督那彦成《勘明浑水情形估土埽各工疏》（道光十年〔1830〕四月）

窃臣前奏，永定河浑水南徙入淀，冲刷长堤，恐妨运道。承准军机大臣字寄。道光十年四月十二日奉上谕："永定河浑水入淀，东淀长堤胥受其害。杨芬港以下逐渐淤塞，致大清河之水，与永定河浑水合而为一，俱由杨芬港之岔河经杜家沟归韩家树，正河行走，直逼千里长堤。堤出水面仅三尺，恐汛期长水难资保护，于运道、民田、庐舍均有关碍。现议，帮培杜家沟堤身，原系急则治标之法。此外，有无别策，俾淀不受淤，水有归宿，著详细勘明筹议。覆奏到时，再降谕旨，等因。钦此。"跪读之下，仰见我皇上宸谟指示，洞烛机宜，不胜钦敬钦服。臣于本月十二日行抵天津，十四日带同天津道李振翥、永定河道张泰运，先赴天津、静海二县交界之杜家道沟堤上，察看形势，乘坐小船测量河水，直抵大清河下口。次日，复由双口至王庆坨，查看永定河旧下口淤垫情形。缘永定河自乾隆年间入凤河，会大清河，归北运河入海。迨凤河淤塞，浑水从南堤缺口直注三河头，为淤淀之始。嗣后，浑水日往南徙，东北愈形高仰。道光三年［1823］，由汪儿淀入大清河。近年，由三河罾道沟一带横漫而出，以致直冲杜家道沟、杨芬港以东大清河，节节淤浅，弥漫一派，并无一定河身。东、西二淀之水，均取道于岔河水沟之中。杜家道沟本系堤内水沟，面宽仅四丈，堤出水面仅三尺，堤根已被汕刷。一交大汛，永定河水汹涌而至，堤不能御，势必直灌子牙河，横穿南运河。运河受淤，漕船阻滞。其时再筹疏浚，费帑愈多，补救无及。道光三年，钦差侍郎程含章亦以费钜，未必得有把握，未及议办。此时，为正本清原之计，自应以挑挖永定河下游为正办。第工费浩繁，筹款不易，且五月下旬交伏汛，为期不及两月，势难克期完竣。臣前奏，拟于杜家道沟堤工险要之处，设法施工，本属急则治标之法，舍此亦别无长策。复札饬该道等悉心商确，以冀集思广益，或可计出万全。兹据该道等会议，禀称："此时疏挑永定河下口，赶办不及。惟有就杜家道沟堤身大加帮培，以防漫溢，多镶埽段以御风浪。请于当城村起，至哈吗洼止，堤工一千六百余丈，内分别帮顶帮坡，加筑子埝，一律做成堤出水面八尺五寸。又于极险之处，镶做防风、埽段，次险之处，堤根汕刷，卷埽塘护。撙节估计，共需土方、秸料银三万九千九十余两。以为目前补救之法。仍俟秋后筹议浑水去路，另请核办，"等语。臣查，该道等所禀培堤、镶埽，仍非一劳永逸之计，而目前救急别无办法。如大汛果有异涨，亦难保护。若汛水与近数年不相上下，堤顶加高，水不致于过堤，大溜顶冲之处，埽土尚足抵御。自应照估兴办。然受病原在浑水，浑水不治，终于壅溃。此时形势向难定局，总俟秋令水落，再行亲往察看大溜形势，熟筹妥善，使清浑分行，得复旧制为是。维时得有主见。即行奏请钦派大员会同勘议具奏，以昭慎重。至现办工程，系在天津道所管境内，永定河道熟谙工作，且大清河受永定河浑水之淤，亦未便令该道张泰运置身事外。应责成天津道李振翥，督司厅、县购料集夫，永定河道张泰运，带同厅、汛督办工程。夫料短缺惟李振翥是问，工有草率惟张泰运是问，勒限端午以前普律全完。由臣另派大员验收奏报。大汛时，责令两道各派干员弁，分投驻工防守，务保无虞。该二道均系平日办事可靠之人，而于工需钱粮尤能慎重撙节，所估银数并无浮冒。臣复于埽工内核减银二千二百九十两，实准银三万六千八百五两零。现饬该道等，将应办事宜先行筹备，一俟钦奉谕旨允准，即饬藩司在于司库水利本款内照数动拨，

（光绪）永定河续志

委员解交天津道衙门，以供支放。所有臣查勘河道情形，及估办堤工段落，谨绘旧河图、现淤河图两分，并另开估单，所有详细情形，折内不及声叙之处，谨贴签恭呈御览。（奉上谕，恭录卷首。）

总督那彦成《勘明下口形势议来春兴工疏》（道光十年［1830］九月）

窃臣亲历下口，查得南岸堤工至南八工而止，以下二千余丈向无堤埝，迤东始有南遥埝，是以全河之水均于无堤处南趋入淀。当饬永定河道张泰运，于该处接筑堤埝，逼溜拦水，俾河流渐次东注于兴办下口，当有裨益。嗣据该道派员陆续估办，自南八工十七号起至汪儿淀，创筑新堤一千七百零八丈，以防下壅上溃之虞。又于南遥埝二千九百二十丈内，修补残缺，并添筑埽坝等项，共用银三千九百三十余两。禀经臣批准。俟办理下口并案具奏，动项归款。自接筑新堤以后，臣不时派委员弁赴工查看，束水逼溜极为得力。大汛期内，入淀之水不过三四分，其余六七分大溜均已东注，再加疏浚，可冀河流复归故道。此皆仰赖皇上洪福，河神默佑。溜势迁转，实属大好机会，乘此时，将入淀金门赶紧堵闭。一面将新堤南遥埝一律加高培厚，使浑水不复南趋。洵当急速办理。惟近堤有王庆坨村庄居民三四千户，业已被水围绕，若即将入淀金门堵筑，全河之水并力散漫，村基势成泽国。虽濒河村庄例应迁徙，而该村人烟稠密，安土重迁殊多不便。且防河所以卫民，今因治河，而使该村民流离失所，亦非所以仰体圣主惠爱黎元之意，是以未即施工。兹当水落，复饬该道先往履勘，体察情形。据禀："自大范瓮口河流坐湾处取直，估挑引河一道，使大溜直注下口，河身在王庆坨村北数里以外，该村可无漫浸[14]之患。即于引河头截堵，河槽进占加镶，塞其入淀之源。南八工以下新堤及南遥埝一律加高培厚，防其漫溢之路。如此估办，以目下情形而论，秋水甫过，水未大涸，土系稀淤，施工较难，方价亦贵。计培堤、挑河、筑坝三项共需银十二三万两。若本年先将需用料物购齐，堤埝有得土处，先行派员分投帮培，其挑河筑坝等工，缓至来年春夏之交，时近桑干办理。可节省约需银六万余两，可敷工用。"等情。臣伏查，道光四年［1824］，钦差侍郎程含章查办直隶水利，拟挑永定河中洪、疏浚下口，估需银五十余万两。若由范瓮口估办，亦需银二十余万两。兹就大范瓮口偏北挑河，绕越王庆坨村庄，既可保护民居，无事迁徙，浑水复行故道，淀河不致受淤，工费又复节省，一举而三善俱备，实为事机极顺之时。因现拟挑河筑堤之处，稀淤不能立足，难以确估。应俟春融，饬令该道核实估报，由臣亲往复勘，开单奏办，银数总可有减无增。至来年兴举此工，需用秸料自应乘此时秋料登场，购备足用，以免居奇。其堤埝有得土处，于秋令未冻以前，分投派员培筑。该道所禀均为节省工费起见，似应允其所请。合无仰恳皇上天恩，俯准于司库水利项下动拨银三万两，饬发该道领回，先行备办料物土方。所领银两，即在来年估报银数内核实开除。所有勘明永定河下口现在形势，筹议来春兴办缘由，理合缮折具奏。（奉上谕，恭录卷首。）

直隶总督那彦成《秋汛安澜疏》（道光十年［1830］九月）

窃照永定河，亘长四百余里，土性纯沙，溜势靡定，加以旧工新险层见叠出。经臣严饬该道，于各工出险处，节节添用挑水坝，逼溜不使旁趋。本年伏汛期内，河水共长十一次，各工埽段陡蛰之处甚多，该道督率文武员弁，竭力抢护稳固。前已奏报，在案。一面严饬防守秋汛，不得稍有疏懈。兹据永定河道张泰运禀称：“自交秋汛以来，河水又复骤长八次。其最大者七月初旬，长至一丈六尺九寸，拍岸盈堤，处处险要。加以秋水搜根，或全河坐湾，或大溜侧注，两岸埽段蛰动，实为非常盛涨。幸得金门闸过水宣泄，并上年奏添备防秸料，得资应手，在工文武员弁、兵夫昼夜分投抢办，更兼挑水坝逼溜中泓，始得保护一律平稳。兹届秋分，水势日渐消耗。卢沟桥现存底水七尺一寸，堤、埽、闸、坝等工悉臻巩固，具报安澜。”前来。臣查永定河，自道光三年［1823］后，迄今七载，俱能保护平安。即今岁伏、秋二汛，叠次盛涨，新险林立，情形颇属危急，均经该道督率厅、汛及协防委员，奔驰于风雨泥淖中，昼夜抢护，不遗余力，得以化险为平，通工克臻稳固。此皆仰赖皇上福庇，河神默佑，得以庆洽安澜。臣欣幸之余，倍深凛惕。除饬该道张泰运督率员弁，照常小心防守，毋稍疏懈外，所有永定河秋汛安澜，通工稳固缘由，理合恭折具奏。至在工厅、汛及协防员弁，守护三汛著有微劳，谨择其尤为出力各员，循例酌保，另缮清折，恭恳恩施，以示鼓励。伏乞皇上圣鉴。谨奏。（奉上谕，恭录卷首。）

总督王鼎《浑水复归故道估草土各工疏》（道光十一年［1831］三月　附《估修堤埝闸坝片》）

窃照永定河浑水，自乾隆年间由凤河会大清河，归北运河入海，本系自北而东，嗣缘屡次移徙，河溜由南八工堤尽处，南趋汪儿淀，直逼千里长堤，致失北行故道。

臣于二月二十六日差竣回省，经由卢沟桥。据永定河道张泰运面禀："现当凌汛期内，水势盛涨不消，大河忽由南八工十五号，改向东北走溜七分，虽未能一律通畅，而大溜已直走中洪，由窦淀窑历六道口、双口等处，归大清河入海。其东南汪儿淀金门，仅止走溜三分，实属大好机会，"等语。臣以永定河向来趋向靡常，或尚难确有把握，当经面嘱该道，再为确切详查。去后，兹据禀称："现在全河大溜确已直走中洪，惟于汪儿淀旧河头细加查看，虽止走溜三分，仍应早为堵闭断流，以免牵掣。该处俱系新喷软滩，并无筐土可取，施工较难，当与该管厅、汛文武员弁再四熟筹。查得，迤下范瓮口村河槽，水宽三十二丈，深四、五尺，尚为得土得势。即经多集兵夫，动用上冬预购料物，挂缆进占软镶，堵闭河流。一经收窄溜势，淘刷愈深，探量计一丈二三尺，而龙门水深竟至一丈七八尺。经该道督率抢办三昼夜，追压坚实，前下护埽，后筑土戗，俱已涓滴不漏。复于南首接筑，至堤根长三十六丈，北首接筑长三十丈，俱下防风埽段，俾汛水不致散漫汕刷。从此，大河全归故道，可期淀不受淤。"等情。禀报前来。臣查，永定河自南徙以来，曾于道光四年［1824］间，经钦差工部侍郎程含章履勘估挑，仍因"浑水易淤，恐致糜帑鲜效"，旋即中止。上年九月间，前督臣那彦成勘明具奏："请于大范瓮口挑挖引河一道，并将新筑堤工及南遥埝一律加高培厚，估需银六万余两。奏蒙俞允，先于司库发银三万两，下余银三万两，俟估勘引河时动拨。并经奏明，俟十一年［1831］春夏之交，兴办挑挖。"现在，新堤、遥埝虽已于去冬做成八分有余，而引河尚未开工。兹邀皇上洪福，河神效灵，俾溜势转移复归故道，洵非意计所能预期，且较之专恃人功收效，尤为妥捷。良由圣心诚应，默感潜通，凡属官民同声欢庆。所有前督臣奏请挑挖引河银三万余两，应归节省。惟据禀："入淀金门尚宽七十余丈，实为刻不可缓之工，亟应赶紧堵筑，并做护埽以资保障，业已兴工趱办。"查，旧河由十五号至汪儿淀，计长二千四五百丈，迤下应估拦河大坝三道，计凑长一百六十丈，亦于迎水估做埽镶，以防汛涨串入，免致金门吃重。至上年该道所领司库银三万两，计创筑新堤、修补遥埝残缺，暨续估加培以及估筑收窄入淀金门等工，用银二万三千七百九十二两零。又，堵截河槽、临河护埽、拦河大坝背后创堤、堵筑入淀金门，草土各工用银五千三百二十五两二钱零。连用剩预购料物核计银一千五百六两九钱零，通共用银三万零六百二十四两一钱零。尚不敷银六百余两，应请即在道库存贮河淤地租项下动支。统俟工竣，由该道禀请验收，仍将各工段落、丈尺、工料银数造册咨部。再，此次堵截河槽，即用上年领银预购料物，今河归故道，南岸七、八两工大河近堤之处，较多新修堤埝片段亦长。此项预购料物除动用外，其堆贮工次者，应即留为南岸七、八两工并迤下新工防护大汛之需。如应动用，即由该道随时禀报查核。

再，据永定河道张泰运禀称："现在浑河溜走中洪，将来伏、秋大汛，难保无漫滩北趋之处。所有北七工自二十六号起，至四十六号止，堤埝卑薄，不足以资抵御，亟宜择要加培，估需银四千五百四十两六钱零。又，南二工金门闸，自道光三年〔1823〕奏请重修，于四年〔1824〕完工过水，迄今八载，通工悉受神益。惟河底逐渐被淤，石龙骨益形卑矮，上年大汛过水太畅，水落后不能断流，诚恐夺溜，用料堵闭。今春凌水盛涨之时，不敢启放，以致各工吃重。转瞬大汛经临，全资宣泄，今拟加高石龙骨一尺二寸，并迎水片石坦坡等工，估需银四千三百五十九两九钱零。以上二处共估银八千九百两零。禀请具奏。"等情。臣查该道所禀，俱系紧要工程。合无仰恳天恩，准于上年奏定未领之挑河银三万两内，动拨银八千九百两零。以便饬令乘时赶办，统限汛前一律完竣。禀候验收，核实，造报。理合附片具陈，伏乞训示。谨奏。（奉上谕，恭录卷首。）

总督琦善《请移驻汛员疏》（道光十一年〔1831〕五月）

窃照永定河下口，现在水归故道，南八工十七号迤下堤埝攸关紧要。前据永定河道张泰运以"该处地居下游，为水势汇注之区，十七号以下新筑堤埝，若仍归南八工主簿经管，实有鞭长莫及之虞。议将现无经管要事之凤河把总一员，同原设河兵改移南八工下汛，专司防守。"等情。当经前署督臣王鼎，札行布政司颜伯焘核议，去后。兹据详称："永定河南八工十七号以下堤埝各工至三河头止，共长四千八百三十五丈，计程二十六里八分零。汛水一经长发，凡水注堤根之处均须小心防范，若将十七号以下堤埝，仍归南八工主簿一人经管，则片段既长，未免顾此失彼。拟将十七号以下堤埝至三河头止，计长二十六里八分零，设官经理，俾专责成。惟永定河文职汛员类皆地当险要，未便轻议移驻。查有凤河汛把总一缺，系管理凤河东堤并疏浚下口等事。近时，凤河既淤，东堤亦复淤平，历年以来，俱系派委上汛防守。应请将该员移驻，作为南八工下汛把总。至凤河额设河兵二十四名，亦请一律移驻，仍须加添十名，共计三十四名，以重修防。其不敷之河兵十名，即在永定河各汛内抽拨。所食廉俸、马干等项悉仍其旧。于定制并无更张，应请奏明移驻，"等情。具详，前来。臣查永定河道所属文武各官，原为防守河堤而设，遇有险要处所今昔情形不同，自宜酌量改移，以资修守。今该处下口水归故道，南八工下游为众水准汇注之区，应即专设汛员防守。既据该司道等先后详议移驻，自应准其所请。将现无要工之凤河汛把总一员，同原设河兵，改移南八工下汛，俾专责成。其不敷兵丁，于各汛兵内抽拨。如此一转移间，实于工务有裨。所有需廉俸、马干等项仍循其旧。毋庸另行增减。所有移驻汛员缘由，理合恭折具奏。（奉上谕，恭录卷首。）

直隶总督琦善《秋汛安澜疏》（道光十一年［1831］八月）

窃照永定河亘长四百余里，土性纯沙，趋向靡定，旧工、新险叠出环生。本年，下口河流新归故道，溜势变迁，防守更为不易。经臣严饬永定河道，督率厅、汛员弁寔力巡防。兹据该道张泰运禀称："交秋以来，河水骤长八次，加以秋水搜根，淘刷更甚，各工埽段纷纷蛰动，多有陡蛰入水者，情形颇为险要。在工文武不分雨夜，分投抢护，幸上年奏添备防秸料应手，始得抢护平稳。刻下节候已届秋分，水势日渐消落，卢沟桥现存底水六尺七寸。堤、埽、闸、坝等工，一律悉臻巩固。"具报安澜，前来。臣查永定河，自乾隆五十九年［1794］至道光三年［1823］数十年中，未有接连五庆安澜者。今时阅八载，均经该道督率工员奋勉抢办，俾河流克臻顺轨。此皆仰赖圣主福庇，河神效灵。臣欣幸之余，倍深寅畏。除饬照常小心防守，毋稍疏懈外，所有永定河秋汛安澜，通工稳固缘由，理合恭折具奏。伏乞皇上圣鉴。再，在工防汛人员原系分所当为，惟风雨泥淖不避艰险，亦未便没其微劳。查近年以来，有保至九员、十一员者，第事关激劝，不敢稍涉冒滥。兹督同永定河道，详加甄核。其武职各弁，已筹款分别赏赉。谨将尤为出力之文职酌保五员，另缮清单，恭呈御览。可否酌予恩施之处，伏候圣裁。谨奏。（奉上谕，恭录卷首。）

卷十　奏议

［卷十校勘记］

〔1〕"案"字原书稿误为"按"，据文意改。

〔2〕"赍"字原书稿误为"赉"，按"赍"［jī］的繁体字为"賷"，与"賚"形近而误。赍字意办怀着、抱着，把东西送给人。根据文意改"赉"为"赍"。

〔3〕"埽"原书稿误为"扫"，径改。

〔4〕"自"原书稿误为"目"，形近而误，改之。

〔5〕"附《开复各员处分片》"原书稿中目录和正文题目均无。依据正文内容

添加。

〔6〕"河"原书稿误为"可"，径改。

〔7〕"两"原书稿误为"迥"，依上下文意改。

〔8〕"蒇"原书稿误为"藏"，按"蒇"繁体字为"蕆"，"蒇事"意为事情办完、办好。依文意改"藏"为"蒇"。

〔9〕"来"原书稿原脱，据文意增补。

〔10〕"攸"字集印稿误为"□"，依据原书稿改正。

〔11〕"隄"字原书稿误为"限"，据前后文改。

〔12〕"玉"字原书稿误为"五"，形近而误。改正。

〔13〕此数字有误，应为三十。原文如此。按三十五载，应为道光九年而非道光三年。

〔14〕"浸"字原书稿误为"滛"，形近而误，依原意改正。

卷十一　奏　议

道光十二年至三十年 ［1832—1850］

《南六工漫溢疏[1]》（道光十二年七月）

《勘明南六工漫溢情形疏[2]》（道光十二年八月）

《估漫口工需疏》（道光十二年九月）

《堵合南六工漫口疏》（道光十二年闰九月）[3]

《开复各员处分片》（道光十二年闰九月）

《估善后工程疏》（道光十二年闰九月）

《各漫口大略情形疏》（道光十四年七月）

《勘明各漫口情形疏》（道光十四年七月）

《赶办旱口堤埽各工疏》（道光十四年七月）

《估北中汛漫口工需疏》（道光十四年九月）

《堵合北中汛漫口疏》（道光十四年十月　附《开复各员处分片》、《河坝
　实用银数片》）

《催造备办料物清册疏》（道光十六年正月）

《裁河工闲员疏》（道光十七年十月）

《请添备防秸料疏》（道光十七年九月）

《估修金门闸疏》（道光二十二年十一月）

《北六工遥堤漫溢疏》（道光二十三年闰七月）

《估漫口工需量力分捐疏》（道光二十三年）

《堵合北六工漫口疏》（道光二十三年九月　附《补筑遥堤口门片》）

《请颁河神庙额联片》（道光二十三年九月）

《开复各员处分片》（道光二十三年十月）

《南七工漫溢疏》（道光二十四年五月　附《拨滹沱河生息银两片》）

《勘明漫口情形疏》（道光二十四年六月）

《请复设汛员疏》（道光二十四年六月）

《估漫口工需分别动款捐资疏》（道光二十四年八月）

《堵合南七工漫口疏》（道光二十四年九月　附《工员处分三汛后开复片》）

《请移设厅汛疏》（道光二十五年六月）

《开复道员处分片》（道光二十五年八月）

《北七工漫溢疏》（道光三十年五月）

《估漫口工需量力分捐疏略》（道光三十年八月）

《堵合北七工漫口疏》（道光三十年十月）

总督琦善《南六工漫溢疏》（道光十二年［1832］七月）

窃查本年夏间，永定河因缺雨干涸，旋即据报增长。臣正恐旱涝靡定，日息悬心，当于未经长水以前，即饬该道，乘时取土培筑堤工。嗣因秋雨较多，复又严饬，加意防范。节经先后奏明。一面专差外委李安泰，前赴卢沟桥各处先行查看情形。臣仍拟八月初旬，亲赴各工查勘。兹于七月初二十五日，据永定河道张泰运禀称："入秋以来，连日大雨倾盆。本月二十一日酉时至二十二日亥时，卢沟桥叠次签报长水一丈零五寸，连存水一丈九尺九寸；灰坝过水三尺五寸，金门闸过水四尺五寸；处处盈堤拍岸，势若排山，为从来未有之异涨。南二工有蛰陷出险之处，业由该道抢镶平稳。惟南六工上汛头号以下，一千余丈大堤普律上水尺余，抢筑子埝，随筑随冲。现于二十三日申酉之间，漫溢六、七十丈，业经夺溜。"等情。具禀前来。臣查南六工，本系道光二年［1822］堤身坐蛰过水之处，其漫水经由下游之永清县境，汇入淀河归海。惟道光二年系先由雨水致涝，复被漫淹。本年并无沥水汇归，未知情形轻重何似？现饬藩司委员星赴该县，确查田庐人口有无伤损，应否抚恤。此外，有无旁及。一面并即筹款备用。至漫口，应须裹头盘护。据该道另禀："以该处水深溜急，需料倍多，刻当青黄不接之时，采办更难。各工现存料物，秋汛正长，不敢拨用，应将漫口裹头缓办。"等语。窃思，漫口处所，若不赶紧镶裹，诚恐愈刷愈宽。第此时办料较难，亦系实情。其存工各料究有若干，是否可以通融，未便悬拟。臣于拜折后，即日驰赴该工，确切查明，相机酌办，并将该管道、厅、汛弁各官究系如何疏防，另折具实参奏。（奉朱批："相机妥办，查看明确，即行具奏。钦此"。）

总督琦善《勘明南六工漫溢情形疏》（道光十二年［1832］八月）

窃臣于七月二十五日，接据永定河道张泰运禀报："南六工因水涨漫溢，当即奏明，亲诣查办。"并将北下汛等工续报抢险缘由，附片具奏。在案。臣于二十六日拜折后，即日起程，二十八日行抵该工，周历屡勘。除北下汛等处先经该道抢护平稳外，其南六工漫溢处所计长九十七丈，西首业已挂淤。现存口门四十余丈，水深一丈五六尺，正河已经断流，不致分泄。所有漫口两头，本应逐为裹护，第此时，口门溜势系属沿滩坐湾，若迟行盘头，必致淘刷后溃，节节跟镶转滋糜费。似应仿照历次成案，随时查看，再行酌办。其大堤自南六工头号起，至七号止，每号一里计长一千二百余丈，当河水盛涨之际，普律漫过堤顶，残缺不一而足。尚有旱口四处，自五丈至十余丈不等，察看水痕及堤身后面溃缺之处，形迹具在。实缘本年秋雨过大，兼以上游山西之桑干河，及怀来县洋河连次长水，致成非常盛涨，人力难施。惟是厅、汛各员职司守护，即有疏防，均难辞咎。溯查，道光三年［1823］，北中汛及北三工、南二工漫口三处，经前督臣蒋攸铦奏，奉谕旨："将厅、汛各员革去顶戴，仍留工效力。永定河道革职留任，俟合龙时再行核办。"现在，南六工一汛虽属平漫，与冲决堤岸者有间，第究系防护不力，可否照道光三年成案，请旨将三角淀通判娄豫、南六工上汛州判张梦麟，均先摘去顶戴，仍撤任留工效力。永定河道张泰运，于要工不能督率保守，亦有应得处分，惟现值工程吃紧之时，该道在任年久，熟悉情形，未便遽易生手。且自道光四年［1824］以后，八载连庆安澜，于岁修工程之外，从未多请帑项，办事尚知撙节，而直隶省并别无堪胜是缺之员，合无仰恳圣恩，将该道张泰运革职留任，责成尽力妥办。统俟堵筑合龙时，将该道及厅、汛各员能否愧奋出力之处，再行据实具奏。臣虽经屡属防范，究未能保护平稳，应并请旨将臣交部议处。至此次漫水径行之路，查系道光二年［1822］旧道。所有被淹之永清县西，董家务等七十四村庄，间有倒塌草房为数尚少，人口并未损伤，田间积水自数寸至三四尺不等，尚易疏消。其各村庄地势较高，均未淹浸。就现在情形而论，较道光二年全境被淹者，情形为轻，毋庸先议抚恤。而该县禀报称："尚有先

卷十一 奏议

因雨多致涝之泥安等六村庄，仍存积水一二尺，未经消退，虽非漫溢被淹，未便致令向隅。"亦饬并案办理。除札知藩司遵照外，臣谨缮折具奏。（奉上谕，恭录卷首。）

总督琦善《估漫口工需疏》（道光十二年［1832］九月）

窃臣前在永定河工次，将查明漫口情形，并应俟水落料齐再行堵筑缘由，先后奏明。在案。臣回省后，即经札饬该道张泰运，于河身下游抽沟放水，并将应挑引河及通工应用正、杂料物撙节估计，去后。兹据该道禀称："该处漫口九十七丈，现在行溜止宽四十余丈。惟跌塘太深，若就原处兴建，诚恐埽占收窄，坝身吃重。查漫口东、西两头，皆有老滩，拟就滩面建立坝基越堵，以期稳实。计西首估筑坝基八十九丈，东首估筑坝基四十四丈，中留四十余丈，软镶进占。其坝基临河一面，仍镶护埽，并添筑挑水坝，逼溜注引河头，庶放河时吸溜得势。所有正坝上下边埽、护埽、挑坝，应用正、杂料物、夫工、土方，暨采买秫楷、加添运脚及漫口以下旱口四处，约需银三万七千余两。其引河自漫口迤下起，至南七工十九号止，间段估挑，共长八千六百六十九丈，计估口宽十五、六丈至五、六丈不等，底宽八、九丈及十丈至五、六丈不等，深一丈二、三尺至四、五、六尺不等。约需银五万八千余两。以上通共需银九万五千余两。"等情，具禀前来。臣复加查核，已属再三撙节。除行藩司颜伯焘，筹款动拨，解赴工次，交该道收存备用外，仍委诚实之员专司稽核。统俟将来合龙以后，另缮丈尺、银两数清单，恭呈御览。此项银两如有余剩，即留为善后工程之用。此时，节候已届秋分，河水渐次消落，新料不日登场，亦可陆续购买。其承挑引河各员已经派定，一俟齐抵工次，先饬分段赶紧挑河，俟挑有分数，即相机进占。以冀次第蒇事。臣现将各属赈济事宜及紧要案件，逐加料理。一有头绪，仍当亲赴工次督办，务使工归实用，不任稍有虚糜。所有约估堵筑漫口工料，及挑挖引河银数，理合恭折具奏。（奉上谕，恭录卷首。）

总督琦善《堵合南六工漫口疏》（道光十二年［1832］闰九月　附《开复各员处分片》）

窃臣将引河完竣、启放清水并两坝进占尺寸，具折奏闻。在案。连日以来，督率在职文武员弁协力趱办，所有边埽及挑水坝，均随大坝镶做，并于原估之外添浇后戗一面，慎重进占。截至闰九月十一日，金门仅存宽四丈二尺，水势骤然抬高，大溜湧往坝前，水深刷至三丈七、八、九尺至四丈二、三、四尺不等，两坝俱形吃重。同时，陡蛰数丈，情形甚为险要。幸料物充裕，人夫云集，各员弁率领兵夫踊跃争先，随蛰随镶，竭两昼夜之力，始克保护坚稳，坝高水面二丈余尺。察看溜势，直射引河，形势极为顺利。即于十三日寅刻，将河头所留土埝起除开放，河水建瓴而下，迅于飞瀑，瞬息之间，已将大溜掣动，引河全行铺满，通畅下注，埽前之水立消数尺。遂于是日申刻，挂缆合龙，层土层柴，并力抢堵，并下关门大埽，追压到底。金门之下顷刻断流，毫无涓滴渗漏，坝前即时停淤，全河复归正道。此次引河坝工，确实核计，共用银八万三千一百七十三两零。漫口以下旱口四处，绕越补还并填残缺，用银一千三百五十二两零。通共用银八万四千五百二十五两零，较原估节省银一万四百七十两零。俟核明工段丈尺、销赔确数，分晰开单，另行具奏。应办善后事宜，并饬永定河道张泰运勘估奏办，合并陈明。谨奏。（奉上谕，恭录卷首。）

总督琦善《开复各员处分片》^①（道光十二年［1832］闰九月）

再，本年永定河南六工漫口时，经臣奏奉谕旨："将该道张泰运革职留任，三角淀通判娄豫、南六工上汛州判张梦麟，摘去顶戴，留工效力。"在案。伏查本年河堤漫溢，实缘秋霖过大，兼值上游长水，以致人力难施。兹自开工以来，该道勘估引河，督办坝工，勾稽钱粮，慎重出纳，比较历届多有节省。其竣工亦复迅速，工员娄豫、张梦麟等随同效力，并各认真，均属能知愧奋。且查，河工漫口合龙之后，本有准予开复之例。合无仰恳天恩，府准将永定河道张泰运开复原参处分，通判娄豫、州判张梦麟赏还顶戴之处，出自圣主鸿施。其余在工州、县、厅、汛各员，昼夜襄事，亦皆勉效微劳。检查历次大工，均经仰蒙圣恩，准予保荐有案，惟人数过多，未敢稍涉昌滥。可否容臣督同该道，将尤为出力者，遴选数员，量予鼓励，伏候训示遵行。谨奏。（奉上谕，恭录卷首。）

总督琦善《估善后工程疏》（道光十二年［1832］闰九月）

窃照南六工上汛漫口，于闰九月十二日堵合完竣，连日追压，均极稳固。^[4]惟新

筑大坝，尤须估筑越堤，以资重障。其该汛头号至十四号，并南五工、北四工、北五工、北六工，各汛因本年秋水盛涨，堤上节节漫水，堤顶间有残缺，应行一并间段帮培。并加高子埝，填垫坑塘，以防来春凌汛。当饬永定河道张泰运，督同厅、汛各员，确切估计。兹据该道开单呈送：共估需银一万八千七百七十五两六分四厘。臣按照单开各工详细屡勘，所有建筑越堤，并各汛加倍堤埝、补还原堤残缺、填垫坑塘等工，均系最关紧要，刻不可缓。核计估需银数尚无浮多。现饬该道厅等，赶紧趱办，务于上冻以前完工报验，另案请销。谨将工段丈尺、土方银数开列清单，恭呈御览。合无仰恳圣恩，府念工程紧要，准将奏明节省大工银两动用。尚不敷银八千三百一两零，仍于藩库筹款，拨给领回，乘时赶办。报候验收，不容草率偷减。再查，本年秋雨过大，水势叠次异涨，南、北两岸大堤出水数寸，及出水一、二尺，残缺单薄之处，并已饬令该道遂加勘估。俟核明另案奏办外，所有估办善后紧要工程，估需银数缘由，理合缮折具奏。（奉上谕，恭录卷首。）

总督琦善《各漫口大略情形疏》（道光十四年［1834］七月）

窃照本年六月中旬以后，雨水较勤，时值大汛之期，节经札饬河员加意防护。在案。兹据永定河道张泰运禀称："六月二十九日，南四工水势陡涨，汹涌异常。该道当即驰赴上游之南二、南三等工巡防，水势有增无减。卢沟桥连底水长至二丈四尺有奇，较十二年［1832］盛涨之水，尚加至四尺八寸，连年虽已将堤埝加高，仍不免节节漫水，实为数十年来未有之异涨。维时，该道正在南二工督率抢办，旋闻北三工十一、二号大堤，及北下汛十四号，均已漫溢掣溜，北中汛八号、北下汛四号亦多漫堤过水。该道随即星驰前往，因水猛不能渡河，而南二工之金门闸，闸墙迤南土堤旋亦漫溢，南上汛灰坝并过水四尺五寸，现均昼夜抢护，未敢片刻停手。第此时，舟楫难济，文报不通，兼且风雨频加，各工安危尚难预定，"等情。具报前来。臣接阅之下不胜惊骇，查现在南、北两岸，俱有漫溢之工，然河流向不分行势，须归并为一。其北三工、北中汛等处工段，多系从前失事地方，旧时存有河形，漫水或即从斯汇注。惟此时，究系何处夺溜成河？从何处经行入海？其漫溢口门计有若干丈尺？被淹系何州县？均未据该道查禀。自系水势未定，道路阻隔之故。现已专差营弁，先行持札饬查。臣于拜折后，即起程出省前赴工次，遂一屡勘。查明夺溜成河处所，将疏防之员参奏示惩。其漫水经由地方，有无损伤人口？冲没田庐？应否抚恤？容俟一并饬勘明确，照例办理。所有永定河各工漫溢承由，理合恭折具奏。（奉朱批："查勘明确，速行奏来。钦此"。）

总督琦善《勘明各漫口情形疏》（道光十四年［1834］七月）

窃臣于七月初四，接据永定河道张泰运禀报，南北两岸各工均有漫溢处所。经臣先将大概情形奏闻，并声明亲诣查办。在案。臣于初六拜折后，即日起程，初八日行抵卢沟桥。随据该道将各工漫溢丈尺及坐落州县查明，具禀前来。臣周历屡勘，查得，北中汛六号尾至八号头，于七月初一日辰时，漫溢三百五十丈，北下汛漫溢九十八丈。又，十四号漫溢一百零六丈，北三工十一二号漫溢一百九十丈，南二工金门闸闸墙迤南，接连土堤漫溢一百零一丈。此外，埽段蛰塌，堤身后溃者不一而足。其漫口坐落州县，原报北中、北下二汛及北三工，俱在宛平县境内。漫水由前、后辛庄、庞各庄、求贤灰坝归入旧减河，经黄村、大营村、张华村一带，至武清县之黄花店，仍归永定河尾闾入海。南二工系在良乡境内，漫水由金门闸减河入清河，经白沟河归入大清河入海。现在，北下汛、北三工、南二工等三汛，俱已挂淤断流，惟北中汛六、七、八号业已夺溜成河，计漫口三百五十丈。水行中洪，宽一百五十余丈，水深一丈四尺，溜势归并灌注，其正河已间段干涸，不致再从旱口分行。所有被淹村庄，先经臣饬委候补正、佐各员，分投查勘，复经顺天府尹臣委员一体确查，均尚未据覆到。窃思，漫水下注，有顶冲、旁溢、倒漾之不同。就使同一顶冲，而地势或有远近之别，即灾分各有轻重之殊。此次漫水经行多在宛平地面，良乡过水较小，武清亦相距稍远，大兴、东安、固安、永清各县，被水处所均尚无多。必须分别查办，不容草率牵混。惟水势顶冲之处，即为被灾较重之区。若俟一律查明，未免有需时日。可否酌量先予抚恤，出自高厚鸿慈。臣已檄行藩司，筹拨银两，委员解往备用。其应给赈项，仍与成案稍轻各村庄，由该司查详到日，再行会同，奏恳恩施。至于各工失事之由，委因六月中旬以后雨水太勤，而晋省大同等处，地居上游，叠次据报长水，兼之大清河亦缘雨多水涨，下游又成顶托，来源即盛，去路复阻，以致汛溢漫堤。就臣到工后查验，并询之附近兵民，佥称盛涨之时，水高堤顶数尺至一、二、三尺不等。该处居民有自愿上堤帮同抢护者，无如水势过猛，遂觉人力难施。溯查嘉庆六年［1801］以来，未有如此异涨。幸事在白昼，虽田庐多被淹浸，人口并无损伤。其被灾情形，似较道光三年［1823］为轻。在事工员即不能化险为平，均有应得之咎。相应请旨，将石景山同知张起鹓、北中汛县丞徐敦义，先行摘去顶戴，并行撤任，仍留工效力，以赎前愆。其署北下汛县丞张书绅、北岸同知蒋宗埔、北三工州判王仲阄、调署南岸同知邵楠、南二工县丞陈禾等所管堤工，各有漫溢，俱未致夺溜成河，应请旨交部照例议处，免其撤任，以观后效。永定河道张泰运督率无方，咎无可辞，惟现当险工防护吃紧之时，转瞬又须办理堵筑，合无仰恳圣恩，将该道革职留任，仍责成尽力妥办，统俟合龙后，查该道厅、汛各员，能否愧奋出力，再行据实具奏。臣虽经屡属防范，究未保护平稳，并应请旨将臣交部议处。其堵筑事，宜自应亟为筹计。第堵筑，以集料为先，宣泄，以引河为要。此时存工料物，仅敷留备秋汛，而新料现未登场，引河亦难勘估。应俟水势消退，禾秸刈获，即一面挑河，一面购料，霜清后再行赶紧堵合，以期一气呵成。臣拟将各项紧要事件部署得有就绪，交永定河道专驻料理，即暂回省城，与藩司派调谙悉河务人员，协力襄事。臣于进占时，仍再赴工督办。谨将查明各工漫口缘由，恭折具奏。（奉上谕，恭录卷首。）

总督琦善《赶办旱口堤埽各工疏》（道光十四年［1834］七月）

窃臣查，永定河北中汛漫口应行进占事宜，须俟霜清以后方可办理。经臣专折奏明。在案。臣于十六日陛辞后，仍即回卢沟桥工次。查，正河虽已断流，仍间段存有积水，缘大清河为永定河下游，形势横亘于前。现在，各州县泛涨之水分道汇归，致成顶托，不能不稍待消落，将河内积水抽沟宣泄净尽，再挑估引河。惟旱口、堤埽各工，应责成永定河道先为赶办。兹据该道张泰运禀称："南二工、北下汛、北三工等三汛，旱口等工即应补还原堤、镶做护埽。又，南二、北下两汛，经此次河水异涨，大溜撞激塌溃之处，亦须将堤埽补还。又，南二工十五、六、七、八等号，及北二工、上汛十一、二、三等号，堤身残缺坑塘，俱应先为补筑。"以上各工，经该道带同委员逐一屡勘，撙节估计，共需银三万六千九百一十七两零。内旱口等工，估银二万一千三百五十五两零。应行分别赔销。其补还塌埽、溃堤并填补空缺、坑塘等工，估银一万五千五百六十二两零，系照例核销之项，由该道开具清单，请奏前来。臣查，南二工等处旱口，应行补还堤埽，并填补残缺坑塘等工，自应乘此漫工未举、引河未占之先，赶紧派员兴办，以御将来合龙下注之水。核计估需银数尚无浮多，合无仰恳圣恩，俯念工程紧要，准其动项兴修。所需银两即在藩库动拨给领，乘时赶办。报候验收，不任草率偷减。至挑河、筑坝各事应需银款，另俟勘有确数，再行奏请动项兴办外，所有补还旱口、堤埽各工，需用银数，理合先行缮具清单，敬呈御览。谨奏。（奉上谕，恭录卷首。）

总督琦善《估北中汛漫口工需疏》（道光十四年［1834］九月）

窃臣前在永定河工次，将查看漫口情形、应俟水落料齐再行堵筑，并将南二工等汛旱口、堤埽各工，先行赶办缘由，先后奏明。在案。臣回省后，即札饬该道张泰运，将应挑引河及需用一切正、杂料物，撙节确估。去后。兹据该道禀称："北中汛漫口原宽三百五十丈，应将东岸旱滩一百六十三丈，补筑土堤。余存口门一百八十七丈，水深三、四、五尺至一丈一、二尺不等。现在大溜横行，自西而东普律皆水，河面既宽，土性又复纯沙，将来口门愈收愈窄，水势愈刷愈深，必须一律软镶进占。接下丁头大埽，背后帮戗堤，临河一面镶做护埽，方为稳实。计应用料物、夫工、土方，暨秋稭加添运脚，约需银六万六千余两。其引河自漫口迤下，至南八工下汛尾间之单家沟止，间段估挑，共长二万七千四百五十六丈五尺，计估口宽十丈及十一、二丈，至五、六、七丈不等，底宽七、八、九丈，至三、四、五丈不等，深七、八尺至二、三、四尺不等。道里较长，浅深不一，约需银六万四千余两以上。通共约需银十三万两"，等情。具禀前来。臣覆加查核，委系再三撙节估计，无可再减。除饬藩司筹款动拨，委员解赴工次，交该道收存备用外，仍委诚实之员专司稽核。统俟合龙以后，另缮丈尺、银数清单，恭呈御览。（朱批："款项亦不为少矣，务须认真加意撙节。钦此"。）前项银如有余剩，即留为善后工程之用。此时已届寒露节后，水势日渐消落，新料亦次第登场，亟须赶紧购运。其承挑引河各员，业经派定。一俟齐抵工次，先饬分段赶紧挑挖，俟挑有分数，即相机进占，以期早为葳事。臣现将紧要各件赶紧清厘，仍当于进占时，亲赴工次督办，务使工归实用，不任稍有虚糜。所有约估堵筑漫口工料，及挑挖引河银数，理合恭折具奏。（奉上谕，恭录卷首。）

总督琦善《堵合北中汛漫口疏》（道光十四年［1834］十月　附《开复各员处分片》、《河坝实用银数片》）

窃臣前因北中汛堵筑开工，当将挑河进占各情形具折奏闻。在案。连日以来，督率在工文武员弁，协力趱办。并因通永道陈继昌来工面禀事件，复经檄饬该道，将业经试验之引河，再为逐段查勘，如稍有未净之处，即为起除。一面慎重进占，镶做上、下边埽，赶筑后戗。截至十月十八日止，口门仅存宽四丈，愈收愈窄，大溜涌注，坝前水深二丈四、五、六尺，至三丈二、三、四尺不等。雨、坝俱形契重，同时陡蛰数丈，幸人夫云集，料物充盈，随蛰随镶，竭雨昼夜之力始克，抢护稳固。坝高水面二丈有余，溜势直射引河，情形极为顺利。即于二十日寅刻，将河头所留土埝起除开放，河水建瓴而下，迅如飞瀑，瞬息之间将大溜掣动，引河全行铺满，通畅下注。埽前之水立消数尺，遂于是日辰刻，挂缆合龙。层土层柴，并力抢堵，并下关门大埽，追压到底，金门以下顷刻断流，毫无涓滴渗漏。坝前即时停淤，全河复归旧道。其早口堤埽各工，业已先经补还，一律俱臻稳固。

再，本年北中汛漫口时，经臣奏奉谕旨，将永定河道张泰运革职留任；石景山同知张起鹓、北中汛县丞徐敦义摘去顶戴撤任，留工效力；署北下汛县丞张书绅、北岸同知蒋宗埔、北三工州判王仲阆、调署南岸同知邵楠、南二工县丞陈禾等，免其撤任，交部议处。在案。兹要工业已竣事，各该员均属能知愧奋，与奏请开复之例相符。合无仰恳天恩俯准，将该道张泰运及同知蒋宗埔、州判王仲阆、县丞张书绅、陈禾等各员，均予开复原参处分。其同知张起鹓、徐敦义二员，并予赏还顶戴。出自圣主鸿施。仍责令张起鹓、徐敦义各在本工防守一年，如来岁三汛安澜，方准回省听候序补。①

再，此次挑河、筑坝各工，经臣督饬该道力加撙节，现在确实核计，共用银十万八千六百五十余两，较原估之数，计有节省银二万一千三百四十余两。统俟核明工段、丈尺各数，分晰开单，另行具奏。其节省之项，即留于善后案内动支，约需用银九千余两，仍有余存银一万二千余两，另饬解还司库，以归核实。附片②奏闻。（奉上谕，恭录卷首。）

工部《催造备办料物清册疏》（道光十六年［1836］正月）

窃查，河工省分预办料物，有岁料之名，所以备岁、抢修之用也。有防料之名，所以备另案工程之用也。如备料不敷，另行添购，则又有购料之款，所以随时添办，而重要工也。总之，有办料之预行拨款，则工归实用，必须扣除有购料之逐案开销，则备料不敷，必应核实。先于嘉庆十九年［1814］，经臣部查明，南河、东河、直隶等处，每年均有预办岁料，及备防料物银两，奏请按年将动用各料，造具四柱清册，报部备查。奉旨："依议。钦此。"钦遵纂入《则例》，通行在案。又，于道光十二

---

① 以上即为本折题目中自注之附片《开复各员处分片》。
② 以上即为本折题目中自注之附片《河坝实用银数片》。

年［1832］，查办料垛案内奏明："岁料有余，扣发防料，防料有余，扣发岁[5]料，仍将动存数目报部备查"。奉旨："准行"。亦在案。今查，直隶通永道、山东兖沂道、河南开归道、河北道，预办岁防秸料，均经造册报部。其南河苇荡营采割柴束，仅报至嘉庆二十四年［1819］止；备办岁料，报至道光十一年［1831］止。至另案防料则有预拨之款，无报部之册。及分案开销作何扣抵？漫无稽核。此南河之漏报也。直隶永定河、山东运河，应造料册，迄今未据送部，此直隶、山东之漏报也。臣等伏查，预办料物，动拨帑项，为数甚多。南河岁料，每年预拨银一百二十万两，另案防料，预拨银一百五十万两。上年闰六月间，又据两江总督陶澍、江南总河麟庆等奏请："于一百五十万两之外，添拨银五十万两，此南河之办料银数也。豫省岁料，定例每年以五垛为率，共例帮二价银三十五万两，又定例该省常备之外，添拨银一万二千两，另行多备料物，堆贮险工上游，遇有动用，本案报销，买补归款。如无动用，即留为下年尽先给发，以免霉烂。"等语。其豫东二省黄河两岸十三厅，应办岁料因河库银不敷，每岁南岸请拨藩库银七万两，北岸请拨银三万五千两，又应添办备防料二千垛，共例帮二价银十四万两。东省曹、粮二厅，岁料请拨银三万两，又添办备防料五百垛，计银三万五千两。此东河之办料银数也。直隶永定河岁、抢修额定银六万一千两，加添运脚银八千五百两。南运、北运两河岁修共银三万四千两，均系预期赴部请领，采办料物，留为次年之用。此直隶之办料之银数也。统计各省采办料物，每岁预拨银三百数十万两之多。国家经费有常，必须工归实用。若预办料物即以拨银，而分案开销复行添购，其动存数目无可稽查，殊非核实办公之道。从前已报清册，如直隶通永道，竟有乾隆年间旧料未经动用者，则其未行册报之处，更可慨见其应存之料是否霉烂无存，河员交待有无亏短，每年采办是否足数，添购料物是否重销。无册可稽，均难核办。及补行造报，已在即销之后，年复一年，更复无从清算。相应请旨，饬下直隶、山东、河南、江南等省，经营河工各督、抚，将预办料物，按年造具动、存四柱清册，报部备查。其从前未报年分，速行补报，并于册内将某年、某工段落、数目，动用何项料物，分晰开载，以除积弊而归核实。臣等为慎重钱粮起见，是否有当，伏乞皇上圣鉴。谨奏。（奉上谕，恭录卷首。）

总督琦善《裁河工闲员疏》（道光十七年［1837］十月）

窃臣于道光十二年［1832］，将通省丞倅、知县、佐杂等官，酌裁二十三缺，奉旨允准。在案。兹臣前赴永定河，查看堤工水势，复查有北堤七工东安县主簿，及南六下汛霸州巡检二缺，所管堤工，现在河势迁移，并无应办埽坝工程，系属闲冗，均应裁汰。其北七工段，应归并北六工霸州州判经管。南六下汛头号至七号堤段，应归并南六上汛霸州州判经管，改为南岸六工霸州州判。八号至十五号堤段，应归并南七工东安县主簿经管。该二汛额设河兵均有防守堤工之责，未便裁汰，应即由归并之汛员管理。又，永定河上游两岸，堤工多系宛平县地面，每遇大汛，由该县委令庞各庄巡检，于沿河村庄点派防险人夫、解工防守。该巡检非兼河之缺，不归河道统辖，每至呼应不灵。应将该巡检作为作为兼河员缺，将点解防险人夫一事，责令专司，庶无贻误。饬据永定河道会同藩司核议，具详前来。相应请旨，将永定河北七工东安县主簿、南六下汛霸州巡检二缺裁汰；并请将南六工上汛霸州州判，改为南岸六工霸州州判；其宛平县庞各庄巡检，作为兼河员缺。至归并堤工段落，河兵名数并应缴、应换钤记，以及裁汰衙署俸廉、役食各事，宜饬令该司道会议具详，再行分别题咨办理。为此，恭折具奏。（奉朱批："吏部议奏。钦此。"经部奏准。）

总督琦善《请添备防秸料疏》（道光十九年［1839］十月）

窃查，永定河岁修各工所用秸料，嘉庆二十年［1815］经前督臣那彦成奏准，于岁修料外，添购备防料物，历年遵办。在案。兹据护理永定河道南岸同知邵楠详称："永定河埽段，历年逐渐增添，道远工长，每逢河水涨发，溜势汹涌，搜刷堤根，旧工、新险均须随时抢镶，原设岁修钱粮实不敷用，全赖备防料物接济。本年伏、秋两汛盛涨逾常，所有上年添备秸料二百五十万束，俱已用罄。请于来年应办正额之外，添购备防秸料二百四十万束，每束例价银八厘，连加添运脚银二厘五毫，共需银二万五千二百两。赶紧乘时采买，分贮工次。俾资储备，"等情具详。请奏前来。臣查河工秸料，为预水护堤最要之需。查，自道光三年［1823］以后，添购备防秸料，每岁请银一万九千余两，至二万九千余两不等。上年添备秸料二百五十万束，因本年水势迭次异涨，抢镶蛰陷埽段，业已全数用完。今请添备秸料二百四十万束，计银二万五千二百两，较之上年有减无增。合无仰恳圣恩，俯念河防紧要，准照成案办理。如蒙俞允，此项价银，请即在于司库筹款照数动拨，责成该护道，督率厅、汛各员乘时采买，分贮工次，报候验收。倘来年水平工稳，料有赢余，仍留为下年之用。理合缮折具奏。（奉上谕，恭录卷首。）

总督讷尔经额《估修金门闸疏》（道光二十二年［1842］十一月）

窃臣前据永定河道恒春禀称："永定河堤岸逐渐淤高，全藉金门闸分泄大溜，金门闸龙骨外，向有出水灰簸箕，因每年龙骨过水，间有损裂。上年，暨本年叠次盛涨，益形残缺，必须修复完整并将石龙骨加高，两岸堤埝培厚，始无漫溢之虞，"等情。经臣奏明亲历查勘情形，分别工程缓急，再行奏办。在案。臣到工之日，即督同该道并厅、汛各官，详细履勘。窃见，永定河水性夹沙带泥，自西北直抵东南，汇入大清河入海。两河形势，一纵一横，清河顶托于前，故浊流日形淤垫。溯查，道光四年［1824］修复金门闸，并于十一年［1831］间加高龙骨之后，全河悉受裨益。近因河身逐年淤高，大汛期内龙骨过水太畅，水落不能断流，致灰簸箕被冲残缺。虽经抢筑土埝拦护，而汛水涨发，旋筑旋冲，必须再将石龙骨加高三尺，并于石海墁以下，接做散水石一丈，庶盛涨藉资宣泄，水落仍可收束溜势，畅刷中洪，亦免淤垫。其冲揭灰簸箕，照旧补筑完整。均系必不可缓之工。除两岸卑矮堤埝，由该道督率厅、汛，务于岁、抢修项下，加高培厚，以资保护外，所有加高石龙骨、接做散水石并补筑灰簸箕、填垫坑塘、牙桩签钉等项，据该道估计，共需工料银二万九千一百八十五两零。开具清单，请奏前来。臣覆加确核，所估银数尚无浮冒不实之处。合无仰恳圣恩，俯念河防紧要，准其照估办理。所需银两，应请于司库筹款动拨，责成该道恒春委员领回，督率厅、汛各员，将应用料物务于年内赶办齐全。一俟来岁开春，即行兴工，俾灰浆步步干透，一体坚实，藉资宣泄盛涨。工竣核实验收，照例题销。如有草率偷减，仍即从严参办。理合恭折具奏。（奉上谕，恭录卷首。）

总督讷尔经额《北六工遥堤漫溢疏》（道光二十三年［1843］闰七月）

窃照本年伏汛期内，永定河长水数次。虽据抢护平稳，奏报安澜，而入秋以后各处山水下注，据报上游白洋河来源较旺，经臣涵饬加谨防护。在案。兹于闰七月初五日，接据永定河道恒春禀称："本月初二日，接据北岸同知窦乔林，转据北六工汛员霸州州判严士均禀报：'该汛北遥堤十一号，因大清河水势过大，顶托浑水，有长无消，以致水与埝平。'该道闻信驰往查勘。正在跑买土料抢筑子埝，无如水势猛骤，旋筑旋冲。初三、初四两日，堤身陆续蛰塌二十余丈，漫淹二十余里，水深一、二尺不等，民间房舍并未冲坏，人口亦无伤损，"等情。具禀前来。臣查，永定河堤埝，攸关民田保障，现因大清河水大，顶托浑水，不能畅行，被冲漫口。若不赶紧镶裹，致令溜势北趋，势必愈刷愈宽。臣已严饬该道，督率厅、汛员弁，赶紧裹头盘护，以免续被汕刷。至厅、汛各官，驻工防守系其专责，乃不知先事预防，以致堤溃漫溢，实属玩误。相应请旨，将北岸同知窦乔林、北六工汛霸州州判严士钧、协防把总富泰，一并革职，暂留工次效力。永定河道恒春，督率无力，请旨革职留任。责令督同接署厅、汛各员，赶紧妥为筹办，俟堵筑合龙后，能否愧奋出力，再行分别具奏。臣虽屡属防范，究未保护平稳，并应请旨，将臣交部议处。臣拜折后即于初七日起程，驰往该工，查勘督办，并查明被淹各村庄轻重情形，如有应行抚恤之处，即当熟筹妥办，无使失所。以仰副圣主轸念民生之至意。所有永定河北遥堤漫溢，亲往勘办缘由，理合恭折具奏。（奉上谕，恭录卷首。）

总督讷尔经额《估漫口工需量力分捐疏》（道光二十三年［1843］闰七月）

窃臣于本月初九日，行抵永定河工次，连日周历履勘。永定河北岸北遥堤，相离河流故道，本有十数里之遥，二十余年并未经水，亦未动款修理。迨七月二十日以后，因大清河水势顶托，河水不能畅行，每长水一次，下游即加一番淤高，来源急而去路缓，水势有长无消。二十八日，河流骤然北从，溜势侧注遥堤，赶紧抢护，无如[6]水势汹涌，以致堤身平漫过水。闰七月初三、初四日，陆续蛰塌成口，河流故道业已淤垫断流，水势倒漾北趋，即由永清、东安、武清地面，仍归凤河。测量漫口，上宽二十丈，下宽十七丈，口门水深不及一丈。经该道督率厅、汛各员抢筑裹头，签钉大桩，业已盘护稳实，无虞汕刷。口门附近处所一片沙滩，并无种植禾稼，相距十余里，始有零星村落。据永清、东安、武清三县禀报，被水者共计一百三十六村庄，仅谷豆被淹，高粱玉粟并无妨碍，被水均不甚重，歉收不过三、四分，体察民情极为静谧，无庸办理抚恤。臣已饬司委员，查勘被淹轻重情形，另行照例分别详办。其被冲口门，自应赶紧筹堵。惟堵筑漫口，全在引河通畅，而挑挖引河，尤在河头得势。现距北遥堤漫口附近之处，既无引河头尾，而正河若就其北徙之势而行，盘折迂回，实未见其畅顺。臣与该道等详细筹勘，应就北六工正堤尾，接筑大坝，由柳坨村挑挖引河，即于彼处截流堵口，使大溜仍由故道归于凤河，汇大清河入海。则因势利导，既于全河有裨，而合龙之后现在口门即成旱口，亦易堵合。博采众论，所议佥同。饬道督同委员撙节估计。新筑埽坝、堤工三百余丈，接筑堤工七百余丈，堵口软镶，进占接下丁头大埽，背后帮筑戗堤，临河一面镶做护埽，并挑挖引河七千余丈，应用料物、夫工、土方，约需银四万余两。实已省益求省，无可再减。惟国家经费有常，现当各处兴工，在在需用之时。臣未敢率行请款，自应由臣与永定河道倡捐，司、道、府、厅、州、县，量力分捐，工项无多，可期无误。现已于十三日集夫兴工，先行接筑老堤，安作坝头。责成该道恒春，督率厅、汛委员，赶紧挑挖引河，务于霜降后一律完工[7]。刻下勘办已定。臣拜折后，拟先赴天津至山海关一带阅伍。俟折回，验收引河各工，督率合龙。所有勘办永定河北遥堤漫口情形，理合恭折具奏。（奉上谕，恭录卷首。）

总督讷尔经额《堵合北六工漫口疏》（道光二十三年［1843］九月附《补筑遥堤口门片》）

窃臣于八月二十二日，折回永定河工次，连日督率工员并力趱办，于二十九日，将引河一律挑挖完竣。臣于九月初一日，自工头查至工尾，照依原估丈尺，以水平较量，均无偷减情弊。随自下而上，逐段先放清水，以验河流之缓急。查看水势，甚为通畅，并无格碍之处。臣初三日回工，遂督率道、厅，于初四、初五两日，将所筑大坝赶做边埽后戗，慎重进占，多压重土，跟追坚实。两坝高出水面一丈四尺，口门仅存四丈，料物充足，人夫云集。即于初六日丑刻，将引河头所留土埝启除放水，大河建瓴而下，迅于飞瀑，瞬息之间，已将大溜掣动，引河铺满，畅流下注，埽前之水消数尺。遂于巳刻，挂缆合龙，层土层料并力抢堵，并下关门大埽，追压到底，金门以下，顷刻断流闭气，毫无涓滴渗漏。初七日覆加查看，坝前业已停淤，全河悉归正道。

再，此次挑挖引河，接筑大坝，共计撙节支用银四万八千五百余两。核之捐项，余剩尚多。臣查，北遥堤计长四十六里，二十余年并未见水，亦未请款修理。因本年河流骤然北徙，溜势侧注，致有漫口之事。现在，改由北六工筑坝堵合，其被冲口门已成旱口，应即照旧补还。而全堤年久失修，多有残缺蛰陷，自应一律修培，藉资保障。据永定河道与工员估计，需银一万一千四百余两。即在于捐项内动支，责成该道督率妥办。工竣委员验收，前项工程均系捐办，请免造册报销。至各属因工需紧要，捐输踊跃。除盐臣并司道等不敢仰邀甄叙外，所有捐数较多，并调工之正佐二十余员，筑坝、挑河多有认捐公费者，尚属急公出力。可否择其尤为出力之员，奏恳恩施，以昭激劝之处，候旨遵行，理合附片具奏。（奉上谕，恭录卷首。）

总督讷尔经额《请颁河神庙额联片》（道光二十三年［1843］九月）

再，查永定河北七工河神庙一座，系乾隆三十八年［1773］奉旨以望河亭改建。又，南六工双营村河神庙一座，系乾隆三十年［1765］建修，迄今七十余年，庙貌巍焕，灵应屡昭。本年，北七工十一号遥堤，以多年无工之处，骤经河道迁徙，漫溢刷塌，仅止十数丈。迨盘做裹头之时，并未续坍，出水不宽，是以被淹村庄轻而且少。现在，改由北六工十八号迤下，择地堵合。自兴工以来，天气久晴，水不扬波，得以迅速将事克期合龙，实赖神灵之默佑。查，两工河神庙，从前未荷宸翰表扬，合无仰恳皇上颁赐御书匾对，敬谨悬挂，以彰美报而答神庥。俟奉到谕旨，再行规量匾对尺寸，恭呈御览。（奉上谕，恭录卷首。）

总督讷尔经额《开复各员处分片》（道光二十三年［1843］十月）

再，本年永定河北遥堤漫口时，经臣奏奉谕旨，将永定河道恒春革职留任，北岸同知窦乔林、北六工霸州州判严士均、协防把总富泰革职留工效力。在案。兴工以来，该道督率厅、汛各员，接筑堤坝，挑挖引河。各该员随工效力，均属愧奋，得以克期合龙。查河工漫口堵合之后，例准奏请开复。可否仰恳圣恩俯准，将永定河道恒春开复原参处分，其同知窦乔林、州判严士均、把总富泰三员，均予开复原官。在工候补之处，出自圣主鸿施，如蒙恩准，其窦乔林等三员，仍俟来年三汛安澜之后，如果始终奋勉，再行酌量补用。理合附片具奏。（奉上谕，恭录卷首。）

总督讷尔经额《南七工漫溢疏》（道光二十四年［1844］六月　附《拨滹沱河生息银两片》）

窃臣于二十七日，接据永定河道张起鹓禀称："本月十六日以后，连日大雨如注。二十二、三雨日，卢沟桥叠次签报长水一丈，连底水至一丈八尺六寸，较上年七月内盛涨之时尚多二寸，处处盈堤拍岸。所有北上汛、北二上汛、北二下汛、北五工、北三工、北四工、南上汛等处，各工埽段均有蛰陷。处处报险，情形在在吃重。该道上下奔驰，督饬厅、汛各员跑买土料，昼夜抢镶，幸俱稳固。惟三角淀通判所属之南七工五号，堤身坐蛰，因水势侧注，旋筑旋塌。该道正在南上汛督办抢险，闻信后驰往查看，堤面业经过水，已成漫口，约宽十余丈，水深八、九尺至一丈余不等。询之兵民人等，佥称连日大雨，长水汹涌，大清河水势又复过大，顶托浑流，迎溜堤身无不雉蛰。该处系属平工，并无秸料。正在跑买土料，抢护加筑。不料二十三日戌亥之交，雷电交作，雨大风狂，时在黑夜，人力难施。至二十四日寅刻，堤身续又蛰陷，以致堤面过水冲成缺口。现在，水势盛行，尚难盘做裹头。惟有赶紧捆下埽由，暂资抵御。"查得该处大堤外，有中堤及老堤各一道。漫口所出之水，至中堤迤南，循行旧河，入大清河达津归海。大堤外村庄甚少，民房并无冲坏，人口亦无损伤，漫淹田庐亦属无多。并据永清县禀称："该县大朱家庄、三圣口、四圣口一带，均有被淹之处。现在督饬民夫，设法疏消。"各等情，具禀前来。臣查，本月十五日以后，雨水连绵，上游山水又复汇注，各工均经报险。屡经批饬严防，在事各官不能加意抢护，以致南七工五号有漫溢之事，实属咎有应得。相应将永定河道张起鹓、三角淀通判翟宫槐、南七工东安县主簿王锡震，均请旨革职留任。翟宫槐、王锡震并摘去顶戴，责令随同该道在工，赶紧设法堵合，统俟合龙后，查明能否愧奋出力，再行具奏。臣虽屡饬防范，究未保护平稳，并应请旨将臣交部议处。臣拜折后，即驰往该工查勘督办。并查明，被淹村庄轻重情形，如有应行抚恤之处，即当熟筹妥办，无使失所。以仰副圣主轸念民生之至意。

再，此次河水异涨，南、北两岸各汛险工叠出，该道督率厅、汛员弁，动用存工料物随时抢护，将已及半。此后伏、秋大汛，为日正长，存料既有动用，应即查明买补，俾得接济应手。所有添办料物，并堵筑南七工漫口经费，当此用款支绌之时，臣未敢率行请帑。查，直隶省清河道库，存有滹沱河生息一款。系乾隆九年［1744］间，奏准借动清河道库，营田工本银一万五千两，发商生息，以为岁修滹沱河之用。嗣于嘉庆十三年［1808］，因滹沱河水势南徙，奏明停止岁修。其本银照旧生息，遇有动用随时报部在案。兹查此项息银，自乾隆九年［1744］起积至道光二十二年［1842］，除动用外，实存银三万二千余两。应请将前项积存息银，动拨三万两，解存永定河道库，容臣到工查明情形，以备添办料物，并堵筑漫口之需。事竣核实造报。理合附片陈明①。谨奏。（奉上谕，恭录卷首。）

总督讷尔经额《勘明漫口情形疏》（道光二十四年［1844］六月）

窃臣于六月初五日，行抵永定河工次，连日周历履勘。查得南六工十九号以下，

---

① 附"拨滹沱河生息银两片"说明河防经费的又一来源："水利营田的工本银发商生息"的利息结存，用作河工经费。

原有旧时河身一道，系乾隆二十年［1755］间改移下口废弃。现今之南堤，即是乾隆二十年前之北堤。是以现在南堤外，尚有中老堤及南老堤，堤根各一道。此次南七工五号漫口所出之水，即循行旧河穿过中老堤、南老堤旧缺口入，大清河，达津归海。查勘漫口处所，因来源猛骤，溜势湍急，续又塌卸。测量口门宽四十八丈，深一丈二、三尺不等，业经该道督率厅、汛各员，抢筑裹头，签钉大桩，盘护稳实，无虞再致汕刷。口门附近之永清县境内，被水顶冲漫淹者，计十二村庄，房屋间有倒塌，尚未损伤人口。已据该管之南路同知督同该县亲诣查勘，捐资安置，不至失所。体察民情，甚为静谧。其余永清、霸州所属九十余村庄，被水较轻，田禾渐已涸出。臣已饬司委员，确查被水村庄数目，漫淹轻重情形，倒塌房屋间数，应否抚恤，核实详办。至漫口之水，现由旧河行走，如顺势而行，则漫口无须堵合。惟中老堤、南老堤二道，废弃多年。现经委员分查，仅存堤基，河身亦早淤平。核计筑堤、挖河费既不赀。且查得两堤之内，现有大、小六十一村庄，居民三千九百余户，迁徙维艰。自应堵筑漫口，俾河水仍归故道。第堵口以集料为先，泄水以引河为要。各处存工料物，本年南、北两岸因险工叠出，陆续动用抢护，存贮无多。伏、秋大汛正长，现在尚须买补添备，无可抽拨应用。且此次河水异涨，南七工口门以内，新河坎已刷深二丈上下，断流之正河一律淤高。挑挖引河须长八十余里，深二丈余尺，尾间则更须加深，方能引水仍由凤河入大清河，达津归海。而上游引河挖深，设或凤河高仰，水不能入，尤有关系。此时正在大汛期内，河水长落靡常，情形尚难预定，未便遽议堵合，转致水无去路。溯查以前旧案，堵筑漫口均在水退归槽之后。自应仍行循照办理，以期得手。现饬永定河道分派员弁，先从下游河身抽沟放水，一俟干涸，即勘定引河工头，俟秋汛后新料登场，购买较易，一面挑河，一面备料，赶紧堵合。霜降前后总可完工。臣现在挨查两岸各工，点验旧存、新添料物，仍赴永定河尾间，查看凤河、大清河三河高下情形。查凤河，久为永定河水淤浅，上年北遥堤漫口时，因查永定河下口与凤河交汇处所，暨凤河河身间段停淤，亟应挑挖。永定河下口系武清县所辖，凤河系天津县所辖，当经札饬永定、天津、通永三道，督同东路同知等，会勘估办。旋据该厅、县等，倡劝捐资，择要展宽，挑深三、四尺。在案。惟现在永定河断流，正河淤高，新河坎已刷深。将来核计丈尺，挑挖引河，放水归入凤河，是否不至高仰顶托。臣当督同道、厅亲诣履勘，逐加测量深浅高下，如尚须挑挖，应一并估计，另行陈奏。（奉上谕，恭录卷首。）

总督讷尔经额《请复设汛员疏》（道光二十四年［1844］六月）

窃照永定河，水性善徙易淤，流迁靡定。其驻汛工员如有修防事宜，今昔情形不同者，自应酌量变通，妥为安置，以重职守。兹查北六工以下，原设有北七工东安县主簿一缺，前于道光十七年［1837］间，因该处距河较远，并无埽坝工程，经前督臣将北七工主簿奏明裁汰。其经管遥堤汛夫，拨归北六工州判兼管，战守河兵酌拨各汛，俸廉、役食全行裁汰。在案。溯自裁汰之后，遥堤从未经水，亦未修培，历年平稳。乃上年大汛期内，河流陡然北徙，大溜直逼堤根，致十一号有漫溢之事。经臣奏请，于北六工工尾截流堵合，并将漫口堵闭完固。河流虽已顺轨，但溜势迁徙无常，难保不复北趋，亟应预筹修守。查北六工州判，本管堤工已二十六里有奇，再加以遥堤四十六里，道远工长，实属照料难周。臣与司道等悉心筹计，必须设立专员防护，方足以昭慎重。惟该主簿员缺系奏明裁汰，未便遽请复设。而体察现在情形，又不能不有专员料理。因思，直隶省佐二、佐杂员缺尚多，其中如有经管事务较简者，酌择一缺移驻，则员缺既不必复设，俸廉亦不必增添。而修守事宜，可期事有专责。当经札饬司道确查、详办。去后。兹据藩、臬两司会同永定河道、通永道详称：“遵即在于通省佐二、佐杂[1]各缺内，详加访询，查得顺天府属之宝坻县主簿一缺，本系专河要缺。道光四年［1824］间，因其所管堤埝均系民工，并无修守专责，奏明改为兼河之缺，由外拣选、升调。在案。兹查，该主簿虽名为兼河，实无分防地面，遇有抢窃等案，向开典史协缉职名，从不开参主簿。其所管河道，近来多有淤塞，堤埝历系民修，只须官为督催，无须官为经理。应请即以宝坻县主簿移驻永定河北七工，作为东安县主簿。所有宝坻县境内民堤，遇有残缺，责成该县督催修理，可期无误。”等情。会详前来。臣复札询该管之东路同知并宝坻县，禀覆无异，函商尹臣，亦复意见相同。相应奏明请旨遵行。如蒙俞允，所有应缴、应铸印信，以及应添、应裁廉俸、役食、书吏、弓兵，经管汛界，并一切未尽各事宜，另行照例分别题咨办理。理合会同兼管顺天府府尹臣卓秉恬、顺天府府尹李僡[2]合

----

① 佐二、佐杂，佐二与佐杂义同，都是指府、州、县主官的副职或辅佐官，例如通判、同知、州同、县丞、主簿等，其品级略低于主官，但非纯粹属员性质。其管理府、州、县内衙署、文书、刑狱、农田、水利、河防、治安诸项繁杂事务，故又称佐杂。清代公文中佐二又往往与丞倅连用，或相代用。

② 僡，“惠”的古体，用作人名。

词，恭折具奏。（奉朱批："该部议奏，钦此。"经部奏准。）

总督讷尔经额《估漫口工需分别动款捐资疏》（道光二十四年［1844］八月）

　　窃臣抵永定河工次，督同该道等详细履勘。现在，南七工口门内，新河坎刷深二丈上下，如就附近口门之处挑挖引河，须深至二丈二、三尺，长至八十余里，非三十余万金不能兴筑，费钜工繁，断难估办。挨次查勘，测量河坎高下，惟迤北三里许，北六工尾之河西营村前，河坎较低，河势坐湾，以之定为河头挑挖引河，筑坝合龙形势较顺。接查挑挖引河地段，逐渐低洼亦不费手。舍此，别无可以采用之处。博咨众论，所见佥同。饬道督同委员撙节估计，自河西营村起，至凤河止，挑挖引河，深一丈七尺递减至四尺五寸，工长七十余里，直达凤河，由大清河入海，需银八万八千余两。又，筑坝合龙、堵合原堤漫口，各工估需银三万五千余两。又，挑挖凤河高仰淤浅，自三凤眼起至尾闾入大清河止，工长二十余里，河面展宽一丈至四丈，挑挖四、五尺不等，估需银二万五千余两。三项共估需银十四万八千余两，实在无可再省。除前次奏动之滹沱河生息银三万两，尚存二万四千余两凑用外，其不敷之十二万四千余两，由臣与永定河道倡捐，司、道、府、厅、州、县量力分捐，可期无误。现已于二十四日集夫兴工，责成该道督率厅、汛委员赶紧妥办，务于九月内合龙蒇事，以仰副圣主慎重河防之至意。理合恭折具奏。（奉上谕，恭录卷首。）

总督讷尔经额《堵合南七工漫口疏》（道光二十四年［1844］九月附《工员处分三汛后开复片》）

　　窃照永定河南七工漫口应办工程，臣于八月十八日到工后，督同永定河道张起鹓等，详细履勘，当将办理情形具奏。旋准军机大臣字寄，道光二十四年八月二十六日奉上谕："讷尔经额奏《勘定永定河堵[8]筑漫口、挑挖引河凤河工程，估需银数、筹议动款分捐》一折，览奏均悉。永定河南七工漫口应挑引河，既据该督查勘测量，应就迤北三里许北六工尾之河西营村前，定为河头，挑挖引河，于筑坝合龙形势较顺。估计自河西营起，至凤河止，工长七十余里，需银八万八千余两；又，堵合原堤漫口各工，需银三万五千余两；又，挑挖凤河需银二万五千余两。三项共估需银十四万八千余两。著照所议办理。所有估需银两，准其以滹沱河生息余存银二万四千余两凑[9]用。不敷银十二万四千余两，由该督等量力捐办。仍责成该道，督率厅、汛委员赶紧挑筑，务于九月内合龙藏事，无稍迟误。将此谕令知之。钦此。"臣即驻工，督率永定河道张起鹓等，将应挑引河七十余里，分定段落，并筑做大坝工程，在于酌调之正、佐官员中，分别派定，饬令照估妥办。内天津县知县毛永柏等十一员，承挑引河十一段，据禀情愿捐资挑办，不领公费。又，应挑凤河二十余里，系属天津地面，据天津道彭玉雯，会同永定河道，委员分段挑挖。臣往来稽查，催令各工员弁并力趱办。引河工程于九月十三日告竣。凤河工程于九月十四日告竣。臣即挨次查验，照依原估丈尺，以水平较量，并无草率偷减。遂自下而上逐段试放清水，势甚通畅，并无格碍之处。臣复督率道、厅，将两坝赶做边埽后戗，慎重进占。至十五日，口门仅宽四丈，愈收愈窄，大溜涌注，坝前水深二丈有余，两坝俱形吃重。幸在工员弁不辞劳瘁，督率人夫，厚加料土，随蛰随镶，竭两日夜之力，始克抢筑坚实，坝高水面一丈八尺。即于十八日将引河头所留土埝启除放水，势若建瓴[10]，顷刻之间，已将大溜掣动，引河铺满，畅流下注，埽前之水立消数尺。遂于卯刻挂缆合龙，层土层柴，并力抢镶，并下关门大埽，追压到底，金门以下旋即断流闭气，并无涓滴渗漏。十九日覆加查看，坝前业已停淤，全河悉归正道。此项工程，所有先后动用过滹沱河生息银三万两，应照例造册报部。其不敷银十二万余两，现在捐数计可敷用。此项系由外捐办，请免造册报销。

再，本年永定河南七工漫口，经臣奏奉谕旨，将永定河道张起鹓、三角淀通判翟宫槐、南七工东安县主簿王锡震，均革职留任，翟宫槐、王锡震并摘去顶戴，随同效力。在案。兴工以来，该道督率厅、汛各员，镶筑堤坝，挑挖引河，尚属愧奋。查，河工漫口堵合之后，例准奏请开复。惟南七工堤埝，系于本年春工案内查明，该处河身淤高，堤埝单薄，曾经筹拨银两，饬令加高培厚。本年四月完工，甫经该道张起鹓验收，乃未届伏汛，即已被冲漫口，可见修筑草率。该道厅稽查不能认真，未便遽予开复。永定河道张起鹓、三角淀通判翟宫槐，均拟请旨，俟来年三汛安澜之后，如果始终无误，再行奏请恩施。专汛南七工东安县主簿王锡震，修防不力，以致漫口，现在派挑引河一段，尚不知勉，需人勷助始克竣工，实属无能，应请旨即行革任。所有南七工现在堵筑旱口，并补还原堤，一切工费仍责令该道厅、汛赔出，不准动用地方捐项。俾通工有所儆戒，共知勉力修防，以重职守。理合附片具奏。（奉上谕，恭录卷首。）

总督讷尔经额《请移设厅汛疏》（道光二十五年［1845］六月）

窃查永定河，湍急沙浮，河流迁徙靡定，南、北两岸绵亘四百余里，险工林立，全在厅、汛各员随时相机修守，庶可化险为平。但厅员属汛过多，照料或恐未周。汛员管工过长，首尾多难兼顾。体察情形，自应酌量变通，预筹妥善，以重修守。查，永定河石景山同知，管辖卢沟桥南、北石工，及北上、北中、北下、北二上、北二下等五汛；北岸同知管辖北三、北四、北五、北六、北七等五汛。近因河流北趋，石景山与北岸同知所属各汛，堤工在在吃重。北四、北五二汛各工长二十余里，情形尤为险要。该同知等，每遇伏、秋大汛，抢办险工上下奔驰，实有鞭长莫及之势。汛员所管工段较长，亦觉防守吃力，必须添设厅、汛官员，分驻防护，方昭周密。惟缺额本有一定，未便率议增添，自应酌裁移拨。臣与司道在于各河缺中详加查核，查有天津道属之子牙河通判一缺，经管文安、大城、霸州、保定[11]等汛河道堤工。自道光四年［1824］修筑千里长堤以来，责成文、大、霸、保县丞、主簿等汛，分段防守，遇有冲刷残缺，均系民修民埝。又，清河道属之祁州①州同一缺，经管祁州、博野、安平三州县，唐、磁、沙等河，潴龙河并两岸堤埝，亦系民埝。该二处堤工既系民修，则各州县并各该县丞、主簿等官足资督办，不致贻误。该通判、州同二缺即可裁改移驻。应请将子牙河通判一缺，改为永定河北岸通判，驻扎北岸下截，专管北五、北六、北七三汛。其原设之北岸同知专管北三、北四上、北四下三汛。并将石景山所属与北三工接连之北二下汛，拨归北岸同知管辖。石景山同知仍管辖卢沟桥南、北石工及北上、北中、北下、北二上四汛。祁州州同一缺，改为永定河北四工上汛州同，驻扎北岸四工，分管堤工十余里。即以原设之北四工县丞改为北四工下汛，其旧管堤工，除拨归上汛经管外，下余堤工应与北五工一并牵算，各半均匀分管，以专责成。如此一转移间，庶各厅、汛管理工段，均无顾此失彼之虞，修守自易为力，于河防大有裨益。如蒙俞允，其应缴、应铸印信，以及应添、应裁廉俸、役食一切未尽事宜，另行照例题咨办理。理合恭折具奏。（奉朱批："该部议奏。钦此。"经部奏准。）

---

① 祁州，汉安国县地，唐置为祁州（治为无极），宋移祁州治蒲阴，明初废蒲阴县入州，属保定府，清因之。州治即今安国市，不辖县，1913 年改为祁县，次年改称安国县。1991 设为安国市。

总督讷尔经额《开复道员处分片》（道光二十五年［1845］八月）

再，上年永定河南七工漫口，经臣奏奉谕旨，将永定河道张起鹓、三角淀通判翟宫槐均革职留任，堵合之后例准奏请开复。臣因南七工堤埝，系上年春工案内筹拨银两，饬令加高培厚之工，汛员修筑草率，该道、厅稽查不能认真，未便遽予开复。奏奉上谕："革职留任之永定河道张起鹓、三角淀通判翟宫槐，现在办公尚知奋勉，著俟来年三汛安澜后，如果始终无误，再行奏请开复。等因。钦此。"钦遵在案。兹查，本年永定河汛涨频仍，险工叠出，该道张起鹓，督率工员保护平稳，三汛安澜，始终无误。应否准其开复，出自天恩。三角淀通判翟宫槐，业于三月内告病开缺，未能始终在事，应毋庸[12]议。至在工文武各员，往来防护皆知分所当为，惟于工程险要之际，昼夜抢办，不避艰辛，尚有微劳可录。且臣上年酌保堵筑漫口人员案内，因人数较多，凡在工出力之厅汛官弁，皆由臣存记，未敢请邀甄叙。现又经历三汛，事无贻误。可否择其尤为出力者，奏恳恩施。俾工员等，益知感奋之处，合并附片，请旨遵行。谨奏。（奉上谕，恭录卷首。）

总督讷尔经额《北七工漫溢疏》（道光三十年［1850］五月）

窃臣接据永定河道熊守谦禀称："据北岸通判徐敦义禀：'本月十九、二十、二十一、二等日，大雨如注，北遥堤地势低洼，屡有蛰陷，督率汛员分投抢护，昼夜未曾歇手。乃二十五日，上游山水下注，浩瀚奔腾，河水骤长，计连底水共一丈八尺二寸。大清河水又复同时并涨，下游擎托未能宣泄，兼之南风大作，水势抬高，致由北七工八、九两号相连处所，堤顶漫溢而过。'该道驰往查看，已漫口三十余丈，堤外旧有减河一道，漫口出水由减河经行母猪泊，仍归凤河正道，被淹村庄无多，亦无损伤人口。现在督饬赶紧盘做裹头，以免续被汕刷。"等情。臣查，北七工八、九两号堤埝，系无埽工处所，虽因来源猛骤，去路顶阻，风大水涌，人力难施，以致漫溢。惟该管厅、汛职任宣防，既不知绸缪于先，事复未能抢护于临时，实属玩误。相应请旨，将永定河北七工东安县主簿郑庆恬，即行革职，北岸通判徐敦义摘去顶戴，责令随工效力。永定河道熊守谦，管辖全河未能预为筹防，责无旁贷。臣有督率防护之责，咎亦难辞。并请旨一并交部议处。臣现将预筹海防情形，另行缮折具奏。即日起程，驰赴工次勘明督办，并饬该管地方官，查明被淹村庄轻重情形，详覆酌核办理。所有北七工堤埝漫口缘由，理合恭折具奏。（奉上谕，恭录卷首。)

总督讷尔经额《估漫口工需量力分捐疏略》（道光三十年〔1850〕八月）

窃臣伏思，堵筑漫口，全在引河通畅，而挑挖引河，尤在河头得势。入秋以后，臣即饬永定河道，督同厅、汛各员周历履勘，并委员前往覆勘。现已择定，冯家场北正当河形坐湾之处，对面复有沙滩挺峙，挑挖引河易于吸溜，因势利导，颇得建瓴之势。并勘定大坝基趾，培筑堤工，以为保障，于两坝中间酌留口门，议用软镶进占堵合。撙节估计，新筑堤工二千余丈，加培长堤八百余丈，挑挖引河八千余丈，并建筑坝基，补还原堤缺口，应用工料、土方共需银八万余两。现当经费支绌之时，臣不敢率行请帑，已援案由臣与永定河道倡捐，司、道、府、厅、州、县量力分捐，已有成数。即定期于九月初一日兴工，责成永定河道，督率厅、汛委员赶紧妥办。臣俟差竣，即折回工次，督办合龙。所有北七工漫口现在勘估捐办缘由，理合恭折具奏。（奉朱批："工部知道。钦此。"）

总督讷尔经额《堵合北七工漫口疏》（道光三十年〔1850〕十月）

窃臣查得，北七工漫口，应挑引河八千余丈，先于九月二十四日工竣。该道暨委员等详加查验，宽深丈尺悉与原估相符，试放清水，一律通畅。东、西两坝慎重进占，加压重土，步步跟追，并镶做上下夹土坝，跟做后戗，接筑堤工二千余丈，加培长堤八百余丈，俱系工坚料实，并无草率偷减。截至二十八日止，口门收窄仅宽四丈五尺，大溜涌注，坝前水深至一丈四、五尺不等。臣到工后，督率该道并在工员弁，于十月初一日，将引河头所留土埝启除放水，势若建瓴，迅于飞瀑，瞬息之间引河铺满，畅流下注，坝前之水立消数尺。遂于卯刻，挂缆合龙，层土层柴，并力抢堵，并下关门大埽，追压到底，金门之下顷刻断流闭气，并无捐滴渗漏。初二日，臣复亲往查看，坝前业已停淤，全河悉归正道。此项工程系属捐办，请免造册报销。其在事各员，可否由臣择其尤为出力，并捐数较多之员，酌保数人。出自圣主恩施。合并陈明，谨奏。（奉上谕，恭录卷首。）

[卷十一校勘记]

〔1〕"疏"字目录原缺，据正文题增补。

〔2〕自此奏疏起，题目前方括号内文字，是根据原折题目增补，使目录与正文的题目相符。以后疏、片均仿此，不另注明。

〔3〕此括号内文字原书向如此。正文题目还有"附《开复各员处分片》"，但没有内容，后设专题叙述。故此处未改。

〔4〕"固"字原书稿笔误为"同"，径改。

〔5〕"岁"字原书稿误为"崴"，查为自造字，依前后文意改为"岁"。

〔6〕"如"字原书稿误为"加"字，笔误，依前后文意改为"如"。

〔7〕"工"字原书稿误为"下"字，依文意改正。

〔8〕"堵"字原书稿误为"渚"，依文意改正。

〔9〕"凑"字原书稿误为"奏"，依文意改正。

〔10〕"瓴"字原书稿误为"瓴"，查为自造字，依文意改正。

〔11〕"定"原书稿误为"安"。按，保定县清属顺天府，民国初改为新镇县，1949年撤销，并入文安县，故与保安县无涉。参见谭其骧《中国历史地图集》《直隶图》。

〔12〕"应毋庸议"一语，原书稿误为"应毋应议"，不符清时奏折上谕惯用语式。按文意改正。

卷十二 奏 议

咸丰元年至同治六年

《开复各员处分片》（咸丰元年二月）

《秋汛安澜疏》（咸丰元年闰八月）

《南三工漫溢疏》（咸丰三年六月）

《灾民等候傭工请勒守护道库疏》（咸丰三年九月，缺）①

《查勘漫口抚辑灾黎疏》（咸丰三年九月）

《堵合南三工漫口疏》（咸丰四年五月　附《工员处分三汛后开复片》）

《议减成核给河工经费片》（咸丰四年五月）

《开复各员处分片》（咸丰四年八月）

《秋汛安澜疏》（咸丰五年八月）

《南七工漫溢疏》（咸丰六年六月）

《北四上汛北三工漫溢疏》（咸丰六年六月）

《筹办漫口灾区情形疏》（咸丰六年八月）

《疏防各员不准开复处分片》（咸丰六年九月）

《堵合北三工漫口疏》（咸丰六年十月）

《请[1]备防等项经费减半发实银疏》（咸丰七年三月）

《议备防等项经费疏》（咸丰七年五月）

《北四上汛漫溢疏》（咸丰七年六月）

《筹办漫四[2]工程疏》（咸丰七年七月）

---

① 原件为御史隆庆奏疏，正文缺。原疏引文段见下一折，以及卷首咸丰三年九月上谕。

（光绪）永定河续志

《堵合北四上汛漫口疏》（咸丰七年九月）

《开复道员等处分片》（咸丰七年十一月）

《开复各员处分片》（咸丰八年十二月）

《北三工漫溢疏》（咸丰九年七月）

《北三工口门续塌盘筑裹头疏略》（咸丰九年七月）

《筹漫口工需疏》（咸丰九年九月）

《堵合北三工漫口疏》（咸丰九年十月）

《开复道员处分片》（咸丰十年二月）

《秋汛安澜疏》（咸丰十年八月）

《豫筹河患疏》（同治元年四月）

《请[3]岁需经费减半发实银疏》（同治三年二月）

《议准岁需经费减半发实银疏》（同治三年三月）

《北七工筑坝堵截河流片》（同治三年九月）

《北七工大坝合龙疏》（同治三年十一月）

《秋汛安澜疏》（同治五年九月）

《北三工漫溢疏》（同治六年七月）

《南上汛灰坝过水拟变通筹办疏》（同治六年九月　附《改由灰坝合龙片》）

《筹办漫口合龙情形疏》（同治六年十二月　附《开复各员处分片》、《南
　　七工冰泮漫溢片》）

总督讷尔经额《开复各员处分片》（咸丰元年［1851］二月）

再，上年永定河北七工漫口，经臣奏参，钦奉谕旨："将永定河道熊守谦革职留任，北岸通判徐敦义摘去顶戴，北七工东安县主簿郑庆恬革职，责令随工效力。"等因。在案。兴工后，该道督率被参各员，堵筑漫口，挑挖引河，又复各出已资，共助捐输工费银六千九百两，实系随工出力，尚知愧奋。溯查，历届漫口于堵合之后，例准奏请开复。可否援案，仰恳皇上天恩俯准。将永定河道熊守谦开复原参处分，北岸通判徐敦义赏还顶戴，北七工东安县主簿郑庆恬开复原官，留于直隶地方补用

之处，出自圣主鸿施。理合附片陈明。（奉上谕，恭录首卷。）

直隶总督讷尔经额《秋汛安澜疏》（咸丰元年［1851］闰八月）

窃臣于伏汛安澜后，将各汛抢护情形循例具报。在案。一面仍饬该河道督率厅、汛各员，实力防守。兹据该河道穆清阿禀称："自立秋后，河水连涨数次，各汛埽段纷纷报蛰，加以秋水搜根，堤身汕刷尤甚。经该河道督率文武员弁，不分昼夜来往梭巡，而兵夫人等亦皆踊跃从公，不避艰险。或赶办料物，或抢镶埽[4]段，或激励附近壮丁在工防守，或率领家中妇孺馈饷民夫，上下同心，始终协力。几及两月之久，始得化险为平。兹已节逾秋分，查勘通工，悉臻稳固。"等情，禀报安澜。前来。臣查永定河，本年伏、秋汛内节次涨发，险工叠出，均经该河道督率员弁、兵夫人等，分投抢护。仰赖圣主鸿福，得以庆洽安澜。臣欣幸之余，倍深寅畏。所有在事各员，防护险要，慎勉从事。可否择其尤为出力者，酌保数员，奏恳恩施，以示鼓励之处。伏乞皇上圣鉴，训示遵行。谨奏。（奉上谕，恭录首卷。）

总督讷尔经额《南三工漫溢疏》（咸丰三年［1853］六月）

窃据永定河道定保禀称："六月初八日，自未至申，五次共长水一丈五尺二寸，连原存底水，共深二丈三尺四寸，拍岸盈堤，势甚汹涌。各汛无工不险，无埽不蛰。南四、北三等工，均有水漫堤顶之处。该道督率厅、汛员弁，分投抢护，幸保平稳。惟南三工十三号堤身坐蛰，时当黑夜，水势猛骤，人力难施，以致塌宽三十七丈，掣动大溜。查明，民间房舍、田禾，间有冲坏淹浸，并无伤损人口。现在赶做裹头，以防续坍。"禀请参奏。前来。臣查，厅、汛员弁，修守是其专责，时当伏汛，正河水盛涨之时，宜如何加意防护。乃据报，南三工十三号有坐蛰堤身、漫溢夺溜之事。虽系来源过猛，人力难施所致，第平时既不知预防，临事又不能抢护，实属咎无可辞。相应请旨，将署永定河南岸同知王茂墥、南岸守备王德盛，均摘去顶戴，交部议处。南三工涿州州判秬兰生、汛弁额外外委郭凤林，均革职留于河工效力。永定河道定保，有管辖全河之责，未能先事筹防稳固，应请革职留任。臣督率无方，并请旨交部议处。仍严饬该道，督率厅、汛员弁，赶紧盘做裹头，毋致塌刷愈宽。一面行司委查，被淹各村庄轻重情形，应否抚恤。分别妥办外，理合恭折由驿具奏。（奉上谕，恭录卷首。）

（光绪）永定河续志

御史隆庆《灾民等候傭工请勅守护道库疏》（咸丰三年［1853］九月，缺）[5]①

总督桂良《查勘漫口抚辑灾黎疏》（咸丰三年［1853］九月）

窃臣于本月二十五日，承准军机大臣字寄。咸丰三年九月二十四日奉上谕："据御史隆庆奏：'夏秋大雨连旬，河堤坍塌，被淹各村庄灾民甚多。闻河道动工，伊逡灾民等候傭工，聚集固安县城外者，数千人。永定河道定保，现在调赴军营办理粮台。其道库所存银两，并未闻设法守护。'等语。现在贼氛未靖②，转瞬严冬，饥民聚集数千，恐滋生事端。著桂良速饬地方官，设法安插灾民，妥为抚辑。并饬将库款小心守护，以靖地方，而重帑储。原折著摘抄阅看。将此由六百里谕令知之。钦此。"仰见圣主轸念灾黎，绥靖地方之至意。臣查，本年六月间，永定河南三工十三号堤身坐蛰，坍宽三十余丈。当经前督臣奏奉谕旨，将道、厅各员分别革职议处。嗣据该道禀报："漫口西首续坍三十余丈，连前宽七十五丈，已赶紧盘做裹头，平蛰坚实，不致再有续坍。并据搏节勘估，总计修筑大坝、挑挖引河等项，共需工料银七万两有奇。议请归于河工方各员各半分捐，事竣请予奖励。现在，河工捐项已收银五千两，拟将道库存银一万六千余两，先行垫发，足敷购备料物，及合龙土工之用。其挑挖引河等费，尚无著落。地方州县繁于差务，捐项未能齐集。现值军需孔急之时，司库万难筹垫。节交霜降，转瞬即届立冬，水土易于冰冻，工程即未能坚实，议请缓至来春再行兴办。"等情。臣与该司道反覆筹商，一时实无可垫之款。该道议请缓办，固因经费不敷，亦为慎重工程起见。正在缮折见具奏间，钦奉前因。复查固安一带，本年被水较重。此外，被灾州县尚有八十余处，臣前因赈需无出，拟令各州县先尽常义等仓穀石动给，如有不敷，劝谕官绅捐资散放，照筹饷事例请奖，奏请变通捐例，以期踊跃。钦奉谕旨："饬部速议具奏。"在案。除现委员前赴固安查明，如有灾民聚集多人，即设法抚绥，妥为遣散。并查勘漫口丈尺，与该道原禀是否相符？禀覆核办。至河库银两，前据该道禀报，共存一万六千余两，惟库

卷十二　奏议

----

① 此奏折原书稿未录正文。下文"总督桂良《查勘漫口抚辑灾黎疏》"摘上谕中引用"御史隆庆奏"文，即为此奏疏。

② 此指太平天国起义和捻军起义，方兴未艾，清廷陷于困境，疲于应付的态势。

款随时收支。现饬该护道，查明现在实存银数，小心守护外，其南三工漫口，合无仰恳圣恩，俯准暂缓兴工。臣当督饬该司道赶紧劝捐，设法筹办，勿任迟延。谨附片具奏。(奉朱批："知道了，钦此。")

总督桂良《堵合南三工漫口疏》(咸丰四年[1854]五月 附《工员处分三汛后开复片》)

窃照上年，永定河南三工漫口工程委员勘估，因经费支绌，奏明缓俟今春劝捐兴办。嗣以捐输未能踊跃，而工程紧要，刻难延缓，设法筹划，即将道库银款先尽大工垫用，另筹归补。于四月初五日兴工。责成护理永定河道王仲兰，督饬文武员弁，赶紧办理。计挑挖引河四千余丈，沟工八千余丈，均于四月二十六日工竣。饬令王仲兰，逐段查验宽深、丈尺，悉与原估相符。试放清水，一律通畅，两坝慎重进占，并镶做前面夹土坝，跟筑后戗，俱系工坚料实，并无草率偷减。截至二十九日，口门仅宽五丈五尺，愈收愈窄，虽时值桑乾，而河水并未断流，大溜涌注。坝前水深一丈二、三尺不等，两坝俱形吃重，随蛰随镶，抢护稳固。坝高水面一丈二尺。并抢筑挑水坝，俾溜势直射引河，即于本月初三日，将引河头所留土埝启除放水，畅流下注，坝前之水立消数尺，遂于寅时合龙。层土层柴并力抢堵，并下关门大埽，追压到底。坝前即时停淤，全河复归正道。

再，此项工程核实估办，共用银三万九千余两，系借动库款，并将前已捐存银两凑用，所借库款容另筹捐归补。此系外结之项，请免造册报销。(奉朱批："知道了，该部知道。钦此。")

再，上年永定河南三工漫口，经前督臣讷尔经额奏参："将永定河道定保革职留任，署南岸同知王茂壎、题升南岸守备王德盛、南三工涿州州判嵇兰生、汛弁额外外委郭凤林，分别革职，留工效力。"在案。自兴工以来，该员王茂壎等，承办工程尚知愧奋。查，河工漫口堵合之后，例准奏请开复原官。惟修防是厅汛专责，该员等防护不力，致令漫口，一合龙即准开复，恐无以儆其玩忽之心。拟俟本年三汛安澜后，查看承办各工一律平稳，再行奏请恩施。至此所办工程，一俟借款筹捐归补后，另将捐输汇案核明具奏。(奉朱批："著照所请，钦此。")

户部《议减成核给河工经费片》(咸丰四年[1854]五月)

再，据直隶总督咨称："北运河应领咸丰四年分抢修银六千两，现在节交夏令，转瞬汛临，应办各工自当随时修做，以期利运卫民。道库存余无几，实难停待。并请找发道光三十年［1850］抢修银一万九百五十七两零，迅速拨发，以济工需。"等语。臣等伏查，直隶省永定河应领咸丰四年抢修并加增运脚银两，前因库款支绌，经臣部议令："该督先行筹款，变通办理。俟部库充裕，并漫口合龙后，再行请领，"等因。于咸丰三年十二月初二日附片具奏。（奉旨："依议，钦此。"）嗣据直隶总督奏报："永定河南三工大坝合龙，全河复归正道，兹复请将北运河预领、找领抢修银两迅速拨发，以济工需。"臣复思，河工修防攸关紧要，所需岁、抢修银，未便再缓给领，惟部库现在万分拮据，仍属无款可动。查，永定河岁修银三万三千九百余两，又抢修银二万七千两，又加增运脚八千五百两。北运河岁修银一万八千九百余两，又抢修银六千两，又找领抢修银一万九百余两。南运河岁修银一万四千百余两，又抢修银六千两。共计应领银十二万六千一百余两。照大学士裕成等奏准，变通《部库放项核减章程》减半核给，尚需银六万三千五十余两。应请旨饬下，直隶总督在于应征本年解部旗租银两内，动支银六万三千五十余两，分别给领，以济工需。先将动拨银数报部查核，并将用过工料银两，照例造报工部核销。至旗租一项，系每年由直隶分批解部，为年终恩赏八旗兵丁所必需。除前经臣部奏请，该省设立官钱局[1]，需用票本，准令奏明动用数万，及此次抵拨永定、南、北运三河岁、抢修各款银六万三千五十余两。此外，仍令全数解部，不得再行动用。所有臣等拟拨河工银两缘由，理合附片陈明。谨奏。（奉旨："依议，钦此。"）

总督桂良《开复各员处分片》（咸丰四年［1854］八月）

再，上年疏防永定河南三工漫口之署南岸同知王茂壎、拟升南岸守备王德盛，经前督臣讷尔经额奏参：摘去顶戴交部议处，南三工涿州州判嵇兰生，额外外委郭凤林，革职留工效力。嗣准部议："王茂壎、王德盛均照例革职。"等因，转行遵照。在案。本年漫工合龙，例准奏请开复。臣前因修防是厅汛专责，该员等防护不力，致令漫口，一经合龙即准开复，恐无以儆其玩忽之心。当经附片陈明，俟本年秋汛安澜后，查看承办各工一律平稳，再行奏请恩施。（钦奉朱批："著照所请，钦

<hr />

① 官钱局是清官办金融机构。清雍正、乾隆、道光朝均有设置。咸丰三年［1853］，户部在京设银钱总局，下设四个钱号。同年在福建、山西、陕西设官钱局。此处是指直隶也设立官钱局，推行户部发行的官票和大钱。在卷首咸丰三年上谕中已有记述，详见其注。

此。”）钦遵在案。兹据护理永定河道王仲兰禀称："本年堵筑漫口，王茂壎等在工当差，颇知愧奋出力，现已秋汛安澜，查看承办各工一律平稳。"等情，具禀前来。所有已革前署南岸同知试用同知王茂壎、拟升守备南岸千总王德盛，可否给还顶戴，开复原官？州判嵇兰生、外委郭凤林并予开复原官，在工候补之处，出自天恩。谨附片具奏。（奉朱批："王茂壎等均著给还顶戴，并开复原官。嵇兰生等一并准其开复原官。该部知道。钦此。"）

直隶总督桂良《秋汛安澜疏》（咸丰五年［1855］八月[6]）

窃照永定河，溜势湍急，两岸堤长四百余里，险工林立。本年盛涨频仍，各工均形吃重。前次伏汛保护平稳，经臣奏报安澜，仍饬加意巡防。在案。兹据永定河道崇祥禀称："立秋以后，河水节次长至一丈三尺有余，或全河侧注，或漫滩顶冲，虽有闸坝宣泄，而来源水势过旺，浩瀚奔腾，各工埽段纷纷报蛰，均经该道督率在工文武员弁，随时相机抢护。本年应添秸料，因部议核减，请领较迟，该厅、汛或先为垫办，或量力捐办，堆存堤顶，取用应手，通工保护平稳。兹已节逾秋分，水势日见消落。该道查勘各工堤埽、闸坝，悉臻稳固。"等情，禀报前来。除仍饬道督率文武员弁认真防守，不得因秋汛已过稍存辣懈外，理合循例恭折具奏。伏乞皇上圣鉴。再，厅汛各员在工防护数月之久，风雨泥淖，慎勉从事，并无贻误。可否择其尤为出力者，奏恳恩施，量予鼓励之处。伏候训示遵行。谨奏。（奉上谕，恭录卷首。）

总督桂良《南七工漫溢疏》（咸丰六年［1856］六月）

窃照永定河本年伏汛届期，经臣谘饬加紧防护。兹据该道崇祥禀称："本月初十日以后，连日大雨，河水叠次涨发。至十五日，据石景山汛签报，长水一丈五尺二寸，北四上、下汛、南四等工，埽段被冲，均极危险。"该道督饬厅、汛，抢护平稳。十九日戌刻，据署三角淀通判曹文懿禀称："南七工，于六月十四五日河水增长五尺余寸，连底水共深一丈四、五尺不等。该工大坝新、旧埽面，上水三、四尺，与坝顶相平。该厅先将存料并借拨南六工秸料，连夜督率兵夫于风雨之中赶紧镶做，业已镶出水面。讵河水复长八九寸，又值风雨大作，以致坝身蛰陷十余丈，坝面过水，直注坝外旧河形内。该厅即率同汛员兵夫齐集正堤五号，实力防护。该处自道光二十四年［1844］修建大坝，以为重门保障，化为平工，并无存料。堤内旧河形

（光绪）永定河续志

至大坝约长十五六里，宽一百余丈，当此全河之水涌入旧河形内，直注该处，水无去路，愈积愈高。尽力跑买料物抢镶加筑，无如人力难施，至十八日午未之交，堤面漫溢过水约四十余丈，深约尺余。该处村庄较少，被淹情形尚轻。现已由道飞速盘做裹头，以防续坍。"禀请参奏，前来。臣查，厅、汛员弁，修守是其专责，时当伏汛，正河水盛涨之时，宜如何加意防护。乃据报，南七工五号堤埝，有漫溢之事，虽由水势猛骤，人力难施所致，第平时既不知预防，临时又不能抢护，实属咎无可辞。相应请旨，将署三角淀通判涿州州同曹文懿、署南七工东安县主簿钱宝珊，一并革职，留工效力。永定河道崇祥有管辖全河之责，未能先事筹防，应请革职留任。臣督率无方，并请旨交部议处。臣拜折后即行起程，驰往该工查勘督办。并查明，被淹村庄轻重情形，如有应行抚恤之处，即当熟筹妥办，无使一夫失所，以仰副圣主轸念民生之至意。所有永定河南七工正堤漫溢，亲往勘办缘由，理合恭折具奏。（奉上谕，恭录卷首。）

总督桂良《北四上汛北三工漫溢疏》（咸丰六年［1856］六月）

窃臣于六月二十九日，行抵南岸漫口，正在查勘间，复据该道崇祥具禀："连日大雨不止，河水叠次增长，自一丈八尺三寸至二丈一尺二寸不等，以致各汛堤埽纷纷被冲，当即督饬赶紧抢护。旋据北岸同知娄煜禀称：'拣桩购料，于北四等汛补做新埽，无如水势汹涌，旋筑旋冲。'该厅、汛设法抢办，将堤身培宽至七八尺，以为稍可保护。讵水势又长，与堤相平，全河大溜拍岸盈堤，兵夫不能立足赶紧抢护。因水势有长无消，至二十八日，大溜直漫堤顶，以致北四上汛十号、北三工十三号堤工，被水漫溢，均冲缺二十余丈。现在漫口均由三岔河行走，大溜业已掣动。"等情。具禀前来。臣接阅之下不胜骇异。查，前据禀报南岸漫口，已将该道及厅、汛各员一并奏参，并谆饬该道，严督上游各厅，认真巡防。乃并不加意防范，保护平稳，以致北岸复有漫溢之事，实非寻常玩误可比。相应请旨，将知府衔北岸同知娄煜、署北四工上汛涿州州同试用县丞施成钊、北三工涿州州判朱秉璋、协防北岸把总蔡铎一并革职，仍责令随工效力。永定河道崇祥，前已奏请革职留任，应请即行革任，并请旨将臣再行交部议处。永定河道系请旨之缺，应请迅赐简放。现当伏汛盈涨之时，臣先行酌筹银两，派员驰赴上游各汛周历巡查，如有卑矮之处，即先期加高培厚，以免再有疏虞。并饬将漫口迅速盘做裹头。臣现将南岸情形详细勘明后，即驰赴北岸勘办，另行具奏。所有两岸漫口工程，一俟水势稍退，即行筹捐办理，不敢稍事迟延。理合恭折具奏。（奉上谕，恭录卷首。）

总督桂良《筹办漫口灾区情形疏》（咸丰六年［1856］八月）

窃臣本日接阅邸抄，钦奉上谕："御史宗稷辰奏《被水灾黎请亟筹赈济》一折。直隶永定河南、北岸先后漫口，叠经降旨，令桂良督饬员弁赶紧堵筑，并将被淹各村庄，速筹抚恤。业经该督奏称：'现已筹捐经费，估计工料。'惟未将兴工日期及抚恤事宜续行奏报。著桂良体察情形，如此时水势渐退，务应赶紧兴工，将南、北漫口速行堵合。即可以工代赈，至老弱穷民不胜工作者，一并速筹赈济，俾被水灾黎不致流离失所。此项经费，著先行筹款垫发，所有乐输官绅，即照筹饷新例，随时请奖。因思，直隶境内有被旱、被蝗各灾区，并著该督，饬属迅速查勘，奏请分别蠲缓，以副朕瘝念民瘼至意。钦此。"臣覆查，永定河南七工旱口，已于七月二十二日兴工；北四上汛旱口，已于七月二十八日兴工。分别赶紧堵筑。其办理北三工漫口经费，臣先行倡捐，司、道、府、州亦各量力随捐，现已收交银一万两，解交永定河道购买秸料。并已委员查勘引河工头、工尾及应挑宽深丈尺，筹议禀办。刻下，尚在秋汛期内，转瞬节届秋分。察看水势消退，即行定期兴工。不敢稍事迟延。其未收捐项，如一时未能齐集，即行筹款垫发。至被淹各村庄，委员查勘，惟永清、固安、东安三县附近，永定河其漫水直注县境，秋禾被淹，房屋亦多冲塌。臣与藩司筹商，在于地粮项下酌拨实银三千两，委员解交永清、固安、东安三县，严饬印委各员妥为抚恤。如有不敷，在于各本处存仓米谷内动拨散放。昨据霸昌道怡昌据禀："被水村庄、乏食贫民，该道及厅县先已捐廉安抚，坍塌房屋，亦酌给棚席之资，亲往查勘，民情均属安帖。"本年，直隶地方自春徂夏，雨泽调匀，麦收洵称中稔。自五月以后，省北一带节次大雨，山水陡发，各河道亦同时盛涨；而省南州县得雨稀少，又形亢旱；并有蝻蝝萌生，及飞蝗过境之处。前据武清等四十余州县禀报被水、被旱、被蝻等情。当饬委员会同地方官查勘，并另委候补知府张健封、王启曾、张承，候补知县章庆保、何芳、潘镒等，分路驰往查捕蝻蝗，务令多集人夫并设厂收买，上紧捕除。现据保定、文安、宝坻、宁河、遵化、新城、雄县、平乡、曲周、鸡泽、肥乡、广平、磁州、邯郸、成安、永年、沙河、大名、元城、开州等州县先后禀报，均已扑捕尽净。其余各属，亦将次捕尽。惟查东明县，上年因豫省黄水成灾，本年春夏黄水盛涨，麦收失望，被灾情形较重。臣已饬司筹拨银一千二百两，易钱均匀散放，如有不敷，随时酌筹拨给。所有被水、被旱、被蝻各州县，一俟委员勘明灾歉村庄分数，或应赈济、或应蠲缓，另行具奏。如有亟须先行抚恤之处，亦即督同藩司酌核办理，毋使流离失所，以仰副圣主廑念民瘼至意。除饬司严催委员，赶紧勘报外，谨将永定河漫口工程，及被灾各属现在筹办缘由，先行恭折具奏。（奉朱批："知道了。钦此。"）

总督桂良《疏防各员不准开复处分片》（咸丰六年［1856］九月）

再，查永定河厅、汛分管工段，修防是其专责。历届漫口，皆由该厅、汛不能慎防所致，如一经合龙，即准其开复原官，恐无以儆其玩忽之心。所有此次永定河失事，各员应请不准其开复。该革员如赴他处捐复，或改捐、降捐，均不准行。果能自知愧奋，即于本河赔修工段，再行奏明办理。谨附片具奏。（奉朱批："依议。钦此。"）

总督桂良《堵合北三工漫口疏》（咸丰六年［1856］十月）

窃臣行抵永定河工次，据该河道崇厚具禀："引河工竣，即详加查验，宽深丈尺均系照估如式。"臣到工后，覆勘相符，试放清水，一律通畅。东、西坝慎重进占，多压厚土，步跟追坚实，并镶做上下夹土坝及边埽后戗。口门愈收愈窄，仅宽五丈，大溜涌注，坝前水深二丈有余，两坝均形吃重，查看坝高水面一丈六尺。臣督饬该道并在工各员，于初七日卯刻，将河头所留土埝启除放水，势若建瓴，汛于飞瀑，瞬息之间引河铺满，畅流下注，坝前之水立消数尺。遂即挂缆合龙，层土层料，并力抢堵，并下关门大埽，追压到底。金门之下顷刻断流闭气，并无涓滴渗漏。初八日，臣覆往查看，坝前均已停淤，全河复归正道。此次漫口工程，原估银八万九千余两，饬令永定河道崇厚，督同委员正定县知县钱万青，覆估核减。实计，引河大坝共用银六万八千余两，连补还旱口原堤及添加筑坝座、边埽等工，通共用银八万九千余两。均系由外捐办，请免造册报销。谨奏。（奉上谕，恭录卷首。）

总督桂良《请备防等项经费减半发实银疏》（咸丰七年［1857］三月）

据永定河道崇厚详称："永定河南、北两岸工长四百余里，大汛期内，河水长落无定。每逢盛涨之时，水势若排山而下，拍岸盈堤，非常汹涌。迎溜顶冲之处，土堤万难抵御，全赖秸料镶埽，签钉大桩，藉资御水。向来，岁修、抢修加增运脚，备防秸料，每年共领银九万四千七百两。自咸丰四年［1854］起，因经费支绌，均已减半给发。而备防秸料一项，现经部议两次递减，令以银六千三百两，购料一百二十万束，于一半之中又减一半，实属不敷办工。户部原奏内称：'倘有险工叠出，必须添购秸料之处，自可随时奏请，'等因。惟永定河大溜变迁无定，新生险工，指不胜屈。转瞬来年，凌汛、大汛节节堪虞，俟临时再请添料，实属缓不济急。本年大汛期内，河水盛涨，南七、北三、北四等工，先后漫溢。虽属工员之办理乖方，咎无可逭，亦由料物未能应手，以致人力难施。现在堵筑口门、挑挖引河、抚恤灾民、蠲免粮租，费帑不少，是节省无多。而所费转钜，似应于撙节，经费之中，不失慎重工程之意，方为妥善。拟请将备防秸料一项，遵原奉部议减半发给，实银一万二千六百两，循照旧额购备二百四十万束，免其再减一半。咸丰五、六两年，备料银两均已动用，即令照案报销。其岁抢修银两，并历增运脚，亦照部议减半发给实银，以济要工。查上年添购秸料，业已动用无存。来年应办正额之外，应请援案添购备防秸料二百四十万束。近堤处所地被水冲，并无种植高粱，均须远处购买，仍请加给运脚。"详情核奏。前来。臣查，河工秸料，为护堤御水最要之需，若照部议，俟有险工叠出，再行奏请添购，缓不济急，恐致贻误。该道所详，均属实在情形。合无仰恳天恩，俯念河防紧要，准将岁修秸料运脚减半，实银①四千二百五十两，并添办备防秸料减半实银一万二千六百两，照数拨给，采买备用，以重要需。如蒙俞允，除岁料运脚银两照例委员赴部请领外，其添备秸料价银，即于司库筹款动拨。责成该道督率厅、汛各员，赶紧乘时采买。分拨工次，听候验收。倘来年水平工稳，料有盈余，留为下年之需。至岁、抢修银两，并历增运脚，亦照部议减半发给实银。俾经费可期节省，而修防不致贻误。理合缮折具奏。（奉朱批："该部议奏。钦此。"）

户、工等部《议备防等项经费疏》（咸丰七年 [1857] 五月）

内阁抄出，大学士前任直隶总督桂良奏："永定河本年应需备防秸料，遵照部议

---

① 此折中桂良要求核减后的河工经费以"实银"发给。其原因在于：咸丰三年十月 [1854 年初] 清政府令户部发行"大清宝钞"[即官票] 以缓解当时白银外流，银价昂贵，铜钱铸造又原料铜不足的困境。规定"此钞即代制钱行用，并准按成交纳地丁钱粮，一切税课捐项。"与银两、铜钱 [新铸一以当千、当五百、当百、当五十及当十的"大钱"] 搭配流通。大清宝钞发行一开始即已贬值，遂有"始而军饷，继而河工，搭放皆称不便，民情疑阻"的情形出现。银、钱、钞搭配的章程下折有详细记述。此种情况直到同治末年才有所缓解。参见《清史稿·食货志五》。

酌定数目购办，仍照章减半发给实银，并声明同运脚一并给领，"等因，一折。咸丰七年三月初九日，奉朱批："该部议奏。钦此。"钦遵抄出到部。臣等伏查，永定河应需备防秸料，先据该督奏请："仍遵原奉部议减半发给实银，循照旧额购备二百四十万束，免其再减一半。"并据声称："上年南七、北三、四等工先后漫溢，虽属办理乖方，亦由料物未能应手，"等语。经臣部溯查，咸丰五年〔1855〕，该督原奏减半请银，并无减料字样。嗣经户部以减半请银，亦须按照放款章程搭放，议覆。迨该督遂将料数减作一百二十万束，并未悉心筹画，率行减料，以致贻误要工。臣等伏思，帑项不可虚糜，要工亦不可不预为防范。准其于减办之外，量为加量。仍令体察情形酌定数目，先行奏报，会同户部奏。奉谕旨："依议。行知该督"。钦遵办理。在案。今据该督覆奏："永定河南、北两岸工长四百余里，每年添购秸料以备险工镶垛之用。近年，岁、抢修工程银两，均已减半给发，此项秸料如再酌核删减，办工益形支绌。且河流变迁无定，新生险工较多，转瞬伏汛届期，亟应设法修防。现在经费未充，遵于无可撙节之中力求撙节。拟请将本年备防秸料删减二十万束，购备二百二十万束。遵照部议章程，减半请领实银一万一千五百五十两，同运脚一并给领，俾于要工可期无误，而帑项亦归撙节。"等语。臣等查，永定河添办秸料，原为伏、秋盛涨，以备修防要需。既据该督奏称河流变迁无定，新生险工较多，亟应设法修防所奏，自系实在情形。应准其将本年备防秸料购备二百二十万束，饬令责成该道督率厅、汛各员，赶紧采办，分堆工次，据实查验，如有短少情弊，立即严参。惟现当经费支绌，筹款维艰，各项工用无不减办。该督目睹情形，自应随时撙节，方为核实。且此项防料虽属核减二十万束，而所备尚有二百二十万束之多，倘有险工，自可随时设法办理，不得以料不应手为辞，致糜帑项，至遵照部议章程请领减半实银一万一千五百五十两，同运脚一并给领。户部查，该督请领银数，系照二百二十万束料数减半支领。其银两数目尚属相符。惟请领实银之处，查前经臣部具奏："直隶省收纳钱粮，自本年上忙为始，无论正杂银款，俱按实银四成，票钞，铜、铁大钱各三成征收，一切放款，亦按银、票、钱三项成数支发。奏准行知。"并据该督咨覆遵行。在案。今永定河咸丰七年备防秸料，例价同运脚，据该督奏请："减半请领实银一万一千五百两，"殊与奏定该省新章不符。未便核准。仍令直隶总督即饬将前项备防料价及运脚银两，遵照新章一律以银、票、钱三项照司库《放款章程》分别成数支发，并将发给过银、票、钱各数目，造入奏拨各册，送部查核。再，此折工部主稿，谨会同户部核议缘由，理合恭折具奏。（奉旨："依议。钦此。"）①

总督谭廷襄《北四上汛漫溢疏》（咸丰七年［1857］六月）

窃永定河伏汛届期间，系该道督同厅、汛驻工防险。臣于本年春间，查勘上游石景山工程，曾以上年甫经失事，谙饬该道等倍加小心保护。兹据永定河道崇厚禀报："六月十六、七日，连朝大雨，河水四次增长，至一丈八尺四寸之多，拍岸[7]盈堤，势甚汹涌，极形危险。"该道因南四工九号埽段冲塌，正在督饬抢护间。复据署北岸同知李载苏禀报："北四上汛十号内，全河大溜逼住，一时埽镶全行上水，计二、三尺不等。该厅、汛各员，竭力抢护，无如骇浪奔腾，水面骤时抬高四、五尺，溢过堤顶，人力难施。以致堤身于十八日巳刻，漫塌二十余丈，即行夺溜。该道驰往，勘此次漫水，系由旧减河顺河流而下，被淹村庄无多，亦无损伤人口。现在赶紧裹头，以防续塌。"禀请参奏。前来。臣查厅、汛员弁，修守是其专责。时当伏汛，正值河水盛涨，宜如何加意严防，乃北四上汛十号堤埝，遽致漫溢。虽较量水势，比上年更大三尺，既猛且骤，一时人力难施。下游系旧日减河情形，亦尚不重，惟未能抢护平稳，实属咎无可辞。相应请旨，将署北岸同知李载苏、北四上汛涿州州同程志达，一并先行革职，留工效力。协防河营都司张浡、额外外委司际泰，一并革职留任。永定河道崇厚，有管辖全河之责，未能先事预防，应请革职留任。责令赶紧堵筑。臣督率无方，并请旨交部议处。仍严饬该道，督率厅、汛员弁，迅速盘筑裹头，毋致塌宽。察看水势稍平，即行设法进占。一面遴委委员前往，查看下游村庄被淹情形，捐资量为抚恤。并将一切先行筹备，臣随后酌度情形，亲往勘办外，理合恭折具奏。（奉上谕，恭录卷首。）

总督谭廷襄《筹办漫四工程疏》（咸丰七年［1857］七月）

窃臣因永定河北四上汛漫口[8]，奏明出省查勘。兹于六月三十日驰抵该处，督同永定河道崇厚，周历查勘得，北四上汛上[9]年旱口新工迤下，距东坝三丈许，于

---

① 此折为前一折的议复，前后两折反映直隶省与清廷在河工经费问题的矛盾。本卷收录同治三年二月总督刘长祐《岁需经费请减半发实银疏》及同年二月户工等部《议准岁需经费减半发实银疏》，反映这一问题到同治年间仍未缓解。

本年六月十八日，因上游山水盛涨，先行过水。旱口背后原有苇坑，地基较软，骤被大溜冲激，掣动新工，亦即蛰陷二十余丈，抢护不及，遂致夺溜。续又刷宽二十余丈。现在两坝裹头，业经该道盘筑完竣，甚属结实。口门两旁已有挂淤情形，签探中洪跌塘有一丈一、二尺，尚不甚深。察看正河下游喷沙处所，亦不甚远，比较上年工力，可省十分之五。惟正值秋汛期内，水势长落未定，且新料登场尚需一月。现拟将引河应挑工段，先行派员勘估，一面查照节次漫口章程，妥为筹捐，赶紧预备；一俟节逾白露，择日兴工。臣惟有督率该道，认真核实办理，以冀稍赎愆尤。上年旱口工程，系现任石景山同知王茂壎承办，未能坚固，咎亦难辞。应请旨，将现任石景山同知王茂壎革职留任，责令将原领经费照数赔交，以示惩儆。此次漫水由旧减河直入母猪泊，形势本顺，现已消落归槽。被淹之处渐次退出，受害未剧。臣先捐银一千两，藩司钱炘和续捐银一千两，永定河道崇厚续捐银五百两，派员会同地方官分往各村，携资量加抚恤。仍俟查勘完毕，再行核办。并将工员参赔缘由，理合恭折具奏。（奉上谕，恭录卷首。）

总督谭廷襄《堵合北四上汛漫口疏》（咸丰七年［1857］九月）

据永定河道崇厚具禀："引河工竣，该道查验宽深丈尺，照估如式。"臣复亲勘相符，试放清水，一律通畅。东西两坝慎重进占，多压厚土，步步跟追坚实。并镶做上下夹土坝，及边埽后戗。口门愈收愈窄，仅宽四丈。大溜涌注，势甚湍急，水深至一丈七尺有余。两坝均形吃重，查看坝高水面一丈四尺。臣督饬该道并在工各员，于二十五日卯刻，挂缆合龙。一面将河头所留土埝启除放水，势若建瓴，瞬息之间引河铺满，畅流下注。坝前之水立见消退，遂即层土层柴，并力抢堵，并下关门大埽。竭一日夜之力，追压到底，金门之下顷刻断流。连日督饬，再加培筑坚实，查看坝下均已闭气，并无渗漏，全河复归正道。此项工程系属捐办，俟核明员名数目，另行奏报。（奉朱批："览奏已悉。钦此。"）

总督谭廷襄《开复道员等处分片》（咸丰七年［1857］十一月）

再，本年永定河北四上汛漫口，经臣奏参、奉旨，将该道崇厚革职留任，嗣兴举大工，责令该道勘估堤坝、引河，驻工督办，事事认真核实。一月之内全工告竣，河流挽归正道，洵属急公。所有原参处分，例准开复，合无仰恳天恩，可否将永定河道崇厚革职留任处分，准予开复。出自圣主鸿施。其厅、汛各官，仍俟来年三汛后，再行酌核办理。又，石景山同知王茂壎，上年承办北四上汛旱口工程，未能坚固，经臣奏参革职留任，责令将原领承办旱口经费，照数迅速赔交，并准部咨，行令勒追。如不能迅速赔交，即工竣之日亦不准开复。兹查，该员应历承办旱口银二千五百余两，已据缴清，并在工次当差，出力尚知愧奋。所有石景山同知王茂壎原参革职留任处分，可否一并准予开复，恭候谕旨遵行。谨附片具奏。（奉上谕，恭录卷首。）

总督庆祺《开复道员等处分片》（咸丰八年［1858］十二月）

再，永定河历次漫口，厅、汛各官参革留工效力，于合龙后均准开复原官。咸丰六年［1856］，堵筑南七、北三、北四等工漫口合龙后，原参厅、汛员弁，经前督臣桂良奏明均不准其开复，果能自知愧奋，于本河赔修工段，再行奏明办理。钦奉朱批："依议，钦此"。转行遵照在案。兹据护理永定河道王仲兰禀称："咸丰六年漫口参革之通判曹文懿、主簿钱宝珊、州同施成钊、把总蔡铎，自留工效力以来，已阅两年，协防大汛洵属勤奋出力。蔡铎系防汛武弁，并无应赔之项，曹文懿、钱宝珊、施成钊，已将应赔四成工程银两如数缴清，即兴赔修工段无异。又，咸丰七年漫口参革之同知李载苏、都司张浡、外委司际泰，经前督臣谭廷襄奏明，俟本年三汛后，再行酌核办理。该员等于伏、秋大汛分派协防，均能竭力抢护，上年漫口工程银两，已据该道、厅按成赔缴清楚。李载苏等并无应赔之项，禀请具奏开复原官。"前来。合无仰恳天恩俯准，将前署三角淀通判涿州州同曹文懿、前署南七工东安县主簿候补县丞钱宝珊、前署北四工涿州州同候补县丞施成钊、协防北岸把总蔡铎、前署北岸同知三角淀通判李载苏、原参革职处分并永定河营都司张浡、北四上汛外委司际泰，革职留任处分均予开复之处，出自逾格恩施。此外尚有已革北三工涿州州判朱秉璋一员，仍饬呈交赔项，再行核办，谨附片具奏。（奉上谕，恭录卷首。）

总督恒福《北三工漫溢疏》（咸丰九年［1859］七月）

窃照永定河伏汛届期，节经臣谙饬加意防护。兹据永定河道锡祉禀称："六月二十八、二十九等日，河水叠次增长至一丈六尺六寸，全河溜势奔腾，拍岸盈堤，势甚汹涌。南四、南五、北四等工抢镶埽段，均被冲刷蛰陷。该道往来工次，督饬各厅、汛，赶紧分头抢护。讵七月初一日夜，河水又陡长三尺余寸，适遇大风骤作，水面抬高三、四尺。时在黑夜，水势甚猛，人力难施，以致北三工十二号堤身，于初二日寅刻漫坍四十余丈，业经夺溜。此次漫水系由旧减河顺流而下，被淹村庄无多，亦无损伤人口。现在赶办料物，盘筑裹头，以防续坍。"禀请参奏，前来。臣查厅、汛员弁，修守是其专责，时当伏汛，正值河水盛涨，宜如何加意严防。乃北三工十二号堤埝遽有漫溢之事，虽由夜深风急，水势猛骤，人力难施所致，第未能抢护平稳，实属咎无可辞。相应请旨，将署北岸同知黎极新、署北三工涿州州判贾荣勳，均一并革职，仍留工效力。协防通判李载苏、河营协备邵士选，均革职留任。永定河道锡祉，有管辖全河之责，未能先事筹防，应请革职留任。臣督率无方，并请旨交部议处。再，河工漫口，臣应亲往工次查勘督办，现在，天津海防尚未蒇事，不克分身。查有候补知府范梁，办事谙练，已檄委该员驰赴永定河查勘漫口，会同该道迅速盘筑裹头，毋致愈刷愈宽。并查明被淹村庄轻重情形，应否先行抚恤，妥议禀办，俾免失所。一面严饬该道等，候水势稍平，可以进占，即行赶紧设法筹办堵合外，理合恭折具奏。（奉上谕，恭录卷首。）

总督恒福《北三工口门续塌盘筑裹头疏略》（咸丰九年［1859］七月）

本月十二日，又据永定河道锡祉禀报："自初二日以后，河水连日增涨，溜势冲刷，致原塌北三工十二号口门，续又冲塌三十余丈。连前共计长七十余丈。现在水深一丈二、三尺不等，已于七月初七日兴工盘筑裹头。"等情，禀报前来。除严饬该道，会督委员候补知府范梁及厅、汛员弁人等，将裹头赶筑完竣，毋任再有续刷。一面即速勘明被淹村庄轻重情形，应否先行抚恤，妥议禀覆核办。一俟水势稍平，即行设法进占堵合外，所有永定河原塌口门冲刷、续塌，业已兴筑裹头缘由，据实恭折具奏。（奉朱批："知道了。钦此。"）

总督恒福《筹漫口工需疏》（咸丰九年［1859］九月）

据永定河道锡祉将大坝及引河工段丈尺逐一勘估，禀报前来。臣以现当经费支绌之时，尤宜格外撙节，复饬该道再行核减，务期工归实用，项不虚糜。并委候补知府范梁前往工次，会勘覆估。去后。兹据该道等会同禀称："查勘口门，除东、西坝台十丈外，计宽六十八丈，须用软镶进占。并挑筑拦水坝一道，跟做边埽裹头，以便进占，挑溜归入引河。共估大坝、拦水坝等工，需银二万一千余两。又，口门迤下挑挖引河，需银二万七千余两。又，下游两岸各汛埽段堤工，均被抽刷残损，若不加镶培筑，将来水归正道，在在堪虞。急应修筑完固，方足以御合龙下注之水，需银六千八百余两。统计大坝、引河、御水等工，共估实银五万四千八百余两。委系于无可删减之中极力节省，核实估计，"等情。臣详加确核，所估尚无浮多。查，历届引河，均系派令实缺州县分段捐挑，大坝工程亦归捐办，事竣一并请奖。今岁，因海防经费浩繁，已据各州县普律捐输，若再令挑河，不无苦累，有碍办公。且办时已迟，若纷纷檄调，其到工迟速不一，深恐赶办不及，有误要工。再四思维，不得不变通办理。臣与藩司文谦往返函商，议定：将引河方价与大坝工需，均由司库先行垫发，以便兴工。一面由臣与藩司设法筹画，将垫款赶紧归补，俾要工得以速办，而库款不致久悬。现定于九月十六日开工。臣本应亲住督办，缘海防紧要不克分身，而堵筑事宜于地方民生均有关系，实觉心悬两地。因查，候补知府范梁谙练工程，办事结实，此次派往会同该道核实覆估工需，节省经费不少。洵为实心任事之员，堪以委赴工次，会同永定河道锡祉，督率各委员认真办理，务期坝工坚实，引河宽畅，迅速合龙，不准稍有延误。除分别檄饬遵照外，所有筹办漫口、勘估工需银数，暨兴工日期，理合恭折具奏。（奉朱批："知道了。该部知道。钦此"。）

总督恒福《堵合北三工漫口疏》（咸丰九年 [1859] 十月）

窃照本年永定河北三工应筑漫口工程，近年因库款不敷，屡次均归在外捐办。前经臣于永定河道锡祉勘估后，复派委候补知府范梁前往复勘，于无可删减之中，极力节省核定，各项工需银五万四千八百余两。因节候已晚，恐筹捐集资赶办不及，议由藩司先行垫款，解工赶办，随后设法弥补。并因臣驻扎津沽办理海防，未克亲赴工次督办。遴得候补知府范梁熟悉工程，即派令会同该道锡祉，督率在工各委员，定期兴工，核实赶紧办理。均经臣奏闻在案。嗣因司库支绌，筹垫工需尚难足数，复饬令在于永定河道库协拨接济，总期无误要工。事竣即拟归补。一应工费虽已减省估计，仍须力求撙节，以期少垫少还。责成该道等妥速赶办，克期合龙。兹据该道锡祉会同候补知府范梁禀称："自九月十六日兴工后，该道等督率在工文武员弁，昼夜兴办。所有引河，均于十月初六日一律挑挖完竣。该道等逐段查验，宽深丈尺均各如式，放清水悉属通畅。东、西两坝慎重进占，多压厚土，加工夯硪，并镶做上下夹土坝，以及边埽后戗，俱系工坚料实，并无草率偷减。口门愈收愈窄，仅留宽五丈，坝前水深一丈八尺有余，坝高水面一丈四尺。大溜涌注，势甚湍急，两坝俱形吃重。该道等督饬在工各员，于十月初十日卯刻，将引河头所留土埝启除放水，

（光绪）永定河续志

402

势若建瓴，瞬息之间引河铺满，畅流下注，坝前之水立见消退。遂即挂缆合龙，层土层料，并力抢堵。并下关门大埽，追压到底，金门之下顷刻断流，复加土料培筑坚实。查看坝前，即时停淤，全河复归正道。统计实银到工，由藩库垫银四万六千两，道库垫银六千八百两，该道垫办银二千两。现在，共用工料银五万三千八百余两，核之原估又节省银一千余两。拟即将库款筹议归补。"等情，禀请具奏。前来。臣现驻海口，仍未能亲往勘验查核，该道等所禀工段丈尺悉与原估相符，动用经费亦能格外核实节省。即札委藩司文谦，由省就近赴工查验，以期核实。并将藩、道两库所垫之项，由臣倡率地方官捐款，赶紧如数归补外，所有北三大坝合龙日期，再此次出力之文武员弁，可否容臣酌保数员，以示鼓励。谨奏。（奉上谕，恭录卷首。）

总督恒福《开复道员处分片》（咸丰十年［1860］二月）

再，上年永定河北三工漫口，经臣奏参，奉旨将该道锡祉革职留任。嗣兴举大工，责令该道会同委员勘估堤坝引河，驻工督办，事事认真核实。一月之内全工告竣，河流挽归正道，洵属妥速。所有该道原参处分，合龙后例准开复。其应赔工费三成银二千三百余两，已据如数完清。合无仰恳天恩，将永定河道锡祉革职留任处分，准予开复，出自圣主鸿施。至同知黎极新、州判贾荣勋于被参后，在工当差均能勤慎出力，尚知愧奋。惟该员等尚有应赔之项，俟交清再行核办。其协防员弁，于办理大工亦尚皆愧奋出力，应请俟本年三汛安澜，如果始终勤奋，另行奏请开复。谨附片具奏。（奉朱批："锡祉著准其开复革职留任处分。余著照所拟办理。该部知道。钦此。"）

直隶总督恒福《秋汛安澜疏》（咸丰十年［1860］八月）

窃查永定河土性纯沙，溜势湍急，两岸堤长四百余里，险工林立。本年盛涨频仍，在在均形吃重。前次伏汛幸护平稳，业经臣恭折奏报。在案。兹据护理永定河道石景山同知王茂壎禀称："自立秋以后，河水时有长落。虽较之伏汛盛涨，溜势稍减，而秋水搜根，势甚汹涌，以致各工埽段纷纷禀报蛰陷，甚至有汕刷过急，直溃堤根。极形危险之处，均经该护道随时督率各厅、营汛，无分雨夜，并力抢护，幸水势旋长旋消，抢办较易措手，在工员弁、兵夫亦皆踊跃从事，一律保护稳固。兹于八月初九日，节届秋分，水势日渐消落，河流顺轨。卢沟桥现存底水六尺八寸。"

由该护道禀报安澜。请奏前来。臣查，永定河两岸堤埽、闸坝，本年险工叠出，均已抢护平稳，三汛安澜。臣欣幸之余倍深悚惕。除仍饬该护道督率各厅、汛，照常加意防守外，所有永定河秋汛安澜缘由，理合循例恭折具奏。伏乞皇上圣鉴。再，本年厅、汛各员防护险工，倍加奋勉出力，著有微劳。可否由臣择其尤为出力，并能核实撙节料物、经费者，酌保数员，出自逾格恩施。合并附陈。谨奏。（奉上谕，恭录卷首。）

府尹石赞清《豫筹河患疏》（同治元年［1862］四月）

接据保定县知县姜璇禀称："本年惊蛰后，永定河冰消水涨，河身下流淤塞，由金门闸漫溢出槽。下注引河，灌入大清河，至雄县所属之毛儿湾与该县交界之处，于三月初间开口数丈，北洼被水漫淹。当即多集人夫修筑完竣。后复据该县绅民等禀报：'上游雄县所属之西桥，新城县所属之青岭、石家垡等处，先后开口三道。'该县张青口、王各庄等十余村庄，水深一、二、三、四尺不等。"具禀前来。当经臣檄饬南路同知委员会勘，并令移会新、雄二县，赶紧修筑堤埽，暨将余水设法疏消，勿使久淹为患。惟凌汛、桃花汛水源尚非大旺，节届桑干修筑亦易为力，其为患尚浅。转瞬伏汛、秋汛盛涨之时，其患有不可胜言者。伏查，永定河之为患，前因只修筑堤防，而不深加疏浚，河身日高，致成建瓴之势，此所以为患者一也。又，各汛官希图开报工料，故作险工，筑坝加埽。由南挑而之北，则北成险工，由北挑而之南，则南又成险工，久之水势既成，人力不能堵御。自卢沟桥以下，直至下口，尽作之字拐，处处皆成险工，处处皆虞溃决，此所以为患者二也。然在昔年，北河领项约十万两之数，各汛工程尚不至草率，即有异常盛涨，抢险工料足敷，亦不至频年溃决。至咸丰四、五年间［1854、1855］，因库款支绌，河工领项减半，而又以半银半钞给发，约计只银二万余两。河兵人等，大半有名无实，平素工程已不堪问，一有盛涨，抢险又无工料，所以年年溃决。其在上年未报河决，非真三汛安澜也。盖金门闸龙骨已坏，水由闸上漫溢出槽，直注西淀各州县，所报水灾多职此之由。且西淀近日已属淤浅，久则愈淤愈甚，州县田间人民之害，必致无可救药。然则为今之计，必须筹画经费，使河兵足数，工料足敷。严饬各汛官，激发天良，先裁湾取直，去其险工，深挑中洪，俾水由地中行，庶可使河流顺轨，而渐消间阎之害。第当国家多事之秋，用度浩繁，库款支绌，何能加添河工经费。臣反覆思维，计惟有以公办公，庶可行无窒碍。臣于咸丰三年［1853］署理永定河北岸同知，得悉卢沟桥以下至下口百余里，中洪两旁河身均成熟地。至下口一带，系于乾隆年间，蠲免钱粮以作散水匀沙之处，南北宽约四五十里，东西长约五六十里，迄今尽成膏腴之地。讯诸种地户，则多云系旗地。余则，系附近乡村顽劣、生监等所种。夫河身中，断无旗地粮地，不问可知。又，下口自乾隆年间始改河道，则更非老圈可知。既经蠲免钱粮，则又非民地可知。而种地户恐地方官查问，赴京寻王公大臣、管家、门上等投充庄头①，求一执照，以作护符，则地方官不敢过问。至顽劣、生监②，或称祖上所遗，或借别处地契影射，地方官以河身中之地与地粮毫无干涉，亦遂置而不问。统计此项地亩，约有四五千顷之多，若议租，每年可得银一二万两，以之津贴河工，可无须另筹添经费。惟有益于公，必不利于私。投充者狃于得利，而指为旗地，影射者巧于把持，而谬谓民粮。是必须破除情面，无所瞻徇，河身中并无旗地、粮地，其说不攻自破也。应请旨敕下，直隶督臣转饬永定河道，督同沿河州县勘明若干顷亩，议定租项，每年可征收银若干两。以一半银两挑挖中洪，以一半银两从上游裁湾取直。裁去一湾则少一险工，即可省一防险之工料，所省之项，一并归入挑挖中洪之用。核计银若干两，应土方若干，应挑挖深宽若干，数年之后中洪益深，险工尽去，河患庶可息也。臣愚昧之见，是否有当。谨奏。（奉上谕，恭录卷首。）

总督刘长佑《请岁需经费减半发实银疏》（同治三年［1864］二月）

窃照永定河两岸大堤，计长四百余里，土性纯沙，各汛埽段绵长，险工林立。每届大汛溜势汹涌，全赖料物应手，方能抢护。查向例，每年岁修银三万三千九百余两，抢修银二万七千两，备防银二万五千余两，加增运脚银八千五百两。咸丰四年［1854］因军需浩繁，钱粮短绌，奉部议定减半给发实银。复因部库支绌，无款可动，行文在于藩库旗租项下拨给。惟藩库一应放款，均系银钞各半。遂照放款章程，拨给半银半钞。各汛所领之银为数无多，购备料物未能敷用。一遇盛涨，顾此失彼。上年大汛期内，因工程险要，永定河道徐继镳沥陈办工竭蹶情形。详经臣咨

卷十二 奏议

---

① 投充，清初清军入关后，在实行圈地的同时，又宣布"贫民无衣食者"，"准投入满州家为奴"。使满州贵族得任意胁迫京畿附近汉人投充旗下为奴，以驱使在旗人庄田上耕作。一部分汉族地主为求得政治庇护和逃避赋役，也带地投充。此处所指是下游匀沙散水之地，因投充而成旗地，不向官府缴纳地丁钱粮。

② 生监，监生，生员。

明户、工二部查核，兹因旗租自同治二年为始，全征实银。部议："将藩库一应放款，按照现放实银成数办理，毋庸搭放钞票。"等因。自应遵照部文，只将五成实银支发，其五成钞票停止给领。查，永定河工需，原奉部议：核减一半，藩库又于一半之中搭放一半钞票。今因旗租全征实银，并将一半钞票亦复停发。核计向应给银一万两，现只给银二千五百两，不过四分之一，办工实在不敷。永定河密迩京畿，工程紧要，设有贻误，关系非轻，不得不慎重办理。与藩库寻常放款实有不同，且减半之中，再又减半，亦与户部原议不符。兹据永定河道徐继镛以办工掣肘具详，请奏前来。合无仰恳天恩，俯念河防紧要，准将永定河应领岁修、抢修并防备运脚等项经费，自同治三年起，循照户部原议，按额定之数核减一半发给实银，以济工需。理合恭折具奏。（奉旨："该部议奏。钦此。"经部奏准。）

户、工等部《议准岁需经费减半发实银疏》（同治三年［1864］三月）

据直隶总督刘长佑奏，"永定河各项经费，请按额定之数核减一半，给发实银"；又，《永定河添办本年备防并岁、抢修秸料，请照案加增运脚银两》各折①。于同治三年二月十五、二十一等日，议政王、军机大臣奉旨："该部议奏。钦此。"钦遵，由内阁抄出到部。据原奏内称：②"永定河两岸大堤四百余里，汛溜汹涌，全赖料物抢护，每年岁修银三万三千九百余两，抢修银二万七千两，并备防运脚等银，部议减半给发实银。复因部库支绌，在于藩库旗租项下，照《放款章程》银票各半拨给。兹因旗租自同治二年［1863］全征实银，并将一半钞票停发。计应给银一万两只给二千五百两，办工实在不敷。请自同治三年［1864］起，按额定之数核减一半给发实银。"又据奏称："永定河去岁河水盛涨，新险迭增，上年秸料动用无存。照案添购备防秸料二百二十万束，每束连运脚共银一分五毫。减半银一万一千五百五十两。又，岁、抢修秸料运脚减半银四千二百五十两，请照数拨给实银。"各等语。户部查，咸丰四年［1865］原任大学士裕成等奏："变通部库放项折内，将永定河岁、抢修，并加增运脚、备防秸料银两，减半核给。复因库款支绌，行令在于直隶司库旗租项下，按照该省《放款章程》以银票各半动拨。"嗣于同治二年［1863］，臣部议："令该省应征旗租改征实银。"等因，奉旨允准。行文遵照，各在案。今据该督

---

① 此"各折"即指前折《请岁需经费减半发实银疏》。

② 以下引文有阐节，参照上文阅读。

奏称："永定河每年岁修银三万三千九百余两，抢修银二万七千两，添购备防秸料银二万三千一百两，又岁抢修秸料运脚八千五百两。原奉部议核减一半，又按藩库章程于一半之中搭放一半钞票，在旗租项下动拨。今因旗租全征实银，一半钞票停领，办工实在不敷。拟请自同治三年〔1864〕起，按额定之数核减一半发给五成实银。"等语。该督系为永定河密迩京畿，工程紧要，慎重防护起见。其应领各项经费减半之中，又减一半，所称不敷办工，亦属实在情形。且此项银两指拨旗租，现在旗租既征十成实银，该督请将永定河应需银两发给五成实银，核计尚敷周转。自应俯如所请，恭俟命下。由户部行文直隶总督，自同治三年〔1864〕起，将永定河岁修、抢修并添购秸料、加增运脚等银，在于司库旗租项下，按减半之数核给实银，以济工需。并责成该河道，实力防护，撙节办理。总期实用在工，无任糜费偷减。并将给过实银数目，专案报部查核。至声请添办备防秸料之处，工部查永定河添购备防秸料，并岁、抢修秸料，加增运脚等项，向系按年奏明办理。兹据奏称："两岸大堤汛溜汹涌，新险迭增，全赖料物抢护平稳。上年添备秸料动用无存，请添购同治三年〔1864〕备防秸料二百二十万束，并岁抢修秸料加增运脚等项。"臣部查，与历年奏请购备之案相符，应如所请办理，业经臣部会同户部另折核议。至动用银两，现经户部议准，自同治三年〔1864〕起，按照减定章程核给实银，亦应如所请办理。仍令该督饬令该道、厅等，赶紧购买，堆储工次，亲往验收，查有偷减虚松情弊，即行指名严参。毋稍姑容。如有余剩，即留为下年之用，毋任虚糜，以重工需，而昭核实。谨奏。（奉旨："依议。钦此。"）

总督刘长佑《北七工筑坝堵截河流片》（同治三年〔1864〕九月）

再，永定河北七工以下，从前所设北八、北九两汛，早经裁汰，该处系下口尾间，无工处所。近年，因河势日形北徙，而凤河为河水去路，近亦淤垫过高，致倒漾之水，浸灌堤外村庄，频为民患。本年，东安县属之孟东等村亦经被淹，曾与府尹臣卞[10]宝第往复函商，亟思设法疏浚。兹臣亲临查勘情形，与永定河道徐继镛暨霸昌道德林、通永道范梁、天津道李同文，悉心筹议。拟于柳坨地面挑挖中洪，筑坝堵截北流，引溜归入旧有大河形之处。自柳坨至张坨、马家场、胡家房等处，将河形展宽挑深，入义光、二光、鱼坝口、天津沟，达津入海，形势极顺。臣已饬该道徐继镛撙节估计工需，会同署藩司李鹤年设法筹款兴办。谨附片具奏。（奉谕旨："知道了。钦此。"）

总督刘长佑《北七工大坝合龙疏》（同治三年［1864］十一月）

伏查，永定河系挟沙而行，水性趋向糜定，时南时北，必得溜走中洪，方可直注凤河，由津达海。溯查下口地面，宽广四、五十里，"志书"载明，所以宽广之故，系为散水匀沙，任其荡漾。北岸北七工以下，从前尚有北八、北九两汛。自嘉庆十一年［1806］及道光四年［1824］，因河流全向南趋，无须修守。经前任督臣先后奏明，裁汰该处，久已无工无汛。乃近年来，河势北趋，凤河淤垫，以致尾闾无工处所倒漾，水绕越浸灌。东安县属之孟东等三十余村，连年被水，亟应设法疏导，以除水患。查，北岸达凤河之区，淤垫高仰，水无去路，必须于河身另择旧有河形之处，从新挑挖，引溜南趋，方可除倒漾之病。而全行疏浚，非经费数十万不可，当此库藏支绌之时，焉能筹此钜款。本年春间，臣与府尹臣卞宝第往返函商，饬令永定河道派员查勘，因节省经费，拟于吉安屯，试行挑挖引溜。乃有武清县无知愚民马兆凤等，聚集多人赴工求缓。当经出示晓谕，并遴委谙练河务之候补同知直隶州陆慎言，赴工会同查勘，旋以大汛临时，赶紧不及，详请缓至秋后再行勘议。复有武清县绅民杨冠瀛等，赴都察院具呈，拟请改挖天河身，称为万全之计。咨交府尹臣札饬通永道范梁讯办。并由臣饬令霸昌道德林与该道范梁，带同杨冠瀛等履勘。天河身系在南堤之外，若挖天河身，水势必直走大清河，定将大清河淤垫，其患更大。且又须培筑旧南堤身，仍归凤河，经费甚钜，尚恐难御水势。该绅民等自认冒昧，出具切结，存案。并据永定河道徐继镛等查明，下口地方，从前因河流改道，小民占居日久，相沿渐成村落，乾隆年奉有谕旨："严饬地方官，谕令迁徙，不得与水争地，致碍河流。"圣训煌煌，"志书"具载。马兆凤等赴工求缓，及杨冠瀛等赴京呈请改挖天河身之举，皆因图占下口河身淤地，竟忘为应让河流之区。臣于八月杪［miǎo］亲诣工次，督同永定河道徐继镛、通永道范梁、霸昌道德林、天津道李同文，详加查勘。如在吉安屯引溜，尚须疏浚凤河，亦非数十万金不可。惟有在于北六工以下之柳坨地面，挑挖引河，引溜归入旧有大河形之处。计自柳坨至张坨二十余里，再由张坨至胡家房止，有二十余里，展宽挑深。入义光、二光、鱼坝口、天津沟，达津入海。盖天津沟以下凤河通畅，并无淤垫，形势极顺。且系咸丰九年［1859］以前正河，实为善全无弊。臣出示剀切晓谕，一面饬令永定河道徐继镛，力求撙节核实，估计堵筑大坝、挑挖引河、沟工所需料物、夫工、土方，共估银四万一千余两。现在下游无工之处，全溜日往北趋，不特与上游各工有碍，且与全局攸关，所拟挑挖引河，堵截北流，实为必不可缓之工。故虽经费为难，势亦不能不办。仍不敢率请帑项，惟有饬令该司道暂行借垫，设法归补。即于九月初八日，大坝开工。由永定河道徐继镛与委员陆慎言亲驻工次，督率文武员弁认真赶办。复经府尹臣卞宝第檄委候补知县石衡，赴工帮同稽查，示谕居民一体遵照。嗣据该道徐继镛具禀："原估工段挑挖至胡家房止，兹带同委员陆慎言周历查勘。自胡家房以下由东安县所属之六道口，至武清县境之义光，约长十二、三里。又，自义光至二光、鱼坝口，均系武清县所属，约长十四、五里。鱼坝口以下至双口迤北之天津沟，系天津县所属，约长八里。余虽均有大河形，而数年节节漫浅，风沙填垫，现在均令一律办理沟工。溯查，永定河历届大工引河，从无挑挖如此之长者，即下游抽沟，亦无抽至天津沟地面者。惟目下情形关系全局，何敢以经费无出，稍涉畏难，使下游河身村民有所籍口。筹思至再，惟有于此次工程项下，再行设法节省，估计土方，将胡家房以下三十余里沟工一律兴办。经此次办理沟工后，水势自必畅达顺流，即遇伏、秋大汛，盛涨出槽，亦断不致久淹为患"。等情禀。经檄饬妥为办理，兹已一律工竣。该道徐继镛逐段勘丈，均系按照原估挑挖承办，各员并无草率偷减情事，即将两坝慎重进占。因连日风雨，河水陡长三尺，探量坝前水深一丈四尺有余，两坝均形吃重。该道厚集土料加镶、抢护，一面将引河头所留土埝启放，溜势直射，引河畅流而下，坝前之水立平。遂即层土层料，并力抢堵，于十月十七日卯刻合龙。臣派委候补道柏春驰往查勘，大坝堵合悉臻巩固，溜势直走引河，形势极为畅顺。该道柏春复会同徐继镛，前赴下游葛鱼城、胡家房、天津沟一带，详加履勘，因"抽挖长沟，水势下注，势若建瓴，"等情。禀复前来。臣查下口北徙，不特民田有害，且为全河攸关，工程实为紧要。现经责成该道徐继镛，筹议疏浚，克期竣事，使全河复归正道，办理尚属妥速。除饬将未尽事宜，并此项工需实用实销数目，另行核办外，理合恭折奏闻。（奉旨："该部知道。钦此。"）

直隶总督刘长佑《秋汛安澜疏》（同治五年［1866］九月）

窃照永定河土性纯沙，溜势湍急，两岸堤长四百余里，险工林立。本年伏汛防护平稳，经臣恭折奏报安澜，仍饬加意巡防。在案。兹据永定河道徐继镛禀称："立秋以后，河水时有长落，虽较伏汛盛涨时溜势稍缓，而秋水搜根，汕刷愈甚，各工埽段纷纷蛰陷，甚至随厢随蛰，直刷堤根，情形极为危险。均经该道督率在工文武员弁，无分雨夜，分投抢护。幸下口去路通畅，水势易消，抢办较易措手。在工员弁、兵夫亦皆踊跃从事，得以化险为平，一律保护稳固。兹节逾秋分，水势日渐消落。该道查勘各工堤埽、闸坝，悉臻稳固"。等情，禀报前来。除仍饬该道督率文武员弁，认真防守，不得因秋汛已过稍有疏懈外，理合循例恭折具奏。伏乞皇太后、皇上圣鉴。再，本年全河叠次盛涨，浩瀚奔腾，为数十年来所未有，在工厅、汛各员濒危失护，实能不避艰辛，异常奋勉。可否容臣择其尤为出力者，奏恳恩施，量予鼓励之处，伏候训示遵行。谨奏。（奉旨："准其择尤保奏，毋许冒滥。钦此。"）

总督刘长佑《北三工漫溢疏》（同治六年［1867］七月）

窃照永定河伏汛届期，节经臣谕饬加意防护。兹据永定河道徐继镛禀称："永定河自入伏后，山水陡涨。七月初二、初四等日，连长四次，猛骤异常。南三汛二十一号、南四汛十八号、北四上汛八、九号，冲刷蛰陷，危险已极。幸皆督饬抢护平稳。不料七月初七、八等日，大雨倾盆，连宵达旦。河水叠次长至二丈余尺，全河宣泄不及，到处岌岌堪虞。初八日据报，北三汛五号危险，溜势逼注圈堤，间段汕刷，埽镶漂没，危急万分。该道往来工次，督饬各厅、汛，赶紧挂柳搪护，路买土料，冒险抢镶。讵料雨势愈大，两日雨夜未歇片时，水又陡长二丈余。兼之西南风大作，水面抬高四、五尺，雨大风狂，人力难施，以致北三工五号堤身于初九日丑刻，漫坍三十余丈，业经夺溜。此次漫水，系由减河顺流而下，被淹村庄无多，亦无损伤人口。现在赶办料物，盘筑裹头，以防续塌。"禀请参奏，前来。臣查，永定河自徐继镛到任六年之久，普庆安澜，实为从前所罕有。不期此次北三工五号堤埝遽有漫溢之事，虽由雨大风狂，水势猛骤，人力难施所致。第该厅、汛员弁，未能抢护平稳，实属咎无可辞。相应请旨，将北岸同知程迪华、借补北三工涿州州判知县黄安澜，均一并革职，仍留工效力。协防署北岸协备刘昌安、兼理都司尹光彩，均革职留任。永定河道徐继镛有管辖全河之责，未能先事严防，应请革职留任。臣督率无方，并请旨交部议处。再，河工漫口，臣应亲往工次查勘督办，现因出省督剿监匪，不克分身。查有候补直隶州知州陆慎言谙练河工，人亦勤干，已檄委该员驰赴永定河查勘漫口，会同该道迅速盘筑裹头，毋致愈刷愈宽。并查明，被淹村庄轻重情形，应否先行抚恤，妥议禀办，俾免失所。一面严饬该道等，俟水势稍平，可以进占，即行赶紧设法筹办堵合外，理合恭折具奏。（奉上谕，恭录卷首。）

（光绪）永定河续志

总督刘长佑《南上汛灰坝过水拟变通筹办疏》（同治六年［1867］九月　附《改由灰坝合龙片》）

据革职留任永定河道徐继镛，会同委员候补直隶州知州陆慎言，禀称："查得北三工五号，于七月初九日丑刻漫溢夺溜，经该道徐继镛饬委石景山同知王茂勋等，赶紧购料盘筑裹头。据报于七月二十二日兴工，已于八月初十日工竣。查南上汛灰坝，于七月初八日龙骨过水，嗣因宣泄过甚，迄未断流。该道筹发经费，催饬抢镶，乃七月二十三、二十八、九等日叠次长水，灰坝新进占，子埽段随蛰随镶，幸而抢护平稳，而南上汛十一号以下，又复出险。是本年河水之大，实为近年所未有，现值风浪稍平，自宜相度利便，再行施工。随即同赴北三工五号口门，周历查勘，量得口门计长三十一丈，并无续塌，新做裹头亦均稳固。复至南上汛二号灰坝工次，勘得坝口原宽五十六丈，全行过溜，坝台龙骨均未冲缺。测量坝前水深二、三尺，坝外有减水枝河，至水碾屯归入大清河。南、北两越埝新做工程，南面进占二十余丈，北面接筑土埝，进占十余丈，均已加镶边埽，签桩稳固。查看正河身，现已断流，涸出嫩滩，幸未淤高。复又沿河靛逐一履勘，详察形势。本年伏、秋盛涨，虽属异常浩瀚，所幸上游连设闸坝，犹得分其势，而减其怒。益信前人施设，具费经营，即如此次北三漫溢口门，苟非灰坝分制溜势，则汕刷必更宽深，安能遽成旱口。将来接筑大坝，进占签镶，合估土工、料物费将不可胜计。今幸大溜全归灰坝，北三工漫口干涸，虽挑河补堤仍须工作，而一彼一此，难易悬殊。复查南上二号以下河身，并无淤垫，间有不能十分畅顺之处，只须抽沟引水，即可一律深通。计费亦属无几。所有引河工段，仍自北三工五号以下分段估办，如此变通筹画，因势利导，实与河防全局有裨。而搏节经费，尤觉事半功倍。再，北三工漫淹各村已渐消，不致久淹为患。究有若干村庄，以及轻重情形，应由委员陆慎言，会同地方官确切勘议、禀办。"等情。会禀前来。臣已严饬该道，督饬厅、汛员弁人等，将北三工漫口工程，妥速筹议兴办。一面催饬委员，即将被淹村庄轻重情形，应否先行抚恤，会同地方官勘议禀覆。

再，据革职留任永定河道徐继镛禀称："前据南上汛霸州州同何承祜禀报：'南上汛灰坝过水'。即经饬委署南岸同知余汝偕，并派文武员弁驰往，帮同经理。一面力筹经费接济。七月二十一、二等日，据报设法进占挑溜，仍归正河。乃二十三日以后，连朝风雨水势迭长，幸有灰坝分溜宣泄，抢护平稳，而坝上水势仍复湍激。

因思，闸坝原为宣泄盛涨而设，与堤埝漫溢不同，第泄水过甚，恐致冲缺，不得不即筹抢堵。"该道遂复会同委员陆慎言，驰至灰坝工次，周历查看。南北坝台并未刷动，测探龙骨海墁亦未损坏，南北新进水占三十余丈，如果不惜重资尽力抢堵，原不难克期堵闭。第灰坝既闭，则正河大溜必致全归北三口门，该处土性沙松，不特雨坝裹头，边埽垫镶不已。且恐口门愈刷愈深，跌塘过甚，将来堵筑需费更钜。再四筹计，堵闭闸坝较之堵合大工，其省力省费，不啻倍蓰。现与委员陆慎言熟商，拟变通办理。现在北三漫工已成旱口，先将层土层硪，实力堵合。俟下游引河全行完竣，再将灰坝堵闭合龙。所省实多。且由灰坝过水，坝外尚有减水枝河，不致泛滥旁溢。较由北三口门过溜，所淹情形亦轻。灰坝下有三合土龙骨，海墁不致跌塘刷深。是以正河亦无淤垫。将来堵合较易，经费亦减。当兹筹款维艰，但期得省且省。可否将南上汛灰坝，归入大工项下办理。俟北三工漫溢旱口工程补还原堤，挑挖引河次第办有端倪，再将灰坝合龙。使全河复归故道，似较便捷。再查，南上汛员有专管灰坝之责，虽系例应过水之区，究属宣防不慎。该管本厅督办未能妥善，该道统辖全河亦咎无可辞。"等情，禀请附参。前来。应请旨，将永定河道徐继镛、署南岸同知河工候补同知余汝偕、南上汛霸州州同何承祜，一并摘去顶戴，用示薄惩。臣查，办大工全凭料物，现值灾荒之岁，秸料无收，即此一宗，已较往年昂贵数倍。现据该道等会禀，变通办法系为节省经费起见，应准照行。仍严饬该道，责令该厅、汛，将已做工程及坝台龙骨等处，加意守护，务保无虞外，理合附片奏闻。（奉旨："徐继镛等，均著摘去顶戴，责令加意守护，不准稍有疏懈。钦此。"）

总督官文《筹办漫口合龙情形疏》（同治六年［1867］十二月　附《开复各员处分片》、《南七工冰泮漫溢片》）

据永定河道徐继镛禀称："本年大工，惟引河最长，工费最钜，且工非一处，分计则不多，合计则不少。先据石景山同知王茂勋等，原估工需银七万三千余两，节经驳令，逐一删减，并又一再覆核，先后共计减去银一万五千二百余两。计实用正项，河坝银四万九千八百余两，御水工七千一百余两，实系竭力撙节，省而又省。缘本年工程在灰坝合龙，坝工已较历届成案省愈钜万。惟引河一项，查咸丰九年［1859］，自北三工起，至南五以下撒手，同治三年［1864］，改挖下口案内，自北七工起，直达尾闾，每届均各用银二万余两。此次引河，自南上汛灰坝起，直达尾闾，实合两届为一，且岁歉粮贵，人夫食用较往年多至倍蓰。故钱少即不肯就雇，再四删减，计需银三万余两，已属万分支绌。至御水工，系发交各汛择要修培，以御合龙下注之水，尤属必不可缓。本年工程计需经费银五万三千余两。当因时已九月，款无可筹，万分焦灼。若不趁此秋深水弱及时赶办，转瞬天寒地冻，即难施工。迟至凌汛，水涨需费更多。值此库款支绌，既不敢率请帑项，而节候迫促，又不敢坐失机宜。再四思维，只有援照历届成案，由外筹捐，先在司库借拨济用，随后筹议归补，另文详办。兹自九月二十日兴工，至十月二十四日堵闭合龙，大工一律完竣。除将各项工程工段丈尺，另缮清单，并将各员呈缴赔款数目，另详开报。"等情，禀请核奏。前来。奴才查，此次大工合龙日期，已据藩司锺秀附片奏报声明。详细情形，俟奴才到任后续奏。在案。兹经详加覆核，本年大工，自南上开挖引河工程，本属浩大。再四核减，尚需经费银五万三千余两。体察形势，估报尚称撙节。议由外筹捐，事亦历办有案。第捐款仓猝难齐，向由藩司先为筹垫，事后捐还。此次，已由前督臣刘长佑转饬藩司照案陆续筹垫，俾济工用。其应如何分捐归款，即饬会同该道，作速筹议详办。

再，查本年先后被参各员，现在随办大工，极为踊跃。应交赔项，亦均陆续交清，实属甚知愧奋。可否仰恳天恩？将知府衔北岸同知程迪华，开复同知原官，仍以原班补用知州衔同知用。借补北三工涿州州判大挑知县黄安澜，开复知县原官，归调还本班补用。其原参摘顶之署南岸同知余汝偕、霸州州同何承祜，均请赏还顶戴。并请将永定河营兼署都司尹光彩、署协备刘昌安，开复原参革职留任处分。出自逾格鸿慈。合再附片具奏。

再，奴才正缮折间，接据永定河道徐继镕禀称："永定河南七工汛，本属下口，近接尾闾，土性纯沙，夙称老险。前因堤身卑薄，曾令该汛员陈枫加意承修，并委候补县丞[11]马光泰前往，办理加高培厚工程，并于内帮镶做埽段，预防明年长水，籍资抵御。十月二十八、九等日，忽据该厅、汛等禀报：'水势骤长，该汛六号情形吃重。'经该道驰往，督同抢护平稳。讵于十一月十七日，据三角淀通判朱津转据南七工汛员陈枫，会同委员马光泰禀称：'本月初十、十一日天气骤暖，全河冰泮水势增长。至十二日酉时，水又续长四尺余。'六号堤身本系高出水面二、三尺，此番陡然长水，立与堤平，加以西风大作，又将水势抬高尺许，堤面登时过水，相机堵护，多方抢御，无奈黑夜之际，风狂水涌，人力难施。至十二日亥刻，六号堤身坐蛰二十余丈，河水漾出堤外。惟查所过村庄无多，时值严冬，亦无被淹禾稼。现已由道相机裹头，不使续行汕刷。"禀请参奏，前来。奴才查，永定河道徐继镕现因督办大工，极为认真，核其功过尚足相抵。原拟随案恳恩，开复原参处分。不料正核办间，适报南七工六号冰泮水长，堤身坐蛰二十余丈。隆冬盛涨，事涉罕闻。该道责任全河，固难辞咎，第该处土性浮松，旧有坑塘老险，且在三汛期外，并又预期发款加培，究与大汛时漫无防范失事者有间，似可将功折赎。合无仰恳天恩，将该道徐继镛原参摘去顶戴暂先赏还，仍带革职留任处分，以观后效。其专管汛员已升良乡县县丞，南七工东安县主簿陈枫，请旨革职留任。候补县丞马光泰，摘顶停委，聊示薄惩。三角淀通朱津到任未及一月，该汛员等前做各工，亦在该通判尚未到任以前，应请宽恩免议。至署河营都司尹光彩、协备刘昌安，正在上游襄办善后各工，顾不及此，亦请加恩宽免。臣已札委候补直隶州知州陆慎言驰往，查勘漫口情形，迅速盘筑裹头，毋再刷宽。并查明，曾否淹没田庐，有伤人口，暨水现在已、未归槽，赶紧详细禀覆。仍俟明春再行估办。所有永定河南七工六号堤埝坐蛰过水情形，暨委员往勘缘由，再附片具奏。（奉上谕，恭录卷首。）

（光绪）永定河续志

[卷十二校勘记]

〔1〕"请"字原脱，据正文题目增补。

〔2〕"四"字误为"口"据正文题目改。

〔3〕"请"字原脱，放置"岁需经费"后。依正文题目改。

〔4〕"埽"误为"扫"，依文意改。

〔5〕本题目在本卷卷首目录中列出，此地无题目。依卷首目录添加。

〔6〕"月"字误为"年"，依文意改。

〔7〕"岸"字误为"案"，依文意改。

〔8〕"口"字误为"缺"，依下文改。

〔9〕"上"字误为"土"，依文意改。

〔10〕"卞"字误为"下"，据后折改正。

〔11〕"丞"字误为"承"，据文意改正。

卷十三　奏　议

同治七年至十年 ［1868—1871］

《开复各员处分片》（同治七年三月）

《南四工凌汛漫溢疏》（同治七年四月）

《饬司借款堵筑漫口片》（同治七年闰四月）

《请俟秋后堵合漫口片》（同治七年五月）

《南上汛漫溢疏》（同治七年七月）

《请帑堵筑漫口各工疏》（同治七年九月）

《堵筑水旱口门情形疏》（同治七年十二月）

《新工稳固情形疏》（同治八年五月　附《开复各员处分片》）

《北四下汛漫溢疏》（同治八年六月）

《请俟秋后堵合漫口片》（同治八年七月）

《酌办工程请拨款项疏》（同治八年九月　附《请加拨岁需经费片》）

《议准加拨岁需经费疏》（同治八年十月）

《堵合北四下汛漫口疏》（同治八年十一月　附《开复各员处分片》）

《南五工漫溢疏》（同治九年六月）

《南五工续被漫溢疏》（同治九年七月）

《估漫口工需疏》（同治九年九月）

《堵合南五工漫口疏》（同治九年闰十月）

《饬办善后工程片》（同治九年闰十月）

《变通整顿章程疏》（同治九年十二月）

《南二工漫溢疏》（同治十年六月）

《卢沟桥石堤漫溢疏》（同治十年七月）

《筹漫口工需疏》（同治十年八月）

内阁学士宋晋《筹永定河经费疏》（同治十年十二月，缺)①

《请筹定加拨经费疏》（同治十年十二月）

《议定加拨经费疏》（同治十年十二月）

总督官文《开复各员处分片》（同治七年［1868］三月）

再，查上年永定河北三、南上等工先后被参各员，前于堵筑合龙后，因查明，各该员弁甚属愧奋出力，当经奴才随折奏请开复。又，因南七工六号堤工，于冬月冰泮过水，将原派承办印委各员分别参劾。并以永定河道统辖全河，责无旁贷，虽功罪自不相掩，而赏罚仍须持平。是以奏请，先将该河道徐继镛顶戴赏还，仍带革职留任处分，以观后效。在案。嗣钦奉谕旨："南七工堤身坐蛰，虽在三汛期外，究属疏于防范。失事之道、厅员弁，均著交部议处。其北三工等处抢办出力人员，暨随办大工，缴清赔项各员弁，著俟全河工竣，再行奏请加恩，等因。钦此"。由部恭录，咨照前来。即经行道转饬，去后。自宜钦遵办理，曷敢再为渎请。惟念功过为课吏之大端，赏罚系驭众之要术。总须奖惩明允，始足观感奋光。永定河南、北两岸，向分五厅二十一汛，修防各有汛地，责有攸归，不相牵涉。兹查，永定河北岸同知程迪华，借补②北三工涿州州判大挑③知县黄安澜，系因北三工漫溢案内奏参，革职留工效力。又，永定河营兼署都司尹光彩、署协备刘昌安，亦因前案附参革职留任。又，署南岸同知余汝偕、霸州州同何承祜，系因灰坝过水案内奏参，摘去顶戴。今前两案疏失工程，均已堵筑完竣，应完赔项亦已缴清。经奴才派委候补知府福俊，驰往验收，会同永定河道徐继镛，逐一查勘，各工并无草率偷减。取具掌坝工员等，保固切结，加具勘结申送。至南七工续报过水之案，非该厅、汛等分防地段，该厅、汛等原参处分，例准悉予开复。再，协备刘昌安，系专司北岸，协同防

---

① 原件缺，其引文见同年同月户部《议定加拨经费疏》。

② 借补，此指借调、候补。前者指从地方借调为河防官员；后者则是所任官职非现任实缺，待有官职空缺时补用。

③ 大挑，此为"大挑举人"的省称。自乾隆十七年［1752］始，由会试三次不中的举人中挑选官员，一等授试用知县，二等授地方掌管教职。故大挑知县即试用知县。［参见《清续文献通考·八五·选举二》］

守之弁，南七工漫溢之处，亦非该弁汛地，由道声明更正，禀请核奏。前来。除将永定河道徐继镛、兼署都司尹光彩，管辖全河，原参处分，统俟新工完竣再行奏请外，合无仰恳天恩，可否先将前另案堵筑完竣，赔项交清之已革知府衔北岸同知程迪华开复，同知原官，仍以原班补用知州衔。借补北三工涿州州判大挑知县黄安澜，开复知县原官，归调还本班补用。署南岸同知候补同知徐汝偕、霸州州同何承祜，均各开复顶戴，俾知奋勉。署协备刘昌安，随办灰坝大工，不辞劳瘁，应开复前参革职留任处分。均出自逾格鸿慈。理合附片具陈。（奉旨："著照所请。该部知道。钦此。"）

总督官文《南四工凌汛漫溢疏》（同治七年［1868］四月）

窃查，永定河堤工土性沙松，加以上年秋冬雨雪交加，今春正二月间，连阴细雨，彻底渗透，春融地脉泛浆，凌汛本形吃重。该永定河道徐继镛，因留在省办防，先委同知兼护，嗣恐未能周顾，是以奏明饬委候补道蒋春元往署，在案。兹据署永定河道蒋春元禀称：该道"三月初六日接印后，即赴各工查勘。适值天日融和，上下游冰凌同化，全河溜势汹涌，各工纷纷报险。南下汛、北四下汛埽段蛰陷，当即驰往，分督抢办，至十一日，雨就平稳。"又接署南岸同知余汝偕，转据南岸四工固安县县丞胡彬禀报："该汛十七号水势叠次增长，拍岸盈堤，串沟水由十八号倒流，侧注溜势南趋，以致冲刷堤身七、八丈之宽，十分危险"等情。该道随又驰抵工次，因查得储料早经抢办用尽，遂饬该厅、汛员弁并外委兵丁等，调集渡船，密挂大柳，卷做埽由，竭力抵御。并将子埝加高，竭两昼夜之力，渐有转机。不意十三日戌刻，陡然北风大作，昏夜之间火烛尽灭，兵夫站立不稳，全河溜势奔腾，埽由柳株全行走失。该道目睹情形万分焦急，复令重价跑买土料，撒手抢办。相持一时之久，无如水势又长，抬高三、四尺余，漫上埝顶，一涌而过，掣动大溜，口门约宽二十余丈。虽因天时水势，人力难施所致，该厅、汛究属抢护不力，咎实难辞。该道到任不及十日，究未能化险为平，亦属疏忽。等情，禀请奏参。前来。奴才查，河堤最怕雨水浸灌，上年秋冬雨雪渥厚，为近年所无，是以全堤透湿。去冬南七失事，实由于此。今春适值军务倥偬[①]，而堤工险要，实无刻不切切在念，屡饬通工文武加意

---

① 官文1867年受命阻击捻军起义，被劾革职，不久授署直隶总督，1868年再次受命阻击西捻军失利，受处分。所谓"军务倥偬"即指此。参见《清史稿》本传。

严防。不料此次南四工十七号堤埝，又有漫溢之事。虽由风大水涌，人力难施所致，第厅、汛员弁未能先时抢护平稳，实属咎无可辞。相应请旨，将署南岸同知候补同知余汝偕，革职留任。南岸四工固安县县丞胡彬，革职留工，以观后效。协防兼理永定河营都司、署南岸守备尹光彩，前案处分尚未开复，此次南岸又遇失事，应同南岸千总李柯一并，均请交部议处。署永定河道蒋春元，虽系统辖全河，而到任尚止数日，且各工纷纷出险，往来抢办实已不遗余力，可否从宽免议，出自逾格鸿慈。至河工漫口，奴才因现办防务，不克分身往勘，自应遴委熟悉工程人员，先行驰往勘办。已札委候补直隶州知州陆慎言，往勘漫口情形，会同该署道，迅速盘筑裹头，毋再刷宽。并查明，被水村庄，应否先行抚恤，妥议禀办，俾免灾民失所。一面严饬该道等，俟水势稍平，可以进占，即行赶紧筹办堵合。（奉上谕，恭录卷首。）

总督官文《饬司借款堵筑漫口片》（同治七年［1868］闰四月）

再，据署永定河道蒋春元禀报："南四工漫口、南七工旱口，现拟开挖引河，并案堵合。定于四月十八日破土动工。此项工程约需银十三万余两。请饬藩司筹款借拨，"等情。奴才伏查，永定河附近京畿，攸关民瘼，实关紧要。乘此桑干之际，自应先其所急，当饬藩司卢定勋，无论何款，赶紧借拨银数万两，以资工作。仍饬于力求撙节之中，再行裁减，以期工归实用。并饬认真督催，迅速竣工，报候验收。（奉旨："知道了。钦此。"）

总督官文《请俟秋后堵合漫口片》（同治七年［1868］五月）

再，查永定河南四工漫口、南七工旱口，前拟并案堵合。业经奴才将破土动工日期附片奏明。在案。兹据署永定河道蒋春元、委员候补同知直隶州知州陆慎言，会同禀称："自四月十八日破土动工，往来上下工所，亲督厅、汛员弁，购料集夫，同进并案兴修。阅今一月之久，次第呈报完备。验得引河宽深丈尺，核与原估相符，试放清水畅行无滞，两处大坝层土层硪，追压甚固。其南四东、西两坝，进占夯筑坚实，南七工坝工、引河，均已一律报完，并无草率偷减等弊。惟将上、下游引河验收之后，阴雨连绵，水势陡长。本定于闰四月二十二日丑时合龙，奈因风雨不止，势难拘定准期。惟有广集人夫，多购料物，以备乘时抢筑。迨二十七日寅刻，水势见落，正在抢办之际，而浓云骤合，风狂浪涌，坝前大溜湍急。该署道蒋春元等，不惜重资分别给赏，撒钱跑买，河兵人夫踊跃争先，竭力下埽抢堵，而水又大长，以致埽段随镶随蛰，未敢强合。又，值麦收农忙之际，不惟运料无车可雇，抑且人夫难集，一时未能藏事。况节近大汛，河水长多消少。体察形势，委系大汛以前不克施工。据掌坝厅员禀请，缓至秋后合龙。该署道蒋春元等，再四筹商，意见相同。再，南四工现系另筑大坝，其原堤冲塌十七号口门，接连十八号坑塘，均已圈出在外，惟尚未合龙。则现在来源，仍由十八号堤身行走，昨因水势太猛，间有刷成沟槽。查看仍归旧河形东下。"等情，禀请核奏。前来。奴才查，永定河本名桑乾，每年桑葚落时断流。今年，原拟趁此将漫口堵合，俾被淹农田得以及早涸复，以苏民困。不料本年涨发更早，并未断流。又兼农忙特甚，致大工将次垂成，不得一气办竣。现计大汛将届，若再强令抢堵，更恐徒费工料，于事无益。只可裹住埽头，缓至秋后再办合龙，以期稳妥。仍饬该署道等，严督厅、汛员弁，将南四工新坝加谨防护。并委员弁分段看守引河，勿使稍有损塌。（奉旨："知道了。钦此。"）

总督官文《南上汛漫溢疏》（同治七年［1868］七[1]月）

窃据署永定河道蒋春元禀称："永定河有灰坝、金门闸，原为宣泄盛涨而设。年来，因过水夺溜，先后堵闭，不敢启放。以致一遇盛涨，疏消无路，通工均虞汜滥。本年自六月二十九至七月初六七等日，秋雨连朝，来源涨发。据石景山外委签报，叠次长水，积至二丈四尺。全河大溜汹涌，各汛纷纷报险。据署北岸同知程迪华禀报：'北三汛之五号、九号、十三号，北四上汛之二号、十号埽段全蛰'。署南岸同知余汝偕禀报：'南上汛头、二、七、八、九及十五等号，水与堤平，冲刷堪虞。南下汛之二、三、四、五及九、十等号，南二汛之三、四、五、六及十五等号，南三汛之六、七、九及十五等号，南四汛之四、九及十二等号，各埽间段蛰陷，均经分派员弁赶紧抢护，幸保无虞。其中惟南四汛之九号、南上汛之十五号，情形尤为危险。'一面飞饬南岸同知余汝偕，驰赴南上汛十五号督率抢办。"该道蒋春元亲赴南四汛九号，飞饬密挂大柳，不惜重赀跑买，并调集渡船多方抵御，穷一昼夜之力，始得渐臻平稳。当于星夜赶赴南上汛督办，途次接据余汝偕禀报："十五号大溜逼注堤身，间段漫水，多集村民，跑买土料，加高子埝，又复挂柳捲由防护，渐形得手。不意初七夜，水势续长，北风大作，骇浪腾空，越过埝顶，相持两时之久。至初八日丑刻，水又陡长二、三尺，护埽柳株全行漂失，大溜一涌而过，口门刷坍十余丈，实属措手不及，人力难施。禀请奏参。"前来。奴才查，汛弁责任修守，道厅职司监催，一有疏虞，即千罪戾。惟永定河自经费核减以来，已十数载。银数既短，给领又迟，料物不充，工用多缺，势不能不因陋就简，且图敷衍。目前通工颓废情形，诚非一朝一夕。本年秋汛盛涨，积长二丈四尺有余，实为四十年来未有之奇。而往年泄水之灰坝、金门闸，又皆堵闭，不能启放，遂致疏消无路，壅遏旁趋。虽云人力难施，究属咎有应得。相应请旨：将署南岸同知余汝偕、南上汛霸州州同何承祜，均请一并革职，留工效力。协防永定河都司南岸守备尹光彩，前于南七工案内，交部议处。此次又复失事，未便再为宽减，应请革职留工，以观后效。南岸把总张克俭，请交部议处。署永定河道蒋春元，虽在工分投抢险，亦有微劳，究属防范有疏，应请革职留任。奴才督率无方，并请旨交部议处。再，河工漫溢，奴才例应亲往督勘，现因办理善后事，且未克分身，应仍委员前往会同勘办。已札委候补知府张承，往勘漫口情形，会同该署道，赶紧盘筑裹头，以免续刷。此次漫口即在灰坝以下，漫水仍由清河顺流而下，被水村庄无多，亦无损伤人口。一面严饬该署道等，督率员弁，赶紧购备料物，迅速筹办堵合。（奉上谕，恭录首卷。）

总督官文《请帑堵筑漫口各工疏》（同治七年［1868］九月）

窃照永定河南上汛十五号堤工，前于七月初八日漫溢失事，经奴才专折奏参。奉旨："将厅、汛员弁革职留工，署河道蒋春元革职留任。奴才交部议处。并饬奴才委员往勘，严饬在工各员，购备料物，迅筹堵合。所有被水村庄，应否先行抚恤之处，著即查明被灾轻重情形，妥筹办理。该部知道。钦此。"当即钦遵，转行遵照。饬作速盘做裹头，以防续塌。不料秋雨频仍，来源过旺，河流叠次盛涨，致口门塌卸更宽，堵合愈形费手。第被淹多系近畿地面，春耕既已失时，秋收又复失望，若不亟筹奠安，穷黎何以堪此？随饬藩司会同该河道，作速会商估办，去后。兹据布政使卢定勋、署永定河道蒋春元会同详称："该署道蒋春元遵即督率厅、营，核实确估，再四分别删减，通计引河大坝暨各汛土埽各工，实估需银十一万三千余两。洵已省而又省，无可再减。"当经批饬："藩司会同筹款议办。"该司道等随又公同筹商，查得："永定河两岸堤工绵亘四百余里，源远流长，神京藉资环卫。卷查历办成案，嘉庆六年［1801］漫口，奏请动用帑银一百万两。十五年［1810］漫口，用银十四万六千余两。二十四年［1819］漫口，用银二十六万余两。道光三年［1823］漫口，用银十三万五千余两。十四年［1834］漫口，用银十三万两。均系奏奉谕旨发帑兴办。自道光二十三年［1743］以后，因库款支绌，不得已即由外设法筹捐，委曲迁就。工用不充，诸从核减。以致二十三、四年［1843、1844］及咸丰六、七等年［1856、1857］，连岁漫溢。再查，嘉庆十七年［1812］以前，每岁均奏请另案土工银万余两至数万两不等，道光年间，亦尚间一、二年奏办另案一次。自二十二年［1842］以后，土工永停未办。其每年额设岁、抢修并备防秸料运脚等项，又自咸丰三年［1853］以后奉部裁减一半，计每年又核减银四万六千余两。嗣因议行票钞，又于减存一半中搭给五成票钞，计每岁又减实银二万余两。虽于同治三年［1864］奏准停给票钞，第就此权且敷衍，已历十一、二年。五厅二十汛，只守此有限钱粮，支撑局面。稍为粘补，即已销散无余。全河受病实深，历有年所。永定河本系挟沙带泥，善徙易淤，最为难治。刻下河身淤垫日高，堤埝卑薄日甚。自去秋至今，雨水多而来源旺，更为数十年来所未有。两岸层叠失事，病正在此。现值军需甫竣，善后事宜需款甚钜，司库空如悬磬，一无可筹。若由地方劝捐，则灾歉连年，疮痍满目，只能加意抚恤，安能再令捐输？而此项堵筑大工，必须趁此秋深水弱，及时堵合，以免天寒地冻赶办不及。倘再限于工需苟且从事，转瞬来年三汛仍属岌岌可危。欲求节用于目前，恐致虚糜于事后。因思，另案久停，节省固已不少，就此岁额减半给领，历今十有五年，亦省帑项六十余万两。值此无款可筹，惟有援照向年成案请帑办理，庶收实效。"等情。会详请奏，前来。奴才伏查，永定河近绕畿郊，工程刻不可缓。而司库连年军需，地方迭次兵燹，筹无可筹，捐无可捐，诚亦设法维艰。今该司道等筹议，请援案拨帑兴办，确系出于万不得已之谋。谨将勘估工段银数缮具清单，恭呈御览。合无仰恳天恩，逾格俯念工程紧要，瞬届隆冬，恩准勅部迅拨实银十一万两，以济要需，俾得即日兴工，普律认真修治。庶冲没农田及早涸复，以救民困。下余三千余两，由外筹措办理。（奉旨："该部速议具奏。单并发。钦此。"经部奏准。）

总督官文《堵筑水旱口门情形疏》（同治七年［1868］十二月）

窃照上年冬，永定河南七工失事。本年春，南四工又复漫溢，当将该管道、厅文武员弁，先后奏参。奉旨分别惩处。在案。一面勒饬该署道蒋春元，迅将冲刷漫口妥筹堵筑，俾下游淹没田庐得以及早安业。一面行饬藩司，筹借银款，拨解工次，俾该署道得以提同缴到赔项，克日购料，集夫挑河筑坝，以其一气呵成，早苏民困。乃引河已照估挑完，两坝进占已及九分。本已定期合龙，适遇连次暴涨，异常汹涌，致人力无从施设，不得不垂成歇手。又经奴才将合龙改缓缘由续行奏明，亦在案。兹据署永定河道蒋春元、候补直隶州知州陆慎言禀称："该道等自五月间，亲驻南四工次，严守两坝，督带厅、汛弁兵，昼夜巡守。前值叠次盛涨，均经随时跑买赶抢，殚竭心力，得臻稳固。且历大汛愈觉坚实，止须加高培厚，加土加碴，埽镶再行签桩。南七汛大坝前已堵闭，现亦仅须加修两处引河，前未启放，均尚无羔。但经夏秋风雨飞沙，亦应挑符原估。兹经该道等会同，督率厅、汛营弁，广集兵夫，于九月初二日动工，分驰南四、南七，严催昼夜赶做。遂于九月初九日合龙。查，今岁秋雨过多，南四汛大坝以上，间段积水甚大。昨经疏通启放，归入引河，并所存雨水顺流至南七工引河，直达尾闾。该道沿河周阅数次，均属通畅无滞。所有南四汛大坝以南之坑塘早经圈出在外，十八号沟槽、十七号原堤，均于此次一律补完。至南上汛堤工，失修年久，卑薄过甚，前经秋汛漫口之时，间段冲破残缺者，或数十丈，或十数丈不等。汛后又复盛涨，间有刷成沟槽之处。业经会同委员候补知府张承详察情形，择要施工，均已盘筑裹头，且水势渐涸，天寒结冻不至续塌。"等情。奴才查，历届大工合龙，例应亲往验收，现值办理善后事宜，是以札委候补道荫德泰驰往工次，代为查验。兹据验竣禀覆："委系工坚料实，并无草率偷减，取具保固年限各结，加具勘结送候核办。"前来。所有永定河南四汛大坝合龙，南七汛大坝堵闭，暨南上汛漫口盘筑裹头，及委员前往验收缘由，理合恭折具奏。再，河工失事员弁，向例缴清赔项，准于合龙后恳恩开复。此次因南上汛漫工未合，应俟明春普律办完，再行随案声请。至南上汛漫口，系署道蒋春元任内之事，该署道现虽交卸，自应仍令留工随办。（奉旨"知道了。钦此。"）

总督曾国藩《新工稳固情形疏》（同治八年［1869］五月 附《开复各员处分片》）

窃查永定河南上汛漫口等工，经臣奏派永定河道徐继镛、候补道蒋春元，分投领款兴办。前据报，督率掌坝、随坝各员，带同兵夫，赶紧修筑，择定四月初七日合龙。臣先期驰往查验，已将出省、回省日期，先后附片奏报。因前后新办各工，均趁水涸之时赶做，虽验明坝埽坚固，引河深通，但新修之堤，未与水斗，究未敢遽信为可靠。当经声明，先报大概情形，俟经历盛涨，再将合龙正折另奏。在案。兹据永定河道徐继镛、候补道蒋春元禀称："五月初三日未刻，浑水直抵坝前，水势抬高八、九尺，坝埽悉臻稳固。启放引河，导溜东趋，当派员弁、兵夫，连夜跟水东行，直抵南七。初六日申刻，径达尾闾汇入凤河，全河复归故道，形势极为畅顺，毫无阻滞，"等情。会报前来。臣查，此次南上漫工，先据该道、厅等估需银十一万

（光绪）永定河续志

余两，经前督臣官文奏蒙恩准，奉部拨款兴办。臣出京时先赴工次，沿堤亲历履勘。心疑通工颓废情形何遽至于此极，旋复周谘博访。金称：自咸丰三年［1853］以后，前此所定经费仅发四分之一，迄今十五、六载，领款太短，到工又迟。各汛左支右绌，不得不因陋就简，以致堤愈削薄，河益淤高，年甚一年，遂至于此。否则漫溢失事之案，从未有似此连月叠出者，则通工之受病可想而知。臣因取该道等所呈估折，按照所历情形，一一覆核。觉南四、南七引河丈尺浅窄，地段亦短，尚须加挑宽深。因与申明，昔年挖浚中洪之旧例，谓引河若果深通，即中洪亦已疏浚，名异而事实相同。新工与旧例相合，当许于原估银数外酌加两倍，增银二万二千有奇。此外，堤埝有应添培高厚者，有应酌增坝埽者，全河可虑之处，均须择要添做。即于本年应领岁、抢修银内指款速办，仍许以事竣酌增银数千两，以补岁、抢修之不足。又与该道及厅汛等严定约束，此次大工，务先痛除向来河工旧习，一切购料办工，事事力求真实，上不准丝毫克扣，下不准丝毫浮冒。其大工估定之银、一年例应领之款，均二、三月一律拨发。许为奏乞天恩，免追赔款。宜各激发天良，认真报效。并又遴派熟谙河工之候补知府徐本衡、候补知县陈赞清、朱锡庆等，暨地方官西路同知邹在人、南路同知萧履中等多员赴工襄办。该河道徐继镛派驻南七，督办两岸培堤、切坎、筑坝、挑淤事宜，及南七引河各工。委员候补道蒋春元派驻南上，督办漫河两坝镶筑事宜，及南四引河各工。旋据呈报："择于三月初一日兴工，督饬掌坝、随坝员弁，率领兵夫趁办镶进，水占坝边接做水埽，层土层料，密签长桩，加压厚土，多派兵丁，层层夯硪，重打坚实。并添做夹土坝，坚筑土柜、养水盆。金门口仅剩五丈，余虽上游甫经水涸，而坝前尚有清水二、三尺深，即于四月初七日丑刻挂缆合龙。迄追压到底，随下关门埽，加钉大桩，均系候补道蒋春元逐日在坝，亲验监催。其南上、南下、南四引河，加深展宽、添长地段各工，亦经按照添估，委员分办报竣。"该徐继镛督率员弁，坚做坝埽、疏浚引河。先是，龙王庙以下河身，节节淤塞，并有高仰及坐湾不顺之处，现均逐一详勘，一律加深展宽，裁曲取直，添挖子河，兼做沟工至窦店窑迤下，均已通畅。复周历两岸各险工，如南上、南下、南二、南三、南四等汛，加培堤埝，添做土埽；北三汛加筑子埝、添办五号圈堤；十二、三号土工，并添做鱼鳞段；北四上汛二号、十号挑水坝；北四下汛镶做埽段，南四汛四号加做挑水坝护埽，并将各处切坎工程，均按添估之式，饬属赶办完竣。是此次堵筑南上汛一处漫口，实将通工二十汛之堤埝坝埽，均已普律全修。虽南七、南四引灌，臣尚嫌其逐渐逼窄，难容全溜，不无可虑，而询访民间，皆称："此次工程坚实，已为近二十年所未有。"转瞬伏、秋涨发，靡有定程，事难悬揣。应即责成该河道，督饬厅、汛员弁，振刷精神，随时抢护，务保无虞。臣于四月初四、五等日，验收引河大堤各工。其南上大坝引河各工，亦经委员候补道任信成驰往验收。据覆，工坚料实，足资经久。目下浑水涨发，自上而下，新做坝埽均经洪流冲刷，悉保稳固。大溜铺满畅行，引河无阻，堪以仰慰宸廑。是此次印委大小文武员弁，均能认真修筑，奋勉出务，可否准臣择尤酌保，以资鼓励之处，伏乞圣裁示遵。所有漫工合龙后，初经盛涨，坝运稳固，引河通畅缘由，理合恭折具奏。（奉旨："著准其择尤酌保，毋许冒滥。钦此。"）

再，永定河前后各案被参员弁，现均随同此次大工，力图报效。刻下大工告竣，自应代恳恩施，所有原参革职留工之同知衔尽先补用。知县南四工固安县县丞胡彬、原参部议降级之知府用候补同知三角淀通判朱津、原参革职留任之南七工东安县主簿陞署北二上汛良乡县县丞陈枫、承办南七堤工候补县丞马光泰、守备衔南岸千总李柯，又南四、南上失事案内，原参分别革职留工、留任之署南岸同知候补同知余汝偕、都司衔河营协备署守备兼署都司尹光彩、知州用南上汛霸州州同何承祐、署南岸把总张克俭，可否叩恳天恩，准将该员弁前后原参处分，悉予开复，出自鸿施。又，前署永定河道候补道蒋春元，前于南四失事案内部议降级，嗣于南上失事案内奏参革职留任。臣因其人廉勤朴实，是以此次大工，即派该道驻守大坝，监催督办，果能撙节经费，任怨任劳，深资得力。合无仰恳天恩俯准，将该道蒋春元前后参案处分一并开复。以资鼓励。（奉旨："胡彬等，均著准其开复原参处分。蒋春元著一并开复。该部知道。钦此。"）

总督曾国藩《北四下汛漫溢疏》（同治八年［1869］六月）

窃照前因永定河南上等汛合龙后，经历盛涨，坝埽均甚稳固，引河亦尚通畅，意为后即长水，似可不致他虞，用敢专折奏报，并将已前参革各员恩恩开复。在案。不料本年宣大一带，得雨甚大，屡见各属禀报，即虑山水汇注，一出山口势必异常涨发。正在悬系之际，乃于五月二十八日，接永定河道徐继镛禀称："查通工形势，以南上、南下为最险，而南四各号新工，尤形险要。因十八号以下引河过于逼窄，漫滩水普律出槽，拍岸盈堤，情形十分吃重。该道督率厅、汛各员，分投抢护，将各埽段加镶压土，穷一日之力，始得渐臻稳实。旋据代理北岸同知王维清禀报：'北四上汛十三、四号起，至北四下汛三、四、五号，及于工尾二十余里之间，一片汪洋。水势近逼堤根，续涨不止，愈抬愈高，串沟水漫过五号堤埝，赶即挂柳卷由，多方塘护。正在抢办间，三号又复驰报，水势直漫堤岸，危险万分。当经分饬汛员、弁兵，招集村民，跑买土料，设法抢救。不意二十一日酉、戌之间，大风陡起，激浪腾空。北四下汛五号，水越埝顶，刷塌口门十余丈，昏黑之间措手不及。理合据实禀报。'该道当即北渡驰往，犹冀以人力回天，乃值风狂溜急，驶至北三工冒险渡河，烈风雷雨之中行抵北四下汛三号。因漫水将堤身隔断，不能径赴五号，又复加夜渡河，折回南岸。二十二日，绕由南五过河，查看北四下汛五号漫口，已经夺溜，冲刷口门三十余丈，无可挽救。查勘，此次漫口，系由旧减河顺流而下，被淹村庄无多，人口无伤。现已赶紧备料，盘筑裹头，以防续塌。"等情，禀请参奏。前来。臣查永定河堤工，前经臣亲历细勘，诚属废弛已极。第上年请帑十一万金，臣又加拨二万余金，为款已钜，原冀引河加长，中洪稍宽，又将岁、抢修年例应发之银全数早发，亦冀全工择要修培，庶保无虞。乃北四下汛五号，竟被漫越堤顶，刷塌三十余丈，虽在平工处所，尚非本年新工之失，而本厅、本汛各员所司何事，实属咎无辞。相应请旨，将代理北岸同知候补通判王维清、署北四下汛固安县县丞候补从九品岳翰，一并革职，留工效力。该河道徐继镛统辖全河，疏于防范，应请革职留任。臣督率无方，请旨将臣交部议处。现在伏、秋两汛，接续将至。汛期正长，上游险工林立。而历年以来，河身并无中洪，本年所挖南四、南七引河，既短且窄，不能容受全溜。臣前折所虑即在于此。河身既不能容，即堤埝处处可虞，亟应上紧防护。除饬委候补道蒋春元，先行驰往查勘，严饬上游各汛务，各加意修防，仍速盘筑裹头，以防续坍。再，此次漫口据该道禀称："引河淤垫无多，拟于半月之内设法抢办，冀盖前愆。"今已半月届满，堵塞漫口尚无把握。如果于数日之内侥幸抢办合龙，再当专折由驿驰报。（奉上谕，恭录首卷。）

总督曾国藩《请俟秋后堵合漫口片》（同治八年［1869］七月）

再，查永定河北四下汛漫口，前据该道等，以"引河淤垫无多，口门亦尚不宽，请就半月内抢办堵闭，以赎前愆。"当经准其试办，而又料其全无把握，曾于上次折尾声明。在案。兹据永定河道徐继镛禀称：该道"自六月初二日起，昼夜赶办，两坝进占，兼做夹土坝，挑筑背后上土，并镶做边埽，加压顶土。至十六日止，共进十二占，连小坝共二十四占，仅留金门口四丈七尺。其河身淤垫处所、引河沟工，亦经间段挑挖。本定十八日合龙，因十七日大雨竟日，兵夫不能站立，是以改至十

425

九日。当于是日卯刻挂缆，测量金门口水深一丈二、三尺不等，溜势湍急异常，两坝十分吃重。"该道"不惜重赏，坝前水愈抬愈高，以千余人抢办三时之久，迄未能追压闭气。又值水适骤涨，势更难与强争，只可以保全大坝为急，不得已将金门口土料折去，俾河流得有去路，免致伤及坝身。俟秋后水弱，再将引河加挑宽深，方可合龙。现计大坝引河均尚如故，已派弁严密防守，亦不致虚糜经费。"等情，具禀前来。臣查，此时正交初伏，水力刚劲，本难徼幸成功，特因该道、厅等急图自赎，是以姑准试行。今功败垂成，实亦意中之事。且全河受病已久，下口太高，无尾闾可以宣泄，中洪太浅，无河身可以畅流。即使北四下汛幸而堵合，堤埝单薄处处可虞，不决于此或溢于彼，总坐河无可归之槽，溜无容受之处，故泛滥为患耳。将来秋冬合龙之后，必须将挑挖中洪、疏浚下口二者认真筹办，庶可补救万一。臣识闇才疏，不克研究河务胸怀成竹，以致底绩无期，曷胜惶悚之至。（奉上谕，恭录首卷。）

（光绪）永定河续志

总督曾国藩《酌办工程请拨款项疏》（同治八年［1869］九月　附《请加拨岁需经费片》）

　　窃维永定河北四下汛堤岸，于五月二十一日漫决，接连伏、秋二汛，未克合龙。八月间，奏派候补道蒋春元前往署理，筹度兴工，并饬周历下游详加察勘，下口是否疏通，中洪是否无阻，一一勘明。免致此处甫经合龙，彼处又报决口，仍蹈近年之覆辙。兹蒋春元禀称："自八月二十一日至二十五等日，督同文武员弁，周历查勘。查，永定河自南、北七月汛以下，河道宽至数十里。由道光二十三年［1843］至今，所谓下口者，或傍南岸而行，或傍北岸而行，或归中道而行，均下抵凤河，以达于海，迁徙不常。兹勘得旧傍北岸之河，北七头号至三十一号，均属河身宽深，距堤亦远，形势极顺。无如三十一号以下，河距堤身太近，其形甚窄。至四十八号以下，并无堤身，水出，则漫淹武清、东安，是改归北岸之议未可举行。其旧行中道之河，水由北七、二、三、四号，向望河楼、调河头，仍入中道，距南、北两堤均远，一线顺流无所依傍，直达凤河，形势亦顺。无如间段淤垫太长，渐成平陆，有并无河形者，所需经费过钜，是引归中道之议，亦未可行。惟近年水傍南堤之河，即系道光二十二年［1842］以前之故道，目前水入下口，不能不循此道而行。人力稍觉易施。惟下口既傍南岸而行，则南七各号，即系切近下口吃重之地。查，南七五号，同治六年［1867］漫口，秋后堵闭，因限于经费，未将拦河大坝修复，合龙

426

之后，凌汛涨发，即已鼓裂塌陷。幸去年南四决口，该处未经过水。今年南上合龙，大溜甫过该处，水上埽面，与堤相平，岌岌可危。现在堤身受病，堤内坑塘太深，头分引河太窄，是南七之六、七号实为下游第一险工。兹拟向前第五村之东南隅，另挑引河，工长七百丈。下与旧挑之河身相接，并于南七工头二号，做一截水大坝，镶埽签桩，工长百丈。撇水入新引河，不入坑塘，仍于坝根两旁作一圈埝，工长千丈，以卫前办之堤。估计土、运各项，需实银一万六千两有奇。此南七切近下口，预防危险，拟办引河坝埝之工也。至龙王庙上、下河身甚窄，并未刷宽，须加挑至十二丈宽。窦店窑以下五百丈，亦宜挑宽加深，估需实银一万八千两有奇。其余河槽稍宽，及离凤河较近之区，姑置后图，此疏通下口之工也。南六、南五、北五两岸以上，至张家坟西头，工段甚长，斜曲过多。水来则壅积难下，以致上游抬高急应节节挑挖，或裁湾取直，或切坎顺轨，只存南五十七号，北六十三号两处次险之工，其余一切险工皆已撇去。盛涨来时，或可势同建瓴，经行无滞。估需实银二万二千两有奇，此挑挖中洪之工也。至北四下汛坝工，均皆蛰陷坚实。惟秋汛以来，金门口刷宽，现尚有十二、三丈应行进占。金门口水深一丈一、二尺，一丈三、四尺不等。新估背后后之土，加宽加高，又添做养水盆，河头则须向南展宽，以顺来流。引河又须加挑，以通去路。并前此抢办时用过之费，共估需实银二万四千两有奇，此堵合北四决口之工也。此数者，惟北四下汛堵口系属正案，其余皆系另案。然不办中洪下口，则合龙后水势不能下行，不惟新工吃重。即凡水经过之处，堤身处处勘虞。四项工程共估需银八万余两。伏乞源源发款，及时赶办。至向来方价、料价，皆有常例。此次剔除积习，核实力减，以求搏节。"等情，具禀。前来。

臣查永定河工，近年多系由外捐办。去岁经署督臣官文奏请帑项十一万，仰荷圣恩允准。[2] 臣今春到工，又于南七、南四引河，增拨银二万三千两，已属非常之举。今冬又需专款八万，殊觉糜费过钜。第既拟该道暨各员勘明，不办中洪下口，则水势不能畅行，仍恐合龙之后，旋即失事。堤身受病已久，本属在在堪虞。臣不得已，札饬核减银九千两，准[3] 其一面兴办。至由外劝捐，历年成案皆系由司库借拨现银，再于岁修项下，按年摊扣款。岁修等银久经裁减，又加扣去捐款，则河员之领项愈微，到工之实银愈少，河务所以日坏，皆在于此。臣愚以为，欲整顿河务，必须停止摊捐，发给现银，免致厅、汛有所藉口，即以作弁兵、夫役之气。合无呼恳天恩，饬部拨银四万两，尚少三万余两，臣即于江南协直项下①拨发。今年，直隶水旱报灾近七十县，民力穷困，藩库无可动拨。伏希圣慈亮鉴，如蒙俞允，臣当分别办理。张家坟一带挑挖中洪，龙王庙以下疏通下口，二者皆多年失修之工，即用部拨之款。其北四下汛堵塞决口、南七六号添做坝埽，系近日应办之工，即用分筹之款。区别造报，庶不失慎重帑项之义。所有核明永定河工程，酌拟办法，请拨款项缘由，恭折具奏。（奉上谕，恭录首卷。）

再，查永定河向例，每年岁修银三万四千两，抢修银二万七千两，备防银二万五千余两，加增运脚银八千五百两，均由部库请领。久经遵办在案。咸丰四年[1854]，因军需浩繁，库款支绌，奉部议定减半给发，并令在藩库旗[4]租项下拨发。其时，藩库一应放款，均系银钞各半，遂于河工岁、抢修等银，亦发半银半钞。向之，每年发九万四千余两者，至是仅发实银四分之一，不过二万三千余两矣。同治三年[1864]，前督臣刘长佑以部议："征放现银，停止钞票，则永定河岁、抢修各银，亦应停止发钞，奏请发给五成实银"。奉旨允准。于是较之向例可得四分之二，每年可发四万七千余两矣。然司库扣去部平及摊捐②等款，每年所发实银尚不满四万两，是以到工之费甚少。向来，岁修银内本有挑挖掘中洪、疏浚下口二款，厥后领款向有其名，而修工实无其事。通年领银太少，堤埽已甚草率，而中洪下口，更置之不论矣。臣日夜思筹，欲弥永定河之患，必须于中洪、下口二项，年年加功。夏间，曾以河务函询通商大臣崇厚，旋接其覆书。亦谓："宜从下口施力。永定河其正下口，在天津西北之韩家树③地方，为永定河与大清河汇流之处，每日海河潮汐可以达到。应从韩家树下口节节向上挑挖，使浑水直达海河，与潮汐可以相接，藉潮力

---

① "江南协直"一语，指咸丰三年[1853]，清在江苏扬州仙女关[今江都镇]设厘金所，征收税率百分之一的商税，故称厘金。其后全国各地效仿推行，成为盘剥商民的手段。厘金税入省际调济款项，故有"以一省之财力协济数省之军饷，多藉资厘金"。可知厘金之设用于镇压太平天国、捻军等农民起义的军费。直隶省军费、河防费，均靠江南各省厘金税"协济"方敷需用。同年开征盐厘性质同此。参见《清史稿·食货志六》。

② 部平、摊捐，前指工部审核河防经费时，按"定例"对河工专案"确估"的土方、工价、运脚等费用，强行扣减"浮冒不实"之数，在拨交藩库款银剔除，谓之"平减"或"部平"，实际上是户部、工部因财政亏空[支绌]，克扣河防工程经费。后指部拨经费不足，地方督抚、河道官员发起"集资认捐"向官绅摊派河工经费。认捐银两一时难以凑足，则由河道银库垫支。其后数年内归还垫支银款。每年从下拨给藩库银两中分摊扣减，谓之"摊捐"。由此可见清晚期财政、河工的困境。本折以后数折都离不开这一话题。

③ 韩家树今名韩家墅。在今天津市北辰区境西部偏南。

汲引，使下游不能停积，自上游不虞壅遏。"等语。其言似属可行。臣虽未至下口尽处，而两次到工，见河身无槽之处甚多。窃以为，常疏中洪，宜与崇厚先挖下口之说相辅而行。合无仰恳天恩，饬部核议准。将昔年裁减岁修、抢修等银，再加拨二万三千余两。较之道光年间原额，酌复四分之三，每年共发七万一千余两。以一半为修堤抢险之用，以一半为疏浚中洪下口之用。每年桑乾及九十月间，奏明修理下口若干里，中洪若干段，工竣后必须总督亲往验收。如其草减浮冒，立即参劾罚赔。所难者，挑河所出之废土，仍堆积于河中，不能远送堤上，一遇风吹水荡，不免壅滞河槽之内，终非长久之计。臣现札饬上海机器局询：问洋人制器有能送土于数里之外，不甚糜费者？果有其器，则挖出之土送于堤上，加以夯硪，固属一劳永逸之道。即无其器，每年挑挖究亦不无小补。如蒙俞允，此项银两部库势难发给，司库亦极窘迫。拟请于长芦运库先发一、二年以济要需，将来部库充裕，或仍复道光年间之旧章，每年发岁、抢等银九万四千余两，仍以一半修堤抢险，一半挖浚中洪下口。届时应从何处支发，俟数年后再议。臣才识浅陋，于河务但见河身兴堤相平，堤工矮于河身，因思专从下口中洪致力。是否有当，请旨饬下户、工两部议覆，施行。（奉上谕，恭录首卷。）

户、工等部《议准加拨岁需经费疏》（同治八年［1869］十月）

直隶总督曾国藩奏"请将永定河岁抢修等银，加拨二万三千余两，以济要需"附片一件。同治八年九月二十四日，奉上谕："曾国藩片奏：'永定河裁减岁、抢修等银再加拨二万三千余两。由长芦运库兑发一、二年'，等语。著该部核议具奏。等因。钦此。"遵由内阁抄出到部。查，原片内称："永定河岁、抢修等银自裁减后，每年仅发四万七千余两，领银太少，堤埽草率。请再加拨银二万三千余两，每年共发七万一千余两。以一半为修堤抢险，一半为疏浚中洪下口之用。此项银两拟于长芦运库先拨一、二年，以济要需。"等语。户部查，永定河岁、抢修等项，原额银九万四千余两，嗣因库款支绌，自咸丰四年［1854］起，奏明减半给发，并令在于司库旗租项下，按银票各半拨给。同治三年［1864］间，前督臣刘长佑奏："钞票停止，请将岁、抢修银两发给五成实银。"经臣部核准，行知遵照。在案。今该督以"裁减岁、抢修等银不敷工需，请再加拨银二万三千余两。于长芦运库行发一、二年。"等语，系为中洪下口认真挑浚，以利修防起见。应如所奏。准其加拨银二万三千余两，以济要工。此项加拨银两，并准暂于长芦运库发给。由该督认真督办，如果办有成效，再行奏请定款。惟查，该河岁、抢修等银，原发四万七千余两，加以此次添拨银二万三千余两，几及原额十分之八，领款不为不优。原奏内所陈"领款徒存其名，修工则无其事"，切中近年河工积弊。应请敕下直隶总督，严饬该署河道，督率厅、汛各员，务将修工银两滴滴归工，认真镶办。并将每年挑挖中洪、疏浚下口各若干里段，报由该督亲身验收。倘有偷减，即行从严参办。并遵照前奏，河工各员赔款，不准由应领岁、抢修银两扣抵，以其工归实用。至原奏所称，"河身与堤相平，堤工难于得力，宜专从下口、中洪致力之处。"工部查，该督奏称："欲弥永定河之患，必须于中洪下口加功[5]"，业经奉旨允行。应请饬下直隶督臣，严饬工员，认真挑挖，务须一律深通，下流畅行，则上游自无虞壅塞，庶可以收实效。工竣后核实，验收取具保固切结，报部稽核。（奉旨："依议。钦此。"）

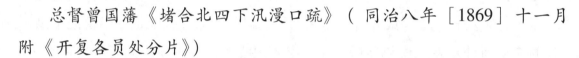

总督曾国藩《堵合北四下汛漫口疏》（同治八年［1869］十一月附《开复各员处分片》）

窃照永定河本年北四下汛漫口，经臣酌筹办法，请拨款项，檄令署河道，督饬厅、汛分投赶办。旋据该署道蒋春元禀报，定于十月十二日合龙。臣当即奏，亲往验收。业将出省、回省日期，先后奏报。在案。惟是历届堵筑漫工，只将决口堵完、引河挖通，即为蒇事。此次期于搜除病根，规画久远。是以专从下游著力，一面估筑大坝，深挑引河，一面开挖中洪，疏通下口，使大溜建瓴直泄，不稍停留，可免下壅上溃，及此塞彼决之虞。当经该署道逐条详禀，臣即批准照办。兹据署永定河道蒋春元具禀："自兴工以来，驻扎北四下汛坝次，会同前任徐继镛及各委员，分别经理。石景山同知王茂勋，掌管北四大坝，督率各员，严饬兵夫，慎重进占，接做上、下过埽，密签长桩，加压厚土，层土层碴，夯筑坚实。并添做后戗、夹土坝，坚筑土柜、养水盆。署南岸同知朱锡庆等，掌管南七截水大坝，董率各员镶做边埽，悉系深槽密桩，层土层碴，均臻坚固。其中洪下河，委员按段挑挖，均于十月初十日前一律完竣，宽深丈尺皆与原估相符，并无短少，试放清水极为通畅。量得金门口仅剩四丈五尺，愈收愈窄，水深一丈四、五尺不等，当于十二日卯时挂缆合龙。水势湍急异常，两坝均形吃重，同时陡蛰，幸兵夫云集，料物充盈，随蛰随镶，悉臻稳固。当即挑挖河头土埝，启放引河，建瓴而下迅如箭激，大溜制动引河全槽铺满，畅流下注。随下关门大埽，层土层碴，追压到底。惟金门以下尚未断流，复不惜重赏撒手跑买，并力抢办，竭一昼夜之力，于十三日巳刻全行闭气，金门以下养水盆旋即断流，并无渗漏。遂派弁跟踪查看。据报，十二日午刻至十四日辰刻，未及两昼夜，直达凤河尾闾，并无壅滞，全河复归故道，两坝一律巩固。除督饬各员赶办善后工程外，此次调往委员并在工厅、汛各员极为出力，可否准其择尤保奖，应请奏明办理。"等情，具报前来。臣到工逐一勘验，北四下汛暨南七两处坝工，均各工坚料实。张家坟一带所挑中洪，南七以下所挖引河，拍岸畅流，直注下口，毫无阻滞。此后，但能按年挑挖，修治堤埝，俾河身不致淤垫，则盛涨亦可无虞。新任李朝仪，已于十月二十六日抵任接印。该道廉正耐劳，随事认真讲求，河务当有起色。至此次工程，因时近寒冬，急求蒇事，恐河员不敷，由省调委多员。相间派委拟署道蒋春元，查明极为出力，似应量予鼓励。可准其择尤保奖之处，恭候圣明裁示。所有堵筑北四下汛漫口合龙，暨疏浚中洪下口各缘由，理合恭折具奏。

再，查本年永定河北四下汛失事被参各员，此次随办大工，极为踊跃出力，实属均知愧奋。可否仰恳天恩，将前任永定河道徐继镛，开复原参革职留任处分。候补通判与衔署北岸同知王维清、候补从九品署北四下汛固安县县丞岳翰，均请开复原参革职效力处分。出自逾格鸿慈，合再附片具陈。（奉上谕，恭录首卷。）

总督曾国藩《南五工漫溢疏》（同治九年［1870］六月）

窃臣于本年六月十二日在天津差次，接据永定河道李朝仪禀称："六月初七、八等日，各汛叠报长水，南三工之六号、十四号；南四工之九号、十二、十八等号，同时水上埽面各埽蛰动，均形危险。该道督饬厅、汛各员，分投抢护，始得渐臻稳实。因南五工报到十七号情形尤重，当即驰往督办。途次，接据三角淀通判朱津禀报：'初八日，南五工十七号水涨溜急，埽段走失，汕刷堤身，间段漫水情形十分吃重。当饬汛员弁兵，多集村民跑买土料，加高子埝。一面挂柳卷由，多方抢护。不意初九日午时，水势续涨不止，狂风大作，骇浪腾空越过埝顶，刷开口门十余丈，实属措手不及。理合据实禀报'。该道当即驰往十七号查看，犹冀以人力回天，无如漫口业经夺溜，口门刷至二十余丈，无可挽救。现已购备料物，盘筑裹头，以防续塌。"等情，禀请参奏。前来。臣查，永定河废弛已久，底高堤薄，上年奏请分年疏浚，其以数年之后方有补救。现甫浚数处，全河中洪仍未一律深通，此堵彼决，在在堪虞。本年疏浚下口，方在工竣，臣已委候补道刘树堂前往验收。乃下口工程甫毕，而南五工十七号遽报漫决，虽由河身过高，堤埝过薄，所有闸坝全行堵闭，大汛陡发，水无所容。而本厅、本汛各员，究属专司河防，情[6]无可贷。该道禀内又称："三角淀通判朱津，驻防南七大坝，连日河水迭涨，南七坝埽吃重，随时督同汛员抢护，未能兼顾。南五险工得信较迟，追星飞前往，则十七号口门已开，抢护不及。情有可原，与寻常疏忽者有间。"臣核查，所陈尚属实情。相应请旨，将三角淀通判朱津革职留任。其南岸五工永清县县丞徐铨革职，无庸留工，以示严惩。该河道李朝仪统辖全河，疏于防范，惟到任未久，应请革职留任，以观后效。臣督率无方请旨，将臣交部议处。臣现在天津查办要件，不克分身前往，即当饬委妥员驰往查勘，严饬上游各汛，加意修防。仍速盘筑裹头，以防续塌。（奉上谕，恭录首卷。）

总督曾国藩《南五工续被漫溢疏》（同治九年［1870］七月）

窃臣于六月十八日，曾将南五工十七号漫口情形，恭折具陈，并请旨，将道、厅、汛员分别参处，在案。兹于七月初三日，续据永定河道李朝仪禀称："南五工十七号，盘筑裹头，该道督饬兴工，来往查看。该汛十号旧险迤西老滩，距堤约有二、三十丈，自十七号漫口后，河水日益南趋，老滩逐渐汕塌。当即督饬厅、汛员弁，卷由挂柳，力为呵护。乃于六月二十三、四两日，大雨倾盆，连宵达旦，河水盛涨，老滩刷没无存。南坎忽生出滩嘴，挑水由北坎折回，逼溜直注南堤，顶冲入袖，土性纯沙，大溜汹涌，愈刷愈深，水不能出，形势十分危险。即飞调兵夫齐集抢护，不惜重赀跑买土料，多方挽救，无如水深二丈有余，堤埝坐溃。二十五、六日，风雨不时交至，水又陡长，挂柳柳即漂失，卷由由亦冲没。虽竭四昼夜之力，总以坎高水深，不能得手，无法挽回。至二十六日戌刻，漫溢夺溜，口宽约三十余丈。此次漫水出堤行二、三里外，即入前次漫河，被淹村庄无多。已饬厅、汛各员，赶将口门盘裹，以免刷宽。"等情，禀请参奏。前来。臣查该工十七号决口，甫经兴工盘裹，而十号又复漫决，实缘堤薄底高，处处危险。本年六月雨水稍多，盛涨失发，水无所容，溃而四出，人力实无可施。该河道李朝仪抵任以来，督饬厅、汛各员，加意整顿，布画颇为周备，而全河受病已深，非旦夕所能奏效。此次南五工第十号决口，在工各员究有专司河防之责，该河道李朝仪、三角淀通判朱津，前已奉旨革职留任，相应请旨，再行交部议处。署永清县县丞候补主簿蔡鸿庆，到任甫经七日，布置尚未周妥，与寻常疏忽者有间，应请革职留任，以观后效。臣督率无方，请旨将臣再行交部议处。臣前委候补道员蒋春元，查勘南五工十七号缺口，现在臣天津查办之案①，尚未竣事，不克分身，仍即饬令蒋春元驰赴十号一并查勘，并饬速盘裹头，以防续坍。再，据李朝仪禀称："日来心神时觉恍惚，梦寐亦怀儆畏，有不能自主之势。转瞬估办大工，若以病躯从事，陨越堪虞。仰乞矜全，竟予罢斥，遴委贤员接办"等情。臣以永定河受病甚深，虽能者亦难奏续。李朝仪朴实耐劳，仍批令该道，勉力筹办。合并陈明，所有南五工十号续漫成口缘由，理合恭折具奏。（奉上谕，恭录首卷。）

总督李鸿章《估漫口工需疏》（同治九年［1870］九月）

窃查永定河南岸五工十七号、十号堤工，于本年伏汛盛涨时先后漫决，均经前督臣曾国藩具奏。在案。兹据永定河道李朝仪禀称："永定河水挟泥沙，浑流汹涌，溜无定向，非秋深水弱不能动工。兹已节逾秋分，自宜赶紧兴工修复。瞬届冬令，天寒土冻，难以施工。即经督饬厅、汛各员，将全河形势并应办各工，周历履勘，核实估计，共应需银九万五千六百余两。禀请奏明饬部拨款，于九月内全数给领，俾得及时兴工，克期合龙"。等情，具禀前来。臣查永定河，关系畿辅水利民田，所有漫口工程，亟宜及时修复。惟库款支绌，筹垫维艰。该道所估工需，虽称核实估计，无可再省。臣披阅估册，严加酌核，不得不力求撙节，当经批饬，减为工需银九万两。责令及时兴修，实力妥办。务期通工坚固，款不虚糜。惟此项工程紧要，待用良殷，必须有著之款，克期应手。合无仰恳天恩，饬部查照向章，速为筹款拨解，以济急需，而免迟误。（奉上谕，恭录首卷。）

总督李鸿章《堵合南五工漫口疏》（同治九年［1870］闰十月）

窃查本年永定河南五工十号、十七号等处先后漫口。经前督臣曾国藩奏报，旋经臣饬令永定河道李朝仪，查明应修工程，核实勘估具禀，由臣酌定银数，奏蒙勅

卷十三 奏议

---

① 此指"天津教案"。1860年，法国天主教会传教士在天津望海楼设教堂，诱人入教、强占民地，激起公愤。1870年，教会育婴堂死亡婴儿数十，引起数千人到教会示威。法国领事丰大业往见三口通商大臣崇厚，公然开枪恫吓，又在路上向天津知县刘杰开枪，击伤随从一名。群众怒毙丰大业，烧毁法、英、美教堂及法领事署。事发后，英、美、法等七国军舰集天津、烟台一带示威。清政府先后派曾国藩、李鸿章到天津查办。曾国藩将天津知县革职充军，杀民众二十人，充军二十五人。赔款修建教堂，并派崇厚赴法道歉。此案引起朝野公议，曾国藩在众怒声中抱病，旋回调两江总督任，次年病逝于南京。李鸿章接任其职。

部拨款兴修。并以节交冬令，工程紧要，奉拨山东河南等省地丁银两。一时未能解到，行饬藩司练饷局，无论何款，先行如数垫拨，免致迟误。又以该处工段绵长，添派候补道员祝垲前往，会同李朝仪，督饬厅、汛、印委各员弁，分投赶办。嗣据禀称："兴工以来，连值阴雨，河水陡涨，溜势湍激，大坝进占迭形危险。节经厚加土料，赶紧抢镶。并于南六头号，南七十七号旧河身内，及第八分、十四分引河工尾，各添筑土格一道，南七大坝以下添估迎水埝一道，又于引河内添估裁湾、切坎等工。"复经臣批令："认真会督，相机利导"。去后。兹据该道等禀称："十月十四日以后，天气晴霁，严饬在工员弁，督率兵夫，将南五工十号工程镶进水占，接做边埽，层料层土，随蛰随镶。跟即密签长桩，追压厚土，金门愈收愈窄，仅留五丈，添做后戗、夹土坑、养水盆等工。南五工十七号旱坝，亦经上紧筑做，补还原堤，夯硪坚实，镶做护坝埽段，一律高整。引河按段挑挖，次第报竣。逐加勘收，试放清水，极为通畅。测量金门口，水深二丈一、二尺不等。下游各汛御水工，亦已分别办理。惟二十四、二十七等日，西北风大作，河水骤冻，上游冰凌随流而下。赶即调集打冰器具船支，用巨缆在两坝牵挽，凿打添做鹿角，密齿木牌，在金门口两面节节推荡，即于十月二十八日未时，挂缆合龙。水势湍急，两坝均形吃重，即亲督在工人等，跑买土料，撒手抢办。赶下关门大埽，追压到底，而大溜汹涌，金门下尚有渗漏，穷两昼夜之力，如获全行闭气。一面将引灌所留土埝启放，溜入引河，势若建瓴。瞬息之间全行铺满，畅流而下，全河复归故道，"等情。禀请查核具奏。前来。臣以甫奉寄谕，兼办通商海防各事①，现驻津郡，正在次第筹布，未克亲赴工次验收，适道员祝垲于工竣回津，面询筹办情形，核实缜密，与所禀相符。除另委妥员赴工逐段查勘，并饬将善后工程赶紧布置，用过银数专案造册报销外。查，历届漫口被议人员，果能实力承办，大工合龙后，准其随案开复。此案三角淀通判朱津、署南五工永清县县丞候补主簿蔡鸿庆，经前督臣循例奏参。该员等承修各工，均能撙节经理，应缴赔项，亦据全数解清，尚知愧奋，相应吁恳天恩，俯准将朱津原参两次漫口革职留任、暨蔡鸿庆原参革职留任各处分并予开复。该管永定河道李朝仪，前以疏于防范奉旨革职留任，嗣复奏交部议，降四级督赔。该道驻工督查，昼夜辛劳，勉图补救，妥速竣事。各员赔款亦已一律催缴。应请将原参降革处分，

---

① 此指李鸿章接替曾国藩任直隶总督兼北洋大臣，掌管清政府外交、军事、通商。此时驻扎天津，筹布通商、海防事务。

一并准予开复。二品顶带候补道祝垲，经臣派赴工次，督修往来勘办，诚恳耐劳，熟谙机要，拟请交部从优议叙。其余在事出力文武员弁，可否择尤保奖，以示鼓励，出自恩施。所有永定河南五工十号大工合龙情形，理合恭折驰奏。（奉上谕，恭录首卷。）

总督李鸿章《饬办善后工程片》（同治九年［1870］闰十月）

兹据永定河道李朝仪禀称："合龙工竣，计南五工十号大坝、十七号补还原堤，并原估、添估引河各段，暨一切土埽御水工程，共实用银八万八千九百四十四两八钱七分四厘七毫。除前次失事各员赔款缴到，全数支用外，原领部拨大工项下，节存银一万一千二百八十二两三钱二分五厘一毫。禀请奏明留为善后工程之用。"已檄饬，将善后事宜妥为布置，认真兴办。事竣，逐款造册报销。（奉旨："该部知道。钦此。"）

总督李鸿章《变通整顿章程疏》（同治九年［1870］十二月）

窃查永定河南、北两岸，绵亘四百余里，为宛平、涿州、良乡、固安、永清、东安、霸州、武清等，沿河八州县管辖地面。该州县经征河淤、苇隟等租，及派拨防汛、抢险民夫，在在均关紧要。乃因河工与地方不相统属，各存轸域之见，日久玩生，以致地租积欠日多，民夫抗违包折。种种情弊，迭经历任督臣严札饬办，而该州县等视为具文，往往虚应故事。甚至大汛抢险及堵筑漫口大工，购料觅夫正当吃紧之际，近堤居民居奇勒掯，索要重价，该地方官因无协防之责，置若罔闻，在工各员呼应不灵，事事掣肘，因之偾事者不力。经臣饬，据永定河道李朝仪查明实在情形，禀请核办。前来。臣查，永定河逼处近畿，因疏通水道，拱卫京师，是以专设河道，督同厅、汛各员，随时修筑，并归直隶总督兼辖，遇有溃漫例议綦严。沿河州县应征河淤、苇隟等租，均应按年清解。伏、秋大汛，一遇险要工程，即应派拨民夫，赶紧抢筑。乃地方官日久玩生，应解地租既多积欠，遇有要工复不认真督劝，以致人夫短少，料物奇贵，贻误非轻。近来，河身淤垫日高，堤岸坍塌日甚。若无巨款可资修浚，连年漫口虽经设法堵筑，每遇大汛仍虞壅溃。必须及时通力合作，冀可挽救于万一。各该州县恃非河道统辖，又河工决口，地方官例无处分，相率诿卸，锢弊殊深。亟宜因时变通，求尽人事。伏查，南河、东河河工道员，皆兼辖地方，沿河州县皆有协防之责。永定河为畿南保障，水利、民生关系尤钜，自应仿照变通酌办。拟请旨，饬将宛平等八州县，除钱粮、词讼及地方一切公事，仍归该管通永、霸昌两道核办，其有交涉河工、地租、民夫及修防事宜，均责成各该州县认真协同厅、汛各员办理。统由永定河道考核。果能实力奉行，著有成效，安澜后准由该道汇请奖叙。倘有玩忽等事，准即据实禀请参撤。如各汛员有卖放汛夫，干预地方，藉端刁难等弊，亦由该道严查揭参，著为定例。庶几呼应较灵，不敢再有推诿。谨将应办事宜，酌议章程四条，缮具清单，恭呈御览：

一、沿河州县经征河淤地租及香火、苇隙等租，原为永定河办公之费。近来各州县积欠累累，任催罔应，以致办公掣肘。应请定限，嗣后，以解至八分为率，如解不及数者，由永定河道查核揭参，并提承办书役究追。

一、每年派拨民夫上堤积土、防守险工，近堤各村庄例有额设名数，不准短少及以老弱充数。乃日久弊生。乡地书役往往有包折等事，以致无知乡民，藉端抗违。应请责沿河州县，循照旧章如数派拨。倘有包折等弊，从严惩办。该管汛员如查有卖放者，由永定河道查办严参。

一、沿河州县本有地方之责，应于伏、秋大汛时，各就该管地面协同防守。其有距离堤较远，及南、北两岸不能兼顾者，应于大汛时，选派干役，在近堤村庄常川驻守，督催乡地纠集民夫。遇有抢险等事，即速上堤抢护，该管州县仍随时稽查弹压。至宛平县驻扎京城，相离窵远①，不能亲到，应责令卢沟桥、庞各庄两巡检就近经理，统归永定河道考核。

一、伏秋大汛，遇有抢办险工及堵筑漫口大工之时，购买料物、雇觅人夫最为紧要。乃附近居民往往于吃紧时，居奇勒掯，不特多所糜费，甚至观望迟误。应由永定河道行知该地方官，出示晓谕，从中酌定，不准任意抬价，亦不得抑勒苛派，以示公允。（奉旨："该部议奏。钦此。"经部奏准）

总督李鸿章《南二工漫溢疏》（同治十年［1871］六月）

窃据永定河道李朝仪禀称："自五月二十八日至六月初三日，据各汛迭报长水，连底水积至二丈三尺五寸。较上年盛涨之水，尚多三尺九寸。浩瀚奔腾，汹涌异常，以致两岸各工节节生险，均经分饬厅、汛员弁，抢护平稳。惟南二工六号、十六号情形尤为危险。飞饬南岸同知朱津，前往分投抢办"。该道亲赴北四上汛二号险工处

① 窵，音 diào，深远。

所，正督兵夫布置抵御，接据朱津禀报："南二工六号、十六号，均因水势盛涨，汕刷坝档，大溜逼注堤根，当即分派弁兵添雇民夫，挂柳卷由，赶紧搪护。十六号水已漫出，尚在撒手抢办间，六号又飞报堤身坐溃，水高堤埝。驰往设法挽救，不意风雨大至，水又续长，骇浪惊涛无从着手，人力难施。至初六日丑刻，漫越堤顶，大溜一涌而过"。等情。该道驰往查勘，"犹冀以人力回天，无如漫口业经夺溜，口门约三四十丈，无可挽救。"据实禀请，参办前来。臣查，永定河废弛已久，底高堤薄，受病太深。只以经费支绌，未能大加修浚。去冬堵筑漫口后，迭饬该道，多挖引河分浚下口，冀杀盛涨之势。若雨水较少，或可勉力补苴①。奈自本年五月中旬以来，大雨倾盆，日夜间作，平地水深数尺，为直省十余年所仅见。高田虽卜丰收，河流不无奔决。南、北运河迭报抢险，而永定情形尤重。据报北四上汛二号、北二上汛五号，均已走埽溃堤，适南二工六号漫溢成口，制动大溜，南、北以下险工皆为断流。虽由雨久水大，疏消不及，河身不能容纳所致，而厅、汛各员专司河防，责无可贷。应请旨，将南岸同知朱津革职留任，署南二工良乡县县丞候补县丞萧承湛即行革职，以示惩儆。该管河道李朝仪，统辖全河疏于防范，应请革职留任，以观后效。臣督率无方，并请旨将臣交部议处。臣现在天津办理日本议约事宜②，不克分身前往。即委妥员驰往查勘，严饬该道，飞饬上游各汛，加意防护，仍速盘筑裹头，以防续塌。并饬各厅、汛，将断溜之刷缺堤埝及时兴筑、补还。勿再疏虞。（奉上谕，恭录首卷。）

总督李鸿章《卢沟桥石堤漫溢疏》（同治十年［1871］七月）

窃查永定河南岸二工六号漫口情形，经臣于六月初九日恭折具奏。并请旨，将该管道、厅、汛员分别参处。在案。兹于七月初二日，续据永定河道李朝仪禀称："连日督饬委员集夫购料[7]，分派弁兵，将南二工六号与漫口赶紧盘筑裹头。正在布置间，又值阴雨不止，河水盛涨。石景山外委签报，水深二丈三尺七寸，较上次尤为浩瀚。"据卢沟桥巡检郑官贤禀报："南岸卢沟桥以下石堤五号尾漫水，高出堤面尺余，汕刷背后土埝，渐有分溜之势。"上游各汛水均出槽，拍岸盈堤，异常汹涌，

---

① 补苴，补，缝补衣服；苴，用草垫鞋底。引申为弥缝。

② 此指与日本订立通商条约。《清史稿·李鸿章传》将此事记在同治九年［1870］十月，与此折年月不符，从此折。

以致处处生险。当饬厅、汛员弁分投抢护。一面派委候补县丞王仁宝，随同南岸同知朱津驰往赶将过水之处，设法堵筑。该道因北下汛十三四号斜对南二工六号口门，抽掣过甚，溜逼堤根，情形十分吃重，亲往查看。该汛十三号走埝劈堤，已有漫水，势极危险。即饬挂柳卷由，添雇民夫赶做后戗，竭力保护。无如风雨交作，水又续长，大溜冲激，堤土纯沙，又经久雨湿透，堤身坐溃，掣出大溜三分。犹复撒手抢办，水忽陡落，溜即渐缓。专弁飞往上游查看，旋即接据朱津禀报："石堤五号尾，漫水甚大，汕塌土埝，掣动大溜，水正续涨。该处本无埽工，又无积土储料，仅仗集夫挑土筑埝抢堵，乃水大溜急，一时措手不及。于六月二十四日亥刻，并将石子埝冲决，夺溜成口"。该道驰往查看，"委因水势高过堤面，漫刷石子土埝，冲塌缺口，制出大溜九分。其一分仍入大河。水如稍落，势必全归口门。现在口门约宽四、五十丈，无可挽回。询之该处老民佥称：'盛涨之水，高于堤面尺余，自嘉庆六年 [1801] 后，数十年所未有。'实属人力不能胜天。"据实禀请参办。前来。臣查，卢沟桥以下两岸石土堤，旧归石景山同知总理，向未设汛。嘉庆七年 [1802]，分拨卢沟桥巡检兼管。二十一年 [1816]，将南岸石土堤十四里，改归南岸同知经管，并无埽工。此次南二工六号漫口，甫经兴工盘裹，而上游石土堤五号尾，又复漫决，实缘河身淤[8]垫，受病已深。本年五、六两月暴雨兼旬，口外山水异涨，近畿水势尤大。滨河低洼处所，积潦数尺，一望汪洋。下游疏消不及，河身不能容纳，以致漫越冲刷，人力实无可施。惟该河道李朝仪，统辖全河，虽往来风雨泥淖之中，督饬抢护，究未能力挽狂澜。南岸同知朱津，职司修守，亦难辞咎。该二员前已奉旨革职留任，应请旨，再行交部议处。卢沟桥宛平县巡检郑官贤，系分隶兼管之员，虽向不领款承修，究有防守之责，应请革职留任，以示惩戒。臣督率无方，并请旨，将臣再行交部议处。臣前委前任永定河道候补道徐继镛，驰往南岸二工六号，会同该河道李朝仪，查勘漫口情形。现闻该处已成旱口，全溜由上游夺路，绕良乡、涿州、雄县一带，并归大清河入海。仍饬徐继镛驰赴卢沟桥五号尾漫口处所，一并查勘。俟水势稍定，即督各员弁，相机设法盘裹保护，以防续塌。目下天气畅晴，天津海河，为直、晋、豫东诸水汇归之处，虽一时宣泄不及，秋深后可冀渐消。惟永定河本名无定河，素称难治。近来河身高仰更甚，堤工岁修经费久经核减，无力培修，日形卑薄，是以岁岁有漫溢之事。此次盛涨，又数十年所未有，不溢于下游，而溢于上游，既漫于上游之土堤，又冲塌[9]上游之石堤，其水势之浩瀚可知，河身之高垫亦可知已。该河切近畿南，似未便废而不治。若大兴工作，诚恐无此财力。

即徙筑缺口，而缺口既多，引河太长，亦非钜款莫办。臣处此灾瘠[10]之区，深知筹款之艰，日夜交思，罔知所措。可否仰乞敕下，部臣通盘筹画，预为核计。臣仍督饬该河道等，核实勘估[11]，续行具奏（奉上谕，恭录首卷。）

总督李鸿章《筹漫口工需疏》（同治十年［1871］八月）

窃查本年六、七月间，永定河南岸二工六号，暨卢沟桥石堤五号尾，先后漫口。经臣两次据实驰奏，并预陈堵口筹款艰难情形，请敕部通盘筹画，预为核计。钦奉七月初六日上谕："仍著该督，督饬该河道等，核实勘估，详细奏闻，听候谕旨，等因。钦此。"比经恭录，行饬钦遵办理在案。旋据永定河道李朝仪禀报："卢沟桥石堤五号尾水口门盘筑裹头，尚未竣工，七月二十九至八月初四日，大雨六昼夜，续将口门以下土堤刷宽一百余丈"。复经批令督饬："另立坑基，赶紧盘筑。俟水势稍涸，即将应行堵合大工，及修浚河坝各工，认真履勘，迅速详办"。去后。兹据该河道李朝仪禀称："督同厅、汛各员，沿河亲加细勘，并饬承估之员，分别缓包轻重情形，核实酌估。查此次大工，实缘引河太长，上游须修补石堤，下游又须改浚河道，加以各汛御水善后等工甚多，是以经费稍增。兹将应办各工必不可缓者，详慎核估，共需银三十七万两零。省益求省，无可再减，绘具图说估册，禀请察核。具奏。请帑兴修。"等情。前来。臣查永定河受病最深，淤垫过久，每遇大汛盛涨，即有氾滥之虞。今年夏、秋雨水太多，全河险工迭出。七月间，卢沟桥石堤五号续漫成口，南二等工决口之水夺溜南趋，皆成旱口。八月初旬，又值大雨连宵，水势浩瀚异常，续将该处口门刷宽一百余丈。南、北两岸节经盛涨冲激，堤塍残缺，土石塌卸，自数十丈至一百七、八十丈不等。除南二、六号旱口外，如南二十六号、南七、六号及西小堤二号、北下十三号、北二十五号、北四上二号等处，均已冲刷断缺。浑流汹涌，水过沙停，河身更形淤垫。下口又为沙泥壅阏①，无从宣泄。自前办法于堵筑大坝决口之外，尤以分挑引河、疏浚下口为要。两岸残缺堤工，亦须分段补筑，中间裁湾切坎，添筑圈埝、土格皆不可少。又，所挖引河自卢沟桥南上汛界起，顺势间段挑深，宽长不一，而下游南七工北柳坨村②，至卢家铺约长四千八百丈。又，下

---

① 壅阏（音è），二字同义，水流被堵塞不通。
② 柳坨，在今永清县城东南二十余里，现名老柳坨，其南有南柳坨。卢家铺，现名卢家堡，在东安县南境［今廊坊市区南］。

游自于家坟至凤河，约长七千丈，工程最钜。加以御水善后各工，断非巨款莫办。溯查，嘉庆六年［1801］，永定河南、北两岸漫口十余处，卢沟桥石堤冲塌，仰蒙仁宗睿皇帝①特颁帑银一百万两，兴工堵筑，至次年［1802］夏令，始报葳[12]工。综计用过工为实银九十七万余两。本年，北方大水及永定堤工，实与嘉庆六年无异。惟现值经费支绌之际，部臣方以库储未裕，奏请停拨内外工需，即东南财赋之区，亦以奉拨京协各紧饷，催提急迫，未遑兼顾。臣久忝封圻，深知中外同此艰窘，何敢不力求撙节，共维大局。自永定河漫决后，臣即派道员徐继镛驰赴该处，谆谕道、厅各员，务须格外核实勘估，不准稍有浮糜。该河道李朝仪，素性诚悫②，昨复来津面禀实情，吁求宽为筹拨，免致贻误临时。臣反复[13]思维，永定河切近畿郊，若因筹款维艰，一任堤防废坏，来岁春融水涨，必至横流四溢，无可抵制，关系非轻。且被水十数州县灾黎辗转求食，除截漕十万石外，并未敢另请发帑。趁此兴办堤工，亦可以工代赈，一举两得。第需费过钜，仍恐无此财力。臣与李朝仪面加核议，暂酌减为二十六万两。直隶虽系缺额省分，又值水灾歉收之时，而工需紧要，不得不先其所急。业与藩司钱鼎铭往返函商，拟在省城练饷局③江苏解到协饷项下，陆续提拨银十万两，并司库无论何款，尽数提拨银六万两，分拨应用，其余不敷十万两，实在无可再筹。拟请旨饬拨。有著之款，并恳天恩，勒下各督抚臣，务于冬月内，如数筹拨，委员解赴工次。不可舟涉推诿迟误，以免停工待款之虞。臣一面督饬该河道，暨派出各员撙节动用，赶办兴工。如年内未能一律告竣，或款项尚有不足，容臣随时督饬司局，酌度筹办。具奏。总其工归实用，款不虚糜，以冀仰慰宸厪于万一。（奉上谕，恭录首卷。）

内阁学士宋晋《筹永定河经费疏》（同治十年［1871］十二月　缺）

总督李鸿章《请筹定加拨经费疏》（同治十年［1871］十二月）

窃查永定河岁、抢修经费，前因照章拨给五成实银，不敷应用。经前督臣曾国

① 即清朝第七代皇帝，爱新觉罗颙琰。嘉庆元年——二十五年［1796—1820］在位。
② 悫的繁体字为愨（音què），诚实、忠厚。
③ 练饷局，此指李鸿章接任北洋大臣、直隶总督后，开办洋务事业，购买军火，扩大淮军势力，建北洋海军，筹措军费而设。其经费来源多为海关税收，由江南各省"协饷"。练饷本来用于军费，李鸿章题请用于永定河工。

藩于同治八年［1869］奏准，每年加拨银二万三千两，专为疏浚中洪、下口之用。遵奉部覆，暂由长芦运库给发。近两年间，迭经奏明饬拨。在案。兹据永定河道李朝仪详请："将同治十一年［1872］加拨岁、抢修银二万三千两，照案饬发"。经臣饬，据长芦运司恒庆详称："上年奏请减轻科则以后，一切款项均系量入为出，有一两之征收，即有一两之动用。本年征收正课，尚不敷奉拨京奉各饷，至复介一款，又关岁额拨解饷需。其余零星杂项，为数既微，均关待用。兼之夏、秋霖雨成灾，奏拨赈款，凡可以通挪之项，均经移缓就急，动垫一空。兹前项加拨工需，实属无款可筹。查永定河岁、抢修经费，本系由部筹拨。嗣因部款支绌，改由藩库解部旗租项下拨给。此项加拨银两，同为修防要需，可否一律改由藩库旗租项下拨领。"等情。详覆到臣。复经饬，据升任藩司钱鼎铭详称："直隶本系缺额之区，加以连年灾歉，粮租蠲缓。而年例应发之款，仍须随时支放。司库益形竭蹶。且旗租一项，现奉户部行令：'自同治十一年［1872］为始，仍批解部库'。即或照旧截留，尚有奉文指拨之密云等十四驻防新案米折，以及永定、南、北运河年例、岁、抢修、加增运脚备防秸料，暨东三省、新疆俸饷等项动放，犹虑不敷，难再添此钜款。惟本年永定河漫口，附小工林立，此项加拨之款，运库既难通挪，司库若再推诿，则全工应备料物，年内如何赶办？查同治七年［1868］永定河南四、南七漫口案内，曾由运司解存藩库工需银一万两，应由藩库筹解还款。应即以此项支放永定河加拨同治十年岁、抢修经费，仍由该运司就款开除。其不敷银一万三千两，即在司库本节年旗租款内凑拨，俾顾要工。至下届应需前项银两，实不能再由司库支发。应请酌核奏办，以重河防。"各等情。前来。臣查，永定河本年漫口较多，现在各处旱口门，虽经督饬一律堵筑，而石堤五号尾，因工费浩繁，合龙尚需时日。加以低洼处所积潦未消，转瞬春融，抢办险工，修补堤埝，在在均关紧要。若待往返奏拨，年内购备料物必形迟误。现由藩司通盘筹画，设法挪垫，洵为力顾大局，应即准饬照办，俾得及时购备。惟此项加拨银两，查曾国藩原奏内声明："较之道光年间原额，仅酌复四分之三，将来部库充裕，复道光年间旧章，从何处支发，俟数年后再议。"等语。户部议称："如果办有成效，再行奏请定款，自为经费核实起见。"臣思，永定河额定岁、抢修银九万四千余两，自咸丰四年［1854］起减半给发，又按银票各半。相沿十余年，至同治三年［1864］始，改给五成实银四万七千余两。然司库扣去部平及摊捐等款，每年实发不及四万两。是以到工之费甚少，而河身愈形淤废。曾国藩不得已，请岁增银二万三千两，无非力筹整顿，究尚不敷原额。两年以来，河员

卷十三 奏议

441

尽数动工，尚不足以挽救积年之淤废。若已加拨者，遽令停拨，势必藉口停工，非惟成效难期，且恐为害更钜。从前因减拨额款而致年久失修，今后欲整理废河，而复再议减拨，似觉无此情理。臣月前查勘全河上下，受病实深。既未便废而不治，即须逐渐挑挖，以求万一之效。此项加拨银两久经议准，必应照案筹给。部库现正支绌，藩、运两库又难兼顾，应请旨饬部定议：将永定河原拨加拨岁、抢修等要款，共七万一千余两，每年于直隶旗租项下，由臣照数提拨给领，报部查考。如不足数，随时通融凑给。臣当严饬该河道，督率厅、汛各员，认真筹办，不准稍有偷减，经冀渐有裨益。再，据藩司面禀："直省旗租一项，因叠年荒歉，征收大减，以之抵放奉拨各驻防旗营米折，及各河道年例岁、抢修经费，东三省、新疆紧饷不敷尚多，直省并无别项可指。将来若遵解部库，所有奉拨各要款均无所措，势须仍请由部筹拨。已饬该司，另行议详奏办。"（奉旨："户部议奏。钦此。"）

户部《议定加拨经费疏》（同治十年［1871］十二月）

同治十年十二月十四日，奉上谕："内阁学士宋晋奏《永定河工经费支绌，请由部改拨南河未裁旧款》一折，著该部议奏，钦此。"由内阁抄出到部。正在核议间，又据直隶总督李鸿章奏"永定河加拨来年经费银两，请由藩库旗租项下暂拨，仍请部筹下届工需"一折，同治十年十二月二十日，奉旨："户部议奏。钦此"，遵由军机处交出到部。据宋晋原奏内称："永定河岁修之费逐年减少，今年漫口虽因雨水过多，亦由经费太微，人力无可施展。现在堵闭急须广为筹画。向闻南河有额解之款，自裁员停工，各省亦遂因循未解。今永定河紧要，几于昔日之南河，请由部查明，旧定解款，于额解六十万两内，以二成改解北河，为每年岁修之用。"又，李鸿章原奏内称："永定河经费前经奏准，每年加拨银二万三千两，暂由长芦运库给发。现在运库无款可筹，司库并形竭蹶。查同治七年［1868］永定河漫口案内，曾由运库解存藩库工需银一万两，应以此款支放。该河加拨十一年［1872］岁、抢修经费，其不敷银一万三千两，请在司库本节年旗租项下凑拨，俾顾要工。至下届应需前项银两，应请由部定款。"等语。臣等伏查，永定河经费旧额九万四千余两，同治八年［1869］十月间，直隶总督曾国藩奏："永定河岁抢修银，自裁减后每年仅发银四万七两，领银太少，堤埽草率，请加拨银二万三千两，以为疏浚中洪、下口之用"。经臣部议准："暂由长芦运库发给，办有成效，再行奏请定款。"等因，奏准。饬遵在案。兹据该督李鸿章奏请："加拨十一年［1872］分银二万三千两，除由藩库拨款抵运库解存工需银一万两，尚不敷银一万三千两。运库无款可筹，请在司库本节年旗租款内凑拨。下届工需请由部定。"至宋晋所奏请："查南河未裁旧款，改拨北河"，均为永定河工需紧急起见。既据李鸿章请拨运库□在存款一万两，藩库旗租项下拨一万三千两，以为十一年购备料物之需。应请勅下直隶总督，既饬藩司照数减平动拨，并饬该河道，年前赶紧备料，认真筹备，不准稍有偷减。至下届加拨银两，部库万难拨发，旗租又指拨多款，未便顾此失彼。臣等再四筹商，宋晋所请，南河未裁各款，原系各省例拨工需，惟今昔情形不同，各省能否照例报解，工程紧要又未敢恁虚奏拨。南河停工以后，应有积存闲款，相应请旨，即饬两江总督、漕运总督，无分畛域，于江南、南河两处，每年即照宋晋所请之数筹拨，有著款项银两改解直隶藩库，作为永定河经费，以卫畿甸^[14]而重要工。至两^[15]河改解银两，除加拨永定河岁抢修银二万三千两外，如有盈余，专款存储该藩库，不准擅动，以备修守之作。俟命下之日，由臣部抄录宋晋原奏，咨行两江总督、漕运总督熟商，奏明办理。（奉旨："依议。钦此。"奉上谕，恭录首卷。）

［卷十三校勘记］

〔1〕"七"字误为"八"，据卷十三目录为七月，折内记述日期亦为七月，改正。

〔2〕"准"字原误为"淮"，笔误，径改。

〔3〕"准"字原误为"淮"，笔误，径改。

〔4〕"旗"字原误为"旂"字。按作为"八旗制度"的相关辞语，旗人、旗地、旗租等时"旗"字与"旂"字不通假，故改为"旗"。

〔5〕曾国藩原奏折附片"加功"一词，引文误为"加工"，词义不同，不当混用，据奏折附片原文改。

〔6〕"情"误为"青"，笔误，改正为"情"。

〔7〕"料"误为"科"，形近而误，改正为"料"。

〔8〕"淤"误为"游"，形近而误，故改为"淤"。

〔9〕"塌"误为"搨"，按"搨"为"拓"［tà］的异体字，与"塌"［tā］音义都不同，不通假故改为"塌"。

〔10〕"瘠"原作"瘠"，按"瘠"为别字。正字当作瘠〔jí〕，意为土质硗〔qiāo〕薄。"灾（灾）瘠"连用，意为"受灾而贫瘠"。按文意改为"瘠"。

〔11〕"估"误作"佑"，形近而误，改正为"估"。

〔12〕"蒇"字误为"藏"，按"蒇"〔chǎn〕的繁体字为"蒇"。其意为完成。二字形近而误，故改为"蒇"。

〔13〕"复（復）"误为"覂"，而"復"的通假字"覆"与"覂"相近而误。因文意改为"复"。

〔14〕"甸"误为"旬"形近而误因文意改"旬"为"甸"。

〔15〕"两"字误为"雨"形近而误，据前引宋晋奏折原文为"两河"改正。

卷十四 奏 议

同治十一年至光绪六年 ［1872—1880］

《筹款修金门闸疏》（同治十一年正月）

《续筹漫口工需疏》（同治十一年二月）

《堵合石堤漫口疏》（同治十一年三月）

《河堤溃决请撤销前次合龙保案片》（同治十一年七月，缺）

《北下汛漫溢疏》（同治十一年七月）

《堵合北下汛漫口疏》（同治十一年九月）

《请前次合龙保案仍敕部注册片》（同治十一年九月）

《请添拨河兵疏》（同治十一年十二月）

《请复岁需经费原额疏》（同治十二年三月）

《议岁需经费疏》（同治十二年五月）

《续请岁需经费复额疏》（同治十二年五月）

《议准岁需经费复额疏》（同治十二年闰六月）

《南四工漫溢疏》（同治十二年闰六月）

《以工代赈疏》（同治十二年八月）

《堵合南四工漫口疏》（同治十二年九月　附：《署南下汛叶昌绪从优议
　恤片》）

《请岁需经费就款留抵疏》（同治十二年九月）

《伏、秋大汛安澜疏》（同治十三年八月）

《请加河神封号疏略》（同治十三年八月）

《议加河神封号疏》（光绪元年四月）

《南二工漫溢疏》（光绪元年七月）

《堵合南二工漫口疏》（光绪元年十月）

《伏、秋大汛安澜疏》（光绪二年八月）

《伏、秋大汛安澜疏》（光绪三年八月）

《北六工漫溢疏》（光绪四年七月）

《堵合北六工漫口疏》（光绪四年十月）

《伏、秋大汛安澜疏》（光绪五年八月）

《伏、秋大汛安澜疏》（光绪六年九月）

总督李鸿章《筹款修金门闸疏》（同治十一年［1872］正月）

窃臣上年十月间由天津回省，顺道查勘永定河工程，曾将大略情形附片奏陈。在案。伏查永定河连年漫口，固由盛涨时下口不能畅流，亦由河身淤垫过高，上游无所分泄。臣此次督饬该河道及委员等逐段履勘，讲求疏浚之法。查有南二工之金门闸减水石坝一座，建自乾隆三年［1738］。南、北各筑坝台，中段用石料修筑龙骨，底铺海墁石板，外接出水石籨箕，下又有出水灰籨箕。其坝台外护以鱼鳞埽段，工程极为坚固。每遇大汛盛涨，赖以分减水势，实为法良意美。嗣因河底积渐淤高，乾隆三十五年［1770］、道光三年［1823］、十一年［1831］、二十三年［1843］，逐将龙骨加高至八尺七寸，尚可泄水数寸。迄今又将三十年。河底愈淤愈高，已与龙骨相平。若骤放水，恐成决口。是以同治五年［1866］以后，筑埝堵闭。虽连遭漫口之患，涓滴不敢宣泄。石坝亦遂废，而不治。因思，欲去河患，必须先将上游减水石坝认真修筑，并将引河逐段挑挖，俾水势稍有分销，庶可渐施补救。且本年滨河各属，被灾地亩多未涸复。二麦补种不及，民情困苦，正须预筹接济。若乘此时集夫兴修，俾穷民庸工趁食，亦可以工代赈，实为一举两得。臣饬永定河道李朝仪、候补知府周馥等，详加查勘较量。现在，河身若仅就原有龙骨之上再行增高，必致水入倒灌，跌成坑塘，于海墁金墙皆有所碍。议将龙骨中段二十丈升高四尺，两旁十八丈各升高五尺，所有旧龙骨之高八尺七寸者，全行拆卸，其重建之新龙骨放长进身六丈，下接旧海墁，上作坦坡之形，使水势平缓过闸，方无跌坑掣溜之虞。其旧有海墁与南、北旧闸墙，均分别填补拘垫。北坝台东南，应移建九丈与龙骨紧接坝台，内外应遵旧式镶做埽段，仍行龙骨上添筑拦水土埝一道。办法庶较整稳。该处引河系由童村入小清河。查勘河身，尚有沟槽可就，计工长四千一百七十丈，均应一律挑挖通深。连建御碑亭、汛房器具、善后各工程，核实撙节，共估需实银六万四千七百四十二两七钱九分二厘。禀经臣札饬升任藩司钱鼎铭，在同治十年[1871]秋灾赈抚项下，如数通融筹拨。发交该道领回，购备应用灰石料物，督饬印委、厅、汛员弁、夫役，及时兴办，勿任稍有草率偷减，仍俟事竣汇案造销。再，此项工程旧章，每兴修一次，估需银十数万两不等，兹饬挪用赈抚银六万两，筹办要工，即以工代赈所需工料。经臣再四筹商，就减系、就现时价值核实估计，委无丝毫浮冒。与当年请款拨修者不同，所有应扣六分①、部平等银，若照向例核扣，必不敷用。应请免其照扣，以期工归实济。（奉旨：“知道了。钦此。”）

总督李鸿章《续筹漫口工需疏》（同治十一年[1872]二月）

窃查，上年永定河南二工六号暨卢沟桥石堤五号尾，先后漫口。饬据永定河道李朝仪，将应办各工，估需银三十七万两。经臣与李朝仪面加核减，暂行筹给银二十六万两，由江苏协饷内拨银十万，司库拨银六万，并请旨，饬由户部借拨银十万两。奏派候补道祝垲、江苏知府周馥、候补知府徐本衡，会同该河道，严督在工各员，迅速兴修。声明，款项或有不足，随时督饬司局酌度、筹办、具奏，仰蒙圣鉴。在案。兹据该河道李朝仪等会禀：“于冬令停工后，带同原估各员驰赴卢沟桥水坝核勘，内西坝、石坝与原估河头不能得汲川之势，须将河头向东挪移，俾石坝之水可以直入引河。复沿堤周历履勘，上游应挖引河共分三十一段。应浚下口，自南七新大坝起，至安光村②东南苇塘止，共五十一段。原估经费系在八月未经续涨以前，嗣后，形势变迁，引河加长，下游改宽十丈、十二丈，深八、九尺不等。除奉准给领，尚不敷银一万七千两。水坝口门亦因续涨塌宽，现在昼夜抢做，费用稍增，除奉准给领，尚不敷银七千六百两。又南七、八上、下三汛，堤埝单薄过甚，下口改走南洪，大汛难免不浸。至堤根必须一律加高培厚，现添估银九千两。又，部库及练饷局扣去平银一万二千四百余两，皆原估时漏未议及。综计各项，除准拨二十六万两外，尚须添拨银三万五千四百余两。再四筹商，实已无可再减，”禀请察核奏办。前来。臣查永定河南二等工漫口，行先经奏明，原估工需银三十七万两，以经费支绌，

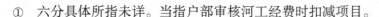

① 六分具体所指未详。当指户部审核河工经费时扣减项目。

② 安光，在今天津市北辰区西境。

暂议酌减为二十六万两。声明如有不敷，另行筹办。嗣南二等冲刷旱口堵筑竣工，惟石堤五号尾，因天寒地冻，人力难施，年前未能合龙。现值春融冰泮，自应赶紧兴作。据禀覆勘各段工程，既较原估加增，水坝口门又因续涨塌宽，引河堤埝均须逐段修浚，奉拨经费实属不敷，未便停工以待。直隶本系缺额省分，无款可筹，部库支绌，亦未敢续行请帑。惟查，江海关月协直饷①三万两，专为直省练军②、治河之用。自应移缓就急，于前项协饷内酌拨银三万五千两，交该河道，委员领解赴工，撙节动用，俟工竣核实汇销。除严饬该河道等，督厅、汛员弁，克日赶办，俟大工合龙专案奏报外，所有续行筹款，拨发永定河工要需缘由，理合恭折具奏。（奉旨："该部知道。钦此。"）

总督李鸿章《堵合石堤漫口疏》（同治十一年［1872］三月）

窃查，上年永定河南二工六号，暨卢沟桥石堤五号尾先后漫口。经臣迭次陈明，并筹拨款项，奏派道员祝垲、知府周馥、徐本衡，会同该河道李朝仪设法堵筑。嗣将南二工六号旱口及残缺工程修筑完竣。其石堤五号尾水口门工程浩大，因节届冬至，冰坚地冻，兵夫夯硪、挖掘难期得力。商饬该道等，暂停工作，及时广购物料，俟春融多集民夫，加工接办，克期合龙。一面分挑引河，深挖下口，以工代赈，于上年十一月内附片具陈。在案。开春后，即饬赶紧兴办。至三月初九日，据报引河八十六分，计长一万八千余丈，同时挑竣。檄饬留直委用道魏承樾，驰赴工次，逐段切实验收，均属宽深如式。兹据该河道等会禀："自二月初二日起，督率员弁分昼夜两班，节节催趱进占镶埽，签桩稳密，培土坚厚。金门收窄，大溜愈加湍急，水深至二丈余，埽段旋镶旋垫，各员履险蹈危，实力抢办。原定三月二十日合龙，至十九日，正在布置挂缆，忽于戌刻密雨连宵，次日午后犹未放晴，即改于二十一日丑时祭坝合龙。河水陡涨，溜势愈急，甫下关门大埽，坝前之水抬高三尺有余，甚形吃重。幸是日卯刻开霁，员弁兵夫倍形踊跃，一面启放引河头，立见大溜奔腾下注，畅流无滞；一面上紧跑买土料，撒手抢办，赶将大埽追压到底，竭三昼夜之力，

---

① 江海关即上海海关旧称。始设于康熙二十四年［1685］。鸦片战争后开五口通商，成为对外贸易的关税征收机关［即洋关］。1853 年上海发生小刀会起义，县城被起义军占领，海关为英美法各派一名税务司接管，从此被帝国主义把持，直至 1949 年上海解放。此处所说江海关税银，部分"协济"直隶军饷和河防工程经费。

② 练军此指李鸿章利用海关税收购置军火、军舰，扩充淮军势力，建立北洋海军之举。

全行闭气。河流顺轨，由引河直趋而下，复归故道。两岸残缺处所，普律修培，足资捍御。"等情，禀请核奏，前来。臣查卢沟桥五号尾，正当浑流出山之处，水势湍激，上年雨水过大，伏、秋两汛泛涨异常，冲决多处，通河堤段皆溃烂不可收拾。实为嘉庆六年［1801］以后所仅见。臣初意以工程太钜，请款太少，惧艰必底于成。严饬各员痛除积习，勤苦核实，以求有济。今春冰泮，口外万山之水奔流下射，益难施工，所需秸麻、桩橛等料，水灾之后采办既艰，挽运又远。该道府等督饬员弁，分投购买，陆续运足，召集各处饥民庸工就食，不下数万人。昼夜抢办，刻其蒇事。俾近畿一带积涝可消，农田得以及时播种，有裨大局。查，历届漫口参处人员，果能奋勉办公，例得于大工合龙后，奏恳恩施。兹永定河道李朝仪，亲历各工，督饬勘估、堵筑力求节省，朴实任劳，拟请开复原参革职留任并降四级、督赔处分。署南岸同知朱津、宛平县卢沟桥巡检郑官贤、前署南二工良乡县县丞候补县丞萧承湛，于被参后随办大工，或委掌坝务，或监做堤埽，或承挑引河，均知愧奋，应交赔款亦据分别缴清。朱津原参两[1]次漫口革职留任、郑官贤原参革职留任，各处分拟请均予开复。萧成湛年力正强，监工勤奋，可否仍带革职处分留工效力。出自逾格恩施。现由臣派令道魏承橞验收坝工，据称工程悉臻稳固。又饬李朝仪、周馥等，将善后事宜及加培堤埝、重修金门闸各工，妥速经理。（奉上谕，恭录卷首。）

御史边宝泉《河堤溃决请撤销前次合龙保案片》（同治十一年［1872］七月，缺）①

总督李鸿章《北下汛漫溢疏》（同治十一年［1872］七月）

窃本年伏汛大雨时，河水旋长旋落，迭饬永定河道李朝仪，查勘各工所生新险，严督厅、汛设法抢护。兹据该道禀称："自六月二十七日起，大雨彻夜，连朝不止。西北口外山水暴发，平地数尺，汇流入河。七月初一日巳时，石景山外委签报，河水陡长一丈六尺，酉时又长至一丈九尺六寸。初二日子丑之交，又长至二丈三尺五寸。卢沟桥面均见水痕，拍岸盈堤，汹涌万状。较之上年八月，盛涨尤为迅猛，中

<hr />

① 此片本卷前目录有条，此处无题目，无正文。有关内容参照下文"总督李鸿章《请前次合龙保案仍敕部注册片》"。本书本卷目录依原书格式，仅留题目，"御史边宝泉"字除去，此处添加标题全文。

洪容纳下不，两岸水与地平。各工埽段全行蛰动，处处吃重。厅、汛多方抢救，挂柳护堤，柳则被浪涌至顶，系船护埽，船复被水推搁埽面。虽启金门闸放水二尺五寸，而水势太骤，消泄不及，南上十二号、南下八号及南二、南三、南四、南五、南六、北二、北三、北四、北六等汛，埽段多有蛰陷。均经该厅、汛员弁设法抢镶，幸已保住。惟南七工六号、北五工五号、北二上五号、北下十七号，情形尤为危险。该道冒雨驰赴南七汛查勘，六号东小堤、旧大堤均有漫水之处。其北五工五号，走失埽段亦间段漫水。正在抢办间，又据石景山同知王茂勋飞禀：'初一日水长溜急，北二上汛五号漫刷坝档，间段过水，极力抢护，堤身业将坐溃。而北下汛十七号，复因水势陡长，高过堤巅，兼之风雨大作，将堤面冲成沟槽，赶调兵夫并集附近村民，挑土填垫，不意子刻水又续长，昏夜之际骇浪惊涛，无从著手。人力实有难施。'至初二日丑刻，大溜越堤一涌而过。该道随即驰至，犹冀督饬抢救以人回天，无如漫口业已夺溜，口门约宽六七十丈，无可挽回。"据实禀请参办，前来。臣查，永定河自上年漫口后，经臣筹款修筑堤闸，挑挖引河，方冀竭力补救，檄饬该道严督在工各员，多储料物，加意防护。无如积潦未涸，底水本深，夏、秋之交，上游各河来源泛溢，新险迭出。甫经抢护平稳，又值连日大雨，山水暴涨，顷刻间长至二丈有余，河身不能容受，致复漫溢。虽由黑夜风雨人力难施，该管厅、汛抢护无能，实属咎无可辞。相应请旨，将石景山同知王茂勋，革职留任，署北下汛宛平县县丞候补主簿唐照，革职留工效力。该管河道李朝仪统辖全河，疏于防范，应请革职留任，以观后效。臣督率无方，并请旨将臣交部议处。现幸天气晴霁，大涨渐燕。臣已添派留直补用道周馥、候补知府徐本衡驰赴工次，会同李朝仪，督饬在事厅、汛员弁，赶购料物，盘筑裹头，以防续塌。并饬上游各汛，加意防护，仍妥筹设法抢堵，续行奏办。（奉上谕，恭录卷首。）

总督李鸿章《堵合北下汛漫口疏》（同治十一年［1872］九月）

窃查，永定河北下汛十七号漫口，经臣添派候补知府周馥、徐本衡，会同永定河道李朝仪，督饬厅、汛、印委员弁，赶购料物，设法抢堵。在案。节据该道等禀称："自七月十六日动工后，叠遇阴雨盛涨，将上游各汛抢护平稳。一面调集兵夫，赶购桩料，节节进占镶埽。惟新料尚未登场，采买近堤柳枝不敷应用，又值秋获农忙，挑夫稀少。添募文安、大城、霸州一带被水贫民，到工帮同挑筑。总以秋汛正旺，风雨不时，河水长落无定，搜刷埽脚，动辄数丈。既不敢停缓稽延，又虑口门收窄，大溜踵至复有疏失。幸中秋前后天气晴爽，工料略为顺手。督饬分班赶做，密签长桩，多压厚土。占埽随进随蛰，随蛰随工。风雨黑夜，罔敢停懈。各员弁兵夫，风餐露宿，出入危险。先拟八月底堵合，复值阴雨数日，水势难定，口门不敢遽收。直至九月初十日丑时，挂缆。先其会饬兵夫，齐集工料，争先奋勉。其时龙门口水深二丈五六尺，溜势愈急，赶下关门大埽，竭两昼夜之力，一气抢作，追压到底。坝埽全行闭气，引河畅顺，全河复归故道。其北二上、北五、南七等汛残缺工程，均分投堵筑，夯硪坚实。下游两岸埽段御水各工，亦均镶仿稳固。"等情。禀请核奏，前来。由臣委员勘验属实。伏查，此次河堤漫口，正值秋汛水旺，人夫稀少，料物昂缺之际，办理倍形棘手，该员等竟能刻期抢堵，妥速藏工。现在节交寒露，堤外被水地亩涸退较早，尚可及时种麦，有裨民生。堪以仰慰圣廑。查，历届河工决口，被参人员果能奋勉图功，例得于合龙时奏恩开复。此次北下汛十七号漫口失事各员，于被参后竭力抢办，不辞劳瘁，应交赔款亦均缴清，尚知愧奋。所有永定河道李朝仪、石景山同知王茂勋，原参革职留任处分，应请天恩并准开复。惟王茂勋年逾六旬，精力就衰，请以原品休致①。署北下汛宛平县县丞候补主簿唐照，年力正强，尚堪造就，拟请开复原参革职处分，仍留工差遣。再，此次抢堵工程紧急，未及请拨部款，除饬提河道库节存各款及应赔银两外，先后由筹赈局拨发捐款四万余两，令该道等招集附近被水灾民，以工代赈，星夜挑筑。所给土方、工钱，实用实销，多与例价不符，核计甚为节省，应请免其造册开报。（奉上谕，恭录卷首。）

总督李鸿章《请前次合龙保案仍敕部注册片》（同治十一年［1872］九月）

再，查永定河古称难治，雍正、乾隆年间物力丰盛，屡改下口，仅获苟安。伏读高宗纯皇帝②《观永定河题诗》注云："目下固无事，数十年后，殊乏良策，未免永念惕然。等因。钦此"。③ 圣哲先几之明，万世臣子同深钦佩。迄今百数年，下口

---

① 原品休致，是指按原来官职品位退休。休致是"致仕"的别称，致仕即退休。
② 高宗纯皇帝，指清代第六代皇帝爱新觉罗弘历，乾隆元年～六十年在位［1736—1795］。习称"乾隆帝"。
③ 此诗及其自注文均收录在嘉庆《永定河志》卷首乾隆御制诗内。

益淤，中洪益壅，专恃夹堤束水，本无善策。又经兵燹凋残①之后，部拨岁、抢修额款叠次停减，废弛更甚。上年异涨冲溃多处，臣督饬在事各员，穷数月之力補苴罅漏水、旱各口，倖均堵合。又借赈款加培堤埝，尚为撙节核实。其劳苦出力者不得不据实保奖，以资激劝。本年七月十七日，御史边宝泉奏②，奉上谕："近闻永定河北岸堤工决口，前据李鸿章奏《保合龙出力人员》折内声称：'两岸堤埝已培补坚厚'，何以又复溃决。在工人员所司何事？著即查明参奏，并著该部将前次保案即行撤销。等因。钦此"。其时，盖不知臣已查明漫口情形，于七月十六日先行专折参奏，并自请议处，未敢稍有回护也。窃思，河工修防各有汛地，赏功罚过理贵持平。本年七月间，北岸头工下汛十七号，水大漫堤成口，系石景山同知王茂勋、署北下汛县丞唐照防守地段，距上届卢沟桥南岸石堤合龙工段，计七十里之遥。若以北岸防守不力之过，而加于南岸经修完固之员一隅失事之咎，而罚及通工保护堤段之人，似不足以示劝惩。况河工向例，决口必须查参，合龙即须核奖。未闻有罚而无赏者。上年两次决口，臣俱照例参办，合龙则臣亦照例请奖，决口只责专汛，合龙必资众力。历办成案皆然，非自今日始也。至石、土各堤失修多年，春间仅能卑薄处加培高或三、五尺，宽或二、三丈不等，冀以搪护漾水。因北头工下汛十七号，原有堤埝与加培处高低相平，故未另行加工。不意七月初二夜，水势过猛，水溜顶冲，浪头抬高数尺，翻过堤顶，竟至无从措手。实非已经加培处所，偷减尺寸不能御水之咎。且前次保案，原系合龙出力，并非因培堤另行请奖。即臣汇奖单内均照寻常劳绩核拟，并无冒滥加优之处。此次漫口仍调前保各员，以资熟手，昼夜趱办，得以妥速竣工。其劳勚实未可泯。合无仰恳天恩，准奖撤销之卢沟桥石堤五号尾大工合龙前后，两次保案敕部更正注册，仍遵前旨，将汇奖清单核议具奏，以昭平允[2]，而励将来。（奉旨："著照所请。该部知道。钦此。"）

总督李鸿章《请添拨河兵疏》（同治十一年［1872］十二月）

窃据永定河道李朝仪禀称："永定河南岸堤长一百五十四里，北岸堤长一百五十五里四分。又，下口南大堤八十余里，北大堤四十余里。共计工段四百三十余里，

① 兵燹（xiǎn）凋残：兵燹即战争造成的焚烧毁损，凋残二字同义，衰败、损伤。此指道光、咸丰以来，两次鸦片战争及清政府镇压太平天国和捻军起义等战乱造成的破坏。
② 奏疏为《河堤溃决请撤销前次合龙保案片》。原文缺，本书仅有题目。

额设修防兵一千二百三十名。乾隆四十七年［1782］奉裁四十一名。嗣因险工日多，不敷差遣，复于嘉庆七年［1802］年奏请，由督标、提标，天津、宣化两镇简僻营汛，添拨战兵六十名，守兵三百四十名。综计各汛额兵一千五百八十九名，经制①、额外均在其内。从前，河道深通，经费充裕，防护已形竭蹶②。近年废弛积久，异长频仍，各汛险工叠出，向只一、二处者，今则四、五处，或七、八处；向只数十丈者，今则长一、二里至十一、二里。额兵止有此数，埽厢多至倍蓰。每遇伏、秋大汛，溜势上提下挫，顷刻变迁，此处甫在加镶，彼处又须抢办。兵务不足，动失事机。又，本年盛涨冲刷，向称平工者，多成险要。而北中汛之三、四、五、六号坍次近堤，旧险新生，情形尤为吃重。亟应赶做坝埽，以防顶冲大溜，原设额兵不敷工作。禀请援案于本省绿营内，添拨战兵十名，守兵九十名。俾资修守"。当经饬据藩司孙观、臣标中军副将冷庆会议。详称："查省标左、右、前、后、保定五营，驻防省城，泰宁、马兰二镇③，守护陵寝重地，均未便诿裁。此外通省标营额兵三万三千一名，按数匀摊每三百三十名裁拨一名，尚无窒碍。计督涿、拱、良、新④四营，应裁守四名，提标应战兵二名，守兵十七名。宣化镇应裁战兵二名，守兵十五名。正定镇应裁战兵一名，守兵八名。大名镇应裁战兵一名，守兵十一名。天津镇应裁战兵二名，守兵二十名。通永镇应裁战兵二名，守兵十五名。以上共裁战兵十名，守兵九十名。请令各标自行酌量，在所属简僻营汛，如数裁汰食缺。拨交永定河道，选募沿河壮丁拨补足额。统限于同治十二年［1873］二月初一日以前，一律裁拨齐全呈报，以便分别截支饷银。俾免轇轕⑤。"等情。前来。臣查，永定河身淤高，堤岸单薄，险工迭出，年甚一年，迥非乾嘉以前情形可比。修工、抢险全赖人力，原设额兵实属不敷。河工例定经费，既迭经部议克减，姑冀稍加兵数，以补救万分之一。该司等所拟抽裁通省额兵，仅及百名，各营差操不致贻误，而河务修防较有裨

---

① 战兵、守兵，本指清代绿营兵的兵种，前者主要担当战斗任务，后者担任守卫任务，都属步兵。经制，指经过兵部核定编制的，即在编制内的；额外，是指在编制外的。嘉庆《永定河志》职官卷内有详细注释。

② 竭蹶：因体力衰竭而摔倒。借指永定河工衰败到极点。

③ 泰宁，具体驻地不详，当在清西陵易县附近。马兰镇在河北遵化西北七十里的马兰峪，明代设关城，清设马兰镇总兵，守卫清东陵。

④ 涿指涿州；拱指拱极城，明末崇祯年间建，清宛平县署驻此，故又称宛平城；良指良乡；新指新城县［今高碑店市］，四州县驻有绿营兵各一营。

⑤ 轇轕，交错纠缠。

益。相应援案，吁恳天恩俯准，照数裁拨。由臣督饬该河道克期募齐，酌看工段险易，分拨各汛协防，俾资兴作。再，查河营向例，战兵每名月支饷银一两七钱，守兵每名月支饷银一两二钱。遇闰加增。此项饷银即在绿营抽裁额饷内，由藩司照章筹放，仍将裁改银数，汇案分别造报，除咨部查照，并通行提、镇各营①妥办具覆外，所有议裁绿营兵丁百名，添拨永定河防汛缘由，理合恭折具陈。（奉旨："兵部议奏。钦此。"经部奏准。）

总督李鸿章《请复岁需经费原额疏》（同治十二年［1873］三月）

窃据永定河道李朝仪禀称："该河水性湍急，挟沙拥泥，易淤善溃，素称难治。应需工费每年额定岁修银三万四千两，抢修银二万七千两，添办备防银二万五千二百两，加增运脚银八千五百两，共合银九万四千七百两。均赴部请领，间有另案土工添补培筑。咸丰四年［1854］，因军需浩繁，库款支绌，部议改为减半，归藩库旗租项下按银、钞各半拨给。七年［1857］，复减秸料银一千五十两，综计岁领实银不及原额四分之一。修防徒有其名，工务愈形废弛。同治三年、八年［1864、1869］，前督臣刘长佑、曾国藩先后奏准：停止钞票，发给五成实银，并加拨银二万三千两，除扣六分、部平②等项，到工实银仅六万两有奇。工段甚长，废弛又久，实不敷用。只能择要修浚，逢汛抢护，其余应办各工，率多停缓。即如本年甫过凌汛，工料已费不赀③，伏、秋大汛万难为继。以目下情形而论，苦欲通工修浚，非数十万金不可。估何敢格外浛增，惟有请复原额，以冀逐渐补救，"等情。请奏前来。臣查，永定河切近畿郊，两岸堤工共长四百余里，附近十余州县，农田民生所系，实为最要之工。原额工需本系酌中定议，当时堤高河深，料价平减，已费支持。嗣因军需迭议裁减，应办工程遂多，无力兴办，荒废日甚，整理更难。加以连年异涨，各汛险工叠出，应需加镶埽段，较之昔年多至倍蓰。既未能另请钜赀，大加修浚。必须将额款发足，俾多领一分银两，即多做一分工程。近来，直省寻常发款，已准复额加成。此项工需关紧尤重，相应仰恳天恩。准自同治十二年［1873］为始，仍照原额

---

① 提、镇各营，指提督、总兵（即镇）直接统率的绿营兵，编制单位为标（相当于团），下辖若干营、协。

② 六分、部平，属于户部扣减河工经费的款项。本折所列拨发数据反映扣减数额仍占应发经费的1/3。

③ 赀，计量。不赀是"不可计量（赀）"的省略语。

九万四千七百两全数拨领，以重要工。仍由臣责成该河道，率厅、汛核实经理，涓滴归公，倘敢稍事虚浮，即行从严参办。至此项工需向系由拨发，现时能否一律如旧，应请敕部议覆施行。（奉朱批："该部议奏。钦此。"）

户部《议岁需经费疏》（同治十二年［1873］五月）

直隶总李鸿章奏《永定河现拨工需委实不敷修防，拟请仍复原额》一折。同治十二年三月二十八日奉旨："该部议奏。钦此"。钦遵，由内阁抄出到部。查，原奏内称："永定河每年额定岁修银三万四千两，抢修银二万七千两，添办备防银二万五千二百两，加增运脚银八千五百两，共合银九万四千七百两，均赴部请领。咸丰四年［1854］因库款支绌，部议改为减半，归藩库旗租项下，按银、钞各半拨给。同治三年［1864］，前督臣刘长佑等奏[3]停止[4]钞票，发给五成实银，并加拨银二万三千两。除扣六分、部平等项，到工实银六万两有奇。工段甚长，实不敷用，只能择要修浚……[5]其余应办各工率多停缓"。拟[6]："请照原额九万四千七百两全数发[7]领，以重要工。并请由部拨发[8]，"等语。臣等伏查，永定河岁、抢修等银，向由部库请领。自咸丰四年［1854］因库款支绌，奏明减半，令在司库旗租项下按银、票各半拨给，迨同治三年［1864］钞票停止，发给五成实银。同治八年［1869］，前督臣曾国藩"以裁减岁抢修等银，不敷工需，请再加拨银二万三千两"。同治十年［1871］，内阁学士宋晋奏："请改拨南河未裁旧款，为永定河岁修之用。"均经臣部奏准，行知遵照。各在案。今该督复以"永定河现拨工需，不敷修防，请将原额全数发给，并请由部拨发。"等语。臣等查该河岁、抢修等项，每年原拨减半银四万七千余两，嗣复加拨银二万三千两，几及原额十分之八。现据江督咨称："除先拨银二万两解交外，已饬苏、宁两藩、淮运各司①，迅速妥筹，定谇详覆，"等语。将来修防自无虞不足。所请照额拨发之处，旗租既指拨多款，部库更自顾不遑，碍难核准②。应请旨：敕下直隶总督，将应领永定河岁、抢修银两，仍令在司库旗租项下照章拨给，责成该河道撙节动用，毋得藉口于原额未复，任令偷减。倘有前项情敝，

---

① 苏宁两藩，清制各省设置一布政使司［俗称藩司］，唯江苏省于自乾隆二十六年［1716］始分设江苏、江宁两司。江苏布政使驻苏州府［治今苏州市］，江宁布政使驻江宁府［今南京市］，故称两藩。淮运司指江淮漕运司江苏、安徽漕粮的征储、解运等事务的官署。属两江总督、漕运总督节制。以上各司都被户部指派将漕运收入"协济"直隶河工经费。

② 户部未核准李鸿章要求户部直拨河工经费，反映清政府财政拮据，仍未完全缓解。

该督即从严参办。（奉旨："依议。钦此。"）

总督李鸿章《续请岁需经费复额疏》（同治十二年［1873］五月）

窃查永定河水性湍急，挟沙冲壅，易淤善溃，素称难治。自设堤工以来，岁需修费迭次加增，至嘉庆年间，每年赴部额领岁、抢修，及备防秸料、加增运脚等项，共计银九万四千七百两。并于额款之外，间有另案土工，以资培筑。乃自咸丰三年［1853］以后，军务浩繁，库款支绌，部议减银，复行减料，以致河务由此废弛。迨同治年间，前督臣刘长佑、曾国藩因修防竭蹶，先后奏准部覆：减半给银，并每年加拨银二万三千两。除扣去六分、部平等项，每年只领六万五千余两。此款内尚应拨出，疏浚中洪下口银一万一千数百两，两岸修防备料实只五万三千奇。在当时堤高河深，百务未废，以此给领，尚难支持。奈久废之余，河患日深，无处不应整顿，添工加料，即照当年额领之数，犹虑不敷。年来限于经费，只能择其万难缓者，稍事补苴，其余应办工程，率多无力兴举。每致大汛抢险，料无多储，动辄棘手。近年异涨，各汛险工迭出，较之昔年多至倍蓰。虽屡蒙恩准，拨帑修筑，其通工堤埝，仍须择要加培，以防新险。如欲将应办各工一一整理，非岁有数十万金不能应手。前据永定河道李朝仪以工程吃紧，禀请核办，不得已，据情请复旧额，使工用稍资周转，废河逐渐挽救。并非藉此即可足用也。昨准户部议覆："以旗租指拨多款，部库自顾不遑，仍令照章拨给。"等因。臣久历时艰，深知筹款不易，岂敢稍任浮费。无如工程实在紧要，每年仅以扣平之六万余金，将就敷衍，未免顾此失彼，更糜帑项。再四筹维，惟有仍恳天恩，俯念永定河险工日多，领款过少，准自同治十二年起，将岁、抢修等银，照从前九万四千七百两原额拨领，毋庸核减。其每年加拨之二万三千两，即无须另筹。应行疏浚中洪下口，亦由此额款内办理。综计，每岁仅增银二万四千余两。责成该河道认真修堵，先事绸缪，于河务民生，大有裨助。如蒙允准，所有本年应需各项，除部拨、旗租及加拨银两外，尚应找发银二万四千余两。部库既无款可筹，刻下旗租亦难筹此钜款，拟将两江督臣解到南河裁款银二万两尽数拨给。尚不敷银四千余两，饬令藩司在于旗租项下匀拨，以资应用。嗣后，岁修之款除动用本省旗租外，再由两江督臣照案迅速妥筹协拨，勿任短缺。但应否由此两款内通融凑拨，或俟库款稍充，循旧由部请领之处，仍由臣按年咨部核办。至本年加拨银二万三千两，前经臣于练饷项下借拨，奏明俟江南解到款项归还。今永定河瞬届汛涨，需款甚急。拟将两江督解到之二万两凑拨。其前借练饷之银，无项归补，应即就款开销。臣为工程紧要领款，实不敷用，请仍照原额给领，以防新险起见，谨恭折复陈。（奉朱批："该部议奏。钦此。"）

户部《议准岁需经费复额疏》（同治十二年［1873］闰六月）

直隶总督李鸿章奏《永定河工程吃紧，核减领款实不敷用，拟仍照额发给》一折。同治十二年六月初一日，奉朱批："该部议奏。钦此。"钦遵，由内阁抄出到部。查原奏内称："永定河水性湍急……素称难治。自设堤工[9]以来，岁需修费迭次加增……每年赴部额领：岁、抢修及备防秸料、加增运脚等项，共计九万四千七百两。并于额领之外，间有另案土工以资培筑……（自部议[10]照额）减半给银，并每年加拨银二万三千两。除扣去六分、部平等项，每年只[11]领六万五千余两……只能择其万难缓者，稍事补苴，其余应办工程，率多无力兴举。每致大汛抢险……动辄棘手。近年［异涨，］各汛险工迭[12]出，较之昔年多至倍蓰……前据永定河道李朝仪以工程吃紧，禀请核办，不得已，据情请复旧额，稍资……挽救。昨准户部议覆：'[13]旗租指拨多款，部库自顾不遑，仍令照章拨给'。等因。臣久历时艰，深知筹款不易，岂敢稍任浮费。无如实在工程紧要，每年仅以扣平之六万余金，将就敷衍，未免顾此失彼……仍恳……准自同治十二年［1873］起，将岁、抢修等银，照从前九万四千七百两原额拨领，毋庸核减。其每年加拨二万三千两，即无须另筹……所有本年应需[14]各项，除部拨、旗租及加拨银两外，尚应找发银二万四千余两。部库[15]既无款可筹……拟将两江督臣解到南河款银二万两尽数拨给，尚不敷银四千余两，饬令藩司在于[16]旗租项下匀拨，以资应用。嗣后，岁修之款除动本省旗租外，再由两江督臣［照案］迅速妥筹协拨……但应否由此两款内通融凑拨，或俟库[17]款稍充，循旧由部请领之处仍[18]按年咨部核办。至本年加拨银二万三千两，前[19]于练饷项下借拨，奏明俟江南解到款项归还。今永定河瞬届汛涨，需款正[20]急。拟将两江督解到之二万两凑拨。其前借练饷之银，无项归补，应即就款[21]开销。"等语。当经片查工部，去后。兹于六月二十八日，准工部覆称："应由户部酌核办理。"等因，前来。臣等伏查，永定河每年额定岁、抢修等银九万四千七百两，原由部主加给领。嗣因库款支绌，奏令在于直隶司库①应行解部旗租项下，照章给五成实银。按年由该督分案咨部核拨。同治八年［1869］，前督臣曾国藩以裁减岁失修等银，不敷工需。

① 直隶司库，即直隶布政使司库（即藩库）。

请每年加拨银二万三千两，暂由长芦运库发给。至同治十年［1781］，该督以十一年［1782］加拨银两，运库无款可筹。拟由司库旗租项下凑拨，并以下届应需银两，由部定款。彼时正值内阁学士宋晋奏"请于南河未裁额，解六十万两旧款内，以二成改解北河，为永定河工程之需"。经臣部拟令，将永定河每年加拨银两，由南河未裁款内改解。如有盈余，专款存储，以备修守。本年二月间，据直督"以南河款未解到，十二年［1873］加拨银二万三千两，奏请在于该省练军协款内挪用"。三月间，又据该督"以办工不敷，请照九万四千七百两原额全数给领，并请由部拨发"。经臣部"以旗租指拨多款，部库自顾不遑，议令仍照减成章程给领。"等因。均经奏准，行知遵照在案。兹据李鸿章复沥陈："永定河工程吃紧，款不敷用，请仍照额发给。并声明，每年加拨银两，无须另筹本年应需之项，除部拨、旗租及动拨练饷银，尚应找发银二万四千三百余两。拟将两江督臣解到南河款银二万两，尽数拨给，不敷银四千余两，饬令藩司在于旗租项下匀拨，嗣后，岁需之款除动用本省旗租外，再由江督照案妥筹协拨。但应否由此两款内通融凑拨，或俟库款稍充，循旧由部请领，其本年借拨练饷银二万三千两无项归补，请就款开销"。等语。该督系为筹办河工险要起见。既经查，据工部覆称：由臣部酌核办理。臣等公同商酌，拟令将永定河本年应需之款，即如该督所奏，准其照额给领。除臣部指拨该省旗租以及动用军协款外，应找发银二万四千余两。该督既称将南河解款银二万两拨给，不敷银四千余两，饬司在于旗租项下匀拨。亦应准如所请拨给。并令该督严饬该河道，督率厅、汛各员，务将办各工认真修筑，毋任偷减，仍将用过银两，据实造报工部核销。至嗣后，岁需经费银两，值此部库支绌之际，断难由部给发。而直隶练军协款，兵食攸关，尤未例常年挪用。所有永定河同治十三年［1874］起，每年应需各项修费，实银九万四千七百两，除照历拨成案，动用本省旗租五成银四万七千三百余两外，尚有五成银四万七千三百余两，应请敕下直隶总督、两江总督、漕运总督，恪遵同治十年［1871］十二月间，臣部议覆宋晋奏案，于河南未裁额解旧款内，妥速会商覆定实数目，按年筹解，务使足敷永定河岁需。前项经费以期无误要工，仍将如何商定筹解之处，即行奏明办理。并令直隶总督，嗣后即将此项岁、抢修银两，在于征存旗租及南河解款两项内按年咨报，由臣部核明奏拨，以重经费。（奉旨："依议，钦此。"）

总督李鸿章《南四工漫溢疏》（同治十二年［1873］闰六月）

窃本年伏汛连旬大雨，山水暴发，河湖异涨。叠饬永定河道李朝仪，严饬厅、汛，实力防护。闰六月初十日以前，河水盛涨四次，卢沟桥以下连底水深至一丈七、八尺，两岸堤工纷纷出险。该河道督同厅、汛昼夜抢护，并开放新修金门闸及南上灰坝，藉资宣泄，险工已就平稳。及闰六月十一、二日以后，昼夜大雨，倾盆不止。上游宣化府属白洋河，据报新涨陡加三尺六寸。连卢沟桥以上附近山水奔腾迸注，十四日戌亥之交，永定河陡长至三丈五尺，大溜异常汹涌，金门闸、灰坝皆宣泄不及。南上、南二、南三、南四、南五、南七、北中北二下、北三各工号段，或水上埽面，或坍坎近堤，均甚吃紧。该河道督饬厅、汛员弁，分投抢护，其余尚可保住，惟南四工九号情形极重，埽段走失，汕刷堤身，势尤危迫。该河道驰往督办，连夜添集人夫，跑买土料，加高子埝，一面挂柳卷由，沉压土袋，竭力抢护，十五日黎明甫渐顺手。而对岸挺生沙嘴，将全河大溜横冲对激，直逼堤埽，全不移动，仍复多方抢救，加劲力作。是日亥刻，续又增涨，兼之狂风骤起，骇浪腾空，水势抬高数尺，人力实无可施，遂致大溜漫堤而过，口门约宽五、六十丈，业经夺溜。据实禀请参办，前来。臣查，永定河废弛年久，淤垫日多，底高堤卑，本属无可著力。臣近年往来察度，见河身、堤身，淤沙壅积如山，无处挑送，势不能容纳大水。上年筹修南岸金门闸，今春又筹修南上灰坝，冀盛涨时上游稍资分泄，下游或少漫溃，是以入伏后雨水叠涨，尚克抢护平稳。无如十一、二日以后，连日暴雨，各处山水汇注闸坝，消泄不及，河不能容。南四工对岸又淤生沙嘴，回风逼溜，致有漫口。负疚滋深。该管厅、汛虽因人力难施，厅员又先赴他汛抢险，但既失事，咎无可辞。应请旨，将南岸同知朱津革职留任，南四工固安县县丞王仁宝革职留工。该河道李朝仪统辖全河，疏于防范，一并革职留任，以示惩儆而观后效。臣督率无方，并请旨交部议处。现已晴霁，惟水势仍行浩瀚，即委道员周馥驰赴工次，会同该河道督饬厅、汛员弁，赶紧盘做裹头，以防续坍。并妥筹、勘估、抢堵，续行奏办。仍饬上游各厅、汛，加谨防护。暨行各地方官，疏消漫水，查勘被淹情形，量为抚恤。再查，南四工九号，系同治七年［1868］漫溢旧口，水由固安县城东，沿霸州下东淀，归津入海。叠据霸州知州周乃大禀称："永定河漫口之水，十七夜已由该境牤牛河东趋，情形尚不甚重。"盖水归淀泊究有荡漾之处，附近固安、霸州、文安、大城等境，秋稼不免伤损。天津各河虽甚涌溢，幸今年加筑堤防，尚未冲决。合并声明。

（奉上谕，恭录卷首。）

内阁学士宋晋《以工代赈疏》（同治十二年［1873］八月）

伏读七月二十一日上谕："本年夏间，直隶雨水过多，永定河南岸决口，被水地方田庐多被冲没，小民荡析离居。著加恩，于东南名省厘金、关税、盐课项下拨银三、四十万两，以次赈济。等因。钦此。"仰见皇上轸念民瘼，饥溺由已之至意。窃惟近畿地方连[22]年水患，虽因雨水过多，实由水道漫溢为患。东南各省向少水灾，皆由河道疏通，旱则资其灌溉，涝亦易于宣泄。而直隶独连年告灾，洪流遍野，居民荡析，老弱流离。首善之区，岂宜长有此景象？现蒙仁施，破格发帑数十万金，以资赈济，亦岂能岁以为常？臣愚以为，并力筹赈，不如择要修工。与其逐年循例，为修筑之举，不如统筹全局，为备御之计。可否敕下直隶总督，以现拨帑金，酌提一半，先行勘验灾区，拯恤老弱；以一半赶择河道紧要者，速为修治。庶几工、赈兼施，两收其效。惟直隶河道失修已久，目前，自以永定河为最要。查，永定河一名桑乾河，又名浑河，以行宛平、固安、永清、良乡、霸州、涿州、东安、武清、天津等数州县，素称水流无定，迁徙靡常。一遇大雨时行，会合各处之水奔腾四溢，未有不为钜患，急须相度机宜，早为疏浚。或多开减河、引河，以杀盛涨；或多建闸坝，以资控泄；或择旷地为淀，以停蓄其势；或兼治沟洫，以疏通其脉。总贵因其旧迹不拘成见，去淤沙，以通河身，择坚土，以筑堤岸。而又须任廉明、耐苦之员，钱粮不假胥吏之手。且既以工代赈，必须优给雇资，而各州县百姓连年被灾，既向有小康之户，亦无不转徙迁流，失其家业。更不得藉口，借资民力以召怨咨。如此核实办理，庶几，水之为民害者，可转为民利。民居奠，而农事修，畿辅之地，可冀无一夫失所矣。查雍正年间，命怡贤亲王①、大学士朱轼勘办直隶水利，成水田六千余顷，及今虽淹没已多，而成迹可循，不难重行疏浚。至或有田庐、墓舍，民间习占已久，如有实碍要道者，亦可量介给资，令其迁移。要之，兴大工者，不异小费，亦在办理之得人耳。至现发帑金，尚不敷用，亦请敕下直隶总督，审度全局，再行奏请，于东南各省厘金、关税、盐课项下，续拨数十万，以成钜工。勿存畏难之见，务求久安之策，但使节中外无名之费，即可全亿万生灵之命，则隐为国家所

---

① 怡贤亲王，爱新觉罗允祥，康熙帝十三子，封爵为亲王，曾于雍正年间主持永定河水利、河防工程。详见嘉庆《永定河志》卷首"雍正朝上谕"，及卷十六"雍正三十八年允祥奏折"。

搏节者，奚止数百万哉！（奉上谕，恭录卷首。）

总督李鸿章《堵合南四工漫口疏》（同治十二年［1873］九月　附《署南下汛叶昌绪从优议恤片》）

窃查永定河南四汛九号，于本年闰六月十五日河水暴涨，漫溢成口。经臣专折奏报，将该管河道、厅、汛各员分别参办。即派候补道周馥驰赴工次，会同该河道李朝仪，督饬厅、汛员弁，赶紧盘做裹头，妥筹失堵。暨饬上游各厅、汛，加紧防护，一面酌发银两抚恤灾黎。节据该道等禀称："督商布置，先将口门两堤头盘做，免致续塌。因河中挺生沙滩，逼溜横激，势如飞弩，屡做屡塌。复与在事员弁逐日悉心相度，须就河中老滩处两头进占，方易堵闭，其原堤俟事后补筑。遂于七月十六日兴工，调集兵夫，节节进占，镶埽昼夜趱做。时新料尚未登场，沿堤柳枝因大汛失险用尽，购买青湿秸料，急不应手。秋汛正旺，上游又纷纷报险。该道等迭饬员弁，分投竭力抢护。一面加长坝台，抢做后戗，相机前进。所挖引河深至一丈九尺多，系稀淤陷沙，人难立足，段段倒塘戽水，工料俱费。幸固安、霸州、文安、大城一带被水灾民，源源而来，计工授食，极形踊跃。八月底即拟合龙，乃屡遇风雨，而大溜汹涌湍激，坝埽蛰陷，未能顺手。该道等加募人夫，昼夜分班赶办，加厚大坝，添做迈埽。并将引河相势加工添长，复筑挑水坝一道。九月初十日，后口门收窄止留五丈，坝前水深二丈八、九尺，即于九月二十一日丑时挂缆。各员弁兵夫不避危险，层土层碛，一气并力抢堵。竭三日夜之力，大小坝俱追压到底，关门大埽并经镶筑坚实。二十三日，金门之下顷刻断流，引河一律通畅，全溜滔滔东注，复归故道。下游两岸各工，亦经择要修理，足资抵御。老堤节便补速"，等情。请奏前来。臣委员勘验属实。此次漫口工程，正值秋汛，水旺夫少，料昂甚形棘手。该道等设法筹画，竭力抢堵，俾大工刻期蒇事。附过灾黎，藉资庸趁。堤外被水地亩，涸退较早，可期补种春麦。堪以仰慰圣廑。

至历届河工决口被议人员，果能奋勉图功，例得于合龙时奏请开复。此次失事各员，于被参后竭力抢办，不辞劳瘁，应交赔款亦均缴清，尚知愧奋。永定河道李朝仪、南岸同知朱津，原参革职留任处分，恳恩并予开复。同知衔知县用、南四工固安县县丞、北河分缺间前先补用县丞王仁宝，拟请开复原参革职留工处分，仍以原官、原衔、按原班补用①。再，此次抢堵工程紧急，未及请拨部帑②。除将各员赔款拨用外，臣因经费支绌，责令该河道于本年岁、抢修复额项③下，设法匀提银一万二千两济用。又，本年复额项下长出两江④协款银一万两。长芦原解南河⑤，奏明留抵永定河工需银七千两，分别照数垫拨，凑作堵口工费。又于江海关月协直隶练饷河工项下，拨用银三万二千两。本年东南各省协解⑥直隶赈款项下，拨用八千两。此项工程系招集被水灾民承做，以符以工代赈之意。所给土方工价，皆实用实销，多与例价不符。核计尚为节省，应请照上届奏准成案，免其造册开报。（奉上谕，恭录卷首。）

再，据曾办永定河大工候补道周馥、永定河道李朝仪禀称："南四工漫口工程，迭奉檄饬抢堵，尤须加意保护上游。惟秋汛方涨，大溜搜刷埽根，动辄数丈。南岸头工下汛，自七月二十日后，奇险迭出，埽段走失，大堤仅存一线，几不可保。该汛员县丞叶昌绪，不避艰险，独立危堤，激厉兵夫上紧抢护。正值夜深风雨，该员失足跌伤胸肋，不能饮食。是月二十五日，一律抢护平稳，该员犹督视签桩，乃受伤过重，忽然颠仆，痰延上涌，登时殒命。查，南岸头工下汛工段最险。其堤下即为良乡，若一疏失，不惟涿、良一带被灾较广，南北驿道，必因阻隔，南四大工亦难迅速堵合。该故员任事勇敢，抢险稳固，本应叙功请奖，不意受伤身故，殊堪悯测。河工抢险赏恤之典，向照军营例办理。拟援例转请议恤。"等情，前来。臣覆查无异，相应仰恳天恩。饬部将永定河大汛抢险跌伤身故之同知衔知县用、署宛平县县丞、候补县丞叶昌绪，从优议恤。（奉朱批："叶昌绪著交部从优议恤。钦此。"）

---

① 清制中、低级官员［如道府以下］采取"铨选"，其途经有考试、捐纳［捐钱买官］、起复、大挑等。但均需由吏部按候选官员的品级、资历、劳绩条件，官职空缺情况，确定选任次序、任职地点。故有"同知衔知县用（资格）"，"北河分缺（任职地）"，"前先补用［任用次序］"，以及"原官［职位］、原衔［资格］、原班［次序］补用"的说法。

② 帑，指国库。部帑指户部管理的国库。但国库职能在清朝还有内务府库、工部宝源局［发行制钱］等兼管。

③ 复额一词，从下文可知是指永定河道库预算的一个收支项目。

④ 两江是指两江总督，辖江苏、安徽、江西三省。清顺治二年［1645］设江南省，辖今江苏、安徽两省地。康熙六年［1667］析为江苏、安徽两省，但所设总督仍称两江总督。

⑤ 长芦盐税原有解交江南河道总督［驻清江浦，今江苏淮安］税款，李鸿章请求留抵直隶。

⑥ 东南各省指江西、安徽、江苏、浙江、福建等省。

总督李鸿章《请岁需经费就款留抵疏》（同治十二年［1873］九月）

窃准户部咨开两江督臣李朝仪会奏《筹解永定河经费》一折。奉朱批："该部知道。钦此。"经部议复：[23]"嗣后，每年永定河应需十成经费，银九万四千七百两，除例拨一半，本省旗租银四万七千三百余两，其余一半银两，前经议令：于南河未裁额解旧款内，核定实在数目，按年筹解。今虽据两江总督，于江宁、江苏各藩库、两淮运库，每年各筹银一万两，但核计尚不敷银一万七千三百余两。应咨直隶、两江、漕运各总督，仍于南河未裁款内，设法筹措，奏明办理"。等因。臣查，南河旧额岁料等款，自黄河改道①，各省军用浩繁，久已停解。即江省应解之款，早归别项开销。且地方元气尚未尽复，课款不能如前筹解。京协各饷止形竭蹶。前以永定河岁需紧要，部议奏令："江南、南河筹拨"。今两江督臣等已奏定"于苏、宁各藩库、两淮运库每年共解银三万两。若将不敷之一万七千三百余两，再令按年全数添拨。"窃恐日久无著，致误要需。惟查，长芦向有额解南河工需一款，除减停引目②，扣除参悬，截长补短，每年约可征银七千余两。即系南河未裁之款，自应就款留抵。南河应拨永定河经费，连两江前拨三万两，作为每岁共拨银三万七千两，所有今年长芦应征前项银两，即饬提存备拨。此系南河未裁之款，又以直省芦课③，留抵本省工需，正与部议相符。其余不敷之一万三百余两，江省既无成议，只可仍由直隶藩库旗租项下，同例拨一半经费，一并设法筹凑足数，俾河员及时整修岁需，皆有著落。庶免临时贻误。（奉朱批："该部知道。钦此。"）

直隶总督李鸿章《伏、秋大汛安澜疏》（同治十三年［1874］八月）

窃照永定河本年伏汛，抢护平稳。前经臣循例奏报，仍饬该道亲驻工次，添备料物，认真严防。兹据该河道李朝仪禀称："自立秋以后，河水续涨多次，溜势侧

---

① 黄河改道当指咸丰五年［1855］黄河决口于河南兰阳［今兰考县境铜瓦厢］，向东流［故道今淤黄河］，故原属南河管辖的黄河河工裁撤。［但南河总督直至光绪二十八年［1902］才撤销］其河工工料款停解。［参见《清史稿·河渠志一》。］

② 引目，引指盐引，宋至明清时政府给予盐商运销食盐的专利权证，据此征收盐课及其他税费，引目是其中一项。

③ 直省芦课，清长芦盐场的盐销售地限定直隶、河南等地。其盐税正税称"盐课"，别称"芦课"，由直隶省征管，部分留用，部分上解户部或协济他省。此处李鸿章要求长芦盐课留在直隶，抵充河工经费。

注，加以秋水搜根，汕刷尤甚。埽段纷纷蛰陷，且至坍坝𫓧堤，情[24]形十分吃重。"均经该河道"督率员弁不分雨夜竭力抢护，并将新修闸坝随时开放分泄，全河藉以轻减，料物充足，抢办较易措手，两岸险工幸保平稳。时过秋分，卢沟桥存底水六尺八寸，秋汛安澜。并将出力人员择尤禀请奏保。"前来。臣查永定河，浑流激湍，堤土纯沙，废弛多年。防护本非容易，近来险工叠出。以致岁岁溃决，水患频仍。臣节经筹修复金门闸，及南上、北三两处灰坝，以泄水势。严饬在工员弁，实力修守。本年伏、秋大汛，屡报盛涨，伏汛尤极危险。该道等节次冒险抢办，一律平稳。俾沿河州县，胥免昏垫之苦。堪以仰慰圣怀。向来，防汛安澜，例得择尤请奖。查，永定河道李朝仪，督率通工勤慎耐苦，拟请赏加按察使①衔。其伏、秋汛内，不避艰险，力抢稳固之。知府衔升用同知、候选通判桂本诚，请以通判留于北河，归试用班②，尽先前补用。候补知府南岸同知朱津，请开缺归知府候补班，尽先前补用。候补同知三角淀通判赵书云，请俟补同知后，以知府③用。理问④衔候补知县良乡县县丞潘秋水，知州衔候补知县霸州州判曹澍鋐，均请开缺，以知县归原班尽先补用。涿州州判陈枫，请加同知衔。候补主簿陈咏桂、试用从九品张渐逵，均请加六品[25]衔、参将衔，尽先补用[26]。游击署永定河营都司郑龙彪，前借补该河营都司，经兵部以保升奏留，在出缺之后议驳[27]；惟该员熟悉河工，尤能耐劳，核实人地实在相需，且系奏明留于北河，不论资序酌量借补⑤，本与寻常奏留人员借补营缺不同；此次抢险出力，应请旨，仍准借补永定河营都司员缺，即无庸另予奖叙。又，永定河营南岸守备吴恩来、固安县知县杨谦柄、永清县知县李秉钧、宛平县庞各庄巡检张云霈，均请加三级，以示鼓励。所有永定河伏、秋大汛安澜缘由，理合恭折具陈。伏乞皇上圣鉴训示。谨奏。（奉朱批："该部议奏。钦此。"）

---

　　① 按察使：按清代设按察使（司），隶属各省总督、巡抚，为正三品官，掌管一省刑狱，清末改称提法使。此为例行加衔，表示优奖而非实授任职。

　　② 桂本诚其本职为同知［永定河道下属之分司厅长官］，曾授予"知府衔升用"资格，而现时资格为"候选通判"。请求以"通判"资格归入"试用班"［用人次序］，尽量先前补用。清制同知为知府属官，品位略高于通判。桂本诚有高于实际任职资格，亦有低于实际任职资格。可见铨补程序的烦琐。

　　③ 赵书云先补同知，再以知府资格任用，即从原任通判越级任用。

　　④ 理问，官名。是按察使的属员，掌管勘核刑名，官职品位不详［当在县丞之上］。

　　⑤ 参将、游击、都司均为绿营中级领兵官。在河营武职中，都司为最高级别。嘉庆《永定河志》及本续志·职官表中均未载有实授都司之任职，故李鸿章保奏"借补"［指由绿营兵借调，补用为河营兵都司］未获兵部允准，此处重申借补于河营［北河］。

464

总督李鸿章《请加河神封号疏略》（同治十三年［1874］八月）

据永定河道李朝仪禀称："永定河崇祀河神、将军，各建有庙，河神庙赐①名'惠济'。复于乾隆十六年［1751］，特加'安流惠济'封号。惟将军未蒙褒封。近年，抢办大工，每遇艰危，祈求辄应。本届伏、秋大汛，奇险叠出，人力几至难施，幸赖神灵佑助，得保安澜，重睹平成，实深敬感。禀恳奏请加封'永定河安流惠济河神'封号，并敕赐'永定期河将军'封号。"等情，前来。臣查核属实，应请旨，分别加赐封号，用答神庥。（奉朱批："礼部议奏。钦此。"）

礼部《议加河神封号疏》（光绪元年［1875］四月）

内阁抄出大学士直隶总督李鸿章奏："请加赐'永定河安流惠济河神'封号，并敕赐'永定河将军'封号"，等因。一折。同治十三年八月二十二日，奉朱批："礼部议奏，钦此"。钦遵到部。当因该督未将"河神"、"将军"事实送部，行查，去后。兹准造具事迹清册，咨送前来。查得，原奏及清册内称："永定河崇祀河神，由来已久。国朝康熙三十七年［1698］，敕封立庙。复于乾隆十六年［1751］，特加"安流惠济"封号。又，永定河南、北岸，各建有将军庙。建自何年，志乘未载，亦无姓氏可考。两岸崇祀惟谨，均著灵应，未荷褒封。近年抢办大工，屡蒙河神、将军护佑。本届伏、秋大汛，奇险迭出，几于人力难施，在事员弁虔祷大溜旋移，遂得措手。此皆神灵呵护，化险为平，恳请加赐河神、将军各封号，以答神庥，"等语。臣等查例开："各直省志乘所载，庙祀正神，御灾捍患有功德于民者，经各该督抚奏请敕封，交议到部，分别核办。封号交内阁撰拟。"等语。兹永定河"河神"、"将军"，既据该督声称，"保护河堤迭昭灵应，洵皆有功德于民者。"查河神建庙、敕封，年分历历可考。臣等公同商酌，拟如所请，敕赐封号。如蒙俞允，臣部移交内阁，撰拟封号字样，进呈钦定后，臣部行文该督遵照。至所称"将军"名号，既未列入志乘，亦无姓氏可稽，应交该督再行查明办理。再，该督原奏所称："安流惠济"字样，与《会典》内开：乾隆十六年［1751］，覆准永定河神加封为"安流广惠"之神，字样两歧。前经臣部行查，该督现据覆称：志乘内载有高宗纯皇帝《御制安流广惠永定河神庙文》等语，自应查照志乘与《会典》字样更正，不得仍前误

---

① 原为锡（xì），字义与"赐"同。

用。奉旨依议。内阁撰拟封号字样进呈。（奉朱笔："圈出'普济'，钦此。"）

总督李鸿章《南二工漫溢疏》（光绪元年［1875］七月）

窃本年四、五月间，雨水稀少。六月，即大雨时行，连绵不绝，永定河屡次盛涨。迭饬该河道李朝仪，严督厅、汛，实力防护。二十三日，石景山签报长水，至二丈三尺五寸。虽各闸、坝均过水三尺余，而上游西北山水接续增长，奔腾进注，全河水势十分汹涌。两岸各汛节节水上埽面，兼有与埝相平，及跑埽、坍坎溃堤之处，险工林立。该河道与各厅分投抢堵，而南二工六号，系横河顶冲。二十四日，埽镶陡蛰，大溜直逼堤根。经该汛员率同兵夫赶紧抢护，竭一昼夜之力，已镶出水面。不期水又续长，迅猛非常。埽复蛰陷多段，立即挂柳捲由，撒手抢办，乃河水过深，签用三丈余长桩，不能到底。对面忽淤沙嘴，河流愈窄愈激，顷刻抬高数尺，人力实无可施。于二十五日寅刻，大溜漫越堤顶一涌而过。该道、厅正督抢，他汛险工吃紧，闻信驰至，业已夺溜，挽救不及。查看口门，约宽六、七十丈。据实禀请、参办。前来。臣查，永定河废驰已久，堤身卑薄，淤沙壅积，势不能容纳多水。若欲从新挑筑，非数百万金不可。一时无此钜款。近年，惟于赈捐等项下，量为匀拨，酌修闸坝，稍资分泄。上年已就安澜。今值伏汛，连旬阴雨，水势过大，致有漫口。负疚滋深。该道、厅等，平日尚能认真办工，此次虽因人力难施，或已赴他汛抢险，但既失事，咎无可辞。应请旨，将署南岸同知吴廷斌革职留任，署南二工良乡县县丞汪仰山革职留工，该河道李朝仪统辖全河疏于防范，一并革职留任，以示惩儆而观后效。臣督率无力，并请旨交部议处。现令该河道督同厅、汛员弁，赶紧盘做裹头，以防续塌。仍饬上游各汛加意慎防，并行被水地方官查勘安抚。一面委员会同勘筹堵口事宜。惟汛期尚长，水势正旺，容臣督饬相机妥慎办理，勿致误时糜费。至口门溜势，由堤外良乡、固安境内田场、庄各、贾各等村，即归金门闸引河，入大清河，被淹村庄无多，并未伤损人口。（奉上谕，恭录卷首。）

总督李鸿章《堵合南二工漫口疏》（光绪元年［1875］十月）

窃照永定河南二工六号，前因伏汛连旬阴雨，水势过大，致有漫口。经臣专折奏参，即派道员周馥驰赴工次，会同该河道李朝仪，督率厅、汛员弁，赶紧盘做裹头，勘筹堵筑。仍饬上游各汛加意防守。并筹款抚恤灾民。旋据禀报："两堤头盘裹坚稳，即相机勘定引河、大坝，购办料物，招集人夫，八月二十日开工。乃河水迭涨，大溜分支冲激，东、西两坝搜根，淘底深至二丈有余。进占镶埽，节节蛰陷。幸众情奋勉，日逐进镶。九月二十五日，西坝陡蛰十余丈，几至入水，并力设法抢护稳固。三十日，口门尚剩五丈，水深三丈一尺，即于丑时挂缆。层料层土，追压到底，而河水骤然抬高四尺，情形十分吃重。即一面启放引河，一面撒手抢堵。竭两昼夜之力，金门闭气毫不泄漏，引河一律通畅，大溜淘淘东下，全河复归故道。下游御水各工，早经修补完固。被水灾民，老弱者酌量抚恤，少壮者藉工佣趁糊口。现在，堤外地亩涸复，尚可及时种麦，"等情。具禀前来。臣委员勘验无异。此次引河大坝工程颇钜，正值秋汛水旺，夫少料缺。臣以民瘼攸关，经费支绌，谕饬该道等核减工费，勒限妥速经营，刻期蒇事。除各员赔款济用外，仅拨给库平银四万一千九百三十九两二钱三分六厘。系属格外撙节。已由江南海关月协直隶练饷项下照数筹拨。令其以工代赈，计口授食，料物皆核发实价，较例价节省不少。应请照上届奏案，免其造册开报。至河工合龙，向应核明劳绩，分别请奖。所有会办大工之二品衔尽先。补用道周馥，督筹机宜，备著勤劳，拟请旨交部从优议叙。其余在事人员，择其昼夜抢办，尤为出力者，另缮清单，恭呈御览。仰乞恩准，以昭激劝。其外委三名，另行咨部奖叙。至失事各员，于被参后竭力筹办，不辞劳瘁，工费尤能核实，应交赔项亦均缴清，尚知愧奋。永定河道李朝仪，尽先补用。知府署南岸同知吴廷斌，原参革职留任处分，恳恩均予开复。蓝翎知州①衔补用知县遇缺补用县丞汪仰山，并请开复原参革职留工处分。仍以原官、衔翎，归原班补用。（奉上谕，恭录卷首。）

直隶总督李鸿章《伏、秋大汛安澜疏》（光绪二年［1876］八月）

窃臣前因本年春、夏亢旱，伏、秋雨水必多，饬令永定河道，督率工员亲驻河岸，加谨防护。节据该河道李朝仪禀称："自闰五月十一日后，各处大雨时行，河水接续增长，伏汛期内长至一丈六尺，秋汛期内长至一丈九尺，大溜汹涌，趋向靡定，两岸险工叠出。南上之十三、四号，南下之三、四号，南二之八号、十五号，南三之七、八号、十四、五号，南四之五号、十八号，南六之十四、五号、十九号，南

---

① 清制，皇帝以孔雀翎赐臣下，作用礼帽上装饰品，称花翎，有单眼、双眼、三眼之分。五品以上官员皆带孔雀花翎，六品以下用鹖鸟羽毛，称蓝翎，无眼俗称老鸹翎。但低级官员如受褒奖，也可以授蓝翎以上的孔雀单眼花翎。知州一般为五品、从五品，可以带花翎。而称"蓝翎知州"则是指降级使用。故下文以原官、衔、翎归班补用，即是撤销处分之义。

七之西小堤，北五之十一号、十四号，北二下之六号，或埽段平蛰，或陡蛰入水，并有随镶随蛰、冲刷老坝之处，情形均为吃重。而北二上之五号，横河顶冲埽面，闪裂塌去堤身宽一丈余，长六七丈。该处土性纯沙，埽前水深二丈八、九尺，签钉长桩往往不能到底，极难措手。又，北上之十号、十三号，淘蛰坝埽，汕塌堤帮长三、四十丈，亦十分危险。"迭经该河道，"督率员弁，分投设法相机挽救。一面将前修闸坝开放分泄，幸料物充足，人心踊跃，得以撒手抢办。竭两月余之力，一律保护稳固。时过秋分，水势日见消落，河流顺轨，卢沟桥现存底水六尺八寸，伏、秋大汛安澜。并将出力人员，择尤请保。"前来。臣查，永定河淤废年久，缘经费无措，不能大修。每届汛期，即虞漫决。本年伏、秋屡报盛涨，该河道等节次抢办平稳，沿河州县胥免昏垫之苦。堪以仰慰圣怀。向来防汛安澜，例得择尤请奖。查，按察使衔永定河道李朝仪，尽心防护，调度合宜，拟请赏加布政使衔。其不避艰险、力抢稳固之工员，并拨夫上堤、认真协防出力之州、县印佐，酌拟奖叙。缮单敬呈御览。仰恳天恩，俯准给奖，以示鼓励。所有永定河伏、秋大汛安澜缘由，理合恭折由驿具奏。伏乞皇太后、皇上圣鉴训示。谨奏。（奉旨："该部议奏。单并发。钦此。"）

直隶总督李鸿章《伏、秋大汛安澜疏》（光绪三年［1877］八月）

窃照本年天气虽旱，河防不宜稍松。迭饬永定河道，督率工员亲驻河岸，认真防护。节据该河道李朝仪禀称："六月十四日以后，各处得雨，河水屡次增涨。伏汛期内长至一丈六尺，秋汛期内长至一丈一尺。河身早被淤垫，水长丈余即虞漫溢。本届南七、北五、北六、北七等工，均因漫滩生漏。北上十号、十四、五号，北中三号，北下十七号，北二上五号，北三十一号，北四上十号，南上十七号，南二八号、十六号，南三十号、南七西小堤，皆系逼溜顶冲，埽段蛰陷，并有随镶随蛰，刷塌老坎之处。而南四十八号堤工，溃塌二十余丈，宽约一丈。"均经该河道，"督率员弁，添催桩手、卯夫[①]，分投加镶签压。或对岸切滩，或捲由挂柳，或用麻袋蒲包装土沉护，并将坍堤漏子填补坚实，料物应手，兵夫踊跃，一律防护平稳。时遇秋分，卢沟桥现存底水六尺五寸，伏、秋两汛俱获安澜。"等情。禀报前来。臣查历届防汛安澜人员，例得奏奖，今年虽工程不少，而西北各省久旱，来源不旺，措手

---

① 卯夫，即土夫，挖土的河工。

较易。所有出力人员，应俟下年安澜后，再行并案请奖。除饬该河道，察看通工堤河情形，随时分别疏筑外，理合恭折具陈。伏乞皇太后、皇上圣鉴。谨奏。（奉旨："知道了。钦此。"）

总督李鸿章《北六工漫溢疏》（光绪四年［1878］七月）

窃查本年直境，夏雨时行，永定河水节次增长。迭饬该河道，严督厅、汛，实力防抢，伏汛尚称平稳。立秋后连雨不止。七月二十、二十一、二十二等日，昼夜大雨，河水长至二丈三尺。虽有前修各闸坝放水二、三尺，而上游洋河承北口外诸水，来源甚旺，汹涌异常。两岸险工林立，节节漫堤平塪。经各该员分投抢堵，乃二十二日戌刻，雨势如注，水又陡长。北六工十四号，漫过堤顶二尺，大溜迅猛，且值昏夜，人力难施。已成口门约宽三、四十丈。据该河道李朝仪禀请参办，前来。臣查，永定河堤身卑薄，淤沙壅积，势难容纳多水。近年虽幸获安澜，不敢一日忘浚筑之计。只以时艰帑绌，无从筹集巨款，不能从新修治。今值秋雨过多，水势盛涨，致有漫口。虽则雨夜溜猛，人力难施，但既失事，咎无可辞。应请旨，将汛员知州衔知县用北[28]六工霸州州判邹源，即行革职；厅员北岸通判江垲，革职留任。该河道李朝仪，统辖全河，疏于防范，一并革职留任，以示惩儆，而观后效。臣督率无方，并请旨，交部议处。现饬该河道，督率员弁赶紧盘做裹头，以防续塌。仍严饬上游各汛，加意慎防。并令被水地方官，查勘抚恤。一面派委知府史克宽驰往，会同该河道勘筹堵筑事宜。臣即督饬，相机兴办，勿致误时糜费。至口门溜势，现分两股，各宽十余丈，由永清、东安、武清境内流入凤河，即系归壑之路，不致多淹地面。（奉上谕，恭录卷首。）

总督李鸿章《堵合北六工漫口疏》（光绪四年［1878］十月）

窃照永定河北六工十四号，前因秋雨过多，水势盛涨，致有漫口。经臣专折奏参，即派知府史克宽驰往，会同该河道勘筹堵筑事宜。先令赶紧盘做裹头，不使续塌。一面筹款委员前赴被水村庄，查户抚恤。旋据勘定大坝引河，拣派沿河绅董，购备桩料，招集人夫，于九月十一日开工，将河坝分投抢办。惟本年秋后霖雨浃旬，水势增长，为向来所罕有。每长至二、三丈，搜根淘底，汹涌异常。两坝占埽迭被蛰陷，引河头土格屡堵屡决，工程万分棘手。经各该员绅不分雨夜，不惜工料，力与水争，加劲挑筑，始渐就绪。十月十九日，口门尚剩五丈，水深三丈有奇，察看风色顺利，即于亥刻挂缆堵合。层土层料，追压到底，而河水又抬高四尺，情形岌岌可危。即一面启放引河，一面撒手抢办，赶下关门埽，竭两昼夜之力，龙门口外毫无渗漏。所挑引河一律通畅，大溜滔滔东注，全河复归故道。下游御水各工，亦经修补完固。堤外地亩次等涸复，可种春麦。等情，禀报前来。臣派道员万国顺赴工，复验无异。此次引河、大坝工程既钜，且秋后盛涨，霆霖处处阻水，运料又极艰难，深虑未能得手。该员绅等，相机设法，履危蹈险，胼胝经营，妥速藏事。实属奋勉出力，用费亦甚撙节。除将各员赔款济用外，仅于闽省解到林维源捐款内，拨给实银四万五千一百九十四两五钱九分一厘。即就附近灾民以工代赈，计口授食，料物皆核发实价，较例价节省尤多。应请照历届成案，免其造册报销。至失事各员，于被参后竭力筹办，不辞劳瘁，应交赔项亦均缴清，尚知愧奋。二品衔永定河道李朝仪，运同衔知州用北岸通判江垲，原参革职留任处分，拟恳恩均予开复。已革知州衔知县用北六工霸州州判邹源，拟请留工效力。（奉上谕，恭录卷首。）

直隶总督李鸿章《伏、秋大汛安澜疏》（光绪五年［1879］八月）

窃本届永定河汛防事宜，先饬升任河道李朝仪，预筹布置，嗣委遇缺题奏道朱其诏[①]，于五月初前往接署，即令督率工员亲驻河干，加谨防护。节据朱其诏禀称："自五月初九日后，各处大雨时行，河水接续增涨。伏汛期内长至一丈九尺六寸，秋汛期内长至二丈二尺五寸，大溜汹涌，趋向靡定，两岸险工林立。卢沟司之南岸土堤六、七号，南上之十三、四、五、六、七号，南二之八号、十号、十一、十五号，南三之八、九号、十五、六号，南四之四、五号、十八号，南五之六号、十号、十六号，南六之七号、十号、十五号，南七之东西小堤、十四号、十九号，北上之二、三、四号、六号、十号、十二、三号，北下之五号、十三、四号、十七号，北二上之五号，北三之五号月堤，北五之五号，北六之六号、十四号，埽段平蛰，或陡蛰入水，甚有随镶随蛰，冲塌老坎之处，情形均甚吃重。而北上之七、八号，南上之十一、二号，南四之十三号，南六之十六号，南七之二十四号，横河顶冲，蛰陷坝埽，溃及堤身，尤极危险。"叠经该署"道督率员弁，分投相机挽救，多催桩手、卯夫，添购备料物，或帮宽堤坝，添下埽段；或对岸切滩，卷由挂柳；或用麻袋装土沉护，一面启放闸坝分泄。幸料物充足，人心踊跃，得以撒手抢办，竭两月余之力，

---

① 朱其诏，《永定河续志》作者。详见本书附有其生平小传，及《清史稿·朱其诏传》。

一律保护平稳。时过秋分，水势日落，河流顺轨。卢沟桥现存底水六尺九寸，伏、秋大汛安澜。并将出力人员择尤请保。"前来。臣查永定河，浑流激湍，堤土纯沙，中洪淤垫，苦无巨费不能大修，每届汛期即虑溃漫。本年伏、秋霪雨，西北口外山水奔腾，屡报盛涨，直境各处河堤，多有漫溢冲决。该署道等节次竭力抢办，竟能化险为平，俾沿河州县获免昏垫之害。堪以仰慰圣怀。向来河工防汛安澜，例得择尤请奖。查署永定河道二品顶带遇缺题奏道[29]朱其诏，尽心河务，调度合宜，拟请赏加随带三级。其不避艰险，力抢稳固之工员，并拨夫上堤、认真协防出力之沿河州县、印佐①，酌拟奖叙。缮单敬呈御览。仰恳天恩，俯准给奖，以示鼓励。所有永定河伏、秋大汛安澜缘由，理合恭折由驿具奏。伏乞皇太后、皇上圣鉴训示。谨奏。（奉旨："该部知道。单并发。钦此。"）

直隶总督李鸿章《伏、秋大汛安澜疏》（光绪六年［1880］九月）

窃本届永定河伏、秋防汛事宜，前饬署永定河道朱其诏，预筹布置，督率工员亲驻河工，加谨防护。节据朱其诏禀称："自五月二十四日后，各处大雨时行，河水接续增涨，伏汛期内长至二丈，虽秋汛稍减，亦长至一丈四五尺。大溜汹涌，趋向靡定，两岸险工林立。南上之十一、十五、六、七号，南之下头、二、三、五、六号、十三号，南二之八、九号、十五号，南三之七号、九号、十六号，南四之四号、十八号，南五之七号、十一、十六号，南六之七号、十号、二十号，南七之西小堤、第五村横埝，十五、十九、二十、二十六号，北上之三号、五号、九号、十号、十一、二、三号，北中之头、二、三号，北二上之头号、五号，北三之五号、越堤十一、二号，北五之五号、十一号，北六之五、六、七号、十三号，北七之三号，埽段随镶随蛰，甚有冲塌老坎，掣动堤身之处。南八上、下两汛，向系平工，乃河流忽然南注，该两汛工长四十余里，大溜走至九成。其北七之三号，顺水埝又因河中挺生沙嘴，逼溜搜刷，塌去三十余丈。二号、四号同时吃重。均甚危险。"迭经该道，"督率员弁添催桩手、卯夫，无分雨夜，分投相机抢护。或帮宽堤坝、添下埽段，或捲由、挂柳，并用麻袋装土沉护。一面启放闸坝分泄，又饬上下隣汛不分畛

---

① 印佐一词是指"正印［或称正堂］佐二"的省称，清制自布政使至知府、知州、知县都使用正方形官印，故称府、州、县为正印官。［参见《清史稿·舆服志·三》文武官印信关防条记。］州同、州判、县丞、巡检、典史、主簿等，州县主官属员或辅佐官统称佐二。［参阅《清通典·三十四职官二十府州县》］。

域，互相协济。幸料物充足，人心踊跃，得以撒手抢办，竭三月之力，一律保护平稳。时过秋分，水势日落，河流顺轨。卢沟桥现存底水六尺九寸，伏、秋大汛安澜。并将出力人员择尤请保。"前来。臣查永定河，堤土纯沙，中洪淤垫，每届汛期即虑溃漫。本年伏汛盛涨至十八次，深至二丈，秋汛亦长至一丈四五尺。节据朱其诏督率工员，设法抢办，化险为平。俾沿河州县获免昏垫之害，堪以仰慰圣怀。向来河工防汛安澜，例得择尤请奖。查，二品顶戴遇缺题奏道朱其诏，两次委署永定河道，皆值伏、秋大汛，均能督率员弁，保护平稳。实属调度合宜，舆情亦甚爱戴。拟请勅部从优议叙。其不避艰险、力抢稳固之工员，并拨夫[30]上堤、认真协防出力之沿河州县印佐，酌拟奖叙，缮单敬呈御览。仰恳天恩，俯准给奖，以示鼓励。所有永定河伏、秋大汛安澜缘由，理合恭折由驿具奏。（奉旨："该部议奏。单并发。钦此。"）

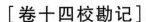

［卷十四校勘记］

〔1〕"两"字误为"雨"形近而误，改正为"两"。

〔2〕"允"字误为"充"。依文意改正为"允"。

〔3〕按李鸿章原折此处为："刘长佑、曾国藩先后奏准"。户部奏折摘引不全，仅志此不作改动。

〔4〕"止"字原脱，据原折增补。

〔5〕此处户部摘引时删节"逢汛抢护"四字，志此不补。

〔6〕此处户部摘引时删节250余字，增加"拟"字。

〔7〕原折为"拨"，户部议复折改为"发"。

〔8〕此处原折为"至此项工需向系由拨发，现时能否一律如旧"。"并请由部拨发"一句，未按直接引语对待。

〔9〕"工"字原脱，据李鸿章原折增补。

〔10〕原折为"部复"，户部折改为"部议"，仅志于此，不改。

〔11〕"只"误为"找"，据原折改。

〔12〕"迭"误为"送"，形近而误，据原折改回为"迭"。

〔13〕"以"字户部折脱，据李鸿章原折增补。

〔14〕"需"字户部折误为"须",据李鸿章原折改正。

〔15〕"库"字户部折误为"中",据李鸿章原折改正。

〔16〕"于"字户部折脱,据李鸿章原折增补。

〔17〕"库"字户部折误为"部"据李鸿章原折改为"库"。

〔18〕此处户部折将李鸿章原折自称"由臣"二字省略,与文义无碍,故不增改。

〔19〕此处户部折将李鸿章原折自称"经臣"二字省略,同前条不改。

〔20〕"甚"字户部折误为"正",据李鸿章原折改回为"甚"。

〔21〕"款"字户部折误为"项",据李鸿章原折改回为"款"。

〔22〕"违年"一词实为"连年"之误。按违繁体字为"違",连繁体字为"連",二字形近。"违年"与文义不符,"连年"为妥,故改。

〔23〕原书稿为"以"。此处疑脱"议复"二字。根据本折前后文,改补"议复"二字。

〔24〕"情"字误为"清",笔误,改正为"情"。

〔25〕"六品"二字疑有误,从九品为最低级品位第十八级,越七级提升为正六品〔十一级〕,实为罕见,亦或草率,因无据而不改。

〔26〕尽先后脱"补用"二字,据前文及清外任官员一般程序增补。

〔27〕"经兵部以保升奏留在出缺之议驳"句,疑有脱误。当为:"经臣保奏:请俟绿营缺出以该灌营都司借补升任,留在河工,经兵部议驳。"原文不动,志此供参阅。

〔28〕"北"字误为"此",据前后文意改为"北"。

〔29〕此处疑有缺字"候补道员",志此,暂不补。

〔30〕"夫"误为"大",据文改正。

卷十五　附　录

《金门闸浚淤碑》（乾隆三十八年）

《金门闸三次建修丈尺银数碑》（乾隆三十八年）

《良乡县沿河十六村庄碑》（乾隆四十二年）

《拆修金门石闸碑》（道光四年）

《南上汛建造灰坝碑》（道光四年）

《重修金门减水石闸碑》（同治十一年）

《重修南上汛灰坝碑》（同治十二年）

《重修求贤灰坝碑》（同治十三年）

《禁止下口私筑土埝碑》（光绪三年）

《会商永定河事宜禀》（同治十一年八月）

《上游置坝节宣水势禀》（同治十二年闰六月）

《勘上游置坝情形禀》（同治十二年十月）

《勘上游置坝情形禀》（同治十二年十一月）

《酌添麻袋兵米等项详》（光绪三年三月）

《议下口接筑民埝详》（光绪四年四月）

《饬照勘钉志桩筑埝檄》（光绪四年四月）

《查勘全河形势应办事宜禀》（光绪五年八月）

《捐助方城书院经费详》（光绪五年七月）

《拟方城书院加课章程详》（光绪五年七月）

《饬各协防委员点验兵数按旬结报札》（光绪五年）

《书旧志防险夫地后》

《金门闸浚淤碑》（乾隆三十八年［1773］）

乾隆三十八年六月初九日，奉上谕："周元理奏《五月二十二日以来，永定河水势虽有增长，大溜直走中洪，迅趋下口，两岸堤工稳固》一折[1]。览奏稍慰厪念。至所称：'各处河水旋长旋消。初一日辰刻，金门闸过水六寸，巳时即已断流，'等语。金门闸宣泄永定河盛涨，其形与南河之毛城铺相似。永定河挟沙而行，与黄河水性亦同。向来，毛城铺于过水后，即将口门及河流去路随时疏浚，以免淤停。实为利导良法，金门闸自当仿而行之。著传谕周元理，督饬河员，于金门闸过水之处，即为挑浚，务使积淤尽除，水道畅行，以资疏泄。嗣后，金门闸每遇过水，永远照此办理。仍将永定河长落[1]情形，随时奏闻。钦此。"（右碑旧志附录门失载。）

《金门闸三次建修丈尺银数碑》（乾隆三十八年［1773］）

金门闸，乾隆三年［1738］建。金门宽五十六丈，进深五丈。石迎水簸箕内宽五十六丈，外宽六十一丈四尺，进深二丈；石出水簸箕内宽五十六丈，外宽六十七丈三尺，进深九丈。南、北两坝台各宽十二丈，进深十六丈；金墙高八尺。灰迎水簸箕内宽七十五丈，外宽八十五丈，进深五丈；灰出水簸箕内宽七十五丈，外宽八十五丈，进深十五丈。南、北迎水雁翅各长三十丈，北出水雁翅长三十丈，南出水雁翅[2]长六十丈。共用银十八万六千一百一十二两零。

落低处，乾隆六年［1741］因初建，金门坝面过高，不能过水。因将海墁中，落低一尺五寸，宽二十丈。共用银五千四百八两零。

石龙骨，乾隆三十五年［1770］建。河身积渐淤高，微长即过，因建龙骨一道，长五十六丈，补平落低处，高石海墁二尺五寸。共用银四千三百七十五零。

闸下减河一道，计长一百四十六里零。经由良乡、涿州、宛平[3]、固安、永清、

---

① 周元理原折题为：直隶总督臣周元理《为钦奉上谕事》，收录于嘉庆《永定河志》卷二。乾隆帝于此折中特有朱批，"此处有旨，钦此"，即此碑文。原本收录于嘉庆《永定河志》卷首乾隆三十八年六月上谕。

② 关于金门闸结构有关术语，参见本书增补附录《清代水利工程术语简释》。

③ 此处所说宛平县是指清宛平县南部，与良乡［今属房山区］、涿州、固安相比邻地段，现属北京大兴区。

霸州地方，入中亭河，自牛坨^①分岔，复开黄家河一道，由津水洼达淀。（右碑旧志失载。）

《良乡县沿河十六村庄碑》（乾隆四十二年［1777］）

乾隆四十二年［1777］八月初八日，蒙宪牌^②开。七月初七日，蒙总督部堂周^③批："永定河道呈详：'永定河工所设厅、汛各员，并不统辖地方。其拨夫防守堤汛事，原应照乾隆十五年［1750］，以及十七年［1752］前督宪方奏定章程^④办理。'近年，沿河州县多不遵照旧例。凡遇疏挑减河及河务工程，既专用十里村庄。而地方一切杂差，又漫无区别，十里内外一律派办。甚至派十里内之差务，反偏重于十里以外村民。避重就轻。近移十里以外者甚多，汛员办理河工动致掣肘。详请通饬永定沿河州县，于河员所辖十里村庄，仍遵旧例，除大差捕蝻^⑤外，一切杂差免其重拨。"缘由，蒙批。查，永定河两岸沿堤十里村庄，久经方前院奏定章程，除皇差及捕蝻之外，听河员拨用，以免重累。且此时并无差徭，因何又有杂差名目？仰布政司即速查明议定，通饬沿河各属："遵照，详请立案缴"，等因。蒙此。查，永定河堤工最关紧要，其一切拨夫防守事，原应遵照乾隆十五年经前督宪方，会同前任江南总河部堂高^⑥奏准："河员俱令兼巡检衔，将沿河十里村庄，准其管辖拨用。"又，于乾隆十七年蒙前督宪方奏明："凡属河员管辖十里村庄，该州县除皇差及捕蝻两项听其派拨，其余一切杂差俱免，专归河员拨用。"各等因，遵照在案。该州县自应遵照前奏章程，逐一办理，何得遽行更张，并不遵办，以致防守河工动致掣肘，殊非郑重河工之道。今自应申明前奏，通饬办理，合亟飞行。为此，仰厅官吏照牌事理。立即通饬各属州县，遵照乾隆十五年并十七年前督宪方奏定章程办理。毋得仍循故

---

① 牛坨在河北省固安县境南部偏东。

② 宪牌：此指布告牌。

③ "总督部堂周"，部堂：清制六部尚书及各省督抚办公处所称"部堂"，主管官员称堂官。此指总督周元理。

④ 督宪，清制一省设总督（或巡抚）、布政使、按察使，谓之"三宪"，故督宪代指总督；方，指前任总督方观承。查其所定章程完整内容已丢失，嘉庆《永定河志》卷二十二收录乾隆十五年十二月十二日，工部《为遵旨会议事》一折中有片断内容的摘引。而十七年奏折已全部丢失。幸赖本碑文保留方观承制定章程的大部分内容。本碑文为续志作者自注有说明。

⑤ 蝻，蝗的幼虫。

⑥ 江南河道总督，省称江南总河或南河；高，指高斌，雍正十一年代理江南河道总督［并兼任两淮盐政］十三年实授江南河道总督，至乾隆六、七年间调直隶总督，兼管永定河道总督。

习，致误河工，有干未便。仍饬查明村庄段落，详请立案。毋得稍任迟延。（乾隆十五年奏议载旧志。其十七年原奏旧志失载，远年档案霉烂无存。姑录碑记以志大概。）

《拆[2]修金门石闸碑》（道光四年 [1824]）

道光三年 [1823] 十一月初十日，内阁奉上谕："张文浩等奏《勘估永定河减水、闸坝、越堤等工及时分别修筑》一折。近年，永定河流受淤较重，据张文浩等逐一履勘，南二工拆修，升高金门石闸龙骨、坝台、金墙、海墁、石簸箕，暨闸内镶做护埽、裹头；并刷①堤、挑挖闸塘淤沙，以及上首裹头，下首雁翅、迎水老滩，均抛片石坦坡。又，迎水、引河、闸外减河等工，并厂房器具，共估银十万三千四百五十一两零。著俟来岁春融，照估趱办，统限汛前一律完竣。所需银两，即于预拨各省封贮项下，解到动用。其灰石等项料物，应于今冬采办到工。著蒋攸铦，将解部粤海关饷，先行截留一批，计银五万两，发交永定河道，赶紧购备，以免迟误。该部知道。钦此。"

旧设金门闸宽五十六丈，进深五丈。石迎水簸箕内宽五十六丈，外宽六十一丈四尺，进深二丈；石出水簸箕内宽五十六丈，外宽六十七丈三尺，进深九丈。南、北坝台各宽十二丈，进深十六丈；金墙高八尺。灰迎水簸箕内宽七十五丈，外宽八十五丈，进深五丈；灰出水簸箕内外宽与灰迎水簸箕同，进深十五丈。今拆建平顶龙骨一道，高四尺五寸，长五十六丈，顶宽五丈。迎水坡斜宽六尺三寸，出水坡斜宽一丈三尺五寸。两金刚墙加高四尺，补砌石海墁，筑迎水、出水灰簸箕。筑灰雁翅长十三丈，宽二丈，连槽高三尺八寸五分；下牙桩做护埽，挑水、顺水埽坝，砌片石坦坡。挑挖引河长四十丈，减河长三千百六十丈。

《南上汛建造灰坝碑》（道光四年 [1824]）

道光三年十一月初十日，奉上谕："张文浩、蒋攸铦等奏《勘估永定河减水闸坝等工，请及时分别修筑》一折。近年，永定河流受淤较重，据张文浩等逐一履勘，南上汛新建灰坝，暨坝内镶做挑水、顺水坝埽、裹头迎水、引河并刷①堤，筑做越坝，启拆越坝，以及坝外减河、护村堤埝、厂房器具，共估需银七万八千三百四十九两

---

① 此字待查，依文意应解释为筑或培。读音不详。

零。著俟来岁春融，照估趱办，统限汛前一律完竣。所需银两，即于预拨各省封贮项下①，解到动用。其灰石等项料物，应于今冬采办到工。著蒋攸铦，将解部粤海关饷，先行截留一批，计银五万两，发交永定河道，赶紧购备，以免迟误。该部知道。钦此。"

灰坝一座，金门面宽五十六丈，进深八丈。迎水簸箕内宽六十一丈，外宽六十五丈，进深四丈；出水簸箕内宽六十二丈，外宽七十六丈，进深十四丈。刨槽下柏木中丁，四面下牙桩松板，筑小夯灰深五尺。金墙两座，顶进深六丈四尺，底进深八丈，宽六丈，筑大小夯灰高八尺。上首筑挑水坝一道，下埽六段。南金墙后下护埽四段，坝前筑越坝一道；启拆越坝一段；挖迎水引河一道；坝后筑南、北闸河埝，共两道，挖出水减河一道。稻田村、西营村、张家场村、保河庄村，护村埝共四道。

《重修金门减水石闸碑》（同治十一年［1872］）

金门闸石坝，建自乾隆三年［1738］。每于大汛盛涨之时，分减水势，法至良，意至美也。嗣因河底积渐淤高，乾隆三十五年［1770］、道光三年［1823］、十一年［1831］、二十三年［1843］，逐将龙骨加高至八尺七寸，尚可泄水。迄今又将三十年，河底愈淤高，已与龙骨相平。同治五年［1866］以后，筑埝堵闭，涓滴不能启放。十年［1871］冬，钦命太子太保、大学士、直隶总督、一等肃毅伯李②，查勘全河。至金门闸，谓：不可"以废而不治"，饬令位修、朝仪③等详加勘议。"将旧龙骨中段二十丈，升高四尺，两旁十八丈，各升高五尺。所有旧龙骨之高八尺七寸者，全行拆卸。新龙骨，放长进深六丈，下接旧海墁，上做坦坡之形，使水势平缓过闸，方无跌坑掣溜之虞。北坝台东面移建九丈，与新龙骨紧接。坝台内外镶做埽段，仍于龙骨上添筑拦水埝一道，其减河工长四千一百七十丈，一律挑浚深通。又重建御碑亭、汛房等工，通盘核计，共需银六万四千七百四十二两七钱九分二厘。

---

① "封贮项下"，封贮本意为封存、储藏。与前文"预拨"相联封贮项目，当即"备用金"项目。

② 据《清史稿·李鸿章传》记载，李鸿章于同治七年［1868］因镇压西捻军"有功"加太子太保衔。同治九年［1870］天津教案后调任直隶总督兼北洋通商事务大臣。同治十二年［1873］五月授大学士，留总督任，六月授武英殿大学士，十三年调文华殿大学士。而受封"一等肃毅伯"则是同治十年事。与此碑记略有差异。按《清史稿》成书晚于此碑，可能另有所本。故年月的错记与否均不改动，谨记于此供参考。

③ 位修何人不详，朝仪即永定河道员李朝仪。

禀蒙批准，在秋灾赈抚项下如数筹拨，购备灰石料物，及时兴办，以工代赈，俾穷民藉以仆趁。"入告，得旨俞允。遂于十一年［1872］二月二十二日开工，至四月底止，一律完竣。维时，督修者：永定河道李朝仪、留直补用道周馥；总司其事者：补用知府南岸同知朱津、候选同知孙汝贡、升用同知候选通判桂本诚；分司其事者：候选通判谢政贤、知州衔前江西候补通判李恩铭、署南二工良乡县县丞陆景濂、五品衔候选县丞张文耀、何恩树，候补主簿岳翰、候补从九品李忠赞、张用逵。并书泐石①。

旧龙骨高八尺七寸，全行拆卸。做新龙骨、坦坡转头，工长五十六丈，进深六丈。中段二十丈，比旧龙骨升高四尺；两旁各十八丈，升高五尺。南首迎水雁翅，斜尖长六丈七尺，宽五丈四尺，斜高三尺；北首迎水雁翅，斜尖长九尺，宽七尺。

龙骨坦坡转头，新石底，通砌砖三层。筑打大、小夯灰土，三步以下均筑打素土，接老灰步而止。龙骨脊共截桩二百颗。

转头下迎水坡，通长六十三丈，砌旧料石二层，筑打大、小夯灰土十二步，接老灰步而止。

南坝台，金刚墙迎水、过水二面，长二十二丈八尺，通用大料石，加高一丈。出水雁翅，通用旧料石，加高四尺，背后通筑打小夯灰土，宽三尺。迎水雁翅以南，用旧石接砌二丈，高七尺。坝台上通填素土盖顶，打灰土一步。

北坝台，金刚墙向东接连三丈四尺。迎水雁翅，长七丈六尺，拆旧按新，计高二丈，向南金墙加高七尺。出水雁翅加高三尺，新墙内通筑拆水，夯灰土宽三尺。迎水雁翅以北，用旧石接砌四丈一尺，高一丈。坝台上通填素土盖顶，打灰土一步。防汛公馆房屋、院墙，均修理完固。出水石簸箕，修补新石一百四十方。

龙骨上做拦水埝一道，长一百丈，宽三丈，高三尺。

南坝台西做挑水坝一道，长四十丈，宽四丈，鱼鳞埽十段。

北坝台东做挑水坝一道，长十六丈，宽一丈，高一丈，鱼鳞埽五段。

南北旧金墙、雁翅、石簸箕，均用油灰抅缝粘补。

南坝台修造碑亭一座，汛房三间，旧石围墙长十四丈五尺，高四尺。

闸下减水河，工长四千一百七十丈。由佟村入小河清②，一律挑浚。

---

① 并书泐石：泐，通勒，铭刻书写，即书写刻碑。
② 在涿州市（城）东北约30余里。佟村又称童村。

《重修南上汛灰坝碑》（同治十二年 ［1873］）

同治十一年 ［1872］ 十一月初七日，蒙钦差大臣、太子太保、武英殿大学土、直隶总督部堂、一等肃毅伯李批："据禀，永定河南岸头工上汛二号灰坝，年久失修，河底淤垫益高，灰土亦多酥损，龙骨高仅二尺余。既关全河利害，自应照式修复，以资盛涨启放。并将引河挑挖疏浚，所拟各项做法尚为合宜。查，前次奏拨司库地丁银[4]十万两，折内已声明。永定河善后各工，尚须察勘加修，如司库[5]款不敷，再于筹赈局节存捐款、练饷局江南协款内，随时酌量凑拨。以工代赈，免其造册报销。此项坝工，估需银三万三千八百十五两零。候即行筹赈局照数拨发，将来汇案开单奏报，毋庸专奏。仰即查照。派员领回银两，赶紧布置预购料物到工。春融即便趱办，务须督饬桂倅①等，核实经理，紧稳足靠，勿任稍有浮糜草率，致于罚赔。切切此缴[6]。册存。②"等因。遵于十一月十六日，设局购办灰料，至次年二月二十六日兴工，刨尽酥损龙骨，层筑灰土，自底至顶，工高七尺。内外坦坡、簸箕、海墁、坝台等工，均照估修办。减河、引河、箍口、盖坝，均照估挑筑。迄五月初六日，各工普律完竣。计搏节核，实用库平③银二万八千三百七十二两零。除申详爵阁、督宪④察核外，爰泐兹石，以纪事由。两坝台添建将军庙、汛房两座。

《重修求贤灰坝碑》（同治十三年 ［1874］）

窃照北岸三工求贤灰坝，废圮五十余年，减河皆淤垫成阜。同治十二年 ［1873］冬月，蒙太子太保、武英殿大[7]学士、直隶总督部堂、一等肃毅伯李谕令兴修，当即督饬署石景山同知唐丞成棣、北岸同知张丞毓先、候选通判桂倅本诚[8]，⑤逐细勘

---

① 桂倅，桂指桂本诚，当时职衔为"升用同知、候选通判"，倅是"倅二"的省称，辅佐主官的副职或属员。见本书同治十三年《重修求贤灰坝碑》，即有"倅本诚"一语。

② 册存，犹言在案。即此命令已"存入档案册内"。

③ 库平，清代部库征收租税、出纳银两所用的衡量标。本碑为同治十三年 ［1873］ 立，使用的库平是康熙五十二年 ［1713］ 御定《数理精蕴》规定各种物体方寸重量。银一两重约37.31256克。但实际上全国并不统一，尚有藩库、道库、盐库等地方"库平"。直到光绪三十四年 ［1908］，农工商部和度支部划一库平，定为37.301克为一两。［一说北洋政府1915年定库平银重为37.301克］

④ 爵阁、督宪是指李鸿章。李鸿章封爵"一等肃毅伯"，敬称爵阁、督宪，总督敬称。

⑤ 唐丞成棣、张丞毓先、桂倅本诚此类词语，常见于清代晚期官方公文中，同知称"丞"，通判称"倅"。倅的本意是"副"，引申为副职。丞、倅分用也是辅佐、属员之意。

估，造册绘图，详准拨款兴办。经始①于癸酉（同治十二年［1873］）十二月中旬，迄甲戌（同治十三年［1874］）四月上旬工竣。计工料等款并挑挖减河，共用库平银四万零七百二十两零。坝台、龙骨等工，较旧制一律展宽。合将各工丈尺具列于左，俾后有所考核云尔。

一、坝口宽二十丈；龙骨进深五丈；迎水簸箕进深四丈，宽二十五丈五尺；出水簸箕进深十二丈，内宽二十四丈五尺，外宽三十丈；出水簸箕加散水坡进深一丈二尺，宽十四丈。

一、两坝台金墙，上下均宽六丈四尺；南斜长五丈五尺，北斜长五丈六尺；顶宽七丈，露明高八尺五寸。坝上汛房各三间。

一、加培[9]东头老堤，工长九十八丈，均宽三丈六尺。西头老堤，工长一百零七丈，均宽三丈二尺，均高六尺。共做护堤埽九段。

一、筑东坝台内箍口，坝长十一丈五尺，顶均宽二丈五尺，高一丈一尺，做埽三段；外箍口坝，长十丈，顶、底均宽五丈三尺，均高七尺，做埽五段。

一、筑西坝台外箍口，坝长十五丈，顶、底均宽五丈九尺，均高七尺；内箍口坝，共做埽六段。

一、东坝台箍口，坝并戗堤外、背后，堤长二十一丈，顶、底均宽六丈四尺，高七尺。

一、挑坝内引河，工长五十九丈五尺，口均宽七丈，底均宽五丈，均深五尺五寸。

一、挑坝下减河，工长六千七百三十五丈，抵燕赵屯止，以下由旧河形，接仁和铺，皆宽深顺溜。

一、减河北面附近村庄，悉以废土筑埝防护；南面附堤者，悉以废土帮堤。

《禁止下口私筑土埝碑》（光绪三年［1877］）

为刊碑示禁事：照得光绪二年［1876］九月初六日，蒙宫保②阁爵宪李札："据天津、武清等县文生、王联璞等呈请：'平毁曹家淀私埝，'等情一案。饬即督令平毁，刊碑示谕：'永远不准再筑'"等因。查，永定河下口一带，原系散水均沙，任

---

① 经始，开始营建。《诗经·大雅·灵台》："经始灵台，经之营之。"
② "太子太保"为李鸿章所受的荣誉加衔。而太保、太子太保常被尊称为"宫保"。

其荡漾之区，例不准私筑土埝。圣谕煌煌，永宜遵守。现经本道①派员察勘，将有碍河流之私埝，均已遵札一律[10]平毁净尽。合亟刊碑示谕：附近下口一带村民，自示之后，永远不准再行私筑土埝，以及插箔捕鱼。倘敢故违，立即拏交各该地方官衙门，按律惩办，决不宽贷。各宜凛遵！

河道李朝仪、候补道周馥《会商永定河事宜禀》（同治十一年[1872]八月）

窃照上年，永定河南岸二工六号及石堤五号尾先后漫口，职道等奉委，会办堵筑。自八月迄今年三月，始得合龙，并将一切残缺工程一律修补。宪台复虑泄涨之无路，因谕重修金门闸；虑堤埝之卑薄，因谕加修石、土工，凡所以劳宪廑，费帑项者至矣。而本年七月初一、二等日，水忽长至二丈三尺五寸。全河二十一汛，无不浪高于堤，全赖子埝搪护。其浪泼堤外者六汛，仓卒黑夜之间，容员拼死抢护。而北下汛十七号，大浪越堤而过。经年营度，不利一朝。职道等获咎滋惧，夫复何言！局外不知或疑所办不实，而局中难苦，无不力瘁心枯。职道等身在事中，安敢有所玩愒？现已将溃溢处所，日夜抢堵，克期合龙。惟永定不能一日不治，则司永定者不能一日卸肩。若每年遇此等大水，断难保其安澜。愈到艰难，愈宜谨慎，事后劳费，徒落补苴，于河务终难起色。不得已，将永定河难治情形，及应如何挽救之处，公同商酌，胪列奉闻。虽人力难与天争，而治河本有成法。若得次第举行，或可渐著功效。谨缮具节略，恭呈宪鉴：

一、下口宜酌改也。查，永定河本名无定，发源山西朔州之马邑千里外。千溪万涧，奔腾下驶，泥沙杂半，过卢沟桥地平土疏，易淤善溃，冲击靡定。从古未曾设官营治，盖知其治之不易也。我朝康熙三十七年[1698]，圣祖仁皇帝悯畿民之昏垫，命抚臣于成龙，创筑沙堤，当时民赖以安。后二年[1700]，因安澜城淤垫，改下口于柳岔口。雍正四年[1726]，因柳岔口淤垫，改下口于王庆坨。乾隆间，一改下口于冰窖，再改于贺老营，三改于条河头，皆因下游水缓沙停，河身壅阏。高宗纯皇帝《观永定河下口题诗》注云："自乙亥（乾隆三十年[1755]）改移下口以

---

① 圣谕是指乾隆年间多次上谕，严禁在河身内盖民房，筑私埝，并刊刻石碑。本篇碑文是永定河道李朝仪遵照李鸿章指示立碑重申禁令，杜绝与水争地。反映出永定河河防工程与农民生存的利益关系，这一矛盾持续百余年并未根本解决。

来，此五十里之地，不免俱有停沙，目下固无事，数十年后殊乏良策。未免永念惕然也！"先几预见之明，万世臣子同深钦佩。迄今百有余年，下游河身反高于康熙年间，弃而不用之河，一丈余尺。职道等去年遴弁，从卢沟桥用水平量至凤河止，共二百四十一里。计上高于下十四丈三尺七寸五分，每里仅低五寸九分六厘。欲其流行迅疾，是亦难矣！今春筹拨钜款，挑挖河道。职道等督饬员弁，裁湾浚淤，照原估尺寸，亲自验收，并不短少。但所挖之河一经水走，即有停淤，逐渐增高。寻常小涨，水落槽中行驶，尚觉不滞。大汛盛涨，上游奔流奋激，几不能容，下游则横漫数十里，仍复荡漾留沙。每年桑乾时，二百余里之河，无不停壅泥沙一、二尺，一望茫茫，不知其几千万斛，人力几何，安能挑挖净尽。议者谓，南七工堤长二十八里，土性纯沙，地极洼下。其外即冰窖、柳岔口旧河也，为水所必行之路，夙称老险。旧时，决口冲成坑塘，屡治屡坏。同治六年〔1867〕，该汛六号堤身竟于冬月坐溃，实为从来未有之事。不得已，于塘坑前，筑大坝以蔽之，东西各障以小堤，而河身愈收愈窄，泥沙愈积愈多，容水无几。每逢水长三五尺，即漫淹至堤，堤系沙筑，经水浸润，虽极多方防备，终虞塌陷。若盛涨，则无不漫决。夫正河之下游，既淤成平坦，而不能遂其迅驶。其洼下之旧河，又重堤障遏而与之争。无论多耗钱粮，劳费无已，而屡堵屡决，于民生反难保卫。且下口不畅，则上游处处吃重。全河之病，更难医治。从长妥计，若改道于冰窖、柳岔口之旧河，另在南堤外重筑一堤，阻其南趋入淀之路，仍由韩家树归正河入海，则下口畅流，上流自无漫溢之患。此下口不能不亟改者也。

一、汛夫宜整理也。查两岸堤身，本是纯沙。当日河身低下，堤见其高。今日河身淤垫，堤益以卑。高卑不同，容水多寡自别，两河相去或一二里、七八里不等，而溜势侧注，必循堤根。其水性最急者，沟槽至宽不过二、三十丈。且暮北朝南，平险屡变。下口则相去五、六十里，河身虽宽而中，历年淤沙，几占河身十之六七。以常理而论，自宜以挑河之土运加堤上，使堤河两有裨益。殊不知每土一方，运至十丈外，一人一日不过挑至两方上下，以时价计之，每方约制钱二百数十文。现办工，均饬挑土于十二丈以外，通计所费已不赀矣，若必运至一二里或数里之外，其经费尚可计耶？堤工自康熙三十七年〔1698〕创筑之后，或数十年间段加倍一次，近今数十年，未曾踵办。今春，宪台筹款二万八千两，职道等复于大工项下匀出银九千两，择其要处通为培补，高或三五尺，宽或二三丈不等。其曾漫溢之处，原堤顶只宽三丈，现均加至五丈，惟三万余金之经费有限，而两岸之堤段甚长，所有平工处所，无力加培。间于堤上加筑小埝一道，当时，职道等亲自验收尺寸，有赢无绌。原冀盛涨之年，藉御漾水。究之，堤埝虽修，终有尺寸，异涨迅发，其大无凭。修之而不免漫溢，则不修更可知矣。必使其不漫溢而再议加修，通工经费更无已矣。查原堤村庄，向拨有防险地亩，与之耕种，且免一切差徭。每遇汛期，例照老册名数，移会地方官，催夫上堤防险，间时则挑土培堤。计三个月，每夫挑土共四十五方，通计永定河工共额设抢险夫一千六百五十名五分。近今地方官，每遇催夫，徒以空文塞责，甚至衙役书差得贿，延押河员束手堤上，不敢出票擅传。拟请以后，将地方官所催汛夫，每年于大汛前，造具村庄花名清册报院。一面申报永定河道衙门查对，秋汛安澜后，由河道核其到夫迟早、多寡，详请附奏，略示赏罚。倘或河员受贿私放，由道、厅查明严参。如此，则日计不足，月计有余，此堤埝不能一劳永逸，汛夫急宜整理者也。

一、灰坝宜修复也。永定河减水闸坝之法，当日亦讲求再三矣。乾隆三年［1738］，建金门闸石坝、郭家务草坝。四年［1739］，建长安城、求贤村等处四草坝。七年［1742］，又建双营等处三坝。九年［1744］，建北五卢家庄一坝。十三年［1748］，建北四崔营村一坝。十五年［1750］，建马家铺、冰窖二草坝。三十七年［1772］，重建北村、求贤两灰坝。嘉庆年间因之。道光三年［1823］，添建南上头工灰坝，与求贤金门闸等坝用之最久。迄今岁远，基趾多湮，或因河底淤高不敢启放，或因漫口夺溜，引河被淤，历年以经费难筹未能修复。去岁，蒙宪台临工指示，谕将金门闸重为整理。而本年七月初一、二日，水势猛骤，浪泼堤顶。该厅、汛不及将闸门全开，已过水二尺五寸。该厅、汛虽为持重起见，过于小心，然即全开闸门过水六七尺，未知闸旁堤埝如何吃重，究竟徒恃一处，终属消泄不及。若将先年南、北两岸闸坝重为兴复，工大费多谈何容易。且此处安澜一年，则河底淤高一年，虽有闸坝，三五年后，必须将过水龙骨酌量升高。其引河，每年春冬常被风沙壅遏，势须于大汛前间段挑挖。所需经费亦无已时。北岸求贤灰坝，虽湮没未久，而引河太长，需费较钜。惟查，南岸头工上汛灰坝，规模尚在，尚易整理。且放水在上游，全河均可吃轻。盛涨有杀而无增，虽不能复当年旧规，究竟多一泄水之路，而通河之裨益非浅。此减水闸坝，不能不择要修复者也。

一、经费宜增，兵饷、兵数宜复旧而添拨也。查永定河经费，向例每年请领岁修、抢修及备防运脚等项，共银九万四千七百两。咸丰四年［1854］以后，减半给发，银钞各半。同治五年［1866］，前宪刘^①奏请停发钞票，减半给领五成实银。同治八年［1869］，经前大学士曾^②奏请，加拨银二万三千两。而除扣去六分部平等项，共计实领到工银六万有奇。当时，堤高河深，险工甚少，百务未废。每年领岁、抢修银九万余两或可敷用。目今河身大不如前，久废之余，欲加整理，即如当日所领之数犹恐不敷。况近年异涨频仍，各汛险工向只一、二处者，近或三、四处；向或数十丈者，今则长一、二里。应需加镶埽段，较之昔年多至倍蓰。今查，十年［1871］办岁防料三百九十^{〔11〕}七垛，大汛尚不敷用，又添办一百四十七垛。今岁因新险愈多，挪用别款增办至六百六十二垛，后又随时添办一百一十二垛。而五六月间抢险，竟用去十分之八。向年发抢险银，或二、三千两，或一、二千两不等。事竣核计，少则找领，多则缴还。今年添备银四千两，至八月清算，则全数用尽。当其盛涨，员弁抢护，即银钱、料物凑手，尚恐仓卒不及，有误事机。若有缺乏，则望洋徒艰，而无可如何，幸而不至漫溃。或堤埽伤损补缀之费，究竟多于抢护，此款不足，挪用别款，终年罗掘补苴之不遑，安能日有整顿？至兵饷，现俱按七成请领。近年险工林立，河兵终年力作，竟无已时，其劳苦危险，较军营有事时尤甚。非得全饷，实不足以资糊口。永定河旧设战守粮额兵共一千五百八十九名，经制额外均在其内。近年工多，竟不敷用。应请择绿营之可以抽调者，拨补一二百名，以资防守。此岁修、抢修、兵饷诸费，皆宜急复原额。兵数不敷，工作亦宜酌量添拨者也。

一、汛员要缺宜变通酌补也。查，河工各员皆系要缺，例归外补。永定河五厅二十一汛，皆按资格，由道司详请题咨序补，未准，有酌补之案。夫人才有强弱，工段判平险。固有积资累考之员，而不胜烦剧者，亦有经明行修之士，而未谙工程者。苟非樗栎，安能弃而不用？要使才与事称，酌量器使，各收其效可耳。伏查，地方州县，有实系人地相宜，例准声明请补。而河工要缺，亦同系百姓安危，似宜择其最险之工。如南岸之南岸同知、南上汛霸州州同、南下汛宛平县县丞、南二工良乡县县丞、南四工固安县县丞、南七工东安县主簿、北岸之北岸同知、北下汛宛平县县丞、北三工涿州州判，不拘序补章程，或由现任，或由候补试用，熟谙河务能耐劳苦人员，拣选请补，藉资得力。以上各缺，数十年后或化险为平，及他汛平

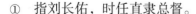

① 指刘长佑，时任直隶总督。
② 指曾国藩，时任直隶总督、兼北洋通商大臣。

工或又变而为险，由司道查明，详请核奏更改。如蒙允准，应请奏明，使部中无所掣肘。其余次险工段，应仍照例办理。庶人才各用所长，而臂指亦运使一气。当兹河务废驰已极之余，有志者徒劳，而不能骤见功效，心已渐灰。其旅进旅退①者，又以害多利少，而不能振作，非于进贤之途，略宽文法，使鼓舞奋兴，共相砥励，断难日有起色。此河工员缺，拘例已久，宜权时变通，而收得人之效者也。

知县邹振岳《上游置坝节宣水势禀》（同治十二年［1873］闰六月）

永定河本名浑河，其为害畿南已非一日。古人治之之说，详矣备矣。或培固近堤，或改筑遥堤，或疏归故道，使不入淀。独上游之治，则绝无言及者。查浑河正流，发源于山西朔州马邑之金龙池，性挟泥沙，素号难治。入直境以后，计河流之水大者，凡八。张家口之北沟、西沟、东沟，怀安之东洋河、西洋河、南洋河，蔚州之壶流河、宣化之柳川河。以上八水，惟南洋河发于山西大同县之聚落村，尚是内地。其余诸水皆来自塞外，众派潨②汇，至保安东之燕尾河，始合为一。经怀来界入太行山，及出山已去卢沟桥不远。地势西北高，而东南下，奔流湍急，势若建瓴〔12〕，往往下方溃岸而上已扬尘。故河之难治，其病源在上游太骤，非下游不能容，实下游不及泄。若于上游段段置坝，层层留洞，以节宣之，使其一日之流分作两三日，两三日之流分作六七日。庶其来以渐，堤堰可以不至横决。未入山以前，支径分疏，毋庸置坝也。既出山以后，平壤旷衍，无徒置坝也。惟山行之一二百里有两山束之以为岸，则坝之势易就开山石而为之，则坝之工必省。坝之地择其险僻，弥望无田宅者，则漂没之患无。坝之用在泄水，不在堵水，则冲决之时少。卑职前宰怀安，尝因公周历邻封，凡浑河未入山之情形均经目睹。其未目睹者，亦访闻明确。惟入山之后曲折隐见，未曾亲历，其地一一相度而擘画之。故虽蓄有节宣之疑，而未敢冒昧开陈。刻下需次多暇用，敢渎请宪台给札饬，令亲往查阅。如其可行，仍请拣派熟悉河务者，重往履勘。如不可行，卑职亦即据实禀覆，决不敢谬护前非，曲伸其说。

---

① 旅进旅退，与众人共进共退。《礼记·乐记》。"今夫古乐，退旅进旅"。郑玄注："旅犹俱也，俱进俱退，言其一也"。引申谓随班进退，无所建言，带有贬义。即"随大溜"之意。［宋］王禹偁《待漏院记》："复有无毁无誉，旅进旅退，窃位而苟禄，备员而全身者，亦无所取焉。"

② 潨［cóng］小水汇入大水，众水相会处。

同知童恒麟、知县邹振岳《勘上游置坝情形禀》（同治十二年［1873］十月）

卑职等于十月初三日驰骑前往，过卢沟桥，自西岸河沿行，度筹儿岭、牛角岭、石瓮崖、老婆岭①等处。山路崎岖陡峻，不能骑马，步行日三四十里。行至傅家台、盐池②等地方，约距卢沟桥百五六十里。计一路所历河道，均系两山夹束，河身宽者里余，窄者约六、七十丈，及四、五十丈，二、三十丈不等。惟石瓮崖下两山壁立，相去约十余丈，距卢沟桥计七十里。卑职等绕趋崖下，辗转相度，若于此处置坝，极为得势。两山对峙，水逼流其中，则筑坝不致太长。凿两山之石，使两坝生根，深入石里，则边溜不至搜缝旁觑。河底系大石绵亘平铺，凿石深二三尺，使坝基亦插入石里，则顶溜不至掀翻。迎水前回，与泄水后面，皆用长条石甃成墁坡，箍以铁扣，则前面不至冲激太甚，后面不至跌蹈成坑。坝顶须宽阔砥平，则水长时任其漫过，不至冲刷。至于筑坝之高低，留洞之多少，须就已往大汛水痕，较其深浅、广狭，以方土均算之法计泄水几分，停水几分，详加核稽。此时相度大势，尚不能预定。再，拟置办之处，两岸俱系纯净青石，居人以此烧灰，极为细腻。煤窑又去此不远，则灰之价必省；就近取石，至远不过二里，则石之价必省。再，从置坝之处上溯数十里间，有畸零小村，皆悬居山半，水虽抬长，不至漂没为灾。以上履勘各节，卑职等筹策再四，似属可行。惟卑职等识见既粗，阅历复浅，不敢果于自信。请遴委熟悉河务之员，重往履勘。如实在可行，再确估试办。倘行之有效，仍酌添一、二处，以资经久。为此绘图贴说，专兵驰禀。再，《续行水金鉴》采《宣化府志》云："乾隆八年［1743］，高文定公斌，曾于西宁县南，怀来县西南，置玲珑坝，以杀水势。至十二年［1747］，冲决遂废。""志"③载其法，以乱石为之。夫以乱石砌辏，其冲决本易。而且，河水入关以后，山涧来汇之水尚多，大雨时行皆能助涨。故置坝须在综汇之所，然后水无遗漏，作法须整齐坚固，然后足资抵御。似不可以前此偶尔无功，致辍今日之举也。

---

① 筹儿岭［又名丑儿岭］、牛角岭、石瓮崖［今名石古崖］、老婆岭［又名落坡岭］在北京门头沟区，清属宛平县。
② 傅家台、盐池［雁翅之谐音］。在北京门头沟区，清属宛平县。
③ 此《志》指《宣化府志》，原文省略。

同知唐成棣、通判桂木诚[13]《勘上游置坝情形禀》（同治十二年[1873]十一月）

接奉宪札，内开："据候补县令邹振岳禀称：'拟于永定河上游之石瓮崖下，建筑石坝，留洞节宣，以杀水势。'等情。著该丞等迅速前往妥筹、勘估，详切禀办。"等因。卑职等遵，即束装带同匠役，沿河履勘。至石瓮崖下，详细筹度，丈量河面共宽五十五丈，现在水面宽十丈。溜势奔腾下注，冲齧崖根，崖石壁立如削，约高水面数十丈，人不能往。水之深浅，莫能测量。卑职等雇乘筐箩，于上游水稍平处测之，或深四五尺、六七尺，至一丈余不等。其对峙之山，尤为陡峻异常，下即河底，旱滩皆乱石淤沙，并无大石绵亘平铺。计盛涨水痕，高于水面二三丈不等，若于此处筑坝，经费既钜，工甚难施。且查上游迤西半里，即有居民。五里有王平村，或居山半，或临河滨，山根盘道，地亩俱平夷。近山一带煤窑极广，商贩往来络绎不绝。询之居民[14]，据称盘道远通口外，近年山水过大，间被漫淹，行旅阻滞。卑职等当即丈量，道旁高于水面一丈五六尺。如崖下置坝，将来水势抬高，恐不止增一倍，则于民房、商贩、煤窑，种种碍事之处甚多。再，闻崖下之水，桑乾时尚深一丈余尺，如筑坝，势必先于上游堵截来源，崖下方可施工。无论上游河面太宽，难以堵塞，即使兴办，实建一坝，而需两坝之费，功效尚无可凭，糜费不一而足。卑职等愚昧，不敢率尔估计。遍询沿河老民，皆称夏水泛涨，溪涧汇流者众，砂石俱下猛不可当。沿河一带从未有能置坝者。窃尝考之治河诸书，亦未见有拦河筑坝之法。即如邹令所称，高文定置玲珑坝于西宁、怀来两邑，似非综汇之区，尚易冲决，何况置于总汇之区，水所必争之地，难保无冲决之虞。合将履勘情形，缕晰陈明。伏乞察核施行。

河道李朝仪《酌添麻袋兵米等项详》（光绪三年[1877]三月）

前禀河防一切事宜，当奉宪台面谕："麻袋装土抢护险工，甚资得力。惟每年岁款仅有此数，未能宽为购备。可于额领工需外，再拨银四千两，多为购觅，盛土堆储要工，以资抵御。并酌议抢险兵米，"等因。职道即饬石景山等五厅，妥议详覆。据该厅等议定，麻袋、土车、月夫、兵米等项，缮折呈送前来。职道覆查，该厅等所议各节尚属周妥，实于河务有裨。应即照办。理合缮折呈送查核，批示遵行。

一、用麻袋盛土塘护险工。抢险时，走埽、溃堤危在呼吸，用麻袋装满杂土，压埽、压柳最为得力。

一、制独轮土车存储要工。用榆、枣木制，旧满擦桐油，并麻袋等件，每辆约估工料京钱六千五百文。

一、大汛期内雇夫推土。伏、秋两汛兵不敷用，每土车一辆雇月夫二名，预推胶土，堆积工次，每名日给京钱三百文。

一、大汛期内加赏弁兵。伏、秋两汛，除看铺、听差各兵外，凡在工力作战守弁兵，自初伏起至处暑止，遇抢险及赶办要工，每名日给白面一斤、小米一斤。

奉总督批准，岁加经费银[15]四千两，在厘金存项内拨给。

河道李朝仪《议下口接筑民埝详》（光绪四年［1878］四月）

本年二月二十四日，蒙宪台札行："据署天津县王令禀称，蒙本道①札饬：'准永定河道咨以访闻。永定河下口三河头村迤南，有杨柳青人赵富昌，私筑横埝。'令即亲诣勘验明确，传集该地户，彻底讯究，筑埝之处，究系何项地亩？所呈之契有无影？应否饬令毁除净尽，以畅河流。妥为断详，并抄河图一纸，地契一纸。"等因，蒙此，遵即带领工书，亲诣该处。勘得，三河头村迤南有地三段，四面均有旧埝，周围约长千余丈，高一、二尺不等，中间各有南、北泄水沟一道。地北间有挑挖新土，此外均系旧有土埝。当即传集各地户，及该村乡地人等，确切查讯。据该地户等佥称："伊等承种头、二、三段地亩，皆有红契为凭。旧有土埝高二、三尺不等，中有引河二道，宽二丈余，通新大清河。前欲挑挖深通，以资泄水。嗣奉饬查停止。实系清河地面，并不在永定河界内。"当饬呈验契据，按段丈量，弓②口、亩数均属相符。复据该乡地等指称："大清河故道原在三河头村南，久已淤塞，尚有河形可验。该三段地亩，又在旧大清河迤南，本系洼地，自道光年间，清河南徙五里余，致将该地隔在河北。"查看旧河形迹，尚有可寻，其为清河地面无疑。又据三河头村职员安承顺等禀称："该村等坐落永定河南堤迤南，旧大清河北岸，原不在永定河界内，向无水患。近因永定河旁流，上年又挑筑中亭河堤，由永定河南堤上游修至三河头村西，复向南挑筑横堤，及随堤引河，浑水即顺引河南流入大清河。去夏，

---

① 此指天津道。

② 弓是丈量地亩的工具和计量单位，一弓约合1.6米，300弓为一里，240方弓为一亩。弓口即丈量的数据。

清河间有淤塞，浑水旁溢，该村田庐皆被淹浸。查永定河，水势自西而东，至凤河合流，归入大清河下口入海。今浑水流入，清河势必淤浅，不惟挑挖匪易，且挖而复淤，患无底止。可否在村北，自中亭横堤起筑埝，随挑顺水沟洫，由清河旧堤叠道挑通，顺至大清河下口入海。即在南面存土，此皆清河地界，与永定河实无妨碍。再，将现淤之清河挑通，在北岸存土筑埝。至一切工费，由职员等自行筹办。庶清河不致淤，而数村人民亦免流离失所。"各等情。卑职查，三河头村系紧靠旧大清河北岸，距永定河南堤约百余丈，本系清河地面。近因永定河水旁溢，漫入该村，前经诣勘，该村四面皆有冰凌，现已解冻。若水势骤长，清河宣泄不及，该村田庐势必全行掩没。惟据"请由该村北挑筑沟埝，顺水归入清河下口入海，以资宣泄，是否可行？究与永定河流有无妨碍，卑职未敢擅拟。"等情。到[16]阁爵部堂。据此"查三河头村民，所请挑筑沟埝顺归清河，究与永定河流有无妨碍，候饬史守前往履勘。秉公妥议，该道即便查照。"等因，蒙此。查此案，于本年二月十七日，据天津县王令禀报到道①，当经札南岸同知吴丞廷斌、三角淀通判宫兆庚、河营都司郑龙彪，会同前往该处逐细查勘。兹据吴丞等详称："接奉札饬，遵即会同前往，并先期函约史守，于三月十四日，到三河头村一同履勘。是日清晨，自东堤头至青光村，先将西、北两面看过。后即分坐小舶，乘溜循中亭河堤出铁头地，入清河东下韩家树察看形势。勘得：现在永定河正溜，自安光村西折转，直平东堤头，循中亭河堤南入清河。清浑会流东下，现时浑强清弱，北自三河头村后，南抵格淀堤根。暨东西十数里之间[17]，不免淤垫平浅，清浑漫流一片。且浑流由东堤头南出清河，直抵格淀堤，折转东下。而格淀堤斜向东北，直插韩家树以下，形同兜拦，势亦非顺，似清、浑两流均有未利。应早审势利导，俾清、浑仍各循一路，会于下游正河，达津赴海，以浑疏清。拟准职员安承顺等自筹经费，由东堤头接筑民埝，直下至青光村。其埝基，应以相距韩家树正河西岸，留宽九百丈为凭。"等情。据此，职道覆查该厅等所勘，现在清浑会流、淤垫各节，均属实在情形。自应审势利导，拟准该职员安承顺等，自筹经费，由东堤头村北，接筑护村沟埝，顺水归入下口正河，达津入海。既于清、浑两河均有畅利，尚属可行。惟永定河下口向系散水匀沙，任其荡漾之区，必须宽留出路，方可畅行无滞。今该厅等，所拟现挑民埝，相距韩家树村西河岸，中间仅留宽五里，该处为下口宣泄要路，已觉狭隘。若如史守所拟，靠青

---

① 此指永定河道。

490

光村东转下，至赵家房子、西道沟①，离凤河西岸三百十丈之地为止，未免过于窄狭。大汛盛涨时，尾闾宣泄不及，难免下壅上溃之虞，似非保护全河之道。应请札饬史守，会同天津县，查照吴丞等所详形势，下口以留五里宽为定。庶几，河道、民田两有裨益。

总督李鸿章[18]《饬照勘钉志桩②筑埝檄》（光绪四年［1878］四月）

前据永定河李道具详："三河头村，现筑民埝于浑河下口，过形窄狭，大汛盛涨，难免下壅上溃之虞。请饬，留五里宽为度。"当经札饬："史守、天津县察酌，妥办。"在案。兹据李道亲往察勘形势，赴津面禀："应将该埝，自东堤头村至青光村东三百六十丈，向南转下微西，至清河北岸该河道所钉桩志止，东距韩家树村西老凤河西岸，留宽九百丈。"等语。事关全河大局，未便任民圈占贻害。应饬史守暨天津县，督饬该村民等，即照李道勘钉志桩挑筑，勿得藉词违误干咎。除饬遵外，合并札饬该道查照。

河道朱其诏《查勘全河形势应办事宜禀》（光绪五年［1879］八月）

一、南、北两岸灰坝亟应筹款修整。查永定河，从前灰、草各坝不下十余处，取其多泄盛涨。实即未筑堤以前，任其涨漫，一水一麦之意。现在，除金门闸尚堪启于外，南上灰坝龙骨淤与河底相平。今年虽过水数次，而海墁泉水不竭，灰滩不干，被冲碎裂，恐有疏虞。北三求贤坝淤低更甚，已经李升道③堵闭。职道昨在南四工防汛工所，砖台上测量河底，较堤外民田反高一丈四寸。欲其千余里奔腾之水，悉由淤垫之河槽、高仰之下口，纡入清、凤二河实不易易。故历年来一遇盛涨，不决于南，即决于北。今秋大汛，水势不减于往年，幸而无事者，固赖各厅、汛守御之力。然使泄泻不畅，总难必其无事。通盘筹画，惟有将南上、北三之灰坝酌量提高，及时修整，并将旧有已淤之灰、草各坝，择要修复一二。多一减水坝，即多一泄水处，而埽段亦可藉此节省。惟引河须格外详审，挑挖宽深，免得掩及村庄。

一、两岸埽段向来苇、秸料并用。查秸料可支二年，苇料可支四五年。现在各

---

① 本文涉及的地名除杨柳青属天津市西青区，其余各村、镇均在天津市北辰区西境。仅赵家房子、西道沟缺，当在今青光镇与韩家墅［清时称韩家树］之间。

② 志桩，立桩为标志。

③ 李升道指前任永定河道员李朝仪，此时升任山东盐运使，旋转升任顺天府尹。

工俱用秸料，间有本汛苇料，不过备光缆缕子之用。职道前往上下游查勘工程，察看汛堤内外十丈余地，低洼处大可自种芦苇，根荄①既可护堤，大汛抢险又可仓卒割用。秋后收储，以备来年镶埽。盖秸料皆须购之四乡，运脚甚费，场又大，凡民间烧窑等皆必须之物，其价不能甚贱。在半稔②之年，照定价各汛或可稍有沽润，若值歉岁，不无赔累。如用苇料不但埽段耐久，以各汛自种之芦苇，供各汛之镶埽，运道近而费省，似亦一举两得。但须二、三月间栽种，职道到任已迟，不及办理。现饬郑都司，先往各汛查看堤帮十丈余地，并饬于向有芦苇之汛，届时移种栽植，即令铺兵顺便看管。又，埽段签桩所用青白杨，向来购自民间，往往居奇。大汛急用，恐妨田禾，每不肯斫伐。亦拟令各汛，每汛觅种五十株，数年必成茂林。种愈勤，则取愈不竭。其所以怠于种者，以十年树木，不能当年取用也。此外，各汛用麻，亦出款之一宗。每汛亦宜栽种三四亩，以供不时之需。虽为物甚微，出款似小，然日计不足，月计有余。以上各植物必须妥筹办法，并定各汛考成弁兵、奖赏，方有成效。所有种本为数无多，先由道库垫发。俟自种之桩料收成后，分别扣还。

一、石景山厅所属北上、北中两汛，数十年均系平工。同治十年［1771］，南岸石堤五号失事，收进五十余丈。加添草坝后，大溜渐移于北，始则险生北中，继则险生北上。昨今两年，则北上十五里之内，几于无号不险，无号不埽，共计三百二十七段，为通工所无。兼之堤外积水数里不乾，该处土性本松，又经水浸，则堤防更不坚实。虽桩料、人夫倍于各汛，但该汛密迩京师，纵防守十分严紧，而埽段如此之多，设有照应不及，关系实非浅鲜。职道与该厅等筹商策之，最善者莫若于该汛头号与石堤相连处，接筑石堤八号，但经费总在十万上下。查今年该汛共用岁、抢修约八千余两，若筑石堤后化险为夷，则一朝之费虽大，而将来之省无穷。惟现在库款支绌，恐一时不能举办；其次，只有该汛堤工普律加高二三尺，并择最险处，添筑挑水坝一二座。冀其溜走中洪，尺寸不可过大，过大恐险归南岸。

一、南七工东西小堤，共计长十二里，壁立河内，想当时欲藉此东水攻沙，故有此举。不知浑河之水，聚则为患，散则易治。东西小堤正反其意，且堤外映水不断。去年北六之失事，病实由此而起。拟请详细勘估，酌量收窄数十丈，或将旧堤修整帮宽数丈，储料防守，二者择经费较省，于要工更有益者举办。

一、通工埽段太多，拟请设法酌减，以节经费。查，现在埽段之多，本年备料用银五万四千余两，而大汛仍不敷用，纷纷请添。详察形势，有加无已。特是埽段愈多，则费愈绌，费愈绌，则失事愈易。况埽之外又有挑水等坝，推究其故，此岸多一埽一坝，水势则挑往彼岸，而彼岸又须加埽加坝。一彼一此，隐为敌国。此埽与坝之所以日多，险工之所以日生，经费之所以日绌也。而实则由河势日湾之故。拟自今年秋后起，酌筹银二三千两，择河之最湾处，顺其势相度两岸，裁切滩坎。明年大汛时，倘能因此溜走中洪，埽段减省，即以减省之费为下年裁湾之费。并谕两岸各汛，随时留心，自后添埽添坝，跨角不宜过大，加培堤工，宜加外帮，不宜加内帮，则河面日宽，水势易于容纳，似亦补偏救弊之一端。

一、请严定赏罚，以励人才。现在河身如此淤垫，下口如此高仰，埽段如此绵长，工程如此繁多，非将各厅、汛从严区别贤否，不足以示惩劝。盖防御三汛，全视人力之勤惰。各汛员果能奋勉有为，操守廉洁，不分雨夜风日，事事身先兵夫，既不虚糜经费，亦不各各偾事。迨秋后，所管汛段平安无事，不论他汛失事与否，年终由该管厅将实在出力情形，呈报本管道。由道再加访察，或有虚辞隐饰，惟该厅是问。如名实相符，准予记功，六年无事，由道将前后记功缘由，彚请酌量升调。至厅员有督率之责，实在惩劝有方，办事认真，所属各汛一律保护平稳，不论别厅失事与否，年终由道分别记功，六年彚请酌量升调。此与寻常奖励不同，必须格外慎重。每年厅汛只准[19]三四员，如竟无人，不得滥行充数；六年中倘有失事，将所记之功，概行撤销，仍照例严惩。其或遇事苟且，工程偷减，银钱含糊，驭兵乏术，及种种陋习稍有沾染，汛员随时由厅禀道转详，分别记过撤任；厅员由道详请，分别记过撤任。凡此一扬一激，无非为鼓励人才起见，务须破除情面，于要工方有裨益。

奉总督批："据禀并图折均悉，该署道查勘全河形势，拟具应办事宜六条，皆有见地。第一条，请修南、北岸灰坝。现在，南上灰坝龙骨与河底相平，海堰又被冲坏；北三灰坝龙骨，淤低更甚，自应酌量提高及时修理，以资启放。吴丞廷斌请金门闸龙骨亦与河底相平。各需工费若干，应先撙节约估筹议禀夺。此外，旧淤灰坝现时无力修复，应从缓议。第二条，请就地栽料。拟于各汛淤地自种芦苇，平时藉以护堤，遇险即可取用。且以之厢埽节费耐久，较购办秸料，省便实多。应速查明各汛淤地，饬令届[20]时一律栽种，永远认真遵行，多多益善。但须留出水道，勿使阻碍。并令每汛，每年各种杨树五十株，每汛种麻三四亩，以供不时之需。仍先妥定办法及惩劝章程，详候饬遵，务有成效。每年省出办料岁款若干，再核实报明，存储候拨。至所需种本无多，先由道库闲款内垫发，俟收成后陆续扣还归款。第三条，请修石景山北上汛堤段。近年，该汛险工甚多，堤外积水数里，土性本松，又被水浸，恐难经久。但接筑石堤无此巨费，若将堤工普律加高二三尺，加宽二三丈，并择要筑挑水坝一二座，尺寸不大，冀其溜归中洪。未知需费若干？能否在岁、抢修款内拨用，应即妥筹议覆。第四条，请放宽南七工河身。该处东西小堤共长十二里，壁立河内，有碍水路。据拟酌量放宽数十丈，或将旧堤修整防守，应详确勘筹，妥细议覆再夺。第五条，请酌减埽段。现在通工埽段多至二千二百有奇，又有挑水等坝鳞次栉比，河势日湾，险工因之愈生，经费因之愈绌，实为全河之病。据拟自今年秋后起，酌筹银二三千两，择河之最湾处相度裁宽，实属正办。来年大汛倘能溜归中洪，埽段减省，即以减省之费为下年裁湾之用，并令各汛随时留心，以后添埽添坝必宜放宽河身，不可逼紧；加宽堤工必宜加外帮，不宜加内帮，深合治河之法，应如所拟办理。第六条，请严定赏罚以励人才。赏罚本有定例章程。拟据汛员如事事身先，既不虚縻无功，亦不吝啬偾事①，年终由厅呈道，查实记功。厅员督率认真，属汛平稳无事者，亦于年终由道记功。均俟六年，详请由简调烦，由烦推升，每年厅汛只记功三四员，如竟无人，不得滥行充数。六年中如有失事，将所记之功撤销。仍照例参惩。其有沾染河工陋习，不能振作汛务，苟且疲玩者，随时请详，分别记过、撤参。系为明示劝惩，有裨要工[21]起见，可与例章相辅而行。俱须破除情面，不得稍涉冒滥。文道②已饬赴任，该署道③究心河务，已得机要。交卸后应暂留工务，将以上各节会商文道，督同厅员分别逐细勘议，筹办详夺，再行回津。卢沟司六、七号险工，想已督抢稳固。时至秋分，如水未大落，仍应妥慎防护。至兵夫每届[22]汛期自应一律赴工，嗣后，不准各署私役、缺额为要。"

---

① 偾［fèn］事，如言败事。

② 文道即永定河道文沛。满洲镶红旗人，光绪五年［1875］八月任。继朱其诏接任，后又由朱其诏接任。见本书卷七职官表。

③ 朱其诏于光绪五年［1879］五月署永定河道。见卷十四李鸿章《伏、秋大汛安澜疏》光绪五年八月。及次年九月李鸿章《伏、秋大汛安澜疏》："朱其诏两次委署永定河道，皆值伏、秋大汛……"同年九月，游智开接任永定河道。

河道朱其诏《捐助方城书院经费详》（光绪五年［1879］七月）

窃维士列四民之首，为一乡一邑所矜式①，自来求治理者，必以正士风为先务。然欲求士风之正，必先谋培养之方。固安僻处方隅，士风尚称朴实，而杜门攻苦潜心绩学者，亦复不少，是在有司留意而振兴之耳。查，各省州县之有书院，即为培养人才而设。固安旧有方城书院，而经费无多。除道、县月课捐廉、奖赏外，山长②月课膏火甚微。远在数十里外者，虽列前茅，尚不敷信宿之资，殊非鼓励寒畯之道。现由职道捐廉京钱八百千，合库平银二百六十七两，置买田产。每年所收租息，永为该书院山长膏火之用。除札饬固安县会同儒学出示，严禁侵吞盗卖，并谕监院绅耆，妥慎经理外，理合详请宪台查核备案，以便稽考。

河道朱其诏《拟方城书院加课章程详》（光绪五年[23]［1879］七月）

窃维书院为培养人才之地。固安旧有方城书院，向因膏火甚微，不但外府州县来试者鲜，即沿河八州县生童与考者，亦复寥寥。殊不足奖励寒儒，裁成后进。职道现拟于向章道县月课，外加春夏秋冬季课四次，皆归道课，取列前茅者，由道捐廉奖赏。生卷拟定超等十名。第一名奖京钱八千文；二、三名奖京钱六千文；四、五名奖京钱四千文；六名至十名奖京钱三千文。特第二十名，各奖京钱二千文。童卷上取第一名，奖京钱四千文；二、三名，奖京钱三千文；四、五名奖京钱二千五百文；六名至十名奖京钱二千文。次取十名，各奖京钱一千文，以示鼓励。除札八州县立案出示，移知各学查照外，理合详请宪台查核备案，永为定例。奉总督批："来详两件均悉，该道捐备固安书院经费，并添季课分别奖赏，足征嘉惠士林，振兴文教，应准立案。移明后任，永远遵照，勿任废弛。"

河道朱其诏《饬各协防委员点验兵数按旬结报札》（光绪五年［1879］）

札五厅知悉：照得各汛，以额设之兵随便供其私役，昨已详细札饬该厅。转饬

---

① 矜［jìn］式，遵重效法。
② 山长，书院院长。唐末以来，私办书院院长始称山长。明、清官办书院沿称。清末改书院为学堂，此称始。月课、季课，按月按季考试。

卷十五 附录

各汛员，将所役额兵，克日归汛矣。本道犹虑各汛员阳奉阴违。自后，应令协防各员，就所协地段逐日查验，每旬具一'兵丁足额，并无供署私役情事'字样，结报本道，与该管厅查考。仍由本道及该管厅等随时抽查，如有一兵不实，即将该协防咨司记过一次，以示惩儆。而期核实，除分行外，合亟札饬。札到该厅，即便转饬所属协防各员，一体遵照。本道为慎重河务起见，万勿视为具丈，自千未便。切切特札。

候补通判蒋廷皋《书旧志防险夫地后》

防险夫地，即在河淤地内拨给。乾隆二十三年［1758］，奏准永、东二县守堤贫民，将淤地各于所居村庄就近拨给，每户拨地六亩五分。宛、涿、固、霸州县，户多地少，每户拨地五亩。后定为，险夫有地亩者，仍服本邑差徭；无地亩者，皇差、捕蝻外免一切杂差。旧志载，下游八汛出夫者三千六百五十余户。其时，各汛险夫或三四百户、五六百户不等，并无额定名数。是以按户给地六亩五分，共给地二百三十七顷零。上游因无淤地，遂无险夫地亩。揆之事，理未免偏陂。今下游汛夫，一汛多者百余名，少者数十名。出数十名夫，而领数十顷地，较之昔年偏陂尤甚。今通工汛夫，一千六百五十名半，即以险夫地二百三十余顷，均匀分派，每名可得地十四亩有奇。又接河淤地五百九十余顷，除给险夫，暨添拨各庙香火地外，尚存三百三十余顷。现归何人耕种，档册无考，以之加拨险夫，每名又可得地二十亩。

［卷十五校勘记］

〔1〕"长短"一词有误，查上谕原文为"长落"，据以改正为"长落"。

〔2〕"拆"误为"折"，形近而误，按卷十五目录此条题目为"折"。故改为"拆"。

〔3〕"砖"原为"甎"，改异体字为通用字。

〔4〕"银"字碑文原脱，依文意增补。

〔5〕"库"字碑文原脱，依文意增补。

〔6〕"切切此缴"一语为"切切此檄［xí］"之误。檄古代官方文书用木简，长尺二寸，用作征召、晓喻、申讨。此类文书泛称檄书檄文，本志曾多有"檄令"、

"檄饬"等词语。切切，急迫之意。"切切此檄"与古代"切切此令"、"切切此布"等檄文、布告中常用语相类似，而"切切此缴"无解。据此改正。

〔7〕"文"字误为"太"，依文意改。

〔8〕"诚"误为"諴"，諴〔xián〕，和洽。与"诚"音义都不，依据前文改正。

〔9〕"培"字误写为"倍"，依文意改正。

〔10〕"律"字误写为"津"，依文意改正。

〔11〕"十"字误为"一"，根据文意改为十。

〔12〕"建瓴"误为"建瓶"，根据文意改正。

〔13〕"诚"字误为"諴"，同〔8〕条改正。

〔14〕"民"误为"氏"，据前后文意改正。

〔15〕"经费，银"，原"费银"两字颠倒，后"千"字原为"于"，句读错误，依据文意改正。

〔16〕此处原衍一"本"字，"本阁爵部堂"是自称之词，而下级报告用此称谓不符清朝文牍体例，而与前后语气也不顺。故删除。

〔17〕"间"误为"问"笔误，径改。

〔18〕"李鸿章"三字原书稿无，查本书卷七"职官表四"，李鸿章自同治九年〔1870〕九月起，至光绪六年〔1880〕，任直隶总督。此文于光绪四年〔1878〕年以总督名义发，当为李鸿章任上，据此添补。

〔19〕"准"误为"淮"笔误，径改。

〔20〕"届"误为"屈"，与届之异体字"届"形近而误，据此改正。

〔21〕"工"误为"王"，据文意改正。

〔22〕"届"误为"屈"，同〔18〕。

〔23〕"年"字误为"月"，径改。

卷十六　附　录

凤河论略《畿辅安澜志》①

凤河来源细弱，不足以为恒流。雍正四年［1726］，导凉水河至埝上村，入凤河，改由韩村、桐村②等处。今通流之水，即将永定河下口所出之水也，向属永清县，雍正八年［1730］始，改属天津府。其岸堤一切工程，仍归永定河道，属三角

---

①　《畿辅安澜志》，清王履泰撰。36 册 56 卷，成书于嘉庆十三年［1808］。主要记述清代直隶省河流及治理事宜，其中永定河 10 卷 5 册，桑干河两卷两册。《凤河论略》为作者从《畿辅安澜志》中摘录之一节。

②　埝上［一作堧上］，韩村，桐村［一作桐林］，在今天津市武清区西北境。清初属永清县，后属武清县［天津府辖］。

（光绪）永定河续志

淀通判管辖。盖凤河水上系浑河旧渠，下为今永定河出水要津。双口①上下每苦浅狭，历年浚治深广，居然巨流。而叶家庄以上沿北埝之外而下者，复有北岸求贤②草坝之减水河，以及龙河、哑吧河皆入焉。沿南埝之内而下者，则有内减河至青光③，入凤河之下口。每至伏、秋，众流奔趋，咸资宣泄，乃永定河之尾间，积潦之去路。讲求全局形势，舍凤河别无出水之处，诚要区也。

永定河引河下口私议《陈学士文钞》④

查治河之法，欲疏导上游，必先以廓清下口为急务。督河诸臣奏改永定河，原议导之南流，不设堤堰，以遂其散漫之性。城池、村落逼近河流者，建筑护堤，以防其冲啮之虐。疏此浊流填淤洼咸，以收其肥饶之利。措置上游，皆可谓善矣。惟东、西引河下口，筹画未周，不能无遗虑焉。西引河下口入中亭河，夫中亭乃玉带河⑤之支流耳，浅而狭，容纳既苦不胜，且其溜缓，弱无冲刷之力，浊流一入，不一二年即成断港。下口一塞，则泛溢为田庐害。此西引河下口之不利，不可不虑也。查，督臣于乾隆四年〔1739〕条奏《四河两淀议》，内言："赵北口桥东为众水所会，止由张青一口入玉带河，泄不水多。应挑白沟故道，由龙湾至霸州之鱼津桥，以入中亭河，则倒灌、淤垫之患可免"，等语。未审北河曾否挑挖。如未施工，今应议令速行开浚，并中亭一律宽深，令与玉带河等，分引西淀、白沟诸水畅迅东行。则溜急势强，浊流虽入，足以潩刷推涌，庶免停淤为患，且可分减玉带河羡溢之势。即保定县一带遥堤，无烦更筑矣。此转害为利之道。至东引河下口，由津水洼开高桥以南民埝，放之东淀尤为不可。夫津水洼即土人所谓金水洼了。高桥以南民埝，即康熙间河臣王新命奏建中亭河之下六工钦堤也。堤内地形低凹，堤外毗连淀水。

① 双口，在今天津市北辰区西部。清属天津县。
② 求贤〔村〕，在今北京市大兴区，清属宛平县辖。求贤草坝兴建参见嘉庆《永定河志》卷二集考。
③ 青光，在今天津市北辰区西境，清属天津县境，双口东南。
④ 《陈学士文钞》，陈学士生平待考。收入清吴邦庆编《畿辅河道水利丛书》。吴邦庆字霽峰，霸州人，嘉庆进士，道光年间任东河河道总督。故陈氏著作应当不晚于嘉道间。陈学士名子翔，学士疑为官职称谓。"永定河引河下口私议"为作者从《陈学士文钞》中摘录一节。以下相同。
⑤ 玉带河，一称陈玉带河，是大清河自雄县猫儿湾至保定县西南三十里一段河道。下为会通河，后会子牙河，南运河入渤海。在清代文献中，玉带河、会通河、淀河都是大清河经行淀泊地带的称谓。

以此为壑，则永定全河之流，沛然莫御。其势非不甚顺，独不思取快于目前，而贻忧于事后乎！昔于成龙改河，以柳岔为下口，致淤淀，为河道全局病。今津水洼在柳岔口之南，相去无几耳，且正当苏桥、三汊河入淀之冲。若举决潆之浑流决堤，而注之残淀之中，将使柳岔之淤而未尽者，必至填塞无余。而通省六十余河之水，何地为之壑受？何路为之宣泄乎？此东淀下口之害，更不可不虑了。为今日计，姑为补救之术，莫若将高桥以南之民埝，加筑坚厚，藉为范围。永定涨发不过三四日，而堤内洼地形势宽阔，引河入之散漫填淤，尽堪容受。俟水停泥沉[4]之后，然后开挖民埝，用桩苇裹头，决水放出，如此则泥留洼底，水泄淀中，如南运放淤之法，庶免目前淤淀之患。迨数年后，津水洼淤高，不能受水，徐图更议耳。再查，督臣前岁所奏经理东淀议内："欲将东淀上游，三汊河淤浅之处，皆行挑浚宽深"等语。查三汊河，在文安苏桥之北，即玉带河入淀之上口也。北一汊名台山河，北流东折中亭河入焉，合流东北为胜芳河，径辛章[5]、策城、褚河港、东沽港、王庆坨南，入长子河，汇于河头与杨家河合，自永定入淀，淤成平地。愚意先将此河开挖宽深，上承中亭西引河之水，暨[6]东引河津水洼所放之水，一并导入，可以直达到河头，与石沟、台头一道，各道分流，庶清浊攸分，永无淤垫之患。此就其疏浚淀河之工，而成浑河别由一道之利，似为长便也。①

治河蠡测 《陈学士文钞》

从来治河者，必通计全局之利害，而后可定。一道之会归，必先定下流之会归，而后可议上游之开筑。此理势之当然，古今之通论也。明胡体乾论江南水利，以为："高山大原，众水杂流，必有低凹处为之壑，如人之有腹脏焉，彭蠡震泽是也。旁溪别渚，万派朝宗，必有一合流入海之川为之泄，如人之有肠胃焉，江淮河汉是也。"南既如此，北亦宜然。以畿辅水利言之，正定、广平、顺德三郡之水，二十余河毕

---

① 《永定引河下口私议》中提到地名：张青口，清属保定县，现属雄县，在玉带河的东头；赵北口属安新县，赵北口东桥下之河即西淀之出口白洋淀东北，北洋淀为西淀的一部分。津水洼、胜芳淀在霸州南境；苏桥在文安县北境与霸州比邻，大清河流经。辛章、策城、褚河港在霸州东境；东沽港在东安县东南隅［现属廊坊市］；王庆坨在天津市武清区西南境。自津水洼、胜芳淀以东属于东淀，东淀中最大的三角淀即在王庆坨南。高桥在霸州城东约40里。柳岔现无考，当在高桥之北邻近永清县境属霸州；石沟在霸州市南境；台头在天津静海县西北隅，大清河流经。

汇于南、北二泊，翕受而停蓄之。然后，合为一川出北泊，径衡水之焦冈村，会滹坨之流，奔注数百里。至大城之王家口，入东淀曰子牙河，则是二泊者。正、顺、广三郡诸河之腹脏，而子牙一河为之肠胃也。顺天、保定、河间三郡之水，三十余河毕汇于西淀，翕受而停蓄之。然后合为一川，出茅儿湾径保定县，曰玉带河。径霸州之苑家口，曰会同河。至文安苏桥之三汊口入东淀，则是西淀者。顺、保、河三郡诸河之腹脏，而会同一河为之肠胃也。至东淀一区，南纳子牙之流；而正、顺、广二十余河之汇，为二泊者尽归之。西受会同之注，而顺、保、河三郡三十余河之汇，为西淀者又归之。举畿辅全局之水，无一不毕潴于兹，以达津而赴海。则其通、塞、淤、畅，所关于通省河渠之利害者，岂浅鲜哉。

康熙三十七年［1698］以前，森然巨浸，周二三百里，清洪澄泽中，港汊纵横，周流贯注。自抚臣于成龙奉命开筑永定河全河，不为全局计，而只为一河计。遂改南流之故道，折而东行，自柳岔口注之东淀，于是淀病，而全局皆病，即永定河亦自不胜其病。淤高桥淀，而信安、堂二铺遂成平陆。淤胜芳淀，而辛章、策城尽变桑田。向之森然，巨浸者皆安归乎？既失地于西北，则倾注于东南，而独流^①一带淀水，与运河仅限一堤；至杨柳青以下，则淀、运相连，南堤盖岌岌失，故曰淀病也。且淀地以翕受为功，容纳之量隘于下，则灌输之势停于上。一遇伏、秋汛涨，泱潾西来，腾涌无归，则旁溢横奔，冲堤溃岸。故今岁高阳河决，而东断郑州官道；子牙河决，而北文安、大城皆宛在水中。而南岸钦堤增高二尺，水犹与之平。人第讶水之大，河不能容，而不知淀之小，水失所受，故曰全局皆病也。永定本向南流，径固、霸之境而会入玉带河，盖率其自然之性，河未尝淤，淀亦未尝淤也。虽东坍西涨时有迁徙，亦不无冲啮之虞，而填淤肥美，秋禾所失，夏麦倍偿，原不足为深病。治之之法，但当顺其南下之性，而利导之；多其分酾之渠，以减杀之；宽筑陂陀之泊岸，以缓受其怒流；分建护村之月坝，以预防其冲击。如此则害可减，而利亦可兴，何至折而东之，导之淤淀，为全局病至于此极也。自改河以来，河底岁垫而高，河高而增堤，堤高而河亦与之俱长。今去平地，已有八九尺至一丈者，溃决则建瓴直下，为田庐害，岂足异哉？总由浊流入止水，溜散泥沉，下流自塞归壑之

---

① 高桥、信安、堂二铺（现名堂二里）、胜芳、辛章、策城原本淀泊之区，在康熙、雍正、乾隆以来，逐渐淤为平地。独流，在今天津市静海县北境，大清河、子牙河、南运河流经其地；杨柳青在天津市西清区。

路，上游犹筑居水之垣，不过厚蓄其毒以待溃耳。故曰，即永定一河亦自不胜其病也。夫利在耳目之前，而患伏数十年之后。当时，固以为无足忧，而卒至一发而不可救。凡事类然，不可不深思而熟计之也。

我世宗宪皇帝①智与神谋，深悉浑河之为淀病，且深悉浑河病淀之为全局道河病。于兴修水利之始，即圣谟独运，特降谕旨："令引浑河别由一道入海，毋使入淀"。可谓探本穷源，一言而举其要矣。盖淀为定水，无冲刷之力，故沙入而沉。河无停流，有涤荡之功，故泥冲而散。永定南清河，自康熙[7]三十七年以前溯之前明，百有余年矣，旧所经由之处，沙痕的砾②，岸迹分明。袁家桥以北崖高底深，牤牛河借以行水者，即其故渎也。河性善淤，能垫深为高，而此道废来已四十年，何以经久不湮，而历历如是。盖下口畅，则上流疾，此即利于入河之明验矣。雍正四年[1726]，虽经水利衙门奏，于郭家务以下改挖新河，而下口仍然归淀。故经王庆坨，则王庆坨淤；入三角淀，则三角淀淤。近且骎骎③乎淤及杨家河矣。夫杨家河，乃全局清水之尾闾也。此河一淤，则通用省六十余河之水无路归津，势必于杨柳青上下穿运道，而灌天津，其害有不可胜言者。故筹永定于今日，乃全局利害之所关。则下口会归之路可不为之熟筹，而审处也哉！愚以为，会归之路，莫如顺其南下之性，而入玉带河。或谓浊能淤淀，亦能淤河。玉带河一淤，则西淀之水无所归，必逆折横流，为文、霸四邑害，是大不然。玉带河西受数十河之水，渠深流急，涤荡冲刷，泥澄沙散，已自失其浑浊之性矣。即如滹沱、漳水，其浊泥岂下于永定，而滏阳、卫河其宽深亦不逾玉带，滹入滏，而滏未尝淤；漳入卫，而卫未尝淤；则永定之入玉带何足虑乎？或谓南、北长堤，文、大二邑民命之所系也，浑河横冲而入，必有溃决之忧，是又不然。大堤之决前已屡告矣，皆清河为患，未见有浊流也。如果浊流决堤而入，则文安仰滏之地早已填平，何以低洼如故也。况经相国鄂公奏请，加筑高厚，视前数倍矣。再于堤外加以埽镶、草坝数百丈，以备不虞，尚何意外之患乎？或谓河流湍悍，土性疏恶，不堤则泛滥妄行，荡村庄、啮城郭，仍为固、霸诸邑害。堤之，则犹是筑墙而束水也，是又不然。昔浑河南行之时，河身不过十余丈，溢岸漫流深不过一二尺，旋长旋消，为期不过二三日。本非巨津如黄河之浩瀚，而

---

① 此指清朝第五代皇帝，爱新觉罗胤禛，雍正元年——十三年［1723—1735］在位，习称雍正帝。

② 的砾（lì），明亮，鲜明、明显之貌。

③ 骎骎乎，骎（qīn）本意马跑得快。骎骎形容快速、急迫。乎语气助词。

莫可控御，特以东折既违其性，入淀又窒其归，强为束以长堤，适足以激其怒耳。今若顺其南下之性，而利导之，曲直随势，多其分酾之渠，以减杀之；高下合宜，宽筑陂陀之泊岸，缓受其怒流；宁厚勿高，分建护村之月坝，预防其冲击；宁缺勿合，如此措置，将斥卤变为膏腴，史起之功可再也。纵遇异涨之年，溢岸漫流，仍不失一水一麦之利，亦何负于民哉？天下之事极则变，变则通，通则久。永定之为淀病，至今日而已极，亦变而思通之一会矣。

益津吴邦庆云："陈子翱①论永定河，谓宜引之南下，束以堤防，于河淀皆无淤垫之害。夫浊水之性，溜缓则沙停，槽宽则溜缓。永定从前之不能淤垫河淀者，以任其东西荡漾，故沙泥皆澄沉于固、永之间。逮至与清河合流，已渐成清流矣。今若堤以束之则流急，流急则沙泥俱下，迨至入淀则势分溜散，有不淤垫者乎？又引漳水不能淤卫，滹沱不能淤滏阳为证，漳水、滹沱之浊，本较永定为差。（前在丰乐镇取漳水注缸中，验之二尺之水。澄清后，泥不过分许。滹沱未较试。然目验之，亦较永定稍差。）且漳之合卫，滹沱之合滏，亦皆漫流数百里，泥沙散澄之后，而始汇合。然数十年间，已间段淤高，亦不能不因而改道也。若以堤束永定河而南，则独流阗注，必至高仰立形。"窃谓因其故道而变通之，仍用其下口入海之路，未必无策也。

水道管见《畿辅[8]水利丛书》

永定河发源马邑，流入宣化，绵亘数百里，受水凡三十七，缘无关修志，故不详纪。至穿石景山而南，径卢沟桥，地势陡而土性疏，故纵横荡漾，为害颇钜。金时，径都城北。元时，经都城南。明时，或合白沟，或合拒马，又或东南，径达信安、胜芳入淀。居民荡析，几无定宇。至康熙三十七年［1698］，圣祖仁皇帝亲行相视，命抚臣于成龙，治河筑堤，自是三十余年河无迁决。惟是下流入淤之后，水涣沙停，渐形淤垫。雍正三年［1725］，世宗宪皇帝命怡贤亲王"令引浑河别由一道入海，毋令入淀"。遂于永清之郭家务改河东行，复开下流之长淘河，引径三角淀而注之河头，与清河汇。筑三角淀围堤，以防北轶。又以河性善淤，设夫挖浅，俾河

---

① 益津，益津关之省称，后周时从契丹收复，置为霸州。故代指霸州。吴邦庆为配合道光三年［1823］大规模整治永定河，编辑《畿辅河道水利丛书》收录《陈学士文钞》。但对陈氏的主张并不完全赞同。陈子翱即陈学士的名讳。

流不致迁徙。然，嗣是日久，淤深下口，亦屡有移改。惟南高北徙，北高南徙，游衍于遥堤之内。又，水过后土性愈肥，居民贪侥获之利，尔田尔宅亦不以浸淹舍去。特以上游自卢沟迤下，直抵遥堤，绵长二百余里，中间夹以长堤，其相距极宽之地，亦不过三百余丈。每至伏、秋大汛，拍岸盈堤，水退沙停，日积日甚。方今堤身自外视之，斜坡三丈有余，而内则堤高不过数尺，河身日高，则涨势愈形暴猛，且中洪多逼一边。现在，水溜逼近南岸，若堤上加埝，则堤高而水亦日高，若导之近北，则北岸受灾，亦同南岸。若特减坝为分泄之计，则原定坝脊尺寸，从前之水长丈许分泄者，今水头略旺，即行旁出，不惟减河不能容受，恐民田亦被浸溢。且正流以势分而愈弱，沙泥以溜缓而愈停。日复一日，难筹善策。查，乾隆三年［1738］，大学士鄂尔泰疏请半截河改挑新河，有拟于半截河堤北改挖新河，即以北堤为南堤之议。细绎其言，诚有至理。盖河身既高束之以堤，是犹西北之引渠也，施之洪流安能顺轨。昔人譬之"于墙上筑夹墙行水"，信然。计今之势，惟以北堤为南堤，而另筑北堤以障水差，为得策。拟自北二工迤下，旁堤量地宽三、四里许，估筑北堤一道，直抵北七工之半截河，仍归遥堤中间，原有减水河，略加挑挖，即可作为河身。堤成后，于汛期之先开挖河头，俾十分深畅。迨水一涨发，其性就下，必当改流，俟溜势顺行后，再将旧河堵断。则旧河身百余里之内，尽为膏腴。而新堤以内所估民业，即可以此拨补。如此迁改，亦不能保其不日久停淤，然地势既洼可以容受，五、六十年之内，必可畅流无阻。较之现今河身已与堤岸渐平，每逢汛期，居民日抱冲漫之忧者，为何如耶？

　　又按，永定河自筑堤东行之后，下口多淤，屡行议改。今拟改河，以北堤为南堤，虽上游通畅，而下口亦不可不为预筹。查，黄河下口引淮入黄，此借清以刷浊也。云梯关迤下，仍夹以长堤，逼之东行，此借水以攻沙也。今永定下游与大清河合流，而清河之势涣与龙、凤河合流，而二河之势弱，固不能收以清刷浊之益。若于遥堤内再筑缕堤，宽则不能东流使急，窄则水入遥堤以后，南北荡漾，迁徙靡常。溜势不能必归中洪，则又不能用借水攻沙之法，惟有浚船之法可以采用。按黄河旧制，自云梯关迤下，每堤一里设兵六名，每二里半一墩，令兵十五名居于墩侧。每墩给浚船一只，各系铁扫帚二把，于船尾系绳，以五丈为度。每月初一、十一、二十一等日，两岸墩兵一齐各乘浚船，或布帆、或鼓棹、或缆锚，下铁扫帚于水底溯流疏沙，往来上下。又，前河臣靳辅创造铁犁，每犁重二百斤，上具二十余齿，沉至水底，则爬沙有力。每二船系犁一个，乘流鼓棹，往来爬刷，且令各船更番递上。

又，南河近设有混江龙等器具，大致相同。惟其轻重异耳，用之皆可收效。今若于永定河下口与诸水合流之处，上下十余里间酌设兵夫浚船，各带铁扫帚、铁犁、混江龙等器，于春夏之时往返爬刷，则下口可以无庸改移，而永收通畅之益。至估计里数长短，酌设夫船多寡，则非身预其事者，未能悬定也。

又按，《直隶通志》云："永定浊泥善肥苗稼，所淤处变瘠为沃，其收数倍。河所经由两岸洼碱之处甚多，若相其高下，间浚长渠，如怀来、保安、石景山引灌之法，分道浇灌，则斥卤变为肥饶，此亦转害为利之一奇也。"邦庆按："引渠之法，惟可施之清流，而浊流难。（水小则沙停成淤，水大则冲奔难制。）且浊流或可施之上游，而下游难。（上游山冈地坚，下游平地沙松。）如永定之水，弱时或至断流，盛涨则拍岸盈堤。岂能由人操纵。"窃查，黄河在江南境，向有放淤之法。每逢漫决之处，筑成月堤，而月堤内积水成潭。大堤两面水浸恐难保固，则开堤引水淤为平陆，而大堤可保矣。如高邮迤南之荷花塘，漫口堵合后，月堤内水势汪洋，粮艘经由并无牵道，继因黄流由清口下注，不数年间泥淤遂平。此其效也。今永定河南岸之田，近堤数里皆成碱卤。每逢积雨水潦下注，良田亦渐成碱滩。北岸则或沙淤不堪种植，或极洼下，夏秋之间每为泽国。若行放淤之法，则不惟陆续可变为良田，而两堤之外地形渐高，大堤保固势亦差[9]易。兹拟于大堤外，相距三四里先筑遥埝，约高五六尺。（无庸夯碱，缘放出之水其势游衍无力，故也。）然后，相度地势，就堤开挖水口，两坝镶作埽段，以便堵合。于水口下距里许之处，挑成倒勾引河。（如水势东下，开南堤放淤，若作直河恐引动大溜。倒勾河先引之西行，然南后南趋，则免引溜之患。）引水出口，则傍堤数十里之内，不毛之土可变膏腴。或谓俗有勤泥、嫩沙之言，浊水出口多系沙淤，迤下始成泥淤，则苦乐仍属不均。窃谓欲行此法，宜先淤下游，俟下游淤成，再移水口向上，沙淤之地仍变泥淤。改堤之说，若难骤办，则此法似可试用。然欲图永庆安澜，似终不若改堤之法，可为一劳永逸之计。（再，放淤之期，当于春汛时为宜，缘其势不甚猛也。）

或问曰永定河之宜改道，何也？曰永定之始，本漫流也，东迁西移，月异而岁不同。今自卢沟以下夹以长堤，行之百有余年，浊流淤垫，时消时长。且每有漫口断流以后，必须挑挖，积土两旁仍复荡入河槽，此堤内之所以日高也。河身既高，则堤随之而长，堤岸既长，河身亦淤而日高。故水势稍长，则漫溢立见，曰不改于南岸，而改于北岸者何？曰北岸有三便焉：求贤草坝而下，沿河旧有减水河。虽不甚宽展，而岁加挑挖，颇为深通。此可因之而省功一也。又沿而东，折而南，又东至八工，无州县城郭迁建改置之费，二也。且归入旧河，或将北七工横堤挑通，或至八工未号引归母猪泊，其势皆就下，引流为易，三也。若南岸减坝引河直南下，经固安达霸州，不可因用。且于长安城改流，则必自双营引入旧河，其地河身高，而堤外洼。又，固安县治近在河南五里，永清县治近在河南十余里，恐日久不无迁改之虑。故谓不宜在南，而宜在北耳。至于抽沟淤地之法，如审量万全，亦未尝不可间行，变斥卤而为膏腴，以余力及之可也。

河渠论略《东安县志》①

李光明曰："浑河不难于治上游，而难于治下口。"南、北岸十八汛，险工林立。然顶工段湾处所，拔桩去埽，决口十不一觏。可见上工虽险，犹可以人力抢护也。惟下口不能禁其渐淤。渐淤则渐高。南高则北徙，北高则南徙，南北俱高，则无路宣泄。下口无路宣泄，不得不于上游议改矣，此亦事势之必然者也。或问曰："以清刷浑之说如何？"曰："清水只可敌浑，不能刷浑也。所谓以清敌浑者，浑河逼近清流，恐其溢入淤垫；束清流之全力，处上游之势以敌之，使不得漫入则可。若清浑并行，浑水之力数倍于清流，而淀河系受水之区，其流更缓，必至白露后，诸河水势消落归淀，淀河之流始行迅疾。而永定河伏汛之水，其浑浊较他汛为尤甚。当浑河盛壮之日，正清河力弱之时，惟有受其淤而已，岂能制之哉。故以清刷浑之说，万万不可轻视之于桑乾者也。"或又曰："浑河两岸开渠引灌，分道浇溉，易瘠为沃。如《通志》所云：'泾水之富关中，漳水之富邺下'。其法何如？"曰："不能引流分灌。必须先讲沟洫之制。浑河水浊而性悍，水浊则易淤，性悍则难制。虽有沟洫，其如所遇辄淤，四散奔突何哉？迩年来，广筑遥堤，多建减水坝，实良策也。盖河日淤高，堤日增长。现在，堤身外高二丈有余，内高不过五六尺。乾隆七、八年［1742、1743］大汛之时，七工以下水面离堤顶相距不及一尺，若非诸坝为之分泄，必平漫矣。此明验也。减河过水无多，旋即断流，不至为害。若两旁多种高粱，皆获丰收，菽粟或有损伤。浑河所过之处，地肥土润，可种秋麦，其收必倍。谚云：'一麦抵二秋，此之谓也。'小民止言过水时之害，不言倍收时之利，浮议之不可轻

---

① 《东安县志》，此为清李光昭主持纂修，乾隆十四年［1749］刻本。李光昭，浙江山阴县人，时为直隶东安县知县。此东安县为河北省东安县，后改为安次县，今廊坊市安次区。此为本书编者抄录该书"问渠"项下之一节。题目为本书编者添加。

信者也。永定不通舟楫，不资灌溉，不产鱼虾，然其所长独能淤地。自康熙三十七年［1698］后，冰窖、堂二铺、信安、胜芳等处，宽长约数十里，尽成沃壤。雍正四年［1726］后，东沽港、王庆坨、安光、六道口等村，宽几三十里，悉为乐土。兹数十村者，昔皆滨水荒乡也，今则富庶甲于诸邑矣。"

量河法

一、量某河自某处起至某处止，共实该应开河几何丈尺。法曰：每步五尺，每二十步立一木界桩，编定号数。自某处起天字一号，尽十号；又起地字一号，尽十号，直编至某号止。即见若干号数，若干丈尺。（凡丈尺俱用官尺算，每二步折一丈）

一、量每号木界桩下，两岸准平。相去今阔几何丈尺，木桩下老岸至河中心，水底今深几何丈尺？算该两岸斜平至底，现在河身空处，每丈已得几何方数？中有坳突，又用法加、减，实该河身空处，每丈已得几何方数？今照原议或新议，酌定河面应阔几何丈？河底应阔几何丈？应加深几何尺？算该木桩下两老岸，各去土几何尺？河底中心去土几何尺？河岸两旁各去土几何尺？此号内十丈河身中，共该起土几何方数？法曰：两岸各用步弓量，至二十步足，此步下定木桩。人足抵桩立，对岸人亦于步尽处站定，桩上人将矩度对岸准平，对岸人竖起套竿，权绳取直，将套夹靠定套竿，渐移向下，两岸取平，对岸人即于平处站定。或用土石记定。桩上人用矩度对准人足或记处。看在直景，何度？何分？用地平测远法算，即得河面阔处。河狭者，只用竹篾活步弓，对岸量之亦得。次将丈竿竖起河中心，权绳取直，将矩极对准水面丈竿尽处，用勾股量深法算，即得木桩至水面股数。再加水深数，即得河底深数。或用重矩，勾股量深法亦得。或于水际两旁取平，对准桩顶。用重矩、重表，勾股量高法，算亦得。或不用算法，径将套竿套定横尺，用竖尺挪移，逐步量，下至水际，总算竖尺多少，数亦得。或只于水次，竖起一丈竿，权绳取直，依前两岸取平法，桩上人用矩极照看，亦得。后二法于浅狭河道用之尤便。次将两岸阔数，河底深数，用积方法算，即得河身现在每丈已得几何方数。中有坳突，亦用套竿量取高下。小步弓量取围径，用堆积法扣算，加减即得现在实该河身方数。次将议定河面应阔之数，比照原阔应加几何？用木石记定。即于两岸记处，用套竿量至折半处。即今应开河底中处，比原桩深几何？比照今议应深几何？即得今应加深几何。或用二绳，各长如今议阔数之半，中用辘轳交接，复用一绳记取尺寸，系权坠下，亦得。或中系方空木，用丈竿溜下，亦得次于新河底中处，用套竿量开，如新议河底阔数尽处记定。视其高下，即知今应加深左旁几何？右旁几何？次将两老岸加阔、河底加深、河底两旁加深，五法用积方法总算，即得此号内十丈河身中，共该起土几何方数，注入号簿。

一、量现在河身面阔、底深，酌量删定之数，折中议定，今应开面、底二阔丈尺数，及加深尺数。法曰：河身底、面、腰、深、广，必须三法相称，方得上下相承，不致坍坏。若河底深阔，岸势高峻，不免随时崩坍，开阔河底虚费工力。应用前量深法，量今木桩下至河底，算定勾几何？股几何？弦几何？量取数处，便见何等勾股方得免坍。今新开勾股，欲依旧数量，行加勾减股，不致大段悬绝。大率要令勾数少于股数，则弦上陂陀不致坍损。两股之间，即河底阔数。就令稍狭，正自无妨。

一、用众测水，验今河底深浅、酌量加深之数。法曰：今、现在河底深浅不同，若酌定加深尺数，一概开浚，即深者愈深，浅者仍浅，水走不顺，极易填淤。且前量下桩编号止据现在，老岸未免高下不齐，所云量深诸法，亦止据号桩下至本号河底，未得通河准平。就用矩极以渐量算，亦止能测验地势，若水走之势，西高东下，仍与地势稍异，必须水准方平。但长流之水消长，不易随流测量，一人可就。若潮汐每日消长时刻不同，测验未易。必须用众，同时量度，应照前编定号桩若干，每桩用兵夫一名，各带短枪或木棍一条，不拘大小刀一把，每队长带铳一门，并火药、火绳、药线诸物，照号桩编给号票，令各守号桩。约潮退将涸未涨时，西境大炮应声俱发，炮响后，各兵夫悉于各号河底中心，将木棍量定水痕，用刀刻记回缴号。要随验所刻水痕尺寸，注定票上，编成号簿，逐一扣算。酌量加深之数，即河身砥平不致停积，浑水以成浅淤。若用此法与矩极参验，用前量深、加阔之法，便可丝毫不爽。

一、河工完后，考验课程果否如法。法曰：河底、河面阔数量法，具前两岸弦上用绳取直考验俱易。惟独深数易淆，如留取样墩，邻可培高，如钉下样桩，便易拨起。别有用活络样桩者，亦可挖井取出有打水线者。亦恐中途节水作弊，有用轮车推验者，河阔便难施用。有用木鹜推移者，难施于未放水之河。今只用前量深诸法。如极深、极阔者，宜用勾股度高、度深法。如河身稍狭，欲求便易，即用套竿渐量法。或虑遗委工役，宛转欹斜，挪移作弊，即用辘轳下绳，方空下竿二法。其辘轳方空，或加三，或加五，以验底阔弦直尤便。此二法须极力挺直，才得取平，无法可令加高毫末。即令开河工役，自用量度，亦难作弊。

一、量所开河，某境起至某处，如前法，已得曲折弦若干丈尺。今欲知直弦几何丈尺，东西直股几何丈尺，南北直勾几何丈尺，东边地形下于西边几何丈尺，要见本处地形，沿河而来几何丈。而下一尺东西直股几何丈，而下一尺南北直勾几何丈，而下一尺其大勾股之弦，于二十四向中当作何向？法曰：先于某境第一号量至第二号，用绳取直，下定指南针①，审定绳直，于三百六十分度，内定是何向，注于号簿。如河岸回曲，一号中可分作二，或作三、四格，定注实格。完又用矩极，于第一号上立，一人持丈竿取直，于第二号上立，对准取平，又互换覆看，对准取平，即知第二号下于第一号几何尺寸，注于号簿。每号俱用此，二号至号尽而止。事毕布算，先将逐号小弦，依本号坐向，与子午针②对算，即知小勾几何；与卯酉针对算，即知小股几何，逐号算成小勾股，注于号簿。次将小勾积算，即知大勾，小股积算，即知大股。以大勾股求弦，即知大直弦丈尺，以大勾股依子午、卯酉针③上取弦，即知大直弦于二十四向中，定作何向。又，用矩极所测高下分寸积算，便知二境相去高下之数，亦便知沿河而来每几何丈尺。而下一尺次，用大勾股除之，即知直股上每几何丈尺，而下一尺[10]。

浚河法

一、夹沙淤层。沙层淤厚不满尺，浅则易为，深则费手。其法以沙带淤，先将沙面晒干，人得立脚，即在沙上插锹，连下层之淤一齐挖出。再于下层沙上，逐层照做。万不可在淤上插锹，亦不可贪多，接连下层。缘沙中含水，上下被淤，盖托水不能出其性，澥淤为上下。沙中之水所浸，其性软。一软一澥易于掺合。一经掺合淤沙不分，俗名谓之"哄套"。人夫能立而不能行，铁锹易入而难出，几致束手，受累无穷。遇有哄套，先量深浅。如深一、二尺，用苇秸等料捆把一尺、长三尺竖下，工内名为"墩子"，分行安置，上用宽厚木板纵横搭架，使人得往来。其上沙多则稀，淤多则稠。稀用勺，稠用锹，于一处尽挖，纳布兜抬出。此处渐洼，四处游来。挖至未曾蹂躏哄套之处，再依以沙带淤之法做之，即可成工。如哄套深四、五

---

① 指南针使用定向方法见卷一《永定河全图》有注。

② 子午针确定南北方位。

③ 卯酉针确定东西方位。子午针与卯酉针夹角90°作为基准，测定勾、股、弦的长度。此据我国古代"商高定理"。

尺，用皮篙扎十字马脚，上安拉木，照墩子分行安置，仍搭架木板，照前捞挖。若深至丈许，则照稀淤之法，治之可耳。

一、稀淤怕宽、怕深。缘挑河之口，多则宽三、五十丈，而淤套竟有百余丈者。其性如水，可以载舟。遇此等工，先量深浅。如深同估挑之数，则上下筑坝拦格，将上、下两头工，照原估加深挑挖数尺。挑成后，将坝起除，放淤于上下河内，可以随水而去，此为难中之易事。若河挑二丈，淤深一丈，虽放淤于已成工内，而下深一丈之工，尚应挖挑，无岸无边，仍难措手。其法先于应挑口宽处，用净沙土夹浇顺河坝，高出淤面一、二尺，淤宽则顶宽丈许，淤窄则预宽三、五尺，泡沙尤佳，以其能收水也。两岸浇成须用车斗屚撒至硬底，审明土性，依法挑做。

一、嫩淤先分深浅，次分宽窄。其深一、二尺，于边口挑挖五尺宽沟，至硬地，俗名谓之"抽路"。须一、二丈一道，使其透风易干。若深至三、五尺，宽数十丈，崖口不能站立，则扎套枕，或三丈一路，或五丈一路，间格成塘，于枕边拨挖至硬地。即跟底前进。倘深至丈余之外，则照稀淤做法。先夹顺河坝次，下皮篙马脚，搭架木板，分段捞挖。用布兜抬送远处，时加测量深浅，能得下套枕即下枕，分塘拨挖，较马脚挑为迅速。倘遇严寒结冻，则逐层揭起冻块，更易于挑挖。

一、倘沙即油沙，又名瀺沙。其色黑，其性散，舍水不粘。遇此等工最难为力。缘不能抽沟空水，法于浅处，用干沙土打堆，周五、六尺，高一、二尺，于堆顶由内向外，轮转翻拨，俗名谓之"打井子"。得其一席之地，即有崖口。堆分数处，接连搭架木板，抽挖一层，将水撒出。再于中心打井，即做子河空水，逐层打井，挑挖虽数尺，亦能成工。惟两担不能站住耳。

一、翻沙，为沙土中之最劣者。此挖彼长，朝挖暮起。无数小堆形如乳头，中有小眼冒水，偶于空中冒气，声如爆竹。此乃上下沙[11]淤深厚，盖托日久，一经已去上面之土，水气上升之故。必须用水压之。其法于河中横叠小埝，高二尺，宽一丈，或二丈、或三丈，间格成塘，引外水入塘。或挑水贮塘内，深一尺余寸，养一昼夜，使水气舒通。次日，将塘内之水屚撒下塘养工，于此塘中间用木板长五尺五寸者，顺安双行，双行中留一锨之地，另将木板横安为出土之路。锨手挑夫皆立板上，先将中心一锨挖出。将板翻移一位，跟崖倒退，递挖递退。将此一层挖至河口，其冒水冒气渐挖渐少，再将下塘之水放贮。此塘又养二层，即在下塘安板铺路，照前退挖。如沙长百丈，则多叠小埝格塘，倒水分投挑挖，仍能依限完竣。

一、胶泥、油泥。其性滑，尚不致垫陷，分塘铺板则可挑做。然，亦须先挖子沟，以防阴雨。

一、挑河必先抢子河。有子河即逢阴雨，尚有腮可取土，不到停工以待。子河以底宽二、三丈为度，要照原估加深一、二尺，以备雨水冲垫。免得再为费手。

一、工程已有四分，亟须悬赏。应于官棚前设立木架，将钱齐挂架上，头塘二十千，红布一疋；二塘十五千，三塘十千，四塘五千，庶各塘人夫踊跃，指月完工。

建石坝法

石坝为工甚钜，运石购料，动逾经年，不比草坝易成，两三月可竣。择地建造，先于临河圈筑月堤，备料防护，以御河水。庶便兴造。次即详计石料，务求充裕，石料有缺，刻难骤增，有误全功。他如砖、木、灰、柴，亦宜豫备。其法，务期立基深厚，愈深愈稳。稍有浮浅，水掺入里，必至蛰裂。梅花地钉，更须密下深签，宜防工匠之省于用力，偷削短少。砌石最要光平，灌浆必须饱满。四围排桩为护坝之墙垣，排桩冲动，刷及灰土，而石块蛰陷，尤关紧要。至迎水、出水两簸箕，前、后、左、右四雁翅，又须详勘内外地形之高下，以为长短。俾水力相副，而下切记短窄，致平土有跌刷之患。至于减水、滚水，同一分泄，而制度稍异。滚水之制坝，面作鱼脊形，水至脊则滚流而下。减水坝作平面，盖浑流湍激，取其过水平缓，以免鱼脊悬流之势。其法，坝身叠砌条石，十三层至十六层不等，每层条石丁、顺成砌。护坝坦坡，铺条石一层，坦坡下脚砌埋头条石五层。内第一层、第三层、第五层条石顺砌，第二层、第四层每丈间砌丁石一块。埋头石外散水海墁，砌条石二层。坝身条石后，衬砌城砖坦坡。条石后填砌虎皮石坝基。坝身砖石后地脚，刨槽筑打灰土、素土，下碇桩钉。石闸则金门、雁翅、鸡心、正身等墙，砌条石十四层，每层条石丁、顺成砌，石后每层衬河砖五路。裹头砌河砖二十七层，每层砌砖五路。金门铺底石一层，闸面安木板桥一槽，板上钉鞍子板一槽。闸底地脚刨槽，筑打灰土，下碇桩钉。石桥则金门分水，雁翅、裹头等墙，顺砌条石十三层，石后每层砌沙滚砖四路。金门铺底一层。迎水顺铺海墁石一层。桥面铺桥板石一层，桥基、墙身砖石。后地脚，刨槽筑打灰土、素土，下碇桩钉。

建草坝法

凡筑草坝，先择地势平坦坚实，并对河背溜之处建立。地平则缓于进水，土坚则艰于冲刷，背溜则漫水上滩，回头倒入，水力舒徐，无顺流直注之势，坝工方保平稳，此建坝之大要也。两金墙以及迎水、出水、四面雁翅，俱刨深槽，下埽埋头，苇土层镶，大桩贯顶，严密坚实，无少空隙。否则，水渗金墙，全坝俱倾矣。且坝身海墁周围，作灰土护坝，形如墙垣，每一尺用排桩四根，贴钉厚板，愈深愈坚。上用管头，横木密裹铁叶，与坝面[12]灰土相平。毋使稍有高下，盖水过不平，则作势激荡，海墁未有不受伤者。先用梅花柏钉，密下深签，上加灰土大夯，灰少小夯，灰多补底，则用大夯，近面则用小夯。灰性坚久，水过不渗。小夯多一层，胜大夯三层。迎水、出水两处簸箕，凡建坝皆不可少。迎水处长短尚可随意，出水处切不可短，而坝下地势过洼，又沙土浮松处，更须加长。长则远送平地，水可舒徐渐进，一或短缩，瀑布斜流之势，跌落坑坎，倏及排桩，保护难矣。至定坝门之宽长，测地基之高下，所关最重，尤宜悉心审度。石坝工料钜费，代以草坝，其减水之功则一，而用物较省，且浑流善从倏远倏近，用废不时。草坝之制，可以随时添减，补修亦易，最为善制。

补录《祭永定河神庙陈设仪注祝文》

一、陈设

祝版一（有架），帛一（白色），白瓷爵三，簠二，簋二，笾二，豆十，羊一，猪一（同俎），镫二，炉一，尊一（有勺疏布幂），香槃一。

一、仪注

祭前一日，地方官净庙设。次日，铺后陈设，官率其属监视陈设，挂襄事各生牓于庙门下。委员省牲，监视宰牲。委员著补服至庙，封帛毕（礼生），引至省牲所，省牲。（礼生）接毛血供香案上，省牲官行一跪三叩首礼，毕退。

祭之日五鼓，各官俱穿蟒袍，诣庙门外（下与马，步行）。入门，升次，序坐（陪祭官、知县、都司、侍官从立）。茶二巡毕。阴阳官报声，鼓（唱），鼓初严。（鼓初，徐后疾，以百桴为节。在庙胥役及各官从人等俱出，赴巡警牌外，司巡、人役各就牌下立。禁止闲人。少选，唱。）鼓再严。（主祭官、陪祭官俱起立，整冠带敛容出幄。次唱、赞者先入，就位。各执事生以次，俱入序，立丹墀下。少选，唱。）鼓三严。（引赞生、引主祭官以下，鱼贯入二门内，就拜位旁立。唱。）诣盥洗所，濯水、进巾。执事者各执其事。（司尊者就尊所立，助献生分东西阶上，进殿左右门，各就所派立。唱。）主祭官就位，（俟立定，唱。）陪祭官就位。（俟各立定，唱。）上香，（引主祭官自东阶上，进殿左门。至香案前，上香三炷。赞。）复位。（引主祭官至殿右门出，由西阶下。唱。）迎神跪。（主祭官以下皆跪）二跪六叩首。（赞）兴。（唱）行初献礼。（赞）诣酒尊所，司尊者举幂酌酒，执帛者捧帛，执爵者捧爵，（引主祭官，自东阶上，进殿左门。赞。）诣龙王神位前，（赞）跪，（左右助献毕跪）献帛，（左右献举帛篚，授主祭官。主祭官举拱授，左助献，奠神位前。）献爵，（如献帛仪，赞。）叩首，（赞）兴。（赞）诣读祝位跪，（引主祭官诣祝案前，跪读。祝者举祝版旁跪。唱。）陪祭官皆跪。（赞）读祝文。（读毕仍安原位。赞。）叩首。（赞）兴。（主祭官以下皆跪。赞。）复位，（引主祭官自殿左门出，由西阶下。唱。）行亚献礼，（引赞。如前仪。）亚献礼毕。（赞）复位。（唱）行终献礼。（引赞。如前仪。）终献礼毕。（赞）复位。（唱）饮福受胙。（引主祭官，自东阶上，进殿左门。赞。）诣饮福位。（赞）跪。（助献二名，捧酒胙立于右，又二名，跪于右。赞。）饮福酒，（主祭官受酒，啐授爵于左跪者。赞。）受福胙。（受胙，拱举授左跪者。赞。）叩首。（赞）兴。（赞）复位。（引主祭官，自殿右门出，由直阶下。唱。）谢胙，跪，（主祭官以下皆跪。赞。）一跪三叩首。（赞）兴。（唱）彻馔，（助、献二名举馔出殿右、左门，由东、西阶下。唱。）送神跪。（主祭官以下皆跪。赞。）二跪六叩首。（赞）兴。（唱）读祝者捧祝，献帛者捧帛，各诣燎所，（左、右列炬各一人，举祝帛，置燎炉。唱。）望燎（主祭官率陪祭官以下望燎毕）。（唱）复位。（唱）礼毕。

一、祝文

维光绪　　年岁次　　月　　朔越祭日。　　永定河道（某）、官（某），致祭于龙王之神。曰："维神，德洋环海，泽润苍生，允襄水土之平，经流顺轨，广济泉源之用。膏雨及时，绩奏安澜。占大川之利泽，功资育物，欣庶类之蕃昌。仰藉神庥，宜隆报贶，谨遵祀典，式协良辰。敬布几筵，肃陈牲币。尚飨。"

附刻修志诗文[13]

智开以光绪六年［1880］孟冬月莅任每朔望诣

（东西）龙王神祠拈香。越明年二月，各庙春祭，而龙神独缺。诘问书吏，以久不举行对。虽每年奉有明文，蔑如也。谨按，乾隆二十四年［1759］，贵州巡抚周人骐，请定外省龙神祭期。经礼部议覆："照在京致祭龙神，于春秋仲月辰日①。仪注悉照永定河神庙之制，先期斋戒一日，不理刑名"。慎何如耶？夫大禹治水，始冀州，重帝都也。今永定河密迩都城，神庙祭祀之典，外省皆视此而行，乃反旷焉不讲，慢神不綦甚哉！爰率同寮敬谨将事，祭毕受胙会钦。祭品及杂费由香火租内支用，制祭器存库。记曰："有与举之，莫敢废也"。时"永定河志"②甫刻成，因将陈设、仪注、祝文增入志内。敬书数语，以告来者。时光绪七年［1881］三月望日。

永定河道新化游智开③谨识。

桑乾留别　宝山朱其诏

捧檄赴河防，书生忝乑章。村居低树绿，水色拍堤黄。
未雨绸缪久，先秋畚挶忙。天心能恃否？中夜起焚香。

涓涓河上水，顷刻已无涯。埽共鱼鳞密，桩分雁齿排。
巡工忘昼夜，护险畏阴霾。却羡骑驴客，贪看野景佳。

溜直波平泻，沙横势更遒。如斯无定水，恒廑累朝忧。
力并搴芟尽，心期作辑酬。奔驰三阅月，何幸庆安流。

微劳奚足道，且勉分当为。旧志重修日，同寮共励时。
身轻肩易卸，才短禄虚縻。更盼方城士，回翔入凤池。

和翼甫观察桑乾留别原韵　（西路同知）邹在人

筹海陈方略，安澜纪乐章。全畿歌保赤，上计颂飞黄。
风甫搴芟险，昕宵使节忙。万家生佛祝，明德自馨香。

盱衡燕晋地，福泽正无涯。谷玉丰荒备，江河舟辑排。

---

① 春秋仲月，指春季第二个月［夏历二月］为仲春，秋季第二个月［夏历八月］为仲秋。仲第二。辰日当月逢辰之日。

② "永定河志"，实为本书《永定河续志》。因非本书全名，故不用《》，而用引号。

③ 游智开［？—1899］字子代，湖南新化人。咸丰元年［1851］举人，拣选知县。先后历任安徽和州知州、河北永平府知府。光绪六年［1880］接原任道台朱其诏任永定河道，两以"三汛安澜邀优奖"。后历任四川按察使、广东布政使。光绪二十五年因病归卒于家。《清史稿》有传。

家声传治谱，海国静尘霾。万口欢腾处，金台夕照佳。

小试经纶手，狂澜挽浊流。豸华隆建树，鸿藻赋清遒。
东里安中外，希文共乐忧。古来名将相，志量若为酬。

要职旬宣重，群钦守与为。瞻依山斗日，德化海疆时。
宇下恩光被，年来薄俸糜。续貂惭谫陋，浣笔且临池。

安澜歌　（通判）蒋廷皋

神京山势何屹嶭，千山束水水盘折。

回流屈曲势蠼结，奔腾怒吼山欲裂。

蛟龙挟水出山穴，长驱下注肆奔崒。

涛头突兀坚似铁，浪花高卷白于雪。

沙平土疎眼一瞥，几处金堤漫复决。

使君本是人中杰，下车求治退前哲。

为谈往事心凄切，堤防底事成虚设。

长鈎短梃齐排抉，负薪伐竹精力竭。

安澜奏绩宸心悦，功成一旦移旌节。

父老攀辕争卧辙，妇孺嬉笑相提挈，免使吾民为鱼鳖。

感极涕零声呜咽，铭功何用镌碑碣。

但颂使君之德长[14]如此水，年年岁岁流不绝。

送朱观察　（南岸同知）桂本诚[15]

桐乡遗爱至今传，尚有云孙继昔贤。

宦绩讵分时久暂，最难润物汲廉泉。

八属咸推爱士诚，宏开广厦纳群英。

果然桃李公门盛，蕊榜名高鉴别精。

丛书掌故辑零星，清浊谁分渭与泾。

恰喜佳编成一手，不劳重注道元经。

桑河溜急势如奔，疏障多方费讨论。

两岁安澜民颂德，都教小草沐新恩。

赠朱翼甫　新化游智开

昔渡桑乾水，今役桑乾河。

举首望桑乾，泛滥嗟发何。

我朱前事师，片语精不磨。

下游亟疏浚，清风归同科。

刊示浑河图，了如指上螺。

尽力志沟洫，利弊窃搜罗。

先后数月耳，远猷宏已多。

矧兼性爱才，遐迩争讴歌。

承乏愧匪能，往轨矢弗过。

栖栖大堤上，冯蠵期切和。

翼甫观察两次桑乾，均不过数月，续修永定河志，成以督刊之，役属遐心。且劝捐二百金，遐心奉命不敢辞。甫开雕，而观察得代矣。沿河州县诸士民禀留不获，去之日以诗留别，和者甚夥。剞劂①既竣，因附刻于后。时光绪七年［1881］三月朔。

知府升用候补同知陈遐心谨识。

［卷十六校勘记］

〔1〕自"凤河论略"至"河渠论略"，皆为别书摘抄。原卷目录没有原书名，现依据书稿中各文前标明添加于目录。

〔2〕补录《祭永定河神庙陈设仪注祝文》，原在本卷目录中无，但原书稿附在"建草坝法"一文后，为补录文。此地依据原书稿添加。下部分"附刻修志诗文"原在本卷目录中无，但原书稿附在"祭永定河神庙陈设仪注祝文"后，且文为一篇

---

① 剞劂（jī jué），雕版、刻书。

516

诗为若干首。此地依据原书稿添加。

〔3〕"附刻诗文"原卷目录无，依正文补添。

〔4〕"沉"原误为"沈"，与文意不符，据文意改。

〔5〕"章"误为"张"。

〔6〕"暨"原误"即"，与文意不符，径改。

〔7〕"康熙"二字原脱，据文意增补。

〔8〕"辅"误为"转"，"輔"〔辅〕与"轉"〔转〕形近而误。径改。

〔9〕"差"误为"羞"与文不符，径改。

〔10〕此处"而下一尺"原稿中后面又重复，疑为衍文，或后有脱落，现删掉。

〔11〕"沙"误为"油"。据上下文改。

〔12〕"面"误为"而"形而误，径改。

〔13〕"附刻诗文"原书稿无。下面附短文和诗词，皆为补录，此地依据后面诗文，归为一节，补添"附刻诗文"一题名。

〔14〕"长"字疑为衍字。暂不改。

〔15〕"诚"误为"誠"。据前文改。

增补附录

清代官府文书习惯用语简释

清代诏令谕旨简释

清代奏议简释

清代水利工程术语简释

永定河流经清代州县沿革简表

　　《（乾隆）永定河志》、《（嘉庆）永定河志》和《（光绪）永定河续志》三部志书，是清代记载永定河文字最多、内容最丰富、涉及最全面的专业文献。其中重要的收录了当时有关治理永定河的大量皇帝谕旨，主要管理河务大臣的奏议和典章、制度等。书中涉及了当时官府行文的规矩、习惯，以及水利工程术语，令今人阅读多有不便。

　　在本套书整理过程中，我馆参与整理的专家学者和工作人员，针对三部书中集中涉及的不容易读懂和疑惑的行文及术语，查阅了大量的工具书和资料。借此，一并撰写成文，以"增补附录"之名增录于书后，仅供参考。

永定河文化博物馆

2012 年 12 月

清代官府文书习惯用语简释

清代，是中国历代封建王朝官府设置的集大成者，既有满族专设的一些府衙官称，同时继承了明代中原正统王朝的基本体制，因此官府衙署设置复杂，且不断创新发展。由于清代官府设置纷杂，本文难于遍举，只能对三部《永定河志》涉及的常见官府及行文习惯用语略加诠释。

一、清代官府的设置和分类

清代官府整体上分为朝内官和外官两部分。

朝内官：首述六部，次及九卿，大学士和王大臣等。六部当从"三省六部"说起。三省是指中央朝政的三个枢要官署，因文章篇幅关系不便尽溯其源，仅从唐宋说起。据宋朝王应麟《玉海》卷一二一《台省》："政归尚书，汉事也，归中书，魏事也；元魏时归门下……后世相承，并号三省。"（广陵书社 2003 年 7 月影印版）隋唐时，以三省长官尚书令、中书令、侍中为宰相，最终形成中央朝政以"三省六部"为中枢的国务管理体制。三省互为表里，相互制衡。中书省掌管皇帝诏令的起草、传达、宣布，即决策；门下掌诏令的审议、奏章签署，并有对诏令"封驳"权，即审议；尚书省掌诏令、政务实施，即执行。尚书省下设六部，唐朝正式定为吏部（掌管文官的选拔、任免、考绌），户部（掌土地、户籍、赋税、财政收支等），礼部（掌礼仪、祭享、贡举），兵部（掌武官选用、兵籍、军械、军令），刑部（掌国家法律、刑狱等事务），工部（掌工程、工匠、屯田、水利、交通等事务）。各部下设四司，故史称二十四司（宋以后各部司官远突破二十四司之数）。宋元丰年间前，以中书门下（政事堂）实际掌握国政，元丰年间改革官制，重振三省之职。到元朝废门下省，尚书省时废时立，以中书省代行尚书省事。六部改隶中书省，设左右丞相总揽朝政，六部尚书分掌政务。明洪武中，废丞相及中书省，六部独立。六部长官称尚书，侍郎副之。清沿明制，六部设满汉尚书各一员，满尚书位在汉尚书之上。下设左、右侍郎各一。尚书官一品，侍郎三品。同为一部之长官。因尚书、侍郎坐衙署大堂办公，均称堂官。各部堂官之下属称司官，满汉蒙各有定员，有郎中（四品）、员外郎（五品）、主事（六品）各员，七品以下称小京官。各衙署还有掌管翻译满汉蒙藏奏章文书的笔帖士（多为旗人），也属小京官之列。

在清朝，审议内外官员奏疏，须有一个部或几个部会商，六部与九卿会商，称议奏、会议。是否准许官员奏议所请称议复，有议准、议驳、毋庸议三种审议结论，皆由参与审议部院的资深主管司官一人草拟议复奏折，称作主稿。其余司官称帮稿。（有的部如户部、刑部的司官以汉郎中或员外郎充任者，直接称"主稿"。有的部，如吏部、礼部则称"汉掌印"，他们往往充当主稿。参见《清史稿·职官志一》）

九卿，历代不同，在明清又有大九卿和小九卿之分。如果称大九卿，包括前述六部，外加大理寺（掌复核外地奏劾、疑狱罪及京师百官的刑狱。主官称卿，下设少卿及丞等员属。），都察院（监察机关，清以左都御史、左都副都御史为主官，右都御使、右副都御使为总督、巡抚的加衔，下设吏、户、礼、兵、刑、工六科给事中，为最高监察弹劾、议参机关。），通政使司（简称通政司，长官为通政使，下设副使及参议等佐官，掌内外章奏、封驳、臣民密封申诉之件）。而列入小九卿的，明清有多种说法。其一光禄寺卿（掌管皇室膳食），鸿胪寺卿（掌少数民族首领的朝贺迎送、仪式典礼的赞导、相礼等事。），太卜寺卿（掌舆马及马政），太常寺卿（掌祭祀礼乐），国子监祭酒（国子监简称国子学，与太学同为国家最高学府，又兼教育管理机关，长官简称祭酒。）。翰林院掌院学士（翰林院是清朝人才储备之所，清大臣多出身于翰林院学士，其长官为掌院学士，下设侍读学士、侍讲学士，侍读、侍讲、修撰、编修、检讨、庶吉士等官。），宗人府宗令（掌皇家宗族事务，以亲王以下皇族充任，事务长有府丞、理事官等。），銮仪卫，是为小九卿；或以钦天监（掌天文历算）、顺天府尹、詹事府（太子属官、长官为詹事、少詹事、下设左、右春坊、司经局等。清代常为翰林院转升之地，多为三四品，无实职。）等入小九卿，此时大理寺、都察院、通政司则不在九卿之列，有清一朝并无明确规定。在清代上谕中常有"六部九卿议奏"，此处九卿是指小九卿。若上谕单指"九卿议奏"，则九卿是大是小不能确指。单凡有九卿参与议奏的议题多为朝政、河防的重大事项。九卿议奏的程序亦如前述，要形成议复奏折，呈皇帝裁夺。

清承明制，不设丞相，以内阁为名义上的最高国务机关。有三殿（保和、文华、武英）三阁（文渊、体仁、东阁）大学士入阁。权力掌握在满洲贵族手中。参与机要政务的多由皇帝指派，不一定为内阁成员，内阁权力渐趋低落。至雍正七年（1729）军机处成立后，内阁虽保留最高国务机关之名，而无其实。内阁设稽查钦奉上谕事件处（上谕档案存管）中书科（掌缮书诰敕、翻译满汉章奏文书），内阁实际成为上谕、奏疏议复的记录、存档、转发（仅限机密程度较低的"明发上谕"，机密程度高的上谕由军机处承办称"廷寄"。见后文）机关。

三殿三阁大学士，学士初无定制。乾隆十年（1745）后，定制入阁大学士各殿、阁，满汉各二员（保和殿不常设），协办大学士满汉各一人。大学士往往兼管各部尚书事，称管部，或录尚书事。入阁大学士资深者或视为首相，但无明文规定。军机处成立后，军机大臣权力日重，大学士仅为重臣的荣衔而已。

军机处，为雍正帝处理西北紧急军务和保密之需而建立，是辅佐皇帝处理军政事务的机构，设军机大臣。初无定员，多时六七人，由大学士、尚书、侍郎充任，（咸丰年间始有亲王为军机大臣）权力日重，超过内阁。僚属为小军机（或称军机章京），掌管缮写谕旨，记录档案，查核奏议等。到光绪年间，多达四班三十六人。凡重要军政奏报及密折，报由通政司，递至军机处，转呈御前。机密上谕下发由军机大臣直接承办，称廷寄。其封签写："军机大臣某字寄，某官开拆"。密封加印，由兵部捷报处递送，并有时限送达。（如四百里或六百里加急——指驿马日程）。一般上谕下发给内阁明发。

外官：包括各省地方的总督、巡抚、河道总督、漕运总督、提督、布政使、按察使及道府以上官员，也是官府文书收发主体。

总督，全称为："总督某处地方、提督军务、粮饷兼巡抚事"（《清史稿·职官志》三《总督》），为一省或数省最高军政长官。"总治军，统辖文武、考核官吏、修饬封疆"（《清通典》三三《职官典》十一《总督巡抚》）。清总督秩为从一品，多有右都御使加衔。其别称有总闻，制台，因统帅绿营兵而称督标（标为团级编制单位），兼右都御史而称总宪，或因兼兵部尚书而称部堂（自称本本堂），或尊称为大帅。

巡抚，清代省级地方政府长官，总揽一省的军政、吏治、刑狱等，地位略低于总督，但仍属平行。别称抚台、抚军、抚标，又例行兼衔右副都御史，也叫抚院和副宪。有时巡抚加总督衔。

承宣布政使司，明洪武九年（1376）改元行中书省为承宣布政使司。长官省称承宣布政使，又省称布政使。各府州县统辖于两京和十三省布政使，每司设左、右布政使各一员，为一省最高行政长官。后因设巡抚、总督，权位渐轻。清朝则正式定为总督或巡抚的属官，每省布政使一员。江苏省分设江宁、苏州布政使司，故为二员。布政使别称藩台、藩司，掌一省人事、财政，与提刑按察使司并称"两司"。与督（抚）、按察使合称一省之"三大宪"。其衙门通称藩署（亦可代指布政使）。

提刑按察使司，长官省称按察使。清承明制为一省司法长官，掌法律、刑狱，别称臬司。臬司衙门通称臬署，亦可代指按察使。

道，本为明清时在省与府之间设置的监察区。作为行政监察区的道，明清时发展为省级派出机构。清代又区分为分守地方道（省称分守道，由省布政司派驻）和分巡地方道（省称分巡道，由省按察司派驻）。位在督抚和府之间，一般为正三品。清代为治理永定河的需要，在直隶省设置永定河道，位在直隶河道水利总督与分司（厅）之间。乾隆十四年〔1749〕裁直隶河道总督，永定河道归直隶总督管理。原来设置天津分巡道、清河分巡道（大顺广分巡道）、通永分巡道，又都赋予兼管水利河防之责。（嘉庆《永定河志》卷十六奏议，雍正四年二月九卿议复，和硕亲王、大学士朱轼奏《为请设河道官员以专责成》折。）此处还有兵备道。其后分巡、分守、兵备道界线趋混，道遂为一级行政长官。

府，宋时中央官员任府一级地方行政长官为"权知某府事"，省称知府，明正式定名为知府，清相沿不改。府管辖州县。清顺天府和奉天府长官独称府尹。

州，宋派中央官员任州一级地方行政长官，称"权知某军、州事"，省称知州。明清正式为州级行政长官。州又分直辖于省的直隶州和辖于府的散州，前者略低于府，后者略高于县。

县，同前述，宋中央派任县级行政长官，称"权知某县事"，省称知县，明清正式定为县级行政长官为知县。

清代文献中，上自布政使下至知县，因各级行政长官使用的印信为正方形，故称为正印官。在《永定河志》中，称沿河的府、州、县的行政长官为"印河长官"，实指沿河正印长官。

府、州、县的属官和佐官通称佐贰，或称丞倅。府州的佐官同知，宋辽金时全称"同知某府事，同知某州事"，省称同知。明清相沿仍称同知，分掌督粮、辑捕、海防、江防、河防水利、屯田，分驻指定地点（如《永定河志》中提及"直隶南路同知，西路同知"等）。清州同知又称州同。

府、州的佐官通判，宋时始设于诸州府，称"通判某府事、通判某州事"，省称州、府通判。其职位略低于州府长官，为州、府长官副职。有与州、府长官连署公事和监察官吏之权。明清时通判定位州府长官的佐贰，分管州府事项与同知略同，权位较宋时为轻。清州通判别称州同，并专有管河州判、州同，隶属河道。

州属官吏目，唐宋有孔目之官，金元沿用。明于太医院（由医士升任）和州设吏目，分掌州出纳、文书、衙署事。清沿袭明制，州吏目专管辑捕、守狱及衙署等事。雍正年间又于永定河道下设管河吏目，后废为巡检。

县属官县丞、主薄，分管粮运、矿山、农田、水利、河防等事。以上沿河府、州、县的佐贰，丞倅官员，原为地方协同河务的官员，后调任永定河道，构成永定河道文官系列。

永定河道属官另有巡检官一职，原为州县掌管地方治安、镇压民众反抗的州、县属官，多设于远离州县城的市镇、关隘、河津要道。参见（清顾炎武《日知录》八乡亭之职）。永定河道设巡检是为掌管附堤十里村庄民伕的雇募、社会治安、协调河工与地方关系，因而永定河道所属厅汛的汛员，往往多兼巡检衔。

永定河武官系列，《永定河志》称之河营员弁。原为绿营兵调派至河工担任守堤、抢险重任，后专设河营兵，其体制与绿营大略相同。有都司、守备、协备、千总、把总、外委及额外外委各职，多为中低级武官充任。如都司四品，位在游击之下，守备五品，协备六品，千、把总七八品，外委九品、从九品。其中把总、外委，常随高级官员于行辖办差，称"随辕差委"。以上各官或由直隶总督、河道总督节制（详见《永定河志》职官表，在此不赘述）。

二、文书的称谓和分类

文书一词起源很早，在汉代史籍中已经出现。《史记·秦始皇本纪》引贾谊《过秦论》云："禁文书而酷刑法，先诈力而后仁义。"（本文引用二十四史，均为中华书局标点本，以下不再注明。）此外，文书是指诗书古籍。文书又指公文、案卷。《汉书·刑法志》："文书盈于几阁，典者不能偏睹。"由此引申出：文书是以文字为主要方式记录信息的书面文件，是人们记录、传递和贮存信息的工具。在此，文件和文书视为同义词，不涉及其现代形式。

文书也称简牍、文牍。前者是因古代在纸张未发明和普遍用于书写时，文书或写于绢帛、羊皮、树叶，或刻灼于龟甲牛骨、铭刻于铜器等之上，而春秋战国至魏晋时期，更多用竹木简牍来书写，因此后世将文书习称为简牍。后者专指官方文书，而私人书或信则称尺牍，书信用的竹木简一般长约一尺，故称。类此，绢帛用于书信则称尺素。

作为官方文书的专称"文牍"流传至清代，派生出一些词语：专管文书的人员称"文牍"、"文书"；又有"文案"一词。其一指公文归档备案，又指专管草拟文牍、掌管档案的幕僚为"文案"，如"内文案"。

文牍经长期发展，演变形成多种文体类别，举其要大致有：

1. 诏令谕旨及奏议类。详见本志增补附录《清代诏令谕旨简释》、《清代奏议简释》，此处从略。

2. 上行公文类。下级官府或官员上报给高级官府官员的文书有：呈文、呈子，简称呈。呈有下级报上级之意。禀文，又称禀告、禀陈、禀帖、禀白、禀本，意为下对上言事，故有前列短语。清代，州县地方官员对上级报告有所请示的文书称详文，有时不便或不必见于详文的，便用禀帖。详文，详字本来有审慎、周备、知悉、说明诸意，作为官方文书是下级官员对上级长官报告请示。例如《（光绪）永定河续志》卷十五附录中，先后收录了：知县邹振岳《上游置霸节宣水势禀》、同知唐成棣、通判桂本诚《堪上游置坝情形禀》。请详又称申详，是指详细说明，请求示下的文书，例该志河道李朝议《酌添麻袋、兵米等项详》。下对上的公文中还有一种叫申文。申字有表达、表明、明白、重复诸意，因之对上公文多有申报、申请、申明、申详、申诉等词语，都是陈述情况、说明理由的文书。此种文书若向帝王陈述、申请就称作申奏。

3. 同级传递类。主要有咨文，一作谘文，省称咨或谘。咨字有征询、商量、访求之义。作为官方文书主要适用于同级官府或同品级官员。有时也用于对下属官员，或民间野老。咨文在同级间传递起到通知、知会、查询、商议等作用。

4. 檄文和移文类。檄文是古代官府用于征召、申讨的带有军事性质的文书；移文是晓谕、责备、劝说性质的文书，有时也与军事相关，与移文性质相近、作用略同，常并称"檄移"类。古代军情紧急时，檄文插上羽毛，需紧急传递，称作"檄羽"，亦称"飞檄"。在清代河防文献中因总督、巡抚、河道总督等军政长官，常用"檄饬"、"飞檄"等词语下达河防命令。如《（光绪）永定河续志》卷十五附录了直隶总督李鸿章的《饬照堪钉志桩筑埝檄》。

5. 告示、露布、晓谕类。此类官方文书包括：布告，特指由官府发布，告知民众重大事项或禁令之类文书；露布，指不缄封、公开宣示内容的文书，如邸报（又称"官门抄"，是朝廷传知朝政和臣僚了解朝政的古代报纸。在明清之际已有刊印本。清代披露内阁明发上谕、臣僚奏议（密折除外），各部院、地方高级官员均可到宫廷门口抄录或由内阁抄出下发；露劾或称露章、弹章，指弹劾官员时，公开弹劾奏章的内容，迫使被弹劾官员服罪；晓谕，是告知、告诫各级官员的文书。上述露劾弹章也可归入"奏议类"。

6. 甘结、印结类。此类文书，本指古代司法诉讼案中由受审人出具自称所供属实或甘愿接受处分的文书。如南宋人宋慈《洗冤录》中说"仍取苦主，并听一干人等联名甘结。"（清光绪乙未［1895］上海醉经楼石印《四库全书》本）是为甘结一词最早出处。后也指写给官府的保证书。在清代文献中甘结是指由官府给当事人担保的文书。如出任河工的笔帖式，须由其所在旗籍都统出具担保印结"家道殷实"，方可赴任。这里所说印结，是指加盖官府印章的担保文书。如清制，凡外省人在京应科举考试、捐官，都需在京同乡京官出具保结——保证文书叫结，加盖六部官印，《清会典》事例四三《吏部投供验到》："初选官投互结，并同乡京官印结。"

7. 札（剳、扎）子类。札的本意是书写用的小木片，后也用来称书信，并逐渐成为对上级、对下属都可使用的一类公文。这类公文又分为两类，其一用于发布指示，又称堂帖，宋代由中书省或尚书省制定，凡非正式诏命发布的指令称作札子，领兵的各路统帅向部属发指令也称札子。此种称谓清朝也沿用。其二，臣子或部属向皇帝或长官上书议事称札子。扎子在后世主要用于下行文书，清朝河工文献中常见〝扎饬〞一语，即用扎子下达及时执行的命令。

8. 敕，制命、令、诰类。敕、也作勅、勑和饬。敕有告诫、命令、授职、勉励等多义。古代官府文书中常见的敕戒（又称教戒）、敕命（特指天命或帝王的诏令。又指明清赠六品以下官职的命令。）、敕授（唐时封三品以上为册（或策）授，五品以上称制授，六品以下称敕授）、敕令等用语。这些用语，多用于皇帝和高级官员对臣下及部属的命令。制、令多用于帝王对臣下，如皇帝的命令称为"制"，皇后及太子的命令称为"令"。命、令两字可合用如一，也可分用如前述。清朝部院、地方官员可用命令一词对下属发布指示、命令，但不能用"制"，因为从秦朝以来"制"成为皇帝专用词（参见《史记·秦始皇本纪》）。在清代河防文献中，敕、命、令多与札、檄连用，如札饬、札令、札命、檄敕、檄令等情况。此外，还有特别用于对官员及其亲属封赠的命令称为诰命，其中授与本人称"诰授"，推恩及于父母、祖父母、曾祖父母及妻，存者称"诰封"，逝者称"诰赠"。官吏受封的敕书称"诰敕"，而且有严格的定式，按品级填写，不得增减一字。（详见《永定河志》增补附录《清代诏令谕旨简释》）

三、各类官府文书中人称、官称和常见用语

各类官府文书的收发人或文书相关人，本人姓名之外，其称往在不同场合下有所不同。

1. 人称：

第一人称：我、吾、余、予，是自称单数形式；加上复数语尾，如等、辈、侪、人等字，有我等、我辈、吾侪、吾人，变为第一人称复数形式。现代汉语通称我们。

第二人称：你、尔、汝（也写做女，读 rú），加上复数语尾，如有你等、尔等、尔辈、汝等、汝侪、汝辈。现代汉语统称你们。

第三人称：他、伊（有时也作第二人称）；加上复数语尾，如他等、伊等。现代汉语统称他们。另外，伊字后加人字——伊人，指这个人；加等字——伊等，又有"这些人"之意。

2. 官称：清代官府行文或官方场合人们的称呼，为官称。有敬称和谦称之分。

敬称多不直接称呼对方，而说陛下（指皇帝，陛指宫殿的台阶丹陛）；殿下（指亲王或太子），阁下（指大学士，军机大臣、督抚等高级官员），麾下（高级将领），足下（平辈或同僚）。

谦称：对长官，我称"在下、下官、卑职或职"；我们，则称在下等、下官等、卑职等或职等；对皇帝，汉人官员自称臣、微臣或臣等；满、蒙、汉军旗人，自称奴才、奴才等。谦称中还有：窃，表示"我自己"或"我私下"；愚，"我以为"说成"愚以为"；"鄙人"（鄙本指边远小邑或郊外、郊野，鄙人，是自称郊野之人，与俗语"乡巴佬"同义。）同辈、同僚间谦称，还有仆、下走等语。同一年中科举举人、进士称同年，互称年兄。在清代河工文献中，常涉及内外官署、各级官员，其称谓既有全称（或本称）又有省称、别称、敬称、谦称、自称。

3. 对皇帝行文：有具奏、题奏（此特指书写奏疏。题奏，与题本、奏本二词合称有别）、题请、题参、参核、奏参、奏请等词语，都是指奏疏起草、誊清，形成正式文本。具、题二字本意就有书写形成之意。一般由官员本人书写，也有文案师爷、幕僚代笔。行文中常见，"奏闻在案"，"奏达圣听"，"谨奏以闻"……是表示奏疏通过通政司转呈内阁或军机处，再递送到皇帝御前。所谓在案，是指已经在通政司内阁、军机处记录存档。官员在奏疏行文末尾，往往套用一些"仰乞圣鉴"、"伏乞皇上睿鉴训示"、"伏候圣裁"、"谨奏"之类恭维用语。（详见《永定河志》增补附

（光绪）永定河续志

录《清代奏议简释》）。

4. 下级对上级官府或官员行文：有具禀、具详、具陈、禀告等词语。都是写成正式文书（禀告可能是口头，也可用面禀一词）上呈（送达）。而上级官府、官员在转述收到此类官文书时，行文惯用"具禀（或具详）前来"。上级回复则称："来文（或来禀）已悉"，"接据来禀"。

5. 上级对下级官府或官员行文：有行文、行令、札饬、檄饬、飞檄等词语，表示发出命令、指示给下属。向皇帝或上司转述此类文书已发出，在上述词语后加"去后"等语尾。下级回复则称"札饬奉接"，"奉命"、"奉敕"等。

6. 平级官府、官员文书往来，多用咨文一语。如：（督抚）咨（文）到部院，（部院）咨（文）某督抚，行某督抚；行咨某部院，咨到某司，行咨某司，行咨顺天府尹。司指藩司（布政使）、臬司（按察使）。顺天府尹、藩司和臬司与督抚虽有品级差别，往来公文有时也用"咨"。在奏议或议复中，六部、九卿官员，若是建议由皇帝下谕旨时，请旨"行令该督抚"、"饬令该督抚"，或等皇帝示下"臣部行令该督抚"、"臣部饬令该督抚"。若是在奏议或议复中转述六部、九卿与督抚间公文往来，有"咨到督抚"，或"咨到部院"。上述文书的记录备案已如前述。

7. 清代官府文书中还有专用于行文开头的词语，如窃照、窃查、照得、查得等。在这类词语中，窃字是第一人称的谦称，意为"我私下"、或者为"我暗中"；照得、查得都有"经查察而得"之意。此类词语既可用于上行文书，也可用于下行文书和告示之中。例如照得一词，也称照对，自宋以来公文布告常用，宋以后专用照得。清代一般上行公文多用窃照、窃得，而下行公文多用照得。在《永定河志》中奏议、告示中不乏此类用法之例。

在清代官府文书中檄文、札饬、布告，还有特殊结尾用语，如切切此布、切切此令、切切特扎。切切，其意为急迫，多用官府文书告示的结尾。如《永定河续志》卷十五收录，永定河道朱其诏光绪五年《饬各协防委员点验兵数按旬结报札》："转饬所属协防各员一体遵照，本道为慎重河务起见，万勿视为具文，自干未便，切切特扎。"即是一例。

清代诏令谕旨简释

清代的诏令和谕旨制度是我国古代封建帝王行文制度的继承和发展。本文仅对三部《永定河志》中经常出现的诏令谕旨类文书常用语加以简释。

一、诏令谕旨释义

诏令、谕旨为多义词，又为近义词，古代先是不分上下均可通用，自秦汉始为帝王专用词语。

1. 诏令

诏的本义是"告"，多用于上级对下属。如《周礼·春官·大宗伯》："诏大号，治其大礼，诏相王之大礼"。《礼记·曲礼》："出入有诏于国。"屈原《离骚》："诏西皇使涉予。"（《楚辞》时代文艺出版社2001年版26页）以上引文前二诏字义为告，后一诏字又多一"令"之义。东汉许慎《说文》中概而言之"诏，告也。"作为一种文体的诏书，在先秦也是泛指上级对下级的命令文告。秦汉以后才专称帝王的命令文书为"诏书"或"诏令"。《史记·秦始皇本纪》记载李斯等建议："臣等昧死上尊号，王曰'泰皇'，命为'制'，令为'诏'，天子自称曰'朕'。"注引蔡邕曰："制书，帝者制度之命也。其文曰：'制'；诏，诏书，诏告也。"《后汉书·光武帝本纪上》："辛未，诏曰：'更始破败，弃城逃走'。"李贤注引《汉制度》曰："帝之下书有四，一曰策书，二曰制书，三曰诏书，四曰戒敕……诏书者，诏，告也……"东汉蔡邕《独断上》也将皇帝的命令分为四类："一曰策书，二曰制书，三曰诏书，四曰戒书。"（《后汉书·光武帝本纪上》中华书局标点本）可知，诏令，诏书都是指皇帝的命令文告。秦汉以后相沿为定制，凡朝廷有大政事，大典礼，须布告臣民的称为诏书或诏令。由诏书派生出一系列词语："诏策"，用诏书征询臣下建议因书写在简策（册）上，故称诏策。"诏条"，诏书的条款。"诏对"，奉诏答对。"诏狱"，奉诏拘禁罪犯入狱。"诏谕"，诏书晓谕臣民。"手诏"，皇帝手书诏令，又称诏记。

2. 谕旨

谕字本义为上告下的通称，如"面谕"、"谕示"。《周礼·春官·讶士》："掌四方之狱讼，谕罪刑于邦国。"引申为理解、知道。唐白居易《买花》诗："低头独长叹，此叹无人谕。"谕又有使人知道、理解之义。汉司马相如《谕巴蜀檄》："故遣信使晓谕百姓以发卒。"（《史记·司马相如传》）。旨字有上级、尊长的意见、主张或命令之义，又特指帝王的诏谕。如《后汉书·曹襃传》："今承旨而杀之，是逆天心，顺府意也。"此处旨是指上级的主张。《汉书·孔光传》："数使录冤狱，行风俗，振赡流民，奉使称旨。"此处旨是指帝王的诏谕。故历代文献中奉旨、承旨、圣旨的多指帝王的诏谕。如用钧旨则是指长官的指示命令。

谕旨二字连用，是帝王对臣下的命令文告的通称；二字单独使用时，又各有特殊含义。清朝制度，凡是皇帝晓谕中外，京官侍郎以上，外官知府、总兵以上的任免、升降、调补的命令文告由军机处拟稿进呈，称作"谕"或"上谕"；而皇帝批答内外臣工的题本，（奏议区分为奏本、题本，可参见《清代奏议简释》。）如系例行公务，由内阁拟稿进呈称作"旨"。

二、几种特殊的命令文书

如前述，自汉以来帝王的命令文书区分为"策书"、"制书"、"诏书"、"戒书（即敕书"）。清朝也大体沿用此种分类。《光绪会典》卷二载："凡纶音下达者，曰制、曰诏、曰诰、曰敕，皆拟其式而焉。凡大典宣示百寮则有制词。大政事，布告臣民，垂示彝宪，则有诏有诰。覃恩封赠五品以上官，及世袭罔替者，曰诰命。敕封外藩、覃恩封赠六品以下官，及世袭有袭次者，曰敕命。谕告外藩及外任官坐名敕、传敕，曰敕谕。"（转引自陈同茂《中国历代职官沿革史》，百花文艺出版社2005年1月版）。

1. 制，又称制书。《后汉书·光武帝本纪上》李贤注引《汉制度》："制书者，帝制度之命，其文曰'制告三公'皆玺封，尚书令印重封，露布州郡也。"后历代相沿，凡行大赏罚，授大官爵，改革旧政，赦免降虏，都用制书。清代又泛称皇帝书写的诗、文，如御制诗、御制文等。

2. 策书，即册书。册的本义是用于书写的竹木简编连成册。古代帝王祭祀天地神祇的文书称册书。授土封爵、任免三公，也都要用册书。历代皇帝以封爵授予属国君长、少数民族首领、异姓王、宗族、后妃等都要举行册封仪式，在受封者面前宣读授予爵号的册文，连同印玺授予受封人。清代赐予亲王及其世子、以及他们的福晋的册为金质，封郡王及福晋用银质饰金的册，妃嫔有册无宝，册上鉴有封爵册文。册有时作策，册书实际上是策书的一个类别。

至于策问、对策、策试等词语中的策字，其含义与上述策书之策含义略有不同，是指政见的征询、应对以及仕人选举考试，这些活动都要用策（册）来书写，故都冠以策字。

3. 敕（饬、勑、勅）书，又称诫书，用于告诫、诫饬臣下及部属的文书。古代官长告诫部属、长辈告诫子孙都可称敕。敕又通假为勑，有整饬、警诫之义，常见敕正、敕身、敕戒等词语。后来才成为专称帝王的诏命为敕书。在清代河防文献中这些用法都有。

敕命，原指天命或帝王的诏令。明清时赠六品以下官职的命令文书称敕命。参见《清会典·事例十六·中书科建制》

4. 诰命（诰封、诰赠、诰授），诰的本意是上告知下，有又告诫之义。《尚书》中有《康诰》、《酒诰》等篇，即此类文书。由诰的告知、告诫衍生出的文书诰命是诏书的一个类别。清代授予五品以上官员的命令诏书称诰命。其中授予官员本身者称诰授。如推恩及于其父母、祖父母、曾祖父母及妻，存世者称诰封，已亡故者则称诰赠。如《（嘉庆）永定河志》编纂人李逢亨，死后诰赠为"兵部侍郎兼都察院右副都御使、总督河南、山东河道、提督军务加三级"，其父李莲村诰赠为"荣禄大夫，崇祀乡贤于兴安府（今陕西安康市）"。诰命涉及官员本人称命身，涉及其妻称命妇。清代诰命封赠命妇也有品级和称谓，一、二品称夫人，三品称淑人、四品称恭人、五品称宜人、六品称安人、七品以下称孺人，不分正从。

三、诏令谕旨的草拟、发布、记录和存档

如前所述，"凡纶音下达者，日制、日诏、日诰、日敕，皆拟其式而进焉"，所谓纶音是指帝王诏谕的总称，语出《礼记·缁衣》："王言如丝，其出如纶。"疏："王言初出微细如丝，及其出行于外其大如纶也。"后来称帝王的诏谕为丝纶。清制内阁为掌丝纶之地。每天钦奉上谕，由六部承旨，凡应发抄者，皆送内阁。由内阁记载纶音，所载事项分为三册：一为丝纶簿（详录圣旨），二为上谕簿（特降谕旨），三为外记簿（内外臣工奏折奉旨允行或交部院议覆者）。这三类诏谕分别由内

（光绪）永定河续志

阁、六部相关官员草拟。如御制文拟撰，包括制、诏、诰、敕、册文、祝文、封号由内阁汉票签房承担。经诰敕房审核后，缮写定本，用宝（玉玺）颁发。

雍正年间军机处成立后，诏谕草拟、颁发的权限部分转归军机处。如官员上奏的文书，凡请旨定夺的由军机处办理，例行公务的题本仍归内阁办理。遇有重要政务、密折奏闻、皇帝难以裁夺的，或由军机处密议，或交部院议覆后，或由军机处主稿，或由参与议覆的部院主稿，临时决定。在清代文献中常见"明发"和"廷寄"二词语，前者是指机密程度较低、或应公开露布的谕旨，可由内阁在邸报上公开发布，或由内阁抄出；后者是指重大军政要务、不宜公开的密旨，下发外官，采用"廷寄"。即由军机处办理，所发谕旨密封贴签，上写"承准大学士某某字寄，某某官开启。"交兵部捷报处限时（四百里、五百里、六百里加急）送达（四百里等指驿站马日行里程）。

京内官员的奏折经皇帝批阅（包括朱批、特旨、批覆）后应交在京各衙门知道或办理的，由军机处交内阁满票签处，再经满本房领出交红本处，每日由六科给事中（隶属都察院）来处领取，到科后抄发各衙门执行。故三部《永定河志》河防文献中常见"抄出到部"等语句。到年终，六科给事中缴回红本处，再经典籍厅入红本库（该库在皇史宬）存档。外官将军、督、抚的奏章及皇帝的朱批谕旨，均于年终按程序交内阁存档备案。后又建副本库，专贮藏题本。

清代奏议简释

为帮助普通读者阅读《永定河志》，现将有关奏议特别是清代奏议的相关知识简释如下：

一、奏、奏记和奏议

奏字的本意之一是："奉献"，包括进言、上书、呈进财务等。《尚书·舜典》："敷奏以言"（《尚书》，书海出版社 2001 年 9 月版）；司马迁《史记·廉颇蔺相如列传》："相如奉璧奏秦王"（《史记》中华书局 1959 年点校本）；《汉书·丙吉传》："数奏甘氂食物"（《汉书》中华书局 1962 年点校本）。

由奏有进言的含义引申为"奏记"。在汉朝一般朝官对三公、州郡的百姓或所属僚佐对主官呈进书面意见，叫做"奏记"。《后汉书·班彪传附子班固传》："时固始弱冠，奏记说（东平王刘）苍曰……"李贤注曰："奏，进也，记，书也。前《（汉）书》待诏郑朋奏记于萧望之，奏记自朋始。"《汉书·萧望之传》也记载"朋奏记望之"。奏记到魏晋南北朝仍沿用。如刘勰《文心雕龙》："公府奏记、郡将奏笺。"（《文心雕龙》清黄叔琳辑校本）。奏记、奏笺词义相同。

到了后代，奏记逐渐演变成一种文体，即臣属进呈给帝王的奏议（奏疏和奏章）的总称。包括：表、奏（书面、口头）、疏、议、上书、封事、弹章、对策、札子、条陈、条奏等。例如，李斯《谏逐客书》（《史记·李斯传》中华书局 1959 年点校本）、贾谊《治安策》（《贾谊集》上海人民出版社 1976 年排印本）、晁错《论贵粟疏》（《汉书·食货志》中华书局 1962 年点校本），诸葛亮《前出师表》（《诸葛亮集》中华书局 1960 年排印本）、李密《陈情表》（《昭明文选》中华书局 1977 年印本），都是古代奏章言事的名篇。

古代奏章呈递路程遥远，或需防泄密，对简牍奏章捆扎之处用胶泥封固，并加盖印章，谓之"泥封"，而用皂囊封缄的奏章称"封事"。清雍正朝设"密匣奏事"，因此泥封、密匣所封装的奏章都属于封事类（保密性强）的奏章。"弹章"是专指弹劾大臣的奏章。"对策"，又称"策问"，是应对皇帝征询臣下建议的奏章。如汉武帝时董仲舒的《天人三策》（见《汉书·董仲舒传》载）是其中的名篇。在历代文献中常见的"条陈"、"条奏"之类的奏章，例如在乾隆《永定河志》收录《元史

·河渠志三》载许有壬谏阻开金口河条奏，属于"逐条分晰"所言之事的奏章。而"札子"一语比较宽泛，进呈给皇帝议论朝政的奏章也可以称作"札子"，如苏轼《乞校正陆贽奏议进御札子》（见《宋学士文集》《四部丛刊》影印本），而下达所属官员的政令、指示也可以称作"札子"。这两种情形三部《永定河志》都有所见。

二、题本和奏本，通本和部本的区别

明清时期奏议有"题本"和"奏本"的区别。明制凡有军事、刑狱、钱粮、地方民务，大小公事的奏议，称"题本"，加盖官印；若属私事启请，如到任、升转、加级记录、代下属官员官谢恩赏等奏章，称"奏本"，而且不准用印。清朝也有"题本"、"奏本"之分，但不同时期侧重不同。清雍正三年（1725）开始重视题本，轻奏本。清初，府道及在京满汉官员的奏折可直接到宫门递交通政处，转内阁进呈御前。雍正十年，清廷因重要军政事务的奏折由内阁（设在故宫太和门外）传递，容易泄密，因而另外专设军机处（在隆宗门内）来处理机密军政要务。凡重要的题本由军机处转呈御前；而报送内阁转呈的题本多为例行公事，以及私事启请的奏本。到了清晚期光绪二十六年（1900）后，题本渐废而又转重奏本。

由题本一语还衍生出一系列奏议中习惯用的词语，如"具题"，具字有陈述、开列等意。具题是指缮写成正式的奏章文本；"题请"是"题本请旨"，或"题本请示"的省略语，"题参"，参又称参奏、参本，参有弹劾之意，其实施要经题本这道程序，故称题参。"保题"，即题本保奏。

在清朝，奏议还有通本和部本的区别。所谓"通本"是指凡各省的将军、督抚、提镇、学镇、顺天府尹，盛京五部（指清军入关后在盛京设户、礼、兵、刑、工五部留守衙门）等官员的奏议，须经过通政司转送内阁。而京官各部、院、府、寺衙门的奏章则称"部本"。一般通本到内阁以后因其无满文，须由汉本房翻译为满文，再转满本房校阅后与满汉文合璧的部本一并交汉票签处，由中书草拟票签，经侍读学士校对，送大学士审阅后，再交满、汉票签处缮写满、汉文正签，经内奏处进呈御览。皇帝批阅后，交批本处，由汉学士批汉字于正面，翰林满人中书批满字于背面，到此即成为可以下发执行的"红本"。随后由满本房领出，交红本处，再由六科给事中来处领取，回科后抄发各衙门执行。年终再由六科给事中收回交红本处，再转红本库分类(包括详细记录圣旨的为"丝纶簿"，特降谕旨为"上谕簿"，内外臣工奏议奉旨准行，及交部议覆者为"外记簿")存档。以上是内阁处理奏议本章基本程序。

三、奏议的题目与奏章缮写的格式

奏议的题目由三个要素构成：即具题的年月日；具题人（包括官员个人；合词会奏的众官员；参与议奏的各部、九卿、大学士、总理王大臣等）；具题的事由。

其中具题人的资格有严格限定，并非任何一级官员都可具题奏章。我们查阅三部《永定河志》所收录的奏章，具题人绝大多数为四五品以上官员，很少有低品级官员具题。低品级官员陈述请求，报告事项，乃至感恩谢赏都要由高品级官员代奏。

具题人的称谓：自称臣，或臣等；他称该臣，该臣等；后者是转述他人奏章。二者不应混淆，若不加区分会造成不知何人所奏。

具题事由，在三部《永定河志》中所收录奏章简繁不一，其中长的多达数十近百字，其间夹杂着许多恭维皇帝的套语，短的只四个字，如"为奏闻事"，一般格式为"奏《为……事……》"，书名号前的奏字可有可无，如有当与具题人连属。例如"雍正四年十月和硕贤亲王、大学士朱轼奏《为敬陈各工告竣情形等事》"。一般以书名号内的文字（事由）为奏章的正题，它提示奏章的主要内容。

缮写奏章有很严格的要求，包括使用折页式稿本，正楷誊写，每行字数都有规定。其中最重要的是，遇到书写皇帝尊号、谕旨、宸章、朱批等文字内容，该行抬升三格，比其他行高出三个字，甚至与皇帝沾边的字词如"国帑"、"陵穑"也要抬一格，皇帝名讳用字要避开，称"避讳"，如"玄烨（康熙帝名）"的"玄"改写为"元"。"弘历（乾隆帝名）"的"弘"写成"弘"（缺末笔）；而具题人名讳前的臣字，要小写，并且避让于右侧，以显示对皇帝的尊崇。如有违反被视为"大不敬"而招致惩处。

四、有关奏议行文的用语举要

清代奏议中常见奏议文本送达用语有：其一，"'……'，等因，具奏前来。"'……'引语后的文字表示本奏折因上述原因具奏（题），送达某部（院），对部（院）来说为"前来"；其二，"内阁抄出到部"，是指由内阁发出的抄件或部（院）主动到内阁抄录件；其三，皇帝点名下达，即谕旨、口谕、朱批所指示的"该部知道"、"著该部议奏"。上述三种情况都离不开内阁记录、备案、抄件送达到部院，或发还给原题奏人等程序环节。

清代奏议结尾也有较为固定的套语，例举如下："……各缘由，理合谨先具折奏

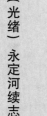

（光绪）永定河续志

闻，伏乞皇上睿鉴训示。谨奏。"或"……另行奏闻，理合附片陈明，伏乞恩鉴。谨奏。"；"所有臣等遵旨核议缘由，理合恭折具奏。是否有当，伏候训示遵行。为此谨奏。"如果奏折附有地图及其说明、代奏附片、核销账册、清单、保荐人名单等，都要在结尾中例行声明。"谨奏"表示奏议正文终结。上述附件随奏折文本报送。

关于"奉旨：依议、钦此"、"奉朱批：……"，此类语句如果出现在奏议正文当中（一般紧随其后会有"钦遵在案"等语句），这是具题人援引以前皇帝的批语，当属奏议正文。如果出现在奏议正文两行之间，红字（朱批，也写作硃批）字迹较小，则属于皇帝阅览时的批示语。在谨奏后出现当然属于批示。需要说明的是："奉旨""奉朱批"等字样显然是内阁记录存档时添加的，并非都是皇帝亲笔。

最后，奏议的原件，议复原件都要在内阁备案存档，而其抄件发还奏议具题人、议复具题人分别存档。奏议的全过程至此完结。

五、议奏的常用语

议奏是清廷对奏议的审议。参与审议的人和部门，一般有直接主管的部院、九卿、内阁、军机处、大学士、总理王大臣等，以会议形式对奏议内容进行审核，评议、提出是否准行的意见，供皇帝做最后决断。其过程称"议奏"，其结论称"议复"。也要写成奏章呈送御览裁夺。议复的结论有以下几种情况：

"议准"，同意具题奏章的请求，如"应如所请"，"应如所议行"等。如果议准得到皇帝首肯，行文称作："部复奏准"或"准部议复"。书于原奏末尾。

"议驳"，不同意具题奏折的请求，包括全部或部分驳回，称"议驳"。例如河工工程经费请旨报销，可能有部分经费"浮冒不实"，工部议复该浮冒部分"驳减"不准报销。其余部分"议准"。

"毋庸议"，即某项议题已有结论，或目前该问题不应列入审议范围，予以搁置，议复为"毋庸议"。有时还因具题奏章所提供审议的情况资料不全，要求补充全面，下次再审议。

因为参与议奏由多人或多个部门会议，议复的奏折需指定一人负责起草，该人称"主稿人"。一般由直接主管部门资深司官充当。

此外还有一种特殊处理奏议的方式，称作"留中"，即皇帝接到奏章既不直接批答，也不下交主管部院、内阁、军机处等议奏，留在御前，"以不处理为处理"，搁置此事。这是少见的处理方式。

清代水利工程术语简释

清代三部《永定河志》，行文中使用了当时通行的大量河工术语。现根据水利水电科学研究院水利史研究室所编《清代海河滦河洪涝档案史料》（中华书局 1981 年出版）一书附编的《清代档案中水利术语浅释》，结合三部志书，选编了部分术语词条。简释对一些词条文字有所增删或改动，有的词条予以合并，还酌情增添了少量书中常用的术语。

【**汛期**】河水季节性地盛涨称汛。永定河每年因为上游或本地降雨、融冰来水所引起的季节性涨水，其时期相对稳定一致。这些涨水时期称之为汛期。永定河每年的汛期分为凌汛、春汛、麦汛、伏汛和秋汛。

【**汛长**】即汛涨。指汛期的河水盛涨。

【**汛水骤长**】指汛期河水突然暴涨。

【**异涨**】指不常见的涨水，往往是多年不遇的河水盛涨。

【**凌汛**】指永定河在冬季或早春（通常在霜降后至次年清明前）时所发生的洪水。其主要原因和表现，一是因冰雪遇气温上升融化形成淌凌，冰块随水下流时，在河身浅窄处或闸坝前发生壅积，致使水位抬高，形成盛涨。一是因上游的下流冰块在下游遇到气温骤降，又被冻结，成为冰坝，堵塞流水，不能下泄，致使水位暴涨。当地把每年的河冰融化流动称之为"开河"。并有"开河不出冬，（冬至）至后七九中"的谚语，以及为开河举行祈祷仪式。永定河开河按流动水量及流速大小，被分为"文开河"和"武开河"。武开河常会导致凌灾。

【**春汛**】也叫桃汛，指清明前后桃花盛开的永定河春季涨水。

【**麦汛**】指夏季入伏前的涨水。永定河古名桑干河。前人（例如乾隆皇帝）曾误以为，桑干河名的由来，是因为桑椹成熟时，河水往往断流干涸一时。后来发现，许多年份，麦黄之时，也会出现夏水（叫麦黄水）涨发。这一汛期称为麦汛。

【**伏汛**】指夏季入伏后的涨水时期。这一时期，往往降雨较多较猛，使河水量骤增，形成涨水。

【**秋汛**】指立秋以后至霜降时期。这一时期，降雨较多较大，也会形成涨水。尤其是立秋后还有一个末伏时期，当降雨造成河水量过大时，便常形成秋季大汛。

【**水志**】又称制桩、立水。均指用于观测河流水位涨落的标尺，相当于现代的

"水尺"。现代一条河流的各个水尺的"零点"都是统一的，并且直接或间接地与海拔高程相联系。而旧水志的"零点"并不统一。即使是同一条河流，各个水尺的"零点"也是因地制宜，各不相关。旧式的水志、制桩、立水，仅仅测量该点位水面的相对涨落。嘉庆《永定河志》记载，在清代，永定河及上游干流沿途设有若干处水志，并据此建立了水情观测及传递、报告制度。

【签簿】观测河流水位涨落的纪录本。

【锹手】锹即锹。锹手即河工中的挖掘土方工人。

【土夫】即做土工的夫役。多指从事填土或供应运输土料的工人。

【山水陡发】永定河上游的桑干河发源于晋西北高原，中游流经北京西山，与平原河道的落差很大。昔日，当上游爆发山洪，倾泻直下，浪大流急，往往使下游平原地区发生洪涝灾害。陡发即从陡峭的高山上快速爆发激流。据史料记载，辽金以来，永定河多次因上游山水陡发成灾，祸及京师北京城和畿南州县。

【沥水】河水流域低洼地区因雨后蓄积难消的水称沥水，又叫沥涝。

【全河正溜】溜指水流，正溜指水的主流，全河正溜指永定河流水整体中的主流。永定河的平原河段河身宽阔，河中主流的水流速度一般大于两侧流速。

【溜走中泓】泓指深水。永定河主河槽一般较深。最深处多在主河槽的中部，叫中泓。河水主流顺着主河槽下流，称溜走中泓。溜走中泓在抗洪抢险中，是河防形势恢复正常的一种主要标志和用语。

【水势循轨】指河水顺着主河槽畅流。水势循轨在抗洪抢险中，是溜走中泓的表现方式。

【顺轨安流】指泛滥的河水经过抢护，顺着主河槽平稳流动，恢复正常。

【陡长平槽】指河水水面突然急剧上涨，迅速达到与河槽齐平的程度和形势。

【出槽】又叫出槽漫溢。清康熙三十七年（1698）兴筑堤防后，永定河在石景山以下为人造河道，河两岸所筑防堤分布在河滩地的外侧。如果河水大涨以后，溢出河槽，涌向河滩地漫流，逼近堤身，即叫出槽或出槽漫滩。

【水长平岸】河水在出槽、漫滩后继续上涨，达到岸堤堤身上半部，几乎与堤顶齐平，称为水长平岸。在非石堤河段，这是永定河洪水即将溃堤泛滥的危险标志。

【河溜顶冲】又叫顶冲大溜，指河水大涨时迎头直冲的汹涌主水溜。

【坐湾】河水运行过程中由于地势或堤埝的阻挡形成很大的弯曲河道，其影响水流的地势或堤埝所处地方称坐湾。

【兜湾】与坐湾相对的兜形河湾称兜湾。

【势坐兜湾，形同入袖】袖指滩地中的沟港、低洼处，在涨水灌入后不能回流，势坐兜湾，形同入袖，是说洪峰的冲击力造成较直的河段冲出兜湾，致使水流曲折，不易流出，好像入袖情形。

【扫湾】水流顺堤岸疾行，前遇兜湾阻拦，使水激成浪，冲刷堤岸，称为扫湾。永定河岸堤多沙土，扫湾往往造成溃堤。

【大溜上提】溜势改向上游称为上提，移向下游则称之为下坐或下挫。发生上提变化的原因，是永定河平原河道曲折，当大溜直射，崖岸坍塌处产生深湾，下游流水速度减缓，致使源源来水溜势汹涌，在深湾的上游直射堤岸。还有一种情况是，当深湾险处已被抢护，形成阻挡，迫使大溜迁移到上游，直冲堤岸。

【回溜】指水流在遇到堤坝等水工建筑物，或其他障碍物阻拦，或吸引后，发生向相反方向的回旋逆流。

【背溜】水流在转弯时，发生一侧水流的流向与主流相反，称为背溜。

【断溜】即水流断绝。永定河发生断溜的原因主要是：枯水季节，上游无来水；河水改道它流，废弃河道即断溜；河堤溃口（称为口门）被堵筑后，由溃口外流的水道也会断溜。

【顶阻不消】下流河水流入海、湖、淀或另一条河，在洪水涨发时，受海潮顶托，或由于湖、流入河河水面高涨的顶阻，使其无法顺利宣泄下注，即为顶阻不消。

【倒灌】支流汇入永定河或永定河汇入淀泊时，若遇永定河或湖泊水位高涨，顶阻上游来水，反而使正流河水或湖水发生倒流，进入支流或永定河逆而上溯。

【漫溢】即漫堤、漫顶、漫越、满溢。指河水盛涨，溢出河水槽，漫滩之后继续上涨，平漫过堤岸的顶部，但尚未冲开缺口。

【口门】抢险时指河堤被冲决的缺口被堵渐窄，尚未完全封堵的缺口仍然称之为口门。在水工建筑中也指在闸和滚水坝顶设置的过水通道。

【漫口】即河堤溃口、溢涨出水口的总称。永定河自兴筑堤防以来，河水流向受到人为约束。但在凌汛及洪水爆发时节，堤内河道不能容纳，水流漫过堤顶溢出，进而冲决成口。漫口有大有小。有时单处溃决，有的年份在上下游会发生多处漫口。

【决口】又叫冲决，也称溃口，即漫口的一种。是河堤被水冲开了的口子。决口是由于河堤堤身不能堵挡洪水，直接被冲开口子而发生。由于旧时永定河人工堤身多由泥土或草秸之类松散物料构成，往往不能抗拒溜水冲刷，发生决口及漫口。决口发生的原因是筑堤质量低劣，纯属责任事故，三部《永定河志》中，河工诸臣往往因此予以掩饰隐瞒，以逃避更严重的财政贪污及偷工减料的刑事责任追究，而多记作漫口，即所谓"人力难施"的不可抗力事件。它们所造成的共同后果是洪水冲垮堤防，夺路狂泻，在平原肆虐为祸，使永定河在历史成为一条洪水猛兽的害河。决口和漫口行洪，还往往使永定河发生全部或部分改道。

【漫漾】指河流发生漫溢、漫口、决口之后，水流继续保持高水位，向高处侵淫，形成大水荡漾的状态。

【旁溢】一是指河流上涨，河水不由原河床下泄，而是从旁侧的堤岸漫溢出去。另一义是指已溃口后，河水发生再次盛涨时，水流并不由该溃口下泄，而是选择了旁侧甚至对岸漫溢。

【掣溜】又称夺溜，即夺河。当河流发生溃口后，主流迁移离开了正河河道，改行新口，或者改行人为开辟的引河或新的河道。

【漫水流注】指发生漫口或决口后，流水离开原河道，通过漫口或决口向堤外的低洼处涌流，如注入一样。

【漫漶盈溢】指漫口或决口发生后，水势仍然很大，到处漫流，发生由此产生的逐渐的大面积满溢。盈为多之意。

【冲坍】由于洪水冲刷，致使堤坝或其他建筑物发生坍倒。

【冲塌】由于洪水冲刷，致使堤坝或其他建筑物发生坍塌倒落。这比冲坍造成的后果更严重一些。

【漫坍】由于大水漫涨的浸蚀，致使堤坝或其他建筑物发生逐渐坍倒。

【溜缓沙停】永定河古又名浑河，汛期上游来水泥沙含量极大。出山到达平原河段，河道陡然展开并变平缓。流速降低，致使携带的泥沙沿途停滞沉积。亦指洪水过后，主水势逐渐趋平缓，下流的沙泥沉停。

【浮淤】即淤滩边际和面表的漂浮物。指洪水过后，河滩地或滩地表面留下一层新的沉积物。有时，也把水流中悬浮的泥沙造成的淤滩称为浮淤。

【淀滩】即有较多存水的淤滩。指河槽之外，河堤之内，由于长期淤淀所产生的较大水坑或小湖泊的滩地。

【淤垫】溜缓沙缓导致河床或淀泊长期淤积，底部逐渐垫高，称为淤垫。历史上，永定河平原河段由于淤垫久之，河床抬升，成为为害成患的地上河。

【淤淀】溜缓沙缓形成的结果，是产生大量的淤积水淀。北京湾小平原及北京城所在冲洪积扇，就是永定河淤淀为主所造成的。

【壅淤】又称聚成横埂。指在洪水或风浪作用下，湖边河口的所挟沙砾很快停积，相壅形成一个坎埂。

【沙嘴】又名沙吻或滩嘴。指河湾对岸的滩地突进湾侧，形成钝尖。

【旱滩】指河道中久不过水的滩地。昔日，永定河的河床两侧或河心，都有旱滩产生。河心旱滩又称心滩或沙洲。

【堤】除天然形成的沙土堤外，主要是永定河自古以来最主要使用的一类人造防护设施的总称。人工堤又称堤防，筑堤用以约束水流。它建于河道或引水渠的一侧或两侧，用以阻挡洪水外泄，保障堤外地区的安全。历史上，也有堤防建在特定地区，以资防护，免遭水害。也有用来引导水流，或拦蓄贮水。永定河岸堤大多用泥土修筑，有的地段用石料砌筑或镶筑。

【缕堤】指距离河槽较近的堤防。它用来约束河流，稳定平水时期的河槽，并防御一般性的洪水。与缕堤相对应的是遥堤。相比遥堤，缕堤大多较为低矮。

【遥堤】遥堤又叫遥埝，指修筑在缕堤的外侧，距离河槽较远的堤防。遥堤通常比缕堤高大宽厚，形成第二道堤防，用以防备较大的洪水来临时，缕堤被溢决后的漫水。因为遥堤与河道之间堤距较远，形成的容水面积较大，致使水势减缓，由此来提高防御能力。

【重堤】包括遥堤和夹堤两种。夹堤是夹在缕堤和遥堤之间的又一道堤防，目的是在顶冲危急时，防备缕堤失事后的洪水浸袭。

【月堤】又叫圈堤、圈堰或套堤。在单薄或险工处的大堤背后，圈筑一道半月形的堤，称为月堤。月堤两端与大堤相接，用以增强这一段大堤的防御能力。尤其是在决口堵塞后，有时仍发生水流渗漏。为防止漏洞加大溃堤，前功尽弃，有一种补救措施是，在堤外再建一道半月形的堤埝，将堵口处进行又一道的堵截圈闭。

【老堤】指相对于新筑堤，修筑时间较早的旧堤。包括一些废堤。

【隔淀堤】清代的永定河下游进入天津、河北的淀泊地区。为约束水流和防止流沙进入湖淀，在邻湖与河道之间兴筑隔堤，称为隔淀堤。为防止永定河水与它河发生袭夺，有时也在两河之间建筑隔河堤。

【堤坦】又叫堤坡、坦坡。通常把大堤两面的斜坡都称之为堤坦。但在《永定河志》中，有时也单指临河面堤坡。因为临河面坡比背坡平坦宽大得多。

【钦堤】特指历代皇帝准许动用官费兴筑的堤防。自清代康熙三十七年（1698）

兴筑新河堤防之后至清亡，永定河两岸堤防，包括从卢沟桥逐渐上延至石景山北金口，都属于钦堤。与钦堤相对的是民堤。民堤由民间出钱出力修建，并由民众自行防守。而钦堤由官府组织防守，并用官费维护修补。

【民修土埝】属于民堤。它是民间自修自守的小土堤。自永定河修筑钦堤后，河道两侧的民修土埝均被取代。它仅存在于村边地旁。

【子埝】又叫堤上小埝。它是正堤，堤身较低，为防御盛涨，提高堤防高度，而在堤顶上加筑的小土埝。子埝经常是在涨水将平堤顶时，为防止漫溢及漫口，临时在堤顶上紧急加筑。

【碎石埝】用碎石堆砌成的堤埝。《永定河志》文中记载，石景山区的八角山长期大量开采碎石，用以堆砌堤埝。其后果是八角山几乎被逐渐削平而消失。

【后戗】当大堤或坝因单薄不足以防渗御险时，在堤坝背水面加帮土或石，用来支撑加固，称为后戗或外戗。后戗常比大堤或坝为低。用土筑者称后土戗。其中，如果大堤系石筑，则称石堤背后土戗。

【填土加碱】修堤等土工，在填新土时，每厚若干寸，需用夯碱等工具打实。并且要同样层层填土夯筑，直至完成。碱多为石质，形式多种。夯多为木质。

【层土层料】指进行修筑河工时，使用一层土一层料相间来增筑，循环作业。永定河水工使用的料又名料物，指芦苇、秸杆、树枝等。

【柴工、草工、砖工】以柴为主，杂以土石等修筑坝、埽等水工建筑，称柴工。同样，以草为主，并用木桩、土料修筑坝、埽等水工建筑，称为草工。草工所称的草有芦苇、秸杆、树枝等。使用砖来修筑堤、闸、坝，称为砖工。

【草闸】用草工、秸杆、柳枝临时修筑的闸。

【坝】又称作堰，是截河拦水的一类水工建筑物。根据用料及工用的不同，例如有灰坝、土坝、石坝、灰草坝等。旧时永定河工采用过多种坝型。

【灰坝】即三合土坝。三合土一般为石灰1分、黄土1分、沙1分，筛细和匀，填筑时加适量水。也有用石灰、黄土、江米汁、白矾和匀后用于筑坝。另外，筑坝用石或用草土、柴土的，则称石坝、草坝、柴土坝。草坝多用在临时工程。

【竹络坝】使用竹络修筑的坝体。络即笼，用毛竹篾编成。内装碎石，然后一个个挨次排彻成坝。

【柳囤坝】使用柳干、柳枝条编成囤形，但上无盖，下无底，大小高低依需要决定，通常为各数尺。囤内装石，垒筑成坝。

【滚水坝】一种坝顶能够让水流过的溢水坝。当上游的来水在坝前涨过坝顶时，便可以从此泄流而过，或称为坝面过水。建在河中的滚水坝可以拦蓄部分河水，抬高水位至一定高程。建在堤段间的滚水坝，坝顶低于堤顶，以便分泄洪水，防止堤坝漫溢、溃口。

【减水坝】是滚水坝的一种，二者在《永定河志》文中有时不加区分。但减水坝仅建筑在堤段之间，功能单一，为保护堤防整体安全，防止及减轻其他险情。减水坝坝顶常有控制，例如平时堵塞，需要时再行开启。也有人只把与坝顶齐平的滚水坝称为减水坝。

【金门】在水工建筑中把闸及滚水坝顶设置的过水通道（即口门）称之为金门或金口。抢险堵筑缺口时，把剩下的，准备一举堵塞的最后那道口门，叫作龙口，也叫金门。

【龙骨】大体相当于人或动物的"脊梁骨"。在旧时河工中，常用来指在堤坝建筑结构当中相当脊骨的那个部分。如在闸或减水坝的过水面，使用石料或三合土、灰土等砌筑的坝脊。

【海漫】《永定河志》文中又作海墁。在河工中，当闸或减水坝向下游的水流较急，为防止冲蚀河床，而在与口门上下游相接的迎水面和出水面，于河床设置的防护构筑物，目的是加固河床。大多用石料或三合土砌筑。闸、坝相接处称为护坦或坦水。联结护坦的是海漫。这二者作用相似。但护坦修筑更坚固。当闸或减水坝水流过急，而在更远处河床上也进行的加固砌筑，过去也叫海墁。

【雁翅】减水坝、闸、涵洞等的河渠两岸所砌的翼墙，分别与河床过水的海漫、护坦左右边缘联接，有时两侧的翼墙长度还超出它们的外缘。其形状犹如展开的雁翅双翼，故得名雁翅。位于下游出水口门的两侧翼墙，因修筑得更长一些，有时另称为燕尾。这也是因其形似而得名。

【坦水簸箕】设计、建造闸和减水坝口门的上下游设施，其迎水面和出水面都构筑得外宽内窄，包括海漫、护坦，连同其旁的翼墙，形状颇像簸箕一样。其迎水面的叫迎水簸箕，石料砌的叫石簸箕，三合土夯筑的叫灰土簸箕，粘土或一般泥土夯筑的叫素土簸箕。

【束水坝】在非汛时期，位于平原上的永定河河宽水浅。为便于此时的浚泥船操作，或利于河槽刷沙，在有的河段筑束水坝。束水坝从两侧向河中筑坝，或垂直于河岸，或向下游修筑，来约束河水尽行正槽。两侧坝头相对，称对坝或对口坝。根

（光绪）永定河续志

据需要，可建若干对。

【挑水坝】这种水工坝一头接河岸，另一端伸入河中。其作用是改变溜向或位置，挑溜下行，以利于防护坝基和保护下游岸堤。也有用埽来挑溜的。

【顺埽坝】一种用埽来建筑成的坝。这种坝的一端筑在旧河岸上，另一端斜伸入河中。因其与旧河岸夹角不大，并且是顺水流方向斜伸入河，所以叫顺埽坝。

【东西两坝】永定河的下游河流大体呈东西向。堤岸决口处，其断堤的上游一端通常在口门西侧，下游一端在口门东侧。堵口时，大多从断堤的东西两端分别向口门进筑堵坝。习惯上，这两端的堵坝便分别称为东、西两坝。对河势发生曲折改向的，"东西两坝"的名称不变。

【大小坝】堵口埽工坝的最简单做法，是从决口的口门一侧开始起筑，然后节节进占，直到与对面联结。这种做法叫"独龙过江"。所筑坝叫单坝。通常，构筑单坝同时从口门两侧向中间来接筑，合龙在中间。为保证堵口合龙成功，在决口大坝内侧的下游一二百丈内，同此再筑一道较小的坝。这称为二坝。这对大、二坝合称大小坝。

【正边坝】堵口埽工筑坝时，决口大坝又称正坝。同时，在正坝内侧上游不远处，更做一坝，用以逼溜，称上边坝。正坝内侧下游有时也做一坝，称下边坝。堵口埽工坝，合东西、大小（大、二）、正边，最多时需做五道。因做大小二坝时，都无同时再做下边坝的。在施工中，最常用的是做正坝、上边坝两道。其次是再加上小坝，共三道。在《永定河志》文中，有时可见，因大坝与二坝相距不远，也把它们分称为正、边坝。有时还可见，在无二坝时，也把边坝叫成二坝。

【坝台】在《永定河志》文中，有时把短坝称为坝台。有时则在埽工堵口时，用埽来连接断处的，也叫坝台。还有一种情况是，捆卷埽个筑坝时，在堤的将要相接处，先筑一个土平台，或架一个木平台，以备卷埽之用，称埽台，也叫坝台。

【土柜】堵口的正坝与边坝之间用土夯填，称为土柜。如果正坝与上下边坝均夯填，行文中即出现二边柜的说法。

【楞木】使用柳、榆等树的枝条编成圆囤，内放石块，进行修筑时，为联结柳囤，往往还要使用楞木。加固囤用的楞木，断面是正方或长方形。

【四路桩】在河工中，把1排称之为1桩。四路桩指第4排的桩木。以此类推。

【险工】指已经发生险情，必须紧急进行抢修的堤防工段。永定河险工通常发生在堤岸被洪溜顶冲及冲刷，发生坍落，有决口危险时，必须依托堤岸来抢修。

【抢筑】当水利工程出现危急状况，必须紧急处理。永定河在平原是人工河，依赖堤坝等进行约束。一旦出险，都必须火急修筑。在永定河年度经费中有一项抢修银。

【蛰裂】指水工建筑物（如闸坝）或构筑物（如埽工）因水流冲击和沉陷而发生的坼裂。

【埽工】埽是永定河河工在抢险、护岸、堵口、筑坝时大量使用的构筑物，又叫埽个。它是把树枝、秫秸杆、苇草等较为柔性的材料，其中夹杂大量泥土或碎石，用桩、橛、绳缆等捆扎而成。《永定河志》文中，依所使用的材料、用途、位置、做法和形状的不同，把埽分为很多种类。埽工原义指使用埽的水利工程。但在公文的行文中，习惯上也把埽或埽个写作埽工。反过来，行文中，有时也把埽工，以及用埽来进行抢护的险工、地段简称为埽。

【埽由】指尺寸较小的埽个。也简称为由。

【正埽】指筑埽工坝中，所下的形成坝身主要部分的埽个。它是相对于边埽而言。另外，在堵口时，正坝的埽也叫正埽。

【边埽】指紧靠主要水工建筑物所构筑的埽工。如紧贴堤崖的埽个，以及在埽工坝两边起辅助作用，都可称为边埽。它是相对于正埽而言。边埽有时可能由若干层埽个构成。有的边埽埽身较窄。另外，在堵口时，边坝的埽也叫边埽。

【关门埽】在抢修埽工大坝堵口时，把金门东西的两占（占即埽）称为金门占或关门占，也叫关门埽。这是因为，在合龙时，上边坝的最后两面要对下两埽，来实现闭口。这好像关门一样。关门埽也简称门埽。又因为关门埽恰在大坝合龙占（堵塞金门的一占）之前，两边又必须压护左右金门占，所以又被称作门帘埽。

【单埽】又名龙门埽。指堵筑决口，或堵塞支河、建筑围埝等堤坝上最后留下的缺口合龙时，所下的最后一埽。

【走埽、跑埽】走埽，即埽工发生移动。埽工被水冲走，称为跑埽。

【埽厢沉蛰】埽厢沉蛰指埽工走动。这里的埽厢泛指所下的埽及所厢的料，可以解释为埽工。埽上加埽，或加料，称之为加厢，即加镶的异写。当埽料腐朽，或被水流冲刷移动，引起沉陷的，都叫沉蛰，或蛰陷、蛰动。

【签桩】有两义。一是指较短小的桩木。另一义是钉桩，这里将签作为动词"钉"用。钉桩作为埽工，施工的几个步骤是：1. 下埽，即把埽个或由沉放入水中；2. 厢柴，即在放下的埽上填铺薪柴。《永定河志》文中，此类的厢字多为镶的误写；

3. 压土, 即当厢柴高出水面后, 在上面铺以厚土并予压实, 或重复压土, 使其层层加高; 4. 签桩, 指埽工用较长的木桩从上埽签入到下埽, 或者直接插入水底, 用以稳定加固埽身。

【软厢】埽工的一种施工方法。这种方法不是捆好埽个, 搬运到施工处去沉放, 而是在现场边做边沉放下埽。软厢最早可能仅使用在浅水处筑坝及抢险。从《永定河志》文中得知, 清代中叶的永定河工中, 软厢也用于堵口施工中的所谓进占, 由此扩大其使用场合。软厢推广后, 先捆大埽的做法被逐渐淘汰。

【软厢筑坝】软厢筑坝又叫捆厢, 是先在堤上钉橛, 再在每一橛系一条绳。用绳的另一头系在船上, 船停在下埽处的浅水上。然后在绳上铺卷秸料成埽个。船松绳外移, 埽个即沉入水中。最后在埽的上面用软草薪柴夹土, 镶压出水。以此用来截流、缓溜。

【硬厢软厢】是硬厢埽和软厢埽两种手段的合称。硬厢埽工的做法是在厢工两侧各钉一排桩, 用以联结加固。

【苇土软垫】芦苇柔软但韧性较强, 用在埽工时具有一定的御水作用。因此, 在埽与所护堤间, 或在两个平放埽之间的缝隙处, 常用苇草夹土来进行镶垫。这称之为苇土软垫。

【厢垫】在一层或几层埽上, 用根梢颠倒的秸柴等散料夹土平垫, 然后钉实, 称为厢垫。

【抢厢】是水工汛期抢筑险情的一种。指埽段发生沉蛰, 进行紧急厢垫处理。

【暗串鼠穴】堤身内部出现外面看不见的鼠穴通道, 叫暗串鼠穴。暗串鼠穴会破坏堤身整体坚固, 成为堤防隐患, 甚至会造成溃堤的极大危害。

【两面受水浸激】指堤埝内外都遭受水的浸泡。这种危险多发生在多雨、大水年份, 堤内水势汪洋, 而堤外沥涝又不能排泄。

【土牛】在大堤顶上堆积的泥土堆。土牛平时作为储备, 用于汛期抢险。

【买土】指购买抢险用土。分为购买牌子土和购买现钱土。牌子土又叫包方号土。包方指包筑一段堤坝等, 预先估计土方量, 统一确定给价标准, 而不进行零碎计价。号土是在工地上, 对运到一车或一筐, 发给一个签或牌, 作为付价凭证。每日按签、牌数量来结算给价。相反, 购买现钱土是当紧急抢险时, 对运到现场的每一车或一筐土, 都当场单独给付土价。

【减河】即减水河。减河是在正河向外另开汊河, 用来分泄洪水, 以防止正河不能容纳洪水，而发生漫溢、溃口。永定河的减河进水口多建有泄水闸或滚水坝，以控制水量分泄。

【引河】在永定河水工中，凡进行裁湾取直、堵筑决口或改河等工程时，必须先在干涸的河槽内或在平地上，用人工开挖一条引水通路，由此引导主流改循此道。这种人工引水道称为引河。

【挑水护崖】在《永定河志》文中"崖"写作"厓"。指堤岸。通过埽或挑水坝来把溜挑开，以防止冲刷堤岸，称为挑水护崖。

【骑马】指一种用于埽工的十字架固件。用两根方约两寸，长四五尺的木桩钉成十字架，再用绳缆的一头系在十字木架中间，叉立于埽工的迎水面或下水面。将绳缆的另一头系住堤顶的木橛。每镶料一二层（称为一坯、二坯），便安放一排，用来稳定埽身。这种十字木架便叫骑马。骑马的形制及用法各有不同，种类很多。

【大坝盘头金门】堵口埽工大坝的坝头盘有裹头，中留金门。盘头就是盘裹坝（断）头。盘裹头的做法是，在埽工的上水迎溜下斜横的埽个，包裹埽头。盘裹头其实就是金门占。这种盘筑法所筑质量，远比各占所筑坚实。

【合龙】指堵筑决口，或堵塞支河、建筑围埝等堤坝上最后留下的缺口，即俗称的龙口，使用埽占或其他物料截断龙口的水流。

【大坝兜子】就是堵塞大坝金门的兜子。堵口合龙时，合龙缆（又名合龙绠）以及上盖之龙兜（又名龙衣），组成承接所加埽料的兜子。

【挂缆合龙】在抢修堵口工程到将合龙时，要进行挂缆。即在金门两侧占上对头钉桩橛后，上挂绳缆称合龙缆，多至百余条。缆上盖以绳网，称为龙衣或龙兜。在网兜上加料进行厢（镶）埽，压土。逐渐松缆到底，直至最后堵合。挂缆合龙，就是指自挂缆到堵闭的这一系列工序。

【闭气断流】堵口合龙后，有时原缺口处还会渗漏乃至细流不断。这时一般还会再采用加筑埽工或月堤等，并填土阻塞。对较小的渗流，可用粘土等防渗材料来填筑后戗。这类办法称之为闭气。如果闭气成功，堤内河水不再渗流，即称为断流。

【跌塘、养水盆】在决口的口门外，因大溜迅急，时常冲刷出深塘。这称为跌塘。在堵口合龙后，对于这种跌塘的处理，有一种措施是筑堤来圈围，称为养水盆。养水盆的功用还在于，大坝堵口处发生渗漏细流，使盆内水位升高，便可以平衡大坝临河一侧的水压力。在适当时机对养水盆进行填筑，即可对大坝断流闭气。

【裁湾取直】即裁弯取直。依河流在平地上流动规律，会自然形成河道弯曲，称为河湾。不受约束的河湾，其发展是弯曲度越来越大，变成两弯相近的湾颈。湾颈的存在会阻碍河水流动，降低流速，极大地危害河道畅通。为畅通河道，可在上下湾颈之间人工挖通两端，取消弯段，开辟出新的径直河道。这称为裁湾取直，是永定河治理中使用的一种手段。有时，上下湾颈随弯曲的增大，其间越来越狭，会使两端自然联通。尤其是有时洪水会冲决湾颈，使上下两端自然联通。从而使弯段自然淤废，被新河道取代。这称为河道的自然裁湾取直。在北京的平原大地上，永定河古旧废道因自然裁湾取直，遗留了大量淤废的弯段。

【抽槽】 在未放水的引河中，或在干涸的河槽内挖一条或数条尺寸较小的引沟，用以引导水流，这称为抽槽。

【放淤】 利用永定河水泥沙含量大的特性，有计划地开挖淤沟，引导河水穿过堤岸，在预定地区减缓流速或停流，沉降泥沙，淤积于低洼或盐碱荒滩，来产生可供农业及居住的优良土地。这称为放淤。放淤还可用于填高堤后地区，加固堤防。。

【迎溜上唇】 流水引河的引水河头，以及口门上游引溜处的滩唇，称为迎溜上唇，简称上唇。

【切滩】 用人工挖去河道旁的部分滩地，以利抗洪或引溜导水。这称为切滩。

【淤沟】 自正河中穿堤引浊水放淤的挖沟，以及所挖引出淤后清水的排放沟，均称为淤沟。

【汕口】 河沟之口因冲刷而扩大，称为汕口。淤沟之口因汕坍而扩大，称为汕坍淤口。

【堽船】 这是永定河工中所使用过的一种特制捞淤浚船，用作挖泥疏浚。原名清河龙式浚船。

【水利工程尺度】 清代永定河水利工程所使用的尺度单位，包括长度、宽度、高度、深度。所用的寸、尺、丈、里等单位，均为清代营造尺度。所折合的今制公制米（公尺）、市尺、里分别是：

1 营造寸 = 公制 0.032 米 = 市制 0.96 市寸

1 营造尺 = 公制 0.32 米 = 市制 0.96 市尺

1 营造丈 = 公制 3.2 米 = 市制 9.6 市尺

1 营造里 = 公制 0.576 公里 = 市制 1.152 市里

永定河流经清代州县沿革简表

（一）山西省

序号	今名	古名	沿革	备注
1	宁武县	楼烦国、楼烦县、石城县、敷城县、静乐县、宁化军、宁化州、宁武营、宁武府、宁武县	春秋战国楼烦国地＊汉置楼烦县属雁门郡，东汉及魏晋因之。北魏属肆州秀容郡石城县和敷城县地。隋楼烦郡静乐县地。唐属岚州静乐县。北宋至宁化军。元升为宁化州。明设宁武关、宁武营。清设宁武府，改宁武营为宁武县。民国初废府留县。现为忻州市辖县。境内西部管涔山分水岭为桑干河上游恢河发源地。	＊楼烦国为北狄游牧民族，春秋战国时在内蒙南部及山西北部与赵国为邻。战国赵武灵王攻占其地。秦末楼烦国服属匈奴。
2 3	朔州市区含：朔城区、平鲁区	马邑县、朔州、新城县、代郡、马邑郡、招远县、鄯阳县、朔县。中陵县、平鲁卫、平鲁县	秦置马邑县＊，治今朔州市地。北齐置朔州，治所新城县，在今朔州市西南。隋置代郡，旋改马邑郡，治所鄯阳。唐复名朔州，治所招远，后改名鄯阳＊治今朔州市。明以州治鄯阳为朔州。清朔州不辖县。民国初改为朔县。1985年朔县与平鲁县合并为朔州市，改称朔城区和平鲁区。恢河流经朔州市朔城区南部。 平鲁地汉置中陵县地，东汉后废。明置平鲁卫。清改为平鲁县。1985年改市后称平鲁区。桑干河河源＊之一源子河（又称元子河）流经朔州市平鲁区东境，入朔城区，与恢河汇流，以下称桑干河（曾称浴水、治水、灅水、湿水等名）。	＊马邑县故治在朔城东西四十里，清嘉庆元年（1796）废为乡。 ＊北齐置朔州辖招远县。隋之善阳、唐之鄯阳，实为北齐之招远。 ＊桑干河河源之一的古灅水（又称治水）发源于洪涛山（又称累头山），在朔城区东北马邑乡北十里。《水经注》以此为桑干河正源。

序号	今 名	古 名	沿 革	备 注
4	山阴县	汪陶县、桑干郡及桑干县、河阴县、忠州、山阴县、广武县	汉置汪陶县，治所在今山阴县东。辽置河阴县，治所在今山阴县西南。金改称山阴县，升为忠州。元、明、清山阴县治在今山阴县古城镇（一称山阴城，在桑干河南）。今县治在岱岳镇（桑干河北）。又，山阴县东有北魏置桑干郡和桑干县*。境内有广武城为汉置县地。现为朔州市辖县。桑干河、黄水河流贯县境中部。	*按《魏书·地形志》有载。此处据《水经注》及谭其骧《中国历史地图集》四。另有桑干县，见本表（三）河北省蔚县条。
5	应 县	剧阳县、金城县、应州、繁畤县	汉置剧阳县，晋省，故城在今应县东北。唐置金城县，并置为应州治所，即今应县治所金城镇。五代后唐仍旧。明省金城县入应州。民国初改应州为应县。现为朔州市辖县。桑干河、黄水河、浑源河（浑河）流经县境。	县城东有古繁畤城遗址，北魏置繁畤县地。
6	代 县	雁门郡、楼烦乡、阴馆县、代州、雁门县、代县*	战国赵国雁门郡地，秦仍置雁门郡。汉属楼烦乡地，后设阴馆县。东汉自善无县（今右玉县南）移雁门郡，未治，后废。北周移肆州未治，隋改为代州，治雁门县，后又改雁门郡。唐改为代州，又称雁门郡。宋改称代州雁门郡，金称代州。元雁门县省入代州。明废州为县，后又复为州。清仍为代州。民国改为代县至今。县境西北有雁门关，两山夹峙，形势险要。自古为戍守重地，故以雁门名郡县。现为忻州市辖县。 桑干河支流雁门关水发源于县西北境。	*以代名郡、县或国者另有：1.河北蔚县境有战国末代国，后为汉诸侯国，遗址代王城仍存；2.北魏初建代国在内蒙南部及山西北部；后改为魏国，都平城。后置代郡，后废，故城在今大同县东。

增补附录

序号	今 名	古 名	沿 革	备 注
7	繁峙县	繁畤县、葰人县、繁畤郡、坚州、繁畤县、繁峙县	西汉置繁畤县,东汉末废。晋复置,故址在今浑源县西南。西汉置葰人县。又,北魏置繁畤郡及繁畤县,故址在今应东古繁畤城遗址。北周废繁畤郡县。隋复置繁畤县,故址在今繁峙县东六十里,后移治武周城。唐移置今繁峙县治。金升为坚州。明复为县,時讹为峙,属代州辖地。现为忻州市辖县。	北部山地有桑干河支流发源。
8	怀仁县	怀仁县、大同县、大仁县	辽置怀仁县,故城在今怀仁县西。金置怀仁县,移治今怀仁县治。明、清隶属大同府。清顺治六年(1649)移大同县,治于怀仁县之西安堡,怀仁县部分地区隶大同县。1954年与大同县合并为大仁县。1958年撤销并入大同市。1964年复置怀仁县。县治云中镇。现为朔州市辖县。	桑干河斜贯县境。
9 10 11 12	大同市城区 新荣区 南郊区 大同县	平城县、恒州、代郡、云州、大同团练使、大同节度使、云中县、大同府、云中府。平城县、云中县、大同县、大仁县	秦置平城县,(故址在今大同市城区北)。北魏置恒州、代郡,皆以平城为治所,并曾建都于此。唐置云州,大同团练使、大同节度使,皆以云中县为治。辽建西京,升为大同府。宋称云中府,后入金,置为西京大同府,清因之。民国废大同府留县。1949年由大同县析置大同市,建城区、新荣区、南郊区。 辽分大同府置大同县,(故址在今大同市城区北)。明清时为大同府治所。清顺治六年(1649)大同县移治怀仁县西安堡,怀仁县部分地区属焉。1954年大同县与怀仁县合并为大仁县,1958年撤销并入大同市。1964年复置大同县,县治在西坪镇。现为大同市辖县。	桑干河支流如浑河(下游玉河,今御河)、十里河*流经大同市原府县境。 *十里河一名武州塞水,见左云县条。 桑干河支流御河流经大同市新荣区、大同市城区东部、南郊区东部和大同县西南部。

序号	今 名	古 名	沿 革	备 注
13	浑源县	崞县、繁畤县、云中县、浑源县、浑源州	汉置崞县(故址在今浑源县西,浑源河北),汉末废。汉置繁畤县(故址在今浑源县西南、浑源河南),汉末废。两县均属汉并州雁门郡。唐属云中县地,后分置浑源县。金于浑源县置浑源州,元省县入州。明、清时浑源州隶属大同府。民国改州为县。县治永安镇。现为大同市辖县。	北岳恒山在浑源县南。桑干河支流浑源河发源于恒山东南麓,西流至应县与桑干河相会。
14	左云县	武州县、云川县、云川卫、镇朔卫、大同左卫、左云川卫、左云卫、左云县	西汉置武州县(故城在今左云县北古城,一说在左云县南),属雁门郡。晋省。北魏复置,属代郡,隋省。金置为云川县,元废入大同府。明置镇朔卫,后改设为大同左卫,后又移云川卫并入,改称左云川卫。清初改为左云卫,又升为左云县。县治云兴镇。现为大同市辖县。 桑干河河源之一源子河(又称元子河)发源于县南境,东南流,又东流入朔州市平鲁区境。	桑干河支流十里河(又称武州塞水)发源于县西南,一说另有一源发源于内蒙古自治区和林格尔县菱角海;北流又东北流,入大同府境。
15	阳高县	高柳县、长清县、白登县、阳和卫、阳高卫、阳高县	汉置高柳县,在今阳高县西北,属代郡。汉末为代郡治,寻省。北齐废。辽置长清县。金改为白登县。明置为阳和卫,清初改称阳高卫,后升阳高县,属大同府。现为大同市辖县。	桑干河支流南洋河、白登河流经境内。
16	天镇县	阳原县、天成军、天成县、天成卫、镇虏卫、天镇卫、天镇县	汉置阳原县。唐置天成军。辽置天成县,金改为天城县。元省。明置天成卫和镇虏卫*。清合为天镇卫,后改卫为县,属山西大同府。今县治城关镇。为大同市辖县。 西洋河、南洋河流经县境。	*《大清一统志》:天成、镇远二卫,清合为天镇卫。《明史·地理志》与天成卫同治者为镇虏卫。

增 补 附 录

序号	今　名	古　名	沿　革	备　注
17	广灵县	平舒县、兴唐县、广灵县、犷氏县、广灵县	汉置平舒县*,故城在今广灵县西。唐为兴唐县。五代后唐置为广灵县。金改称广灵县,(一说辽置广灵县,误,据谭其骧《中国历史地图集》,辽仍为广灵县,今从其说。)元仍为广灵县。明清因之,属大同府。又,汉置犷氏县,在今广灵县西,属代郡,晋省。今广灵县治壶泉镇,为大同市辖县。 　桑干河支流壶流河发源于县西,东流入河北省蔚县境。	*汉置平舒县有二,此为西平舒;东平舒县在今天津市静海县。另有一说汉置犷氏县在河北阳原县东南。

（二）内蒙古自治区

序号	今　名	古　名	沿　革	备　注
18	丰镇市	雁门郡、马邑郡、云州、大同府、大同路、兴和路、丰川卫、镇宁所、丰镇厅、丰镇县、正红旗察哈尔	汉雁门郡,东汉末年为鲜卑所据。隋属马邑郡,唐属云州,辽、金属大同府,元为大同路、兴和路地,明属大同府,为阳和、天成卫的边境。清康熙十四年(1675)迁察哈尔正红旗蒙古部众驻此。雍正十二年(1734)置奉川卫、镇宁所。乾隆十五年(1750)改设丰镇厅,代郡地。1912年改置为丰镇县。1990年改设为丰镇市,现为乌兰察布市辖县级市。丰镇县北部地区原为正红旗察哈尔牧地*。	*清康熙十四年(1675年)置察哈尔八旗,其中正红旗察哈尔部分牧地在今丰镇市北部。桑干河支流如浑河发源于丰镇市北部,南流入山西大同市境,称玉河(今名御河)。

序号	今　名	古　名	沿　革	备　注
19	太仆寺旗	太仆寺左翼旗牧场;太仆寺右翼牧群、太仆寺左右两旗、太仆寺联合旗	清初置太仆寺左翼牧群(一称牧场),太仆寺右翼牧群,后改为太仆寺左右两旗。1950年太仆寺左旗,与明安太仆寺右旗合并为太仆寺联合旗,1956年又将宝昌旗(今宝昌镇)大部分并入,改称太仆寺旗。现属西林格勒盟。	西洋河(古延乡水)源于原太仆寺右翼牧场。
20 21	察哈尔右翼前旗、察哈尔右翼后旗	正黄旗察哈尔、四子王旗	正黄旗察哈尔*为清康熙十四年(1675)置察哈尔八旗之一。现分属于察哈尔右翼前旗,察哈尔后翼右旗,在今乌兰察布盟东部。察哈尔右翼前中后三旗是1954年由正黄旗察哈尔、四子王旗及其它县地合并,分置三旗。现为乌兰察布市(盟)辖县级旗。	*察哈尔一语是蒙古语"边"的译音。东洋河(古于延水)发源于正黄旗察哈尔东部兆哈岭。
22	兴和县	兴和路、兴和厅	元为兴和路辖地。明废。清置兴和厅。1912年改为兴和县至今。现为乌兰察布市辖县。	洋河的三源东洋河、西洋河、南洋河皆出此县境。

(三)河北省(上)

序号	今　名	古　名	沿　革	备　注
23	阳原县	阳原县、永宁县、弘州、襄阴县、西宁县	西汉阳原县地,故城在今天镇县南*,东汉省。辽置永宁县,兼为弘州治。金改县为襄阴县。元省县入弘州。明初废州,筑城名为顺圣西城,清改置西宁县。民国初改为阳原县。今县治西城镇。现为张家口市辖县。桑干河流经县中部。	*又有阳原故城在今阳原县南十里说。阳原县境还有汉置狋氏、道人二县在阳原县东南。

增补附录

553

序号	今 名	古 名	沿 革	备 注
24	怀安县	夷舆县、怀安县、怀安卫。	汉夷舆县地*。唐置怀安县，在今怀安县南。明废县置怀安卫，移治今治柴沟堡镇。清改置怀安县。现为张家口市辖县。东洋河、西洋河、南洋河在柴沟堡东先后相会，后称洋河。	*怀安县境还有马城县，汉置晋废。
25	万全县	宁县、广宁、大宁、文德县、宣平县、万全右卫、万全县	汉属宁县地*。唐文德县地。元宣平县地。明置德胜堡，移万全左卫于此，与万全左卫（在今怀安县东北今左卫镇）同为万全都指挥使司辖地。清初废卫置万全县。民国初移治张家口下堡。今县治在孔家庄镇。现为张家口市辖县。 洋河为万全县与怀安县界河。	*故城在宣化县西北（张家口西）。晋置广宁郡，北魏因之，又名大宁郡。
26 27	宣化县 宣化区	广宁县、文德县、宣德县、宣德府、宣府左、右、前卫，宣化府、县	汉置广宁县，故城在宣化县西北（张家口），晋省。唐置文德县，金改称宣德县，并为宣德府治。元为宣德府治。明废宣德府，改置宣府左右前三卫、清改三卫为宣化府，置宣化县为府治*。1949—1955年由宣化县析置宣化市，后并入张家口市，为张家口市辖区。1960—1963年复设为市，后又撤并，入张家口市辖区和辖县，至今。 桑干河、洋河流经县境。	*宣化府、宣化县同城而治。又，宣化县东六十里有汉且居县故城，宣化县南鸡鸣山西十里有汉置茹县故城，二县东汉皆省。
28	张北县	张北县	明筑张家口堡，清置张家口厅，张北县1913年置县。现为张家口市辖县。	支流黑城川水（即今清水河）源于县境

序号	今 名	古 名	沿 革	备 注
29 30	张家口市桥东区、桥西区	张家口堡、张家口厅、万全县	明筑张家口堡,清置张家口厅,民国为万全县治。1928—1952年间为察哈尔省会。1939年设张家口市。1955年宣化市并入。现为张家口市城区。	支流黑城川水流经张家口市内东西两区之间,南入洋河。
31	蔚县	代国、当城县、雊瞀县、桑干县、灵丘县、安边县、兴唐县、灵仙县、蔚州、蔚州卫	战国代国地,今蔚县城东有代王城,为古代国旧址。当城县汉置,在今蔚县,晋以后废。雊瞀县,汉置晋废,在蔚县东。代王城北九十里为桑干县地,汉置,代郡治所,后郡治移至高柳,县属。隋灵丘县地。唐开元中分置安边县,天宝初自灵丘移蔚州来治,改安边县为兴唐县。五代后改县名为灵仙。明以州治,灵仙省入蔚州,并增置蔚州卫。清初蔚州卫改为县,后裁县留州。民国初改为蔚县。今县治在蔚州镇。现为张家口市辖县。	又,古蔚州有三:北魏置,治所在山西平遥;北周至唐,蔚州在山西灵丘;唐天宝后移蔚州至今蔚县。桑干河支流壶流河斜贯县中部。
32	涿鹿县	涿鹿县、下洛县、潘县、平原郡、永兴县、奉圣州、德兴府、德兴县、永兴县、保安州、保安县	汉在涿鹿县境置涿鹿(今涿鹿)县、下落县(今涿鹿西)、潘县(今涿鹿西南之保岱)。北魏置"侨郡"平原郡于涿鹿县东南。(异地重建同名郡,称侨郡)。唐置永兴县,为新州治所。辽改称奉圣州。金改为德兴府、德兴县。元又降为奉圣州,德兴县改称永兴县。旋改为保安州,保安县。明保安州、县俱废。后又复置保安州。清属宣化府。民国初改为保安县,后改为涿鹿县。今县治为涿鹿镇。现为张家口市辖县。	《史记·五帝本记》:"黄帝邑于涿鹿之阿"。今涿鹿县城东四十里有土城遗址,内有黄帝庙。明《涿鹿志》谓之轩辕城。桑干河流经县北境。洋河流经县东北与怀来县为界。

序号	今 名	古 名	沿 革	备 注
33	怀来县	沮阳县、泉上县、怀戎县、怀来县、妫川县、怀来卫	汉置沮阳县,北魏省,治地在今怀南县官厅水库南。泉上县,汉置,在怀来县地。北齐怀戎县地,故址在涿鹿县西南七十里,唐移治旧怀来县治,在今怀来县官厅水库地。辽改称怀来县,金改称妫川县,元复称怀来县。明改置怀来卫,清复置怀来县。现为张家口市辖县。	桑干河会洋河后与妫河在怀来东部相会,现没于官厅水库。以下进入北京市,称永定河。
34	尚义县	商都县、尚义设治局	1934 年由商都县析,置尚义设治局。1936 年改设为尚义县。现为张家口市辖县。	处洋河上游
35	崇礼县	张家口堡、张家口厅、崇礼设治局	明清为张家口堡、张家口厅地,1913 年置张北县,1934 年由张北县析,置崇礼设治局。1936 年改设为崇礼县。现为张家口市辖县。	洋河支流清水河源于县境。

(四)北京市

序号	今 名	古 名	沿 革	备 注
36	延庆县	居庸县、夷舆县、妫川县、缙山县、龙庆州、延庆州	汉置居庸县,故城在今延庆县东,北齐废。夷舆县西汉置,后汉省,故址在延庆东北。唐置妫川县,唐末改称缙山县。元升为龙庆州。明初仍为龙庆州;后改称延庆州。清因之,隶属于宣化府。民国初改为延庆县,属河北省。1958 年划归北京市。	境内妫河发源于县东北,西流入怀来县境,与桑干河相会,下游没入官厅水库。

(光绪)永定河续志

序号	今　名	古　名	沿　革	备　注
37	门头沟区	古幽州、上谷郡、渔阳郡、广阳郡、广阳国. 蓟县、沮阳县、怀戎县、广平县、广宁县、幽都县、矾山县、玉河县、宛平县	西周前古幽州地。春秋、战国属燕国上谷郡、渔阳郡。秦大部属上谷郡。西汉属广阳郡、国，东汉广阳国一度并入上谷郡，后复置广阳郡，区东部广阳郡蓟县，西部属上谷郡沮阳县。北齐西部属怀戎，东部仍属蓟县。唐天宝年间析蓟县置广平县，区大部分属广平县，部分仍属怀戎县。唐建中年间析蓟县地置幽都县，区东部属幽都县，西部仍属怀戎县。唐末刘仁恭控制幽州地区，改广平县为玉河县，区西部沿河城地区仍属矾山县，历五代、辽、金各朝。金天眷元年（1138）废玉河县并入宛平县，历元、明、清、民国。抗战时期，中国共产党领导下建立以斋堂为中心的抗日民主政权，先后设宛平县、昌宛县、昌宛房联合县，1944 年改为宛平县。新中国成立前后，门头沟地区大部分属河北省宛平县，门头沟镇等东部地区属北京（平）市。1952 年撤宛平县，并入北京市，组建京西矿区，1958 年改为门头沟区至今。	桑干河出河北省怀来县境入门头沟区境，在西山峡谷穿行至卧龙岗出区。新中国成立后，称官厅以下为永定河[原自清康熙三十七年（1698）起，丰台区（原称宛平县）卢沟桥以下称永定河，以上称浑河。]现称全河为永定河，官厅水库以上称上游，仍用原河名，官厅水库至三家店为永定河中游，三家店以下，进平原地区达海，为永河下游。
38	石景山区	蓟县、幽都、广平县、玉河县、宛平县	原为宛平县地，沿革同门头沟区东部。1950 年为北京市第十五区。1952 年改为石景山区。永定河在石景山区麻峪分为两股，折向东南或南流，后又合汇南流，入丰台区境。为石景山区与门头沟区东部界河。 　　在元、明、清文献中，石景山往往称作石径山、石迳山、湿经山或孟门山等，石景山。金元开金河口，置闸门于山之北麓。	※魏晋时北京最早的大型水利工程戾陵堰、车厢渠在石景山境内之梁山区，一说即今老山。尚无定论。

増補附録

557

序号	今 名	古 名	沿 革	备 注
39	丰台区	幽都县、宛平县	唐代析蓟县地置幽都县。辽代改幽都县为宛平县。历金、元、明、清、民国，一直为宛平县地。1950年为北京市第十二区。1952年改为丰台区。卢沟桥、宛平城在区境内。丰台一说为金拜郊台。 永定河穿境而过。	清康熙三十七年（1698）自丰台区（原称宛平县）卢沟桥以下称永定河。
40	大兴区	蓟国、燕都、蓟县、广阳郡、广阳国、蓟北县、幽都府、析津府、大兴府、大兴县	周初蓟国地，在今北京城西南。春秋时为燕国都。秦置为县，属广阳郡。汉属广阳郡或国。辽初改为蓟北县，与幽都县同为幽都府治。后幽都府改为析津府。金贞元元年（1153）改析津府为大兴府，蓟北县为大兴县，与宛平县同为大兴府治。金定大兴府为中都，大兴与宛平同为附郭县、大兴管辖中都东部、宛平管辖中都西部。元至元二十一年（1284）改为大都路，大兴、宛平仍同为附郭县，并以丽正门（即今正阳门）为界，大兴管大都东部，宛平管大都西部。明、清为顺天府治，一府两县同城而治仍旧不变。1928年大兴县划归河北省。1958年划归北京市，2001年改设大兴区。	清朝时期宛平县南部连接涿州与固安一带。宛平县撤销后，大兴县以永定河与涿州、固安县为界。 元、明、清浑河（今永定河）多次于境内泛滥、改道，永定河水系的凉水河、凤河也流经大兴县。

序号	今 名	古 名	沿 革	备 注
41	房山区	燕中都、良乡县、燕郡、蓟县、涿郡、固节县、万宁县、广阳县、奉先县、房山县	春秋属燕国中都。汉置良乡县属涿郡。北魏属燕郡。北齐省,并入蓟县,后又复置良乡县。隋属涿郡,唐一度改称固节县,又复称良乡县,治地在圣水河(即今大石河)东岸。后唐时移治阎沟(盐沟)东南,旧城遂废。金在旧城以西,今城关置万宁县,后更名为奉先县。元改称房山县。又,在良乡县东部有汉置广阳县,属广阳国,习称小广阳,唐时并入良乡县,故址在盐沟以东的广阳河畔,今有南、北广阳村即是。房山、良乡两县自元、明、清至民国同时并存。明清属顺天府,民国属河北省。1958年划归北京市。房山县改为周口店区,良乡县撤销,并入周口店区,1960年周口店区改为房山县,1986年改为房山区。	清康熙三十七年(1698)赐名永定河,一说起自良乡县之张各庄。 永定河流经原良乡县东南,金门闸就在该处。圣水河、盐沟广阳河原为琉璃河上源和支流,属拒马河水系,清时永定河改道夺琉璃河河道东流,琉璃河及其支流成为永定河支流。
42	通州区	潞县、通州、通县、漷州、漷县	汉置潞县,属渔阳郡。金置通州,治所即潞县,辖地相当今通州区、三河县地。明又扩大至今天津市武清区、宝坻县地。清时通州不辖县。民国初改通州为通县,辖地缩小为今通州区。又通州东部有古漷县,原属汉泉州县地,辽置漷阴镇,后改为漷县,元升为漷州,明改为漷县,清废漷县并入通州,故城在通州东南漷县镇。通县1958年划归北京市。1997年改设通州区。	通州辖地有永定河水系的凉水河、大清河水系的凤河流经。

增
补
附
录

序号	今 名	古 名	沿 革	备 注
43	涿州市	涿县、涿郡、涿州、范阳县、涿水郡	春秋燕国地。秦为上谷郡涿县；西汉为涿郡涿县。唐置涿州，改涿县为范阳县。宋称涿州涿水郡。金称涿州范阳县。明省范阳县，以涿州入顺天府，清因之。民国初改涿州为涿县，属河北省。1986年改设涿州市。东北偶永定河畔的长安城，是清直隶总督永定河汛期驻扎地，清朝时属宛平县，今属涿州市。为保定市辖县级市。	拒马河、白沟河流经县境。永定河流经县东境，为涿县与清宛平县的界河。
44	高碑店市	新城县、新县、新泰州	战国时燕国督亢地。唐置新城县。五代后晋入辽国。元置为新泰州，后又复称新城。明清属直隶保定府。民国因之，属河北省。1996年撤销新城县，改设高碑店市，为保定市辖县级市。	白沟河纵贯市境中部，清时为永定河支流。
45	固安县	方城县、阳乡县、临乡县、固安州、固安县	汉置方城县，本为燕防城邑。北齐废故城在今固安县南。汉置阳乡县，侯国封邑，后汉省，故城在固安县西北。汉置临乡县，侯国封邑，后汉省，故城在固安县南五十里。隋于方城县故地置固安县，元升为固安州。明降为固安县，清因之。今县治为固安镇。现为廊坊市辖县。	地处北洋淀、文安洼北部，永定河流经北境与北京市相邻。
46	永清县	武隆县、会昌县、永清县	唐析安次县地置武隆县，后改称会昌县，再改永清县。明清属顺天府，县治为永清镇。现为廊坊市辖县。	永定河由县北境流过。

序号	今 名	古 名	沿 革	备 注
47	霸州市	霸州、霸城、永清郡、霸县	五代后周置霸州,三国称霸城。宋政和三年(1113)称永清郡,后长期称霸州。清雍正六年(1728)霸州由直隶州将为散州。民国二年(1913)改霸州为霸县。1990年撤县改为省辖县级霸州市,由廊坊市代管。	永定河流经霸州东北部。胜芳、杨芬港均为清代永定河治理的重要地点。
48	廊坊市安次区	安次县、安城县、东安州、东安县、安次县	西汉置安次县,故城在今廊坊市西北古县村。北魏改置安城县,唐初移治城东南五十里。后又移治西北常道城(现有北常道村),元升为东安州,故址在今廊坊西旧州乡。明初降州为县,属顺天府。清代沿之。因避浑河水患,移治今廊坊市安次区。1981年从安次县析廊坊镇,改设廊坊市。1983年撤销安次县并入廊坊市。1989年廊坊地区改称廊坊市,原廊坊市区改称安次区。	龙河、永定河、永定河故道贯穿市境。清朝永定河在境内改道多次。市境西南调河头乡旧名条河头。清初130来年,于此改道六次,河道南北摆动五六十里。

(六) 天津市

序号	今 名	古 名	沿 革	备 注
49	武清区	雍奴县、泉州县、武清县	西汉始置雍奴县、泉州县,县治今武清东南大空城。东汉移治武清西北旧县村;或说移治北京通州区南境德仁务,晾鹰台即其城东门旧址。泉州县旧址在武清区治杨村西南城上村。东汉时移治武清区西北邱古庄(旧县村西北)。北魏省泉州县并入雍奴县。唐改雍奴县为武清县。明清因之,属顺天府。县治在今武清区西北城关镇。民国时武清县属河北省。1973年划归天津市。2000年撤县,改为天津市辖区。	永定河、永定河中泓故道、永定新河流贯区境。县西南王庆坨之三角淀为古雍奴薮中最大的淀泊。

增补附录

序号	今 名	古 名	沿 革	备 注
50 51 52 54 54 55 56 57	天津市城区,含: 北辰区、 河北区、 和平区、 河东区、 河西区、 东丽区、 津南区、 塘沽区	天津卫、天津州、天津府、天津县。章武县、泉州县、静海县	汉为章武县、泉州县地,元为静海县地。明永乐年间置天津卫、天津左卫、天津右卫于此。清雍正年间撤并天津三卫,改置为天津州,后又升为天津府,并置天津县为府治。旧址在天津市狮子林桥西三汊口。清直隶总督、天津镇总兵等驻扎于此。民国初废府留县。1928年改为直辖特别市,后改河北省辖市。1935年改特别市。1949年改为中央直辖市。	天津市城区仅列出永定河、永定新河及海河流经的市辖区。 市境内永定河、子牙河、大清河、南运河、北运河、五河交汇入渤海,历代为河防重地。

本表依据《汉书》、《后汉书》、《魏书》、《隋书》地理志（或地形志）、《元和郡县图志》、《辽史》、《宋史》、《金史》、《元史》、《明史》地理志及《天府广记》、《顺天府志》等书记载,并采用《辞海》、《辞源》、《中国古今地名大辞典》（商务印书馆香港分馆,1981年重印本）相关辞条资料,参照谭其骧主编《中国历史地图集》（中国地图出版社,1982—1987年版）,郭沫若主编《中国史稿历史地图册》（中国地图出版社1990—1995重印本）,《北京文物地图集》（北京市文物局编,科学出版社2009年7月版）,中国地图出版社山西、河北、内蒙、天津等省市地图（2005—2007版）资料编订。编号顺序按永定河及主要支流流向排列。

（光绪）永定河续志

跋

　　《永定河文库》的第一批三部清代《永定河志》的整理工作结束了，真正体会了一把古代文献整理工作之严谨费力。仅仅是版本的选择和校对，就用去了我们多半年的时间。校稿一共经过了六校，每一部书都校对了六个多月以上的时间，而且是加班加点。可以说，参加本次整理工作的同志们辛苦了。本馆奉献给读者的是三部经过认真、严谨、细致劳动的，通过精心整理、方便当代读者阅读使用的古代典籍。

　　本次整理最早起于 2007 年初，北京地方志办公室筹建北京方志馆，该办公室副主任谭烈飞先生约请北京著名水利专家原市水利局老局长段天顺先生校点乾隆《永定河志》，准备出版。段老考虑给新馆馆藏做点事，就爽快地答应下来，并于当年完稿。2011 年夏天，永定河文化博物馆组织永定河源头考察，邀请北京地方志办研究室的副主任刘宗永同志参加，谈到收集和整理永定河资料文献议题。刘宗永回到单位，在向谭烈飞汇报时，谈到段老标点的书稿是否可以放到永定河文化博物馆出版。经过谭烈飞先生与段老协商同意，促成永定河文化博物馆 2012 年收集整理永定河资料文献——编辑《永定河文库》首批古籍计划的启动。

　　本志的出版，是门头沟区区委、区政府和各级领导坚强领导及支持的硕果，全书的整理工作不仅资金充裕，而且得到领导多次过问和关怀。

　　本志的出版，是集体劳动的结晶。本套志书的原刊印本复印、录入、标点、校对、注释、勘误和总审工作，除本馆自己内部的几名工作人员外，还在社会上聘请了一些专家和学者，包括北京市原水利局（现水务局）老局长、著名水利专家段天顺先生、北京市地方志编纂委员会办公室副主任研究员谭烈飞先生、该办公室研究室副主任刘宗永博士、中国水利部国际防沙研究所研究员蒋超先生、北京文博交流馆原馆长安久亮先生、北京永定河文化研究会原副会长刘德泉先生、原门头沟区文委整理嘉庆《永定河志》主要点校学者易克中先生和著名学者李士一、师菖蒲两位老先生等。

跋

本套志书的出版，得到了学苑出版社领导和编辑们的大力支持和把关，请到了与该出版社长期合作的古籍专业录入排版公司和专业校对人员操作，保证了整理工作较高质量地顺利进行。

此外，本套志书的整理工作还得到了国家图书馆、北京大学图书馆、首都图书馆等单位和个人的大力支持。在此，我仅代表永定河文化博物馆，对于参加本套志书整理工作的各兄弟单位和各位先生学者以及支持单位和个人，表示衷心的感谢。

永定河文化涉及的古籍和科技资料丰富多彩，作为研究、收藏、展示和弘扬永定河文化的专业单位，为了尽到自己的社会职责，服务本地区和永定河流域社会经济、文化事业的发展进步，服务人民群众日益多样化的生活需要，我馆将依据自己单位的业务安排和本地区的工作需要，不断推出《永定河文库》更多的新书问世。欢迎社会各界踊跃提出新的课题建议和批评。

永定河文化博物馆馆长

谭勇

2012 年 12 月

图书在版编目（CIP）数据

（光绪）永定河续志／（清）朱其诏，（清）蒋廷皋纂；
永定河文化博物馆整理. —北京：学苑出版社，2013.5
　ISBN 978 - 7 - 5077 - 4261 - 9

　Ⅰ．①光…　Ⅱ．①朱…②蒋…③永…　Ⅲ．①永定河
－水利史－清后期　Ⅳ．①TV882.81

　中国版本图书馆 CIP 数据核字（2013）第 079792 号

责任编辑：洪文雄　杨　雷
封面设计：朝麦设计
出版发行：学苑出版社
社　　　址：北京市丰台区南方庄 2 号院 1 号楼
邮政编码：100079
网　　　址：www. book001. com
电子信箱：xueyuan@ public. bta. net. cn
销售电话：010 - 67675512、67678944、67601101（邮购）
经　　　销：新华书店
印　刷　厂：北京彩蝶印刷有限公司
开　　　本：880 ×1230　　 1/16
印　　　张：36.75
字　　　数：666 千字
版　　　次：2013 年 5 月北京第 1 版
印　　　次：2013 年 5 月第 1 次印刷
定　　　价：240.00 元（精装）